ŒUVRES

DE LAGRANGE.

PARIS. — IMPRIMERIE GAUTHIER-VILLARS ET FILS,
Quai des Grands-Augustins, 55.

ŒUVRES

DE LAGRANGE,

PUBLIÉES PAR LES SOINS

DE M. J.-A. SERRET

(t. I-X et XIII)

ET

DE M. GASTON DARBOUX,

SOUS LES AUSPICES DE

M. LE MINISTRE DE L'INSTRUCTION PUBLIQUE.

TOME ONZIÈME.

PARIS,
GAUTHIER-VILLARS ET FILS, IMPRIMEURS-LIBRAIRES
DU BUREAU DES LONGITUDES, DE L'ÉCOLE POLYTECHNIQUE,
Quai des Grands-Augustins, 55.

M DCCC LXXXVIII

CINQUIÈME SECTION.

(SUITE.)

OUVRAGES DIDACTIQUES.

MÉCANIQUE
ANALYTIQUE.

QUATRIÈME ÉDITION,

D'APRÈS LA TROISIÈME ÉDITION DE 1853 PUBLIÉE PAR M. BERTRAND.

TOME PREMIER.

MÉCHANIQUE
ANALITIQUE;

Par M. DE LA GRANGE, *de l'Académie des Sciences de Paris, de celles de Berlin, de Pétersbourg, de Turin, &c.*

A PARIS,

Chez LA VEUVE DESAINT, Libraire, rue du Foin S. Jacques.

M. DCC. LXXXVIII.

AVEC APPROBATION ET PRIVILEGE DU ROI.

AVERTISSEMENT

DE LA PREMIÈRE ÉDITION.

On a déjà plusieurs Traités de Méchanique, mais le plan de celui-ci est entièrement neuf. Je me suis proposé de réduire la théorie de cette Science, et l'art de résoudre les problèmes qui s'y rapportent, à des formules générales, dont le simple développement donne toutes les équations nécessaires pour la solution de chaque problème. J'espère que la manière dont j'ai tâché de remplir cet objet ne laissera rien à désirer.

Cet Ouvrage aura d'ailleurs une autre utilité : il réunira et présentera sous un même point de vue les différents principes trouvés jusqu'ici pour faciliter la solution des questions de Méchanique, en montrera la liaison et la dépendance mutuelle, et mettra à portée de juger de leur justesse et de leur étendue.

Je le divise en deux Parties : la Statique ou la Théorie de l'Équilibre, et la Dynamique ou la Théorie du Mouvement; et chacune de ces Parties traitera séparément des corps solides et des fluides.

On ne trouvera point de Figures dans cet Ouvrage. Les méthodes que j'y expose ne demandent ni constructions, ni raisonnements géométriques ou méchaniques, mais seulement des opérations algébriques, assujetties à une marche régulière et uniforme. Ceux qui aiment l'Analyse verront avec plaisir la Méchanique en devenir une nouvelle branche, et me sauront gré d'en avoir étendu ainsi le domaine.

EXTRAIT DES REGISTRES

DE L'ACADÉMIE ROYALE DES SCIENCES.

Du vingt-sept février mil sept cent quatre-vingt-huit.

Messieurs DE LA PLACE, COUSIN, LE GENDRE et moi, ayant rendu compte d'un Ouvrage intitulé : *Méchanique analitique,* par M. DE LA GRANGE, l'Académie a jugé cet Ouvrage digne de son approbation, et d'être imprimé sous son Privilège.

Je certifie cet Extrait conforme aux registres de l'Académie. A Paris, ce 27 février 1788.

LE MARQUIS DE CONDORCET.

AVERTISSEMENT

DE LA DEUXIÈME ÉDITION.

On a déjà plusieurs Traités de Mécanique, mais le plan de celui-ci est entièrement neuf. Je me suis proposé de réduire la théorie de cette Science, et l'art de résoudre les problèmes qui s'y rapportent, à des formules générales, dont le simple développement donne toutes les équations nécessaires pour la solution de chaque problème.

Cet Ouvrage aura d'ailleurs une autre utilité : il réunira et présentera sous un même point de vue les différents principes trouvés jusqu'ici pour faciliter la solution des questions de Mécanique, en montrera la liaison et la dépendance mutuelle, et mettra à portée de juger de leur justesse et de leur étendue.

Je le divise en deux Parties : la Statique ou la Théorie de l'Équilibre, et la Dynamique ou la Théorie du Mouvement; et, dans chacune de ces Parties, je traite séparément des corps solides et des fluides.

On ne trouvera point de Figures dans cet Ouvrage. Les méthodes que j'y expose ne demandent ni constructions, ni raisonnements géométriques ou mécaniques, mais seulement des opérations algébriques, assujetties à une marche régulière et uniforme. Ceux qui aiment l'Analyse verront avec plaisir la Mécanique en devenir une nouvelle branche, et me sauront gré d'en avoir étendu ainsi le domaine.

Tel est le plan que j'avais tâché de remplir dans la première édition de ce Traité, publiée en 1788. Celle-ci est, à plusieurs égards, un Ouvrage nouveau, sur le même plan, mais plus ample. On a donné plus de développement aux principes et aux formules générales, et plus d'étendue aux applications, dans lesquelles on trouvera la solution des principaux problèmes qui sont du ressort de la Mécanique.

On a conservé la notation ordinaire du Calcul différentiel, parce qu'elle répond au système des infiniment petits, adopté dans ce Traité. Lorsqu'on a bien conçu l'esprit de ce système, et qu'on s'est convaincu de l'exactitude de ses résultats par la méthode géométrique des premières et dernières raisons, ou par la méthode analytique des fonctions dérivées, on peut employer les infiniment petits comme un instrument sûr et commode pour abréger et simplifier les démonstrations. C'est ainsi qu'on abrège les démonstrations des Anciens par la méthode des indivisibles.

Nous allons indiquer les principales augmentations qui distinguent cette édition de la précédente.

La première Section de la première Partie contient une analyse plus complète des trois principes de la Statique, avec des remarques nouvelles sur la nature et la liaison de ces principes; elle est terminée par une démonstration directe du principe des vitesses virtuelles, et tout à fait indépendante des deux autres principes.

Dans la deuxième Section, on démontre d'une manière plus rigoureuse que le principe des vitesses virtuelles, pour un nombre quelconque de forces en équilibre, peut se déduire du cas où il n'y a que deux forces, ce qui ramène directement ce principe à celui du levier; on réduit à une forme plus générale les équations qui résultent de ce principe, et l'on donne les conditions nécessaires pour qu'un système de forces soit équivalent à un autre système de forces et puisse le remplacer.

Dans la troisième Section, on établit d'une manière plus directe les formules des mouvements instantanés de rotation et de la composition de ces mouvements, et l'on en déduit la théorie des moments et de leur composition; on y expose une propriété peu connue du centre de gravité, et l'on donne une nouvelle démonstration des maxima et minima qui ont lieu dans l'état d'équilibre.

La quatrième Section contient des formules plus générales et plus simples pour la solution des problèmes qui dépendent de la méthode des variations; et, par la comparaison de ces formules avec celles de l'équilibre des corps de figure variable, on y montre comment les questions relatives à leur équilibre rentrent dans la classe de celles qui sont connues sous le nom de *problème général des isopérimètres,* et se résolvent de la même manière.

La cinquième Section offre quelques problèmes nouveaux et des remarques importantes sur quelques-unes des solutions déjà données dans la première édition.

Dans la sixième Section, on a ajouté quelques détails à l'analyse historique des principes de l'Hydrostatique.

On a donné, dans la septième Section, plus de rigueur et de généralité au calcul des variations des molécules d'un fluide, et l'on a rendu beaucoup plus simple l'analyse des termes qui se rapportent aux limites de la masse fluide; on a déduit de ces termes la théorie de l'action des fluides sur les solides qu'ils recouvrent ou sur les parois des vases qui les renferment, et l'on en a tiré une démonstration directe de ce théorème que, dans l'équilibre d'un solide avec un fluide, les forces qui agissent sur le solide sont les mêmes que si le fluide ne formait qu'une seule masse avec le solide. On a ajouté aussi, tant dans cette Section que dans la suivante, qui traite de l'équilibre des fluides élastiques, quelques applications des formules générales de l'équilibre des fluides.

La deuxième Partie, qui contient la Dynamique, offre un plus grand nombre d'augmentations.

Dans la première Section, on a rendu plus complète et plus exacte dans quelques points l'analyse historique des principes de la Dynamique.

Il y a dans la deuxième Section une addition importante, où l'on montre dans quels cas la formule générale de la Dynamique et, par conséquent aussi, les équations qui en résultent pour le mouvement d'un système de corps sont indépendantes de la position des axes des coordonnées dans l'espace, ce qui donne le moyen de compléter une solution où l'on aurait supposé nulles quelques constantes, par l'introduction de trois nouvelles constantes arbitraires.

Dans la troisième Section, on a donné plus d'extension aux propriétés relatives au mouvement du centre de gravité et aux aires décrites par un système de corps; on y a ajouté la théorie des axes principaux ou de rotation uniforme, déduite de la considération des mouvements instantanés de rotation par une analyse différente de celle qu'on y avait employée jusqu'ici; et l'on y démontre quelques théorèmes nouveaux sur la rotation d'un corps solide ou d'un système de corps, lorsqu'elle dépend d'une impulsion primitive.

La quatrième Section est, à peu de chose près, la même que dans la première édition.

Mais la cinquième Section est entièrement nouvelle; elle renferme la théorie de la variation des constantes arbitraires, qui a fait l'objet de trois Mémoires imprimés parmi ceux de la première Classe de l'Institut pour l'année 1808, mais présentée d'une manière plus simple et comme une méthode générale d'approximation pour tous les problèmes de Mécanique où il y a des forces perturbatrices peu considérables par rapport aux forces principales.

Nous observerons ici, pour donner à cette théorie toute l'étendue dont elle est susceptible, que la fonction V, qui dépend des forces principales, ne peut être qu'une fonction exacte des seules variables indépendantes ξ, ψ, φ, ... et du temps t, mais qu'il n'est pas nécessaire que la fonction désignée par Ω, et qui dépend des forces perturbatrices, soit aussi de la même nature. Quelles que soient ces forces, si on les décompose, pour chaque corps m du système, en trois X, Y, Z, suivant les coordonnées x, y, z, et tendantes à les augmenter, il n'y aura qu'à réduire ces coordonnées en fonctions des variables indépendantes ξ, ψ, φ, ..., et l'on pourra substituer à la place des différences partielles $\frac{\partial\Omega}{\partial\xi}$, $\frac{\partial\Omega}{\partial\psi}$, ... les sommes respectives

$$\mathrm{S}\,\mathrm{m}\left(\mathrm{X}\frac{\partial x}{\partial\xi}+\mathrm{Y}\frac{\partial y}{\partial\xi}+\mathrm{Z}\frac{\partial z}{\partial\xi}\right),\qquad \mathrm{S}\,\mathrm{m}\left(\mathrm{X}\frac{\partial x}{\partial\psi}+\mathrm{Y}\frac{\partial y}{\partial\psi}+\mathrm{Z}\frac{\partial z}{\partial\psi}\right),\qquad \ldots,$$

et, par conséquent, à la place de $\Delta\Omega$, la quantité

$$\mathrm{S}\,\mathrm{m}(\mathrm{X}\,\Delta x+\mathrm{Y}\,\Delta y+\mathrm{Z}\,\Delta z),$$

où la caractéristique Δ se rapporte aux constantes arbitraires; de sorte qu'on pourra changer $\frac{\partial\Omega}{\partial\alpha}$ en

$$\mathrm{S}\,\mathrm{m}\left(\mathrm{X}\frac{\partial x}{\partial\alpha}+\mathrm{Y}\frac{\partial y}{\partial\alpha}+\mathrm{Z}\frac{\partial z}{\partial\alpha}\right),$$

et ainsi des autres différences partielles de Ω. De cette manière, la méthode sera applicable à des forces perturbatrices représentées par des variables quelconques.

Enfin la sixième Section, qui est la dernière de ce Volume, et qui répond au paragraphe premier de la cinquième Section de l'édition précédente, est augmentée de différentes remarques, et surtout de la solution de quelques problèmes sur les oscillations très petites des corps; elle est terminée par la théorie des cordes vibrantes, que j'avais donnée dans le premier Volume des *Mémoires de Turin*, et qui est présentée ici d'une manière plus simple et à l'abri des objections que d'Alembert avait faites contre cette théorie, dans le premier Volume de ses *Opuscules*.

AVERTISSEMENT

DE LA TROISIÈME ÉDITION.

La *Mécanique analytique* est un Ouvrage de premier ordre dont nous n'avons pas besoin de faire ici l'éloge. Il nous suffira de rappeler que les géomètres le regardent, d'un commun accord, comme le chef-d'œuvre de son illustre auteur.

La netteté et l'élégance du style, non moins que l'enchaînement méthodique des diverses parties, témoignent assez que Lagrange ne s'est pas contenté de mettre au jour des idées neuves et fécondes, et que la rédaction même et la revision des détails ont été pour lui l'objet d'un soin minutieux.

En lisant les notes très courtes placées au bas des pages, on verra cependant qu'un assez grand nombre d'inadvertances subsistaient dans la deuxième édition. J'ai cru devoir les signaler. Mais cette critique minutieuse, qui porte parfois sur le sens d'un mot ou sur quelques termes d'une formule, n'implique dans aucun cas l'idée d'une *opinion* opposée à celle de Lagrange, et que j'aurais la hardiesse de proposer au lecteur. Toutes mes notes ont pour but de développer le sens du texte lorsqu'il ne me semble pas assez clair, ou de le rectifier dans des cas où l'incorrection n'est pas douteuse.

Lorsque les progrès de la Science ont exigé des développements plus considérables, les notes ont été renvoyées à la fin du Volume. Les lecteurs me sauront gré d'y avoir placé, tout d'abord, deux dissertations remarquables publiées déjà dans le *Journal de M. Liouville* par M. Poinsot et M. Dirichlet, qui critiquent l'un et l'autre, avec beaucoup de justesse, des passages importants de la première Partie, et indiquent en même temps de quelle manière il convient de les modifier.

En reproduisant ces écrits, dans lesquels une partie de la tâche que je m'étais imposée se trouve accomplie avec tant de supériorité, je suis heureux de penser que cette nouvelle édition se trouve, en quelque sorte, placée sous le patronage de deux noms illustres.

Paris, le 15 juin 1853.

J. BERTRAND.

AVERTISSEMENT

DE LA QUATRIÈME ÉDITION.

Au moment de publier cette nouvelle édition de la *Mécanique analytique*, nous avons pour premier devoir de rendre hommage au géomètre éminent qui avait entrepris en 1867 la publication des *Œuvres de Lagrange* et qui n'aura pas eu la joie de la voir complètement terminée. Par les tendances et les affinités de son esprit, M. Serret était admirablement préparé à remplir la tâche qui lui avait été confiée. Recherchant avant tout la précision et l'élégance de l'analyse, il avait cultivé ces qualités précieuses qu'il possédait comme un don naturel, et les avait encore augmentées par l'étude attentive, longtemps poursuivie, d'un maître incomparable. Si, plus tard, comme nous aimons à l'espérer, nos descendants lisent encore les meilleurs travaux de notre époque, plus d'un sans doute, confondant un peu les dates, sera tenté de considérer M. Serret comme un continuateur et comme un élève de Lagrange. Toutes les obligations que le devoir et l'affection imposent à un disciple pieux et fidèle, M. Serret les a en effet remplies vis-à-vis de notre grand géomètre. S'inspirant de son esprit, il a développé ou continué plusieurs de ses recherches; et surtout il lui a élevé le plus beau monument en publiant, avec l'appui du Gouvernement, cette magistrale édition des *Œuvres de Lagrange*, pour laquelle il n'a épargné aucun soin, aucun travail, aucun sacrifice.

Chargé de terminer son œuvre, nous nous sommes conformé à ses intentions, et au vœu unanime des géomètres, en reproduisant la belle édition que M. Joseph Bertrand a donnée, en 1853, de la *Mécanique analytique*. Les notes dont M. Bertrand a accompagné le texte, celles qu'il a placées à la fin des deux Volumes, ont été lues et étudiées par tous les géomètres; on nous aurait reproché de ne pas conserver cet admirable commentaire, digne d'un Ouvrage qui méritera toujours d'être regardé comme une des plus belles productions de la Science française.

Un jeune géomètre, M. G. Robin, qui s'est déjà fait connaître avantageusement par plusieurs travaux de Physique mathématique, a bien voulu nous aider dans la correction des épreuves. Nous nous empressons de le remercier ici du concours dévoué qu'il nous a prêté et qui nous a été très utile.

Paris, le 24 juin 1888.

GASTON DARBOUX.

MÉCANIQUE ANALYTIQUE.

PREMIÈRE PARTIE.

LA STATIQUE.

SECTION PREMIÈRE.

SUR LES DIFFÉRENTS PRINCIPES DE LA STATIQUE.

La Statique est la science de l'équilibre des forces. On entend, en général, par *force* ou *puissance* la cause, quelle qu'elle soit, qui imprime ou tend à imprimer du mouvement au corps auquel on la suppose appliquée; et c'est aussi par la quantité du mouvement imprimé, ou prêt à imprimer, que la force ou puissance doit s'estimer. Dans l'état d'équilibre, la force n'a pas d'exercice actuel; elle ne produit qu'une simple tendance au mouvement; mais on doit toujours la mesurer par l'effet qu'elle produirait si elle n'était pas arrêtée. En prenant une force quelconque ou son effet pour l'unité, l'expression de toute autre force n'est plus qu'un rapport, une quantité mathématique, qui peut être représentée par des nombres ou des lignes; c'est sous ce point de vue que l'on doit considérer les forces dans la Mécanique.

L'équilibre résulte de la destruction de plusieurs forces qui se combattent et qui anéantissent réciproquement l'action qu'elles exercent les unes sur les autres; et le but de la Statique est de donner les lois suivant lesquelles cette destruction s'opère. Ces lois sont fondées sur des principes généraux qu'on peut réduire à trois : celui du *levier*, celui de la *composition des forces*, et celui des *vitesses virtuelles*.

1. Archimède, le seul parmi les anciens qui nous ait laissé une théorie de l'équilibre, dans ses deux Livres *de Æquiponderantibus*, ou *de Planorum æquilibriis*, est l'auteur du principe du levier, lequel consiste, comme le savent tous les mécaniciens, en ce que si un levier droit est chargé de deux poids quelconques placés, de part et d'autre du point d'appui, à des distances de ce point réciproquement proportionnelles aux mêmes poids, ce levier sera en équilibre, et son appui sera chargé de la somme des deux poids. Archimède prend ce principe, dans le cas des poids égaux placés à des distances égales du point d'appui, pour un axiome de Mécanique évident de soi-même, ou du moins pour un principe d'expérience; et il ramène à ce cas simple et primitif celui des poids inégaux, en imaginant ces poids, lorsqu'ils sont commensurables, divisés en plusieurs parties toutes égales entre elles, et en supposant que les parties de chaque poids soient séparées et transportées, de part et d'autre, sur le même levier, à des distances égales, en sorte que le levier se trouve chargé de plusieurs petits poids égaux et placés à distances égales autour du point d'appui. Ensuite il démontre la vérité du même théorème pour les poids incommensurables, à l'aide de la méthode d'exhaustion, en faisant voir qu'il ne saurait y avoir équilibre entre ces poids, à moins qu'ils ne soient en raison inverse de leurs distances au point d'appui.

Quelques auteurs modernes, comme Stevin dans sa Statique, et Galilée dans ses Dialogues sur le mouvement, ont rendu la démonstration d'Archimède plus simple, en supposant que les poids attachés au levier soient deux parallélépipèdes horizontaux pendus par leur milieu, et dont les largeurs et les hauteurs soient égales, mais dont les longueurs soient doubles des bras de levier qui leur répondent inversement. Car, de cette manière, les deux parallélépipèdes sont en raison inverse de leurs bras de levier, et en même temps ils se trouvent placés bout à bout, en sorte qu'ils n'en forment plus qu'un seul, dont le point du milieu répond précisément au point d'appui du levier. Archimède avait déjà employé une considération semblable pour déterminer le centre de gravité d'une grandeur composée de deux surfaces paraboliques, dans la première proposition du second Livre de l'Équilibre des plans.

D'autres auteurs, au contraire, ont cru trouver des défauts dans la démonstration d'Archimède, et ils l'ont tournée de différentes façons pour la rendre plus rigoureuse; mais il faut convenir qu'en altérant la simplicité de cette démonstration, ils n'y ont presque rien ajouté du côté de l'exactitude.

Cependant, parmi ceux qui ont cherché à suppléer à la démonstration d'Archimède, sur l'équilibre du levier, on doit distinguer Huygens, dont on a un petit écrit intitulé : *Demonstratio æquilibrii bilancis* (1), et imprimé en 1693 dans le Recueil des anciens *Mémoires de l'Académie des Sciences*.

Huygens observe qu'Archimède suppose tacitement que, si plusieurs poids égaux sont appliqués à un levier horizontal, à distances égales les uns des autres, ils exercent la même force pour incliner le levier, soit qu'ils se trouvent tous du même côté du point d'appui, soit qu'ils soient les uns d'un côté et les autres de l'autre côté du point d'appui; et, pour éviter cette supposition précaire, au lieu de distribuer, comme Archimède, les parties aliquotes des deux poids commensurables sur le même levier, de part et d'autre des points où les poids entiers sont censés appliqués, il les distribue de la même manière, mais sur deux autres leviers horizontaux, et placés perpendiculairement aux extrémités du levier principal, en forme de T : de cette manière, on a un plan horizontal chargé de plusieurs poids égaux, et qui est évidemment en équilibre sur la ligne du premier levier, parce que les poids se trouvent distribués également et symétriquement des deux côtés de cette

(1) Cet écrit d'Huygens fait partie de ses *Œuvres* publiées par S'Gravesande en 1724 (Lyon), t. Ier, p. 282. (*J. Bertrand.*)

ligne. Mais Huygens démontre que ce plan est aussi en équilibre sur une droite inclinée à celle-là, et passant par le point qui divise le levier primitif en parties réciproquement proportionnelles aux poids dont il est supposé chargé, parce qu'il fait voir que les petits poids se trouvent aussi placés à distances égales de part et d'autre de la même droite : d'où il conclut que le plan et par conséquent le levier proposé doivent être en équilibre sur le même point.

Cette démonstration est ingénieuse, mais elle ne supplée pas entièrement à ce qu'on peut, en effet, désirer dans celle d'Archimède.

2. L'équilibre d'un levier droit et horizontal, dont les extrémités sont chargées de poids égaux, et dont le point d'appui est au milieu du levier, est une vérité évidente par elle-même; parce qu'il n'y a pas de raison pour que l'un des poids l'emporte sur l'autre, tout étant égal de part et d'autre du point d'appui. Il n'en est pas de même de la supposition que la charge de l'appui soit égale à la somme des deux poids. Il paraît que tous les mécaniciens l'ont prise comme un résultat de l'expérience journalière, qui apprend que le poids d'un corps ne dépend que de sa masse totale, et nullement de sa figure [1]. On peut néanmoins déduire cette vérité de la première, en considérant, comme Huygens, l'équilibre d'un plan sur une ligne.

Pour cela, il n'y a qu'à imaginer un plan triangulaire chargé de deux poids égaux aux deux extrémités de sa base, et d'un poids double à son sommet. Ce plan sera évidemment en équilibre, étant appuyé sur une ligne droite ou axe fixe, qui passe par le milieu des deux côtés du triangle; car on peut regarder chacun de ces côtés comme un levier chargé dans ses deux extrémités de deux poids égaux, et qui a son point d'appui sur l'axe qui passe par son milieu. Maintenant on peut envisager cet équilibre d'une autre manière, en regardant la base

[1] D'Alembert est, je crois, le premier qui ait cherché à démontrer cette proposition; mais la démonstration qu'il en a donnée dans les *Mémoires de l'Académie des Sciences* de 1769 n'est pas entièrement satisfaisante. Celle que M. Fourier a donnée depuis dans le Ve Cahier du *Journal de l'École Polytechnique* est rigoureuse et très ingénieuse; mais elle n'est pas tirée de la nature du levier. (*Note de Lagrange.*)

même du triangle comme un levier dont les extrémités sont chargées de deux poids égaux, et en imaginant un levier transversal qui joigne le sommet du triangle et le milieu de sa base en forme de T, dont une des extrémités soit chargée du poids double placé au sommet, et l'autre serve de point d'appui au levier qui forme la base. Il est évident que ce dernier levier sera en équilibre sur le levier transversal qui le soutient dans son milieu, et que celui-ci sera, par conséquent, en équilibre sur l'axe sur lequel le plan est déjà en équilibre. Or, comme l'axe passe par le milieu des deux côtés du triangle, il passera aussi nécessairement par le milieu de la droite menée du sommet du triangle au milieu de sa base; donc le levier transversal aura son point d'appui dans le point de milieu et devra, par conséquent, être chargé également aux deux bouts : donc la charge que supporte le point d'appui du levier qui fait la base du triangle, et qui est chargé à ses deux extrémités de poids égaux, sera égale au poids double du sommet et, par conséquent, égale à la somme des deux poids.

Si, au lieu d'un triangle, on considérait un trapèze chargé à ses quatre angles de quatre poids égaux, on trouverait de la même manière que les deux leviers de longueurs inégales, formant les côtés parallèles du trapèze, exercent sur leurs points d'appui des forces égales.

3. Cette proposition une fois établie, il est clair qu'on peut, ainsi qu'Archimède le fait, substituer à un poids en équilibre sur un levier deux poids égaux chacun à la moitié de ce poids et placés sur le même levier, à distances égales de part et d'autre du point où le poids est attaché; car l'action de ce poids est la même que celle d'un levier suspendu par son milieu au même point et chargé, à ses deux bouts, de deux poids égaux chacun à la moitié du même poids; et il est évident que rien n'empêche d'approcher ce dernier levier du premier, de manière qu'il en fasse partie. Ou bien, ce qui est peut-être plus rigoureux, il n'y a qu'à regarder ce dernier levier comme étant tenu en équilibre par une force appliquée à son point de milieu, dirigée de bas en haut, et égale au poids dont les deux moitiés sont censées appliquées à ses

extrémités; alors, en appliquant ce levier en équilibre sur le premier levier qui est supposé en équilibre sur son point d'appui, l'équilibre total subsistera toujours, et, si l'application se fait de manière que le milieu du second levier coïncide avec l'extrémité d'un des bras du premier levier, la force qui soutient le second levier pourra être censée appliquée au poids même dont ce bras est chargé, et qui, étant soutenu, n'aura plus d'action sur le levier, mais se trouvera ainsi remplacé par deux poids égaux chacun à sa moitié et placés de part et d'autre de ce poids sur le premier levier prolongé. Cette superposition d'équilibres est, en Mécanique, un principe aussi fécond que l'est, en Géométrie, la superposition des figures.

4. On peut donc regarder l'équilibre d'un levier droit et horizontal, chargé de deux poids en raison inverse de leurs distances au point d'appui du levier, comme une vérité rigoureusement démontrée; et, par le principe de la superposition, il est facile de l'étendre à un levier angulaire quelconque, dont le point d'appui serait dans l'angle et dont les bras seraient tirés en sens contraire par des forces perpendiculaires à leurs directions. En effet, il est évident qu'un levier angulaire à bras égaux, et mobile autour du sommet de l'angle, sera tenu en équilibre par deux forces égales appliquées perpendiculairement aux extrémités des deux bras, et tendant à les faire tourner en sens contraire. Si donc on a un levier droit en équilibre, dont l'un des bras soit égal à ceux du levier angulaire et soit chargé à son extrémité d'un poids équivalent à chacune des puissances appliquées au levier angulaire, l'autre bras étant chargé du poids nécessaire pour l'équilibre, et qu'on superpose ces leviers de manière que le sommet de l'angle de l'un tombe sur le point d'appui de l'autre, et que les bras égaux de l'un et de l'autre coïncident et n'en forment plus qu'un, la puissance appliquée au bras du levier angulaire soutiendra le poids suspendu au bras égal du levier droit, de manière qu'on pourra faire abstraction de l'un et de l'autre, et supposer le bras formé de la réunion de ces deux-ci anéanti. L'équilibre subsistera donc encore entre les deux autres bras formant un

levier angulaire tiré à ses extrémités par des forces perpendiculaires et en raison inverse de la longueur des bras, comme dans le levier droit.

Or une force peut être censée appliquée à tel point que l'on veut de sa direction. Donc deux forces, appliquées à des points quelconques d'un plan retenu par un point fixe et dirigées comme on voudra dans ce plan, sont en équilibre lorsqu'elles sont entre elles en raison inverse des perpendiculaires abaissées de ce point sur leurs directions; car on peut regarder ces perpendiculaires comme formant un levier angulaire dont le point d'appui est le point fixe du plan : c'est ce qu'on appelle maintenant le *principe des moments*, en entendant par moment le produit d'une force par le bras du levier par lequel elle agit.

Ce principe général suffit pour résoudre tous les problèmes de la Statique. La considération du treuil l'avait fait apercevoir dès les premiers pas que l'on a faits après Archimède, dans la théorie des machines simples, comme on le voit par l'Ouvrage de Guido Ubaldo, intitulé : *Mecanicorum liber*, qui a paru à Pesaro, en 1577; mais cet auteur n'a pas su l'appliquer au plan incliné, ni aux autres machines qui en dépendent, comme le coin et la vis dont il n'a donné qu'une théorie peu exacte.

5. Le rapport de la puissance au poids sur un plan incliné a été longtemps un problème parmi les mécaniciens modernes. Stevin l'a résolu le premier; mais sa solution est fondée sur une considération indirecte et indépendante de la théorie du levier.

Stevin considère un triangle solide posé sur sa base horizontale, en sorte que ses deux côtés forment deux plans inclinés; et il imagine qu'un chapelet formé de plusieurs poids égaux, enfilés à des distances égales, ou plutôt une chaîne d'égale grosseur, soit placé sur les deux côtés de ce triangle, de manière que toute la partie supérieure se trouve appliquée aux deux côtés du triangle, et que la partie inférieure pende librement au-dessous de la base, comme si elle était attachée aux deux extrémités de cette base.

Or Stevin remarque qu'en supposant que la chaîne puisse glisser librement sur le triangle, elle doit cependant demeurer en repos; car, si elle commençait à glisser d'elle-même dans un sens, elle devrait continuer à glisser toujours, puisque la même cause de mouvement subsisterait, la chaîne se trouvant, à cause de l'uniformité de ses parties, placée toujours de la même manière sur le triangle; d'où résulterait un mouvement perpétuel, ce qui est absurde.

Il y a donc nécessairement équilibre entre toutes les parties de la chaîne; or on peut regarder la portion qui pend au-dessous de la base comme étant déjà en équilibre d'elle-même. Donc il faut que l'effort de tous les poids appuyés sur l'un des côtés contrebalance l'effort des poids appuyés sur l'autre côté; mais la somme des uns est à la somme des autres dans le même rapport que les longueurs des côtés sur lesquels ils sont appuyés. Donc il faudra toujours la même puissance pour soutenir un ou plusieurs poids placés sur un plan incliné, lorsque le poids total sera proportionnel à la longueur du plan, en supposant la hauteur la même : mais, quand le plan est vertical, la puissance est égale au poids; donc, dans tout plan incliné, la puissance est au poids comme la hauteur du plan à sa longueur.

J'ai rapporté cette démonstration de Stevin, parce qu'elle est très ingénieuse et qu'elle est d'ailleurs peu connue. Au reste, Stevin déduit de cette théorie celle de l'équilibre entre trois puissances qui agissent sur un même point, et il trouve que cet équilibre a lieu lorsque les puissances sont parallèles et proportionnelles aux trois côtés d'un triangle rectiligne quelconque. (*Voir* les *Éléments de Statique* et les *Additions à la Statique* de cet auteur, dans les *Hypomnemata mathematica*, imprimés à Leyde en 1605, et dans les *Œuvres* de Stevin, traduites en français, et imprimées en 1634 par les Elzevirs.) Mais on doit observer que ce théorème fondamental de la Statique, quoiqu'il soit communément attribué à Stevin, n'a cependant été démontré par cet auteur que dans le cas où les directions de deux des puissances font entre elles un angle droit.

Stevin remarque avec raison qu'un poids appuyé sur un plan incliné, et retenu par une puissance parallèle au plan, est dans le même cas que s'il était soutenu par deux fils, l'un perpendiculaire, et l'autre parallèle au plan; et, par sa théorie du plan incliné, il trouve que le rapport du poids à la puissance parallèle au plan est comme l'hypoténuse à la base d'un triangle rectangle formé sur le plan par deux droites, l'une verticale et l'autre perpendiculaire au plan. Stevin se contente ensuite d'étendre cette proportion au cas où le fil qui retient le poids sur le plan incliné serait aussi incliné à ce plan, en construisant un triangle analogue avec les mêmes lignes, l'une verticale, l'autre perpendiculaire au plan, et en prenant la base dans la direction du fil; mais il faudrait pour cela qu'il eût démontré que la même proportion a lieu dans l'équilibre d'un poids soutenu sur un plan incliné par une puissance oblique au plan, ce qui ne peut pas se déduire de la considération de la chaîne imaginée par Stevin.

6. Dans les *Mécaniques* de Galilée, publiées d'abord en français par le P. Mersenne en 1634, l'équilibre sur un plan incliné est réduit à celui d'un levier angulaire à deux bras égaux, dont l'un est supposé perpendiculaire au plan et chargé d'un poids appuyé sur le plan, et dont l'autre est horizontal et chargé d'un poids équivalent à la puissance nécessaire pour retenir le poids sur le plan; cet équilibre est ensuite réduit à celui d'un levier droit et horizontal, en regardant le poids attaché au bras incliné comme suspendu à un bras horizontal formant un levier droit avec le bras horizontal du levier angulaire. Ainsi le poids est à la puissance qui le soutient sur le plan incliné, en raison inverse de ces deux bras du levier droit, et il est facile de prouver que ces bras sont entre eux comme la hauteur du plan à sa longueur.

On peut dire que c'est là la première démonstration directe qu'on ait eue de l'équilibre sur un plan incliné. Galilée s'en est servi depuis pour démontrer rigoureusement l'égalité des vitesses acquises par les corps pesants, en descendant d'une même hauteur sur des plans diversement inclinés, égalité qu'il s'était contenté de supposer dans la première édition de ses Dialogues.

Il eût été facile à Galilée de résoudre aussi le cas où la puissance qui retient le poids a une direction oblique au plan; mais ce nouveau pas n'a été fait que quelque temps après, par Roberval, dans un *Traité de Mécanique* imprimé, en 1636, dans l'*Harmonie universelle* de Mersenne.

7. Roberval regarde aussi le poids appuyé sur le plan incliné comme attaché au bras d'un levier perpendiculaire au plan, et il considère la puissance comme une force appliquée au même bras, suivant une direction donnée; il a ainsi un levier à un seul bras, dont une extrémité est fixe, et dont l'autre extrémité est tirée par deux forces, celle du poids et celle de la puissance qui le retient. Il substitue ensuite à ce levier un levier angulaire à deux bras perpendiculaires aux directions des deux forces et ayant le même point fixe pour point d'appui, et il suppose les deux forces appliquées aux bras de ce levier suivant leurs propres directions, ce qui lui donne pour l'équilibre le rapport du poids à la puissance, en raison inverse des deux bras du levier angulaire, c'est-à-dire des perpendiculaires menées du point fixe sur les directions du poids et de la puissance.

De là, Roberval déduit l'équilibre d'un poids soutenu par deux cordes qui font entre elles un angle quelconque, en substituant au levier perpendiculaire au plan une corde attachée au point d'appui du levier, et à la puissance une autre corde tirée par une force dans la direction de cette puissance; et, par différentes constructions et analogies un peu compliquées, il parvient à cette conclusion : que, si de quelque point pris dans la verticale du poids, on mène une parallèle à l'une des cordes, jusqu'à la rencontre de l'autre corde, le triangle formé ainsi aura ses côtés proportionnels au poids et aux puissances qui agissent dans la direction des mêmes côtés, ce qui est, comme on voit, le théorème donné par Stevin.

J'ai cru devoir faire mention de cette démonstration de Roberval, non seulement parce que c'est la première démonstration rigoureuse qu'on ait eue du théorème de Stevin, mais encore parce qu'elle est restée dans l'oubli dans un Traité d'Harmonie, assez rare aujourd'hui, où personne ne s'avise de la chercher. Au reste, je ne suis entré dans ce détail sur ce qui regarde la théorie du levier, que pour faire plaisir à ceux qui aiment à suivre la marche de l'esprit dans les sciences, et à connaître les routes que les inventeurs ont tenues et les routes plus directes qu'ils auraient pu tenir.

8. Les Traités de Statique qui ont paru après celui de Roberval, jusqu'à l'époque de la découverte de la composition des forces, n'ont rien ajouté à cette partie de la Mécanique; on n'y trouve que les propriétés déjà connues du levier et du plan incliné, et leur application aux autres machines simples : encore y en a-t-il quelques-uns qui renferment des théories peu exactes, comme celui de Lami sur l'équilibre des solides, où il donne une proportion fausse du poids à la puissance qui le retient sur un plan incliné. Je ne parle pas ici de Descartes, de Torricelli et de Wallis, parce qu'ils ont adopté pour l'équilibre un principe qui se rapporte à celui des vitesses virtuelles, et dont ils n'avaient pas la démonstration.

9. Le second principe fondamental de la Statique est celui de la composition des forces. Il est fondé sur cette supposition : que, si deux forces agissent à la fois sur un corps [1] suivant différentes directions, ces forces équivalent alors à une force unique, capable d'imprimer au corps le même mouvement que lui donneraient les deux forces agissant séparément. Or un corps, qu'on fait mouvoir uniformément suivant deux directions différentes à la fois, parcourt nécessairement la diagonale du parallélogramme dont il eût parcouru séparément les côtés en vertu de chacun des deux mouvements. D'où l'on conclut que deux puissances quelconques, qui agissent ensemble sur un même corps, sont équivalentes à une seule représentée, dans sa quantité et sa direction, par la diagonale du parallélogramme dont les côtés repré-

(1) Le mot *corps* désigne ici un point matériel. (*J. Bertrand.*)

sentent en particulier les quantités et les directions des deux puissances données. C'est en quoi consiste le principe qu'on nomme la *composition des forces*.

Ce principe ([1]) suffit seul pour déterminer les lois de l'équilibre dans tous les cas; car, en composant ainsi successivement toutes les forces deux à deux, on doit parvenir à une force unique qui sera équivalente à toutes ces forces, et qui, par conséquent, devra être nulle dans le cas d'équilibre s'il n'y a dans le système aucun point fixe; mais, s'il y en a un, il faudra que la direction de cette force unique passe par le point fixe. C'est ce qu'on peut voir dans tous les livres de Statique, et particulièrement dans la *Nouvelle Mécanique* de Varignon, où la théorie des machines est déduite uniquement du principe dont nous venons de parler.

Il est évident que le théorème de Stevin sur l'équilibre de trois forces parallèles et proportionnelles aux trois côtés d'un triangle quelconque est une conséquence immédiate et nécessaire du principe de la composition des forces, ou plutôt qu'il n'est que ce même principe présenté sous une autre forme. Mais celui-ci a l'avantage d'être fondé sur des notions simples et naturelles, au lieu que le théorème de Stevin ne l'est que sur des considérations indirectes.

10. Les anciens ont connu la composition des mouvements, comme on le voit par quelques passages d'Aristote, dans ses Questions mécaniques. Les géomètres surtout l'ont employée pour la description des courbes, comme Archimède pour la spirale, Nicomède pour la conchoïde, etc.; et, parmi les modernes, Roberval en a déduit une méthode ingénieuse de tirer les tangentes aux courbes qui peuvent être censées décrites par deux mouvements dont la loi est donnée; mais Galilée est le premier qui ait employé la considération du mouvement composé dans la Mécanique, pour déterminer la courbe décrite par un corps pesant, en vertu de l'action de la gravité et de la force de projection.

([1]) Ce paragraphe manque d'exactitude : deux forces qui ne sont pas dans le même plan n'ayant pas de résultante, la remarque de Lagrange ne peut même pas être appliquée, d'une manière générale, au cas d'un système solide. (*J. Bertrand.*)

Dans la seconde proposition de la quatrième Journée de ses Dialogues, Galilée démontre qu'un corps mû avec deux vitesses uniformes, l'une horizontale, l'autre verticale, doit prendre une vitesse représentée par l'hypoténuse du triangle dont les côtés représentent ces deux vitesses; mais il paraît en même temps que Galilée n'a pas connu toute l'importance de ce théorème dans la théorie de l'équilibre; car, dans le Dialogue troisième, où il traite du mouvement des corps pesants sur des plans inclinés, au lieu d'employer le principe de la composition du mouvement pour déterminer directement la gravité relative d'un corps sur un plan incliné, il déduit plutôt cette détermination de la théorie de l'équilibre sur les plans inclinés, d'après ce qu'il avait établi auparavant dans son Traité *Della Scienza mecanica,* dans lequel il ramène le plan incliné au levier.

On trouve ensuite la théorie des mouvements composés dans les écrits de Descartes, de Roberval, de Mersenne, de Wallis, etc.; mais, jusqu'à l'année 1687, dans laquelle ont paru les *Principes mathématiques* de Newton et le *Projet de la Nouvelle Mécanique* de Varignon, on n'avait point pensé à substituer, dans la composition des mouvements, les forces aux mouvements qu'elles peuvent produire, et à déterminer la force composée résultante de deux forces données, comme on détermine le mouvement composé de deux mouvements rectilignes et uniformes donnés.

Dans le second corollaire de la troisième loi du mouvement, Newton montre en peu de mots comment les lois de l'équilibre se déduisent facilement de la composition et décomposition des forces, en prenant la diagonale d'un parallélogramme pour la force composée de deux forces représentées par ses côtés; mais cet objet est traité plus en détail dans l'Ouvrage de Varignon, et la *Nouvelle Mécanique* qui a paru après sa mort, en 1725, renferme une théorie complète sur l'équilibre des forces dans les différentes machines, déduite de la seule considération de la composition ou décomposition des forces.

11. Le principe de la composition des forces donne tout de suite les

conditions de l'équilibre entre trois puissances qui agissent sur un point, qu'on n'avait pu déduire de l'équilibre du levier que par une suite de raisonnements. Mais, d'un autre côté, lorsqu'on veut, par ce principe, trouver les conditions de l'équilibre entre deux puissances parallèles appliquées aux extrémités d'un levier droit, on est obligé d'employer des considérations indirectes, en substituant un levier angulaire au levier droit, comme Newton et d'Alembert l'ont fait, ou en ajoutant deux forces étrangères qui se détruisent mutuellement, mais qui, étant composées avec les puissances données, rendent leurs directions concourantes, ou enfin en imaginant que les directions des puissances prolongées concourent à l'infini, et en prouvant que la puissance composée doit passer par le point d'appui : c'est la manière dont s'y est pris Varignon dans sa Mécanique. Ainsi, quoique, à la rigueur, les deux principes du levier et de la composition des forces conduisent toujours aux mêmes résultats, il est remarquable que le cas le plus simple pour l'un de ces principes devient le plus compliqué pour l'autre.

12. Mais on peut établir une liaison immédiate entre ces deux principes, par le théorème que Varignon a donné dans sa *Nouvelle Mécanique* (Section I, Lemme XVI), et qui consiste en ce que si, d'un point quelconque pris dans le plan d'un parallélogramme, on abaisse des perpendiculaires sur la diagonale et sur les deux côtés qui comprennent cette diagonale, le produit de la diagonale par sa perpendiculaire est égal à la somme des produits des deux côtés par leurs perpendiculaires respectives si le point tombe hors du parallélogramme, ou à leur différence s'il tombe dans le parallélogramme. Varignon fait voir, par une construction très simple, qu'en formant des triangles qui aient la diagonale et les deux côtés pour bases, et le point donné pour sommet commun, le triangle formé sur la diagonale est, dans le premier cas, égal à la somme et, dans le second cas, à la différence des deux triangles formés sur les côtés; ce qui est en soi-même un beau théorème de Géométrie, indépendamment de son application à la Mécanique.

Ce théorème aurait lieu également et la démonstration serait la même si, sur le prolongement de la diagonale et des côtés, on prenait partout où l'on voudrait des parties égales à ces lignes; de sorte que, comme toute puissance peut être supposée appliquée à un point quelconque de sa direction, on peut conclure, en général, que deux puissances, représentées en quantité et en direction par deux droites placées dans un plan, ont une composée ou résultante représentée en quantité et en direction par une droite placée dans le même plan, qui étant prolongée passe par le point de concours des deux droites, et qui soit telle, qu'ayant pris dans ce plan un point quelconque, et abaissé de ce point des perpendiculaires sur ces trois droites, prolongées s'il est nécessaire, le produit de la résultante par sa perpendiculaire soit égal à la somme ou à la différence des produits respectifs des deux puissances composantes par leurs perpendiculaires, selon que le point d'où partent les trois perpendiculaires sera pris au dehors ou au dedans des droites qui représentent les puissances composantes.

Lorsque ce point est supposé tomber sur la direction de la résultante, cette puissance n'entre plus dans l'équation, et l'on a l'égalité entre les deux produits des composantes par leurs perpendiculaires; c'est le cas de tout levier droit et angulaire, dont le point d'appui est le même que le point dont il s'agit, parce qu'alors l'action de la résultante est détruite par la résistance de l'appui.

Ce théorème, dû à Varignon, est le fondement de presque toutes les Statiques modernes, où il constitue le principe général appelé des *moments*. Son grand avantage consiste en ce que la composition et la résolution des forces y sont réduites à des additions et des soustractions; de sorte que, quel que soit le nombre des puissances à composer, on trouve facilement la puissance résultante, laquelle doit être nulle dans le cas d'équilibre.

13. J'ai rapporté l'époque de la découverte de Varignon à celle de la publication de son Projet, quoique dans l'Avertissement, qui est à

la tête de la *Nouvelle Mécanique,* on ait avancé qu'il avait donné deux ans auparavant, dans l'*Histoire de la République des Lettres,* un Mémoire sur les poulies à moufle, dans lequel il se servait des mouvements composés pour déterminer tout ce qui regarde cette machine; mais je dois observer que cet article manque d'exactitude. Le Mémoire dont il s'agit, sur les poulies, ne se trouve que dans les Nouvelles de la République des Lettres du mois de mai 1687, sous le titre de *Nouvelle démonstration générale de l'usage des poulies à moufle.* L'auteur y considère l'équilibre d'un poids soutenu par une corde qui passe sur une poulie, et dont les deux parties ne sont pas parallèles. Il n'y fait point usage ni même mention du principe de la composition des forces, mais il emploie les théorèmes déjà connus sur les poids soutenus par des cordes, et il cite les *Statiques* de Pardis et de Dechales. Dans une seconde démonstration, il réduit la question au levier, en regardant la droite qui joint les deux points où la corde abandonne la poulie, comme un levier chargé du poids appliqué à la poulie, et dont les extrémités sont tirées par les deux portions de la corde qui soutient la poulie.

Pour ne rien omettre de ce qui regarde l'histoire de la découverte de la composition des forces, je dois dire un mot d'un petit écrit publié par Lami en 1687, sous le titre de *Nouvelle manière de démontrer les principaux théorèmes des éléments des mécaniques.* L'auteur observe que, si un corps est poussé par deux forces suivant deux directions différentes, il suivra nécessairement une direction moyenne; de sorte que, si le chemin suivant cette direction lui était fermé, il demeurerait en repos, et les deux forces se feraient équilibre. Or il détermine la direction moyenne par la composition des deux mouvements que le corps prendrait dans le premier instant en vertu de chacune des deux forces, si elles agissaient séparément, ce qui lui donne la diagonale du parallélogramme dont les deux côtés seraient les espaces parcourus en même temps par l'action des deux forces et, par conséquent, proportionnels aux forces. De là il tire tout de suite le théorème que les deux forces sont entre elles en raison réciproque des sinus des angles que leurs directions font avec la direction moyenne que le corps prendrait s'il n'était pas arrêté, et il en fait l'application au plan incliné et au levier lorsque ses extrémités sont tirées par des puissances dont les directions font un angle; mais, pour le cas où ces directions sont parallèles, il emploie un raisonnement vague et peu concluant.

La conformité du principe employé par Lami avec celui de Varignon avait fait dire à l'auteur de l'*Histoire des Ouvrages des Savants* (avril 1688) qu'il y avait apparence que le premier devait au dernier la découverte de son principe. Lami s'est justifié de cette imputation, dans une Lettre publiée dans le *Journal des Savants* du 13 septembre 1688, à laquelle le journaliste a répondu au mois de décembre de la même année; mais cette contestation, à laquelle Varignon n'a point pris part, n'a pas été plus loin, et l'écrit de Lami paraît être tombé dans l'oubli.

Au reste, la simplicité du principe de la composition des forces et la facilité de l'appliquer à tous les problèmes sur l'équilibre l'ont fait adopter des mécaniciens aussitôt après sa découverte, et l'on peut dire qu'il sert de base à presque tous les Traités de Statique qui ont paru depuis.

14. On ne peut cependant s'empêcher de reconnaître que le principe du levier a seul l'avantage d'être fondé sur la nature de l'équilibre considéré en lui-même, et comme un état indépendant du mouvement; d'ailleurs il y a une différence essentielle dans la manière d'estimer les puissances qui se font équilibre dans ces deux principes; de sorte que, si l'on n'était pas parvenu à les lier par les résultats, on aurait pu douter avec raison s'il était permis de substituer au principe fondamental du levier celui qui résulte de la considération étrangère des mouvements composés.

En effet, dans l'équilibre du levier, les puissances sont des poids ou peuvent être regardées comme tels, et une puissance n'est censée double ou triple d'une autre qu'autant qu'elle est formée par la réunion de deux ou trois puissances égales chacune à l'autre puissance. Mais la tendance à se mouvoir est supposée la même dans chaque puissance, quelle que soit son intensité; au lieu que, dans le principe de la composition des forces, on estime la valeur des forces par le degré de vitesse qu'elles communiqueraient au corps auquel elles sont appliquées, si chacune était libre d'agir séparément, et c'est peut-être cette différence dans la manière de concevoir les forces qui a empêché longtemps les mécaniciens d'employer les lois connues de la composition des mouvements dans la théorie de l'équilibre, dont le cas le plus simple est celui de l'équilibre des corps pesants.

15. On a cherché depuis à rendre le principe de la composition des forces indépendant de la considération du mouvement, et à l'établir uniquement sur des vérités évidentes par elles-mêmes. Daniel Bernoulli (¹) a donné le premier, dans les *Commentaires de l'Académie de Pétersbourg*, tome Ier, une démonstration très ingénieuse du parallélogramme des forces, mais longue et compliquée, que d'Alembert a ensuite rendue un peu plus simple dans le premier Volume de ses Opuscules.

Cette démonstration est fondée sur ces deux principes :

1° Que, si deux forces agissent sur un même point dans des directions différentes, elles ont pour résultante une force unique qui divise en deux également l'angle compris entre leurs directions lorsque les deux forces sont égales, et qui est égale à leur somme lorsque cet angle est nul, ou à leur différence lorsque l'angle est de deux droits; 2° que des équi-multiples des mêmes forces, ou des forces quelconques qui leur soient proportionnelles, ont une résultante équi-multiple de leur résultante ou proportionnelle à cette résultante, les angles demeurant les mêmes.

Ce second principe est évident en regardant les forces comme des quantités qui peuvent s'ajouter ou se soustraire.

A l'égard du premier, on le démontre en considérant le mouvement qu'un corps, poussé par deux forces qui ne se font pas équilibre, doit

(¹) La même démonstration a été reproduite et simplifiée par M. Aimé, *Journal de Mathématiques* de Liouville, 1re série, t. Ier, p. 335. (*J. Bertrand.*)

prendre, et qui, étant nécessairement unique, peut être attribué à une force unique agissant sur lui dans la direction de son mouvement. Ainsi l'on peut dire que ce principe n'est pas tout à fait exempt de la considération du mouvement.

Quant à la direction de la résultante dans le cas de l'égalité des deux forces, il est clair qu'il n'y a pas plus de raison pour qu'elle soit plus inclinée à l'une qu'à l'autre de ces deux forces, et que, par conséquent, elle doit couper l'angle de leurs directions en deux parties égales.

On a ensuite traduit en Analyse le fond de cette démonstration, et on lui a donné différentes formes plus ou moins simples, en considérant la résultante comme fonction des forces composantes et de l'angle compris entre leurs directions. (*Voir* le second tome des *Mélanges de la Société de Turin*, les *Mémoires de l'Académie des Sciences*, de 1769, le sixième Volume des *Opuscules* de d'Alembert, etc.) Mais il faut avouer qu'en séparant ainsi le principe de la composition des forces de celui de la composition des mouvements, on lui fait perdre ses principaux avantages, l'évidence et la simplicité, et on le réduit à n'être qu'un résultat de constructions géométriques ou d'Analyse.

16. Je viens enfin au troisième principe, celui des vitesses virtuelles. On doit entendre par *vitesse virtuelle* celle qu'un corps en équilibre est disposé à recevoir, en cas que l'équilibre vienne à être rompu, c'est-à-dire la vitesse que ce corps prendrait réellement dans le premier instant de son mouvement; et le principe dont il s'agit consiste en ce que des puissances sont en équilibre quand elles sont en raison inverse de leurs vitesses virtuelles, estimées suivant les directions de ces puissances.

Pour peu qu'on examine les conditions de l'équilibre dans le levier et dans les autres machines, il est facile de reconnaître cette loi, que le poids et la puissance sont toujours en raison inverse des espaces que l'un et l'autre peuvent parcourir en même temps : cependant il ne paraît pas que les anciens en aient eu connaissance. Guido Ubaldi est peut-être le premier qui l'ait aperçue dans le levier et dans les poulies mobiles ou moufles. Galilée l'a reconnue ensuite dans les plans inclinés et dans les machines qui en dépendent, et il l'a regardée comme une propriété générale de l'équilibre des machines. (*Voir* son *Traité de Mécanique* et le scolie de la seconde proposition du troisième Dialogue, dans l'édition de Bologne de 1655.)

Galilée entend par *moment* d'un poids ou d'une puissance appliquée à une machine l'effort, l'action, l'énergie, l'*impetus* de cette puissance pour mouvoir la machine, de manière qu'il y ait équilibre entre deux puissances, lorsque leurs moments pour mouvoir la machine en sens contraires sont égaux; et il fait voir que le moment est toujours proportionnel à la puissance multipliée par la vitesse virtuelle, dépendante de la manière dont la puissance agit.

Cette notion des moments a aussi été adoptée par Wallis, dans sa *Mécanique* publiée en 1669. L'auteur y pose le principe de l'égalité des moments pour fondement de la Statique, et il en déduit au long la théorie de l'équilibre dans les principales machines.

Aujourd'hui on n'entend plus communément par *moment* que le produit d'une puissance par la distance de sa direction à un point, ou à une ligne, ou à un plan, c'est-à-dire par le bras de levier par lequel elle agit; mais il me semble que la notion du *moment* donnée par Galilée et par Wallis est bien plus naturelle et plus générale, et je ne vois pas pourquoi on l'a abandonnée pour y en substituer une autre qui exprime seulement la valeur du moment dans certains cas, comme dans le levier, etc.

Descartes a réduit pareillement toute la Statique à un principe unique qui revient, pour le fond, à celui de Galilée, mais qui est présenté d'une manière moins générale. Ce principe est, qu'il ne faut ni plus ni moins de force pour élever un poids à une certaine hauteur, qu'il en faudrait pour élever un poids plus pesant à une hauteur d'autant moindre, ou un poids moindre à une hauteur d'autant plus grande (*voir* la Lettre 73 du tome Ier publié en 1657, et le *Traité de Mécanique* imprimé dans les Ouvrages posthumes). D'où il résulte qu'il y aura équilibre entre deux poids, lorsqu'ils seront disposés de manière que les chemins perpendiculaires qu'ils peuvent parcourir ensemble soient en raison réciproque des poids. Mais, dans l'application de ce principe aux différentes machines, il ne faut considérer que les espaces parcourus dans le premier instant du mouvement, et qui sont proportionnels aux vitesses virtuelles, autrement on n'aurait pas les véritables lois de l'équilibre.

Au reste, soit qu'on regarde le principe des vitesses virtuelles comme une propriété générale de l'équilibre, ainsi que l'a fait Galilée, soit qu'on veuille le prendre avec Descartes et Wallis pour la vraie cause de l'équilibre, il faut avouer qu'il a toute la simplicité qu'on peut désirer dans un principe fondamental; et nous verrons plus bas combien ce principe est encore recommandable par sa généralité.

Torricelli, fameux disciple de Galilée, est l'auteur d'un autre principe, qui dépend aussi de celui des vitesses virtuelles; c'est que, lorsque deux poids sont liés ensemble et placés de manière que leur centre de gravité ne puisse pas descendre, ils sont en équilibre dans cette situation. Torricelli ne l'applique qu'au plan incliné, mais il est facile de se convaincre qu'il n'a pas moins lieu dans les autres machines. (*Voir* son Traité *De motu gravium naturaliter descendentium,* qui a paru en 1664.)

Le principe de Torricelli en a fait naître un autre, dont quelques auteurs ont fait usage pour résoudre avec plus de facilité différentes questions de Statique; c'est celui-ci : que dans un système de corps pesants en équilibre, le centre de gravité est le plus bas qu'il est possible. En effet, on sait, par la théorie *de maximis et minimis,* que le centre de gravité est le plus bas lorsque la différentielle de sa descente est nulle, ou, ce qui revient au même, lorsque ce centre ne monte ni ne descend, tandis que le système change infiniment peu de place.

17. Le principe des vitesses virtuelles peut être rendu très général de cette manière :

Si un système quelconque de tant de corps ou points que l'on veut, tirés chacun par des puissances quelconques, est en équilibre, et qu'on donne à ce système un petit mouvement quelconque, en vertu duquel chaque point parcoure un espace infiniment petit qui exprimera sa vitesse virtuelle, la somme des puissances, multipliées chacune par l'espace que le point où elle est appliquée parcourt suivant la direction de cette même puissance, sera toujours égale à zéro, en regardant comme positifs les petits espaces parcourus dans le sens des puissances, et comme négatifs les espaces parcourus dans un sens opposé.

Jean Bernoulli est le premier, que je sache, qui ait aperçu cette grande généralité du principe des vitesses virtuelles, et son utilité pour résoudre les problèmes de Statique. C'est ce qu'on voit dans une de ses Lettres à Varignon, datée de 1717, que ce dernier a placée à la tête de la Section neuvième de sa Nouvelle Mécanique, Section employée tout entière à montrer par différentes applications la vérité et l'usage du principe dont il s'agit.

Ce même principe a donné lieu ensuite à celui que Maupertuis a proposé dans les *Mémoires de l'Académie des Sciences de Paris* pour l'année 1740, sous le nom de *Loi de repos*, et qu'Euler a développé davantage et rendu plus général dans les *Mémoires de l'Académie de Berlin* pour l'année 1751. Enfin c'est encore le même principe qui sert de base à celui que Courtivron a donné dans les *Mémoires de l'Académie des Sciences de Paris* pour 1748 et 1749.

Et, en général, je crois pouvoir avancer que tous les principes généraux qu'on pourrait peut-être encore découvrir dans la science de l'équilibre ne seront que le même principe des vitesses virtuelles, envisagé différemment, et dont ils ne différeront que dans l'expression.

Mais ce principe est non seulement en lui-même très simple et très général; il a, de plus, l'avantage précieux et unique de pouvoir se traduire en une formule générale qui renferme tous les problèmes qu'on peut proposer sur l'équilibre des corps. Nous exposerons cette formule dans toute son étendue; nous tâcherons même de la présenter d'une manière encore plus générale qu'on ne l'a fait jusqu'à présent, et d'en donner des applications nouvelles.

18. Quant à la nature du principe des vitesses virtuelles, il faut convenir qu'il n'est pas assez évident par lui-même pour pouvoir être érigé en principe primitif; mais on peut le regarder comme l'expression générale des lois de l'équilibre, déduites des deux principes que nous venons d'exposer. Aussi, dans les démonstrations qu'on a données de ce principe, on l'a toujours fait dépendre de ceux-ci par des moyens plus ou moins directs. Mais il y a, en Statique, un autre principe général et indépendant du levier et de la composition des forces, quoique les mécaniciens l'y rapportent communément, lequel paraît être le fondement naturel du principe des vitesses virtuelles : on peut l'appeler le *principe des poulies*.

Si plusieurs poulies sont jointes ensemble sur une même chape, on appelle cet assemblage *polispaste* ou *moufle*, et la combinaison de deux moufles, l'une fixe et l'autre mobile, embrassées par une même corde dont l'une des extrémités est fixement attachée, et l'autre est attirée par une puissance, forme une machine dans laquelle la puissance est au poids porté par la moufle mobile comme l'unité est au nombre des cordons qui aboutissent à cette moufle, en les supposant tous parallèles et faisant abstraction du frottement et de la roideur de la corde; car il est évident qu'à cause de la tension uniforme de la corde dans toute sa longueur, le poids est soutenu par autant de puissances égales à celle qui tend la corde qu'il y a de cordons qui soutiennent la moufle mobile, puisque ces cordons sont parallèles et qu'ils peuvent même être regardés comme n'en faisant qu'un, en diminuant, si l'on veut, à l'infini le diamètre des poulies.

En multipliant ainsi les moufles fixes et mobiles, et les faisant toutes embrasser par la même corde au moyen de différentes poulies fixes de renvoi, la même puissance, appliquée à son extrémité mobile, pourra soutenir autant de poids qu'il y a de moufles mobiles, et dont chacun sera à cette puissance comme le nombre des cordons de la moufle qui le soutient est à l'unité.

Substituons, pour plus de simplicité, un poids à la place de la puissance, après avoir fait passer sur une poulie fixe le dernier cordon qui soutient ce poids, que nous prendrons pour l'unité; et imaginons que les différentes moufles mobiles, au lieu de soutenir des poids, soient attachées à des corps regardés comme des points, et disposés entre eux en sorte qu'ils forment un système quelconque donné. De cette manière, le même poids produira, par le moyen de la corde qui embrasse toutes les moufles, différentes puissances qui agiront sur les différents points du système, suivant la direction des cordons qui aboutissent aux moufles attachées à ces points, et qui seront au poids comme le nombre des cordons est à l'unité; en sorte que ces puissances seront représentées elles-mêmes par le nombre des cordons qui concourent à les produire par leur tension.

Or il est évident que, pour que le système tiré par ces différentes puissances demeure en équilibre, il faut que le poids ne puisse pas descendre par un déplacement quelconque infiniment petit des points du système (1); car, le poids tendant toujours à descendre, s'il y a un déplacement du système qui lui permette de descendre, il descendra nécessairement et produira ce déplacement dans le système.

Désignons par α, β, γ, ... les espaces infiniment petits que ce déplacement ferait parcourir aux différents points du système suivant la direction des puissances qui les tirent, et par P, Q, R, ... le nombre des cordons des moufles appliquées à ces points pour produire ces mêmes puissances; il est visible que les espaces α, β, γ, ... seraient aussi ceux par lesquels les moufles mobiles se rapprocheraient des moufles fixes qui leur répondent, et que ces rapprochements diminueraient la longueur de la corde qui les embrasse des quantités $P\alpha$, $Q\beta$, $R\gamma$, ...; de sorte qu'à cause de la longueur invariable de la corde, le poids descendrait de l'espace

$$P\alpha + Q\beta + R\gamma + \ldots.$$

(1) On a objecté, avec raison, à cette assertion de Lagrange l'exemple d'un point pesant en équilibre au sommet le plus élevé d'une courbe; il est évident qu'un déplacement infiniment petit le ferait descendre, et, pourtant, ce déplacement ne se produit pas. La première démonstration rigoureuse du principe des vitesses virtuelles est due à Fourier (*Journal de l'École Polytechnique*, tome II, an VII). Le même Cahier du Journal contient la démonstration que Lagrange reproduit ici. (*J. Bertrand.*)

Donc il faudra, pour l'équilibre des puissances représentées par les nombres P, Q, R, ..., que l'on ait l'équation

$$P\alpha + Q\beta + R\gamma + \ldots = 0,$$

ce qui est l'expression analytique du principe général des vitesses virtuelles.

19. Si la quantité $P\alpha + Q\beta + R\gamma + \ldots$, au lieu d'être nulle, était négative, il semble que cette condition suffirait pour établir l'équilibre, parce qu'il est impossible que le poids monte de lui-même; mais il faut considérer que, quelle que puisse être la liaison des points qui forment le système donné, les relations qui en résultent entre les quantités infiniment petites α, β, γ, ... ne peuvent être exprimées que par des équations différentielles, et, par conséquent, linéaires entre ces quantités; de sorte qu'il y en aura nécessairement une ou plusieurs d'entre elles qui resteront indéterminées, et qui pourront être prises en plus ou en moins; par conséquent, les valeurs de toutes ces quantités seront toujours telles, qu'elles pourront changer de signe à la fois. D'où il s'ensuit que, si dans un certain déplacement du système la valeur de la quantité $P\alpha + Q\beta + R\gamma + \ldots$ est négative, elle deviendra positive en prenant les quantités α, β, γ, ... avec des signes contraires; ainsi le déplacement opposé étant également possible ferait descendre le poids et détruirait l'équilibre.

20. Réciproquement, on peut prouver que, si l'équation

$$P\alpha + Q\beta + R\gamma + \ldots = 0$$

a lieu pour tous les déplacements possibles infiniment petits du système, il sera nécessairement en équilibre; car, le poids demeurant immobile dans ces déplacements, les puissances qui agissent sur le système restent dans le même état, et il n'y a pas plus de raison pour qu'elles produisent l'un plutôt que l'autre des deux déplacements dans lesquels les quantités α, β, γ, ... ont des signes contraires. C'est le cas de la balance qui demeure en équilibre, parce qu'il n'y a pas de raison pour qu'elle s'incline d'un côté plutôt que de l'autre.

Le principe des vitesses virtuelles, étant ainsi démontré pour des puissances commensurables entre elles, le sera aussi pour des puissances quelconques incommensurables, puisqu'on sait que toute proposition qu'on démontre pour des quantités commensurables peut se démontrer également par la *réduction à l'absurde*, lorsque ces quantités sont incommensurables.

SECTION DEUXIÈME.

FORMULE GÉNÉRALE DE LA STATIQUE POUR L'ÉQUILIBRE D'UN SYSTÈME QUELCONQUE DE FORCES, AVEC LA MANIÈRE DE FAIRE USAGE DE CETTE FORMULE.

1. La loi générale de l'équilibre dans les machines est que les forces ou puissances soient entre elles réciproquement comme les vitesses des points où elles sont appliquées, estimées suivant la direction de ces puissances.

C'est dans cette loi que consiste ce qu'on appelle communément le *principe des vitesses virtuelles*, principe reconnu depuis longtemps pour le principe fondamental de l'équilibre, ainsi que nous l'avons montré dans la Section précédente, et qu'on peut, par conséquent, regarder comme une espèce d'axiome de Mécanique.

Pour réduire ce principe en formule, supposons que des puissances P, Q, R, ..., dirigées suivant des lignes données, se fassent équilibre. Concevons que, des points où ces puissances sont appliquées, on mène des lignes droites égales à p, q, r, ..., et placées dans les directions de ces puissances; et désignons, en général, par dp, dq, dr, ... les variations ou différences de ces lignes, en tant qu'elles peuvent résulter d'un changement quelconque infiniment petit dans la position des différents corps ou points du système.

Il est clair que ces différences exprimeront les espaces parcourus dans un même instant par les puissances P, Q, R, ..., suivant leurs propres directions, en supposant que ces puissances tendent à augmenter les lignes respectives p, q, r, ... Les différences dp, dq, dr, ... seront ainsi proportionnelles aux vitesses virtuelles des puissances P, Q, R, ..., et pourront, pour plus de simplicité, être prises pour ces vitesses.

Cela posé, ne considérons d'abord que deux puissances P et Q en équilibre. Par la loi de l'équilibre entre deux puissances, il faudra que les quantités P et Q soient entre elles en raison inverse des différentielles dp, dq; mais il est aisé de concevoir qu'il ne saurait y avoir équilibre entre deux puissances, à moins qu'elles ne soient disposées de manière que, quand l'une d'elles se meut suivant sa propre direction, l'autre ne soit contrainte de se mouvoir dans un sens contraire à la sienne; d'où il s'ensuit que les valeurs des différences dp et dq doivent être de signes contraires : donc les valeurs des forces P et Q étant supposées toutes deux positives, on aura, pour l'équilibre,

$$\frac{P}{Q} = -\frac{dq}{dp} \quad \text{ou bien} \quad P\,dp + Q\,dq = 0;$$

c'est la formule générale de l'équilibre de deux puissances.

Considérons maintenant l'équilibre de trois puissances P, Q, R, dont les vitesses virtuelles soient représentées par les différentielles dp, dq, dr. Faisons $Q = Q' + Q''$, et supposons, ce qui est permis, que la partie Q' (1) de la force Q soit telle, qu'on ait

$$P\,dp + Q'\,dq = 0;$$

elle fera alors équilibre à la force P, et il faudra, pour l'équilibre entier, que l'autre partie Q'' de la même force Q fasse seule équilibre à la troisième force R, ce qui donnera l'équation

$$Q''\,dq + R\,dr = 0,$$

laquelle étant jointe à l'équation précédente, on aura, à cause de

(1) Ce raisonnement n'est exact qu'autant que l'on considère un déplacement déterminé du système. Si l'on ne fait pas cette restriction, le rapport $\frac{dp}{dq}$ peut recevoir toutes les valeurs possibles, et l'équation $P\,dp + Q'dq = 0$ ne peut être satisfaite pour aucune valeur déterminée de Q'. Il faudrait, par conséquent, pour compléter la démonstration de Lagrange, l'appliquer successivement à tous les déplacements possibles du système, en introduisant, à chaque fois, des liaisons nouvelles qui empêchent les autres déplacements de se produire. Lagrange, du reste, fait lui-même cette remarque (Sect. II, n° 13). (*J. Bertrand.*)

$Q' + Q'' = Q$, celle-ci :

$$P\,dp + Q\,dq + R\,dr = 0.$$

S'il y a une quatrième puissance S dont la vitesse virtuelle soit représentée par la différentielle ds, on fera

$$Q = Q' + Q'' \quad \text{et} \quad P\,dp + Q'\,dq = 0,$$

ensuite

$$R = R' + R'' \quad \text{et} \quad Q''\,dq + R'\,dr = 0.$$

Alors la partie Q' de la force Q fera seule équilibre à la force P; la partie R' de la force R fera de même équilibre à l'autre partie Q'' de la même force Q, et, pour l'équilibre total des quatre forces P, Q, R, S, il faudra que la partie restante R'' de la force R fasse équilibre à la dernière force S, et que, par conséquent, on ait

$$R''\,dr + S\,ds = 0.$$

Ces trois équations étant jointes ensemble donneront

$$P\,dp + Q\,dq + R\,dr + S\,ds = 0.$$

Ainsi de suite, quel que soit le nombre des puissances en équilibre.

2. On a donc, en général, pour l'équilibre d'un nombre quelconque de puissances P, Q, R, ..., dirigées suivant les lignes p, q, r, ..., et appliquées à un système quelconque de corps ou points disposés entre eux d'une manière quelconque, une équation de cette forme

$$P\,dp + Q\,dq + R\,dr + \ldots = 0.$$

C'est la formule générale de la Statique pour l'équilibre d'un système quelconque de puissances.

Nous nommerons chaque terme de cette formule, tel que $P\,dp$, le *moment* de la force P, en prenant le mot de *moment* dans le sens que Galilée lui a donné, c'est-à-dire pour le produit de la force par sa vitesse virtuelle; de sorte que la formule générale de la Statique consistera dans l'égalité à zéro de la somme des moments de toutes les forces.

Pour faire usage de cette formule, la difficulté se réduira à déterminer, conformément à la nature du système donné, les valeurs des différentielles dp, dq, dr, ...

On considérera donc le système dans deux positions différentes et infiniment voisines, et l'on cherchera les expressions les plus générales des différences dont il s'agit, en introduisant dans ces expressions autant de quantités indéterminées qu'il y aura d'éléments arbitraires dans la variation de position du système. On substituera ensuite ces expressions de dp, dq, dr, ... dans l'équation proposée, et il faudra que cette équation ait lieu, indépendamment de toutes les indéterminées, afin que l'équilibre du système subsiste en général et dans tous les sens. On égalera donc séparément à zéro la somme des termes affectés de chacune des mêmes indéterminées, et l'on aura, par ce moyen, autant d'équations particulières qu'il y aura de ces indéterminées; or il n'est pas difficile de se convaincre que leur nombre doit toujours être égal à celui des quantités inconnues dans la position du système; donc on aura, par cette méthode, autant d'équations qu'il en faudra pour déterminer l'état d'équilibre du système.

C'est ainsi qu'en ont usé tous les auteurs qui ont appliqué jusqu'ici le principe des vitesses virtuelles à la solution des problèmes de Statique; mais cette manière d'employer ce principe exige souvent des constructions et des considérations géométriques qui rendent les solutions aussi longues que si on les déduisait des principes ordinaires de la Statique : c'est peut-être la raison qui a empêché qu'on n'ait fait de ce principe tout le cas et l'usage qu'il semble qu'on en aurait dû faire, vu sa simplicité et sa généralité.

3. L'objet de cet Ouvrage étant de réduire la Mécanique à des opérations purement analytiques, la formule que nous venons de trouver est très propre à le remplir. Il ne s'agit que d'exprimer analytiquement, et de la manière la plus générale, les valeurs des lignes p, q, r, ...,

prises dans les directions des forces P, Q, R, ..., et l'on aura, par la simple différentiation, les valeurs des vitesses virtuelles dp, dq, dr, ...

Il faudra seulement faire attention que, dans le Calcul différentiel, lorsque plusieurs quantités varient ensemble, on suppose qu'elles augmentent toutes en même temps de leurs différentielles; et, si par la nature de la question quelques-unes d'entre elles doivent diminuer, tandis que les autres augmentent, on donne alors le signe *moins* aux différentielles de celles qui doivent diminuer.

Les différentielles dp, dq, dr, ..., qui représentent les vitesses virtuelles des forces P, Q, R, ..., devront donc être prises positivement ou négativement, selon que ces forces tendront à augmenter ou à diminuer les lignes p, q, r, ... qui déterminent leur direction; mais, comme la formule générale de l'équilibre ne change pas en changeant les signes de tous ses termes, il sera permis de regarder indifféremment comme positives les différentielles des lignes qui augmentent ou diminuent ensemble, et comme négatives les différentielles de celles qui varient en sens contraire. Ainsi, en regardant les forces comme positives, leurs *moments* $P\,dp$, $Q\,dq$, ... seront positifs ou négatifs, selon que les vitesses virtuelles dp, dq, ... seront positives ou négatives, et lorsqu'on voudra faire agir les forces en sens contraire, il n'y aura qu'à donner le signe *moins* aux quantités qui représentent ces forces, ou à changer les signes de leurs *moments*.

Il résulte de là cette propriété générale de l'équilibre, qu'un système quelconque de forces en équilibre y demeure encore si chacune des forces vient à agir en sens contraire, pourvu que la constitution du système ne souffre aucun changement par un changement de direction de toutes les forces.

4. Quelles que soient les forces qui agissent sur un système donné de corps ou de points, on peut toujours les regarder comme tendantes vers des points placés dans les lignes de leur direction.

Nous nommerons ces points les *centres des forces*, et l'on pourra prendre pour les lignes p, q, r, ... les distances respectives de ces centres aux points du système auquel les forces P, Q, R, ... sont appliquées. Dans ce cas, il est clair que ces forces tendront à diminuer les lignes p, q, r, ...; il faudrait, par conséquent, donner le signe *moins* à leurs différentielles; mais, en changeant tous les signes, la formule générale sera également

$$\mathrm{P}\,dp + \mathrm{Q}\,dq + \mathrm{R}\,dr + \ldots = 0.$$

Or les centres des forces peuvent être hors du système, ou bien dans le système et en faire partie, ce qui distingue les forces en *extérieures* et *intérieures*.

Dans le premier cas, il est visible que les différences dp, dq, dr, ... expriment les variations entières des lignes p, q, r, ..., dues au changement de situation du système; elles sont, par conséquent, les différentielles complètes des quantités p, q, r, ..., en y regardant comme variables toutes les quantités relatives à la situation du système, et comme constantes celles qui se rapportent à la position des différents centres des forces.

Dans le second cas, quelques-uns des corps du système seront eux-mêmes les centres des forces qui agissent sur d'autres corps du même système, et, à cause de l'égalité entre l'action et la réaction, ces derniers corps seront en même temps les centres des forces qui agissent sur les premiers.

Considérons donc deux corps [1] qui agissent l'un sur l'autre avec une force quelconque P, soit que cette force vienne de l'attraction ou de la répulsion de ces corps, ou d'un ressort placé entre eux, ou d'une autre manière quelconque. Soient p la distance entre ces deux corps, et dp' la variation de cette distance en tant qu'elle dépend du changement de situation de l'un des corps; il est clair qu'on aura, relativement à ce corps, $\mathrm{P}\,dp'$ pour le moment virtuel de la force P. De même, si l'on désigne par dp'' la variation de la même distance p, résultante

(1). Le mot *corps*, ici comme plus haut, désigne un point matériel. (*J. Bertrand.*)

du changement de situation de l'autre corps, on aura, relativement à ce second corps, le moment $P dp''$ de la même force P; donc le moment total dû à cette force sera représenté par $P(dp' + dp'')$; mais il est visible que $dp' + dp''$ est la différentielle complète de p, que nous désignerons par dp, puisque la distance p ne peut varier que par le déplacement des deux corps : donc le moment dont il s'agit sera exprimé simplement par $P dp$. On peut étendre ce raisonnement à tant de corps qu'on voudra.

5. Il suit de là que, pour avoir la somme des *moments* de toutes les forces d'un système donné, soit que ces forces soient extérieures ou intérieures, il n'y aura qu'à considérer en particulier chacune des forces qui agissent sur les différents corps ou points du système, et prendre la somme des produits de ces différentes forces multipliées chacune par la différentielle de la distance respective entre les deux termes de chaque force, c'est-à-dire entre le point sur lequel agit cette force et celui où elle tend, en regardant, dans ces différentielles, comme variables toutes les quantités qui dépendent de la situation du système, et comme constantes celles qui se rapportent aux points ou centres extérieurs, c'est-à-dire en considérant ces points comme fixes, tandis qu'on fait varier la situation du système.

Cette somme, étant égalée à zéro, donnera la formule générale de la Statique.

6. Pour donner à l'expression analytique de cette formule toute la généralité ainsi que la simplicité dont elle est susceptible, on rapportera la position de tous les corps ou points du système donné, ainsi que celle des centres, à des coordonnées rectangles et parallèles à trois axes fixes dans l'espace.

Nous nommerons, en général, x, y, z les coordonnées des points auxquels les forces sont appliquées, et nous les distinguerons ensuite par un ou plusieurs traits, relativement aux différents points du système.

Nous désignerons de même par a, b, c les coordonnées pour les centres des forces.

Il est visible que les distances p, q, r, ... entre les points d'application et les centres des forces seront exprimées, en général, par la formule

$$\sqrt{(x-a)^2+(y-b)^2+(z-c)^2},$$

dans laquelle les quantités a, b, c seront constantes ou du moins devront être regardées comme telles, pendant que x, y, z varient, dans le cas où elles se rapportent à des points placés hors du système et où les forces sont extérieures; mais, dans le cas où les forces sont intérieures et partent de quelques-uns des corps du système même, ces quantités a, b, c deviendront x''', y''', z''', ..., et seront, par conséquent, variables.

Ayant ainsi les expressions des quantités finies p, q, r, ... en fonctions connues des coordonnées des différents corps du système, il n'y aura plus qu'à différentier à l'ordinaire, en regardant ces coordonnées comme seules variables, pour avoir les valeurs cherchées des différences dp, dq, dr, ... qui entrent dans la formule générale de l'équilibre.

7. Mais, quoiqu'on puisse toujours regarder les forces P, Q, R, ... comme tendantes à des centres donnés, cependant, comme la considération de ces centres est étrangère à la question, dans laquelle on ne considère ordinairement comme données que la quantité et la direction de chaque force, voici des manières plus générales d'exprimer les différences dp, dq, dr, ...

Et d'abord, en supposant, ce qui est toujours permis, que la force P tend à un centre fixe, on a

$$p=\sqrt{(x-a)^2+(y-b)^2+(z-c)^2},$$

et de là, en différentiant sans que a, b, c varient, si la force P est extérieure,

$$dp=\frac{x-a}{p}dx+\frac{y-b}{p}dy+\frac{z-c}{p}dz.$$

Or il est facile de voir que $\frac{x-a}{p}$, $\frac{y-b}{p}$, $\frac{z-c}{p}$ sont les cosinus des angles que la ligne p fait avec les lignes $x-a$, $y-b$, $z-c$. Donc, en général, si l'on nomme α, β, γ les angles que la direction de la force P fait avec les axes des x, y, z, ou avec des parallèles à ces axes, on aura

$$\frac{x-a}{p}=\cos\alpha, \qquad \frac{y-b}{p}=\cos\beta, \qquad \frac{z-c}{p}=\cos\gamma;$$

par conséquent,

$$dp=\cos\alpha\, dx+\cos\beta\, dy+\cos\gamma\, dz,$$

et ainsi des autres différences dq, dr, ...

Mais, si la même force P, étant intérieure, agit sur les deux points qui répondent aux coordonnées x, y, z et x', y', z' pour les rapprocher ou éloigner l'un de l'autre, on aura alors, dans l'expression de p,

$$a=x', \qquad b=y', \qquad c=z',$$

et, par conséquent,

$$dp=\cos\alpha(dx-dx')+\cos\beta(dy-dy')+\cos\gamma(dz-dz').$$

On remarquera, par rapport aux angles α, β, γ, premièrement, que

$$\cos^2\alpha+\cos^2\beta+\cos^2\gamma=1,$$

ce qui est évident par les formules précédentes; en second lieu que, si l'on nomme ε l'angle que la projection de la ligne p sur le plan des x et y fait avec l'axe des x, on aura

$$\frac{x-a}{\pi}=\cos\varepsilon, \qquad \frac{y-b}{\pi}=\sin\varepsilon,$$

en supposant

$$\pi=\sqrt{(x-a)^2+(y-b)^2};$$

donc, mettant pour $x-a$, $y-b$ leurs valeurs $p\cos\alpha$, $p\cos\beta$, on aura aussi

$$\pi=p\sqrt{\cos^2\alpha+\cos^2\beta}=p\sqrt{1-\cos^2\gamma}=p\sin\gamma;$$

donc

$$\frac{x-a}{p}=\sin\gamma\cos\varepsilon, \qquad \frac{y-b}{p}=\sin\gamma\sin\varepsilon,$$

et, par conséquent,

$$\cos\alpha = \sin\gamma \cos\varepsilon, \qquad \cos\beta = \sin\gamma \sin\varepsilon.$$

8. Je considère ensuite que, puisque dp représente le petit espace que le corps ou point auquel est appliquée la force P peut parcourir suivant la direction de cette force, si l'on fait $dp = 0$, ce point ne pourra plus se mouvoir que dans des directions perpendiculaires à celle de la même force. Donc $dp = 0$ sera l'équation différentielle d'une surface à laquelle la direction de la force P sera perpendiculaire.

Cette surface sera une sphère si les quantités a, b, c sont constantes; mais elle pourra être une surface quelconque, en supposant ces quantités variables.

Supposons maintenant, en général, que la force P agisse perpendiculairement à une surface représentée par l'équation

$$A\,dx + B\,dy + C\,dz = 0.$$

Pour faire coïncider cette équation avec l'équation

$$(x-a)\,dx + (y-b)\,dy + (z-c)\,dz = 0$$

qui résulte de la supposition $dp = 0$, il n'y aura qu'à faire

$$\frac{A}{C} = \frac{x-a}{z-c}, \qquad \frac{B}{C} = \frac{y-b}{z-c},$$

ce qui donne

$$x-a = \frac{A}{C}(z-c), \qquad y-b = \frac{B}{C}(z-c);$$

substituant ces valeurs dans l'expression de dp, on aura

$$dp = \frac{A\,dx + B\,dy + C\,dz}{\sqrt{A^2 + B^2 + C^2}}.$$

Ainsi, ayant l'équation différentielle de la surface à laquelle la force P est perpendiculaire, on aura l'expression de sa vitesse virtuelle dp.

On peut supposer

$$A\,dx + B\,dy + C\,dz = du,$$

u étant une fonction de x, y, z; car on sait qu'une équation différentielle du premier ordre à trois variables ne peut représenter une surface, à moins qu'elle ne soit intégrable ou ne le devienne par un multiplicateur. On aura ainsi, par l'algorithme des différences partielles,

$$A = \frac{\partial u}{\partial x}, \qquad B = \frac{\partial u}{\partial y}, \qquad C = \frac{\partial u}{\partial z},$$

et l'expression de dp deviendra

$$dp = \frac{du}{\sqrt{\left(\frac{\partial u}{\partial x}\right)^2 + \left(\frac{\partial u}{\partial y}\right)^2 + \left(\frac{\partial u}{\partial z}\right)^2}}.$$

Donc le moment d'une force P perpendiculaire à une surface donnée par l'équation $du = 0$ sera

$$\frac{P\,du}{\sqrt{\left(\frac{\partial u}{\partial x}\right)^2 + \left(\frac{\partial u}{\partial y}\right)^2 + \left(\frac{\partial u}{\partial z}\right)^2}}.$$

On déterminera de la même manière les valeurs des autres différences dq, dr, ..., d'après les équations différentielles des surfaces auxquelles les directions des forces Q, R, ... sont perpendiculaires.

9. Mais, sans considérer la surface à laquelle une force est perpendiculaire, comme on peut représenter une quantité quelconque par une ligne, on pourra regarder p comme une fonction quelconque des coordonnées, et la force P comme tendante à faire varier la valeur de p. Alors $P\,dp$ sera également le moment virtuel de la force P; et de même $Q\,dq$, $R\,dr$, ... seront les moments des forces Q, R, ..., en les regardant comme tendantes à faire varier les valeurs des quantités q, r, ..., supposées des fonctions quelconques des mêmes coordonnées. Cette manière d'envisager les moments donne à la formule générale de l'é-

quilibre une étendue beaucoup plus grande et la rend susceptible d'un plus grand nombre d'applications ([1]).

10. Les valeurs des différences dp, dq, dr, ... étant connues en fonction des différentielles des coordonnées des différents corps du système, il n'y aura qu'à les substituer dans la formule générale

$$P\,dp + Q\,dq + R\,dr + \ldots = 0,$$

et vérifier ensuite cette équation d'une manière indépendante des différentielles qu'elle renfermera.

Donc, si le système est entièrement libre, en sorte qu'il n'y ait aucune relation donnée entre les coordonnées des différents corps ni, par conséquent, entre leurs différentielles, il faudra satisfaire à l'équation précédente indépendamment de ces différentielles et, pour cet effet, égaler séparément à zéro la somme de tous les termes qui se trouveront multipliés par chacune d'elles; ce qui donnera autant d'équations qu'il y aura de coordonnées variables et, par conséquent, autant qu'il en faudra pour déterminer toutes ces variables et connaître par leur moyen la position de tout le système dans l'état d'équilibre.

Mais, si la nature du système est telle que les corps soient assujettis dans leurs mouvements à des conditions particulières, il faudra commencer par exprimer ces conditions par des équations analytiques que nous nommerons *équations de condition*; ce qui est toujours facile. Par exemple, si quelques-uns des corps étaient assujettis à se mouvoir sur des lignes ou des surfaces données, on aurait, entre les coordonnées de ces corps, les équations mêmes des lignes ou des surfaces données; si deux corps étaient tellement joints ensemble qu'ils dussent tou-

([1]) En rapprochant cet article 9 des articles 6 et 18 (Sect. IV), on est conduit à l'entendre de la manière suivante : Lorsque des forces auront pour la somme de leurs moments virtuels un produit de la forme $P\,dp$, p étant une fonction quelconque des coordonnées, on dira que le système des forces proposées équivaut à une force P, qui tend à faire varier la fonction p. C'est là une locution toute conventionnelle. Le mot *force* s'y trouve complètement détourné de sa signification habituelle. Cette locution, du reste, n'a pas été adoptée par les géomètres.

(*J. Bertrand.*)

jours se trouver à une même distance k l'un de l'autre, on aurait évidemment l'équation

$$k^2 = (x' - x'')^2 + (y' - y'')^2 + (z' - z'')^2,$$

et ainsi du reste.

Ayant trouvé les équations de condition, il faudra, par leur moyen, éliminer autant de différentielles qu'on pourra dans les expressions dp, dq, dr, ..., en sorte que les différentielles restantes soient absolument indépendantes les unes des autres et n'expriment plus que ce qu'il y a d'arbitraire dans le changement de situation du système. Alors, comme la formule générale de la Statique doit avoir lieu quel que puisse être ce changement, il faudra y égaler séparément à zéro la somme de tous les termes qui se trouveront affectés de chacune des différentielles indéterminées; d'où il viendra autant d'équations particulières qu'il y aura de ces mêmes différentielles, et ces équations, étant jointes aux équations de condition données, renfermeront toutes les conditions nécessaires pour la détermination de l'état d'équilibre du système; car il est aisé de concevoir que toutes ces équations ensemble seront toujours en même nombre que les différentes variables qui servent de coordonnées à tous les corps du système, et suffiront, par conséquent, toujours pour déterminer chacune de ces variables.

11. Au reste, si nous avons toujours déterminé les lieux des corps par des coordonnées rectangles, c'est que cette manière a l'avantage de la simplicité et de la facilité du calcul; mais ce n'est pas qu'on ne puisse en employer d'autres dans l'usage de la méthode précédente, car il est clair que rien n'oblige dans cette méthode à se servir de coordonnées rectangles plutôt que d'autres lignes ou quantités relatives aux lieux des corps. Ainsi, au lieu des deux coordonnées x, y, on pourra employer, lorsque les circonstances paraîtront l'exiger, un rayon vecteur $\rho = \sqrt{x^2 + y^2}$ et un angle φ dont la tangente soit $\frac{y}{x}$, ce qui donnera

$$x = \rho \cos\varphi, \qquad y = \rho \sin\varphi,$$

en laissant subsister la troisième coordonnée z; ou bien on emploiera un rayon vecteur $\rho = \sqrt{x^2 + y^2 + z^2}$ avec deux angles φ et ψ, tels que

$$\operatorname{tang}\varphi = \frac{y}{x}, \qquad \operatorname{tang}\psi = \frac{z}{\sqrt{x^2 + y^2}},$$

ce qui donnera

$$x = \rho \cos\psi \cos\varphi, \qquad y = \rho \cos\psi \sin\varphi, \qquad z = \rho \sin\psi,$$

ou d'autres angles ou lignes quelconques.

Remarquons encore que, comme il n'y a proprement que la considération des différences dx, dy, dz qui entre dans la méthode dont il s'agit, il est permis de placer l'origine des coordonnées où l'on voudra; ce qui peut servir à simplifier l'expression de ces différences.

Ainsi, en substituant $\rho \cos\varphi$ et $\rho \sin\varphi$ au lieu de x et y, on aura, en général,

$$dx = \cos\varphi \, d\rho - \rho \sin\varphi \, d\varphi,$$

$$dy = \sin\varphi \, d\rho + \rho \cos\varphi \, d\varphi;$$

mais, en faisant $\varphi = 0$, ce qui revient à placer l'origine de l'angle φ dans le rayon ρ, on aura plus simplement $dx = d\rho$ et $dy = \rho \, d\varphi$. Et ainsi des autres cas semblables.

12. En général, quel que soit le système de puissances dont on cherche l'équilibre et de quelque manière que les points où elles sont appliquées soient liés entre eux, on peut toujours réduire les variables qui déterminent la position de ces points dans l'espace à un petit nombre de variables indépendantes en éliminant, au moyen des équations de condition données par la nature du système, autant de variables qu'il y a de conditions, c'est-à-dire en exprimant toutes les variables, qui sont au nombre de trois pour chaque point, par un petit nombre d'entre elles ou par d'autres variables quelconques qui, n'étant plus assujetties à aucune condition, seront indépendantes et indéterminées. Il faudra alors que l'équilibre ait lieu par rapport à chacune

de ces variables indépendantes ([1]), parce qu'elles donnent lieu à autant de changements différents dans la position du système.

13. En effet, si l'on dénote par ξ, ψ, φ, ... ces variables indépendantes, en regardant les valeurs de p, q, r, ... comme fonctions de ces variables, on aura

$$dp = \frac{\partial p}{\partial \xi} d\xi + \frac{\partial p}{\partial \psi} d\psi + \frac{\partial p}{\partial \varphi} d\varphi + \ldots,$$

$$dq = \frac{\partial q}{\partial \xi} d\xi + \frac{\partial q}{\partial \psi} d\psi + \frac{\partial q}{\partial \varphi} d\varphi + \ldots,$$

$$dr = \frac{\partial r}{\partial \xi} d\xi + \frac{\partial r}{\partial \psi} d\psi + \frac{\partial r}{\partial \varphi} d\varphi + \ldots,$$

$$\ldots\ldots\ldots\ldots\ldots\ldots\ldots\ldots,$$

et l'équation de l'équilibre $P\,dp + Q\,dq + R\,dr + \ldots = 0$ deviendra

$$\begin{aligned}
&\left(P\frac{\partial p}{\partial \xi} + Q\frac{\partial q}{\partial \xi} + R\frac{\partial r}{\partial \xi} + \ldots\right) d\xi \\
+ &\left(P\frac{\partial p}{\partial \psi} + Q\frac{\partial q}{\partial \psi} + R\frac{\partial r}{\partial \psi} + \ldots\right) d\psi \\
+ &\left(P\frac{\partial p}{\partial \varphi} + Q\frac{\partial q}{\partial \varphi} + R\frac{\partial r}{\partial \varphi} + \ldots\right) d\varphi \\
+ &\ldots\ldots\ldots\ldots\ldots\ldots\ldots\ldots = 0,
\end{aligned}$$

dans laquelle, les valeurs de $d\xi$, $d\psi$, $d\varphi$, ... devant demeurer indéterminées, il faudra que l'on ait séparément les équations

$$P\frac{\partial p}{\partial \xi} + Q\frac{\partial q}{\partial \xi} + R\frac{\partial r}{\partial \xi} + \ldots = 0,$$

$$P\frac{\partial p}{\partial \psi} + Q\frac{\partial q}{\partial \psi} + R\frac{\partial r}{\partial \psi} + \ldots = 0,$$

$$P\frac{\partial p}{\partial \varphi} + Q\frac{\partial q}{\partial \varphi} + R\frac{\partial r}{\partial \varphi} + \ldots = 0,$$

$$\ldots\ldots\ldots\ldots\ldots\ldots\ldots\ldots,$$

([1]) C'est-à-dire, il faudra que les coefficients des variations de chacune de ces variables soient nuls séparément. (*J. Bertrand.*)

dont le nombre sera égal à celui des variables ξ, ψ, φ, ..., et qui serviront, par conséquent, à déterminer toutes ces variables.

Chacune de ces équations représente, comme l'on voit, un équilibre particulier dans lequel les vitesses virtuelles ont entre elles des rapports déterminés; et c'est de la réunion de tous ces équilibres partiels que se forme l'équilibre général du système.

On peut même remarquer que c'est proprement à ces équilibres partiels et déterminés que s'applique, sans exception, le raisonnement de l'article 1 de cette Section; et, comme dans le cas de deux puissances on peut toujours réduire leur équilibre à celui d'un levier droit dont les bras soient en raison des vitesses virtuelles, on peut, par ce moyen, faire dépendre le principe général des vitesses virtuelles du seul principe du levier.

14. Lorsque la quantité $P\,dp + Q\,dq + R\,dr + \ldots$ ne sera pas nulle par rapport à toutes les variables indépendantes, les forces P, Q, R, ... ne se feront pas équilibre, et les corps sollicités par ces forces prendront des mouvements dépendant des mêmes forces et de leur action mutuelle.

Supposons que d'autres forces représentées par P', Q', R', ... et dirigées suivant les lignes p', q', r', ..., agissant sur les corps du même système, leur impriment aussi les mêmes mouvements; ces forces seront équivalentes aux premières et pourront, dans tous les cas, être substituées à leur place, puisque leur effet est supposé exactement le même. Or, si ces mêmes forces P', Q', R', ..., en conservant leurs valeurs, changeaient leurs directions et en prenaient de directement opposées, il est clair qu'elles imprimeraient aussi aux mêmes corps des mouvements égaux, mais directement contraires. Par conséquent, si, dans ce nouvel état, elles agissaient sur les corps du même système en même temps que les forces P, Q, R, ..., ces corps demeureraient en repos, les mouvements imprimés dans un sens étant détruits par des mouvements égaux et contraires. Il y aurait donc nécessairement équilibre entre toutes ces forces, ce qui donnerait l'équation

(art. 2)

$$P\,dp + Q\,dq + R\,dr + \ldots - P'\,dp' - Q'\,dq' - R'\,dr' - \ldots = 0;$$

d'où l'on tire

$$P\,dp + Q\,dq + R\,dr + \ldots = P'\,dp' + Q'\,dq' + R'\,dr' + \ldots.$$

C'est la condition nécessaire pour que les forces P′, Q′, R′, ... agissant suivant les lignes p', q', r', ... soient équivalentes aux forces P, Q, R, ... agissant suivant les lignes p, q, r, ...; et, comme deux systèmes de forces ne peuvent être entièrement équivalents ([1]) que d'une seule manière, puisque le mouvement d'un corps est toujours unique et déterminé, il s'ensuit que, si deux systèmes de forces P, Q, R, ..., P′, Q′, R′, ... sont tels que l'on ait, généralement et par rapport à toutes les variables indépendantes, l'équation

$$P\,dp + Q\,dq + R\,dr + \ldots = P'\,dp' + Q'\,dq' + R'\,dr' + \ldots,$$

ces deux systèmes seront équivalents et pourront, dans tous les cas, être substitués l'un à l'autre.

15. Il résulte de là ce théorème important de Statique, que deux systèmes de forces sont équivalents et peuvent être substitués l'un à l'autre, dans un même système de corps liés entre eux d'une manière quelconque, lorsque les sommes des moments des forces sont toujours égales dans les deux systèmes; et, réciproquement, lorsque la somme des moments des forces d'un système est toujours égale à la somme des moments des forces d'un autre système, ces deux systèmes de forces sont équivalents et peuvent être substitués l'un à l'autre dans le même système de corps.

Si l'on fait dépendre les lignes p, q, r, ... des lignes ξ, ψ, φ, ..., la formule

$$P\,dp + Q\,dq + R\,dr + \ldots$$

([1]) C'est-à-dire que deux systèmes qui sont équivalents, en ce sens qu'ils font équilibre à un même troisième, peuvent être, par cela même, considérés comme complètement équivalents. (*J. Bertrand.*)

se transforme, comme dans l'article 13, en celle-ci,

$$\Xi\, d\xi + \Psi\, d\psi + \Phi\, d\varphi + \ldots,$$

dans laquelle

$$\Xi = \mathrm{P}\frac{\partial p}{\partial \xi} + \mathrm{Q}\frac{\partial q}{\partial \xi} + \mathrm{R}\frac{\partial r}{\partial \xi} + \ldots,$$

$$\Psi = \mathrm{P}\frac{\partial p}{\partial \psi} + \mathrm{Q}\frac{\partial q}{\partial \psi} + \mathrm{R}\frac{\partial r}{\partial \psi} + \ldots,$$

$$\Phi = \mathrm{P}\frac{\partial p}{\partial \varphi} + \mathrm{Q}\frac{\partial q}{\partial \varphi} + \mathrm{R}\frac{\partial r}{\partial \varphi} + \ldots,$$

. . . .

On a donc également

$$\mathrm{P}\, dp + \mathrm{Q}\, dq + \mathrm{R}\, dr + \ldots = \Xi\, d\xi + \Psi\, d\psi + \Phi\, d\varphi + \ldots.$$

Ainsi le système des forces P, Q, R, ... dirigées suivant les lignes p, q, r, ... est équivalent au système des forces Ξ, Ψ, Φ, ... agissant suivant les lignes ξ, ψ, φ, ... et peut être changé en celui-ci, dans le même système de corps tirés par ces forces (¹).

(¹) Il faut, pour qu'il en soit ainsi, que les lignes ξ, ψ, φ, ... soient de telle nature, que leurs différentielles $d\xi$, $d\psi$, $d\varphi$, ... expriment les vitesses virtuelles des points d'application des forces Ξ, Ψ, Φ, ..., c'est-à-dire que chacune d'elles soit la projection orthogonale du déplacement du point sur la direction de la force. *Voir* à ce sujet une Note de M. Poinsot, insérée dans le Journal de M. Liouville (1re série, t. XI, p. 241), et que nous reproduisons à la fin du Volume. (*J. Bertrand.*)

SECTION TROISIÈME.

PROPRIÉTÉS GÉNÉRALES DE L'ÉQUILIBRE D'UN SYSTÈME DE CORPS, DÉDUITES DE LA FORMULE PRÉCÉDENTE.

---

1. Considérons un système ou assemblage quelconque de corps ou points qui, étant tirés par des puissances quelconques, se fassent mutuellement équilibre. Si dans un instant l'action de ces puissances cessait d'être détruite, le système commencerait à se mouvoir et, quel que pût être son mouvement, on pourrait toujours le concevoir comme composé : 1° d'un mouvement de translation commun à tous les corps; 2° d'un mouvement de rotation autour d'un point quelconque; 3° des mouvements relatifs des corps entre eux, par lesquels ils changeraient leur position et leurs distances mutuelles. Il faut donc, pour l'équilibre, que les corps ne puissent prendre aucun de ces différents mouvements. Or il est clair que les mouvements relatifs dépendent de la manière dont les corps sont disposés les uns par rapport aux autres; par conséquent, les conditions nécessaires pour empêcher ces mouvements doivent être particulières à chaque système. Mais les mouvements de translation et de rotation peuvent être indépendants de la forme du système et s'exécuter sans que la disposition et la liaison mutuelle des corps en soient dérangées.

Ainsi la considération de ces deux espèces de mouvements doit fournir des conditions ou propriétés générales de l'équilibre. C'est ce que nous allons examiner.

§ I. — *Propriétés de l'équilibre d'un système libre relatives au mouvement de translation.*

2. Soit un nombre quelconque de corps regardés comme des points et disposés ou liés entre eux comme on voudra, lesquels soient tirés par les puissances P, P′, P″, ... suivant les directions des lignes p, p', p'', ... On aura (Section précédente), pour l'équilibre de ces corps, la formule générale

$$P\,dp + P'\,dp' + P''\,dp'' + \ldots = 0.$$

En rapportant à des coordonnées rectangles les différents points tirés par les forces P, P′, ..., ainsi que les centres de ces forces, comme dans l'article 6 de la Section précédente, on aura, pour les forces extérieures,

$$p = \sqrt{(x-a)^2 + (y-b)^2 + (z-c)^2},$$
$$p' = \sqrt{(x'-a')^2 + (y'-b')^2 + (z'-c')^2},$$
$$\ldots\ldots\ldots\ldots\ldots\ldots\ldots\ldots$$

Mais, si les corps qui répondent, par exemple, aux coordonnées x, y, z et aux $\bar{x}$, $\bar{y}$, $\bar{z}$, agissent l'un sur l'autre par une force mutuelle que nous désignerons par $\bar{P}$, en nommant $\bar{p}$ la distance rectiligne de ces deux corps, on aurait

$$\bar{p} = \sqrt{(x-\bar{x})^2 + (y-\bar{y})^2 + (z-\bar{z})^2},$$

et il faudrait ajouter à la formule générale le terme $\bar{P}\,d\bar{p}$, provenant de la force intérieure $\bar{P}$; et ainsi de suite, si plusieurs forces agissent sur les mêmes corps.

3. Faisons, ce qui est permis,

$$x' = x + \xi, \qquad y' = y + \eta, \qquad z' = z + \zeta,$$
$$x'' = x + \xi', \qquad y'' = y + \eta', \qquad z'' = z + \zeta',$$
$$\ldots\ldots\ldots, \qquad \ldots\ldots\ldots, \qquad \ldots\ldots\ldots,$$
$$\bar{x} = x + \bar{\xi}, \qquad \bar{y} = y + \bar{\eta}, \qquad \bar{z} = z + \bar{\zeta},$$
$$\ldots\ldots\ldots, \qquad \ldots\ldots\ldots, \qquad \ldots\ldots\ldots,$$

et supposons qu'on ait substitué ces valeurs dans la formule précédente.

Puisque x, y, z sont les coordonnées absolues du corps tiré par la force P, il est clair que ξ, η, ζ, ξ', η', ζ', ... ne seront autre chose que les coordonnées relatives des autres corps par rapport à celui-ci, pris pour leur origine commune; de sorte que la position mutuelle des corps ne dépendra que de ces dernières coordonnées, et nullement des premières. Donc, si l'on suppose le système entièrement libre, c'est-à-dire les corps simplement liés entre eux d'une manière quelconque, mais sans qu'ils soient retenus ou empêchés par des appuis fixes, ou des obstacles extérieurs quelconques, il est aisé de concevoir que les conditions résultantes de la nature du système ne pourront regarder que les quantités ξ, η, ζ, ξ', η', ζ', ..., et nullement les quantités x, y, z, dont les différentielles demeureront, par conséquent, indépendantes et indéterminées.

Ainsi, après les substitutions dont il s'agit, il faudra égaler séparément à zéro chacun des membres affectés de dx, dy, dz, ce qui donnera ces trois équations (art. 2) :

$$\mathrm{P}\frac{\partial p}{\partial x} + \mathrm{P}'\frac{\partial p'}{\partial x} + \mathrm{P}''\frac{\partial p''}{\partial x} + \ldots + \overline{\mathrm{P}}\frac{\partial \overline{p}}{\partial x} + \ldots = 0,$$

$$\mathrm{P}\frac{\partial p}{\partial y} + \mathrm{P}'\frac{\partial p'}{\partial y} + \mathrm{P}''\frac{\partial p''}{\partial y} + \ldots + \overline{\mathrm{P}}\frac{\partial \overline{p}}{\partial y} + \ldots = 0,$$

$$\mathrm{P}\frac{\partial p}{\partial z} + \mathrm{P}'\frac{\partial p'}{\partial z} + \mathrm{P}''\frac{\partial p''}{\partial z} + \ldots + \overline{\mathrm{P}}\frac{\partial \overline{p}}{\partial z} + \ldots = 0.$$

On voit d'abord que les variables x, y, z n'entreront point dans l'expression de $\overline{p}$; ainsi l'on aura

$$\frac{\partial \overline{p}}{\partial x} = 0, \qquad \frac{\partial \overline{p}}{\partial y} = 0, \qquad \frac{\partial \overline{p}}{\partial z} = 0, \qquad \ldots,$$

ce qui fera disparaître les termes qui contiendront les forces intérieures $\overline{\mathrm{P}}$, ...

On voit ensuite que les valeurs de

$$\frac{\partial p'}{\partial x}, \quad \frac{\partial p'}{\partial y}, \quad \frac{\partial p'}{\partial z}, \quad \frac{\partial p''}{\partial x}, \quad \frac{\partial p''}{\partial y}, \quad \frac{\partial p''}{\partial z}, \quad \ldots$$

seront les mêmes que celles de

$$\frac{\partial p'}{\partial x'}, \quad \frac{\partial p'}{\partial y'}, \quad \frac{\partial p'}{\partial z'}, \quad \frac{\partial p''}{\partial x''}, \quad \frac{\partial p''}{\partial y''}, \quad \frac{\partial p''}{\partial z''}, \quad \ldots.$$

Or, si l'on nomme α, β, γ les angles que la ligne p fait avec les axes des x, y, z, ou avec des parallèles à ces axes, α', β', γ' les angles que la ligne p' fait avec les mêmes axes, ..., on a, comme on l'a vu plus haut (art. 7, Section précédente),

$$\frac{\partial p}{\partial x} = \cos\alpha, \qquad \frac{\partial p}{\partial y} = \cos\beta, \qquad \frac{\partial p}{\partial z} = \cos\gamma;$$

et, de même,

$$\frac{\partial p'}{\partial x'} = \cos\alpha', \qquad \frac{\partial p'}{\partial y'} = \cos\beta', \qquad \frac{\partial p'}{\partial z'} = \cos\gamma', \qquad \ldots.$$

Donc les trois équations ci-dessus deviendront

$$\begin{aligned} \mathrm{P}\cos\alpha + \mathrm{P}'\cos\alpha' + \mathrm{P}''\cos\alpha'' + \ldots &= 0, \\ \mathrm{P}\cos\beta + \mathrm{P}'\cos\beta' + \mathrm{P}''\cos\beta'' + \ldots &= 0, \\ \mathrm{P}\cos\gamma + \mathrm{P}'\cos\gamma' + \mathrm{P}''\cos\gamma'' + \ldots &= 0, \end{aligned}$$

lesquelles devront nécessairement avoir lieu dans l'équilibre d'un système libre. Ce sont les équations nécessaires pour empêcher le mouvement de translation.

4. Si les puissances P, P′, P″, ... étaient parallèles, on aurait

$$\alpha = \alpha' = \alpha'' = \ldots, \qquad \beta = \beta' = \beta'' = \ldots, \qquad \gamma = \gamma' = \gamma'' = \ldots,$$

et les trois équations précédentes se réduiraient à celle-ci

$$\mathrm{P} + \mathrm{P}' + \mathrm{P}'' + \ldots = 0,$$

laquelle montre que la somme des forces parallèles doit être nulle.

En général, il est facile de concevoir que, P représentant l'action totale de la puissance P suivant sa propre direction, $P\cos\alpha$ représentera son action relative, estimée suivant la direction de l'axe des x, lequel fait l'angle α avec la direction de la force P; de même, $P\cos\beta$ et $P\cos\gamma$ seront les actions relatives de la même force, estimées suivant la direction des axes des y et des z, et ainsi des autres forces P', P'', ...

De là résulte ce théorème de Statique, que *la somme des puissances estimées suivant la direction de trois axes perpendiculaires entre eux doit être nulle par rapport à chacun de ces axes, dans l'équilibre d'un système libre.*

§ II. — *Propriétés de l'équilibre relatives au mouvement de rotation.*

5. Prenons maintenant, ce qui est permis, à la place des coordonnées x, y, x', y', x'', y'', ..., $\bar{x}$, $\bar{y}$, ..., les rayons vecteurs ρ, ρ', ρ'', ..., $\bar{\rho}$, ..., avec les angles φ, φ', φ'', ..., $\bar{\varphi}$, ..., que ces rayons font avec l'axe des x; on aura, comme l'on sait,

$$x = \rho\cos\varphi, \qquad y = \rho\sin\varphi,$$

et, de même,

$$x' = \rho'\cos\varphi', \quad y' = \rho'\sin\varphi', \quad \ldots, \quad \bar{x} = \bar{\rho}\cos\bar{\varphi}, \quad \bar{y} = \bar{\rho}\sin\bar{\varphi}, \quad \ldots.$$

Faisons ces substitutions dans la formule générale de l'article 2 et supposons

$$\varphi' = \varphi + \sigma, \quad \varphi'' = \varphi + \sigma', \quad \ldots, \quad \bar{\varphi} = \varphi + \bar{\sigma}, \quad \ldots;$$

il est visible que σ, σ', ..., $\bar{\sigma}$, ... seront les angles que les rayons ρ', ρ'', ..., $\bar{\rho}$, ... forment avec le rayon ρ; par conséquent, les distances des corps, tant entre eux que par rapport au plan des xy et au point qui est pris pour l'origine des coordonnées, dépendront uniquement des quantités ρ, ρ', ρ'', ..., $\bar{\rho}$, ..., σ, σ', ..., $\bar{\sigma}$, ..., z, z', z'', ..., $\bar{z}$, ...

Donc, si le système a la liberté de tourner autour de ce point parallèlement au plan des xy, c'est-à-dire autour de l'axe des z qui est perpendiculaire à ce plan, l'angle φ sera indépendant des conditions du système, et sa différence $d\varphi$ demeurera, par conséquent, arbitraire. D'où il suit que les termes affectés de $d\varphi$ dans l'équation générale de l'équilibre devront être ensemble égaux à zéro.

Il est facile de voir que tous ces termes seront représentés par $\mathrm{N}\,d\varphi$, en faisant

$$\mathrm{N}=\mathrm{P}\frac{\partial p}{\partial \varphi}+\mathrm{P}'\frac{\partial p'}{\partial \varphi}+\mathrm{P}''\frac{\partial p''}{\partial \varphi}+\ldots+\overline{\mathrm{P}}\frac{\partial \overline{p}}{\partial \varphi}+\ldots,$$

de sorte que l'on aura pour l'équilibre l'équation

$$\mathrm{N}=0.$$

En substituant les valeurs de x, y, x', y', ..., $\overline{x}$, $\overline{y}$, ... dans les expressions de p, p', ..., $\overline{p}$, ... (art. 2), et faisant de plus

$$a=\mathrm{R}\cos\mathrm{A},\qquad b=\mathrm{R}\sin\mathrm{A},\qquad a'=\mathrm{R}'\cos\mathrm{A}',\qquad b'=\mathrm{R}'\sin\mathrm{B}',\qquad \ldots,$$

on aura

$$p=\sqrt{\rho^2-2\rho\mathrm{R}\cos(\varphi-\mathrm{A})+\mathrm{R}^2+(z-c)^2},$$
$$p'=\sqrt{\rho'^2-2\rho'\mathrm{R}\cos(\varphi'-\mathrm{A}')+\mathrm{R}'^2+(z'-c')^2},$$
$$\ldots\ldots\ldots\ldots\ldots\ldots\ldots\ldots\ldots\ldots,$$
$$\overline{p}=\sqrt{\rho^2-2\rho\overline{\rho}\cos(\varphi-\overline{\varphi})+\overline{\rho}^2+(z-\overline{z})^2},$$
$$\ldots\ldots\ldots\ldots\ldots\ldots\ldots\ldots\ldots\ldots,$$

où il faudra encore mettre $\varphi+\sigma$, $\varphi+\sigma'$, ..., $\varphi+\overline{\sigma}$, ... à la place de φ', φ'', ..., $\overline{\varphi}$, ...

Par ces dernières substitutions, on voit d'abord que les quantités $\overline{p}$, ... ne contiendront plus l'angle φ; ainsi l'on aura $\frac{\partial \overline{p}}{\partial \varphi}=0$, ... : par conséquent, les forces intérieures $\overline{\mathrm{P}}$, ... disparaîtront de l'équation, et il n'y restera que les forces extérieures P, P', ...

Ensuite on aura

$$\frac{\partial p}{\partial \varphi}=\frac{\rho\mathrm{R}\sin(\varphi-\mathrm{A})}{p},\qquad \frac{\partial p'}{\partial \varphi}=\frac{\rho'\mathrm{R}'\sin(\varphi'-\mathrm{A}')}{p'},\qquad \ldots,$$

et la quantité N deviendra

$$N = \frac{PR\rho \sin(\varphi - A)}{p} + \frac{P'R'\rho' \sin(\varphi' - A')}{p'} + \ldots.$$

Comme on peut prendre les centres des forces P, P′, ... partout où l'on veut dans la direction de ces forces, on peut supposer que ces forces soient représentées par les lignes mêmes p, p', ..., qui sont les distances rectilignes de leurs points d'application aux centres respectifs. De cette manière, on aura plus simplement

$$N = R\rho \sin(\varphi - A) + R'\rho' \sin(\varphi' - A') + \ldots.$$

Dans cette formule, les rayons R et ρ, qui partent de l'origine des coordonnées et qui renferment l'angle $\varphi - A$, sont les côtés d'un triangle qui a pour base la projection de la ligne p sur le plan des xy; par conséquent, la quantité $R\rho \sin(\varphi - A)$ exprime le double de l'aire de ce triangle, et ainsi des autres quantités semblables.

Or, ayant nommé ci-dessus (art. 3) γ, γ', ... les angles que les directions des forces P, P′, ... font avec l'axe des z ou avec des parallèles à cet axe, il est clair que les compléments de ces angles seront les inclinaisons des lignes p, p', ... au plan des xy : donc $p \sin\gamma$, $p' \sin\gamma'$, ... seront les projections de ces lignes; et, si de l'origine des coordonnées on abaisse sur ces projections des perpendiculaires que nous nommerons Π, Π', ..., on aura

$$R\rho \sin(\varphi - A) = \Pi p \sin\gamma, \qquad R'\rho' \sin(\varphi' - A') = \Pi' p' \sin\gamma', \qquad \ldots,$$

et la quantité N se réduira à la forme

$$N = \Pi P \sin\gamma + \Pi' P' \sin\gamma' + \Pi'' P'' \sin\gamma'' + \ldots,$$

en remettant P, P′, P″, ... à la place de p, p', p'', ...

6. L'équation $N = 0$ donnera ainsi le théorème suivant :

Dans l'équilibre d'un système qui a la liberté de tourner autour d'un axe et qui est composé de corps qui agissent les uns sur les autres d'une manière quelconque et sont en même temps tirés par des forces extérieures, la somme de ces forces, estimées parallèlement à un plan perpendiculaire à l'axe et multipliées chacune par la perpendiculaire menée de l'axe à la direction de la force projetée sur le même plan, doit être nulle, en donnant des signes contraires aux forces dont les directions tendent à faire tourner le système dans des sens contraires.

On énonce ordinairement ce théorème d'une manière plus simple, en disant que *les moments des forces, par rapport à un axe, doivent se détruire pour qu'il y ait équilibre autour de cet axe.* Car on entend aujourd'hui, en Mécanique, par *moment* d'une force ou puissance par rapport à une ligne, le produit de cette force estimée parallèlement à un plan perpendiculaire à cette ligne, et multipliée par son bras de levier, qui est la perpendiculaire menée de cette ligne sur la direction de la puissance rapportée au même plan. En effet, c'est uniquement de ce moment que dépend l'action de la force pour faire tourner le système autour de l'axe, puisque, si on la décompose en deux, l'une parallèle à l'axe, l'autre dans un plan perpendiculaire à l'axe, il n'y aura évidemment que cette dernière qui puisse produire une rotation. Nous donnerons, en conséquence, à ce moment le nom particulier de *moment relatif à un axe de rotation.*

7. Le coefficient N du terme $N\,d\varphi$ (art. 5) exprime, comme on le voit, la somme des moments de toutes les forces du système relativement à l'axe de la rotation instantanée $d\varphi$. Ainsi, pour trouver la somme de ces moments relatifs à un axe quelconque, il n'y aura qu'à transformer la formule générale

$$P\,dp + P'\,dp' + P''\,dp'' + \ldots,$$

qui exprime la somme des *moments virtuels* de toutes les forces, en y introduisant, pour une des variables indépendantes, l'angle de rotation autour de l'axe donné; le coefficient de la différentielle de cet angle sera la somme de tous les moments relatifs à cet axe, ce qui peut être utile dans plusieurs occasions.

8. Lorsque le système peut tourner en tout sens autour du point que nous prenons pour l'origine des coordonnées, il faut considérer à la fois les rotations instantanées autour des trois axes des x, des y, des z, et l'on aura, par rapport à chacun de ces axes, une équation semblable à celle que nous venons de trouver et qui renferme la propriété des moments; mais il ne sera pas inutile de résoudre le même problème par une analyse plus simple et plus générale.

Pour cela soit, comme dans l'article 5,

$$x = \rho \cos\varphi, \qquad y = \rho \sin\varphi, \qquad x' = \rho' \cos\varphi', \qquad y' = \rho' \sin\varphi', \qquad \ldots;$$

en faisant varier simplement les angles φ, φ', ..., de la même différence $d\varphi$, on aura

$$dx = -y\,d\varphi, \qquad dy = x\,d\varphi, \qquad dx' = -y'\,d\varphi, \qquad dy' = x'\,d\varphi, \qquad \ldots.$$

Ce sont les variations de x, y, x', y', ..., dues à la rotation élémentaire $d\varphi$ du système autour de l'axe des z.

On aura de même les variations de y, z, y', z', ..., dues à une rotation élémentaire $d\psi$ autour de l'axe des x, en changeant simplement dans les formules précédentes x, y, x', y', ... en y, z, y', z', ..., et $d\varphi$ en $d\psi$, ce qui donnera

$$dy = -z\,d\psi, \qquad dz = y\,d\psi, \qquad dy' = -z'\,d\psi \qquad dz' = y'\,d\psi, \qquad \ldots.$$

En changeant, dans ces dernières formules, y, z, y', z', ... respectivement en z, x, z', x', ..., et $d\psi$ en $d\omega$, on aura les variations provenant de la rotation élémentaire $d\omega$ autour de l'axe des y, lesquelles seront

$$dz = -x\,d\omega, \qquad dx = z\,d\omega, \qquad dz' = -x'\,d\omega, \qquad dx' = z'\,d\omega, \qquad \ldots.$$

Si donc on suppose que les trois rotations aient lieu à la fois [1], les

[1] En réalité, les trois rotations ne peuvent avoir lieu à la fois, mais successivement. Il n'y a cependant aucun inconvénient à les considérer, dans le calcul, comme simultanées, car chacune d'elles, changeant infiniment peu la position du corps, ne peut exercer, sur les déplacements que les autres produisent, qu'une influence infiniment petite, et ne modifie le mouvement dû à ces autres rotations que d'une quantité infiniment petite par rapport à sa propre valeur. (*J. Bertrand.*)

variations totales des coordonnées $x, y, z, x', y', z', \ldots$ seront, d'après les principes du Calcul différentiel, égales aux sommes des variations partielles dues à chacune de ces rotations, de sorte qu'on aura alors ces expressions complètes

$$dx = z\,d\omega - y\,d\varphi, \qquad dy = x\,d\varphi - z\,d\psi, \qquad dz = y\,d\psi - x\,d\omega,$$
$$dx' = z'\,d\omega - y'\,d\varphi, \qquad dy' = x'\,d\varphi - z'\,d\psi, \qquad dz' = y'\,d\psi - x'\,d\omega,$$
$$\ldots\ldots\ldots\ldots\ldots\ldots\ldots\ldots\ldots\ldots\ldots\ldots$$

En substituant ces valeurs dans la formule générale de l'équilibre (art. 2), on aura les termes dus seulement aux rotations $d\psi$, $d\omega$, $d\varphi$ autour des trois axes des x, des y, des z, lesquels devront être séparément égaux à zéro lorsque le système a la liberté de tourner en tout sens autour du point qui fait l'origine des coordonnées.

Or on a, par la différentiation,

$$dp = \frac{(x-a)\,dx + (y-b)\,dy + (z-c)\,dz}{p},$$
$$dp' = \frac{(x'-a')\,dx' + (y'-b')\,dy' + (z'-c')\,dz'}{p'},$$
$$\ldots\ldots\ldots\ldots\ldots\ldots\ldots\ldots\ldots\ldots\ldots\ldots,$$
$$d\bar{p} = \frac{(x-\bar{x})(dx-d\bar{x}) + (y-\bar{y})(dy-d\bar{y}) + (z-\bar{z})(dz-d\bar{z})}{\bar{p}},$$
$$\ldots\ldots\ldots\ldots\ldots\ldots\ldots\ldots\ldots\ldots\ldots\ldots$$

On aura donc, par les substitutions dont il s'agit,

$$dp = \frac{(ay-bx)\,d\varphi + (bz-cy)\,d\psi + (cx-az)\,d\omega}{p},$$
$$dp' = \frac{(a'y'-b'x')\,d\varphi + (b'z'-c'y')\,d\psi + (c'x'-a'z')\,d\omega}{p'},$$
$$\ldots\ldots\ldots\ldots\ldots\ldots\ldots\ldots\ldots\ldots\ldots\ldots$$

Et l'on trouvera $d\bar{p} = 0$, $d\bar{p}' = 0$, ..., en mettant pour $d\bar{x}$, $d\bar{y}$, $d\bar{z}$, ... les valeurs analogues $\bar{z}\,d\omega - \bar{y}\,d\varphi$, $\bar{x}\,d\varphi - \bar{z}\,d\psi$, $\bar{y}\,d\psi - \bar{x}\,d\omega$, ...; d'où l'on peut tout de suite conclure que les termes $\bar{P}\,d\bar{p}$, $\bar{P}'\,d\bar{p}'$, ... de la même équation, qui résulteraient des forces intérieures du système, disparaîtront par ces substitutions.

On aura aussi $dp = 0$ si l'on fait $a = 0$, $b = 0$, $c = 0$, c'est-à-dire si le centre des forces P tombe dans l'origine des coordonnées, ce qui fera aussi disparaître cette force.

9. Faisant donc abstraction des forces intérieures, s'il y en a, ainsi que de toute force qui serait dirigée vers le centre des coordonnées, on aura, en général, pour toutes les forces P, P', ..., dirigées suivant les lignes $p, p', \ldots$, l'équation

$$L\,d\psi + M\,d\omega + N\,d\varphi = 0,$$

en faisant

$$L = \frac{P(bz - cy)}{p} + \frac{P'(b'z' - c'y')}{p'} + \ldots,$$

$$M = \frac{P(cx - az)}{p} + \frac{P'(c'x' - a'z')}{p'} + \ldots,$$

$$N = \frac{P(ay - bx)}{p} + \frac{P'(a'y' - b'x')}{p'} + \ldots,$$

et l'on aura, pour tout système libre de tourner en tout sens autour de l'origine des coordonnées, les trois équations

$$L = 0, \qquad M = 0, \qquad N = 0,$$

lesquelles répondent à celle de l'article 5, rapportée aux trois axes des coordonnées.

Car, en employant, à la place des coordonnées $a, b, c, a', \ldots$ des centres de forces, les angles $\alpha, \beta, \gamma, \alpha', \ldots$ que les directions de ces forces font avec les trois axes des coordonnées, et faisant par conséquent, comme dans l'article 7 de la Section précédente,

$$a = x - p\cos\alpha, \qquad b = y - p\cos\beta, \qquad c = z - p\cos\gamma,$$

et ainsi des autres quantités semblables, on a

$$L = P(y\cos\gamma - z\cos\beta) + P'(y'\cos\gamma' - z'\cos\beta') + \ldots,$$

$$M = P(z\cos\alpha - x\cos\gamma) + P'(z'\cos\alpha' - x'\cos\gamma') + \ldots,$$

$$N = P(x\cos\beta - y\cos\alpha) + P'(x'\cos\beta' - y'\cos\alpha') + \ldots.$$

Or, $P\cos\alpha$, $P\cos\beta$, $P\cos\gamma$ étant les valeurs de la force P, estimée suivant les directions des trois axes des x, y, z, on voit tout de suite que $xP\cos\beta - yP\cos\alpha\ldots$ est le moment relatif à l'axe des z, le terme $yP\cos\alpha$ ayant le signe négatif à cause que la force $P\cos\alpha$ tend à faire tourner le système en sens contraire de la force $P\cos\beta$. De même, $zP\cos\alpha - xP\cos\gamma, \ldots$ sera le moment relatif à l'axe des y, et $yP\cos\gamma - zP\cos\beta, \ldots$ le moment relatif à l'axe des x; et ainsi des autres expressions semblables. De sorte que les trois équations $L = 0$, $M = 0$, $N = 0$ expriment que la somme de ces moments est nulle par rapport à chacun des trois axes.

On voit aussi que les coefficients L, M, N des rotations instantanées $d\psi$, $d\omega$, $d\varphi$ ne sont autre chose que les sommes des moments relatifs aux axes des rotations instantanées $d\psi$, $d\omega$, $d\varphi$ (art. 7).

10. On pourrait douter si les rotations autour des trois axes des coordonnées suffisent pour représenter tous les petits mouvements qu'un système de points peut avoir autour d'un point fixe, sans que leur disposition mutuelle en soit altérée. Pour lever ce doute, nous allons chercher tous ces mouvements d'une manière plus directe.

Par le point donné, qui sert d'origine aux coordonnées x, y, z, et par un autre point du système, imaginons une ligne droite, et par cette ligne et par un troisième point du système, un plan; rapportons à cette ligne et à ce plan les autres points du système, par de nouvelles coordonnées rectangles x', y', z' ayant la même origine que les premières x, y, z. Il est clair que ces nouvelles coordonnées ne dépendront que de la situation mutuelle des points du système, et seront, par conséquent, constantes lorsque le système change de place, tandis que les premières varient seules par ce changement.

La théorie connue de la transformation des coordonnées donne d'abord ces relations, entre les trois premières et les trois dernières,

$$x = \alpha x' + \beta y' + \gamma z',$$
$$y = \alpha' x' + \beta' y' + \gamma' z',$$
$$z = \alpha'' x' + \beta'' y' + \gamma'' z'.$$

Les neuf coefficients α, β, γ, α', ... ne dépendent que de la position respective des axes des deux systèmes de coordonnées et doivent être tels que les coordonnées x, y, z se rapportent aux mêmes points que les coordonnées x', y', z' et que, par conséquent, les deux expressions

$$x^2+y^2+z^2 \quad \text{et} \quad x'^2+y'^2+z'^2$$

soient identiques; ce qui donne ces six équations de condition,

$$\begin{aligned} \alpha^2+\alpha'^2+\alpha''^2&=1, & \alpha\beta+\alpha'\beta'+\alpha''\beta''&=0,\\ \beta^2+\beta'^2+\beta''^2&=1, & \alpha\gamma+\alpha'\gamma'+\alpha''\gamma''&=0,\\ \gamma^2+\gamma'^2+\gamma''^2&=1, & \beta\gamma+\beta'\gamma'+\beta''\gamma''&=0; \end{aligned}$$

de sorte que, parmi les neuf quantités α, β, γ, α', ..., il en restera trois d'indéterminées.

Lorsque les axes des x', y', z' coïncident avec ceux des x, y, z, on a

$$x=x', \qquad y=y', \qquad z=z',$$

et, par conséquent,

$$\alpha=1,\quad \beta=0,\quad \gamma=0,\qquad \alpha'=0,\quad \beta'=1,\quad \gamma'=0,\qquad \alpha''=0,\quad \beta''=0,\quad \gamma''=1.$$

Ainsi, en différentiant les formules précédentes et y faisant ensuite ces substitutions, on aura le résultat d'un déplacement quelconque infiniment petit du système dans l'espace autour du point donné.

On aura d'abord, en différentiant les expressions de x, y, z dans l'hypothèse de x', y', z' constantes et substituant, après la différentiation, x, y, z à la place de ces quantités,

$$\begin{aligned} dx&=x\,d\alpha+y\,d\beta+z\,d\gamma,\\ dy&=x\,d\alpha'+y\,d\beta'+z\,d\gamma',\\ dz&=x\,d\alpha''+y\,d\beta''+z\,d\gamma''. \end{aligned}$$

Mais les six équations de condition étant différentiées donnent, par la substitution des valeurs $\alpha=1$, $\beta=0$, $\gamma=0$, ... trouvées ci-dessus,

$$\begin{aligned} d\alpha&=0, & d\beta+d\alpha'&=0,\\ d\beta'&=0, & d\gamma+d\alpha''&=0,\\ d\gamma''&=0, & d\gamma'+d\beta''&=0, \end{aligned}$$

d'où

$$d\alpha' = -d\beta,$$
$$d\alpha'' = -d\gamma,$$
$$d\beta'' = -d\gamma'.$$

Ces valeurs étant substituées dans les expressions de dx, dy, dz, on aura celles-ci

$$\begin{aligned} dx &= -y\,d\alpha' + z\,d\gamma, \\ dy &= x\,d\alpha' - z\,d\beta'', \\ dz &= -x\,d\gamma + y\,d\beta'', \end{aligned}$$

qui coïncident avec celles de l'article 8, en faisant

$$d\alpha' = d\varphi, \qquad d\gamma = d\omega, \qquad d\beta'' = d\psi.$$

Ces formules des variations de x, y, z ont donc toute la généralité que l'état de la question peut comporter; et les trois équations $L = 0$, $M = 0$, $N = 0$, qui résultent de l'évanouissement des termes affectés de $d\psi$, $d\omega$, $d\varphi$, dans l'équation générale de l'équilibre, sont, par conséquent, les seules nécessaires pour maintenir le système en équilibre autour du point donné, abstraction faite de ce qui dépend de la disposition mutuelle des points entre eux; de sorte que, lorsque cette disposition est invariable, l'équilibre du système ne dépendra que des trois équations dont il s'agit.

D'Alembert est le premier qui ait trouvé les lois de l'équilibre de plusieurs forces appliquées à un système de points de forme invariable, dans ses *Recherches sur la précession des équinoxes*. Il y est parvenu d'une manière très compliquée par la composition et la décomposition des forces. Depuis, elles ont été démontrées plus simplement par divers auteurs; mais nos formules ont l'avantage d'y conduire directement.

§ III. — *De la composition des mouvements de rotation autour de différents axes, et des moments relatifs à ces axes.*

11. Si l'on prend dans le système un point pour lequel les coordonnées x, y, z soient proportionnelles à $d\psi$, $d\omega$, $d\varphi$, les différentielles

correspondantes dx, dy, dz seront nulles, comme on le voit par les formules de l'article 8. Ce point, et tous ceux qui auront la même propriété, seront donc immobiles pendant l'instant que le système décrit les trois angles $d\psi$, $d\omega$, $d\varphi$, en tournant à la fois autour des axes des x, y, z. Et il est facile de voir que tous ces points seront dans une ligne droite passant par l'origine des coordonnées ([1]) et faisant avec les axes des x, y, z des angles λ, μ, ν, tels que

$$\cos\lambda = \frac{d\psi}{\sqrt{d\psi^2 + d\omega^2 + d\varphi^2}},$$

$$\cos\mu = \frac{d\omega}{\sqrt{d\psi^2 + d\omega^2 + d\varphi^2}},$$

$$\cos\nu = \frac{d\varphi}{\sqrt{d\psi^2 + d\omega^2 + d\varphi^2}}.$$

Cette droite sera l'*axe instantané* de la rotation composée.

En employant les angles λ, μ, ν et faisant, pour abréger,

$$d\theta = \sqrt{d\psi^2 + d\omega^2 + d\varphi^2},$$

on aura

$$d\psi = d\theta\cos\lambda, \qquad d\omega = d\theta\cos\mu, \qquad d\varphi = d\theta\cos\nu,$$

et les expressions générales de dx, dy, dz (art. 8) deviendront

$$dx = (z\cos\mu - y\cos\nu)\,d\theta,$$

$$dy = (x\cos\nu - z\cos\lambda)\,d\theta,$$

$$dz = (y\cos\lambda - x\cos\mu)\,d\theta.$$

([1]) En rapprochant ces résultats de ceux qui ont été obtenus dans le paragraphe précédent, on voit qu'un mouvement quelconque infiniment petit d'un corps solide qui a un point fixe peut être considéré comme une rotation autour d'un axe. Ce beau théorème est dû à Euler, qui en a donné une démonstration géométrique très simple. Euler avait aussi traité la question analytiquement. (*Voir* les *Mémoires de l'Académie de Berlin* pour 1750.) Vingt-cinq ans plus tard, Euler reprend ce théorème dans les *Commentaires de Saint-Pétersbourg* pour 1775, et, après en avoir donné une démonstration géométrique qui s'applique aux mouvements finis, il avoue que la preuve analytique exige des calculs si prolixes, qu'il a renoncé à les exécuter. Son Mémoire se termine ainsi : « Nemo vero stupendum hunc laborem in se suscipere volet..... quamobrem egregia ista proprietas geometris pulcherrimam occasionem præbere potest vires suas in ista proprietate penitus enucleanda exercendi. » (*Novi Commentarii*, p. 207; 1775.) Dans le *Journal de Liouville* (1re série, t. V, p. 406), Olinde Rodrigues a donné, d'une manière très élégante, cette démonstration désirée par Euler. (*J. Bertrand.*)

Le carré du petit espace parcouru par un point quelconque étant

$$dx^2 + dy^2 + dz^2,$$

il sera exprimé par

$$\begin{aligned}&[(z\cos\mu - y\cos\nu)^2 + (x\cos\nu - z\cos\lambda)^2 + (y\cos\lambda - x\cos\mu)^2]\,d\theta^2\\ &= [x^2 + y^2 + z^2 - (x\cos\lambda + y\cos\mu + z\cos\nu)^2]\,d\theta^2,\end{aligned}$$

à cause de

$$\cos^2\lambda + \cos^2\mu + \cos^2\nu = 1.$$

Or il est facile de prouver que

$$x\cos\lambda + y\cos\mu + z\cos\nu = 0$$

est l'équation d'un plan passant par l'origine des coordonnées et perpendiculaire à la droite qui fait les angles λ, μ, ν avec les axes des x, y, z; donc le petit espace décrit par un point quelconque de ce plan sera

$$d\theta\sqrt{x^2 + y^2 + z^2},$$

et, comme l'axe instantané de rotation est perpendiculaire à ce même plan, il s'ensuit que $d\theta$ sera l'angle de la rotation autour de cet axe, composée des trois rotations partielles $d\psi$, $d\omega$, $d\varphi$ autour des trois axes des coordonnées.

12. Il suit de là que des rotations quelconques instantanées $d\psi$, $d\omega$, $d\varphi$, autour de trois axes qui se coupent à angles droits dans un même point, se composent en une seule $d\theta = \sqrt{d\psi^2 + d\omega^2 + d\varphi^2}$, autour d'un axe passant par le même point d'intersection et faisant avec ceux-là des angles λ, μ, ν, tels que

$$\cos\lambda = \frac{d\psi}{d\theta}, \qquad \cos\mu = \frac{d\omega}{d\theta}, \qquad \cos\nu = \frac{d\varphi}{d\theta};$$

et, réciproquement, qu'une rotation quelconque $d\theta$ autour d'un axe donné peut se décomposer en trois rotations partielles, exprimées par $\cos\lambda\,d\theta$, $\cos\mu\,d\theta$, $\cos\nu\,d\theta$, autour de trois axes qui se coupent perpendiculairement dans un point de l'axe donné et qui fassent avec cet axe les angles λ, μ, ν; ce qui fournit un moyen bien simple de composer et de décomposer les mouvements instantanés ou les vitesses de rotation.

Ainsi, si l'on prend trois autres axes rectangulaires entre eux, qui fassent, avec l'axe de la rotation $d\psi$ les angles λ', λ'', λ''', avec l'axe de la rotation $d\omega$ les angles μ', μ'', μ''', et avec l'axe de la rotation $d\varphi$ les angles ν', ν'', ν''', la rotation $d\psi$ pourra se résoudre en trois rotations $\cos\lambda'\,d\psi$, $\cos\lambda''\,d\psi$, $\cos\lambda'''\,d\psi$ autour de ces nouveaux axes; la rotation $d\omega$ se résoudra de même en trois rotations $\cos\mu'\,d\omega$, $\cos\mu''\,d\omega$, $\cos\mu'''\,d\omega$, et la rotation $d\varphi$ en trois rotations $\cos\nu'\,d\varphi$, $\cos\nu''\,d\varphi$, $\cos\nu'''\,d\varphi$ autour des mêmes axes; de sorte qu'en ajoutant ensemble les rotations autour d'un même axe, si l'on nomme $d\theta'$, $d\theta''$, $d\theta'''$ les rotations totales autour des trois nouveaux axes, on aura

$$d\theta' = \cos\lambda'\,d\psi + \cos\mu'\,d\omega + \cos\nu'\,d\varphi,$$
$$d\theta'' = \cos\lambda''\,d\psi + \cos\mu''\,d\omega + \cos\nu''\,d\varphi,$$
$$d\theta''' = \cos\lambda'''\,d\psi + \cos\mu'''\,d\omega + \cos\nu'''\,d\varphi.$$

13. Les rotations $d\psi$, $d\omega$, $d\varphi$ sont donc réduites de cette manière à trois rotations $d\theta'$, $d\theta''$, $d\theta'''$ autour de trois autres axes rectangulaires, lesquelles doivent par conséquent donner, par la composition, la même rotation $d\theta$ qui résulte des rotations $d\psi$, $d\omega$, $d\varphi$, de sorte qu'on aura (art. 11)

$$d\theta^2 = d\theta'^2 + d\theta''^2 + d\theta'''^2 = d\psi^2 + d\omega^2 + d\varphi^2;$$

et, comme cette dernière équation doit être identique, il s'ensuit qu'on aura ces relations :

$$\cos^2\lambda' + \cos^2\lambda'' + \cos^2\lambda''' = 1,$$
$$\cos^2\mu' + \cos^2\mu'' + \cos^2\mu''' = 1,$$
$$\cos^2\nu' + \cos^2\nu'' + \cos^2\nu''' = 1;$$

$$\cos\lambda'\cos\mu' + \cos\lambda''\cos\mu'' + \cos\lambda'''\cos\mu''' = 0,$$
$$\cos\lambda'\cos\nu' + \cos\lambda''\cos\nu'' + \cos\lambda'''\cos\nu''' = 0,$$
$$\cos\mu'\cos\nu' + \cos\mu''\cos\nu'' + \cos\mu'''\cos\nu''' = 0,$$

qu'on peut aussi trouver par la Géométrie.

Par ces relations on peut avoir tout de suite les valeurs de $d\psi$, $d\omega$, $d\varphi$ en $d\theta'$, $d\theta''$, $d\theta'''$, en ajoutant ensemble les valeurs de $d\theta'$, $d\theta''$, $d\theta'''$, multipliées successivement par $\cos\lambda'$, $\cos\lambda''$, $\cos\lambda'''$; $\cos\mu'$, $\cos\mu''$, ...; on trouvera de cette manière

$$d\psi = \cos\lambda'\, d\theta' + \cos\lambda''\, d\theta'' + \cos\lambda'''\, d\theta''',$$

$$d\omega = \cos\mu'\, d\theta' + \cos\mu''\, d\theta'' + \cos\mu'''\, d\theta''',$$

$$d\varphi = \cos\nu'\, d\theta' + \cos\nu''\, d\theta'' + \cos\nu'''\, d\theta'''.$$

14. Si l'on nomme, de plus, ϖ', ϖ'', ϖ''' les angles que l'axe de la rotation composée $d\theta$ fait avec les axes des trois rotations partielles $d\theta'$, $d\theta''$, $d\theta'''$, on aura, comme dans l'article 11,

$$d\theta' = \cos\varpi'\, d\theta, \qquad d\theta'' = \cos\varpi''\, d\theta, \qquad d\theta''' = \cos\varpi'''\, d\theta;$$

et si, dans les expressions données ci-dessus (art. 12) de $d\theta'$, $d\theta''$, $d\theta'''$, on met pour $d\psi$, $d\omega$, $d\varphi$ leurs valeurs en $d\theta$ de l'article 11, $\cos\lambda\, d\theta$, $\cos\mu\, d\theta$, $\cos\nu\, d\theta$, la comparaison de ces différentes expressions de $d\theta'$, $d\theta''$, $d\theta'''$ donnera, en divisant par $d\theta$ ces nouvelles relations,

$$\cos\varpi' = \cos\lambda\cos\lambda' + \cos\mu\cos\mu' + \cos\nu\cos\nu',$$

$$\cos\varpi'' = \cos\lambda\cos\lambda'' + \cos\mu\cos\mu'' + \cos\nu\cos\nu'',$$

$$\cos\varpi''' = \cos\lambda\cos\lambda''' + \cos\mu\cos\mu''' + \cos\nu\cos\nu''',$$

qu'on peut aussi vérifier par la Géométrie.

15. On voit par là que ces compositions et décompositions des mouvements de rotation sont entièrement analogues à celles des mouvements rectilignes.

En effet si, sur les trois axes des rotations $d\psi$, $d\omega$, $d\varphi$, on prend, depuis leur point d'intersection, des lignes proportionnelles respectivement à $d\psi$, $d\omega$, $d\varphi$, et que l'on construise sur ces trois lignes un parallélépipède rectangle, il est facile de voir que la diagonale de ce parallélépipède sera l'axe de la rotation composée $d\theta$ et sera en même temps proportionnelle à cette rotation $d\theta$. De là, et de ce que les rotations autour d'un même axe s'ajoutent ou se retranchent suivant qu'elles sont dans le même sens ou dans des sens opposés, comme les mouvements qui ont la même direction ou des directions opposées, on doit conclure en général que la composition et la décomposition des mouvements de rotation se fait de la même manière et suit les mêmes lois que la composition ou décomposition des mouvements rectilignes, en substituant aux mouvements de rotation des mouvements rectilignes, suivant la direction des axes de rotation.

16. Maintenant, si dans la formule de l'article 9,

$$L\,d\psi + M\,d\omega + N\,d\varphi,$$

laquelle contient les termes dus aux rotations $d\psi$, $d\omega$, $d\varphi$ dans la formule générale $P\,dp + P'\,dp' + P''\,dp'' + \ldots$, on substitue pour $d\psi$, $d\omega$, $d\varphi$ les expressions trouvées dans l'article 13, elle devient

$$\begin{aligned}&(L\cos\lambda' + M\cos\mu' + N\cos\nu')\,d\theta'\\ +&(L\cos\lambda'' + M\cos\mu'' + N\cos\nu'')\,d\theta''\\ +&(L\cos\lambda''' + M\cos\mu''' + N\cos\nu''')\,d\theta'''.\end{aligned}$$

Donc, par l'article 7, les coefficients des angles élémentaires $d\theta'$, $d\theta''$, $d\theta'''$ exprimeront les sommes des moments relatifs aux axes des rotations $d\theta'$, $d\theta''$, $d\theta'''$. Ainsi, des moments égaux à L, M, N, et relatifs à trois axes rectangulaires, donnent les moments

$$\begin{aligned}&L\cos\lambda' + M\cos\mu' + N\cos\nu',\\ &L\cos\lambda'' + M\cos\mu'' + N\cos\nu'',\\ &L\cos\lambda''' + M\cos\mu''' + N\cos\nu''',\end{aligned}$$

relatifs à trois autres axes rectangulaires qui font respectivement avec ceux-là les angles λ', μ', ν'; λ'', μ'', ν''; λ''', μ''', ν'''.

On trouve une démonstration géométrique de ce théorème dans le Tome VII des *Nova Acta* de l'Académie de Pétersbourg [1].

[1] Cette démonstration est d'Euler. (*J. Bertrand.*)

17. Si l'on suppose les rotations $d\psi$, $d\omega$, $d\varphi$ proportionnelles à L, M, N, et qu'on fasse

$$H = \sqrt{L^2 + M^2 + N^2},$$

on aura, par l'article 11,

$$L = H\cos\lambda, \qquad M = H\cos\mu, \qquad N = H\cos\nu,$$

et les trois moments qu'on vient de trouver se réduiront, par les relations de l'article 14, à cette forme simple

$$H\cos\varpi', \quad H\cos\varpi'', \quad H\cos\varpi'''.$$

Or ϖ', ϖ'', ϖ''' sont les angles que les axes des rotations $d\theta'$, $d\theta''$, $d\theta'''$ font avec l'axe de la rotation composée $d\theta$. Donc, si l'on fait coïncider l'axe de la rotation $d\theta'$ avec l'axe de la rotation $d\theta$, on a $\varpi' = 0$ et ϖ'', ϖ''' chacun égal à un angle droit; par conséquent, le moment autour de cet axe sera simplement H, et les deux autres moments autour des axes perpendiculaires à celui-ci deviendront nuls.

D'où l'on conclut que des moments égaux à L, M, N, et relatifs à trois axes rectangulaires, se composent en un moment unique H égal à $\sqrt{L^2 + M^2 + N^2}$, et relatif à un axe qui fait avec ceux-là les angles λ, μ, ν, tels que

$$\cos\lambda = \frac{L}{H}, \qquad \cos\mu = \frac{M}{H}, \qquad \cos\nu = \frac{N}{H}.$$

Ce sont les théorèmes connus sur la composition des moments; et il est évident que cette composition suit aussi les mêmes règles que celle des mouvements rectilignes. On aurait pu la déduire immédiatement de la composition des rotations instantanées, en substituant les moments aux rotations qu'ils produisent, comme Varignon a substitué les forces aux mouvements rectilignes (1).

(1) Cette assimilation n'est pas permise. Une force qui agit sur un corps solide mobile autour d'un axe donné produit une rotation proportionnelle à son moment; mais, pour deux axes différents, les moments d'inertie jouent un rôle, et l'on n'a pas le droit de substituer les moments aux rotations qu'ils produisent. (*Voir*, à ce sujet, un Mémoire de Poinsot, *Mémoires de l'Institut*, t. VII, p. 564.) (*J. Bertrand.*)

§ IV. — *Propriétés de l'équilibre, relatives au centre de gravité.*

18. Si, dans les formules de l'article 9, on suppose que toutes les forces P, P′, P″, ... agissent dans des directions parallèles entre elles, on aura

$$\alpha = \alpha' = \alpha'' = \ldots, \qquad \beta = \beta' = \beta'' = \ldots, \qquad \gamma = \gamma' = \gamma'' = \ldots;$$

par conséquent, si l'on fait, pour abréger,

$$\begin{aligned} X &= Px + P'x' + P''x'' + \ldots, \\ Y &= Py + P'y' + P''y'' + \ldots, \\ Z &= Pz + P'z' + P''z'' + \ldots, \end{aligned}$$

les quantités L, M, N deviendront

$$\begin{aligned} L &= Y\cos\gamma - Z\cos\beta, \\ M &= Z\cos\alpha - X\cos\gamma, \\ N &= X\cos\beta - Y\cos\alpha, \end{aligned}$$

et les équations de l'équilibre seront

$$L = 0, \qquad M = 0, \qquad N = 0,$$

dont la troisième est ici une suite des deux premières. Mais, comme on a d'ailleurs (Sect. II, art. 7) l'équation

$$\cos^2\alpha + \cos^2\beta + \cos^2\gamma = 1,$$

on pourra déterminer par ces équations les angles α, β, γ, et l'on trouvera

$$\cos\alpha = \frac{X}{\sqrt{X^2 + Y^2 + Z^2}},$$

$$\cos\beta = \frac{Y}{\sqrt{X^2 + Y^2 + Z^2}},$$

$$\cos\gamma = \frac{Z}{\sqrt{X^2 + Y^2 + Z^2}}.$$

Donc, la position des corps étant donnée par rapport à trois axes, il faudra, pour que tout mouvement de rotation du système soit détruit, que le système soit placé, relativement à la direction des forces, de manière que cette direction fasse avec les mêmes axes les angles α, β, γ qu'on vient de déterminer.

19. Si les quantités X, Y, Z étaient nulles, les angles α, β, γ demeureraient indéterminés, et la position du système, relativement à la direction des forces, pourrait être quelconque; d'où résulte ce théorème : *Si la somme des produits des forces parallèles par leurs distances à trois plans perpendiculaires entre eux est nulle par rapport à chacun de ces trois plans, l'effet des forces pour faire tourner le système autour du point commun d'intersection des mêmes plans se trouvera détruit.*

On sait que la gravité agit verticalement et proportionnellement à la masse; ainsi, dans un système de corps pesants, si l'on cherche un point tel, que la somme des masses multipliées par leurs distances à un plan passant par ce point soit nulle relativement à trois plans perpendiculaires, ce point aura la propriété que la gravité ne pourra imprimer au système aucun mouvement de rotation autour du même point. C'est ce point qu'on appelle *centre de gravité*, et qui est d'un usage si étendu dans toute la Mécanique.

Pour le déterminer, il n'y a qu'à chercher sa distance à trois plans perpendiculaires donnés. Or, puisque la somme des produits des masses par leurs distances à un plan passant par le centre de gravité est nulle, la somme des produits des mêmes masses par leurs distances à un autre plan parallèle à celui-ci sera nécessairement égale au produit de toutes les masses par la distance du centre de gravité au même plan, de sorte qu'on aura cette distance en divisant la somme des produits des masses et de leurs distances par la somme même des masses; et de là résultent les formules connues pour les centres de gravité des lignes, des surfaces et des solides.

20. Mais il y a une propriété du centre de gravité qui est moins connue et qui peut être utile dans quelques occasions, parce qu'elle est indépendante de la considération étrangère des plans auxquels on

rapporte les différents corps du système, et qu'elle sert à déterminer leur centre de gravité par la simple position respective des corps. Voici en quoi elle consiste.

Soit A la somme des produits des masses prises deux à deux et multipliées de plus par le carré de leur distance respective, cette somme étant en même temps divisée par le carré de la somme des masses.

Soit B la somme des produits de chaque masse par le carré de sa distance à un point quelconque donné, cette somme étant divisée par la somme des masses.

On aura $\sqrt{B - A}$ pour la distance du centre de gravité de toutes les masses au point donné. Ainsi, comme la quantité A est indépendante de ce point, si l'on détermine les valeurs de B par rapport à trois points différents pris dans le système ou hors du système, à volonté, on aura les distances du centre de gravité à ces trois points et, par conséquent, sa position par rapport à ces points. Si les corps étaient tous dans le même plan, il suffirait de considérer deux points, et il n'en faudrait qu'un seul si tous les corps étaient sur une ligne droite donnée.

En prenant les points donnés dans les corps mêmes du système, la position de son centre de gravité sera donnée uniquement par les masses et par leurs distances respectives. C'est en quoi consiste le principal avantage de cette manière de déterminer le centre de gravité.

Pour la démontrer, je reprends les expressions de X, Y, Z de l'article 18, et, prenant de plus trois quantités arbitraires f, g, h, je forme ces trois équations identiques, faciles à vérifier :

$$\begin{aligned}&[X - (P + P' + P'' + \ldots)f]^2\\ &\quad = (P + P' + P'' + \ldots)[P(x - f)^2 + P'(x' - f)^2 + P''(x'' - f)^2 + \ldots]\\ &\qquad - PP'(x - x')^2 - PP''(x - x'')^2 - P'P''(x' - x'')^2 - \ldots,\end{aligned}$$

$$\begin{aligned}&[Y - (P + P' + P'' + \ldots)g]^2\\ &\quad = (P + P' + P'' + \ldots)[P(y - g)^2 + P'(y' - g)^2 + P''(y'' - g)^2 + \ldots]\\ &\qquad - PP'(y - y')^2 - PP''(y - y'')^2 - P'P''(y' - y'') - \ldots,\end{aligned}$$

$$\begin{aligned}&[Z - (P + P' + P'' + \ldots)h]^2\\ &\quad = (P + P' + P'' + \ldots)[P(z - h)^2 + P'(z' - h)^2 + P''(z'' - h)^2 + \ldots]\\ &\qquad - PP'(z - z')^2 - PP''(z - z'')^2 - P'P''(z' - z'')^2 - \ldots.\end{aligned}$$

Les quantités P, P', P'', ... représentent les poids ou les masses des corps qui leur sont proportionnels, et les quantités x, y, z, x', y', z', x'', ... sont les coordonnées rectangles de ces corps. Or nous avons vu (art. 19) que, lorsque l'origine des coordonnées est dans le centre de gravité, les trois quantités X, Y, Z sont nulles. Si donc on fait dans les trois équations précédentes $X = 0$, $Y = 0$, $Z = 0$, qu'on les ajoute ensemble, et qu'on suppose, pour abréger,

$$f^2 + g^2 + h^2 = r^2,$$

$$(x - f)^2 + (y - g)^2 + (z - h)^2 = (0)^2,$$
$$(x' - f)^2 + (y' - g)^2 + (z' - h)^2 = (1)^2,$$
$$(x'' - f)^2 + (y'' - g)^2 + (z'' - h)^2 = (2)^2,$$
$$\dots\dots\dots\dots\dots\dots\dots\dots;$$

$$(x - x')^2 + (y - y')^2 + (z - z')^2 = (0,1)^2,$$
$$(x - x'')^2 + (y - y'')^2 + (z - z'')^2 = (0,2)^2,$$
$$(x' - x'')^2 + (y' - y'')^2 + (z' - z'')^2 = (1,2)^2,$$
$$\dots\dots\dots\dots\dots\dots\dots\dots,$$

on aura, après avoir divisé par $(P + P' + P'' + \dots)^2$,

$$r^2 = \frac{P(0)^2 + P'(1)^2 + P''(2)^2 + \dots}{P + P' + P'' + \dots} - \frac{PP'(0,1)^2 + PP''(0,2)^2 + P'P''(1,2)^2 + \dots}{(P + P' + P'' + \dots)^2}.$$

Si l'on prend maintenant les trois quantités f, g, h pour les coordonnées rectangles d'un point donné, il est visible que r sera la distance de ce point au centre de gravité qui est supposé dans l'origine des coordonnées, que (0), (1), (2), ... seront les distances des poids P, P', P'', ... à ce même point, et que (0,1), (0,2), (1,2), ... seront les distances entre les corps ou poids P et P', P et P'', P' et P'', ... Donc l'équation ci-dessus deviendra

$$r^2 = B - A,$$

d'où l'on tire [1]

$$r = \sqrt{B - A}.$$

[1] On pourra consulter au sujet de ce théorème le Mémoire de Lagrange *Sur une nouvelle propriété du centre de gravité*, inséré au tome V des *Œuvres de Lagrange*, p. 535.

§ V. — *Propriétés de l'équilibre, relatives aux maxima et minima.*

21. Nous allons considérer maintenant les maxima et minima qui peuvent avoir lieu dans l'équilibre ; et, pour cela, nous reprendrons la formule générale

$$P\,dp + Q\,dq + R\,dr + \ldots = 0$$

de l'équilibre entre les forces P, Q, R, ..., dirigées suivant les lignes p, q, r, ... qui aboutissent aux centres de ces forces (Sect. II, art. 4).

On peut supposer (¹) que ces forces soient exprimées de manière que la quantité $P\,dp + Q\,dq + R\,dr + \ldots$ soit une différentielle exacte d'une fonction de p, q, r, ..., laquelle soit représentée par Π, en sorte que l'on ait

$$d\Pi = P\,dp + Q\,dq + R\,dr + \ldots.$$

Alors on aura pour l'équilibre cette équation $d\Pi = 0$, laquelle fait voir que le système doit être disposé de manière que la fonction Π y soit, généralement parlant, un maximum ou un minimum.

Je dis *généralement parlant*, car on sait que l'égalité d'une différentielle à zéro n'indique pas toujours un maximum ou un minimum, comme on le voit par la théorie des courbes.

La supposition précédente a lieu, en général, lorsque les forces P, Q, R, ... tendent réellement ou à des points fixes, ou à des corps du même système, et sont proportionnelles à des fonctions quelconques des distances, ce qui est proprement le cas de la nature.

Ainsi, dans cette hypothèse de forces, le système sera en équilibre lorsque la fonction Π sera un maximum ou un minimum ; c'est en quoi consiste le principe que Maupertuis avait proposé sous le nom de *loi de repos*.

Dans un système de corps pesants en équilibre, les forces P, Q, R, ...,

le Chapitre III de la *Statique* de Poinsot, la quatrième Leçon des *Vorlesungen über Dynamik* de Jacobi et enfin divers Mémoires insérés aux tomes VI et VII du *Bulletin de la Société mathématique de France*. (*G. D.*)

(¹) Lagrange ne veut pas dire qu'il en soit toujours ainsi ; il prévient seulement que les développements qui suivent se rapportent au cas où cela a lieu. (*J. Bertrand.*)

provenant de la gravité, sont, comme l'on sait, proportionnelles aux masses des corps et, par conséquent, constantes; et les distances p, q, r, ... concourent au centre de la Terre. On aura donc, dans ce cas,

$$\Pi = Pp + Qq + Rr + \ldots;$$

par conséquent, puisque les lignes p, q, r, ... sont censées parallèles, la quantité $\frac{\Pi}{P+Q+R+\ldots}$ exprimera la distance du centre de gravité de tout le système au centre de la Terre, laquelle sera donc un minimum ou un maximum, lorsque le système sera en équilibre; elle sera, par exemple, un minimum dans le cas de la chaînette, et un maximum dans le cas de plusieurs globules qui se soutiendraient en forme de voûte. Ce principe est connu depuis longtemps.

22. Si, maintenant, on considère le même système en mouvement, et que u', u'', u''', ... soient les vitesses, et m', m'', m''', ... les masses respectives des différents corps qui le composent, le principe si connu de la *conservation des forces vives*, dont nous donnerons une démonstration directe et générale dans la seconde Partie, fournira cette équation

$$m'u'^2 + m''u''^2 + m'''u'''^2 + \ldots = \text{const.} - 2\Pi.$$

Donc, puisque, dans l'état d'équilibre, la quantité Π est un minimum ou un maximum, il s'ensuit que la quantité $m'u'^2 + m''u''^2 + m'''u'''^2 + \ldots$, qui exprime la force vive de tout le système, sera en même temps un maximum ou un minimum; ce qui donne cet autre principe de Statique, que, *de toutes les situations que prend successivement le système, celle où il a la plus grande ou la plus petite force vive est aussi celle où il le faudrait placer d'abord pour qu'il restât en équilibre*. [Voir les *Mémoires de l'Académie des Sciences* de 1748 et 1749 (¹).]

23. On vient de voir que la fonction Π est un minimum ou un maxi-

(¹) Ce principe y est énoncé, sans démonstration suffisante, par un géomètre peu connu, de Courtivron. Lagrange le citait dans la première édition de son Ouvrage; dans la seconde, il a fait disparaître son nom pour y substituer la date du Mémoire.

(*J. Bertrand.*)

mum, lorsque la position du système est celle de l'équilibre; nous allons maintenant démontrer que, si cette fonction est un minimum, l'équilibre aura de la stabilité, en sorte que, le système étant d'abord supposé dans l'état d'équilibre et venant ensuite à être tant soit peu déplacé de cet état, il tendra de lui-même à s'y remettre en faisant des oscillations infiniment petites : qu'au contraire, dans le cas où la même fonction sera un maximum, l'équilibre n'aura pas de stabilité, et qu'étant une fois troublé, le système pourra faire des oscillations qui ne seront pas très petites, et qui pourront l'écarter de plus en plus de son premier état.

Pour démontrer cette proposition d'une manière générale, je considère que, quelle que puisse être la forme du système, sa position, c'est-à-dire celle des différents corps qui le composent, sera toujours déterminée par un certain nombre de variables, et que la quantité Π sera une fonction donnée de ces mêmes variables. Supposons que, dans la situation d'équilibre, les variables dont il s'agit soient égales à a, b, c, ..., et que, dans une situation très proche de celle-ci, elles soient $a+x$, $b+y$, $c+z$, ..., les quantités x, y, z, ... étant très petites; substituant ces dernières valeurs dans la fonction Π et réduisant en série suivant les dimensions des quantités très petites $x, y, z, \ldots$, la fonction Π (¹) deviendra de cette forme

$$\begin{aligned}\Pi = A + Bx + Cy + Dz + \ldots \\ + Fx^2 + Gxy + Hy^2 + Kxz + Lyz + Mz^2 + \ldots,\end{aligned}$$

les quantités A, B, C, ... étant données en a, b, c, ... Mais, dans l'état d'équilibre, la valeur de $d\Pi$ doit être nulle, de quelque manière qu'on fasse varier la position du système; donc il faudra que la différentielle de Π soit nulle en général, lorsque x, y, z, ... sont égales à zéro; donc

$$B = 0, \qquad C = 0, \qquad D = 0, \qquad \ldots.$$

(¹) M. Lejeune-Dirichlet a simplifié cette démonstration en la rendant plus rigoureuse. (Voir *Journal de Crelle*, t. 32, et *Journal de Liouville*, 1re série, t. XII, p. 474.)

(*J. Bertrand.*)

On aura donc, pour une situation quelconque très proche de celle de l'équilibre, cette expression de Π

$$\Pi = A + Fx^2 + Gxy + Hy^2 + Kxz + Lyz + Mz^2 + \ldots,$$

dans laquelle, tant que les variables x, y, z, ... sont très petites, il suffira de tenir compte des secondes dimensions de ces variables.

24. Maintenant il est clair que, pour que la quantité Π soit un minimum, lorsque x, y, z, ... sont nulles, il faut que la fonction

$$Fx^2 + Gxy + Hy^2 + Kxz + Lyz + Mz^2 + \ldots,$$

que je nommerai X, soit constamment positive, quelles que soient les valeurs des variables x, y, z, ...

Or cette fonction est réductible à la forme

$$X = f\xi^2 + g\eta^2 + h\zeta^2 + \ldots,$$

en faisant

$$f = F,$$
$$\xi = x + \frac{Gy}{2f} + \frac{Kz}{2f} + \ldots,$$
$$g = H - \frac{G^2}{4f},$$
$$\eta = y + \left(L - \frac{GK}{2f}\right)\frac{z}{2g} + \ldots,$$
$$h = M - \frac{K^2}{4f} - \frac{L^2}{4g},$$
$$\zeta = z + \ldots,$$
$$\ldots\ldots\ldots\ldots$$

Donc, pour qu'elle soit toujours positive, il faudra que les coefficients f, g, h, ... soient positifs; et l'on voit en même temps que, si ces coefficients sont positifs, la valeur de X sera nécessairement positive, puisque les quantités ξ, η, ζ, ... sont réelles lorsque les variables x, y, z, ... le sont.

Si, au contraire, la quantité Π devait être un maximum lorsque x, y, z, ... sont nuls, il faudrait que la fonction X fût constamment négative, et, par conséquent, que les coefficients f, g, h, ... fussent négatifs; et réciproquement, si ces coefficients sont négatifs, il s'ensuivra que la valeur de X sera nécessairement négative.

25. On aura donc, en ne tenant compte que des secondes dimensions des quantités très petites $x, y, z, \ldots$,

$$\Pi = A + f\xi^2 + g\eta^2 + h\zeta^2 + \ldots,$$

et l'équation de la conservation des forces vives (art. 22) deviendra

$$M' u'^2 + M'' u''^2 + M''' u'''^2 + \ldots = \text{const.} - 2A - 2f\xi^2 - 2g\eta^2 - 2h\zeta^2 - \ldots.$$

Or, dans l'état d'équilibre, on a, par hypothèse,

$$x = 0, \quad y = 0, \quad z = 0, \quad \ldots;$$

donc aussi (art. 19)

$$\xi = 0, \quad \eta = 0, \quad \zeta = 0, \quad \ldots;$$

donc, si l'on suppose qu'on dérange le système de cet état, en imprimant aux corps M′, M″, M‴, ... les vitesses très petites V′, V″, V‴, ..., il faudra que l'on ait $u' = V'$, $u'' = V''$, $u''' = V'''$, ... lorsque $\xi = 0$, $\eta = 0$, $\zeta = 0$. On aura donc

$$M' V'^2 + M'' V''^2 + M''' V'''^2 + \ldots = \text{const.} - 2A;$$

ce qui servira à déterminer la constante arbitraire.

Ainsi l'équation précédente deviendra

$$\begin{aligned} &M' u'^2 + M'' u''^2 + M''' u'''^2 + \ldots \\ &\quad = M' V'^2 + M'' V''^2 + M''' V'''^2 + \ldots - 2f\xi^2 - 2g\eta^2 - 2h\zeta^2 - \ldots; \end{aligned}$$

d'où il est aisé de tirer ces deux conclusions :

1° Que, dans le cas du minimum de Π, dans lequel les coefficients f, g, h, ... sont tous positifs, la quantité toujours positive

$$2f\xi^2 + 2g\eta^2 + 2h\zeta^2 + \ldots$$

devra nécessairement être moindre, ou du moins ne pourra pas être plus grande que la quantité donnée $M'V'^2 + M''V''^2 + M'''V'''^2 + \ldots$, qui est elle-même très petite; par conséquent, si l'on nomme cette quantité T, on aura, pour chacune des variables $\xi, \eta, \zeta, \ldots$, ces limites

$$\pm\sqrt{\frac{T}{2f}},\quad \pm\sqrt{\frac{T}{2g}},\quad \pm\sqrt{\frac{T}{2h}},\quad \ldots,$$

entre lesquelles elles seront nécessairement renfermées; d'où il suit que, dans ce cas, le système ne pourra que s'écarter très peu de son état d'équilibre et ne pourra faire que des oscillations très petites et d'une étendue déterminée;

2° Que dans le cas du maximum de Π, dans lequel les coefficients $f, g, h, \ldots$ sont tous négatifs, la quantité toujours positive

$$-2f\xi^2 - 2g\eta^2 - 2h\zeta^2 - \ldots$$

pourra croître à l'infini, et qu'ainsi le système pourra s'écarter de plus en plus de son état d'équilibre. Du moins l'équation ci-dessus fait voir que, dans ce cas, rien n'empêche que les variables $\xi, \eta, \zeta, \ldots$ n'aillent toujours en augmentant, mais il ne s'ensuit pas encore qu'elles doivent, en effet, aller en augmentant; nous démontrerons cette dernière proposition dans la sixième Section de la Dynamique.

Si tous les coefficients $f, g, h, \ldots$ étaient nuls, on sait, par les méthodes *de maximis et minimis,* qu'il faudrait, pour l'existence d'un minimum ou d'un maximum, que les termes de trois dimensions disparussent et que ceux de quatre dimensions fussent constamment positifs ou négatifs; et c'est aussi de cette manière qu'on pourra juger de la stabilité de l'équilibre donné par l'évanouissement des termes de la première dimension, lorsque ceux de deux dimensions s'évanouissent en même temps.

26. Au reste, ces propriétés des maxima et minima, qui ont lieu dans l'équilibre d'un système quelconque de forces, ne sont qu'une conséquence immédiate de la démonstration que nous avons donnée du principe des vitesses virtuelles à la fin de la première Section.

En effet, soit p la distance entre les deux premières moufles, l'une fixe, l'autre mobile, jointes par P cordons qui produisent une force proportionnelle à P, et qu'on peut représenter simplement par P, en prenant le poids qui tend la corde pour l'unité; soient de même q la distance entre les deux moufles qui produisent la force Q, r la distance entre les moufles qui produisent la force R, ... Il est évident que Pp sera la longueur de la portion de la corde qui embrasse les deux premières moufles; pareillement, Qq, Rr, ... seront les longueurs des portions de la corde qui embrasse les autres moufles, de sorte que la longueur totale de la corde embrassée par les moufles fixes et mobiles sera $Pp + Qq + Rr + \ldots$.

Ajoutons à cette longueur celle des différentes portions de la corde qui se trouveront entre des poulies fixes pour faire les renvois nécessaires au changement de direction, et que nous désignerons par a; ajoutons-y encore la portion de la corde qui se trouvera entre la dernière poulie de renvoi et le poids attaché à l'extrémité de la corde, et que nous désignerons par u; enfin soit l la longueur totale de la corde, dont la première extrémité est fixement attachée à un point immobile dans l'espace, et dont l'autre extrémité porte le poids; on aura évidemment l'équation

$$l = Pp + Qq + Rr + \ldots + a + u,$$

d'où l'on tire

$$u = l - a - Pp - Qq - Rr - \ldots.$$

Or, en supposant les forces P, Q, R, ... constantes, c'est-à-dire indépendantes de p, q, r, ..., ce qui est toujours permis dans l'équilibre où l'on ne considère que des déplacements infiniment petits, il est visible [1] que la quantité $Pp + Qq + Rr + \ldots$ sera la même que nous

[1] Cette substitution de forces constantes à des forces variables changerait, au contraire, complètement la nature de la fonction Π. Si l'on considère, par exemple, une attraction inversement proportionnelle à la distance et égale à $\frac{\mu}{p}$, on aura

$$\int P\,dp = \int \frac{\mu}{p}\,dp = \mu \log p;$$

en remplaçant, au contraire, P par une constante, on aurait pour intégrale Pp, ce qui diffère beaucoup du résultat précédent. On peut dire seulement que, pour la valeur des variables qui correspond à l'équilibre, les deux fonctions, quoique très différentes, ont la même variation. (*J. Bertrand.*)

avons désignée par Π dans l'article 21 ; ainsi l'on aura, en général,

$$u = l - a - \Pi,$$

où l et a sont des quantités constantes.

27. Maintenant il est clair que, comme le poids tend à descendre le plus qu'il est possible, l'équilibre n'aura lieu, en général, que lorsque la valeur de u qui exprime la descente du poids depuis la poulie fixe sera un maximum et que, par conséquent, celle de Π sera un minimum ; et l'on voit en même temps que, dans ce cas, l'équilibre sera *stable*, parce qu'un petit changement quelconque dans la position du système ne pourra que faire remonter le poids, lequel tendra à redescendre et à remettre le système dans l'état d'équilibre.

Mais nous avons vu que, pour l'équilibre, il suffit que l'on ait $d\Pi = 0$ et, par conséquent, $du = 0$, ce qui a lieu aussi lorsque la valeur de u est un minimum, auquel cas le poids, au lieu d'être le plus bas, sera, au contraire, le plus haut. Dans ce cas, il est visible qu'un petit changement dans la position du système ne pourra que faire descendre le poids, qui alors ne tendra plus à remonter, mais à descendre davantage et à éloigner de plus en plus le système du premier état d'équilibre ; d'où il suit que cet équilibre n'aura point de *stabilité* et qu'étant une fois troublé, il ne tendra pas à se rétablir.

SECTION QUATRIÈME.

MANIÈRE PLUS SIMPLE ET PLUS GÉNÉRALE DE FAIRE USAGE DE LA FORMULE DE L'ÉQUILIBRE DONNÉE DANS LA SECTION DEUXIÈME.

1. Ceux qui jusqu'à présent ont écrit sur le principe des vitesses virtuelles se sont plutôt attachés à prouver la vérité de ce principe par la conformité de ses résultats avec ceux des principes ordinaires de la Statique, qu'à montrer l'usage qu'on en peut faire pour résoudre directement les problèmes de cette science. Nous nous sommes proposé de remplir ce dernier objet avec toute la généralité dont il est susceptible, et de déduire du principe dont il s'agit des formules analytiques qui renferment la solution de tous les problèmes sur l'équilibre des corps; à peu près de la même manière que les formules des sous-tangentes, des rayons osculateurs, etc., renferment la détermination de ces lignes dans toutes les courbes.

La méthode exposée dans la deuxième Section peut être employée dans tous les cas, et ne demande, comme on l'a vu, que des opérations purement analytiques; mais, comme l'élimination immédiate des variables ou de leurs différences par le moyen des équations de condition peut conduire à des calculs trop compliqués, nous allons présenter la même méthode sous une forme plus simple, en réduisant en quelque manière tous les cas à celui d'un système entièrement libre.

§ I. — *Méthode des multiplicateurs.*

2. Soient

$$L = 0, \qquad M = 0, \qquad N = 0, \qquad \ldots$$

les différentes équations de condition données par la nature du système, les quantités L, M, N, ... étant des fonctions finies des variables $x, y, z, x', y', z', \ldots$; en différentiant ces équations, on aura celles-ci :

$$dL = 0, \quad dM = 0, \quad dN = 0, \quad \ldots,$$

lesquelles donneront la relation qui doit avoir lieu entre les différentielles des mêmes variables. En général, nous représenterons par

$$dL = 0, \quad dM = 0, \quad dN = 0, \quad \ldots$$

les équations de condition entre ces différentielles, soit que ces équations soient elles-mêmes des différences exactes ou non, pourvu que les différentielles n'y soient que linéaires.

Maintenant, comme ces équations ne doivent servir qu'à éliminer un pareil nombre de différentielles dans la formule générale de l'équilibre, après quoi les coefficients des différentielles restantes doivent être égalés chacun à zéro, il n'est pas difficile de prouver, par la théorie de l'élimination des équations linéaires, qu'on aura les mêmes résultats si l'on ajoute simplement à la formule dont il s'agit les différentes équations de condition

$$dL = 0, \quad dM = 0, \quad dN = 0, \quad \ldots,$$

multipliées chacune par un coefficient indéterminé; qu'ensuite on égale à zéro la somme de tous les termes qui se trouvent multipliés par une même différentielle, ce qui donnera autant d'équations particulières qu'il y a de différentielles; qu'enfin on élimine de ces dernières équations les coefficients indéterminés par lesquels on a multiplié les équations de condition.

3. De là résulte donc cette règle extrêmement simple pour trouver les conditions de l'équilibre d'un système quelconque proposé.

On prendra la somme des *moments* de toutes les puissances qui doivent être en équilibre (Sect. II, art. 5), et l'on y ajoutera les différentes fonctions différentielles qui doivent être nulles par les conditions du problème, après avoir multiplié chacune de ces fonctions par un coefficient indéterminé; on égalera le tout à zéro, et l'on aura ainsi une équation différentielle qu'on traitera comme une équation ordinaire *de maximis et minimis*, et d'où l'on tirera autant d'équations particulières finies qu'il y aura de variables. Ces équations étant ensuite débarrassées, par l'élimination, des coefficients indéterminés, donneront toutes les conditions nécessaires pour l'équilibre.

L'équation différentielle dont il s'agit sera donc de cette forme,

$$P\,dp + Q\,dq + R\,dr + \ldots + \lambda\,dL + \mu\,dM + \nu\,dN + \ldots = 0,$$

dans laquelle λ, μ, ν, ... sont des quantités indéterminées; nous la nommerons dans la suite *équation générale de l'équilibre*.

Cette équation donnera, relativement à chaque coordonnée, telle que x, de chacun des corps du système, une équation de la forme suivante

$$P\frac{\partial p}{\partial x} + Q\frac{\partial q}{\partial x} + R\frac{\partial r}{\partial x} + \ldots + \lambda\frac{\partial L}{\partial x} + \mu\frac{\partial M}{\partial x} + \nu\frac{\partial N}{\partial x} + \ldots = 0;$$

en sorte que le nombre de ces équations sera égal à celui de toutes les coordonnées des corps. Nous les appellerons *équations particulières de l'équilibre*.

4. Toute la difficulté consistera donc à éliminer de ces dernières équations les indéterminées λ, μ, ν, ...; or c'est ce qu'on pourra toujours exécuter par les moyens connus, mais il conviendra, dans chaque cas, de choisir ceux qui pourront conduire aux résultats les plus simples. Les équations finales renfermeront toutes les conditions nécessaires pour l'équilibre proposé; et, comme le nombre de ces équations sera égal à celui de toutes les coordonnées des corps du système moins celui des indéterminées λ, μ, ν, ... qu'il a fallu éliminer, que d'ailleurs ces mêmes indéterminées sont en même nombre que les équations de condition finies $L = 0$, $M = 0$, $N = 0$, ..., il s'ensuit que les équations dont il s'agit, jointes à ces dernières, seront toujours en même nombre que les coordonnées de tous les corps; par conséquent, elles

suffiront pour déterminer ces coordonnées et faire connaître la position que chaque corps doit prendre pour être en équilibre.

5. Je remarque maintenant que les termes $\lambda\, dL$, $\mu\, dM$, ... de l'équation générale de l'équilibre peuvent être aussi regardés comme représentant les moments de différentes forces appliquées au même système.

En effet, supposant dL une fonction différentielle des variables x', y', z', x'', y'', ... qui servent de coordonnées à différents corps du système, cette fonction sera composée de différentes parties que je désignerai par dL', dL'', ..., en sorte que

$$dL = dL' + dL'' + \ldots;$$

dL' ne renfermant que les termes affectés de dx', dy', dz'; dL'' ne renfermant que ceux qui contiennent dx'', dy'', dz'', et ainsi de suite.

De cette manière, le terme $\lambda\, dL$ de l'équation générale sera composé des termes $\lambda\, dL'$, $\lambda\, dL''$, ... Or, si l'on donne au terme $\lambda\, dL'$ la forme suivante

$$\lambda\sqrt{\left(\frac{\partial L'}{\partial x'}\right)^2 + \left(\frac{\partial L'}{\partial y'}\right)^2 + \left(\frac{\partial L'}{\partial z'}\right)^2} \times \frac{dL'}{\sqrt{\left(\frac{\partial L'}{\partial x'}\right)^2 + \left(\frac{\partial L'}{\partial y'}\right)^2 + \left(\frac{\partial L'}{\partial z'}\right)^2}},$$

il est clair, par ce qu'on a dit dans l'article 8, Sect. II, que cette quantité peut représenter le moment d'une force

$$\lambda\sqrt{\left(\frac{\partial L'}{\partial x'}\right)^2 + \left(\frac{\partial L'}{\partial y'}\right)^2 + \left(\frac{\partial L'}{\partial z'}\right)^2},$$

appliquée au corps dont les coordonnées sont x', y', z' et dirigée perpendiculairement à la surface qui aura pour équation $dL' = 0$, en n'y regardant que x', y', z' comme variables. De même, le terme $\lambda\, dL''$ pourra représenter le moment d'une force

$$\lambda\sqrt{\left(\frac{\partial L''}{\partial x''}\right)^2 + \left(\frac{\partial L''}{\partial y''}\right)^2 + \left(\frac{\partial L''}{\partial z''}\right)^2},$$

appliquée au corps qui a pour coordonnées x'', y'', z'' et dirigée perpendiculairement à la surface courbe dont l'équation sera $dL'' = 0$, en n'y regardant que x'', y'', z'' comme variables, et ainsi de suite.

Donc, en général, le terme $\lambda\, dL$ sera équivalent à l'effet de différentes forces exprimées par

$$\lambda\sqrt{\left(\frac{\partial L}{\partial x'}\right)^2+\left(\frac{\partial L}{\partial y'}\right)^2+\left(\frac{\partial L}{\partial z'}\right)^2},\quad \lambda\sqrt{\left(\frac{\partial L}{\partial x''}\right)^2+\left(\frac{\partial L}{\partial y''}\right)^2+\left(\frac{\partial L}{\partial z''}\right)^2},\quad \ldots,$$

et appliquées respectivement aux corps qui répondent aux coordonnées x', y', z', x'', y'', z'', ... suivant des directions perpendiculaires aux différentes surfaces courbes représentées par l'équation $dL = 0$, en y faisant varier premièrement x', y', z', ensuite x'', y'', z'', et ainsi du reste.

6. En général, on pourra regarder le terme $\lambda\, dL$ comme le moment d'une force (¹) λ tendante à faire varier la valeur de la fonction L, et, comme $dL = dL' + dL'' + \ldots$, le terme $\lambda\, dL$ exprimera les moments de plusieurs forces égales à λ et tendantes à faire varier la fonction L, en ayant égard séparément à la variabilité des différentes coordonnées x', y', z', x'', y'', z'', ... Il en sera de même des termes $\mu\, dM$, $\nu\, dN$, ... (Sect. II, art. 9).

Comme, dans l'équation générale de l'équilibre (art. 3), les forces P, Q, R, ... sont supposées dirigées vers des centres auxquels aboutissent les lignes p, q, r, ... et, par conséquent, tendantes à diminuer ces lignes, il faudra également regarder les forces λ, μ, ... comme tendantes à diminuer les valeurs des fonctions L, M, ...

7. Il résulte de là que chaque équation de condition est équivalente à une ou plusieurs forces appliquées au système, suivant des directions données, ou, en général, tendantes à faire varier les valeurs de fonctions données (²); en sorte que l'état d'équilibre du système sera le

(¹) *Voir*, à ce sujet, la note de l'article 9, Sect. II. (*J. Bertrand.*)

(²) Cette proposition importante a la même généralité que le principe des vitesses virtuelles, et elle est souvent d'une application plus commode. Lagrange y a été conduit en même, soit qu'on emploie la considération de ces forces, ou qu'on ait égard aux équations de condition.

Réciproquement, ces forces peuvent tenir lieu des équations de condition résultantes de la nature du système donné; de manière qu'en employant ces forces on pourra regarder les corps comme entièrement libres et sans aucune liaison. Et de là on voit la raison métaphysique, pourquoi l'introduction des termes $\lambda\, dL + \mu\, dM + \ldots$ dans l'équation générale de l'équilibre fait qu'on peut ensuite traiter cette équation comme si tous les corps du système étaient entièrement libres : c'est en quoi consiste l'esprit de la méthode de cette Section.

A proprement parler, les forces en question tiennent lieu des résistances que les corps devraient éprouver en vertu de leur liaison mutuelle, ou de la part des obstacles qui, par la nature du système, pourraient s'opposer à leur mouvement; ou plutôt ces forces ne sont que les forces mêmes de ces résistances, lesquelles doivent être égales et directement opposées aux pressions exercées par les corps. Notre méthode donne, comme l'on voit, le moyen de déterminer ces forces et ces résistances; ce qui n'est pas un des moindres avantages de cette méthode.

8. Dans les cas où les forces P, Q, R, ... ne sont pas en équilibre et où l'on demande de les réduire à des forces équivalentes dont les directions soient données, il suffira d'ajouter à la somme des moments des forces P, Q, R, ... les moments résultant des équations de condition $L = 0$, $M = 0$, ..., et l'on aura la somme des moments des forces équivalentes aux forces P, Q, R, ... et à l'action que les corps exercent les uns sur les autres en vertu de ces mêmes équations de condition.

En employant ainsi toutes les équations de condition données par la nature du système proposé, on pourra regarder comme indépendantes les coordonnées de chaque corps du système et l'on aura pour chacune

suivant analytiquement les conséquences de sa formule d'équilibre; mais M. Poinsot en a donné depuis une démonstration directe et fondée sur les principes élémentaires de la Statique. (Voir *Journal de l'École Polytechnique*, XIIIe Cahier, t. VI.) (*J. Bertrand.*)

de ces coordonnées, telles que x, une quantité de la forme

$$P\frac{\partial p}{\partial x}+Q\frac{\partial q}{\partial x}+R\frac{\partial r}{\partial x}+\ldots$$
$$+\lambda\frac{\partial L}{\partial x}+\mu\frac{\partial M}{\partial x}+\nu\frac{\partial N}{\partial x}+\ldots,$$

qui exprimera la force résultante suivant la direction de la ligne x, laquelle devra être nulle dans le cas d'équilibre, comme on l'a vu dans l'article 3 ([1]).

§ II. — *Application de la même méthode à la formule de l'équilibre des corps continus, dont tous les points sont tirés par des forces quelconques.*

9. Jusqu'ici nous avons considéré les corps comme des points, et nous avons vu comment on détermine les lois de l'équilibre de ces points, en quelque nombre qu'ils soient et quelques forces qui agissent sur eux. Or un corps d'un volume et d'une figure quelconques n'étant que l'assemblage d'une infinité de parties ou points matériels, il s'ensuit qu'on peut déterminer aussi les lois de l'équilibre des corps de figure quelconque par l'application des principes précédents.

En effet, la manière ordinaire de résoudre les questions de Mécanique qui concernent les corps de masse finie consiste à ne considérer d'abord qu'un certain nombre de points placés à des distances finies les uns des autres, et à chercher les lois de leur équilibre ou de leur mouvement; à étendre ensuite cette recherche à un nombre indéfini de points; enfin à supposer que le nombre des points devienne infini et qu'en même temps leurs distances deviennent infiniment petites, et à faire aux formules trouvées pour un nombre fini de points les réductions et les modifications que demande le passage du fini à l'infini.

Ce procédé est, comme l'on voit, analogue aux méthodes géomé-

([1]) Cette somme, calculée relativement aux points auxquels une des résultantes doit être appliquée, fournira les composantes de cette résultante. Il faudra, pour les autres points, l'égaler à zéro. On doit remarquer que le problème pourra être impossible ou indéterminé. (*J. Bertrand.*)

triques et analytiques qui ont précédé le Calcul infinitésimal; et si ce Calcul a l'avantage de faciliter et de simplifier d'une manière surprenante les solutions des questions qui ont rapport aux courbes, il ne le doit qu'à ce qu'il considère ces lignes en elles-mêmes, et comme courbes, sans avoir besoin de les regarder, premièrement comme polygones, et ensuite comme courbes. Il y aura donc, à peu près, le même avantage à traiter les problèmes de Mécanique dont il est question par des voies directes, et en considérant immédiatement les corps de masses finies comme des assemblages d'une infinité de points ou corpuscules animés chacun par des forces données. Or rien n'est plus facile que de modifier et simplifier par cette considération la méthode générale que nous venons de donner.

10. Mais il est nécessaire de remarquer, avant tout, que, dans l'application de cette méthode aux corps d'une masse finie dont tous les points sont animés par des forces quelconques, il se présente naturellement deux sortes de différentielles qu'il faut bien distinguer. Les unes se rapportent aux différents points qui composent le corps; les autres sont indépendantes de la position mutuelle de ces points et représentent seulement les espaces infiniment petits que chaque point peut parcourir, en supposant que la situation du corps varie infiniment peu. Comme jusqu'ici nous n'avons eu que des différences de cette dernière espèce à considérer, nous les avons désignées par la caractéristique ordinaire d; mais, puisque nous devons maintenant avoir égard aux deux espèces de différences à la fois, et qu'il est, par conséquent, nécessaire d'introduire une nouvelle caractéristique, il nous paraît à propos d'employer l'ancienne caractéristique d pour désigner les différences de la première espèce qui sont analogues à celles que l'on considère communément en Géométrie, et de dénoter les différences de la seconde espèce qui sont particulières à la matière que nous traitons par la caractéristique δ, employée dans le *Calcul des variations,* avec lequel celui dont il s'agit ici a une liaison intime et nécessaire.

Nous nommerons même, par cette raison, *variations* les différences affectées de δ et nous conserverons le nom de *différentielles* à celles qui sont affectées de d. Du reste, les mêmes formules qui donnent les différentielles ordinaires donneront aussi les variations, en substituant δ à la place de d.

11. Je remarque ensuite qu'au lieu de considérer la masse donnée comme un assemblage d'une infinité de points contigus, il faudra, suivant l'esprit du Calcul infinitésimal, la considérer plutôt comme composée d'éléments infiniment petits qui soient du même ordre de dimension que la masse entière; qu'ainsi, pour avoir les forces qui animent chacun de ces éléments, il faudra multiplier par ces mêmes éléments les forces P, Q, R, ... qu'on suppose appliquées à chaque point de ces éléments et qu'on regardera comme des forces accélératrices analogues à celles qui proviennent de l'action de la gravité.

Si donc on nomme m la masse totale et dm un de ses éléments quelconque, on aura Pdm, Qdm, Rdm, ... pour les forces qui tirent l'élément dm suivant les directions des lignes p, q, r, ... Donc, multipliant respectivement ces forces par les variations δp, δq, δr, ..., on aura leurs moments, dont la somme, pour chaque élément dm, sera représentée par la formule

$$(\mathrm{P}\,\delta p + \mathrm{Q}\,\delta q + \mathrm{R}\,\delta r + \ldots)\,d\mathrm{m};$$

et, pour avoir la somme des moments de toutes les forces du système, il n'y aura qu'à prendre l'intégrale de cette formule par rapport à toute la masse donnée.

Nous dénoterons ces intégrales totales, c'est-à-dire relatives à l'étendue de toute la masse, par la caractéristique majuscule $\mathbf{S}$, en conservant la caractéristique ordinaire $\int$ pour désigner les intégrales partielles ou indéfinies.

12. On aura ainsi, pour la somme des moments de toutes les forces

du système, la formule intégrale

$$\mathbf{S}(P\,\delta p + Q\,\delta q + R\,\delta r + \ldots)\,dm;$$

et cette quantité devra être nulle, en général, dans l'état d'équilibre du système.

Comme, par la nature du système, il y a nécessairement des rapports donnés entre les différentes variations δp, δq, δr, ... relatives à chaque point de la masse, il faudra les réduire à un certain nombre de variations indépendantes et indéterminées, et les termes multipliés par ces dernières variations, étant égalés à zéro, donneront les équations particulières de l'équilibre. Mais, ces réductions pouvant être embarrassantes, il conviendra de les éviter par le moyen de la méthode des multiplicateurs que nous venons de donner dans le paragraphe précédent.

13. Pour appliquer cette méthode au cas dont il s'agit ici, nous supposerons que

$$L = 0, \qquad M = 0, \qquad \ldots$$

soient les équations de condition qui doivent avoir lieu par la nature du problème, par rapport à chaque point de la masse, et nous les nommerons *équations de condition indéterminées.*

Les quantités L, M, ... seront ici des fonctions des coordonnées finies x, y, z qui répondent à chaque point de la masse donnée, et de leurs différentielles d'un ordre quelconque.

Ces équations étant différentiées suivant δ, on aura celles-ci :

$$\delta L = 0, \qquad \delta M = 0, \qquad \ldots.$$

On multipliera les quantités δL, δM, ... par des quantités indéterminées λ, μ, ...; on en prendra l'intégrale totale qui sera, par conséquent, représentée par la formule

$$\mathbf{S}(\lambda\,\delta L + \mu\,\delta M + \ldots),$$

et, ajoutant cette intégrale à celle de l'article précédent, on aura l'équation générale de l'équilibre.

On observera qu'il n'est pas nécessaire que δL, δM, ... soient les variations exactes de fonctions de $x, y, z, dx, dy, \ldots$, mais qu'il suffit que $\delta L = 0$, $\delta M = 0$, ... soient les équations de condition indéterminées entre les variations de $x, y, z, dx, dy, \ldots$ (art. 2).

Mais il faut remarquer qu'outre les forces qui agissent, en général, sur tous les points de la masse, il peut y en avoir qui n'agissent que sur des points déterminés de cette masse, lesquels points sont ordinairement ceux qui répondent aux extrémités de la masse donnée, c'est-à-dire au commencement et à la fin de l'intégrale désignée par S.

De même, il pourra y avoir des équations de condition particulières à ces points, et que nous nommerons équations de condition *déterminées*, pour les distinguer de celles qui ont lieu, en général, dans toute l'étendue de la masse; nous les représenterons par

$$A = 0, \qquad B = 0, \qquad C = 0, \qquad \ldots$$

ou plutôt par

$$\delta A = 0, \qquad \delta B = 0, \qquad \delta C = 0, \qquad \ldots$$ [1].

Nous marquerons d'un trait, de deux, de trois, etc., toutes les quantités qui se rapportent à des points déterminés de la masse, et en particulier nous marquerons d'un seul trait celles qui se rapportent au commencement de l'intégrale désignée par S, de deux traits celles qui se rapportent à la fin de cette intégrale, de trois ou davantage celles qui se rapportent à des points intermédiaires quelconques.

[1] L'analyse de Lagrange est évidemment incomplète; il semble que l'illustre Auteur ait eu en vue seulement les corps dont les éléments peuvent être disposés suivant une suite linéaire. Dans le cas d'un système à trois dimensions, par exemple, il peut y avoir des conditions relatives à chaque élément de la surface qui limite le système, ou même de toute autre surface située dans l'intérieur; il peut y en avoir d'autres se rapportant à tous les points de certaines lignes et non pas seulement à certains points isolés pris sur la surface ou dans l'intérieur du corps. (*G. D.*)

Ainsi il faudra ajouter à l'intégrale

$$\mathrm{S}(\mathrm{P}\,\delta p + \mathrm{Q}\,\delta q + \mathrm{R}\,\delta r + \ldots)\,dm$$

la quantité

$$\mathrm{P}'\,\delta p' + \mathrm{Q}'\,\delta q' + \mathrm{R}'\,\delta r' + \ldots + \mathrm{P}''\,\delta p'' + \mathrm{Q}''\,\delta q'' + \mathrm{R}''\,\delta r'' + \ldots,$$

et à l'intégrale

$$\mathrm{S}(\lambda\,\delta\mathrm{L} + \mu\,\delta\mathrm{M} + \ldots)$$

la quantité

$$\alpha\,\delta\mathrm{A} + \beta\,\delta\mathrm{B} + \gamma\,\delta\mathrm{C} + \ldots,$$

de sorte que l'équation générale de l'équilibre sera de cette forme :

$$\begin{aligned}&\mathrm{S}(\mathrm{P}\,\delta p + \mathrm{Q}\,\delta q + \mathrm{R}\,\delta r + \ldots)\,dm + \mathrm{S}(\lambda\,\delta\mathrm{L} + \mu\,\delta\mathrm{M} + \ldots)\\ &\quad + \mathrm{P}'\,\delta p' + \mathrm{Q}'\,\delta q' + \mathrm{R}'\,\delta r' + \ldots + \mathrm{P}''\,\delta p'' + \mathrm{Q}''\,\delta q'' + \mathrm{R}''\,\delta r'' + \ldots\\ &\qquad + \alpha\,\delta\mathrm{A} + \beta\,\delta\mathrm{B} + \gamma\,\delta\mathrm{C} + \ldots = 0.\end{aligned}$$

14. Comme les fonctions L, M, ... peuvent contenir non seulement les variables finies x, y, z, mais encore leurs différentielles, les variations δL, δM, ... donneront des termes multipliés par δx, δy, δz, δdx, δdy, ..., et l'équation précédente, lorsqu'on y aura substitué les valeurs de δp, δq, δr, ..., δL, δM, ... en δx, δy, δz, δdx, δdy, δdz, ..., ainsi que celles de $\delta p'$, $\delta p''$, ..., $\delta q'$, $\delta q''$, ..., δA, δB, ... en $\delta x'$, $\delta x''$, ..., $\delta y'$, $\delta y''$, ..., $\delta dx'$, ..., déduites des circonstances particulières de chaque problème, aura toujours une forme analogue à celles que le *Calcul des variations* fournit par la détermination des maxima et minima des formules intégrales indéfinies; ainsi il n'y aura qu'à y appliquer les règles connues de ce calcul.

On considérera donc que, comme les caractéristiques d et δ marquent deux espèces de différences entièrement indépendantes entre elles, quand ces caractéristiques se trouvent ensemble, il doit être indifférent dans quel ordre elles soient placées, parce qu'en supposant qu'une quantité varie de deux manières différentes, on a toujours le même résultat, quel que soit l'ordre dans lequel se font ces variations. Ainsi δdx sera la même chose que $d\delta x$, et pareillement $\delta d^2 x$ sera la même chose que $d^2\delta x$, et ainsi de suite. On pourra donc toujours changer à volonté l'ordre des caractéristiques sans altérer la valeur des différences, et pour notre objet il sera à propos de transporter la caractéristique d avant la δ, afin que l'équation proposée ne contienne que les variations des coordonnées et les différentielles de ces mêmes variations.

Il en est de même des signes d'intégration $\int$ ou $\mathbf{S}$, par rapport à la caractéristique des variations δ. Ainsi l'on pourra toujours changer les symboles $\delta\int$ ou $\delta\mathbf{S}$ en $\int\delta$ ou $\mathbf{S}\delta$.

C'est en quoi consiste le premier principe fondamental du *Calcul des variations*.

15. Or les différentielles $d\delta x$, $d\delta y$, $d\delta z$, $d^2\delta x$, ..., qui se trouvent sous le signe $\mathbf{S}$, peuvent être éliminées par l'opération connue des intégrations par parties; car, en général,

$$\int \Omega\, d\delta x = \Omega\,\delta x - \int \delta x\, d\Omega, \qquad \int \Omega\, d^2\delta x = \Omega\, d\delta x - d\Omega\,\delta x + \int \delta x\, d^2\Omega,$$

et ainsi des autres, où il faut observer que les quantités hors du signe $\int$ se rapportent naturellement aux derniers points des intégrales, mais que, pour rendre ces intégrales complètes, il faut nécessairement en retrancher les valeurs des mêmes quantités hors du signe, lesquelles répondent aux premiers points des intégrales, afin que tout s'évanouisse dans ces points; ce qui est évident par la théorie des intégrations.

Ainsi, en marquant par un trait les quantités qui se rapportent au commencement des intégrales totales désignées par $\mathbf{S}$, et par deux traits celles qui se rapportent à la fin de ces intégrales, on aura les réductions suivantes

$$\mathsf{S}\,\Omega\, d\delta x = \Omega''\,\delta x'' - \Omega'\,\delta x' - \mathsf{S}\,\delta x\, d\Omega,$$

$$\mathsf{S}\,\Omega\, d^2\delta x = \Omega''\, d\delta x'' - d\Omega''\,\delta x'' - \Omega'\, d\delta x' + d\Omega'\,\delta x' + \mathsf{S}\,\delta x\, d^2\Omega,$$

$$\ldots\ldots\ldots\ldots\ldots\ldots\ldots\ldots\ldots,$$

lesquelles serviront à faire disparaître toutes les différentielles des variations qui pourront se trouver sous le signe S. Ces réductions constituent le second principe fondamental du *Calcul des variations*.

16. De cette manière donc, l'équation générale de l'équilibre se réduira à la forme suivante

$$\mathsf{S}\,(\Xi\,\delta x + \Sigma\,\delta y + \Psi\,\delta z) + \Lambda = 0,$$

dans laquelle Ξ, Σ, Ψ seront des fonctions de x, y, z et de leurs différentielles, et Λ contiendra les termes affectés des variations $\delta x'$, $\delta y'$, $\delta z'$; $\delta x''$, $\delta y''$, ... et de leurs différentielles.

Donc, pour que cette équation ait lieu indépendamment des variations des différentes coordonnées, il faudra que l'on ait : 1° Ξ, Σ, Ψ nuls dans toute l'étendue de l'intégrale S, c'est-à-dire dans chaque point de la masse; 2° chaque terme de Λ aussi égal à zéro.

Les équations indéfinies

$$\Xi = 0, \qquad \Sigma = 0, \qquad \Psi = 0$$

donneront, en général, la relation qui doit se trouver entre les variables x, y, z; mais il faudra pour cela en éliminer les variables indéterminées λ, μ, ..., lesquelles (art. 13) sont en même nombre que les équations de condition indéterminées

$$L = 0, \qquad M = 0, \qquad \ldots.$$

Or je remarque que ces équations ne sauraient être au delà de trois;

car, puisque ce sont des équations indéfinies entre les trois variables x, y, z et leurs différentielles, il est clair que, s'il y en avait plus de trois, on aurait plus d'équations que de variables, en sorte qu'il faudrait que la quatrième fût une suite nécessaire des trois premières, et ainsi des autres. Donc il n'y aura jamais plus de trois indéterminées λ, μ, ν à éliminer, en sorte qu'on pourra toujours trouver les valeurs de ces indéterminées en fonction de x, y, z. Mais les équations qui disparaîtront par ces éliminations seront remplacées par les équations mêmes de condition, de sorte qu'on pourra toujours connaître les valeurs de x, y, z qui doivent avoir lieu dans l'état d'équilibre de tout le système.

Au reste, les équations de condition $L = 0$, $M = 0$, ... pourraient contenir encore d'autres variables u, v, ... avec leurs différentielles, qui devraient être éliminées par le moyen d'autres équations telles que

$$U = 0, \qquad V = 0, \qquad \ldots;$$

dans ce cas, on pourrait traiter ces nouvelles équations de condition comme celles qui sont données par la nature du problème, et, prenant des coefficients indéterminés σ, υ, ..., il n'y aurait qu'à ajouter aux termes

$$\lambda\,\delta L + \mu\,\delta M + \ldots,$$

qui sont sous le signe d'intégration dans l'équation générale de l'article 13, les termes

$$\sigma\,\delta U + \upsilon\,\delta V + \ldots;$$

et, après avoir fait disparaître toutes les différentielles des variations δx, δy, δz, δu, δv, ..., l'équation finale de l'article 13 contiendra sous le signe des termes affectés des variations δu, δv, ..., qui devront, par conséquent, être égalés séparément à zéro. On aura ainsi autant de nouvelles équations que d'indéterminées σ, υ, ..., par lesquelles il faudra les éliminer; ensuite on éliminera les nouvelles variables u, v, ... par les équations données $U = 0$, $V = 0$, ... Cette méthode sera surtout utile lorsque, dans les fonctions L, M, ..., il se trouvera des quantités intégrales; car, en substituant à leur place de nouvelles indéterminées, on pourra faire disparaître tous les signes d'intégration, ce qui rendra le calcul plus facile.

17. A l'égard des autres équations résultantes des différents termes de la quantité A qui est hors du signe, ce ne seront que des équations particulières, qui ne devront avoir lieu que par rapport à des points déterminés de la masse, et qui serviront principalement à déterminer les constantes arbitraires que les expressions de x, y, z, déduites des équations précédentes, pourront contenir. Pour faire usage de ces équations, on y substituera donc les valeurs déjà trouvées de λ, μ, ..., ensuite on en éliminera les indéterminées α, β, ... et l'on y joindra les équations de condition $A = 0$, $B = 0$, ..., qui serviront à remplacer celles que l'élimination dont il s'agit fera disparaître.

18. Quoique les termes $P\,\delta p$, $Q\,\delta q$, ..., dus aux forces accélératrices P, Q, ..., ne demandent aucune réduction tant que ces forces agissent suivant les lignes p, q, ..., parce que les quantités p, q, ... ne sont fonctions que des variables finies x, y, z, il n'en sera pas de même lorsqu'on emploiera des forces dont l'action consistera à faire varier une fonction donnée (Sect. II, art. 9); il faudra alors, si cette fonction contient des différentielles, employer pour ces termes les mêmes réductions que pour les termes $\lambda\,\delta L$, ..., et l'on parviendra toujours à une équation finale de la même forme. Ce cas a lieu lorsque l'on considère des corps élastiques, soit solides ou fluides.

§ III. — *Analogie des problèmes de ce genre avec ceux* de maximis et minimis.

19. Non seulement le Calcul des variations s'applique de la même manière aux problèmes sur l'équilibre des corps continus et aux problèmes *de maximis et minimis* relatifs aux formules intégrales, mais il fait naître entre ces deux sortes de questions une analogie remarquable que nous allons développer.

Nous commencerons par donner une formule générale pour la variation d'une fonction différentielle quelconque à plusieurs variables.

On sait que, dans les fonctions de plusieurs variables et de leurs différentielles des ordres supérieurs au premier, on peut toujours prendre une des différentielles premières pour constante, ce qui simplifie la fonction sans rien ôter à sa généralité; mais alors, dans les différentiations par δ, il faut aussi regarder comme constante la variable dont la différentielle a été supposée constante; et, si l'on veut attribuer des variations à toutes les variables, il faudra rétablir la variabilité de la différentielle supposée constante.

20. Soit U une fonction de x, y, $\frac{dy}{dx}$, $\frac{d^2y}{dx^2}$, ..., où dx est supposé constant; si l'on fait, comme dans la Théorie des fonctions,

$$\frac{dy}{dx} = y', \qquad \frac{dy'}{dx} = y'', \qquad \frac{dy''}{dx} = y''', \qquad \ldots,$$

la quantité U deviendra fonction de $x, y, y', y'', \ldots$, et la variation δU sera, en employant la notation des différentielles partielles, de la forme

$$\delta U = \frac{\partial U}{\partial x}\delta x + \frac{\partial U}{\partial y}\delta y + \frac{\partial U}{\partial y'}\delta y' + \frac{\partial U}{\partial y''}\delta y'' + \ldots.$$

Maintenant, en faisant tout varier, on aura

$$\delta y' = \delta\frac{dy}{dx} = \frac{\delta dy}{dx} - \frac{dy}{dx}\frac{\delta dx}{dx} = \frac{d\delta y}{dx} - y'\frac{d\delta x}{dx} = \frac{d(\delta y - y'\delta x)}{dx} + y''\delta x,$$

$$\delta y'' = \frac{d(\delta y' - y''\delta x)}{dx} + y'''\delta x = \frac{d^2(\delta y - y'\delta x)}{dx^2} + y'''\delta x,$$

$$\delta y''' = \frac{d^3(\delta y - y'\delta x)}{dx^3} + y^{\text{IV}}\delta x,$$

$$\cdots\cdots\cdots\cdots\cdots\cdots$$

Substituant ces valeurs et faisant, pour abréger,

$$\delta y - y'\delta x = \delta u$$

et, par conséquent,

$$\delta y = \delta u + y'\delta x,$$

on aura

$$\delta U = \left(\frac{\partial U}{\partial x} + \frac{\partial U}{\partial y}y' + \frac{\partial U}{\partial y'}y'' + \frac{\partial U}{\partial y''}y''' + \ldots\right)\delta x$$

$$+ \frac{\partial U}{\partial y}\delta u + \frac{\partial U}{\partial y'}\frac{d\delta u}{dx} + \frac{\partial U}{\partial y''}\frac{d^2\delta u}{dx^2} + \ldots.$$

Mais, en différentiant par d la fonction U et substituant $y'dx$ pour dy, $y''dx$ pour dy', on a

$$dU = \left(\frac{\partial U}{\partial x} + \frac{\partial U}{\partial y}y' + \frac{\partial U}{\partial y'}y'' + \frac{\partial U}{\partial y''}y''' + \ldots\right)dx,$$

d'où l'on tire

$$\frac{\partial U}{\partial x} + \frac{\partial U}{\partial y}y' + \frac{\partial U}{\partial y'}y'' + \ldots = \frac{dU}{dx}.$$

Donc enfin

$$\delta U = \frac{dU}{dx}\delta x + \frac{\partial U}{\partial y}\delta u + \frac{\partial U}{\partial y'}\frac{d\delta u}{dx} + \frac{\partial U}{\partial y''}\frac{d^2\delta u}{dx^2} + \ldots.$$

Si la quantité U contenait une autre variable z avec ses différentielles $\frac{dz}{dx}$, $\frac{d^2z}{dx^2}$, ..., en faisant $\frac{dz}{dx} = z'$, $\frac{dz'}{dx} = z''$, ... et opérant de la même manière, on trouverait les termes suivants

$$\frac{\partial U}{\partial z}\delta v + \frac{\partial U}{\partial z'}\frac{d\delta v}{dx} + \frac{\partial U}{\partial z''}\frac{d^2\delta v}{dx^2} + \ldots,$$

dans lesquels

$$\delta v = \delta z - z'\delta x$$

à ajouter à la valeur précédente de δU, et ainsi de suite.

21. Donc, si l'on a la fonction intégrale $\int U\,dx$ à rendre un maximum ou un minimum par les principes du Calcul des variations, on fera

$$\delta\int U\,dx = \int\delta(U\,dx) = \int(\delta U\,dx + U\,\delta dx) = 0.$$

Substituant la valeur de δU, changeant δdx en $d\delta x$ et faisant disparaître, par des intégrations par parties, les différences de δx, δu, δv, il ne restera sous le signe que des termes de la forme

$$(\Xi\,\delta x + \Upsilon\,\delta u + \Psi\,\delta v)\,dx,$$

dans lesquels

$$\Xi = dU - dU = 0,$$

$$\Upsilon = \frac{\partial U}{\partial y} - \frac{d}{dx}\frac{\partial U}{\partial y'} + \frac{d^2}{dx^2}\frac{\partial U}{\partial y''} - \dots,$$

$$\Psi = \frac{\partial U}{\partial z} - \frac{d}{dx}\frac{\partial U}{\partial z'} + \frac{d^2}{dx^2}\frac{\partial U}{\partial z''} - \dots.$$

Ces termes doivent être nuls, quelles que soient les variations δx, δy, δz; or, en remettant pour δu et δv leurs valeurs $\delta y - y'\delta x$, $\delta z - z'\delta x$, les termes dont il s'agit deviennent, à cause de $\Xi = 0$,

$$[\Upsilon\,\delta y + \Psi\,\delta z - (\Upsilon y' + \Psi z')\,\delta x]\,dx,$$

d'où l'on ne tire que les deux équations

$$\Upsilon = 0, \qquad \Psi = 0,$$

la troisième, dépendante de δx, étant contenue dans ces deux-ci.

On voit par là qu'on peut se dispenser d'attribuer aussi une variation à la variable x, dont l'élément est supposé constant dans la fonction U, puisque les équations nécessaires à la solution du problème résultent uniquement des variations des autres variables. C'est une remarque qui a été faite dès la naissance du Calcul des variations et qui est une suite nécessaire de ce Calcul.

Cependant il peut être utile de considérer toutes les variations à la fois, par rapport aux limites de l'intégrale, parce qu'il peut résulter de chacune d'elles des conditions particulières dans les points qui répondent à ces limites, comme nous l'avons fait voir dans la dernière Leçon sur le Calcul des fonctions.

22. La fonction intégrale dont on demande le maximum ou le minimum peut contenir aussi d'autres intégrales; mais, quelle qu'elle soit, on peut toujours la réduire à ne contenir que des variables finies avec leurs différentielles et à dépendre d'une ou de plusieurs équations de

condition entre ces mêmes variables, auxquelles on pourra toujours satisfaire par la méthode des multiplicateurs.

Supposons, par exemple, que U soit une fonction de x, y, z et de leurs différentielles, et qu'en même temps la variable z dépende de l'équation de condition $L = 0$. Cette équation étant différentiée par δ donnera $\delta L = 0$; il n'y aura donc qu'à multiplier celle-ci par un coefficient indéterminé λ, ou par $\lambda\,dx$, pour l'homogénéité, lorsque L est une fonction finie, ajouter l'équation intégrale $\int \lambda\,\delta L\,dx = 0$ à l'équation du maximum ou minimum $\delta \int U\,dx = 0$, et considérer ensuite les variations δx, δy, δz comme indépendantes. Or on a, en regardant L comme fonction de x, y, y', y'', ..., z, z', z'', ...,

$$\delta L = \frac{\partial L}{\partial x}\delta x + \frac{\partial L}{\partial y}\delta y + \frac{\partial L}{\partial z}\delta z + \frac{\partial L}{\partial y'}\delta y' + \frac{\partial L}{\partial z'}\delta z' + \ldots.$$

Donc, si l'on fait les mêmes substitutions que ci-dessus pour $\delta y'$, $\delta z'$, $\delta y''$, ..., on aura aussi

$$\delta L = \frac{dL}{dx}\delta x + \frac{\partial L}{\partial y}\delta u + \frac{\partial L}{\partial z}\delta v + \frac{\partial L}{\partial y'}\frac{d\,\delta u}{dx} + \frac{\partial L}{\partial z'}\frac{d\,\delta v}{dx} + \ldots,$$

et les termes sous le signe provenant de l'équation

$$\int (\delta U\,dx + \lambda\,\delta L\,dx) = 0$$

seront de la forme

$$(\Xi\,\delta x + \Upsilon\,\delta u + \Psi\,\delta v)\,dx,$$

dans lesquels on aura

$$\Xi = \lambda\,dL,$$

$$\Upsilon = \left[\frac{\partial U}{\partial y} + \lambda\frac{\partial L}{\partial y} - \frac{d}{dx}\left(\frac{\partial U}{\partial y'} + \lambda\frac{\partial L}{\partial y'}\right) + \frac{d^2}{dx^2}\left(\frac{\partial U}{\partial y''} + \lambda\frac{\partial L}{\partial y''}\right) - \ldots\right]dx,$$

$$\Psi = \left[\frac{\partial U}{\partial z} + \lambda\frac{\partial L}{\partial z} - \frac{d}{dx}\left(\frac{\partial U}{\partial z'} + \lambda\frac{\partial L}{\partial z'}\right) + \frac{d^2}{dx^2}\left(\frac{\partial U}{\partial z''} + \lambda\frac{\partial L}{\partial z''}\right) - \ldots\right]dx.$$

Or, $L = 0$ étant l'équation de condition, on aura aussi $dL = 0$, ce qui donnera $\Xi = 0$. Ainsi, en égalant à zéro les coefficients des trois variations δx, δy, δz, on n'aura que les deux équations

$$\Upsilon = 0, \qquad \Psi = 0,$$

dont l'une servira à éliminer l'indéterminée λ, de sorte qu'il ne restera, pour la solution du problème, qu'une seule équation en x, y, z, qu'il faudra combiner avec l'équation donnée $L = 0$.

23. Comme, en supposant dx constant, on a

$$y' = \frac{dy}{dx}, \qquad y'' = \frac{d^2y}{dx^2}, \qquad \ldots, \qquad z' = \frac{dz}{dx}, \qquad z'' = \frac{d^2z}{dx^2}, \qquad \ldots,$$

on voit qu'il suffit de faire varier dans les fonctions U, L, ... les variables y, z, ..., avec leurs différentielles ; on aura ainsi, en employant avec la caractéristique δ la notation des différences partielles,

$$\begin{aligned}\partial U = \frac{\partial U}{\partial y}\partial y + \frac{\partial U}{\partial\, dy} d\partial y + \frac{\partial U}{\partial\, d^2y} d^2\partial y + \ldots \\ + \frac{\partial U}{\partial z}\partial z + \frac{\partial U}{\partial\, dz} d\partial z + \frac{\partial U}{\partial\, d^2z} d^2\partial z + \ldots,\end{aligned}$$

et, si l'on veut avoir égard en même temps à la variation de x, il n'y aura qu'à ajouter à l'expression de δU le terme $\frac{dU}{dx}\delta x$ et changer δy en $\delta y - \frac{dy}{dx}\delta x$, δz en $\delta z - \frac{dz}{dx}\delta x$, ...

De cette manière, on aura d'abord, après les réductions,

$$\begin{aligned}\partial \int U\, dx = \int (\Upsilon\, \partial y + \Psi\, \partial z + \ldots)\, dx \\ + \Upsilon' \partial y + \Upsilon'' d\partial y + \ldots + \Psi' \partial z + \Psi'' d\partial z + \ldots,\end{aligned}$$

en faisant

$$\begin{aligned}\Upsilon &= \frac{\partial U}{\partial y} - d\frac{\partial U}{\partial\, dy} + d^2\frac{\partial U}{\partial\, d^2y} - \ldots, \\ \Upsilon' &= \frac{\partial U}{\partial\, dy} - d\frac{\partial U}{\partial\, d^2y} + \ldots, \\ \Upsilon'' &= \frac{\partial U}{\partial\, d^2y} - \ldots, \\ &\ldots\ldots\ldots\ldots\end{aligned}$$

$$\Psi = \frac{\partial U}{\partial z} - d\frac{\partial U}{\partial dz} + d^2\frac{\partial U}{\partial d^2 z} - \ldots,$$

$$\Psi' = \frac{\partial U}{\partial dz} - d\frac{\partial U}{d\partial^2 z} + \ldots,$$

$$\Psi'' = \frac{\partial U}{\partial d^2 z} - \ldots,$$

$$\ldots\ldots\ldots\ldots\ldots\ldots,$$

et, pour avoir égard ensuite à la variation de x, on ajoutera, dans tous les termes, $-\frac{dy}{dx}\delta x$ à δy et $-\frac{dz}{dx}\delta x$ à δz.

24. Telle est la méthode générale pour les problèmes *de maximis et minimis,* relatifs aux formules intégrales indéfinies auxquelles le Calcul des variations a été d'abord destiné; et l'on voit qu'en faisant même varier toutes les variables, elle ne donne cependant qu'autant d'équations moins une qu'il y a de variables, ce qui est d'ailleurs conforme à la nature de la chose, puisque ce n'est pas la valeur individuelle de chacune des variables qu'on cherche, comme dans les questions ordinaires *de maximis et minimis,* mais des relations indéfinies entre ces variables, par lesquelles elles deviennent fonctions les unes des autres et peuvent être représentées par des courbes à simple ou à double courbure.

25. Appliquons maintenant la même méthode aux problèmes de la Mécanique et supposons, pour plus de simplicité, que la formule

$$P\,dp + Q\,dq + R\,dr + \ldots$$

soit intégrable et que son intégrale soit Π, comme dans l'article 21 de la Section III; on aura aussi

$$P\,\partial p + Q\,\partial q + R\,\partial r + \ldots = \partial\Pi,$$

et l'équation générale de l'équilibre (art. 13) deviendra

$$\mathbf{S}\,(\partial\Pi\,dm + \lambda\,\partial L + \mu\,\partial M + \ldots) = 0,$$

en faisant ici abstraction des équations de condition relatives à des points déterminés.

Comme la masse de chaque particule dm du système ne doit pas varier pendant que la position du système varie, il faudra supposer $\delta\, dm = 0$ et, par conséquent, $\delta L = \delta\, dm$ [1].

Lorsque le système est linéaire, on a, en général, $dm = U\, dx$, U étant une fonction comme dans l'article 20; on aura donc

$$\delta L = \delta U\, dx + U\, \delta\, dx,$$

et la formule $\mathbf{S}\, \lambda\, \delta L$ donnera sous le signe les termes

$$(\Xi\, \delta x + \Upsilon\, \delta u + \Psi\, \delta v)\, dx,$$

dans lesquels on aura (art. 22)

$$\Xi = \lambda \frac{dU}{dx} - \frac{d}{dx}(\lambda U),$$

$$\Upsilon = \lambda \frac{\partial U}{\partial y} - \frac{d}{dx}\left(\lambda \frac{\partial U}{\partial y'}\right) + \frac{d^2}{dx^2}\left(\lambda \frac{\partial U}{\partial y''}\right) - \ldots,$$

$$\Psi = \lambda \frac{\partial U}{\partial z} - \frac{d}{dx}\left(\lambda \frac{\partial U}{\partial z'}\right) + \frac{d^2}{dx^2}\left(\lambda \frac{\partial U}{\partial z''}\right) - \ldots.$$

26. Donc, s'il n'y a point d'autre condition, l'équation provenant des termes sous le signe $\mathbf{S}$ sera

$$\delta\Pi\, dm + (\Xi\, \delta x + \Upsilon\, \delta u + \Psi\, \delta v)\, dx = 0,$$

qu'on devra vérifier séparément par rapport à chacune des variations δx, δy, δz.

Or, Π étant une fonction de x, y, z, on a

$$\delta\Pi = \frac{\partial\Pi}{\partial x}\delta x + \frac{\partial\Pi}{\partial y}\delta y + \frac{\partial\Pi}{\partial z}\delta z;$$

et, comme

$$\delta u = \delta y - \frac{dy}{dx}\delta x, \qquad \delta v = \delta z - \frac{dz}{dx}\delta x,$$

[1] En d'autres termes, la première des conditions relatives à un point quelconque du système est que la masse de chaque particule demeure invariable dans tous les déplacements virtuels. (*G. D.*)

l'équation précédente devient

$$\left(\frac{\partial \Pi}{\partial x} dm + \Xi\, dx - \Upsilon\, dy - \Psi\, dz\right) \delta x$$
$$+ \left(\frac{\partial \Pi}{\partial y} dm + \Upsilon\, dx\right) \delta y + \left(\frac{\partial \Pi}{\partial z} dm + \Psi\, dx\right) \delta z = 0,$$

laquelle donne ces trois-ci :

$$\frac{\partial \Pi}{\partial x} dm + \Xi\, dx - \Upsilon\, dy - \Psi\, dz = 0,$$

$$\frac{\partial \Pi}{\partial y} dm + \Upsilon\, dx = 0,$$

$$\frac{\partial \Pi}{\partial z} dm + \Psi\, dx = 0.$$

Ainsi l'on a ici autant d'équations que de variables, ce qui paraît mettre une différence entre les problèmes de ce genre relatifs à la Mécanique et les problèmes *de maximis et minimis*.

27. Mais j'observe d'abord qu'à cause de l'indéterminée λ, les trois équations se réduisent à deux, par l'élimination de cette indéterminée; et, quoiqu'en général les équations de condition remplacent toujours celles qui disparaissent par l'élimination des indéterminées, la condition introduite ici $\delta\, dm = 0$, c'est-à-dire dm constant, ne peut pas fournir une équation particulière pour la solution du problème, parce que, suivant l'esprit du Calcul différentiel, il est toujours permis de prendre un élément quelconque pour constant, puisqu'il n'y a, à proprement parler, que les rapports des différentielles entre elles, et non les différentielles elles-mêmes, qui entrent dans le calcul. Ainsi les trois équations seront réduites à deux et ne serviront qu'à déterminer la nature de la courbe, comme dans les problèmes *de maximis et minimis*.

28. J'observe ensuite qu'on peut aussi rappeler les problèmes de Statique dont il s'agit ici à de simples problèmes *de maximis et minimis*.

Car, si l'on ajoute ensemble les trois équations trouvées ci-dessus, après avoir multiplié la première par dx, la deuxième par dy et la troisième par dz, on aura, à cause de

$$\frac{\partial \Pi}{\partial x}dx + \frac{\partial \Pi}{\partial y}dy + \frac{\partial \Pi}{\partial z}dz = d\Pi,$$

l'équation

$$d\Pi\, dm + \Xi\, dx^2 = 0;$$

mais on a

$$\Xi\, dx = \lambda\, dU - d\lambda\, U = -U\, d\lambda,$$

et, comme $dm = U\,dx$, on aura, en divisant par dm, $d\Pi - d\lambda = 0$; d'où l'on tire

$$\lambda = \Pi + a,$$

a étant une constante arbitraire.

Ainsi, à cause de $\delta L = \delta\, dm$, le terme $\lambda\,\delta L$, dans l'équation de l'article 25, deviendra

$$\Pi\,\partial\, dm + a\,\partial\, dm,$$

et puisque $\delta\Pi\, dm + \Pi\,\delta dm = \delta(\Pi\, dm)$, cette équation deviendra

$$\mathsf{S}\,\partial(\Pi\, dm) + a\,\mathsf{S}\,\partial\, dm = 0,$$

c'est-à-dire

$$\partial\,\mathsf{S}\,\Pi\, dm + a\,\partial\,\mathsf{S}\, dm = 0;$$

c'est l'équation nécessaire pour que la formule intégrale $\mathsf{S}\,\Pi\, dm$ devienne un maximum ou un minimum parmi toutes celles où la formule $\mathsf{S}\, dm$ aura une même valeur.

De cette manière on pourra, comme dans les questions *de maximis et minimis,* regarder une des variables comme constante, relativement aux variations par δ, ce qui simplifie l'analyse; mais la méthode générale a l'avantage de donner la valeur du coefficient λ, qui, par la théorie exposée dans la présente Section, exprimera (¹) la force avec

(¹) *Voir,* à ce sujet, l'article 6, Section IV, et la note relative à l'article 9, Section II. (*J. Bertrand.*)

laquelle l'élément dm résiste à l'action des forces P, Q, R, ... qui agissent sur le système.

29. Nous avons supposé, pour plus de simplicité, qu'il n'y avait point d'autre équation de condition; mais, s'il y avait de plus l'équation $M = 0$, M étant une fonction de x, y, z, y', y'', ..., z', z'', ..., il faudrait ajouter au terme $\lambda\,\delta L$ sous le signe, dans l'équation de l'équilibre, le terme $\mu\,\delta M$, ou plutôt, pour l'homogénéité, le terme $\mu\,\delta M\,dx$, ce qui donnerait à ajouter aux valeurs de Ξ, Υ, Ψ de l'article 25 les quantités respectives

$$\mu\frac{dM}{dx},$$

$$\mu\frac{\partial M}{\partial y} - \frac{d}{dx}\left(\mu\frac{\partial M}{\partial y'}\right) + \frac{d^2}{dx^2}\left(\mu\frac{\partial M}{\partial y''}\right) - \ldots,$$

$$\mu\frac{\partial M}{\partial z} - \frac{d}{dx}\left(\mu\frac{\partial M}{\partial z'}\right) + \frac{d^2}{dx^2}\left(\mu\frac{\partial M}{\partial z''}\right) - \ldots.$$

Ainsi l'on aurait trois équations de la même forme que celles de l'article 26, lesquelles, par l'élimination des deux indéterminées λ et μ, se réduiraient à une seule; mais, en y joignant l'équation de condition $M = 0$, on aurait, comme auparavant, deux équations entre les trois variables x, y, z.

Ces trois équations donnent, comme dans l'article 28, l'équation

$$d\Pi\,dm + \Xi\,dx^2 = 0.$$

Ici l'on a

$$\Xi\,dx = -\,U\,d\lambda + \mu\,dM;$$

mais l'équation $M = 0$ donne aussi $dM = 0$; donc on aura simplement, comme dans l'article cité,

$$\Xi\,dx = -\,U\,d\lambda,$$

et de là on trouvera le même résultat

$$\delta \int \Pi\,dm + a\,\delta\,dm = 0.$$

30. Donc, en général, le problème de l'équilibre d'un système de particules dm animées des forces P, Q, R, ..., qui agissent suivant les

directions des lignes p, q, r, ..., et qu'on suppose telles que l'on ait

$$P\,dp + Q\,dq + R\,dr + \ldots = d\Pi,$$

se réduit simplement à rendre la formule intégrale $\mathrm{S}\,\Pi\,dm$ un maximum ou un minimum, en ayant d'ailleurs égard aux conditions particulières du système; ce qui, comme l'on voit, fait rentrer tous les problèmes de l'équilibre dans la classe des problèmes *de maximis et minimis* connus sous le nom de *problèmes des isopérimètres*.

Dans le cas de la chaînette, en prenant les ordonnées y verticales, on a $\Pi = gy$, g étant la force constante de la gravité. Donc il faut que la formule $\mathrm{S}\,y\,dm$ soit un maximum ou un minimum parmi toutes celles où la valeur de $\mathrm{S}\,dm$ est la même; mais $\dfrac{\mathrm{S}\,y\,dm}{\mathrm{S}\,dm}$ est la distance du centre de gravité à l'horizontale; donc, puisque la masse entière est supposée donnée, il faudra que cette distance soit la plus grande ou la plus petite : ce qu'on sait d'ailleurs.

31. Jusqu'à présent nous n'avons considéré que des fonctions de variables regardées comme indépendantes; mais, si la variable z était censée fonction de x, y et que l'on eût une fonction U qui contînt x, y, z avec les différences partielles de z relatives à x et y, on pourrait demander la variation δU en ayant égard aux variations simultanées de x, y, z.

Soit, pour plus de simplicité,

$$\frac{\partial z}{\partial x} = z', \quad \frac{\partial z}{\partial y} = z_{,}, \quad \frac{\partial^2 z}{\partial x^2} = z'', \quad \frac{\partial^2 z}{\partial x\,\partial y} = z'_{,}, \quad \frac{\partial^2 z}{\partial y^2} = z_{,,},$$

$$\frac{\partial^3 z}{\partial x^3} = z''', \quad \frac{\partial^3 z}{\partial x^2\,\partial y} = z''_{,}, \quad \frac{\partial^3 z}{\partial x\,\partial y^2} = z'_{,,}, \quad \ldots;$$

la quantité U sera fonction de x, y, z, z', $z_{,}$, z'', $z'_{,}$, $z_{,,}$, ..., et l'on aura

$$\delta U = \frac{\partial U}{\partial x}\delta x + \frac{\partial U}{\partial y}\delta y + \frac{\partial U}{\partial z}\delta z + \frac{\partial U}{\partial z'}\delta z' + \frac{\partial U}{\partial z_{,}}\delta z_{,} + \frac{\partial U}{\partial z''}\delta z'' + \frac{\partial U}{\partial z'_{,}}\delta z'_{,} + \ldots,$$

et la difficulté se réduira à trouver les valeurs des variations $\delta z'$, $\delta z_{,}$, $\delta z''$, ..., en faisant varier à la fois les éléments dx, dy dans les différences partielles.

Nous pouvons supposer, pour rendre le calcul plus simple, que la variation δx est une fonction de x indépendante de y, et la variation δy une fonction de y indépendante de x. Nous verrons par la suite que cette supposition a toute la généralité que l'on peut désirer [1].

[1] Il y a ici un point qui appelle quelques explications. Dans le passage d'une surface à la surface infiniment voisine, on peut, à coup sûr, établir la correspondance de telle manière que δx, δy aient, en chaque point de la surface primitive, telles valeurs que l'on voudra. S'il s'agit d'étudier un problème de maximum et de minimum, il n'y a donc aucun inconvénient, même pour les conditions aux limites, comme on s'en assurera aisément, à supposer que δx ne dépende que de x et δy de y. Mais plus loin (Sect. V, art. 44) Lagrange applique les formules des articles 32 à 34, établies dans cette hypothèse, au cas où δx, δy définissent un déplacement virtuel quelconque et sont, par conséquent, des fonctions de x et de y tout à fait arbitraires. Il ne sera donc pas inutile de rétablir le calcul dans l'hypothèse où δx, δy sont quelconques.

Posons

$$\delta z - z'\delta x - z_{,}\delta y = u; \tag{1}$$

on aura

$$du = d\delta z - z'd\delta x - z_{,}d\delta y - dz'\delta x - dz_{,}\delta y. \tag{2}$$

Écrivons l'équation aux différentielles totales

$$dz = z'dx + z_{,}dy$$

et différentions-la par δ. Nous aurons

$$\delta dz = z'\delta dx + z_{,}\delta dy + \delta z'dx + \delta z_{,}dy. \tag{3}$$

Ajoutons les équations (2) et (3) et remarquons que l'on peut intervertir l'ordre des caractéristiques d, δ, ce qui fait disparaître les termes en $d\delta$. Il viendra

$$du = \delta z'dx + \delta z_{,}dy - dz'\delta x - dz_{,}\delta y. \tag{4}$$

Dans cette équation, dx, dy peuvent prendre toutes les valeurs possibles. Supposons d'abord

$$dy = 0;$$

on aura

$$du = \frac{\partial u}{\partial x}dx, \qquad dz' = z''dx, \qquad dz_{,} = z'_{,}dx,$$

et, par conséquent, l'équation (4) nous donnera la formule

$$\frac{\partial u}{\partial x} = \delta z' - z''\delta x - z'_{,}\delta y, \tag{5}$$

32. Cela posé, on aura, en différentiant,

$$\delta z' = \delta\frac{\partial z}{\partial x} = \frac{\delta\,\partial z}{\partial x} - \frac{\partial z}{\partial x}\frac{\delta\,\partial x}{\partial x}.$$

qui fera connaître $\delta z'$. On trouvera de même, en faisant $dx = 0$,

$$(6)\qquad \frac{\partial u}{\partial y} = \delta z_{,} - z'_{,}\delta x - z_{,,}\delta y;$$

ce sont les deux premières formules de Lagrange. Comme elles s'appliquent à une fonction quelconque, on peut y remplacer z par z'. La valeur de u deviendra alors

$$\delta z' - z''\delta x - z'_{,}\delta y,$$

et les formules (5) et (6) nous donneront

$$\frac{\partial}{\partial x}(\delta z' - z''\delta x - z'_{,}\delta y) = \delta z'' - z'''\delta x - z''_{,}\delta y,$$

$$\frac{\partial}{\partial y}(\delta z' - z''\delta x - z'_{,}\delta y) = \delta z'_{,} - z''_{,}\delta x - z'_{,,}\delta y.$$

On peut se servir encore des équations (5) et (6) pour simplifier les formules précédentes, et l'on trouvera alors

$$\frac{\partial^2 u}{\partial x^2} = \delta z'' - z'''\delta x - z''_{,}\delta y,$$

$$\frac{\partial^2 u}{\partial x\,\partial y} = \delta z'_{,} - z''_{,}\delta x - z'_{,,}\delta y.$$

A ces relations on peut évidemment ajouter la suivante

$$\frac{\partial^2 u}{\partial y^2} = \delta z_{,,} - z'_{,,}\delta x - z_{,,,}\delta y,$$

qui complète l'ensemble de celles que Lagrange démontre dans l'hypothèse particulière où il s'est placé et par l'emploi de différentiations qui sont légitimes, mais ne sont peut-être pas suffisamment expliquées.

L'affirmation de Lagrange, « nous verrons par la suite que cette supposition a toute la généralité que l'on peut désirer », paraît se rapporter à une autre partie du calcul, donnée à l'article 34, celle qui est relative à la variation de l'élément superficiel $dx\,dy$. Dans le cas où δx dépend de la seule variable x et δy de la seule variable y, la variation du rectangle $dx\,dy$ est en effet très facile à calculer; car ce rectangle se transforme en un rectangle de côtés $dx + \delta dx$, $dy + \delta dy$, et, par conséquent, sa variation s'obtient immédiatement et est égale à

$$dx\,\delta dy + dy\,\delta dx = dx\,dy\left(\frac{\delta dx}{dx} + \frac{\delta dy}{dy}\right).$$

Le calcul serait moins simple si δx, δy dépendaient à la fois des deux variables x et y. Mais ce calcul est complètement développé pour le cas de trois variables aux articles 12, 13 et 14 de la Section VII, auxquels Lagrange a eu sans doute l'intention de renvoyer le lecteur.

(*G. D.*)

Il est clair que

$$\frac{\partial \delta z}{\partial x} = \frac{\partial \delta z}{\partial x} \qquad \text{et} \qquad \frac{\delta \partial x}{\partial x} = \frac{\partial \delta x}{\partial x};$$

ainsi l'on aura

$$\delta z' = \frac{\partial \delta z}{\partial x} - z' \frac{\partial \delta x}{\partial x} = \frac{\partial(\delta z - z'\delta x)}{\partial x} + \frac{\partial z'}{\partial x}\delta x,$$

ou bien

$$\delta z' = \frac{\partial(\delta z - z'\delta x - z_{,}\delta y)}{\partial x} + \frac{\partial z'}{\partial x}\delta x + \frac{\partial z_{,}}{\partial x}\delta y.$$

On aura de même

$$\delta z_{,} = \frac{\partial(\delta z - z'\delta x - z_{,}\delta y)}{\partial y} + \frac{\partial z'}{\partial y}\delta x + \frac{\partial z_{,}}{\partial y}\delta y,$$

à cause de

$$\frac{\partial \delta x}{\partial y} = 0 \qquad \text{et} \qquad \frac{\partial \delta y}{\partial x} = 0.$$

On aura ensuite

$$\delta z'' = \delta \frac{\partial z'}{\partial x} = \frac{\partial \delta z'}{\partial x} - \frac{\partial z'}{\partial x}\frac{\partial \delta x}{\partial x}.$$

Substituant la valeur de $\delta z'$, on aura

$$\delta z'' = \frac{\partial^2(\delta z - z'\delta x - z_{,}\delta y)}{\partial x^2} + \frac{\partial^2 z'}{\partial x^2}\delta x + \frac{\partial^2 z_{,}}{\partial x^2}\delta y.$$

On aura de même

$$\delta z'_{,} = \delta \frac{\partial z'}{\partial y} = \frac{\partial \delta z'}{\partial y} - \frac{\partial z'}{\partial y}\frac{\partial \delta y}{\partial y}.$$

Substituant aussi la valeur de $\delta z'$, on aura, à cause de $\frac{\partial z_{,}}{\partial x} = \frac{\partial z'}{\partial y}$,

$$\delta z'_{,} = \frac{\partial^2(\delta z - z'\delta x - z_{,}\delta y)}{\partial x\,\partial y} + \frac{\partial^2 z'}{\partial x\,\partial y}\delta x + \frac{\partial^2 z_{,}}{\partial x\,\partial y}\delta y.$$

On trouvera pareillement

$$\delta z_{,,} = \frac{\partial^2(\delta z - z'\delta x - z_{,}\delta y)}{\partial y^2} + \frac{\partial^2 z'}{\partial y^2}\delta x + \frac{\partial^2 z_{,}}{\partial y^2}\delta y,$$

et ainsi de suite.

33. Donc, si l'on fait, pour abréger,

$$\delta z - \frac{\partial z}{\partial x}\delta x - \frac{\partial z}{\partial y}\delta y = \delta u,$$

et qu'on observe que

$$\frac{\partial z_{,}}{\partial x} = \frac{\partial z'}{\partial y}, \qquad \frac{\partial z'}{\partial y} = \frac{\partial z_{,}}{\partial x}, \qquad \frac{\partial^2 z'}{\partial x^2} = \frac{\partial z''}{\partial x}, \qquad \frac{\partial^2 z_{,}}{\partial x^2} = \frac{\partial z''}{\partial y},$$

$$\frac{\partial^2 z'}{\partial x\,\partial y} = \frac{\partial z'_{,}}{\partial x}, \qquad \frac{\partial^2 z_{,}}{\partial x\,\partial y} = \frac{\partial z'_{,}}{\partial y}, \qquad \frac{\partial^2 z'}{\partial y^2} = \frac{\partial z_{,,}}{\partial x}, \qquad \ldots,$$

on aura plus simplement

$$\delta z' = \frac{\partial \delta u}{\partial x} + \frac{\partial z'}{\partial x}\delta x + \frac{\partial z'}{\partial y}\delta y,$$

$$\delta z_{,} = \frac{\partial \delta u}{\partial y} + \frac{\partial z_{,}}{\partial x}\delta x + \frac{\partial z_{,}}{\partial y}\delta y,$$

$$\delta z'' = \frac{\partial^2 \delta u}{\partial x^2} + \frac{\partial z''}{\partial x}\delta x + \frac{\partial z''}{\partial y}\delta y,$$

$$\delta z'_{,} = \frac{\partial^2 \delta u}{\partial x\,\partial y} + \frac{\partial z'_{,}}{\partial x}\delta x + \frac{\partial z'_{,}}{\partial y}\delta y,$$

$$\delta z_{,,} = \frac{\partial^2 \delta u}{\partial y^2} + \frac{\partial z_{,,}}{\partial x}\delta x + \frac{\partial z_{,,}}{\partial y}\delta y,$$

$$\cdots\cdots\cdots\cdots\cdots\cdots$$

Faisant ces substitutions dans l'expression de δU, mettant

$$\delta u + \frac{\partial z}{\partial x}\delta x + \frac{\partial z}{\partial y}\delta y$$

à la place de δz et ordonnant les termes par rapport à δx, δy, δu, on aura

$$\begin{aligned}
\delta U = {} & \left(\frac{\partial U}{\partial x} + \frac{\partial U}{\partial z}\frac{\partial z}{\partial x} + \frac{\partial U}{\partial z'}\frac{\partial z'}{\partial x} + \frac{\partial U}{\partial z_{,}}\frac{\partial z_{,}}{\partial x} + \frac{\partial U}{\partial z''}\frac{\partial z''}{\partial x} + \frac{\partial U}{\partial z'_{,}}\frac{\partial z'_{,}}{\partial x} + \ldots\right)\delta x \\
& + \left(\frac{\partial U}{\partial y} + \frac{\partial U}{\partial z}\frac{\partial z}{\partial y} + \frac{\partial U}{\partial z'}\frac{\partial z'}{\partial y} + \frac{\partial U}{\partial z_{,}}\frac{\partial z_{,}}{\partial y} + \frac{\partial U}{\partial z''}\frac{\partial z''}{\partial y} + \frac{\partial U}{\partial z'_{,}}\frac{\partial z'_{,}}{\partial y} + \ldots\right)\delta y \\
& + \frac{\partial U}{\partial z}\delta u + \frac{\partial U}{\partial z'}\frac{\partial \delta u}{\partial x} + \frac{\partial U}{\partial z_{,}}\frac{\partial \delta u}{\partial y} + \frac{\partial U}{\partial z''}\frac{\partial^2 \delta u}{\partial x^2} + \frac{\partial U}{\partial z'_{,}}\frac{\partial^2 \delta u}{\partial x\,\partial y} + \ldots.
\end{aligned}$$

Désignons par $\left(\frac{\partial U}{\partial x}\right)$, $\left(\frac{\partial U}{\partial y}\right)$ les différences partielles de U, relatives à x et y, en regardant z comme fonction de ces deux variables; il est clair qu'on aura

$$\left(\frac{\partial U}{\partial x}\right)=\frac{\partial U}{\partial x}+\frac{\partial U}{\partial z}\frac{\partial z}{\partial x}+\frac{\partial U}{\partial z'}\frac{\partial z'}{\partial x}+\frac{\partial U}{\partial z_{,}}\frac{\partial z_{,}}{\partial x}+\ldots,$$

$$\left(\frac{\partial U}{\partial y}\right)=\frac{\partial U}{\partial y}+\frac{\partial U}{\partial z}\frac{\partial z}{\partial y}+\frac{\partial U}{\partial z'}\frac{\partial z'}{\partial y}+\frac{\partial U}{\partial z_{,}}\frac{\partial z_{,}}{\partial y}+\ldots.$$

Ainsi la variation complète de U se réduira à cette forme simple

$$\begin{aligned}\partial U=\left(\frac{\partial U}{\partial x}\right)\partial x+\left(\frac{\partial U}{\partial y}\right)\partial y+\frac{\partial U}{\partial z}\partial u\\ +\frac{\partial U}{\partial z'}\frac{\partial\partial u}{\partial x}+\frac{\partial U}{\partial z_{,}}\frac{\partial\partial u}{\partial y}+\frac{\partial U}{\partial z''}\frac{\partial^2\partial u}{\partial x^2}+\frac{\partial U}{\partial z'_{,}}\frac{\partial^2\partial u}{\partial x\,\partial y}+\frac{\partial U}{\partial z_{,,}}\frac{\partial^2\partial u}{\partial y^2}+\ldots.\end{aligned}$$

34. Donc, si l'on a une fonction intégrale double $\mathbf{SS}\,U\,dx\,dy$ à rendre un maximum ou un minimum, on aura l'équation

$$\partial\,\mathbf{SS}\,U\,dx\,dy=\mathbf{SS}\,\partial(U\,dx\,dy)=0.$$

Or, en faisant tout varier, on a $\delta(U\,dx\,dy)=\delta U\,dx\,dy+U\,\delta(dx\,dy)$, où il faut remarquer que, $dx\,dy$ représentant un rectangle qui est l'élément du plan des xy, ce rectangle demeurera rectangle après les variations δx, δy des coordonnées x, y, dans la supposition adoptée que δx ne dépende point de y, ni δy de x; de sorte que la variation de $dx\,dy$ sera simplement $dy\,\delta dx+dx\,\delta dy$; donc, comme

$$\partial\,dx=d\,\partial x=\frac{d\,\partial x}{dx}dx,\qquad \partial\,dy=\partial\,dy=\frac{d\,\partial y}{dy}dy,$$

puisque δx et δy sont censés fonctions de x seul et de y seul, on aura

$$\partial(U\,dx\,dy)=\left(\partial U+U\frac{d\,\partial x}{dx}+U\frac{d\,\partial y}{dy}\right)dx\,dy.$$

Substituant la valeur de δU et faisant disparaître par des intégrations partielles les différentielles des variations δx, δy, δu, il restera sous le double signe $\mathbf{SS}$ les termes

$$(\Xi\,\partial x+\Upsilon\,\partial y+\Psi\,\partial u)\,dx\,dy,$$

dans lesquels

$$\Xi = \left(\frac{\partial U}{\partial x}\right) - \left(\frac{\partial U}{\partial x}\right) = 0,$$

$$\Upsilon = \left(\frac{\partial U}{\partial y}\right) - \left(\frac{\partial U}{\partial y}\right) = 0,$$

$$\Psi = \frac{\partial U}{\partial z} - \left(\frac{\partial U'}{\partial x}\right) - \left(\frac{\partial U_{,}}{\partial y}\right) + \left(\frac{\partial^2 U''}{\partial x^2}\right) + \left(\frac{\partial^2 U'_{,}}{\partial x\,\partial y}\right) + \left(\frac{\partial^2 U_{,,}}{\partial y^2}\right) - \ldots,$$

en faisant, pour abréger,

$$U' = \frac{\partial U}{\partial z'}, \qquad U_{,} = \frac{\partial U}{\partial z_{,}},$$

$$U'' = \frac{\partial U}{\partial z''}, \qquad U'_{,} = \frac{\partial U}{\partial z'_{,}}, \qquad U_{,,} = \frac{\partial U}{\partial z_{,,}}, \qquad \ldots,$$

et supposant que les différentielles partielles renfermées entre deux parenthèses représentent les valeurs complètes de ces différences, en y regardant z comme fonction de x, y.

35. Ainsi, à cause de $\delta u = \delta z - \frac{\partial z}{\partial x}\delta x - \frac{\partial z}{\partial y}\delta y$, les termes sous le double signe donneront simplement l'équation

$$\Psi\left(\partial z - \frac{\partial z}{\partial x}\partial x - \frac{\partial z}{\partial y}\partial y\right) = 0;$$

d'où, en égalant séparément à zéro les coefficients de δz, δx, δy, on n'aura que l'équation $\Psi = 0$, comme si l'on n'avait fait varier que la seule variable z.

On voit donc que, dans les questions *de maximis et minimis* relatives à des intégrales doubles, dans lesquelles une des trois variables est fonction des deux autres, il n'y a rigoureusement qu'une seule équation qu'on peut trouver directement, en ne faisant varier par δ que la seule variable qui est censée fonction des deux autres (¹); et cette

(¹) Il est évident *a priori* qu'il suffit de faire varier z; car, quelles que soient deux surfaces infiniment voisines, on peut toujours passer de l'une à l'autre en donnant à z un accroissement qui dépende d'une manière convenable des deux autres coordonnées x et y. Il pourra être plus ou moins commode de considérer celles-ci comme ayant ou n'ayant pas la même valeur aux points correspondants; mais il est évidemment permis de faire l'une ou l'autre hypothèse. (*J. Bertrand.*)

équation est celle de la surface qui satisfait à la question. C'est ainsi qu'on a trouvé l'équation aux différences partielles de la moindre surface, en faisant $\mathrm{U} = \sqrt{1 + (z')^2 + (z_,)^2}$; et ce que nous venons de démontrer prouve que cette équation remplit complètement les conditions du problème, quelques variations qu'on attribue aux trois coordonnées de la surface.

36. On peut appliquer les formules des variations que nous venons de trouver à l'équilibre d'un système superficiel de particules $d\mathrm{m}$ tirées par des forces quelconques.

En n'ayant égard qu'à la condition de l'invariabilité de $d\mathrm{m}$, on aura d'abord, comme dans l'article 25, l'équation générale de l'équilibre

$$\mathbf{SS}(\delta\Pi\, d\mathrm{m} + \lambda\,\delta d\mathrm{m}) = 0.$$

Ici la valeur de $d\mathrm{m}$ sera de la forme $\mathrm{U}\,dx\,dy$, et l'on aura, par conséquent (art. 34),

$$\delta d\mathrm{m} = \left(\delta\mathrm{U} + \mathrm{U}\frac{d\delta x}{dx} + \mathrm{U}\frac{d\delta y}{dy}\right) dx\,dy.$$

Substituant cette valeur, ainsi que celle de $\delta\mathrm{U}$ de l'article 33, dans la formule intégrale $\mathbf{SS}\lambda\,\delta d\mathrm{m}$, et faisant disparaître, par des intégrations par parties, les différences des variations δx, δy, δu, il ne restera sous le double signe que les termes

$$(\Xi\,\delta x + \Upsilon\,\delta y + \Psi\,\delta u)\,dx\,dy,$$

dans lesquels

$$\Xi = \lambda\left(\frac{\partial\mathrm{U}}{\partial x}\right) - \left(\frac{\partial\lambda\mathrm{U}}{\partial x}\right) = -\mathrm{U}\left(\frac{\partial\lambda}{\partial x}\right),$$

$$\Upsilon = \lambda\left(\frac{\partial\mathrm{U}}{\partial y}\right) - \left(\frac{\partial\lambda\mathrm{U}}{\partial y}\right) = -\mathrm{U}\left(\frac{\partial\lambda}{\partial y}\right),$$

$$\Psi = \frac{\partial\mathrm{U}}{\partial z} - \left(\frac{\partial\mathrm{U}'}{\partial x}\right) - \left(\frac{\partial\mathrm{U}_,}{\partial y}\right) + \left(\frac{\partial^2\mathrm{U}''}{\partial x^2}\right) + \left(\frac{\partial^2\mathrm{U}'_,}{\partial x\,\partial y}\right) + \left(\frac{\partial^2\mathrm{U}_{,,}}{\partial y^2}\right) - \ldots,$$

en conservant les valeurs de U', $\mathrm{U}_,$, U'', $\mathrm{U}'_,$, ... de l'article 34.

Ajoutons à ces termes ceux qui proviennent de l'intégrale $\iint \delta\Pi\, dm$, savoir, en substituant les valeurs de $\delta\Pi$ et dm,

$$\left(\frac{\partial\Pi}{\partial x}\delta x + \frac{\partial\Pi}{\partial y}\delta y + \frac{\partial\Pi}{\partial z}\delta z\right) \mathrm{U}\, dx\, dy,$$

et remettons pour δu sa valeur $\delta z - \frac{\partial z}{\partial x}\delta x - \frac{\partial z}{\partial y}\delta y$ (art. 33); l'équation générale de l'équilibre contiendra, sous le double signe $\iint$, les termes suivants, ordonnés par rapport aux variations δx, δy, δz,

$$\left.\begin{aligned} &\left\{\left[\frac{\partial\Pi}{\partial x} - \left(\frac{\partial\lambda}{\partial x}\right)\right]\mathrm{U} - \Psi\frac{\partial z}{\partial x}\right\}\delta x \\ +&\left\{\left[\frac{\partial\Pi}{\partial y} - \left(\frac{\partial\lambda}{\partial y}\right)\right]\mathrm{U} - \Psi\frac{\partial z}{\partial y}\right\}\delta y \\ +&\left(\frac{\partial\Pi}{\partial z}\mathrm{U} + \Psi\right)\delta z \end{aligned}\right\} dx\, dy;$$

d'où l'on tire les trois équations

$$\left[\frac{\partial\Pi}{\partial x} - \left(\frac{\partial\lambda}{\partial x}\right)\right]\mathrm{U} - \Psi\frac{\partial z}{\partial x} = 0,$$

$$\left[\frac{\partial\Pi}{\partial y} - \left(\frac{\partial\lambda}{\partial y}\right)\right]\mathrm{U} - \Psi\frac{\partial z}{\partial y} = 0,$$

$$\frac{\partial\Pi}{\partial z}\mathrm{U} + \Psi = 0.$$

La dernière donne $\Psi = -\mathrm{U}\frac{\partial\Pi}{\partial z}$, et, cette valeur étant substituée dans les deux autres, on a, après avoir divisé par U,

$$\frac{\partial\Pi}{\partial x} + \frac{\partial\Pi}{\partial z}\frac{\partial z}{\partial x} - \left(\frac{\partial\lambda}{\partial x}\right) = 0,$$

$$\frac{\partial\Pi}{\partial y} + \frac{\partial\Pi}{\partial z}\frac{\partial z}{\partial y} - \left(\frac{\partial\lambda}{\partial y}\right) = 0.$$

La première donne $\lambda = \Pi + \text{fonct.}\, y$; la seconde donne $\lambda = \Pi + \text{fonct.}\, x$; donc on aura

$$\lambda = \Pi + a,$$

a étant une constante. Substituant cette valeur dans l'équation générale de l'équilibre, elle deviendra

$$\mathrm{SS}\,[\delta(\Pi\, dm) + a\,\delta dm] = 0,$$

savoir

$$\delta\,\mathrm{SS}\,\Pi\, dm + a\,\delta\,\mathrm{SS}\, dm = 0,$$

équation du maximum ou minimum de la formule intégrale $\mathrm{SS}\,\Pi\, dm$ parmi toutes celles dans lesquelles la valeur de la formule $\mathrm{SS}\, dm$ est la même.

Ainsi voilà le problème de Mécanique [1] réduit à une simple question *de maximis et minimis*, dont la solution ne dépend que de la variation de la seule coordonnée z, qui est supposée fonction de x, y (art. 35).

On pourra étendre cette théorie aux formules intégrales triples et en déduire des conclusions semblables.

[1] Lagrange ne définit pas d'une manière complète le système superficiel de molécules auquel il applique son analyse. Si l'on a en vue une surface flexible et inextensible, non seulement les éléments superficiels restent invariables, mais aussi les éléments linéaires. Lagrange ne tient pas compte de l'invariabilité des éléments linéaires, et les équations qu'il obtient ne peuvent donner, par conséquent, la solution complète du problème. La question a été reprise dans ces derniers temps par M. Lecornu dans un Mémoire *Sur l'équilibre des surfaces flexibles et inextensibles* (*Journal de l'École Polytechnique*, XLVIIIe Cahier) et par M. Beltrami. Voir le Mémoire *Sull' equilibrio delle superficie flessibili ed inestendibili* (*Memorie dell' Accademia delle Scienze dell' Istituto di Bologna*, 4e série, t. III), où M. Beltrami résout la question, précisément par l'emploi du principe des vitesses virtuelles.
(*G. D.*)

SECTION CINQUIÈME.

SOLUTION DE DIFFÉRENTS PROBLÈMES DE STATIQUE.

Nous allons présentement montrer l'usage de nos méthodes dans différents problèmes sur l'équilibre des corps; on verra par l'uniformité et la rapidité des solutions combien ces méthodes sont supérieures à celles que l'on avait employées jusqu'ici dans la Statique.

CHAPITRE I.

DE L'ÉQUILIBRE DE PLUSIEURS FORCES APPLIQUÉES A UN MÊME POINT, DE LA COMPOSITION ET DE LA DÉCOMPOSITION DES FORCES.

1. Soit proposé de trouver les lois de l'équilibre d'autant de forces qu'on voudra, P, Q, R, ..., toutes appliquées à un même point et dirigées vers des points donnés.

Nommant $p, q, r, \dots$ les distances rectilignes entre le point commun d'application de ces forces et leurs points de tendance, on aura la formule

$$\mathrm{P}\,dp + \mathrm{Q}\,dq + \mathrm{R}\,dr + \dots$$

pour la somme des moments de toutes les forces, laquelle doit être nulle dans l'état d'équilibre.

Soient x, y, z les trois coordonnées rectangles du point auquel toutes les forces sont appliquées; et soient de même a, b, c les coordonnées rectangles du point auquel tend la force P; f, g, h celles du point auquel tend la force Q; l, m, n celles du point auquel tend la force R, et ainsi des autres; ces coordonnées étant toutes rapportées aux mêmes axes fixes dans l'espace. On aura évidemment

$$p=\sqrt{(x-a)^2+(y-b)^2+(z-c)^2},$$
$$q=\sqrt{(x-f)^2+(y-g)^2+(z-h)^2},$$
$$r=\sqrt{(x-l)^2+(y-m)^2+(z-n)^2},$$
$$\ldots\ldots\ldots\ldots\ldots\ldots,$$

et la quantité $P\,dp+Q\,dq+R\,dr+\ldots$ se transformera en celle-ci

$$X\,dx+Y\,dy+Z\,dz,$$

dans laquelle on aura

$$X=\frac{x-a}{p}P+\frac{x-f}{q}Q+\frac{x-l}{r}R+\ldots,$$
$$Y=\frac{y-b}{p}P+\frac{y-g}{q}Q+\frac{y-m}{r}R+\ldots,$$
$$Z=\frac{z-c}{p}P+\frac{z-h}{q}Q+\frac{z-n}{r}R+\ldots.$$

Il n'est pas inutile de remarquer que, dans ces expressions, les quantités $\frac{x-a}{p}$, $\frac{y-b}{p}$, $\frac{z-c}{p}$ sont égales aux cosinus des angles que la ligne p, c'est-à-dire la direction de la force P, fait avec les axes des x, y, z; que, de même, $\frac{x-f}{q}$, $\frac{y-g}{q}$, $\frac{z-h}{q}$ sont les cosinus des angles que la direction de la force Q fait avec les mêmes axes; et ainsi de suite (Sect. II, art. 7).

§ I. — *De l'équilibre d'un corps ou point tiré par plusieurs forces.*

2. Cela posé, supposons en premier lieu que le corps ou point auquel les forces P, Q, R, ... sont appliquées soit entièrement libre; il n'y aura alors aucune équation de condition entre les coordonnées x, y, z, et la quantité $X\,dx+Y\,dy+Z\,dz$ devra être nulle indépendamment des valeurs de dx, dy, dz (Sect. II, art. 10); ce qui donnera sur-le-champ ces trois équations particulières

$$X=0,\qquad Y=0,\qquad Z=0.$$

Ce sont les équations qui renferment les lois de l'équilibre de tant de forces qu'on voudra, concourantes à un même point.

3. Si, dans les expressions de X, Y, Z, on fait $P = p$, $Q = q$, $R = r$, ..., ce qui est permis, puisqu'il est indifférent à quels points pris dans les directions des forces elles soient supposées tendre, on aura ces équations

$$x - a + x - f + x - l + \ldots = 0,$$

$$y - b + y - g + y - m + \ldots = 0,$$

$$z - c + z - h + z - n + \ldots = 0;$$

d'où l'on tire, en supposant que le nombre des forces P, Q, R, ... soit μ,

$$x = \frac{a + f + l + \ldots}{\mu},$$

$$y = \frac{b + g + m + \ldots}{\mu},$$

$$z = \frac{c + h + n + \ldots}{\mu};$$

et ces expressions de x, y, z font voir que le point auquel sont appliquées les forces est dans le centre de gravité des points auxquels ces forces tendent.

De là résulte le théorème de Leibnitz, que, si tant de puissances qu'on voudra sont en équilibre sur un point et qu'on tire de ce point des droites qui représentent tant la quantité que la direction de chaque puissance, le point dont il s'agit sera le centre de gravité de tous les points auxquels ces lignes seront terminées.

Si donc il n'y a que quatre puissances et qu'on imagine une pyramide dont les quatre angles soient aux extrémités des droites qui représentent les puissances, il y aura équilibre entre ces quatre puissances lorsque le point sur lequel elles agissent sera dans le centre de gravité de la pyramide; car on sait, par la Géométrie, que le centre de gravité de toute la pyramide est le même que celui de quatre corps égaux qui seraient placés aux quatre coins de la pyramide. Ce dernier théorème est dû à Roberval.

4. Supposons, en second lieu, que le corps ou point sur lequel agissent les forces P, Q, R, ... ne soit pas tout à fait libre, mais qu'il soit contraint de se mouvoir sur une surface ou sur une ligne donnée; on aura alors, entre les coordonnées x, y, z, une ou deux équations de condition, qui ne seront autre chose que les équations mêmes de la surface ou de la ligne dont il s'agit.

Soit donc

$$L = 0$$

l'équation de la surface sur laquelle le corps ne peut que glisser; on ajoutera à la somme des moments des forces $X\,dx + Y\,dy + Z\,dz$ le terme $\lambda\,dL$ (Sect. IV, art. 3), et l'on aura, pour l'équation générale de l'équilibre,

$$X\,dx + Y\,dy + Z\,dz + \lambda\,dL = 0,$$

λ étant une quantité indéterminée.

Or, L étant une fonction connue de x, y, z, on aura, par la différentiation,

$$dL = \frac{\partial L}{\partial x}dx + \frac{\partial L}{\partial y}dy + \frac{\partial L}{\partial z}dz;$$

donc, substituant et égalant ensuite séparément à zéro la somme des termes multipliés par chacune des différences dx, dy, dz, on aura ces trois équations particulières de l'équilibre

$$X + \lambda\frac{\partial L}{\partial x} = 0,$$

$$Y + \lambda\frac{\partial L}{\partial y} = 0,$$

$$Z + \lambda\frac{\partial L}{\partial z} = 0;$$

d'où, chassant l'indéterminée λ, on aura ces deux-ci

$$Y\frac{\partial L}{\partial x} - X\frac{\partial L}{\partial y} = 0, \qquad Z\frac{\partial L}{\partial x} - X\frac{\partial L}{\partial z} = 0,$$

lesquelles renferment, par conséquent, les conditions cherchées de l'équilibre du corps sur la surface proposée.

5. Si l'on applique maintenant ici la théorie donnée dans l'article 5 de la Section IV, on en conclura que la surface doit opposer au corps une résistance égale à

$$\lambda\sqrt{\left(\frac{\partial L}{\partial x}\right)^2+\left(\frac{\partial L}{\partial y}\right)^2+\left(\frac{\partial L}{\partial z}\right)^2},$$

et dirigée suivant la perpendiculaire à la surface qui aurait pour équation $dL = o$, c'est-à-dire perpendiculairement à la même surface sur laquelle le corps est posé; et, comme on a

$$\lambda\frac{\partial L}{\partial x} = -X, \qquad \lambda\frac{\partial L}{\partial y} = -Y, \qquad \lambda\frac{\partial L}{\partial z} = -Z,$$

il s'ensuit que la pression du corps sur la surface (pression qui doit être égale et directement contraire à la résistance de la surface) sera exprimée par $\sqrt{X^2+Y^2+Z^2}$ et agira perpendiculairement à la même surface; c'est uniquement à cette condition que se réduisent les deux équations trouvées ci-dessus pour l'équilibre du corps, comme on peut s'en assurer par la méthode de la composition des forces.

6. Au reste, dans le cas d'un seul corps tiré par des puissances données, on peut trouver encore plus simplement les conditions de l'équilibre, en substituant immédiatement dans l'équation

$$X\,dx + Y\,dy + Z\,dz = o,$$

à la place de la différentielle dz, sa valeur

$$-\frac{\frac{\partial L}{\partial x}dx + \frac{\partial L}{\partial y}dy}{\frac{\partial L}{\partial z}}$$

tirée de l'équation différentielle de la surface donnée sur laquelle le corps peut glisser et égalant ensuite séparément à zéro les coefficients des différentielles dx et dy qui demeurent indéterminées, suivant la méthode générale de l'article 10 de la Section II.

On aura ainsi, sur-le-champ, les deux équations

$$X - Z\frac{\frac{\partial L}{\partial x}}{\frac{\partial L}{\partial z}} = 0, \qquad Y - Z\frac{\frac{\partial L}{\partial y}}{\frac{\partial L}{\partial z}} = 0,$$

qui reviennent à celles que l'on a trouvées plus haut.

Pareillement, si le corps était assujetti à se mouvoir sur une ligne de figure donnée et déterminée par les deux équations différentielles $dy = p\,dx$, $dz = q\,dx$, il n'y aurait qu'à substituer ces valeurs de dy et dz dans $X\,dx + Y\,dy + Z\,dz = 0$, et l'on aurait, en divisant par dx,

$$X + Yp + Zq = 0,$$

pour la condition de l'équilibre.

Mais, dans tous les cas où il y aurait plusieurs corps en équilibre, la méthode des coefficients indéterminés, exposée dans la Section précédente, aura toujours l'avantage, tant du côté de la facilité que de celui de la simplicité et de l'uniformité du calcul.

§ II. — *De la composition et de la décomposition des forces.*

7. L'équation identique

$$P\,dp + Q\,dq + R\,dr + \ldots = X\,dx + Y\,dy + Z\,dz,$$

trouvée dans l'article 1, montre que le système des forces P, Q, R, ... dirigées suivant les lignes p, q, r, ... est équivalent au système des trois forces X, Y, Z dirigées suivant les lignes x, y, z (Sect. II, art. 15). Ainsi les quantités X, Y, Z donnent les valeurs des forces P, Q, R, ..., décomposées suivant les trois coordonnées rectangles x, y, z et tendantes à diminuer ces coordonnées, comme les forces P, Q, R, ... sont supposées tendre à diminuer les lignes p, q, r, ...

8. En général, si des forces quelconques P, Q, R, ..., dirigées suivant les lignes p, q, r, ..., agissent sur un même point, on peut toujours réduire toutes ces forces à trois autres dirigées suivant les lignes ξ, ψ, φ, pourvu que ces trois lignes ne soient pas toutes dans le même plan. Car, comme trois lignes placées dans différents plans suffisent pour déterminer la position d'un point quelconque dans l'espace, on pourra toujours exprimer les valeurs des lignes p, q, r, ... en fonctions des trois quantités ξ, ψ, φ, et, par le théorème de l'article 15 de la Section II, les forces P, Q, R, ... seront équivalentes [1] aux trois forces Ξ, Ψ, Φ exprimées par les formules

$$\Xi = \mathrm{P}\frac{\partial p}{\partial \xi} + \mathrm{Q}\frac{\partial q}{\partial \xi} + \mathrm{R}\frac{\partial r}{\partial \xi} + \ldots,$$

$$\Psi = \mathrm{P}\frac{\partial p}{\partial \psi} + \mathrm{Q}\frac{\partial q}{\partial \psi} + \mathrm{R}\frac{\partial r}{\partial \psi} + \ldots,$$

$$\Phi = \mathrm{P}\frac{\partial p}{\partial \varphi} + \mathrm{Q}\frac{\partial q}{\partial \varphi} + \mathrm{R}\frac{\partial r}{\partial \varphi} + \ldots,$$

et dirigées suivant les lignes ξ, ψ, φ, ou seulement suivant les éléments $d\xi$, $d\psi$, $d\varphi$, si quelques-unes de ces lignes étaient circulaires.

Ces formules peuvent être d'une grande utilité dans plusieurs occasions, et surtout lorsqu'il s'agit de trouver les résultantes d'une infinité de forces qui agissent sur un même point, comme l'attraction d'un corps de figure quelconque.

9. Soit m la masse d'un corps dont chacun des éléments dm soit regardé comme le centre d'une force P proportionnelle à dm et à une fonction $f(p)$ de la distance p; en faisant $\int f(p)\,dp = \mathrm{F}(p)$, l'élément dm donnera, dans l'expression de Ξ, le terme $\frac{\partial \mathrm{F}(p)}{\partial \xi}d\mathrm{m}$, dont l'intégrale relative à toute la masse m sera le résultat de l'attraction de cette masse; et, comme cette intégration est indépendante de la diffé-

[1] Nous avons remarqué plus haut que ce théorème est soumis à des restrictions. La même observation s'applique à la conclusion qu'on en déduit ici. *Voir* une Note de M. Poinsot à la fin du Volume. (*J. Bertrand.*)

rentiation relative à ξ, on pourra donner à l'intégrale dont il s'agit la forme $\frac{\partial}{\partial\xi}\mathrm{S}\,\mathrm{F}(p)\,dm$, de sorte qu'en faisant

$$\mathrm{S}\,\mathrm{F}(p)\,dm = \Sigma,$$

on aura

$$\Xi = \frac{\partial\Sigma}{\partial\xi}, \qquad \Psi = \frac{\partial\Sigma}{\partial\psi}, \qquad \Phi = \frac{\partial\Sigma}{\partial\varphi},$$

et il ne s'agira plus que de substituer au lieu de p, dans la fonction $\mathrm{F}(p)$, sa valeur exprimée en fonction des coordonnées qui déterminent la position de chaque particule dm dans l'espace et des coordonnées ξ, ψ, φ du point attiré, et d'exécuter ensuite séparément l'intégration relative aux premières et les différentiations relatives aux dernières.

Dans le cas de la nature, on a $f(p) = \frac{1}{p^2}$; donc $\mathrm{F}(p) = -\frac{1}{p}$, et, par conséquent, $\Sigma = -\mathrm{S}\frac{dm}{p}$.

Soient a, b, c les coordonnées de chaque particule dm du corps; on aura, en supposant la densité de cette particule exprimée par Γ fonction de a, b, c,

$$dm = \Gamma\, da\, db\, dc;$$

donc

$$\Sigma = -\mathrm{S}\frac{\Gamma\, da\, db\, dc}{p}.$$

Or, x, y, z étant les coordonnées du point attiré, on a (art. 1)

$$p = \sqrt{(x-a)^2 + (y-b)^2 + (z-c)^2};$$

donc

$$\Sigma = -\mathrm{S}\frac{\Gamma\, da\, db\, dc}{\sqrt{(x-a)^2 + (y-b)^2 + (z-c)^2}}.$$

10. Le cas le plus simple est celui où le corps attirant est une sphère. Dans ce cas, en faisant $\Gamma = 1$ et supposant le centre de la sphère dans l'origine des coordonnées x, y, z du point attiré, on a

$$\Sigma = -\frac{m}{\sqrt{x^2 + y^2 + z^2}},$$

m étant la solidité de la sphère, qu'on sait être égale à $\frac{4\pi\alpha^3}{3}$, en prenant α pour le rayon et π pour le rapport de la circonférence au diamètre.

Si la densité Γ était variable dans l'intérieur de la sphère, en la supposant fonction de α, on ferait $\mathrm{m} = \int \Gamma d\frac{4\pi\alpha^3}{3}$.

On peut encore avoir la valeur de Σ lorsque le corps attirant est un sphéroïde elliptique, dont la surface est représentée par l'équation

$$\frac{a^2}{A^2} + \frac{b^2}{B^2} + \frac{c^2}{C^2} = 1,$$

A, B, C étant les demi-axes des trois sections principales, et a, b, c les coordonnées rectangles de la surface prises sur les trois axes et ayant leur origine dans l'intersection commune des axes, qui est le centre du sphéroïde. Mais l'expression générale de cette valeur dépend d'une formule intégrale assez compliquée et par laquelle il est impossible d'avoir Σ en fonction de x, y, z.

Cependant, si l'on suppose que le sphéroïde soit peu différent de la sphère ou que la distance du point attiré au centre du sphéroïde soit fort grande par rapport à ses axes, on peut exprimer la valeur générale de Σ par une série convergente délivrée de toute intégration. M. Laplace a donné, dans sa *Théorie des attractions des sphéroïdes* (1), une très belle formule par laquelle on peut former successivement tous les termes de la série et qui montre en même temps que la valeur de $\frac{\Sigma}{\mathrm{m}}$, m étant la solidité du sphéroïde, ne dépend que des quantités $B^2 - A^2$ et $C^2 - A^2$, qui sont les carrés des excentricités des deux sections qui passent par le même demi-axe A.

J'ai trouvé qu'en partant de ce résultat et faisant usage du théorème que j'ai donné dans les *Mémoires de Berlin* de 1792-93 (2), on pouvait

(1) Voir *Mécanique céleste*, t. II, Livre III, Chap. I et II. (*J. Bertrand.*)
(2) *Œuvres de Lagrange*, t. V, p. 645.

construire tout d'un coup la série dont il s'agit, par le seul développement du radical

$$\frac{1}{\sqrt{x^2+y^2+z^2-2by-2cz+b^2+c^2}}$$

suivant les puissances de b et c, en ne conservant que les termes qui contiennent des puissances paires de b et c et transformant chacun de ces termes, comme $Hb^{2m}c^{2n}$, en

$$\frac{[1.3.5\ldots(2m-1)][1.3.5\ldots(2n-1)]\,H(B^2-A^2)^m(C^2-A^2)^n}{5.7.9\ldots(2m+2n+3)}\,\mathrm{m},$$

m étant la solidité du sphéroïde, qui est exprimée par $\frac{4\pi}{3}$ ABC.

Ainsi, pour avoir tout de suite la série ordonnée suivant les puissances de y et z, on fera

$$r=\sqrt{x^2+y^2+z^2},$$

et l'on développera d'abord le radical $(r^2-2by-2cz+b^2+c^2)^{-\frac{1}{2}}$ suivant les puissances de y, z; en ne retenant que les puissances paires, on aura

$$\frac{1}{(r^2+b^2+c^2)^{\frac{1}{2}}}+\frac{3}{2}\,\frac{b^2y^2+c^2z^2}{(r^2+b^2+c^2)^{\frac{5}{2}}}+\frac{5.7}{8}\,\frac{b^4y^4+6b^2c^2y^2z^2+c^4z^4}{(r^2+b^2+c^2)^{\frac{9}{2}}}+\ldots.$$

On développera ensuite les radicaux $(r^2+b^2+c^2)^{-\frac{1}{2}}$, ... suivant les puissances de b^2, c^2, et l'on transformera ces puissances en puissances de B^2-A^2, C^2-A^2 par la formule donnée ci-dessus. De cette manière, si l'on fait, pour plus de simplicité,

$$B^2-A^2=e^2,\qquad C^2-A^2=i^2,$$

e et i étant les excentricités des deux ellipses formées par les sections qui passent par les demi-axes A, B et A, C, on aura pour Σ une expression en série de cette forme

$$-\mathrm{m}(R+Ty^2+Vz^2+Xy^4+Yy^2z^2+Zz^4+\ldots),$$

dans laquelle

$$R = \frac{1}{r} - \frac{e^2 + i^2}{2.5r^3} + \frac{9(e^4 + i^4) + 6e^2 i^2}{8.5.7r^5} + \ldots,$$

$$T = \frac{3e^2}{2.5r^5} - \frac{9e^4 + 3e^2 i^2}{4.7r^7} + \ldots,$$

$$V = \frac{3i^2}{2.5r^5} - \frac{9i^4 + 3e^2 i^2}{4.7r^7} + \ldots,$$

$$X = \frac{3e^4}{8r^9} + \ldots,$$

$$Y = \frac{6e^2 i^2}{8r^9} + \ldots,$$

$$Z = \frac{3i^4}{8r^9} + \ldots,$$

. . . .

On n'a poussé l'approximation que jusqu'aux quatrièmes dimensions de e et de i; mais il est facile de la porter aussi loin qu'on voudra.

Si le sphéroïde était composé de couches elliptiques de différentes densités, alors, en faisant varier dans l'expression de Σ les quantités A, B, C et par conséquent aussi e et i, on aurait $S\,\Gamma\, d\Sigma$ pour la valeur de Σ relative à ce sphéroïde.

Ayant ainsi la valeur de Σ en fonction des coordonnées rectangles x, y, z du point attiré, on aura immédiatement, par la différentiation, les forces $\frac{\partial\Sigma}{\partial x}$, $\frac{\partial\Sigma}{\partial y}$, $\frac{\partial\Sigma}{\partial z}$ suivant ces coordonnées, dues à l'attraction totale du sphéroïde.

Et si, au lieu des coordonnées x, y et z, on prend le rayon r avec deux angles μ et ν tels que l'on ait

$$x = r\cos\mu, \qquad y = r\sin\mu\sin\nu, \qquad z = r\sin\mu\cos\nu,$$

on aura l'attraction du sphéroïde décomposée, dans le sens du rayon r qui joint le point attiré et le centre du sphéroïde, perpendiculairement à ce rayon dans le plan qui passe par le demi-axe A, et perpendiculairement au même rayon dans un plan parallèle à celui qui passe par les demi-axes B et C, par les trois différentielles partielles

$$\frac{\partial\Sigma}{\partial r}, \quad \frac{1}{r}\frac{\partial\Sigma}{\partial\mu}, \quad \frac{1}{r\sin\mu}\frac{\partial\Sigma}{\partial\nu}.$$

Ces formules sont surtout utiles dans la théorie de la figure de la Terre.

CHAPITRE II.

DE L'ÉQUILIBRE DE PLUSIEURS FORCES APPLIQUÉES A UN SYSTÈME DE CORPS, CONSIDÉRÉS COMME DES POINTS ET LIÉS ENTRE EUX PAR DES FILS OU PAR DES VERGES.

1. Quelles que soient les forces qui agissent sur chaque corps, nous avons vu ci-dessus (art. 7) comment on peut toujours les réduire à trois, X, Y, Z, dirigées suivant les trois coordonnées rectangles x, y, z du même corps et tendantes à diminuer ces coordonnées.

Nous supposerons donc, pour plus de simplicité, ici et dans la suite, que toutes les forces extérieures qui agissent sur un même point soient réduites à ces trois, X, Y, Z. Ainsi la somme des moments de ces forces sera exprimée, en général, par la formule

$$X\,dx + Y\,dy + Z\,dz;$$

par conséquent, la somme totale des moments de toutes les forces du système sera exprimée par la somme d'autant de formules semblables qu'il y aura de corps ou points mobiles, en marquant par un, deux, trois, ... traits les quantités qui se rapportent aux différents corps que nous nommerons premier, deuxième, troisième, ...

De cette manière, on aura donc, pour la somme des moments des forces qui agissent sur trois ou sur un plus grand nombre de corps, la quantité

$$X'\,dx' + Y'\,dy' + Z'\,dz' + X''\,dx'' + Y''\,dy'' + Z''\,dz'' + X'''\,dx''' + Y'''\,dy''' + Z'''\,dz''' + \ldots;$$

et il ne s'agira plus que de chercher les équations de condition

$$L = 0, \quad M = 0, \quad N = 0, \quad \ldots,$$

résultantes de la nature du problème.

Ayant L, M, N, ... ou seulement leurs différentielles en fonctions de x', y', z', x'', ... et prenant des coefficients indéterminés λ, μ, ν, ..., on ajoutera à la quantité précédente les termes

$$\lambda\, d\mathrm{L} + \mu\, d\mathrm{M} + \nu\, d\mathrm{N} + \ldots,$$

et l'on égalera ensuite séparément à zéro les membres affectés de chacune des différences dx', dy', dz', dx'', ... (Sect. IV, art. 5).

§ I. — *De l'équilibre de trois ou plusieurs corps attachés à un fil inextensible ou extensible et susceptible de contraction.*

12. Considérons premièrement trois corps attachés fixement à un fil inextensible; les conditions du problème sont que les distances entre le premier et le deuxième corps, et entre le deuxième et le troisième, soient invariables, ces distances étant les longueurs des portions de fil interceptées entre les corps.

Nommant f la première de ces distances et g la seconde, on aura

$$df = 0, \qquad dg = 0,$$

pour les équations de condition; donc

$$d\mathrm{L} = df, \qquad d\mathrm{M} = dg,$$

et l'équation générale de l'équilibre des trois corps sera

$$\begin{gathered}\mathrm{X}'\,dx' + \mathrm{Y}'\,dy' + \mathrm{Z}'\,dz' + \mathrm{X}''\,dx'' + \mathrm{Y}''\,dy'' + \mathrm{Z}''\,dz'' \\ + \mathrm{X}'''\,dx''' + \mathrm{Y}'''\,dy''' + \mathrm{Z}'''\,dz''' + \lambda\,df + \mu\,dg = 0.\end{gathered}$$

Or il est visible qu'on aura

$$\begin{aligned} f &= \sqrt{(x''-x')^2 + (y''-y')^2 + (z''-z')^2}, \\ g &= \sqrt{(x'''-x'')^2 + (y'''-y'')^2 + (z'''-z'')^2}; \end{aligned}$$

donc, en différentiant,

$$df = \frac{(x''-x')(dx''-dx') + (y''-y')(dy''-dy') + (z''-z')(dz''-dz')}{f},$$

$$dg = \frac{(x'''-x'')(dx'''-dx'') + (y'''-y'')(dy'''-dy'') + (z'''-z'')(dz'''-dz'')}{g};$$

ces valeurs étant substituées, on aura les neuf équations suivantes pour les conditions de l'équilibre du fil

$$X' - \lambda \frac{x'' - x'}{f} = 0,$$

$$Y' - \lambda \frac{y'' - y'}{f} = 0,$$

$$Z' - \lambda \frac{z'' - z'}{f} = 0;$$

$$X'' + \lambda \frac{x'' - x'}{f} - \mu \frac{x''' - x''}{g} = 0,$$

$$Y'' + \lambda \frac{y'' - y'}{f} - \mu \frac{y''' - y''}{g} = 0,$$

$$Z'' + \lambda \frac{z'' - z'}{f} - \mu \frac{z''' - z''}{g} = 0;$$

$$X''' + \mu \frac{x''' - x''}{g} = 0,$$

$$Y''' + \mu \frac{y''' - y''}{g} = 0,$$

$$Z''' + \mu \frac{z''' - z''}{g} = 0;$$

et il n'y aura plus qu'à éliminer de ces équations les deux inconnues λ et μ; ce qui peut se faire de plusieurs manières, lesquelles fourniront aussi des équations différentes, ou présentées différemment, pour l'équilibre des trois corps attachés au fil : nous choisirons celle qui paraîtra la plus simple.

On voit d'abord que, si l'on ajoute respectivement les trois premières équations aux trois suivantes et aux trois dernières, on obtient ces trois-ci, délivrées des inconnues λ et μ,

$$X' + X'' + X''' = 0,$$

$$Y' + Y'' + Y''' = 0,$$

$$Z' + Z'' + Z''' = 0,$$

lesquelles montrent que la somme de toutes les forces parallèles à chacun des trois axes des coordonnées doit être nulle, et ne sont qu'un cas particulier des équations générales trouvées dans la Section III, § I.

Il ne reste donc plus qu'à trouver quatre autres équations; pour cela, faisant abstraction des trois premières, j'ajoute respectivement les trois du milieu aux trois dernières; j'ai celles-ci, où μ ne se trouve plus,

$$X'' + X''' + \lambda \frac{x'' - x'}{f} = 0,$$

$$Y'' + Y''' + \lambda \frac{y'' - y'}{f} = 0,$$

$$Z'' + Z''' + \lambda \frac{z'' - z'}{f} = 0,$$

et qui, par l'élimination de λ, donnent les deux suivantes :

$$Y'' + Y''' - \frac{y'' - y'}{x'' - x'}(X'' + X''') = 0,$$

$$Z'' + Z''' - \frac{z'' - z'}{x'' - x'}(X'' + X''') = 0.$$

Enfin, considérant séparément les trois dernières équations qui contiennent μ seul et éliminant μ, on aura ces deux autres-ci

$$Y''' - \frac{y''' - y''}{x''' - x''} X''' = 0,$$

$$Z''' - \frac{z''' - z''}{x''' - x''} X''' = 0.$$

Ces sept équations (¹) renferment les conditions nécessaires pour l'équilibre des trois corps et, étant jointes aux équations de condition f et g égales à des quantités données, suffisent pour déterminer la position de chacun d'eux dans l'espace.

(¹) Il est à peine besoin de faire observer que ces sept équations sont, en quelque sorte, évidentes *a priori*, et qu'on pourrait les écrire sans recourir au principe des vitesses virtuelles. Mais le but de Lagrange n'est pas de traiter chaque question particulière de la manière la plus simple : il veut seulement montrer comment on peut se dispenser d'un raisonnement spécial à chaque cas, et réduire la Statique à un simple mécanisme de calcul. Lagrange, du reste, n'a jamais dit ni prétendu dire qu'il fût convenable d'aborder ainsi l'étude de la Mécanique. (*J. Bertrand.*)

13. Si le fil, supposé toujours inextensible, était chargé de quatre corps, tirés respectivement par les forces X', Y', Z'; X'', Y'', Z''; X''', ..., suivant les directions des trois axes des coordonnées rectangles, on trouverait, par des procédés semblables qu'il me paraît inutile de répéter, les neuf équations suivantes pour l'équilibre de ces quatre corps :

$$X' + X'' + X''' + X^{\text{IV}} = 0,$$
$$Y' + Y'' + Y''' + Y^{\text{IV}} = 0,$$
$$Z' + Z'' + Z''' + Z^{\text{IV}} = 0,$$
$$Y'' + Y''' + Y^{\text{IV}} - \frac{y'' - y'}{x'' - x'}(X'' + X''' + X^{\text{IV}}) = 0,$$
$$Z'' + Z''' + Z^{\text{IV}} - \frac{z'' - z'}{x'' - x'}(X'' + X''' + X^{\text{IV}}) = 0,$$
$$Y''' + Y^{\text{IV}} - \frac{y''' - y''}{x''' - x''}(X''' + X^{\text{IV}}) = 0,$$
$$Z''' + Z^{\text{IV}} - \frac{z''' - z''}{x''' - x''}(X''' + X^{\text{IV}}) = 0,$$
$$Y^{\text{IV}} - \frac{y^{\text{IV}} - y'''}{x^{\text{IV}} - x'''} X^{\text{IV}} = 0,$$
$$Z^{\text{IV}} - \frac{z^{\text{IV}} - z'''}{x^{\text{IV}} - x'''} X^{\text{IV}} = 0.$$

Il est facile maintenant d'étendre cette solution à tel nombre de corps qu'on voudra, et même au cas de la funiculaire ou chaînette; mais nous traiterons ce cas en particulier, par la méthode exposée dans le § II de la Section précédente.

14. On aurait une solution plus simple à quelques égards, si l'on introduisait d'abord dans le calcul l'invariabilité des distances f, g, ...

Ainsi, en se bornant au cas de trois corps et nommant ψ, ψ' les angles que les lignes f, g font avec le plan des x, y, et φ, φ' les angles que les projections de ces lignes sur le même plan font avec l'axe des x, on aura

$$x'' - x' = f\cos\varphi\cos\psi, \qquad y'' - y' = f\sin\varphi\cos\psi, \qquad z'' - z' = f\sin\psi,$$
$$x''' - x'' = g\cos\varphi'\cos\psi', \qquad y''' - y'' = g\sin\varphi'\cos\psi', \qquad z''' - z'' = g\sin\psi'.$$

Substituant les valeurs de x'', y'', z'', x''', y''', z''' tirées de ces équations dans la formule générale de l'équilibre de trois corps

$$\begin{aligned}X'\,dx' + Y'\,dy' + Z'\,dz' + X''\,dx'' + Y''\,dy'' + Z''\,dz''\\ + X'''\,dx''' + Y'''\,dy''' + Z'''\,dz''' = 0,\end{aligned}$$

en faisant varier simplement les quantités x', y', z', φ, φ', ψ, ψ', dont les variations demeurent indéterminées, et égalant séparément à zéro les quantités multipliées par chacune de ces variations, on aura les sept équations

$$X' + X'' + X''' = 0,$$

$$Y' + Y'' + Y''' = 0,$$

$$Z' + Z'' + Z''' = 0,$$

$$(X'' + X''')\sin\varphi - (Y'' + Y''')\cos\varphi = 0,$$

$$X'''\sin\varphi' - Y'''\cos\varphi' = 0,$$

$$(X'' + X''')\cos\varphi\sin\psi + (Y'' + Y''')\sin\varphi\sin\psi - (Z'' + Z''')\cos\psi = 0,$$

$$X'''\cos\varphi'\sin\psi' + Y'''\sin\varphi'\sin\psi' - Z'''\cos\psi' = 0,$$

dont les cinq premières coïncident immédiatement avec celles qu'on a trouvées dans l'article 12 par l'élimination des indéterminées λ et μ, et dont les deux dernières s'y réduisent facilement, en éliminant les Y'', Y''' par le moyen de la quatrième et de la cinquième.

Mais, si de cette manière on parvient plus directement aux équations finales, c'est qu'on a employé une transformation préliminaire des variables, laquelle renferme les équations de condition; au lieu qu'en employant immédiatement les équations avec des coefficients indéterminés, comme dans l'article 12, la solution du problème est réduite à un pur mécanisme de calcul. De plus, on a, par ces coefficients, la valeur des forces que les verges f et g doivent soutenir par leur résistance à s'allonger, comme on le verra ci-après.

15. Si l'on voulait que le premier corps fût fixe, alors les différences dx', dy', dz' seraient nulles et les termes affectés de ces diffé-

rences disparaîtraient d'eux-mêmes dans l'équation générale de l'équilibre. Ainsi les trois équations de l'article 12, savoir

$$X' - \lambda \frac{x'' - x'}{f} = 0, \qquad Y' - \lambda \frac{y'' - y'}{f} = 0, \qquad Z' - \lambda \frac{z'' - z'}{f} = 0,$$

n'auraient point lieu; donc les équations

$$X' + X'' + X''' = 0, \qquad Y' + Y'' + Y''' = 0, \qquad Z' + Z'' + Z''' = 0$$

n'auraient pas lieu non plus, mais toutes les autres demeureraient les mêmes. Ce cas est, comme l'on voit, celui où le fil serait attaché fixement par une de ses extrémités.

Et, si le fil était attaché par ses deux extrémités, alors on aurait non seulement $dx' = 0$, $dy' = 0$, $dz' = 0$, mais aussi $dx''' = 0$, $dy''' = 0$, $dz''' = 0$; et les termes affectés de ces six différences dans l'équation générale de l'équilibre disparaîtraient et feraient, par conséquent, disparaître aussi les six équations particulières qui en dépendent.

En général, si les deux extrémités du fil n'étaient pas tout à fait libres, mais qu'elles fussent attachées à des points mobiles suivant une loi donnée, cette loi, exprimée analytiquement, donnerait une ou plusieurs équations entre les différences dx', dy', dz', qui se rapportent au premier corps, et les différences dx''', dy''', dz''', qui se rapportent au dernier; et il faudrait ajouter ces équations, multipliées chacune par un nouveau coefficient indéterminé, à l'équation générale de l'équilibre trouvée plus haut; ou bien on substituerait dans cette équation générale la valeur d'une ou de plusieurs de ces différences tirée des équations dont il s'agit, et l'on égalerait ensuite à zéro le coefficient de chacune de celles qui restent, ainsi qu'on l'a fait ci-dessus (art. 14). Comme cela n'a aucune difficulté, nous ne nous y arrêterons pas.

16. Pour connaître les forces qui proviennent de la réaction du fil sur les différents corps, il n'y aura qu'à faire usage de la méthode donnée pour cet objet dans la Section précédente (art. 5).

On considérera donc que l'on a, dans le cas présent,

$$dL = df = \frac{(x''-x')(dx''-dx')+(y''-y')(dy''-dy')+(z''-z')(dz''-dz')}{f},$$

$$dM = dg = \frac{(x'''-x'')(dx'''-dx'')+(y'''-y'')(dy'''-dy'')+(z'''-z'')(dz'''-dz'')}{g},$$

....

Donc :

1° On aura, par rapport au premier corps dont les coordonnées sont x', y', z',

$$\frac{\partial L}{\partial x'} = -\frac{x''-x'}{f}, \qquad \frac{\partial L}{\partial y'} = -\frac{y''-y'}{f}, \qquad \frac{\partial L}{\partial z'} = -\frac{z''-z'}{f};$$

donc

$$\sqrt{\left(\frac{\partial L}{\partial x'}\right)^2 + \left(\frac{\partial L}{\partial y'}\right)^2 + \left(\frac{\partial L}{\partial z'}\right)^2} = \frac{\sqrt{(x''-x')^2+(y''-y')^2+(z''-z')^2}}{f} = 1.$$

Ainsi le premier corps recevra par l'action des autres une force égale à λ et dont la direction sera perpendiculaire à la surface représentée par l'équation $dL = df = 0$, en y faisant varier simplement x', y', z'; or il est visible que cette surface n'est autre chose qu'une sphère dont le rayon est f et dont le centre répond aux coordonnées x'', y'', z''; par conséquent, la force λ sera dirigée suivant ce même rayon, c'est-à-dire le long du fil qui joint le premier et le second corps.

2° On aura de même, par rapport au second corps dont les coordonnées sont x'', y'', z'',

$$\frac{\partial L}{\partial x''} = \frac{x''-x'}{f}, \qquad \frac{\partial L}{\partial y''} = \frac{y''-y'}{f}, \qquad \frac{\partial L}{\partial z''} = \frac{z''-z'}{f};$$

donc

$$\sqrt{\left(\frac{\partial L}{\partial x''}\right)^2 + \left(\frac{\partial L}{\partial y''}\right)^2 + \left(\frac{\partial L}{\partial z''}\right)^2} = \frac{\sqrt{(x''-x')^2+(y''-y')^2+(z''-z')^2}}{f} = 1;$$

d'où il s'ensuit que le second corps recevra aussi une force λ dirigée perpendiculairement à la surface dont l'équation est $dL = df = 0$, en faisant varier x'', y'', z''; cette surface est de nouveau une sphère dont le rayon est f, mais dont le centre répondra aux coordonnées x', y', z' du premier corps; par conséquent, la force λ qui agit sur le second corps sera aussi dirigée suivant le fil f qui joint ce corps au premier.

3° On aura encore, par rapport au second corps,

$$\frac{\partial M}{\partial x''} = -\frac{x''' - x''}{g}, \qquad \frac{\partial M}{\partial y''} = -\frac{y''' - y''}{g}, \qquad \frac{\partial M}{\partial z''} = -\frac{z''' - z''}{g};$$

donc

$$\sqrt{\left(\frac{\partial M}{\partial x''}\right)^2 + \left(\frac{\partial M}{\partial y''}\right)^2 + \left(\frac{\partial M}{\partial z''}\right)^2} = 1.$$

De sorte que le second corps sera poussé de plus par une force égale à μ, dont la direction sera perpendiculaire à la surface représentée par l'équation $dg = 0$, en faisant varier x'', y'', z''; cette surface n'étant autre chose qu'une sphère dont le rayon est g, il s'ensuit que la direction de la force μ sera suivant ce rayon, c'est-à-dire suivant le fil qui joint le deuxième corps au troisième.

On fera le même raisonnement par rapport aux autres corps et l'on en tirera des conclusions semblables.

17. Il est évident que la force λ produite dans le premier corps, suivant la direction du fil qui joint ce corps au suivant, et la force égale à λ, mais directement contraire, qui agit sur le deuxième corps suivant la direction du même fil, ne peuvent être que les forces qui résultent de la réaction de ce fil sur les deux corps, c'est-à-dire de la tension que souffre la portion du fil interceptée entre le premier et le deuxième corps, de sorte que le coefficient λ exprimera la quantité de cette tension. De même le coefficient μ exprimera la tension de la portion du fil interceptée entre le deuxième et le troisième corps, et ainsi de suite.

Au reste, on a supposé tacitement, dans la solution du problème dont il s'agit, que chaque portion du fil était non seulement inextensible, mais aussi raide, en sorte qu'elle conservait toujours la même longueur; par conséquent, les forces λ, μ, ... n'exprimeront les tensions qu'autant qu'elles seront positives et tendront à rapprocher les corps; mais, si elles étaient négatives et tendaient à les éloigner l'un de l'autre, alors elles exprimeraient plutôt les résistances que le fil doit opposer au corps par le moyen de sa raideur ou incompressibilité.

18. Pour confirmer ce que nous venons de démontrer et pour donner en même temps une nouvelle application de nos méthodes, nous supposerons que le fil auquel les corps sont attachés soit élastique dans le sens de sa longueur et susceptible d'extension et de contraction, et que F, G, ... soient les forces de contraction des portions du fil f, g, ... interceptées entre le premier et le deuxième corps, entre le deuxième et le troisième, ...

Il est clair, par ce qu'on a dit dans l'article 9 [1] de la Section II, que les forces F, G, ... donneront les moments $F\,df + G\,dg + \ldots$.

Il faudra donc ajouter ces moments à ceux qui viennent de l'action des forces étrangères, et que nous avons vus plus haut (art. 11) être représentés par la formule

$$X'\,dx' + Y'\,dy' + Z'\,dz' + X''\,dx'' + Y''\,dy'' + Z''\,dz'' + X'''\,dx''' + Y'''\,dy''' + Z'''\,dz''' + \ldots,$$

pour avoir la somme totale des moments du système; et, comme il n'y a, d'ailleurs, aucune condition particulière à remplir relativement à la disposition des corps, on aura l'équation générale de l'équilibre en égalant simplement à zéro la somme dont il s'agit; cette équation sera donc

$$X'\,dx' + Y'\,dy' + Z'\,dz' + X''\,dx'' + Y''\,dy'' + Z''\,dz'' + X'''\,dx''' + Y'''\,dy''' + Z'''\,dz''' + \ldots + F\,df + G\,dg + \ldots = 0.$$

Substituant les valeurs de df, dg, ... trouvées ci-dessus (art. 12)

[1] Il vaut mieux renvoyer, pour l'évaluation de ces moments, à l'article 4 de la Section II; on y trouvera la démonstration du résultat indiqué ici. Quant à l'article 9, nous avons fait remarquer qu'il suppose l'emploi d'une locution détournée qui n'est pas sans inconvénients. (*J. Bertrand.*)

et égalant à zéro la somme des termes affectés de chacune des différences dx', dy', ..., on aura les équations suivantes pour l'équilibre du fil dans le cas dont il s'agit

$$X' - F\frac{x'' - x'}{f} = 0,$$

$$Y' - F\frac{y'' - y'}{f} = 0,$$

$$Z' - F\frac{z'' - z'}{f} = 0,$$

$$X'' + F\frac{x'' - x'}{f} - G\frac{x''' - x''}{g} = 0,$$

$$Y'' + F\frac{y'' - y'}{f} - G\frac{y''' - y''}{g} = 0,$$

$$Z'' + F\frac{z'' - z'}{f} - G\frac{z''' - z''}{g} = 0,$$

$$X''' + G\frac{x''' - x''}{g} = 0,$$

$$Y''' + G\frac{y''' - y''}{g} = 0,$$

$$Z''' + G\frac{z''' - z''}{g} = 0,$$

lesquelles sont analogues à celles du même article pour le cas où le fil est inextensible et donnent, par la comparaison, $\lambda = F$, $\mu = G$, ...

D'où l'on voit que les quantités F, G, ... [1], qui expriment ici les forces des fils supposés élastiques, sont les mêmes que celles que nous avons trouvées ci-dessus (art. 16), pour exprimer les forces des mêmes fils dans la supposition qu'ils soient inextensibles.

19. Reprenons encore le cas d'un fil inextensible chargé de trois corps, mais supposons en même temps que le corps du milieu puisse

(1) Il est évident, *a priori*, qu'il doit en être ainsi; et, si Lagrange s'est abstenu de le faire remarquer, c'est pour la raison indiquée plus haut (art. 12). On comprend, en effet, qu'une fois l'équilibre établi, le fil ayant pris une certaine longueur qui ne varie plus, peu importe que cette longueur soit ou ne soit pas assujettie à demeurer constante.

(*J. Bertrand.*)

couler le long du fil; dans ce cas, la condition du problème sera que la somme des distances entre le premier et le deuxième corps, et entre le deuxième et le troisième, soit constante; ainsi, nommant, comme ci-dessus, f et g ces distances, on aura $f+g=$ const. et, par conséquent, $df+dg=0$.

On multipliera donc la quantité différentielle $df+dg$ par un coefficient indéterminé λ, et on l'ajoutera à la somme des moments des différentes forces qu'on suppose agir sur les corps, ce qui donnera cette équation générale de l'équilibre

$$\begin{aligned} &X'\,dx' + Y'\,dy' + Z'\,dz' + X''\,dx'' + Y''\,dy'' + Z''\,dx'' \\ &\quad + X'''\,dx''' + Y'''\,dy''' + Z'''\,dz''' + \lambda(df+dg) = 0; \end{aligned}$$

d'où (en substituant les valeurs de df et dg et égalant à zéro la somme des termes affectés de chacune des différences dx', dy', ...) on tirera les équations suivantes pour l'équilibre du fil

$$\begin{aligned}
&X' - \lambda\frac{x''-x'}{f} = 0,\\
&Y' - \lambda\frac{y''-y'}{f} = 0,\\
&Z' - \lambda\frac{z''-z'}{f} = 0,\\
&X'' + \lambda\left(\frac{x''-x'}{f} - \frac{x'''-x''}{g}\right) = 0,\\
&Y'' + \lambda\left(\frac{y''-y'}{f} - \frac{y'''-y''}{g}\right) = 0,\\
&Z'' + \lambda\left(\frac{z''-z'}{f} - \frac{z'''-z''}{g}\right) = 0,\\
&X''' + \lambda\frac{x'''-x''}{g} = 0,\\
&Y''' + \lambda\frac{y'''-y''}{g} = 0,\\
&Z''' + \lambda\frac{z'''-z''}{g} = 0,
\end{aligned}$$

dans lesquelles il n'y aura plus qu'à éliminer l'inconnue λ.

On voit par là comment il faudrait s'y prendre, s'il y avait un plus grand nombre de corps dont les uns fussent attachés fixement au fil et dont les autres y pussent couler librement.

§ II. — *De l'équilibre de trois ou plusieurs corps attachés à une verge inflexible et raide.*

20. Supposons maintenant que les trois corps soient unis par une verge inflexible, en sorte qu'ils soient obligés de garder toujours entre eux les mêmes distances; il faudra, dans ce cas, que l'on ait non seulement $df = 0$ et $dg = 0$, mais que la différentielle de la distance entre le premier et le troisième corps, que nous désignerons par h, soit aussi nulle; par conséquent, en prenant trois coefficients indéterminés, λ, μ, ν, on aura cette équation générale de l'équilibre

$$\begin{aligned} &X' dx' + Y' dy' + Z' dz' + X'' dx'' + Y'' dy'' + Z'' dz'' \\ &\quad + X''' dx''' + Y''' dy''' + Z''' dz''' + \lambda\, df + \mu\, dg + \nu\, dh = 0. \end{aligned}$$

Les valeurs de df et dg ont été déjà données ci-dessus; à l'égard de celle de dh, il est clair qu'on aura

$$h = \sqrt{(x''' - x')^2 + (y''' - y')^2 + (z''' - z')^2}$$

et, par conséquent,

$$dh = \frac{(x''' - x')(dx''' - dx') + (y''' - y')(dy''' - dy') + (z''' - z')(dz''' - dz')}{h}.$$

Faisant ces substitutions et égalant à zéro la somme des termes affectés de chacune des différences dx', dy', ..., on aura ces neuf équations particulières

$$X' - \lambda \frac{x'' - x'}{f} - \nu \frac{x''' - x'}{h} = 0,$$

$$Y' - \lambda \frac{y'' - y'}{f} - \nu \frac{y''' - y'}{h} = 0,$$

$$Z' - \lambda \frac{z'' - z'}{f} - \nu \frac{z''' - z'}{h} = 0,$$

$$X'' + \lambda \frac{x'' - x'}{f} - \mu \frac{x''' - x''}{g} = 0,$$

$$Y'' + \lambda \frac{y'' - y'}{f} - \mu \frac{y''' - y''}{g} = 0,$$

$$Z'' + \lambda \frac{z'' - z'}{f} - \mu \frac{z''' - z''}{g} = 0,$$

$$X''' + \mu \frac{x''' - x''}{g} + \nu \frac{x''' - x'}{h} = 0,$$

$$Y''' + \mu \frac{y''' - y''}{g} + \nu \frac{y''' - y'}{h} = 0,$$

$$Z''' + \mu \frac{z''' - z''}{g} + \nu \frac{z''' - z'}{h} = 0,$$

d'où il faudra éliminer les trois inconnues indéterminées λ, μ, ν, en sorte qu'il ne restera que six équations pour les conditions de l'équilibre.

21. D'abord il est clair, par la forme même de ces équations, qu'en ajoutant respectivement les trois premières aux trois suivantes et ensuite aux trois dernières, on obtient sur-le-champ ces trois équations, délivrées de λ, μ, ν,

$$X' + X'' + X''' = 0,$$
$$Y' + Y'' + Y''' = 0,$$
$$Z' + Z'' + Z''' = 0.$$

Rien n'est plus facile que de trouver encore trois autres équations par l'élimination de λ, μ, ν; mais, pour y parvenir de la manière la plus simple et la plus générale, je commence par déduire des équations de l'article précédent ces neuf transformées

$$X'y' - Y'x' - \lambda \frac{y'x'' - x'y''}{f} - \nu \frac{y'x''' - x'y'''}{h} = 0,$$

$$X'z' - Z'x' - \lambda \frac{z'x'' - x'z''}{f} - \nu \frac{z'x''' - x'z'''}{h} = 0,$$

$$Y'z' - Z'y' - \lambda \frac{z'y'' - y'z''}{f} - \nu \frac{z'y''' - y'z'''}{h} = 0,$$

$$X''y'' - Y''x'' + \lambda \frac{y'x'' - x'y''}{f} - \mu \frac{y''x''' - x''y'''}{g} = 0,$$

$$X''z'' - Z''x'' + \lambda \frac{z'x'' - x'z''}{f} - \mu \frac{z''x''' - x''z'''}{g} = 0,$$

$$Y''z'' - Z''y'' + \lambda \frac{z'y'' - y'z''}{f} - \mu \frac{z''y''' - y''z'''}{g} = 0,$$

$$X'''y''' - Y'''x''' + \mu \frac{y''x''' - x''y'''}{g} + \nu \frac{y'x''' - x'y'''}{h} = 0,$$

$$X'''z''' - Z'''x''' + \mu \frac{z''x''' - x''z'''}{g} + \nu \frac{z'x''' - x'z'''}{h} = 0,$$

$$Y'''z''' - Z'''y''' + \mu \frac{z''y''' - y''z'''}{g} + \nu \frac{z'y''' - y'z'''}{h} = 0,$$

lesquelles étant, comme l'on voit, analogues aux équations primitives, donneront de la même manière, par la simple addition, ces trois-ci :

$$X'y' - Y'x' + X''y'' - Y''x'' + X'''y''' - Y'''x''' = 0,$$
$$X'z' - Z'x' + X''z'' - Z''x'' + X'''z''' - Z'''x''' = 0,$$
$$Y'z' - Z'y' + Y''z'' - Z''y'' + Y'''z''' - Z'''y''' = 0.$$

Les trois équations trouvées ci-dessus montrent que la somme des forces parallèles à chacun des trois axes des coordonnées doit être nulle; les trois que nous venons de trouver renferment le principe connu des moments (en entendant par moment le produit de la puissance par son bras de levier), par lequel il faut que la somme des moments de toutes les forces, pour faire tourner le système autour de chacun des trois axes, soit aussi nulle. Ainsi ces six équations ne sont que des cas particuliers des équations générales données dans la Section III, §§ I et II.

22. Si le premier corps était fixe, alors les différences dx', dy', dz' seraient nulles, et les trois premières des neuf équations de l'article 20 n'existeraient pas; il n'y aurait donc alors que six équations, qui, par l'élimination des trois inconnues λ, μ, ν, se réduiraient à trois.

Pour arriver à ces trois équations, on peut s'y prendre d'une manière analogue à celle dont on s'est servi pour trouver les trois dernières équations de l'article précédent, pourvu qu'on ait soin de faire en sorte que les transformées ne renferment point les indéterminées λ et ν qui entrent dans les trois premières dont il faut maintenant faire abstraction; or c'est ce que l'on obtiendra par ces combinaisons

$$X''(y''-y')-Y''(x''-x')-\mu\frac{(y''-y')(x'''-x'')-(x''-x')(y'''-y'')}{g}=0,$$

$$X''(z''-z')-Z''(x''-x')-\mu\frac{(z''-z')(x'''-x'')-(x''-x')(z'''-z'')}{g}=0,$$

$$Y''(z''-z')-Z''(y''-y')-\mu\frac{(z''-z')(y'''-y'')-(y''-y')(z'''-z'')}{g}=0,$$

$$X'''(y'''-y')-Y'''(x'''-x')+\mu\frac{(y'''-y')(x'''-x'')-(x'''-x')(y'''-y'')}{g}=0,$$

$$X'''(z'''-z')-Z'''(x'''-x')+\mu\frac{(z'''-z')(x'''-x'')-(x'''-x')(z'''-z'')}{g}=0,$$

$$Y'''(z'''-z')-Z'''(y'''-y')+\mu\frac{(z'''-z')(y'''-y'')-(y'''-y')(z'''-z'')}{g}=0;$$

et, si l'on ajoute maintenant les trois premières de ces transformées aux trois dernières, on aura sur-le-champ ces trois-ci

$$X''(y''-y')-Y''(x''-x')+X'''(y'''-y')-Y'''(x'''-x')=0,$$
$$X''(z''-z')-Z''(x''-x')+X'''(z'''-z')-Z'''(x'''-x')=0,$$
$$Y''(z''-z')-Z''(y''-y')+Y'''(z'''-z')-Z'''(y'''-y')=0,$$

lesquelles auront toujours lieu, quel que soit l'état du premier corps, puisqu'elles sont indépendantes des équations relatives à ce corps. Ces équations renferment, comme l'on voit, le même principe des moments, mais par rapport à des axes qui passeraient par le premier corps.

23. Supposons qu'il y ait un quatrième corps attaché à la même verge inflexible, pour lequel les coordonnées rectangles soient x^{IV}, y^{IV}, z^{IV} et les forces parallèles à ces coordonnées X^{IV}, Y^{IV}, Z^{IV}.

Il faudra donc ajouter à la somme des moments des forces la quantité

$$X^{\text{IV}}dx^{\text{IV}}+Y^{\text{IV}}dy^{\text{IV}}+Z^{\text{IV}}dz^{\text{IV}};$$

ensuite, comme les distances entre tous les corps doivent demeurer constantes, on aura, par les conditions du problème, non seulement $df=0$, $dg=0$, $dh=0$, comme dans le cas précédent, mais aussi $dl=0$, $dm=0$, $dn=0$, en nommant l, m, n les distances du quatrième corps aux trois précédents. Ainsi l'équation générale de l'équilibre sera, dans ce cas,

$$\begin{aligned}X'\,dx' + Y'\,dy' + Z'\,dz' + X''\,dx'' + Y''\,dy'' + Z''\,dz''\\ + X'''\,dx''' + Y'''\,dy''' + Z'''\,dz''' + X^{\text{IV}}\,dx^{\text{IV}} + Y^{\text{IV}}\,dy^{\text{IV}} + Z^{\text{IV}}\,dz^{\text{IV}}\\ + \lambda\,df + \mu\,dg + \nu\,dh + \varpi\,dl + \rho\,dm + \sigma\,dm = 0.\end{aligned}$$

Les valeurs de df, dg, dh sont les mêmes que ci-dessus; quant à celles de dl, dm, dn, il est visible qu'on aura

$$\begin{aligned}l &= \sqrt{(x^{\text{IV}}-x')^2+(y^{\text{IV}}-y')^2+(z^{\text{IV}}-z')^2},\\ m &= \sqrt{(x^{\text{IV}}-x'')^2+(y^{\text{IV}}-y'')^2+(z^{\text{IV}}-z'')^2},\\ n &= \sqrt{(x^{\text{IV}}-x''')^2+(y^{\text{IV}}-y''')^2+(z^{\text{IV}}-z''')^2},\end{aligned}$$

et, par conséquent,

$$\begin{aligned}dl &= \frac{(x^{\text{IV}}-x')(dx^{\text{IV}}-dx')+(y^{\text{IV}}-y')(dy^{\text{IV}}-dy')+(z^{\text{IV}}-z')(dz^{\text{IV}}-dz')}{l},\\ dm &= \frac{(x^{\text{IV}}-x'')(dx^{\text{IV}}-dx'')+(y^{\text{IV}}-y'')(dy^{\text{IV}}-dy'')+(z^{\text{IV}}-z'')(dz^{\text{IV}}-dz'')}{m},\\ dn &= \frac{(x^{\text{IV}}-x''')(dx^{\text{IV}}-dx''')+(y^{\text{IV}}-y''')(dy^{\text{IV}}-dy''')+(z^{\text{IV}}-z''')(dz^{\text{IV}}-dz''')}{n}.\end{aligned}$$

Faisant ces substitutions et égalant à zéro la somme des termes affectés de chacune des différences dx', dy', ..., on trouvera douze équations particulières, dont les neuf premières seront les mêmes que celles de l'article 20, en ajoutant respectivement à leurs premiers membres les quantités suivantes

$$\begin{aligned}&-\varpi\,\frac{x^{\text{IV}}-x'}{l}, &&-\varpi\,\frac{y^{\text{IV}}-y'}{l}, &&-\varpi\,\frac{z^{\text{IV}}-z'}{l},\\ &-\rho\,\frac{x^{\text{IV}}-x''}{m}, &&-\rho\,\frac{y^{\text{IV}}-y''}{m}, &&-\rho\,\frac{z^{\text{IV}}-z''}{m},\\ &-\sigma\,\frac{x^{\text{IV}}-x'''}{n}, &&-\sigma\,\frac{y^{\text{IV}}-y'''}{n}, &&-\sigma\,\frac{z^{\text{IV}}-z'''}{n},\end{aligned}$$

et dont les trois dernières seront

$$X^{\text{IV}} + \varpi \frac{x^{\text{IV}} - x'}{l} + \rho \frac{x^{\text{IV}} - x''}{m} + \sigma \frac{x^{\text{IV}} - x'''}{n} = 0,$$

$$Y^{\text{IV}} + \varpi \frac{y^{\text{IV}} - y'}{l} + \rho \frac{y^{\text{IV}} - y''}{m} + \sigma \frac{y^{\text{IV}} - y'''}{n} = 0,$$

$$Z^{\text{IV}} + \varpi \frac{z^{\text{IV}} - z'}{l} + \rho \frac{z^{\text{IV}} - z''}{m} + \sigma \frac{z^{\text{IV}} - z'''}{n} = 0.$$

24. Comme il y a en tout douze équations et qu'il y a six indéterminées, λ, μ, ν, ϖ, ρ, σ, à éliminer, il ne restera, pour les conditions de l'équilibre, que six équations finales, comme dans le cas de trois corps; et l'on trouvera, par une méthode semblable à celle de l'article 21, ces six équations, analogues à celles de cet article,

$$X' + X'' + X''' + X^{\text{IV}} = 0,$$
$$Y' + Y'' + Y''' + Y^{\text{IV}} = 0,$$
$$Z' + Z'' + Z''' + Z^{\text{IV}} = 0,$$
$$X'y' - Y'x' + X''y'' - Y''x'' + X'''y''' - Y'''x''' + X^{\text{IV}}y^{\text{IV}} - Y^{\text{IV}}x^{\text{IV}} = 0,$$
$$X'z' - Z'x' + X''z'' - Z''x'' + X'''z''' - Z'''x''' + X^{\text{IV}}z^{\text{IV}} - Z^{\text{IV}}x^{\text{IV}} = 0,$$
$$Y'z' - Z'y' + Y''z'' - Z''y'' + Y'''z''' - Z'''y''' + Y^{\text{IV}}z^{\text{IV}} - Z^{\text{IV}}y^{\text{IV}} = 0.$$

Au lieu des trois dernières, on pourra aussi substituer les trois suivantes, qu'on trouvera par la méthode de l'article 22, et qui, étant indépendantes des équations relatives au premier corps, ont l'avantage d'avoir toujours lieu, quel que soit l'état de ce corps :

$$X''(y'' - y') - Y''(x'' - x') + X'''(y''' - y') - Y'''(x''' - x') + X^{\text{IV}}(y^{\text{IV}} - y') - Y^{\text{IV}}(x^{\text{IV}} - x') = 0,$$

$$X''(z'' - z') - Z''(x'' - x') + X'''(z''' - z') - Z'''(x''' - x') + X^{\text{IV}}(z^{\text{IV}} - z') - Z^{\text{IV}}(x^{\text{IV}} - x') = 0,$$

$$Y''(z'' - z') - Z''(y'' - y') + Y'''(z''' - z') - Z'''(y''' - y') + Y^{\text{IV}}(z^{\text{IV}} - z') - Z^{\text{IV}}(y^{\text{IV}} - y') = 0.$$

25. On voit maintenant comment il faudrait s'y prendre pour trouver les conditions de l'équilibre d'un nombre quelconque de

corps attachés à une verge ou à un levier inflexible. En général, il est visible que, pour que la position respective des corps demeure la même, il suffit que les distances des trois premiers corps entre eux soient constantes et que les distances de chacun des autres corps à ces trois-ci le soient aussi, puisque la position d'un point quelconque est toujours déterminée par les distances de ce point à trois points donnés. On fera donc, pour chaque nouveau corps qu'on ajoutera au levier, les mêmes raisonnements et les mêmes opérations qu'on a faites dans l'article 23 relativement au quatrième corps, et chacun d'eux fournira trois nouvelles équations particulières avec trois nouvelles indéterminées à éliminer; en sorte que les équations finales seront toujours en même nombre que dans le cas de trois corps, et elles seront de la même forme que celles que nous venons de trouver dans l'article précédent.

Au reste, il est visible que ces équations rentrent dans celles que nous avons trouvées en général, pour l'équilibre d'un système libre quelconque, dans les articles 3 et 9 de la Section III. En effet, puisque, à cause de l'inflexibilité de la verge, les distances des corps entre eux sont inaltérables, il s'ensuit que l'équilibre doit avoir lieu si les mouvements de translation et de rotation sont détruits : on aurait donc pu, par cette seule considération, résoudre le problème précédent d'après les formules des articles cités; mais nous avons cru qu'il n'était pas inutile d'en donner une solution directe et tirée des conditions particulières de la question.

§ III. — *De l'équilibre de trois ou plusieurs corps attachés à une verge à ressort.*

26. Considérons de nouveau le cas de trois corps joints par une verge, et supposons de plus que la verge soit élastique dans le point où est le second corps, en sorte que les distances de celui-ci au premier et au dernier soient constantes, mais que l'angle formé par les lignes de ces distances soit variable, et que l'effet de l'élasticité con-

siste à augmenter cet angle et, par conséquent, à diminuer l'angle extérieur formé par un des côtés et par le prolongement de l'autre.

Nommons E la force de l'élasticité [1] et e l'angle extérieur qu'elle tend à diminuer; le moment de cette force sera exprimé par Ede (Sect. II, art. 9), de sorte que la somme des moments de toutes les forces du système sera

$$\begin{aligned}&X' dx' + Y' dy' + Z' dz' + X'' dx'' + Y'' dy'' + Z'' dz''\\&\quad + X''' dx''' + Y''' dy''' + Z''' dz''' + E\, de.\end{aligned}$$

Or les conditions du problème sont les mêmes ici que dans l'article 12, c'est-à-dire $df = 0$ et $dg = 0$. Donc on aura cette équation générale de l'équilibre

$$\begin{aligned}&X' dx' + Y' dy' + Z' dz' + X'' dx'' + Y'' dy'' + Z'' dz''\\&\quad + X''' dx''' + Y''' dy''' + Z''' dz''' + E\, de + \lambda\, df + \mu\, dg = 0;\end{aligned}$$

et il ne s'agira que d'y substituer les valeurs de de, df, dg; celles de df et dg sont les mêmes que dans l'article cité.

Pour trouver la valeur de de, on remarquera qu'en nommant, comme dans l'article 20, h la distance rectiligne entre le premier corps et le troisième, dans le triangle dont les trois côtés sont f, g, h, l'angle opposé au côté h est $180° - e$; en sorte que, par le théorème connu, on aura

$$-\cos e = \frac{f^2 + g^2 - h^2}{2fg};$$

d'où l'on tirera par la différentiation la valeur de de; et comme, par les conditions du problème, on a

$$df = 0 \qquad \text{et} \qquad dg = 0,$$

(1) Le mot *force* est ici détourné de sa signification habituelle. Lagrange regarde comme évident que, l'ensemble des forces qui sont produites par l'élasticité ayant une somme de moments égale à zéro lorsque l'angle e est invariable, cette somme peut être considérée, en général, comme proportionnelle à de, et il la représente alors par Ede, E n'exprimant une force que si l'on adopte la convention de l'article 9, Section II. *Voir* la Note relative à cet article. (*J. Bertrand.*)

il suffira de faire varier e et h, ce qui donnera

$$de = -\frac{h\,dh}{fg\sin e};$$

cette valeur étant substituée dans l'équation précédente, il est facile de voir qu'elle deviendra de la même forme que l'équation générale de l'équilibre dans le cas de l'article 20, en supposant dans celle-ci $\nu = -\frac{\mathrm{E}h}{fg\sin e}$; par conséquent, les équations particulières seront encore les mêmes dans les deux cas, avec cette seule différence que, dans celui de l'article cité, la quantité ν est indéterminée et doit, par conséquent, être éliminée, au lieu que, dans le cas présent, cette quantité est toute connue ([1]) et qu'il n'y a que les deux indéterminées λ, μ à éliminer; en sorte qu'il doit rester une équation finale de plus que dans le cas cité, c'est-à-dire sept équations finales au lieu de six. Or, comme, soit que la quantité ν soit connue ou non, rien n'empêche de l'éliminer avec les deux autres λ, μ, il est clair qu'on aura aussi, dans le cas présent, les mêmes équations qu'on a trouvées dans les articles 21 et 22; et, pour trouver la septième équation, il n'y aura qu'à éliminer λ dans les trois premières, ou μ dans les trois dernières des neuf équations particulières de l'article 20, et substituer pour ν sa valeur $-\frac{\mathrm{E}h}{fg\sin e}$.

27. Au reste, si dans la valeur de de on n'avait pas voulu supposer df et dg nuls, on aurait eu une expression de cette forme

$$de = -\frac{h\,dh}{fg\sin e} + \mathrm{A}\,df + \mathrm{B}\,dg,$$

A et B étant des fonctions de f, g, h, $\sin e$; alors les trois termes

$$\mathrm{E}\,de + \lambda\,df + \mu\,dg$$

([1]) Il faudrait, pour que ν fût considéré comme quantité connue, que E et e le fussent eux-mêmes; or il n'en est pas ainsi : E est une fonction inconnue de e et ne paraît pas susceptible d'une détermination directe. (*J. Bertrand.*)

de l'équation générale seraient devenus

$$-\frac{Eh}{fg\sin e}dh + (EA + \lambda)\,df + (EB + \mu)\,dg.$$

Mais, λ et μ étant deux quantités indéterminées, il est visible qu'on peut mettre à leur place $\lambda - EA$, $\mu - EB$, moyennant quoi la quantité dont il s'agit deviendra

$$-\frac{Eh}{fg\sin e}dh + \lambda df + \mu dg,$$

comme si f et g n'eussent point varié dans l'expression de de.

Si plusieurs corps étaient joints ensemble par des verges élastiques, on trouverait de la même manière les équations nécessaires pour l'équilibre de ces corps; et, en général, notre méthode donnera toujours, avec la même facilité, les conditions de l'équilibre d'un système de corps liés entre eux d'une manière quelconque et animés de telles forces extérieures qu'on voudra. La marche du calcul est, comme l'on voit, toujours uniforme, ce qu'on doit regarder comme un des principaux avantages de cette méthode.

CHAPITRE III.

DE L'ÉQUILIBRE D'UN FIL DONT TOUS LES POINTS SONT TIRÉS PAR DES FORCES QUELCONQUES, ET QUI EST SUPPOSÉ FLEXIBLE, OU INFLEXIBLE, OU ÉLASTIQUE, ET EN MÊME TEMPS EXTENSIBLE OU NON.

28. C'est ici le lieu d'employer la méthode que nous avons exposée dans le § II de la Section IV.

Nous supposerons toujours, pour plus de simplicité, que toutes les forces extérieures qui agissent sur chaque point du fil soient réduites à trois, X, Y, Z, dirigées suivant les coordonnées rectangles x, y, z de ce point. Ainsi, en nommant dm l'élément du fil, lequel est proportionnel à l'élément ds de la courbe multiplié par l'épaisseur du fil, on aura, pour la somme des moments de toutes ces forces, relativement à la longueur totale du fil, cette formule intégrale (Sect. IV, art. 12)

$$\mathrm{S}(\mathrm{X}\,\delta x + \mathrm{Y}\,\delta y + \mathrm{Z}\,\delta z)\,d\mathrm{m};$$

et, comme la quantité $\mathrm{X}\,\delta x + \mathrm{Y}\,\delta y + \mathrm{Z}\,\delta z$ n'est qu'une transformée de $\mathrm{P}\,dp + \mathrm{Q}\,dq + \mathrm{R}\,dr + \ldots$ (art. 1), si les forces P, Q, R, ... sont telles que cette quantité soit intégrable, en nommant Π son intégrale, on aura, comme dans l'article 25 de la Section IV,

$$\mathrm{X}\,\delta x + \mathrm{Y}\,\delta y + \mathrm{Z}\,\delta z = \delta\Pi,$$

et la somme des moments sera exprimée par $\mathrm{S}\,\delta\Pi\,d\mathrm{m}$.

§ I. — *De l'équilibre d'un fil flexible et inextensible.*

29. Considérons d'abord le cas d'un fil parfaitement flexible et inextensible; l'élément ds de la courbe de ce fil étant exprimé par

$$\sqrt{dx^2 + dy^2 + dz^2},$$

il faudra, par la condition de l'inextensibilité, que ds soit une quantité invariable et qu'ainsi l'on ait, par rapport à chaque élément du fil, cette équation de condition indéfinie $\delta\,ds = 0$. Multipliant donc $\delta\,ds$ par une quantité indéterminée λ et prenant l'intégrale totale, on aura $\mathrm{S}\,\lambda\,\delta\,ds$; et, si l'on n'a point d'autre équation de condition, on aura l'équation générale de l'équilibre en égalant à zéro la somme des deux intégrales $\mathrm{S}\,\delta\Pi\,d\mathrm{m}$ et $\mathrm{S}\,\lambda\,\delta\,ds$.

Or, ayant $ds = \sqrt{dx^2 + dy^2 + dz^2}$, on aura, en différentiant suivant δ,

$$\delta\,ds = \frac{dx\,\delta dx + dy\,\delta dy + dz\,\delta dz}{ds};$$

donc

$$\mathrm{S}\,\lambda\,\delta\,ds = \mathrm{S}\,\lambda\frac{dx}{ds}\,\delta\,dx + \mathrm{S}\,\lambda\frac{dy}{ds}\,\delta\,dy + \mathrm{S}\,\lambda\frac{dz}{ds}\,\delta\,dz;$$

changeant δd en $d\delta$ et intégrant par parties pour faire disparaître le d

avant δ, suivant les règles données dans l'article 15 de la Section IV, on aura ces transformées

$$\mathbf{S}\lambda \frac{dx}{ds}\,\delta\, dx = \lambda'' \frac{dx''}{ds''}\,\delta x'' - \lambda' \frac{dx'}{ds'}\,\delta x' - \mathbf{S}\, d\frac{\lambda\, dx}{ds}\,\delta x,$$

$$\mathbf{S}\lambda \frac{dy}{ds}\,\delta\, dy = \lambda'' \frac{dy''}{ds''}\,\delta y'' - \lambda' \frac{dy'}{ds'}\,\delta y' - \mathbf{S}\, d\frac{\lambda\, dy}{ds}\,\delta y,$$

$$\mathbf{S}\lambda \frac{dz}{ds}\,\delta\, dz = \lambda'' \frac{dz''}{ds''}\,\delta z'' - \lambda' \frac{dz'}{ds'}\,\delta z' - \mathbf{S}\, d\frac{\lambda\, dz}{ds}\,\delta z.$$

Ainsi l'équation générale de l'équilibre deviendra

$$\mathbf{S}\left[\left(\mathrm{X}\, dm - d\frac{\lambda\, dx}{ds}\right)\delta x + \left(\mathrm{Y}\, dm - d\frac{\lambda\, dy}{ds}\right)\delta y + \left(\mathrm{Z}\, dm - d\frac{\lambda\, dz}{ds}\right)\delta z\right]$$
$$+ \lambda'' \frac{dx''}{ds''}\,\delta x'' + \lambda'' \frac{dy''}{ds''}\,\delta y'' + \lambda'' \frac{dz''}{ds''}\,\delta z'' - \lambda' \frac{dx'}{ds'}\,\delta x' - \lambda' \frac{dy'}{ds'}\,\delta y' - \lambda' \frac{dz'}{ds'}\,\delta z' = 0.$$

30. On égalera d'abord à zéro (Sect. IV, art. 16) les coefficients de δx, δy, δz sous le signe $\mathbf{S}$, et l'on aura ces trois équations particulières et indéfinies

$$\mathrm{X}\, dm - d\frac{\lambda\, dx}{ds} = 0,$$

$$\mathrm{Y}\, dm - d\frac{\lambda\, dy}{ds} = 0,$$

$$\mathrm{Z}\, dm - d\frac{\lambda\, dz}{ds} = 0;$$

d'où, éliminant l'indéterminée λ, il restera deux équations qui serviront à déterminer la courbe du fil.

Cette élimination est très facile, car on n'a qu'à intégrer les équations précédentes, ce qui donnera celles-ci

$$\lambda \frac{dx}{ds} = \mathrm{A} + \int \mathrm{X}\, dm,$$

$$\lambda \frac{dy}{ds} = \mathrm{B} + \int \mathrm{Y}\, dm,$$

$$\lambda \frac{dz}{ds} = \mathrm{C} + \int \mathrm{Z}\, dm,$$

A, B, C étant les constantes arbitraires; ensuite on aura, en chassant λ,

$$\frac{dy}{dx}=\frac{B+\int Y\,dm}{A+\int X\,dm},$$

$$\frac{dz}{dx}=\frac{C+\int Z\,dm}{A+\int X\,dm},$$

équations qui s'accordent avec les formules connues de la chaînette.

Si l'on veut parvenir directement à des équations purement différentielles et sans signe $\int$, on mettra les équations trouvées sous cette forme

$$X\,dm-\lambda\,d\frac{dx}{ds}-\frac{dx}{ds}\,d\lambda=0,$$

$$Y\,dm-\lambda\,d\frac{dy}{ds}-\frac{dy}{ds}\,d\lambda=0,$$

$$Z\,dm-\lambda\,d\frac{dz}{ds}-\frac{dz}{ds}\,d\lambda=0;$$

d'où, éliminant $d\lambda$, on aura d'abord ces deux-ci :

$$\frac{X\,dy-Y\,dx}{ds}\,dm=\lambda\left(\frac{dy}{ds}\,d\frac{dx}{ds}-\frac{dx}{ds}\,d\frac{dy}{ds}\right),$$

$$\frac{X\,dz-Z\,dx}{ds}\,dm=\lambda\left(\frac{dz}{ds}\,d\frac{dx}{ds}-\frac{dx}{ds}\,d\frac{dz}{ds}\right).$$

Ensuite, si l'on multiplie les mêmes équations respectivement par $\frac{dx}{ds}$, $\frac{dy}{ds}$, $\frac{dz}{ds}$, on aura, à cause de

$$\frac{dx}{ds}\,d\frac{dx}{ds}+\frac{dy}{ds}\,d\frac{dy}{ds}+\frac{dz}{ds}\,d\frac{dz}{ds}=\frac{1}{2}\,d\frac{dx^2+dy^2+dz^2}{ds^2}=0,$$

l'équation

$$\left(X\frac{dx}{ds}+Y\frac{dy}{ds}+Z\frac{dz}{ds}\right)dm=d\lambda;$$

et il n'y aura plus qu'à substituer successivement dans cette dernière équation les valeurs de λ tirées des deux précédentes.

31. Comme la quantité $\lambda\,\delta ds$ peut représenter le moment d'une force λ tendante à diminuer la longueur de l'élément ds (Sect. IV,

art. 6), le terme $\mathrm{S}\lambda\,\delta ds$ de l'équation générale de l'équilibre du fil (art. 29) représentera la somme des moments de toutes ces forces λ qu'on peut supposer agir sur tous les éléments du fil; en effet, chaque élément résiste par son inextensibilité à l'action des forces extérieures, et l'on regarde communément cette résistance comme une force active qu'on nomme *tension*. Ainsi la quantité λ exprimera la tension du fil.

32. A l'égard de la condition de l'inextensibilité du fil, représentée par l'invariabilité de chaque élément de la courbe ds, on ne peut pas l'introduire dans l'équation de la courbe, en remplacement de l'indéterminée λ, comme dans le cas où le fil forme un polygone, parce que, par la nature du Calcul différentiel, la valeur absolue des éléments de la courbe et, en général, de tous les éléments infiniment petits demeure indéterminée; mais aussi, par la même raison, il n'est pas nécessaire qu'il y ait autant d'équations que de variables, et il suffit d'une équation de moins pour déterminer une ligne, soit à simple ou à double courbure. Ainsi la solution que nous venons de trouver par notre méthode est complète à l'égard des équations différentielles et ne demande plus que des intégrations qui dépendent des expressions des forces X, Y, Z.

33. Considérons maintenant les termes de l'équation générale de l'article 29 qui sont hors du signe S; et supposons premièrement que le fil soit entièrement libre. Dans ce cas, les variations $\delta x'$, $\delta y'$, $\delta z'$ et $\delta x''$, $\delta y''$, $\delta z''$, qui répondent aux deux points extrêmes du fil, seront toutes indéterminées et arbitraires; par conséquent, il faudra que chaque terme affecté de ces variations soit nul de lui-même. Donc il faudra que l'on ait $\lambda' = 0$ et $\lambda'' = 0$, c'est-à-dire que la valeur de λ devra être nulle au commencement et à la fin du fil. On remplira cette condition par le moyen des constantes. Ainsi, comme les trois premières équations intégrales de l'article 30 donnent pour le premier point du fil, où les quantités affectées de $\int$ deviennent alors nulles,

$$\lambda'\frac{dx'}{ds'} = \mathrm{A}, \qquad \lambda'\frac{dy'}{ds'} = \mathrm{B}, \qquad \lambda'\frac{dz'}{ds'} = \mathrm{C},$$

et pour le dernier point du fil, où $\int$ se change en $\mathbf{S}$,

$$\lambda'' \frac{dx''}{ds''} = \text{A} + \mathbf{S}\text{X}\,dm, \qquad \lambda'' \frac{dy''}{ds''} = \text{B} + \mathbf{S}\text{Y}\,dm, \qquad \lambda'' \frac{dz''}{ds''} = \text{C} + \mathbf{S}\text{Z}\,dm,$$

on aura, dans le cas dont il s'agit,

$$\text{A} = 0, \qquad \text{B} = 0, \qquad \text{C} = 0$$

et

$$\mathbf{S}\text{X}\,dm = 0, \qquad \mathbf{S}\text{Y}\,dm = 0, \qquad \mathbf{S}\text{Z}\,dm = 0.$$

Ces trois équations répondent, comme l'on voit, à celles de l'article 12 de la Section présente.

34. Supposons, en second lieu, que le fil soit attaché par un de ses bouts ou par tous les deux; et, si c'est le premier bout qui est fixe, les variations $\delta x'$, $\delta y'$, $\delta z'$ seront nulles, et il suffira d'égaler à zéro les coefficients de $\delta x''$, $\delta y''$, $\delta z''$, c'est-à-dire de faire $\lambda'' = 0$.

Par la même raison, lorsque le second bout sera fixe, il suffira de faire $\lambda' = 0$. Mais, si les deux bouts étaient fixes à la fois, alors il n'y aurait aucune condition particulière à remplir, puisque les variations $\delta x'$, $\delta y'$, $\delta z'$, $\delta x''$, $\delta y''$, $\delta z''$ seraient toutes nulles.

35. Supposons, en troisième lieu, que les extrémités du fil soient attachées à des lignes ou surfaces courbes, le long desquelles elles puissent glisser librement; et soient, par exemple,

$$dz' = a'\,dx' + b'\,dy', \qquad dz'' = a''\,dx'' + b''\,dy''$$

les équations différentielles des surfaces auxquelles le premier et le dernier point du fil sont attachés. On aura pareillement, en changeant d en δ,

$$\delta z' = a'\,\delta x' + b'\,\delta y', \qquad \delta z'' = a''\,\delta x'' + b''\,\delta y'';$$

on substituera donc ces valeurs dans les termes dont il s'agit, et l'on égalera ensuite à zéro les coefficients de $\delta x'$, $\delta y'$, $\delta x''$, $\delta y''$.

En général, on traitera la partie qui est hors du signe dans l'équation générale de l'équilibre comme si elle était seule et qu'elle représentât l'équation de l'équilibre de deux corps séparés et placés aux extrémités du fil.

36. Supposons, par exemple, que le fil soit attaché par ses deux bouts aux extrémités d'un levier mobile autour d'un point fixe. Soient a, b, c les trois coordonnées rectangles qui déterminent dans l'espace la position de ce point fixe, c'est-à-dire du point d'appui du levier; et soient, de plus, f la distance entre ce point d'appui et l'extrémité du levier à laquelle est attaché le premier bout du fil; g la distance entre le même point d'appui et l'autre extrémité du levier à laquelle est attaché le second bout du fil; h la distance entre les deux extrémités du levier, et, par conséquent, aussi entre les deux bouts du fil : il est clair que ces six quantités a, b, c, f, g, h sont données par la nature du problème, et il est visible en même temps que, x', y', z' étant les coordonnées pour le commencement de la courbe du fil et x'', y'', z'' les coordonnées pour la fin de la même courbe, on aura

$$f=\sqrt{(a-x')^2+(b-y')^2+(c-z')^2},$$

$$g=\sqrt{(a-x'')^2+(b-y'')^2+(c-z'')^2},$$

$$h=\sqrt{(x''-x')^2+(y''-y')^2+(z''-z')^2}.$$

Or, ces quantités f, g, h étant invariables, en différentiant par δ ces trois équations de condition déterminées, on aura

$$(a-x')\delta x'+(b-y')\delta y'+(c-z')\delta z'=0,$$

$$(a-x'')\delta x''+(b-y'')\delta y''+(c-z'')\delta z''=0,$$

$$(x''-x')(\delta x''-\delta x')+(y''-y')(\delta y''-\delta y')+(z''-z')(\delta z''-\delta z')=0,$$

lesquelles, étant multipliées chacune par un coefficient indéterminé, devront être ainsi ajoutées à l'équation générale de l'équilibre. Ainsi, prenant α, β, γ pour les trois coefficients dont il s'agit et égalant à zéro les coefficients des six variations $\delta x'$, $\delta y'$, $\delta z'$, $\delta x''$, $\delta y''$, $\delta z''$, on aura autant d'équations particulières déterminées, qui seront

$$\alpha(a-x')-\gamma(x''-x')-\lambda'\frac{dx'}{ds'}=0,$$

$$\alpha(b-y')-\gamma(y''-y')-\lambda'\frac{dy'}{ds'}=0,$$

$$\alpha(c-z')-\gamma(z''-z')-\lambda'\frac{dz'}{ds'}=0,$$

$$\beta(a-x'')+\gamma(x''-x')+\lambda''\frac{dx''}{ds''}=0,$$

$$\beta(b-y'')+\gamma(y''-y')+\lambda''\frac{dy''}{ds''}=0,$$

$$\beta(c-z'')+\gamma(z''-z')+\lambda''\frac{dz''}{ds''}=0,$$

et qui, par l'élimination de α, β, γ, se réduiront à trois.

Ces trois équations, étant ensuite combinées avec les trois équations de condition ci-dessus, serviront à déterminer la position des deux extrémités du fil.

On voit par là comment il faudra s'y prendre dans d'autres cas semblables.

37. Enfin, si, outre les forces qui animent chaque point du fil, il y en avait de particulières appliquées aux deux extrémités du fil, et représentées par X', Y', Z' pour le premier bout du fil, et par X'', Y'', Z'' pour le dernier bout, ces forces donneraient les moments

$$X'\delta x'+Y'\delta y'+Z'\delta z'+X''\delta x''+Y''\delta y''+Z''\delta z'',$$

et il faudrait ajouter encore cette quantité au premier membre de l'équation générale de l'équilibre, c'est-à-dire à la partie qui est hors du signe, laquelle deviendrait alors

$$\left(X''+\lambda''\frac{dx''}{ds''}\right)\delta x''+\left(Y''+\lambda''\frac{dy''}{ds''}\right)\delta y''+\left(Z''+\lambda''\frac{dz''}{ds''}\right)\delta z''$$
$$+\left(X'-\lambda'\frac{dx'}{ds'}\right)\delta x'+\left(Y'-\lambda'\frac{dy'}{ds'}\right)\delta y'+\left(Z'-\lambda'\frac{dz'}{ds'}\right)\delta z',$$

et sur laquelle on opérerait, dans les différents cas, comme on vient de le voir dans les articles précédents.

38. Supposons maintenant que le fil, animé dans tous ses points par les mêmes forces X, Y, Z et tiré de plus, dans ses deux extrémités, par les forces X′, Y′, Z′, X″, Y″, Z″, doive être couché sur une surface courbe donnée, dont l'équation soit

$$dz = p\,dx + q\,dy,$$

et que l'on demande la figure et la position de ce fil sur la même surface pour qu'il soit en équilibre.

Ce problème, qui serait peut-être difficile [1] à traiter par les principes ordinaires de la Mécanique, se résout très facilement par notre méthode et par nos formules; en effet, par l'équation de la surface donnée, on a, en changeant d en δ,

$$\delta z = p\,\delta x + q\,\delta y;$$

ainsi il n'y aura qu'à substituer cette valeur de δz dans les termes sous le signe de l'équation générale de l'équilibre du fil (art. 29), et ensuite égaler séparément à zéro les quantités affectées de δx et de δy. On aura par ce moyen ces deux équations indéfinies

$$\mathrm{X}\,dm - d\frac{\lambda\,dx}{ds} + p\left(\mathrm{Z}\,dm - d\frac{\lambda\,dz}{ds}\right) = 0,$$

$$\mathrm{Y}\,dm - d\frac{\lambda\,dy}{ds} + q\left(\mathrm{Z}\,dm - d\frac{\lambda\,dz}{ds}\right) = 0,$$

lesquelles serviront à déterminer la courbe du fil, étant combinées avec l'équation $dz = p\,dx + q\,dy$ de la surface et étant débarrassées, par l'élimination, de l'indéterminée λ.

[1] On ne comprend pas comment Lagrange a pu considérer ce problème comme difficile à traiter directement. Les équations auxquelles il parvient expriment simplement que les deux tensions aux extrémités d'un élément, étant combinées avec les forces qui sollicitent cet élément, donnent une résultante normale à la surface. Cette condition est évidente *a priori*. (*J. Bertrand.*)

39. De plus, comme on suppose le fil appliqué dans toute sa longueur à la même surface, on aura aussi, pour ses deux points extrêmes,

$$\delta z' = p'\delta x' + q'\delta y' \qquad \text{et} \qquad \delta z'' = p''\delta x'' + q''\delta y''.$$

On fera donc encore ces substitutions dans les termes hors du signe de l'équation générale, ou plutôt dans la formule donnée dans l'article 37, dans laquelle on a eu égard aux forces X′, Y′, Z′, ...; on égalera ensuite séparément à zéro les quantités affectées de chacune des quatre variations restantes $\delta x'$, $\delta y'$, $\delta x''$, $\delta y''$; on aura ces quatre nouvelles équations déterminées

$$X' - \lambda' \frac{dx'}{ds'} + p'\left(Z' - \lambda' \frac{dz'}{ds'}\right) = 0,$$

$$Y' - \lambda' \frac{dy'}{ds'} + q'\left(Z' - \lambda' \frac{dz'}{ds'}\right) = 0,$$

$$X'' + \lambda'' \frac{dx''}{ds''} + p''\left(Z'' + \lambda'' \frac{dz''}{ds''}\right) = 0,$$

$$Y'' + \lambda'' \frac{dy''}{ds''} + q''\left(Z'' + \lambda'' \frac{dz''}{ds''}\right) = 0,$$

auxquelles il faudra satisfaire par le moyen des constantes.

40. Mais, au lieu de substituer, ainsi que nous venons de le faire, la valeur de δz en δx et δy tirée de l'équation $\delta z - p\,\delta x - q\,\delta y = 0$, on pourrait regarder cette même équation comme une nouvelle équation de condition indéterminée; il faudrait alors multiplier cette équation par un autre coefficient indéterminé μ, en prendre l'intégrale totale et l'ajouter à l'équation générale de l'équilibre (art. 29). De cette manière la partie sous le signe deviendrait

$$\mathbf{S}\left[\left(X\,dm - d\frac{\lambda\,dx}{ds} - \mu p\right)\delta x + \left(Y\,dm - d\frac{\lambda\,dy}{ds} - \mu q\right)\delta y \right.$$
$$\left. + \left(Z\,dm - d\frac{\lambda\,dz}{ds} + \mu\right)\delta z\right],$$

et l'on aurait immédiatement ces trois équations indéfinies

$$X\,dm - d\frac{\lambda\,dx}{ds} - \mu p = 0,$$

$$Y\,dm - d\frac{\lambda\,dy}{ds} - \mu q = 0,$$

$$Z\,dm - d\frac{\lambda\,dz}{ds} + \mu \quad = 0,$$

lesquelles, par l'élimination de μ, redonneront les mêmes équations déjà trouvées (art. 38). Mais ces dernières ont de plus l'avantage de faire connaître en même temps la pression que chaque élément du fil exerce sur la surface, d'après la théorie donnée dans l'article 5 de la Section IV.

En effet, il est facile de déduire de cette théorie que les termes

$$\mu(\delta z - p\,\delta x - q\,\delta y),$$

provenant de l'équation de condition

$$\delta z - p\,\delta x - q\,\delta y = 0,$$

peuvent représenter l'effet d'une force égale à $\mu\sqrt{1+p^2+q^2}$ et appliquée à chaque élément ds du fil dans une direction perpendiculaire à la surface qui a pour équation

$$\delta z - p\,\delta x - q\,\delta y = 0, \qquad \text{ou bien} \qquad dz - p\,dx - q\,dy = 0,$$

c'est-à-dire à la surface même sur laquelle le fil est supposé couché. Cette surface, par sa résistance, produit la force $\mu\sqrt{1+p^2+q^2}$, laquelle sera, par conséquent, égale et directement contraire à la pression exercée par le fil sur la même surface (Sect. IV, art. 7); de sorte que la pression de chaque point du fil sera égale à $\frac{\mu\sqrt{1+p^2+q^2}}{ds}$, ou bien, en substituant les valeurs de μ, μp, μq tirées des équations ci-dessus,

$$\frac{\sqrt{\left(X\,dm - d\frac{\lambda\,dx}{ds}\right)^2 + \left(Y\,dm - d\frac{\lambda\,dy}{ds}\right)^2 + \left(Z\,dm - d\frac{\lambda\,dz}{ds}\right)^2}}{ds}.$$

On appliquera ensuite les mêmes raisonnements à la partie de l'équation générale qui est hors du signe S et l'on en tirera des conclusions analogues.

41. Si le fil couché sur la surface donnée n'était tendu que par des forces appliquées à ses extrémités, on aurait $X = o$, $Y = o$, $Z = o$, et, par conséquent, $d\lambda = o$ (art. 30); donc λ est égal à une constante. Ainsi la tension du fil serait partout la même (art. 31), ce qui s'accorde avec ce qu'on sait d'ailleurs. Dans ce cas, la formule générale de l'équilibre du fil se réduirait à

$$\lambda \mathsf{S} \delta\, ds + \mathsf{S} \mu(\delta z - p\,\delta x - q\,\delta y) = o,$$

dont le premier terme est la même chose que $\lambda \delta \mathsf{S} ds$ ou $\lambda \delta s$. Ainsi cette équation exprime que la longueur de la courbe formée par le fil sur la surface représentée par l'équation $dz - p\,dx - q\,dy = o$ doit être un maximum ou un minimum; et la pression exercée par le fil sur chaque point de cette surface sera alors

$$\lambda \frac{\sqrt{\left(d\frac{dx}{ds}\right)^2 + \left(d\frac{dy}{ds}\right)^2 + \left(d\frac{dz}{ds}\right)^2}}{ds}.$$

Or on sait que $\sqrt{\left(d\frac{dx}{ds}\right)^2 + \left(d\frac{dy}{ds}\right)^2 + \left(d\frac{dz}{ds}\right)^2}$ exprime l'angle de contingence de la courbe, lequel est égal à $\frac{ds}{\rho}$, en nommant ρ le rayon osculateur. Ainsi la pression sera égale à $\frac{\lambda}{\rho}$ et, par conséquent, en raison inverse du rayon osculateur.

§ II. — *De l'équilibre d'un fil, ou d'une surface flexible et en même temps extensible et contractible.*

42. Jusqu'ici nous avons supposé que le fil était inextensible; regardons-le maintenant comme un ressort capable d'extension et de con-

traction, et soit F la force avec laquelle chaque élément ds de la courbe du fil tend à se contracter; on aura, comme dans l'article 18 (en mettant ds à la place de f et en changeant d en δ), $F\delta ds$ pour le moment de cette force, et $\mathsf{S}\, F\delta ds$ pour la somme des moments de toutes les forces de contraction qui agissent sur toute la longueur du fil. On ajoutera donc cette intégrale $\mathsf{S}\, F\delta ds$ à l'intégrale

$$\mathsf{S}\,(X\,\delta x + Y\,\delta y + Z\,\delta z)\,dm,$$

qui exprime la somme des moments de toutes les forces extérieures qui agissent sur le fil (art. 28), et, égalant le tout à zéro, on aura l'équation générale de l'équilibre du fil à ressort.

Or il est visible que cette équation sera de la même forme que celle de l'article 29 pour le cas d'un fil inextensible, et qu'en y changeant F en λ les deux équations deviendront identiques. On aura donc, dans le cas présent, les mêmes équations particulières pour l'équilibre du fil qu'on a trouvées dans l'article 30, en mettant seulement dans celles-ci F à la place de λ; et, si l'on élimine la quantité F comme on a éliminé la quantité λ, on aura, pour la courbe formée par un fil extensible, deux équations qui seront identiquement les mêmes que celles qui ont lieu pour un fil inextensible.

43. A l'égard de la quantité F qui représente l'élasticité ou la force de contraction de chaque élément ds, il est naturel de l'exprimer par une fonction de l'extension que cet élément subit par l'action des forces X, Y, Z. Ainsi, en supposant que $d\sigma$ soit la longueur primitive de ds, on pourra regarder F comme une fonction donnée de $\frac{ds}{d\sigma}$; mais, comme par la nature du Calcul différentiel la valeur absolue des éléments ds demeure indéterminée, la valeur de F sera aussi indéterminée et ne pourra être connue que par le moyen d'une des trois équations de l'équilibre du fil. Ainsi, quoique dans le cas présent notre analyse paraisse donner une équation de trop, elle ne donne néanmoins

que les équations nécessaires pour déterminer la courbe du fil et la résistance de chacun de ses éléments.

Puisque la quantité λ de la solution de l'article 30 répond exactement à la quantité F qui exprime la force réelle avec laquelle chaque élément du fil est tendu par l'action des forces extérieures, il s'ensuit qu'on peut aussi regarder cette quantité λ comme représentant la tension du fil inextensible. C'est ce que nous avons déjà trouvé *a priori* dans l'article 31.

44. Appliquons les mêmes principes à la détermination de l'équilibre d'une surface dont tous les éléments dm soient extensibles et contractibles. L'élément d'une surface dont les coordonnées sont x, y, z, et où l'on regarde z comme fonction de x, y, est exprimé par la formule

$$\sqrt{1+\left(\frac{\partial z}{\partial x}\right)^2+\left(\frac{\partial z}{\partial y}\right)^2}\,dx\,dy.$$

Ainsi, en appelant F (¹) la force d'élasticité avec laquelle cet élément tend à se contracter, la somme des moments de toutes ces forces sera exprimée par l'intégrale double

$$\mathrm{SS}\,\mathrm{F}\,\delta\left[\sqrt{1+\left(\frac{\partial z}{\partial x}\right)^2+\left(\frac{\partial z}{\partial y}\right)^2}\,dx\,dy\right],$$

qui, étant ajoutée à l'intégrale double

$$\mathrm{SS}(\mathrm{X}\,\delta x+\mathrm{Y}\,\delta y+\mathrm{Z}\,\delta z)\,dm,$$

(¹) Cette manière d'évaluer l'ensemble des forces que développe l'élasticité sur un point n'est pas suffisamment justifiée. Il est vrai qu'ici, comme dans plusieurs passages précédents, Lagrange détourne le mot *force* de sa signification habituelle; mais il n'est nullement évident que la somme des moments des forces qui agissent sur un élément soit proportionnelle à la contraction de l'élément. Nous pouvons même ajouter que cela n'est pas exact. Poisson en a fait la remarque dans les *Mémoires de l'Institut* pour l'année 1812; du reste, la solution qu'il donne manque elle-même de généralité : elle suppose les tensions d'un élément rectangulaire perpendiculaires aux côtés de cet élément, ce qui n'a pas lieu en général.

(*J. Bertrand.*)

où dm est l'élément de la surface, donnera la somme des moments de toutes les forces, laquelle doit être nulle dans l'équilibre.

En faisant, comme dans l'article 31 de la Section IV,

$$\frac{\partial z}{\partial x} = z', \qquad \frac{\partial z}{\partial y} = z_{,} \qquad \text{et} \qquad \sqrt{1 + z'^2 + z_{,}^2} = \mathrm{U},$$

on aura

$$dm = \mathrm{U}\,dx\,dy \qquad \text{et} \qquad \frac{\partial \mathrm{U}}{\partial z'} = \frac{z'}{\mathrm{U}}, \qquad \frac{\partial \mathrm{U}}{\partial z_{,}} = \frac{z_{,}}{\mathrm{U}};$$

donc (Sect. IV, art. 33, 34)

$$\delta \mathrm{U} = \frac{\partial \mathrm{U}}{\partial x}\delta x + \frac{\partial \mathrm{U}}{\partial y}\delta y + \frac{1}{\mathrm{U}}\left(z'\frac{\partial\,\delta u}{\partial x} + z_{,}\frac{\partial\,\delta u}{\partial y}\right),$$

$$\delta(\mathrm{U}\,dx\,dy) = \left[\delta \mathrm{U} + \mathrm{U}\left(\frac{\partial\,\delta x}{\partial x} + \frac{\partial\,\delta y}{\partial y}\right)\right] dx\,dy.$$

Substituant ces valeurs dans l'intégrale double $\mathrm{SS}\,\mathrm{F}\,\delta(\mathrm{U}\,dx\,dy)$ et faisant disparaître par des intégrations par parties les différences partielles des variations marquées par δ, on aura

$$\mathrm{S}\left(\mathrm{U}\,\delta y + \frac{z_{,}}{\mathrm{U}}\delta u\right)\mathrm{F}\,dx + \mathrm{S}\left(\mathrm{U}\,\delta x + \frac{z'}{\mathrm{U}}\delta u\right)\mathrm{F}\,dy$$

$$+ \mathrm{SS}\left[\left(\mathrm{F}\frac{\partial \mathrm{U}}{\partial x} - \frac{\partial \mathrm{FU}}{\partial x}\right)\delta x + \left(\mathrm{F}\frac{\partial \mathrm{U}}{\partial y} - \frac{\partial \mathrm{FU}}{\partial y}\right)\delta y - \mathrm{V}\,\delta u\right] dx\,dy,$$

où

$$\mathrm{V} = \frac{\partial \dfrac{\mathrm{F}z'}{\mathrm{U}}}{\partial x} + \frac{\partial \dfrac{\mathrm{F}z_{,}}{\mathrm{U}}}{\partial y} \qquad \text{et} \qquad \delta u = \delta z - z'\,\delta x - z_{,}\,\delta y \quad \text{(art. cités).}$$

Les intégrales simples relatives à x et à y se rapportent aux limites et disparaissent d'elles-mêmes, dans le cas où l'on suppose que les bords de la surface sont fixes, parce qu'alors les variations δx, δy, δz sont nulles dans tous les points du contour de la surface.

Les termes sous le double signe SS étant ajoutés à ceux de l'intégrale double $\mathrm{SS}(\mathrm{X}\,\delta x + \mathrm{Y}\,\delta y + \mathrm{Z}\,\delta z)\mathrm{U}\,dx\,dy$, on égalera séparément à zéro les coefficients des variations δx, δy, δz, et l'on aura les trois équations (¹)

$$XU + F\frac{\partial U}{\partial x} - \frac{\partial UF}{\partial x} + Vz' = 0,$$

$$YU + F\frac{\partial U}{\partial y} - \frac{\partial UF}{\partial y} + Vz_, = 0,$$

$$ZU - V = 0.$$

Les deux premières donneront la valeur de la force F qu'il faudra substituer dans l'expression de V de la troisième, de sorte qu'on n'aura, en dernière analyse, qu'une seule équation à différences partielles pour déterminer la surface d'équilibre.

En effet, quoique la force F doive être supposée une fonction connue de l'élément dm de la surface dans son état de contraction ou d'extension, elle n'en demeure pas moins indéterminée, parce que la grandeur absolue des éléments de la surface ne peut entrer dans le calcul; de sorte que la valeur de F ne peut être déterminée que par les conditions mêmes de l'équilibre : c'est ici un cas semblable à celui de l'article 43.

45. Pour éliminer la quantité F, on substituera dans les deux pre-

(¹) Il importe de remarquer ici que les conclusions de Lagrange ne subsisteraient plus si l'on supposait δx fonction de la seule variable x et δy fonction de la seule variable y, comme on serait tenté de le faire en se rappelant les hypothèses dans lesquelles ont été établies (Sect. IV, art. 33, 34) les formules que Lagrange applique ici. En effet, pour qu'une intégrale

$$\mathrm{SS}(A\delta x + B\delta y + C\delta z)\,dx\,dy$$

soit nulle dans ces hypothèses, il n'est plus nécessaire que l'on ait en chaque point

$$A = B = C = 0;$$

mais il suffit que l'on ait

$$\mathrm{S}A\,dy = 0$$

pour toutes les valeurs de x,

$$\mathrm{S}B\,dx = 0$$

pour toutes les valeurs de y et

$$C = 0$$

pour toutes les valeurs de x et de y. Rapprocher cette remarque de la Note relative à l'article 32 de la Section IV. (*G. D.*)

mières équations la valeur de V tirée de la dernière; elles deviendront

$$U\left(X+Z\frac{\partial z}{\partial x}\right)+F\frac{\partial U}{\partial x}-\frac{\partial UF}{\partial x}=0,$$

$$U\left(X+Z\frac{\partial z}{\partial y}\right)+F\frac{\partial U}{\partial y}-\frac{\partial UF}{\partial y}=0.$$

Soit, comme dans l'article 28,

$$X\,dx+Y\,dy+Z\,dz=d\Pi;$$

on aura, puisque z est censée fonction de x, y,

$$\frac{\partial\Pi}{\partial x}=X+Z\frac{\partial z}{\partial x},\qquad \frac{\partial\Pi}{\partial y}=Y+Z\frac{\partial z}{\partial y},$$

et les deux équations deviendront, en divisant par U,

$$\frac{\partial\Pi}{\partial x}=\frac{\partial F}{\partial x},\qquad \frac{\partial\Pi}{\partial y}=\frac{\partial F}{\partial y},$$

lesquelles donnent simplement celle-ci

$$d\Pi=dF,$$

d'où

$$F=\Pi+a,$$

résultat conforme à celui de l'article 36 de la Section IV. Ensuite la troisième équation donnera, en regardant Π comme fonction de x, y, z,

$$U\frac{\partial\Pi}{\partial z}-\frac{\partial\frac{Fz'}{U}}{\partial x}-\frac{\partial\frac{Fz_{,}}{U}}{\partial y}=0;$$

ce sera l'équation de la surface.

Si la surface différait très peu d'un plan, en sorte que l'ordonnée z fût très petite, alors, en négligeant les quantités très petites du second ordre, on aurait

$$U=1;$$

or

$$F=\Pi+a,$$

a étant une constante, et l'équation de la surface serait

$$\frac{\partial \Pi}{\partial z} - \frac{\partial (\Pi + a)\frac{\partial z}{\partial x}}{\partial x} - \frac{\partial (\Pi + a)\frac{\partial z}{\partial y}}{\partial y} = 0.$$

En supposant qu'il n'y ait d'autres forces que la gravité g qui agisse suivant l'ordonnée z pour l'augmenter, on aura $\Pi = -gz$; par conséquent, en négligeant toujours les secondes dimensions de z,

$$a\left(\frac{\partial^2 z}{\partial x^2} + \frac{\partial^2 z}{\partial y^2}\right) = -g,$$

équation intégrable en général, mais avec des fonctions imaginaires qui rendent cette solution peu susceptible d'application.

§ III. — *De l'équilibre d'un fil ou lame élastique.*

46. Reprenons le cas d'un fil inextensible; mais, au lieu de le supposer en même temps parfaitement flexible, comme on l'a fait jusqu'ici, supposons-le élastique, en sorte qu'il y ait dans chaque point une force, que j'appellerai E, qui s'oppose à l'inflexion du fil et qui tende, par conséquent, à diminuer l'angle de contingence [1]. Nommant cet angle e, on aura, comme dans l'article 26 (en changeant seulement d en δ), $E\,\delta e$ pour le moment de chaque force E; donc $\mathrm{S}\,E\,\delta e$ sera la somme des moments de toutes les forces d'élasticité qui agissent dans toute la longueur du fil, laquelle devra donc être ajoutée au premier membre de l'équation générale de l'équilibre dans le cas d'un fil inextensible et parfaitement flexible (art. 29).

Toute la difficulté consiste à ramener l'intégrale $\mathrm{S}\,E\,\delta e$ à la forme

(1) L'expression adoptée par Lagrange pour l'évaluation de la somme des moments des forces d'élasticité n'est pas admissible pour les courbes à double courbure. Binet en a fait la remarque dans le tome X du *Journal de l'École Polytechnique*. *Voir* aussi un Mémoire de Poisson qui fait partie du tome III de la *Correspondance sur l'École Polytechnique*. Ces géomètres remarquent avec raison qu'il doit entrer, dans l'expression de la somme des moments, un terme proportionnel à la variation de l'angle de deux plans osculateurs consécutifs. (*Voir* une Note à la fin du Volume.) (*J. Bertrand.*)

convenable; pour cela, il faut commencer par chercher la valeur de e; or nous avons trouvé plus haut (art. 26)

$$-\cos e = \frac{f^2 + g^2 - h^2}{2fg},$$

d'où l'on tire

$$\sin^2 e = \frac{4f^2g^2 - (f^2 + g^2 - h^2)^2}{4f^2g^2}.$$

Pour appliquer cette formule au cas présent, il suffit de remarquer que les coordonnées x', y', z', x'', y'', z'', x''', y''', z''', par lesquelles nous avons exprimé les quantités f, g, h (art. 12 et 20), deviennent ici x, y, z; $x + dx$, $y + dy$, $z + dz$; $x + 2\,dx + d^2x$, $y + 2\,dy + d^2y$, $z + 2\,dz + d^2z$; en sorte qu'on aura

$$f^2 = dx^2 + dy^2 + dz^2 = ds^2,$$

$$\begin{aligned} g^2 &= (dx + d^2x)^2 + (dy + d^2y)^2 + (dz + d^2z)^2 \\ &= dx^2 + dy^2 + dz^2 + 2(dx\,d^2x + dy\,d^2y + dz\,d^2z) + (d^2x)^2 + (d^2y)^2 + (d^2z)^2 \\ &= ds^2 + 2\,ds\,d^2s + (d^2x)^2 + (d^2y)^2 + (d^2z)^2, \end{aligned}$$

$$\begin{aligned} h^2 &= (2\,dx + d^2x)^2 + (2\,dy + d^2y)^2 + (2\,dz + d^2z)^2 \\ &= 4\,ds^2 + 4\,ds\,d^2s + (d^2x)^2 + (d^2y)^2 + (d^2z)^2; \end{aligned}$$

donc

$$f^2 + g^2 - h^2 = -2\,ds^2 - 2\,ds\,d^2s$$

et

$$\begin{aligned} &4f^2g^2 - (f^2 + g^2 - h^2)^2 \\ &\quad = 4\,ds^4 + 8\,ds^3\,d^2s + 4\,ds^2[(d^2x)^2 + (d^2y)^2 + (d^2z)^2] - 4(ds^2 + ds\,d^2s)^2 \\ &\quad = 4\,ds^2[(d^2x)^2 + (d^2y)^2 + (d^2z)^2 - (d^2s)^2]. \end{aligned}$$

Donc enfin on aura, en négligeant les infiniment petits du troisième ordre,

$$\sin^2 e = \frac{(d^2x)^2 + (d^2y)^2 + (d^2z)^2 - (d^2s)^2}{ds^2}.$$

Comme cette valeur de $\sin^2 e$ est infiniment petite du deuxième ordre, il s'ensuit que $\sin e$, et par conséquent aussi l'angle e, sera infiniment petit du premier ordre; de sorte qu'on aura

$$e = \frac{\sqrt{(d^2x)^2 + (d^2y)^2 + (d^2z)^2 - (d^2s)^2}}{ds};$$

c'est l'expression de l'angle de contingence dans une courbe quelconque à double courbure, et qui revient à celle de l'article 41.

47. On différentiera maintenant suivant δ, pour avoir la valeur de δe, et comme, par la condition de l'inextensibilité du fil, on a déjà $\delta ds = 0$ (art. 29) et, par conséquent aussi, $d\delta ds = \delta d^2 s = 0$, on pourra traiter, dans la différentiation dont il s'agit, ds et d^2s comme constantes; ainsi l'on aura

$$\delta e = \frac{d^2x\,\delta d^2x + d^2y\,\delta d^2y + d^2z\,\delta d^2z}{ds\sqrt{(d^2x)^2 + (d^2y)^2 + (d^2z)^2 - (d^2s)^2}}.$$

Substituant dans $\mathsf{S}\,\mathrm{E}\,\delta e$ et faisant, pour abréger,

$$\mathrm{I} = \frac{\mathrm{E}}{ds\sqrt{(d^2x)^2 + (d^2y)^2 + (d^2z)^2 - (d^2s)^2}},$$

on aura

$$\mathsf{S}\,\mathrm{E}\,\delta e = \mathsf{S}\,\mathrm{I}\,d^2x\,\delta d^2x + \mathsf{S}\,\mathrm{I}\,d^2y\,\delta d^2y + \mathsf{S}\,\mathrm{I}\,d^2z\,\delta d^2z.$$

Ces expressions étant traitées suivant les règles données dans l'article 15 de la Section IV, en y changeant d'abord δd en $d\delta$ et intégrant ensuite par parties pour faire disparaître le d avant δ, on aura les transformées suivantes :

$$\begin{aligned}
\mathsf{S}\,\mathrm{I}\,d^2x\,\delta d^2x &= +\mathrm{I}''\,d^2x''\,d\delta x'' - d(\mathrm{I}''\,d^2x'')\,\delta x'' \\
&\quad - \mathrm{I}'\,d^2x'\,d\delta x' + d(\mathrm{I}'\,d^2x')\,\delta x' + \mathsf{S}\,d^2(\mathrm{I}\,d^2x)\,\delta x, \\
\mathsf{S}\,\mathrm{I}\,d^2y\,\delta d^2y &= +\mathrm{I}''\,d^2y''\,d\delta y'' - d(\mathrm{I}''\,d^2y'')\,\delta y'' \\
&\quad - \mathrm{I}'\,d^2y'\,d\delta y' + d(\mathrm{I}'\,d^2y')\,\delta y' + \mathsf{S}\,d^2(\mathrm{I}\,d^2y)\,\delta y, \\
\mathsf{S}\,\mathrm{I}\,d^2z\,\delta d^2z &= +\mathrm{I}''\,d^2z''\,d\delta z'' - d(\mathrm{I}''\,d^2z'')\,\delta z'' \\
&\quad - \mathrm{I}'\,d^2z'\,d\delta z' + d(\mathrm{I}'\,d^2z')\,\delta z' + \mathsf{S}\,d^2(\mathrm{I}\,d^2z)\,\delta z.
\end{aligned}$$

On ajoutera donc ces différents termes à ceux qui forment le premier membre de l'équation générale de l'équilibre de l'article 29, et l'on aura l'équation de l'équilibre d'un fil inextensible et élastique.

48. Égalant d'abord à zéro les coefficients des variations δx, δy, δz qui se trouvent sous le signe S, on aura ces trois équations indéfinies

$$X\,dm - d\frac{\lambda\,dx}{ds} + d^2(I\,d^2x) = 0,$$

$$Y\,dm - d\frac{\lambda\,dy}{ds} + d^2(I\,d^2y) = 0,$$

$$Z\,dm - d\frac{\lambda\,dz}{ds} + d^2(I\,d^2z) = 0;$$

d'où il faudra éliminer l'indéterminée λ, ce qui les réduira à deux, qui suffiront pour déterminer la courbe du fil.

Une première intégration donne

$$\lambda\frac{dx}{ds} - d(I\,d^2x) = A + \int X\,dm,$$

$$\lambda\frac{dy}{ds} - d(I\,d^2y) = B + \int Y\,dm,$$

$$\lambda\frac{dz}{ds} - d(I\,d^2z) = C + \int Z\,dm,$$

A, B, C étant des constantes arbitraires, et l'élimination de λ donnera

$$dx\,d(I\,d^2y) - dy\,d(I\,d^2x) = \left(A + \int X\,dm\right)dy - \left(B + \int Y\,dm\right)dx,$$
$$dx\,d(I\,d^2z) - dz\,d(I\,d^2x) = \left(A + \int X\,dm\right)dz - \left(C + \int Z\,dm\right)dx,$$
$$dy\,d(I\,d^2z) - dz\,d(I\,d^2y) = \left(B + \int Y\,dm\right)dz - \left(C + \int Z\,dm\right)dy,$$

dont la dernière est déjà contenue dans les deux autres.

Ces équations sont de nouveau intégrables, et l'on aura

$$I(dx\,d^2y - dy\,d^2x) = F + \int\left(A + \int X\,dm\right)dy - \int\left(B + \int Y\,dm\right)dx,$$

$$I(dx\,d^2z - dz\,d^2x) = G + \int\left(A + \int X\,dm\right)dz - \int\left(C + \int Z\,dm\right)dx,$$

$$I(dy\,d^2z - dz\,d^2y) = H + \int\left(B + \int Y\,dm\right)dz - \int\left(C + \int Z\,dm\right)dy,$$

F, G, H étant de nouvelles constantes.

Or nous avons supposé plus haut (art. 47)

$$\mathrm{I}=\frac{\mathrm{E}}{ds\sqrt{(d^2x)^2+(d^2y)^2+(d^2z)^2-(d^2s)^2}};$$

le carré du dénominateur de cette quantité est

$$\begin{aligned}&ds^2[(d^2x)^2+(d^2y)^2+(d^2z)^2]-ds^2(d^2s)^2\\&=(dx^2+dy^2+dz^2)[(d^2x)^2+(d^2y)^2+(d^2z)^2]-(dx\,d^2x+dy\,d^2y+dz\,d^2z)^2\\&=(dx\,d^2y-dy\,d^2x)^2+(dx\,d^2z-dz\,d^2x)^2+(dy\,d^2z-dz\,d^2y)^2.\end{aligned}$$

Donc, si l'on ajoute ensemble les carrés des trois équations précédentes, on aura celle-ci, sans différentielles,

$$\begin{aligned}\mathrm{E}^2=&+\left[\mathrm{F}+\int\left(\mathrm{A}+\int \mathrm{X}\,dm\right)dy-\int\left(\mathrm{B}+\int \mathrm{Y}\,dm\right)dx\right]^2\\&+\left[\mathrm{G}+\int\left(\mathrm{A}+\int \mathrm{X}\,dm\right)dz-\int\left(\mathrm{C}+\int \mathrm{Z}\,dm\right)dx\right]^2\\&+\left[\mathrm{H}+\int\left(\mathrm{B}+\int \mathrm{Y}\,dm\right)dz-\int\left(\mathrm{C}+\int \mathrm{Z}\,dm\right)dx\right]^2;\end{aligned}$$

et si l'on divise ensemble deux des mêmes équations, on aura celle-ci, où l'élasticité n'entre pas,

$$\frac{dx\,d^2z-dz\,d^2x}{dx\,d^2y-dy\,d^2x}=\frac{\mathrm{G}+\int\left(\mathrm{A}+\int \mathrm{X}\,dm\right)dz-\int\left(\mathrm{C}+\int \mathrm{Z}\,dm\right)dx}{\mathrm{F}+\int\left(\mathrm{A}+\int \mathrm{X}\,dm\right)dy-\int\left(\mathrm{B}+\int \mathrm{Y}\,dm\right)dx}.$$

Ces deux équations sont ce qu'il y a de plus simple pour déterminer la courbe élastique, en ayant égard à la double courbure.

49. On suppose communément que la force élastique qui s'oppose à l'inflexion est en raison inverse du rayon osculateur. Ainsi, en nommant ρ ce rayon, on aura $\mathrm{E}=\frac{\mathrm{K}}{\rho}$, K étant un coefficient constant.

Mais on sait que $\rho=\frac{ds}{e}$; donc $\mathrm{E}=\frac{\mathrm{K}e}{ds}$: ainsi la quantité I, que nous avons supposée égale à $\frac{\mathrm{E}}{e\,ds^2}$ (art. 47), deviendra $\frac{\mathrm{K}}{ds^3}$ et, par conséquent, constante, en supposant, ce qui est permis, ds constante.

Ainsi les trois premières équations (art. 48) seront

$$X\,dm - d\frac{\lambda\,dx}{ds} + K\frac{d^4 x}{ds^3} = 0,$$

$$Y\,dm - d\frac{\lambda\,dy}{ds} + K\frac{d^4 y}{ds^3} = 0,$$

$$Z\,dm - d\frac{\lambda\,dz}{ds} + K\frac{d^4 z}{ds^3} = 0.$$

Si l'on ajoute ensemble ces trois équations, après avoir multiplié la première par $\frac{dx}{ds}$, la deuxième par $\frac{dy}{ds}$ et la troisième par $\frac{dz}{ds}$, on aura, à cause de

$$\frac{dx}{ds}\,d\frac{dx}{ds} + \frac{dy}{ds}\,d\frac{dy}{ds} + \frac{dz}{ds}\,d\frac{dz}{ds} = \frac{1}{2}\,d\left(\frac{dx^2 + dy^2 + dz^2}{ds^2}\right) = 0,$$

l'équation

$$(X\,dx + Y\,dy + Z\,dz)\frac{dm}{ds} + K\frac{dx\,d^4x + dy\,d^4y + dz\,d^4z}{ds^4} = d\lambda.$$

Soit Γ l'épaisseur du fil; on aura $dm = \Gamma\,ds$. L'équation précédente étant intégrée, en supposant ds constant, donnera

$$\lambda = \int \Gamma(X\,dx + Y\,dy + Z\,dz) + K\left[\frac{dx\,d^3x + dy\,d^3y + dz\,d^3z}{ds^4} - \frac{(d^2x)^2 + (d^2y)^2 + (d^2z)^2}{2\,ds^4}\right].$$

Cette valeur de λ exprime la tension de la lame élastique, c'est-à-dire la résistance avec laquelle elle s'oppose à la force qui tend à l'allonger, comme dans l'article 31.

50. Le cas le plus simple et le plus ordinaire est celui dans lequel les forces X, Y, Z qu'on suppose agir sur tous les points de la lame élastique sont nulles, et où la courbure de la lame vient uniquement des forces appliquées à ses deux extrémités. Dans ce cas, les équa-

tions intégrales de l'article 48 donnent, en mettant pour I sa valeur $\frac{K}{ds^3}$,

$$K\frac{dx\,d^2y - dy\,d^2x}{ds^3} = F + Ay - Bx,$$

$$K\frac{dx\,d^2z - dz\,d^2x}{ds^3} = G + Az - Cx,$$

$$K\frac{dy\,d^2z - dz\,d^2y}{ds^3} = H + Bz - Cy;$$

mais l'intégration ultérieure de celles-ci est peut-être impossible en général ([1]).

Lorsque la courbure de la lame est toute dans un même plan, en prenant pour ce plan celui des x et y et faisant $dy = ds\sin\varphi$, $dx = ds\cos\varphi$, la première équation, qui est alors la seule nécessaire, devient

$$\frac{d\varphi}{ds} = F + A\int \sin\varphi\, ds - B\int \cos\varphi\, ds,$$

laquelle, étant différentiée, donne

$$\frac{d^2\varphi}{d^2s} = A\sin\varphi - B\cos\varphi;$$

multipliant par $d\varphi$ et intégrant derechef,

$$\frac{1}{2}\frac{d\varphi^2}{ds^2} = A\cos\varphi + B\sin\varphi + D,$$

d'où l'on tire

$$ds = \frac{d\varphi}{\sqrt{2D + 2A\cos\varphi + 2B\sin\varphi}}$$

et, de là,

$$dx = \frac{\cos\varphi\, d\varphi}{\sqrt{2D + 2A\cos\varphi + 2B\sin\varphi}};$$

([1]) Cette intégration a été effectuée par Binet, qui a même considéré les équations plus générales auxquelles on est conduit en rétablissant dans la somme des moments des forces d'élasticité le terme proportionnel à la variation de l'angle de deux plans osculateurs consécutifs. (*Comptes rendus de l'Académie des Sciences*, 1844, 1er semestre, p. 1115.)

(*J. Bertrand.*)

et, comme on a par la première équation $F + Ay - Bx = \frac{d\varphi}{ds}$, on aura

$$y = \frac{Bx - F}{A} - \frac{1}{A}\sqrt{2D + 2A\cos\varphi + 2B\sin\varphi}.$$

Ainsi tout se réduit à intégrer les valeurs de ds et dx; mais ces intégrations dépendent de la rectification des sections coniques. Jusqu'à présent, il ne paraît pas qu'on ait été plus loin dans la solution générale du problème de la courbe élastique.

51. Considérons maintenant les termes de l'équation générale qui sont hors du signe S; ces termes sont

$$\begin{aligned}
&\left[\lambda'' \frac{dx''}{ds''} - d(\mathrm{I}'' d^2 x'')\right]\delta x'' + \mathrm{I}'' d^2 x'' \, d\delta x'' \\
+ &\left[\lambda'' \frac{dy''}{ds''} - d(\mathrm{I}'' d^2 y'')\right]\delta y'' + \mathrm{I}'' d^2 y'' \, d\delta y'' \\
+ &\left[\lambda'' \frac{dz''}{ds''} - d(\mathrm{I}'' d^2 z'')\right]\delta z'' + \mathrm{I}'' d^2 z'' \, d\delta z'' \\
- &\left[\lambda' \frac{dx'}{ds'} - d(\mathrm{I}' d^2 x')\right]\delta x' - \mathrm{I}' d^2 x' \, d\delta x' \\
- &\left[\lambda' \frac{dy'}{ds'} - d(\mathrm{I}' d^2 y')\right]\delta y' - \mathrm{I}' d^2 y' \, d\delta y' \\
- &\left[\lambda' \frac{dz'}{ds'} - d(\mathrm{I}' d^2 z')\right]\delta z' - \mathrm{I}' d^2 z' \, d\delta z';
\end{aligned}$$

et il faudra les faire disparaître indépendamment des valeurs de $\delta x''$, $\delta y''$, $\delta z''$, $d\delta x''$, ...

Donc : 1° si le fil est entièrement libre, il faudra que les coefficients des douze quantités $\delta x''$, $\delta y''$, $\delta z''$, $d\delta x''$, $d\delta y''$, $d\delta z''$, $\delta x'$, $\delta y'$, $\delta z'$, $d\delta x'$, $d\delta y'$, $d\delta z'$ soient nuls, chacun en particulier.

Or, d'après les premières équations intégrales de l'article 48, on voit qu'en faisant commencer les intégrations au premier point du fil, les coefficients de $\delta x'$, $\delta y'$, $\delta z'$ sont égaux à A, B, C, et ceux de $\delta x''$, $\delta y''$, $\delta z''$ deviennent $A + \mathsf{S}\,X\,dm$, $B + \mathsf{S}\,Y\,dm$, $C + \mathsf{S}\,Z\,dm$. Ainsi il faudra que l'on ait, dans le cas dont il s'agit,

$$A = 0, \quad B = 0, \quad C = 0$$

et

$$\mathsf{S}\, X\, dm = 0, \quad \mathsf{S}\, Y\, dm = 0, \quad \mathsf{S}\, Z\, dm = 0.$$

Ensuite il faudra que l'on ait aussi

$$I''\, d^2x'' = 0, \quad I''\, d^2y'' = 0, \quad I''\, d^2z'' = 0$$

et

$$I'\, d^2x' = 0, \quad I'\, d^2y' = 0, \quad I'\, d^2z' = 0,$$

pour faire disparaître les termes affectés de $d\,\delta x''$, $d\,\delta y''$, ...; et il est clair que les secondes équations intégrales du même article donneront

$$F = 0, \quad G = 0, \quad H = 0$$

et

$$\mathsf{S}\left(dy \int X\, dm - dx \int Y\, dm\right) = 0, \quad \mathsf{S}\left(dz \int X\, dm - dx \int Z\, dm\right) = 0,$$

$$\mathsf{S}\left(dz \int Y\, dm - dy \int Z\, dm\right) = 0.$$

2° Si la première extrémité du fil est fixe, alors

$$\delta x' = 0, \quad \delta y' = 0, \quad \delta z' = 0;$$

par conséquent, A, B, C ne seront pas nuls; mais la condition que les coefficients de $\delta x''$, $\delta y''$, $\delta z''$ soient nuls donnera

$$A = -\mathsf{S}\, X\, dm, \quad B = -\mathsf{S}\, Y\, dm, \quad C = -\mathsf{S}\, Z\, dm;$$

et, si la position de la tangente à cette extrémité était donnée aussi, on aurait, de plus,

$$d\delta x' = 0, \quad d\delta y' = 0, \quad d\delta z' = 0;$$

par conséquent, F, G, H ne seraient pas nuls, mais la nullité des coefficients de $d\,\delta x''$, $d\,\delta y''$, $d\,\delta z''$ donnerait

$$F = \mathsf{S}\left[\left(B + \int Y\, dm\right) dx - \left(A + \int X\, dm\right) dy\right],$$

$$G = \mathsf{S}\left[\left(C + \int Z\, dm\right) dx - \left(A + \int X\, dm\right) dz\right],$$

$$H = \mathsf{S}\left[\left(C + \int Z\, dm\right) dy - \left(B + \int Y\, dm\right) dz\right].$$

On raisonnera de la même manière par rapport à l'état de la seconde extrémité du fil.

3° Enfin, si, outre les forces qui agissent sur tous les points du fil, il y en avait de particulières X', Y', Z', X'', Y'', Z'', appliquées à l'une et à l'autre extrémité, il n'y aurait qu'à ajouter aux termes ci-dessus les suivants

$$X'\delta x' + Y'\delta y' + Z'\delta z' + X''\delta x'' + Y''\delta y'' + Z''\delta z'',$$

et s'il y avait, de plus, d'autres conditions relatives à l'état de ces extrémités, on opérerait toujours de la même façon et d'après les mêmes principes.

52. Si l'on voulait que le fil fût doublement élastique, tant à l'égard de l'extensibilité qu'à l'égard de la flexibilité, alors on aurait, dans l'équation générale de l'équilibre, à la place du terme $\mathsf{S}\,\lambda\, d\,\delta s$, celui-ci $\mathsf{S}\,F\, d\,\delta s$, c'est-à-dire simplement F à la place de λ, en nommant F la force d'élasticité qui résiste à l'extension du fil (art. 42). Mais il faudrait, de plus, dans ce cas, regarder ds comme variable dans l'expression de δe; par conséquent, il faudrait ajouter à la valeur de δe de l'article 47 ces deux termes

$$-\frac{e\,\delta ds}{ds} - \frac{d^2 s\,\delta d^2 s}{e\,ds^2}.$$

On aurait donc à ajouter à la valeur de $\mathsf{S}\,E\,\delta e$ du même article les termes

$$-\mathsf{S}\frac{Ee}{ds}\,\delta ds - \mathsf{S}\frac{E\,d^2 s}{e\,ds^2}\,\delta d^2 s.$$

Le dernier se réduit d'abord à

$$-\frac{E''\,d^2 s''}{e''\,ds''^2}\,d\delta s'' + \frac{E'\,d^2 s'}{e'\,ds'^2}\,d\delta s' + \mathsf{S}\, d\,\frac{E\,d^2 s}{e\,ds^2}\,\delta ds;$$

donc il faudra ajouter à la valeur de $\mathsf{S}\,E\,\delta e$ les termes

$$-\frac{E''\,d^2 s''}{e''\,ds''^2}\,d\delta s'' + \frac{E'\,d^2 s'}{e'\,ds'^2}\,d\delta s' + \mathsf{S}\left(d\,\frac{E\,d^2 s}{e\,ds^2} - \frac{Ee}{ds}\right)\delta ds.$$

Le dernier terme de cette expression, étant analogue au terme $\mathrm{S}\, \mathrm{F}\, \delta ds$, sera susceptible de réductions semblables; à l'égard des deux autres, il n'y aura qu'à y substituer pour $d\delta s$ sa valeur $\frac{dx\, d\delta x + dy\, d\delta y + dz\, d\delta z}{ds}$, en marquant toutes les lettres d'un trait ou de deux.

De là il est facile de conclure qu'on aura, pour la solution du cas présent, les mêmes formules que dans le cas où le fil élastique est supposé inextensible, en y mettant seulement $\mathrm{F} + d\frac{\mathrm{E}\, d^2 s}{e\, ds^2} - \frac{\mathrm{E}e}{ds}$ à la place de λ et ajoutant aux termes hors du signe S les deux termes $\frac{\mathrm{E}'\, d^2 s'}{e'\, ds'^2} d\delta s' - \frac{\mathrm{E}''\, d^2 s''}{e''\, ds''^2} d\delta s''$.

Comme, dans l'équation de la courbe, la quantité λ doit être éliminée, il s'ensuit que l'équation de la lame élastique sera la même, soit qu'on la suppose extensible ou non. Mais la tension du fil, qui est exprimée par λ ou par F, lorsque le fil n'est pas élastique (art. 43), sera augmentée, par l'élasticité E, de la quantité $d\frac{\mathrm{E}\rho\, d^2 s}{ds^3} - \frac{\mathrm{E}}{\rho}$, à cause de $e = \frac{ds}{\rho}$ (art. 49).

§ IV. — *De l'équilibre d'un fil raide et de figure donnée.*

53. Venons enfin au cas d'un fil inextensible et inflexible : on aura ici, pour la somme des moments des forces, la même formule intégrale que dans le cas de l'article 28, c'est-à-dire $\mathrm{S}(\mathrm{X}\,\delta x + \mathrm{Y}\,\delta y + \mathrm{Z}\,\delta z)\, dm$; ensuite la condition de l'inextensibilité du fil donnera, comme dans le même article, $\delta ds = 0$, et celle de l'inflexibilité donnera $\delta e = 0$, puisque l'angle de contingence doit être invariable; mais ces deux conditions ne suffisent pas encore dans le cas où la courbe est à double courbure, comme on va le voir.

Pour traiter la question de la manière la plus simple et la plus directe, je remarque que tout consiste à faire en sorte que les différents points de la courbe du fil conservent toujours entre eux les mêmes distances : or, en considérant plusieurs points successifs dont les coordonnées soient

$$x,\quad y,\quad z,\quad x+dx,\quad y+dy,\quad z+dz,$$
$$x+2\,dx+d^2x,\qquad y+2\,dy+d^2y,\qquad z+2\,dz+d^2z,\qquad \ldots,$$

il est clair que les carrés des distances entre le premier de ces points et les suivants seront exprimés par les quantités

$$dx^2+dy^2+dz^2,\qquad (2\,dx+d^2x)^2+(2\,dy+d^2y)^2+(2\,dz+d^2z)^2,$$
$$(3\,dx+3\,d^2x+d^3x)^2+(3\,dy+3\,d^2y+d^3y)^2+(3\,dz+3\,d^2z+d^3z)^2,\qquad \ldots.$$

Supposons, pour abréger,

$$\begin{aligned} dx^2+dy^2+dz^2&=\alpha,\\ (d^2x)^2+(d^2y)^2+(d^2z)^2&=\beta,\\ (d^3x)^2+(d^3y)^2+(d^3z)^2&=\gamma,\\ \ldots\ldots\ldots\ldots&\ldots; \end{aligned}$$

les quantités précédentes, étant développées, deviendront

$$\begin{aligned} &\alpha,\\ &4\alpha+2\,d\alpha+\beta,\\ &9\alpha+9\,d\alpha+9\beta+3(d^2\alpha-2\beta)+3\,d\beta+\gamma,\\ &\ldots\ldots\ldots\ldots\ldots\ldots \end{aligned}$$

Il faudra donc que les variations de ces quantités soient nulles dans toute l'étendue de la courbe, ce qui donnera ces équations indéfinies

$$\begin{aligned} &\delta\alpha=0,\\ &4\,\delta\alpha+2\,\delta\,d\alpha+\delta\beta=0,\\ &9\,\delta\alpha+9\,\delta\,d\alpha+3\,\delta\beta+3\,\delta\,d^2\alpha+3\,\delta\,d\beta+\delta\gamma=0,\\ &\ldots\ldots\ldots\ldots\ldots\ldots; \end{aligned}$$

mais, $\delta\alpha$ étant égal à o, on a aussi

$$d\,\delta\alpha=\delta\,d\alpha=0;\qquad\text{donc}\qquad \delta\beta=0;$$

de là on aura, de plus,

$$d^2\,\delta\alpha=\delta\,d^2\alpha=0,\qquad d\,\delta\beta=\delta\,d\beta=0;\qquad\text{donc}\qquad \delta\gamma=0;$$

et ainsi de suite. De sorte que les équations de condition pour l'inextensibilité et l'inflexibilité du fil seront $\delta\alpha = 0$, $\delta\beta = 0$, $\delta\gamma = 0$, ..., c'est-à-dire, en différentiant et changeant δd en $d\delta$,

$$\begin{aligned}
dx\, d\delta x + dy\, d\delta y + dz\, d\delta z &= 0,\\
d^2x\, d^2\delta x + d^2y\, d^2\delta y + d^2z\, d^2\delta z &= 0,\\
d^3x\, d^3\delta x + d^3y\, d^3\delta y + d^3z\, d^3\delta z &= 0,\\
\dots\dots\dots\dots\dots\dots&\dots\dots
\end{aligned}$$

Il est clair qu'il suffit de trois de ces équations pour déterminer les trois variations δx, δy, δz; d'où l'on peut d'abord conclure que, dès qu'on aura satisfait aux trois premières, toutes les autres, qu'on pourrait trouver à l'infini, auront lieu d'elles-mêmes : c'est aussi de quoi on peut se convaincre par le calcul même, comme on le verra plus bas (art. 60) (¹).

(¹) Ces équations expriment que α, β, γ conservent la même valeur pendant le déplacement de la courbe. Cette condition équivaut aux trois équations suivantes :

$$\left(\frac{dx}{ds}\right)^2 + \left(\frac{dy}{ds}\right)^2 + \left(\frac{dz}{ds}\right)^2 = 1,$$

$$\left(\frac{d^2x}{ds^2}\right)^2 + \left(\frac{d^2y}{ds^2}\right)^2 + \left(\frac{d^2z}{ds^2}\right)^2 = \varphi(s),$$

$$\left(\frac{d^3x}{ds^3}\right)^2 + \left(\frac{d^3y}{ds^3}\right)^2 + \left(\frac{d^3z}{ds^3}\right)^2 = \psi(s).$$

La première est évidente; la deuxième exprime que la courbure de la ligne considérée est une fonction déterminée de l'arc s; la troisième, enfin, combinée avec les deux autres, exprime que la seconde courbure est une fonction déterminée de s. En écrivant les équations de condition sous cette forme, qui ne diffère de celle de Lagrange que par les diviseurs ds^2, ds^4, ds^6, que nous avons introduits, les calculs resteraient absolument les mêmes; seulement les multiplicateurs désignés plus loin par λ, μ, ν seraient finis, tandis qu'il faut, dans la notation de Lagrange, leur supposer des valeurs infinies de différents ordres. Cette circonstance a été signalée comme un inconvénient de la méthode. En adoptant, en effet, la locution si souvent employée par Lagrange, les multiplicateurs λ, μ, ν représenteraient les forces qui tendent à faire varier les fonctions α, β, γ, et il doit sembler extraordinaire que ces forces soient infinies et surtout qu'une transformation tout algébrique suffise pour leur faire prendre des valeurs finies; mais on se rend compte de cette singularité en remarquant que les coefficients λ, μ, ν ne sont nommés *forces* que par une locution figurée, familière à Lagrange. Nous avons averti plusieurs fois qu'il ne fallait pas prendre cette locution à la lettre. (*Voir* la Note relative à l'art. 9, Sect. II.) (*J. Bertrand.*)

54. On aura donc par notre méthode cette équation générale de l'équilibre

$$
\begin{aligned}
o = & + \mathrm{S}(X\,\delta x + Y\,\delta y + Z\,\delta z)\,dm \\
& + \mathrm{S}\lambda(dx\,d\,\delta x + dy\,d\,\delta y + dz\,d\,\delta z) \\
& + \mathrm{S}\mu(d^2x\,d^2\delta x + d^2y\,d^2\delta y + d^2z\,d^2\delta z) \\
& + \mathrm{S}\nu(d^3x\,d^3\delta x + d^3y\,d^3\delta y + d^3z\,d^3\delta z),
\end{aligned}
$$

laquelle, par les transformations enseignées, se réduira à la forme suivante :

$$
\begin{aligned}
o = & + \mathrm{S}[X\,dm - d(\lambda\,dx) + d^2(\mu\,d^2x) - d^3(\nu\,d^3x)]\,\delta x \\
& + \mathrm{S}[Y\,dm - d(\lambda\,dy) + d^2(\mu\,d^2y) - d^3(\nu\,d^3y)]\,\delta y \\
& + \mathrm{S}[Z\,dm - d(\lambda\,dz) + d^2(\mu\,d^2z) - d^3(\nu\,d^3z)]\,\delta z \\
& + [\lambda''\,dx'' - d(\mu''\,d^2x'') + d^2(\nu''\,d^3x'')]\,\delta x'' \\
& + [\mu''\,d^2x'' - d(\nu''\,d^3x'')]\,d\,\delta x'' + \nu''\,d^3x''\,d^2\,\delta x'' \\
& + [\lambda''\,dy'' - d(\mu''\,d^2y'') + d^2(\nu''\,d^3y'')]\,\delta y'' \\
& + [\mu''\,d^2y'' - d(\nu''\,d^3y'')]\,d\,\delta y'' + \nu''\,d^3y''\,d^2\delta y'' \\
& + [\lambda''\,dz'' - d(\mu''\,d^2z'') + d^2(\nu''\,d^3z'')]\,\delta z'' \\
& + [\mu''\,d^2z'' - d(\nu''\,d^3z'')]\,d\,\delta z'' + \nu''\,d^3z''\,d^2\delta z'' \\
& - [\lambda'\,dx' - d(\mu'\,d^2x') + d^2(\nu'\,d^3x')]\,\delta x' \\
& - [\mu'\,d^2x' - d(\nu'\,d^3x')]\,d\,\delta x' - \nu'\,d^3x'\,d^2\,\delta x' \\
& - [\lambda'\,dy' - d(\mu'\,d^2y') + d^2(\nu'\,d^3y')]\,\delta y' \\
& - [\mu'\,d^2y' - d(\nu'\,d^3y')]\,d\,\delta y' - \nu'\,d^3y'\,d^2\,\delta y' \\
& - [\lambda'\,dz' - d(\mu'\,d^2z') + d^2(\nu'\,d^3z')]\,\delta z' \\
& - [\mu'\,d^2z' - d(\nu'\,d^3z')]\,d\,\delta z' - \nu'\,d^3z'\,d^2\,\delta z'.
\end{aligned}
$$

55. Égalant d'abord à zéro les coefficients de δx, δy, δz sous le signe S, on aura ces trois équations indéfinies

$$
\begin{aligned}
& X\,dm - d(\lambda\,dx) + d^2(\mu\,d^2x) - d^3(\nu\,d^3x) = o, \\
& Y\,dm - d(\lambda\,dy) + d^2(\mu\,d^2y) - d^3(\nu\,d^3y) = o, \\
& Z\,dm - d(\lambda\,dz) + d^2(\mu\,d^2z) - d^3(\nu\,d^3z) = o,
\end{aligned}
$$

lesquelles, renfermant trois variables indéterminées λ, μ, ν, ne serviront qu'à déterminer ces trois quantités ; en sorte qu'il n'y aura aucune équation indéfinie entre les différentes forces X, Y, Z qu'on suppose appliquées à tous les points de la verge; et les conditions de l'équilibre dépendront uniquement des termes qui sont hors du signe S. Mais, comme ces termes contiennent les inconnues λ, μ, ν, il faudra commencer par déterminer ces inconnues.

Pour cela, il faut intégrer les équations précédentes, ce qui est facile, et l'on aura ces trois-ci

$$\int X\,dm - \lambda\,dx + d(\mu\,d^2x) - d^2(\nu\,d^3x) = A,$$

$$\int Y\,dm - \lambda\,dy + d(\mu\,d^2y) - d^2(\lambda\,d^3y) = B,$$

$$\int Z\,dm - \lambda\,dz + d(\mu\,d^2z) - d^2(\nu\,d^3z) = C,$$

A, B, C étant trois constantes arbitraires.

Ces équations donnent, par l'élimination de λ, ces trois autres-ci

$$\begin{aligned} dy\int X\,dm - dx\int Y\,dm + dy\,d(\mu\,d^2x) - dx\,d(\mu\,d^2y)& \\ - dy\,d^2(\nu\,d^3x) + dx\,d^2(\nu\,d^3y) &= A\,dy - B\,dx, \end{aligned}$$

$$\begin{aligned} dz\int X\,dm - dx\int Z\,dm + dz\,d(\mu\,d^2x) - dx\,d(\mu\,d^2z)& \\ - dz\,d^2(\nu\,d^3x) + dx\,d^2(\nu\,d^3z) &= A\,dz - C\,dx, \end{aligned}$$

$$\begin{aligned} dz\int Y\,dm - dy\int Z\,dm + dz\,d(\mu\,d^2y) - dy\,d(\mu\,d^2z)& \\ - dz\,d^2(\nu\,d^3y) + dy\,d^2(\nu\,d^3z) &= B\,dz - C\,dy, \end{aligned}$$

lesquelles sont aussi intégrables, et dont les intégrales sont

$$\begin{aligned} y\int X\,dm - x\int Y\,dm - \int (Xy - Yx)\,dm& \\ + \mu(dy\,d^2x - dx\,d^2y) - dy\,d(\nu\,d^3x) + dx\,d(\nu\,d^3y)& \\ + \nu(d^2y\,d^3x - d^2x\,d^3y) &= Ay - Bx + F, \end{aligned}$$

$$\begin{aligned} z\int X\,dm - x\int Z\,dm - \int (Xz - Zx)\,dm& \\ + \mu(dz\,d^2x - dx\,d^2z) - dz\,d(\nu\,d^3x) + dx\,d(\nu\,d^3z)& \\ + \nu(d^2z\,d^3x - d^2x\,d^3z) &= Az - Cx + G, \end{aligned}$$

$$\begin{aligned} z\int Y\,dm - y\int Z\,dm - \int (Yz - Zy)\,dm& \\ + \mu(dz\,d^2y - dy\,d^2z) - dz\,d(\nu\,d^3y) + dy\,d(\nu\,d^3z)& \\ + \nu(d^2z\,d^3y - d^2y\,d^3z) &= Bz - Cy + H, \end{aligned}$$

F, G, H étant de nouvelles constantes arbitraires.

Ces trois dernières équations serviront à déterminer les trois quantités μ, ν et $d\nu$, et les trois premières équations intégrales donneront les valeurs de λ, $d\mu$, $d^2\nu$. Ainsi l'on aura toutes les inconnues qui entrent dans les termes qui sont hors du signe S; il suffira pour cela de marquer, dans les six équations qu'on vient de trouver, toutes les lettres d'un trait ou de deux, à l'exception des constantes arbitraires, de supposer nulles, dans le premier cas, les quantités affectées du signe $\int$, lesquelles sont censées commencer au premier point du fil, et de changer, dans le second cas, $\int$ en S dans les mêmes quantités, pour les rapporter au dernier point du fil.

56. Cela posé, voyons maintenant les conditions qui peuvent résulter de l'anéantissement des termes hors du signe S dans l'équation générale de l'équilibre (art. 54).

Et d'abord, si l'on suppose la verge entièrement libre, les variations $\delta x'$, $\delta y'$, $\delta z'$, $d\,\delta x'$, $d\,\delta y'$, $d\,\delta z'$, $d^2\delta x'$, $d^2\delta y'$, $d^2\delta z'$ et $\delta x''$, $\delta y''$, $\delta z''$, $d\,\delta x''$, ... seront toutes indéterminées; par conséquent, il faudra égaler à zéro chacun de leurs coefficients, et il est visible qu'il faudra pour cela que les quantités λ', μ', ν', $d\mu'$, $d\nu'$, $d^2\nu'$, ainsi que λ'', μ'', ν'', $d\mu''$, $d\nu''$, $d^2\nu''$, soient nulles.

Donc les trois premières équations intégrales de l'article précédent, étant rapportées au premier et au dernier point du fil, donneront ces six conditions

$$A = 0, \quad B = 0, \quad C = 0, \quad \mathsf{S}\,X\,dm = A, \quad \mathsf{S}\,Y\,dm = B, \quad \mathsf{S}\,Z\,dm = C;$$

et les trois dernières intégrales donneront de même les six suivantes :

$$\begin{aligned} Ay' - Bx' + F &= 0,\\ Az' - Cx' + G &= 0,\\ Bz' - Cy' + H &= 0; \end{aligned}$$

$$y''\,\mathsf{S}\,X\,dm - x''\,\mathsf{S}\,Y\,dm - \mathsf{S}\,(Xy - Yx)\,dm = Ay'' - Bx'' + F,$$

$$z''\,\mathsf{S}\,X\,dm - x''\,\mathsf{S}\,Z\,dm - \mathsf{S}\,(Xz - Zx)\,dm = Az'' - Cx'' + G,$$

$$z''\,\mathsf{S}\,Y\,dm - y''\,\mathsf{S}\,Z\,dm - \mathsf{S}\,(Yz - Zy)\,dm = Bz'' - Cy'' + H.$$

Donc

$$A = 0, \quad B = 0, \quad C = 0, \quad F = 0, \quad G = 0, \quad H = 0$$

et, par conséquent,

$$\mathrm{S}\,X\,dm = 0, \qquad \mathrm{S}\,Y\,dm = 0, \qquad \mathrm{S}\,Z\,dm = 0,$$
$$\mathrm{S}(Xy - Yx)\,dm = 0, \quad \mathrm{S}(Xz - Zx)\,dm = 0, \quad \mathrm{S}(Yz - Zy)\,dm = 0.$$

Ces six équations sont donc les seules qui soient nécessaires pour l'équilibre d'une verge inflexible, lorsqu'il n'y a pas de point fixe; c'est ce qui s'accorde avec ce que nous avons remarqué plus haut (art. 25), et c'est aussi ce qu'on aurait pu déduire immédiatement de la théorie donnée dans la Section III, ainsi que nous l'avons observé dans l'article cité.

57. Supposons maintenant qu'il y ait dans la verge un point fixe et que ce point soit la première extrémité de la verge; dans ce cas, on aura

$$\delta x' = 0, \quad \delta y' = 0, \quad \delta z' = 0;$$

en sorte que les termes affectés de ces variations disparaîtront d'eux-mêmes; il suffira donc d'égaler à zéro les coefficients de $d\delta x'$, $d\delta y'$, $d\delta z'$, $d^2\delta x'$, $d^2\delta y'$, $d^2\delta z'$, ainsi que les coefficients de $\delta x''$, $\delta y''$, $\delta z''$, $d\delta x''$, $d\delta y''$, ...

Or il est aisé de voir que, pour cela, il suffira que l'on ait

$$\mu' = 0, \quad \nu' = 0, \quad d\nu' = 0,$$

et ensuite

$$\lambda'' = 0, \quad \mu'' = 0, \quad \nu'' = 0, \quad d\mu'' = 0, \quad d\nu'' = 0, \quad d^2\nu'' = 0,$$

comme dans le cas précédent; et l'on trouvera les mêmes conditions que dans l'article précédent, à l'exception de ce que A, B, C ne seront pas nulles.

On aura donc

$$A = \mathrm{S}\,X\,dm, \quad B = \mathrm{S}\,Y\,dm, \quad C = \mathrm{S}\,Z\,dm,$$

ensuite

$$F = Bx' - Ay', \quad G = Cx' - Az', \quad H = Cy' - Bz';$$

et les trois autres équations se réduiront à celles-ci

$$-\mathrm{S}(Xy - Yx)\,dm = Bx' - Ay',$$
$$-\mathrm{S}(Xz - Zx)\,dm = Cx' - Az',$$
$$-\mathrm{S}(Yz - Zy)\,dm = Cy' - Bz',$$

c'est-à-dire à

$$\mathrm{S}(Xy - Yx)\,dm + x'\,\mathrm{S}\,Y\,dm - y'\,\mathrm{S}\,X\,dm = 0,$$
$$\mathrm{S}(Xz - Zx)\,dm + x'\,\mathrm{S}\,Z\,dm - z'\,\mathrm{S}\,X\,dm = 0,$$
$$\mathrm{S}(Yz - Zy)\,dm + y'\,\mathrm{S}\,Z\,dm - z'\,\mathrm{S}\,Y\,dm = 0,$$

ou, ce qui est la même chose, à

$$\mathrm{S}[X(y - y') - Y(x - x')]\,dm = 0,$$
$$\mathrm{S}[X(z - z') - Z(x - x')]\,dm = 0,$$
$$\mathrm{S}[Y(z - z') - Z(y - y')]\,dm = 0.$$

Ce sont les seules conditions nécessaires pour l'équilibre, et il est clair qu'elles répondent à celles que l'on a trouvées dans l'article 24.

58. Si la verge était fixement attachée par sa première extrémité, en sorte que non seulement le premier point de la courbe fût fixe, mais aussi la tangente à ce premier point, alors on aurait non seulement

$$\delta x' = 0, \qquad \delta y' = 0, \qquad \delta z' = 0,$$

mais aussi

$$\delta\,dx' = d\,\delta x' = 0, \qquad \delta\,dy' = d\,\delta y' = 0, \qquad \delta\,dz' = d\,\delta z' = 0;$$

par conséquent, tous les termes affectés de ces quantités disparaîtraient d'eux-mêmes et il ne resterait qu'à faire évanouir les termes affectés de $d^2\,\delta x'$, $d^2\,\delta y'$, $d^2\,\delta z'$ et de $\delta x''$, $\delta y''$, $\delta z''$, $d\,\delta x''$, $d\,\delta y''$, ...

On n'aura donc, dans ce cas, que ces conditions

$$\nu' = 0, \quad \lambda'' = 0, \quad \mu'' = 0, \quad \nu'' = 0, \quad d\mu'' = 0, \quad d\nu'' = 0, \quad d^2\nu'' = 0.$$

Donc les constantes A, B, C auront encore les valeurs

$$A = \int X\,dm, \qquad B = \int Y\,dm, \qquad C = \int Z\,dm;$$

ensuite les trois dernières intégrales de l'article 55, étant appliquées au dernier point de la verge, donneront

$$F = \int (Yx - Xy)\,dm, \qquad G = \int (Zx - Xz)\,dm, \qquad H = \int (Zy - Yz)\,dm.$$

Et, si l'on applique ces mêmes équations au premier point, on aura

$$\mu'(dy'\,d^2x' - dx'\,d^2y') - d\nu'(dy'\,d^3x' - dx'\,d^3y') = Ay' - Bx' + F,$$
$$\mu'(dz'\,d^2x' - dx'\,d^2z') - d\nu'(dz'\,d^3x' - dx'\,d^3z') = Az' - Cx' + G,$$
$$\mu'(dz'\,d^2y' - dy'\,d^2z') - d\nu'(dz'\,d^3y' - dy'\,d^3z') = Bz' - Cy' + H,$$

d'où, éliminant μ' et $d\nu'$, résulte l'équation

$$A(y'\,dz' - z'\,dy') + B(z'\,dx' - x'\,dz') + C(x'\,dy' - y'\,dx') \\ + F\,dz' - G\,dy' + H\,dx' = 0.$$

Cette équation est nécessaire pour empêcher que la verge ne tourne autour de sa première tangente, qui est supposée fixe, et il est facile de voir que son premier membre devient nul lorsque la verge est une ligne droite.

59. On pourrait regarder comme un défaut de notre méthode la longueur de cette solution, qui est, en effet, plus longue que celle de l'équilibre d'un fil flexible; tandis que, par les méthodes ordinaires, ce dernier problème est beaucoup plus difficile que celui de l'équilibre d'une verge raide tirée par des puissances quelconques, parce qu'il faut déterminer, par la composition des forces, la courbe que le fil doit prendre pour être en équilibre, au lieu que, dans le cas de la verge, cette courbe est donnée et que l'équilibre ne demande que la destruction des moments des forces. Mais, lorsqu'on veut suivre pour tous ces problèmes une marche uniforme et passer de l'un à l'autre graduellement, à mesure qu'on y ajoute de nouvelles conditions, il est évident que le cas d'un fil inflexible est moins simple que celui d'un fil flexible,

parce que l'inflexibilité exprimée analytiquement consiste dans l'invariabilité des distances mutuelles des points du fil. Et si, dans ce cas, la courbe étant donnée, elle ne doit plus être un résultat du calcul comme dans le cas d'un fil flexible, c'est une circonstance que l'analyse doit indiquer et qu'elle indique, en effet, par les trois indéterminées λ, μ, ν qui restent dans les trois équations indéfinies entre x, y, z de l'article 55, et qui font que ces équations peuvent s'adapter à une courbe quelconque donnée. Ainsi l'on ne doit pas regarder ces équations comme une superfluité inutile; outre qu'elles servent à déterminer les trois inconnues λ, μ, ν, d'où dépendent les conditions de l'équilibre, et qui expriment (¹) en même temps les forces qui s'opposent à ce que les valeurs des trois fonctions α, β, γ varient par l'effet des forces qui agissent sur le fil.

Il est vrai que les trois indéterminées λ, μ, ν doivent être remplacées par les trois équations de condition qui consistent en ce que les fonctions différentielles α, β, γ doivent être censées données. Mais, comme, par la nature du Calcul différentiel, la valeur absolue des différentielles reste indéterminée et qu'il n'y a que leur rapport qui puisse être donné, ces trois conditions ne peuvent équivaloir qu'à deux, qui renferment les rapports des trois quantités α, β, γ; et ces deux rapports suffisent pour déterminer la courbe.

En effet, par ce qu'on a démontré plus haut (art. 46), on voit que l'angle de contingence formé par deux côtés successifs de la courbe se trouve exprimé par $\frac{\sqrt{4\alpha\beta - d\alpha^2}}{2\alpha}$, en conservant les valeurs de α, β, γ de l'article 53; de sorte que le rayon osculateur sera exprimé par $\frac{2\alpha\sqrt{\alpha}}{\sqrt{4\alpha\beta - d\alpha^2}}$. Ce rayon étant donc supposé donné, la courbe sera donnée si elle est à simple courbure, et, pour les courbes à double courbure, il ne sera pas difficile de prouver que la seconde courbure, provenant de l'angle de contingence formé par les plans qui passent successivement par deux éléments contigus de la courbe, dépendra du rapport des

(¹) *Voir* la note relative à l'article 53. (*J. Bertrand.*)

trois quantités α, β, γ (¹). Ainsi les trois conditions dont il s'agit, rapportées à la courbe, se réduisent à ce qu'elle soit donnée, comme le problème le suppose (²).

On pourrait étendre l'analyse de ce problème au cas d'une surface ou d'un solide dont tous les points seraient tirés par des forces quelconques; mais nous allons faire voir comment on peut la simplifier en partant des mêmes équations de condition et en déterminant d'avance par ces équations la forme des variations des coordonnées.

CHAPITRE IV.

DE L'ÉQUILIBRE D'UN CORPS SOLIDE DE GRANDEUR SENSIBLE ET DE FIGURE QUELCONQUE, DONT TOUS LES POINTS SONT TIRÉS PAR DES FORCES QUELCONQUES.

60. Puisque la condition de la solidité du corps consiste en ce que tous ses points conservent constamment entre eux la même position et les mêmes distances, on aura entre les variations δx, δy, δz les mêmes équations de condition qu'on a trouvées dans l'article 53; car il est visible qu'en imaginant dans l'intérieur du corps une courbe quelconque, il suffira que tous ses points gardent les mêmes distances entre eux, quelque mouvement que le corps reçoive; ainsi l'on pourra, par leur moyen, déterminer immédiatement les valeurs de ces variations.

Pour cela, je remarque que, comme en passant aux différences secondes il est toujours permis de prendre une des différences premières pour constante, on peut supposer dx constante et, par conséquent, $d^2x = 0$, $d^3x = 0$, ..., moyennant quoi la deuxième et la troi-

(¹) Cette seconde courbure dépend aussi de $d\beta$. (*J. Bertrand.*)

(²) On voit, d'après les résultats précédents, que deux courbes sont superposables lorsque les rayons de première et de seconde courbure s'expriment, dans l'une et dans l'autre, par une même fonction de l'arc. Si donc deux courbes ont l'une et l'autre leurs rayons de courbure constants et égaux chacun à chacun, ces courbes sont identiques; et, comme on peut toujours déterminer une hélice dont les rayons de courbure soient donnés, toute courbe qui a ses rayons de courbure constants est une hélice. Plusieurs géomètres ont donné des démonstrations élégantes de ce théorème. *Voir* deux Notes, l'une de M. Puiseux, l'autre de M. Serret, *Journal de Mathématiques* de Liouville, 1re série, t. VII, p. 65, et t. XVI, p. 193. (*J. Bertrand.*)

sième équation de l'article cité deviendront

$$d^2y\,d^2\delta y + d^2z\,d^2\delta z = 0 \qquad \text{et} \qquad d^3y\,d^3\delta y + d^3z\,d^3\delta z = 0.$$

La première de ces équations donne d'abord $d^2\delta y = -\frac{d^2z}{d^2y}d^2\delta z$ et, différentiant,

$$d^3\delta y = -\frac{d^2z}{d^2y}d^3\delta z - \left[\frac{d^3z}{d^2y} - \frac{d^2z\,d^3y}{(d^2y)^2}\right]d^2\delta z;$$

cette valeur étant substituée dans la seconde équation, elle se trouvera toute divisible par $d^3z - \frac{d^3y\,d^2z}{d^2y}$, et l'on aura, après la division,

$$d^3\delta z - \frac{d^3y}{d^2y}d^2\delta z = 0;$$

d'où l'on tire, en intégrant,

$$d^2\delta z = \delta L\,d^2y,$$

δL étant une constante. Ayant $d^2\delta z$, on trouvera

$$d^2\delta y = -\delta L\,d^2z;$$

donc, intégrant de nouveau et ajoutant les constantes $-\delta M\,dx$, $\delta N\,dx$, on aura

$$d\delta z = \delta L\,dy - \delta M\,dx, \qquad d\delta y = -\delta L\,dz + \delta N\,dx;$$

et, ces valeurs étant substituées dans la première équation de condition, savoir

$$dx\,d\delta x + dy\,d\delta y + dz\,d\delta z = 0,$$

il viendra

$$d\delta x = -\delta N\,dy + \delta M\,dz.$$

Enfin on aura, par une troisième intégration et par l'addition des nouvelles constantes δl, δm, δn,

$$\begin{aligned}
\delta x &= \delta l \;\; - y\,\delta N + z\,\delta M,\\
\delta y &= \delta m + x\,\delta N - z\,\delta L,\\
\delta z &= \delta n \;\; - x\,\delta M + y\,\delta L.
\end{aligned}$$

Et il est facile de se convaincre que ces expressions ne satisfont pas seulement aux trois premières équations de condition de l'article 53, mais aussi à toutes les autres qu'on pourrait trouver à l'infini, et qui sont toutes renfermées dans cette équation générale

$$d^n x\, d^n \delta x + d^n y\, d^n \delta y + d^n z\, d^n \delta z = 0.$$

Telles sont donc les valeurs de δx, δy, δz pour un système quelconque de points unis ensemble de manière qu'ils conservent toujours entre eux les mêmes distances; ainsi ces valeurs serviront non seulement pour le cas d'une courbe quelconque mobile et invariable dans sa figure, mais aussi pour le cas d'un corps solide de figure quelconque.

Euler a trouvé le premier ces formules simples et élégantes pour exprimer les variations des coordonnées de tous les points d'un corps solide mobile dans l'espace. Il y est parvenu par des considérations tirées du Calcul différentiel, mais différentes de celles qui nous y ont conduit, et, ce me semble, moins rigoureuses (¹). *Voir,* dans le Volume de l'Académie de Berlin pour 1750, le Mémoire intitulé : *Découverte d'un nouveau principe de Mécanique.*

61. Puis donc que les valeurs précédentes de δx, δy, δz satisfont déjà aux équations de condition du problème, il est clair qu'il suffira de les substituer dans la formule

$$\mathrm{S}(\mathrm{X}\,\delta x + \mathrm{Y}\,\delta y + \mathrm{Z}\,\delta z)\,dm$$

et de faire en sorte qu'elle devienne nulle, indépendamment des quantités δl, δm, δn, $\delta \mathrm{L}$, $\delta \mathrm{M}$, $\delta \mathrm{N}$, qui sont les seules indéterminées qui restent.

Or, comme ces quantités sont les mêmes pour tous les points du corps, il faudra dans la substitution les faire sortir hors du signe S; et l'on aura conséquemment cette équation générale de l'équilibre d'un

(¹) La démonstration d'Euler est, il est vrai, moins directe que celle de Lagrange; mais il m'a été impossible de découvrir le point de vue sous lequel on peut l'accuser de manquer de rigueur. (*J. Bertrand.*)

corps solide de figure quelconque

$$\delta l \mathsf{S} X\,dm + \delta m \mathsf{S} Y\,dm + \delta n \mathsf{S} Z\,dm$$
$$+ \delta N \mathsf{S}(Yx - Xy)\,dm + \delta M \mathsf{S}(Xz - Zx)\,dm + \delta L \mathsf{S}(Zy - Yz)\,dm = 0,$$

d'où l'on tirera les équations particulières de l'équilibre, en ayant égard aux différentes circonstances du problème.

62. Et d'abord, si le corps est supposé entièrement libre, les six variations δl, δm, δn, δL, δM, δN seront toutes indéterminées, et il faudra égaler séparément à zéro les quantités par lesquelles elles se trouvent multipliées ; ce qui donnera ces six équations déjà connues

$$\mathsf{S} X\,dm = 0, \qquad \mathsf{S} Y\,dm = 0, \qquad \mathsf{S} Z\,dm = 0,$$
$$\mathsf{S}(Yx - Xy)\,dm = 0, \qquad \mathsf{S}(Xz - Zx)\,dm = 0, \qquad \mathsf{S}(Zy - Yz)\,dm = 0.$$

En second lieu, s'il y a dans le corps un point fixe autour duquel il ait simplement la liberté de pouvoir pirouetter en tous sens et qu'on nomme a, b, c les valeurs des coordonnées x, y, z pour ce point, il faudra que l'on ait

$$\delta a = 0, \qquad \delta b = 0, \qquad \delta c = 0;$$

donc

$$\delta l - b\,\delta N + c\,\delta M = 0, \qquad \delta m - c\,\delta L + a\,\delta N = 0, \qquad \delta n - a\,\delta M + b\,\delta L = 0;$$

d'où l'on tire

$$\delta l = b\,\delta N - c\,\delta M, \qquad \delta m = c\,\delta L - a\,\delta N, \qquad \delta n = a\,\delta M - b\,\delta L.$$

On substituera ces valeurs dans l'équation générale de l'article précédent et, mettant sous le signe S les quantités a, b, c, qui sont constantes par rapport aux différents points du corps, on aura cette transformée

$$+ \delta N \mathsf{S}[Y(x-a) - X(y-b)]\,dm$$
$$+ \delta M \mathsf{S}[X(z-c) - Z(x-a)]\,dm$$
$$+ \delta L \mathsf{S}[Z(y-b) - Y(z-c)]\,dm = 0,$$

laquelle ne fournira plus que trois équations, savoir

$$\mathsf{S}[Y(x-a)-X(y-b)]\,dm=0,$$
$$\mathsf{S}[X(z-c)-Z(x-a)]\,dm=0,$$
$$\mathsf{S}[Z(y-b)-Y(z-c)]\,dm=0.$$

En troisième lieu, s'il y a dans le corps deux points fixes et que f, g, h soient les valeurs de x, y, z pour le second de ces points, on aura, de plus,

$$\delta l = g\,\delta N - h\,\delta M,$$
$$\delta m = h\,\delta L - f\,\delta N,$$

δn [illegible] $- g\,\delta L$;

donc, comparant ces valeurs de δl, δm, δn avec les précédentes, on aura

$$(g-b)\,\delta N-(h-c)\,\delta M=0,$$
$$(f-a)\,\delta N-(h-c)\,\delta L=0,$$
$$(f-a)\,\delta M-(g-b)\,\delta L=0.$$

Les deux premières de ces équations donnent

$$\delta L=\frac{f-a}{h-c}\,\delta N, \qquad \delta M=\frac{g-b}{h-c}\,\delta N,$$

et, comme ces valeurs satisfont aussi à la troisième équation, il s'ensuit que la variation δN demeure indéterminée.

Faisant donc ces substitutions dans la transformée trouvée ci-dessus, on aura

$$\delta N\left\{\begin{array}{l}+(h-c)\,\mathsf{S}[Y(x-a)-X(y-b)]\,dm\\ +(g-b)\,\mathsf{S}[X(z-c)-Z(x-a)]\,dm\\ +(f-a)\,\mathsf{S}[Z(y-b)-Y(z-c)]\,dm\end{array}\right\}=0;$$

ainsi les conditions de l'équilibre seront renfermées dans cette seule équation

$$\begin{array}{l}+(h-c)\,\mathsf{S}[Y(x-a)-X(y-b)]\,dm\\ +(g-b)\,\mathsf{S}[X(z-c)-Z(x-a)]\,dm\\ +(f-a)\,\mathsf{S}[Z(y-b)-Y(z-c)]\,dm=0.\end{array}$$

63. Ces différentes équations répondent à celles que nous avons données dans la Section III, pour l'équilibre d'un système de points isolés de forme invariable; et nous aurions pu appliquer immédiatement les conditions de cet équilibre à celui d'un corps solide de figure quelconque, dont tous les points sont tirés par des forces données. Mais nous avons cru qu'il n'était pas inutile, pour montrer la fécondité de nos méthodes, de traiter cette dernière question en particulier et sans rien emprunter des problèmes déjà résolus.

Au reste, si les deux points du corps que nous venons de supposer fixes étaient mobiles sur des lignes ou des surfaces données, ou même joints entre eux d'une manière quelconque, on aurait alors une ou plusieurs équations différentielles entre les variations des coordonnées a, b, c, f, g, h qui répondent à ces points; et, substituant à la place de ces variations leurs valeurs en δl, δm, δn, $\delta \mathrm{L}$, $\delta \mathrm{M}$, $\delta \mathrm{N}$, d'après les formules générales de l'article 60, on aurait autant d'équations entre ces dernières variations, au moyen desquelles on déterminerait quelques-unes de ces variations par les autres; on substituerait ensuite ces valeurs dans l'équation générale, et l'on égalerait à zéro chacun des coefficients des variations restantes, ce qui fournirait toutes les équations nécessaires pour l'équilibre.

La marche du calcul est, comme l'on voit, toujours la même, et c'est ce qu'on doit regarder comme un des principaux avantages de cette méthode.

64. Les expressions trouvées plus haut (art. 60) pour les variations δx, δy, δz font voir que ces variations ne sont que les résultats des mouvements de translation et de rotation que nous avons considérés en particulier dans la Section III.

En effet, il est visible que les termes δl, δm, δn, qui sont communs à tous les points du corps, représentent les petits espaces parcourus par le corps, suivant les directions des coordonnées x, y, z, en vertu d'un mouvement quelconque de translation; et l'on voit, par les formules de l'article 8 de la même Section, que les termes $z\,\delta \mathrm{M} - y\,\delta \mathrm{N}$,

$x\,\delta N - z\,\delta L$, $y\,\delta L - x\,\delta M$ représentent les petits espaces parcourus par chaque point du corps, suivant les mêmes directions, en vertu de trois mouvements de rotation δL, δM, δN autour des trois axes des x, y, z, ces quantités δL, δM, δN répondant aux quantités $d\psi$, $d\omega$, $d\varphi$ de l'article cité. Ainsi l'on aurait pu déduire immédiatement les expressions dont il s'agit de la seule considération de ces mouvements, ce qui aurait été plus simple, mais non pas si direct. L'analyse précédente conduit naturellement à ces expressions et prouve par là, d'une manière encore plus directe et plus générale que celle de l'article 10 de la Section III, que, lorsque les différents points d'un système conservent leur position relative, le système ne peut avoir à chaque instant que des mouvements de translation dans l'espace et de rotation autour de trois axes perpendiculaires entre eux.

SECTION SIXIÈME.

SUR LES PRINCIPES DE L'HYDROSTATIQUE.

Quoique nous ignorions la constitution intérieure des fluides, nous ne pouvons douter que les particules qui les composent ne soient matérielles, et que par cette raison les lois générales de l'équilibre ne leur conviennent comme aux corps solides. En effet, la propriété principale des fluides, et la seule qui les distingue des corps solides, consiste en ce que toutes leurs parties cèdent à la moindre force et peuvent se mouvoir entre elles avec toute la facilité possible, quelles que soient d'ailleurs la liaison et l'action mutuelle de ces parties. Or, cette propriété pouvant aisément être traduite en calcul, il s'ensuit que les lois de l'équilibre des fluides ne demandent pas une théorie particulière, mais qu'elles ne doivent être qu'un cas particulier de la théorie générale de la Statique. C'est sous ce point de vue que nous allons les considérer; mais nous croyons devoir commencer par exposer les différents principes qui ont été employés jusqu'ici dans cette partie de la Statique qu'on nomme communément *Hydrostatique*, pour compléter l'analyse des principes de la Statique que nous avons donnée dans la Section I.

1. C'est encore à Archimède que nous devons les premiers principes de l'équilibre des fluides. Son Traité *De insidentibus humido* ne nous est pas parvenu en grec; il y en avait seulement une traduction latine assez défectueuse, donnée par Tartalea, lorsque Commendin entreprit de le restituer et de l'éclaircir par des notes; il parut, par les soins de ce savant commentateur, en 1565, sous le titre *De iis quæ vehuntur in aqua.*

Cet Ouvrage, qu'on peut regarder comme un des plus précieux restes de l'Antiquité, est divisé en deux Livres. Dans le premier, Archimède pose ces deux principes, qu'il regarde comme des principes d'expérience, et sur lesquels il fonde toute sa théorie : 1° que la nature des fluides est telle, que les parties moins pressées sont chassées par celles qui le sont davantage, et que chaque partie est toujours pressée par tout le poids de la colonne qui lui répond verticalement; 2° que tout ce qui est poussé en haut par un fluide est toujours poussé suivant la perpendiculaire qui passe par son centre de gravité.

Du premier principe, Archimède conclut d'abord que la surface d'un fluide, dont toutes les parties sont supposées peser vers le centre de la Terre, doit être sphérique pour que le fluide soit en équilibre. Ensuite il démontre qu'un corps aussi pesant qu'un égal volume du fluide doit s'y enfoncer tout à fait, parce qu'en considérant deux pyramides égales du fluide supposé en équilibre autour du centre de la Terre, celle où le corps ne serait plongé qu'en partie exercerait une plus grande pression que l'autre sur le centre de la Terre ou, en général, sur une surface sphérique quelconque qu'on imaginerait autour de ce centre. Il prouve, de la même manière, que les corps plus légers qu'un égal volume du fluide ne peuvent s'y enfoncer que jusqu'à ce que la partie submergée occupe la place d'un volume de fluide aussi pesant que le corps entier; d'où il déduit ces deux théorèmes hydrostatiques, que les corps plus légers que des volumes égaux d'un fluide, y étant plongés, en sont repoussés de bas en haut avec une force égale à l'excès du poids du fluide déplacé sur celui du corps plongé, et que les corps plus pesants y perdent une partie de leur poids égale à celui du fluide déplacé.

Archimède se sert ensuite de son second principe pour établir les lois de l'équilibre des corps qui flottent sur un fluide; il démontre que toute section de sphère plus légère qu'un volume égal du fluide, y étant plongée, doit nécessairement se disposer de manière que la base en soit horizontale; et sa démonstration consiste à faire voir que, si la base était inclinée, le poids total du corps, considéré comme concentré dans son centre de gravité, et la poussée verticale du fluide, considérée aussi comme concentrée dans le centre de gravité de la partie submergée, tendraient toujours à faire tourner le corps jusqu'à ce que sa base fût redevenue horizontale.

Tels sont les objets du premier Livre. Dans le second, Archimède donne, d'après les mêmes principes, les lois de l'équilibre de différents solides formés par la révolution des sections coniques, et plongés dans des fluides plus pesants que ces corps; il examine les cas où ces conoïdes peuvent y demeurer inclinés, ceux où ils doivent s'y tenir debout et ceux où ils doivent culbuter ou se redresser. Ce Livre est un des plus beaux monuments du génie d'Archimède et renferme une théorie de la stabilité des corps flottants à laquelle les modernes ont peu ajouté.

2. Quoique, d'après ce qu'Archimède avait démontré, il ne fût pas difficile de déterminer la pression d'un fluide sur le fond ou sur les parois du vase dans lequel il est renfermé, Stevin est néanmoins le premier qui ait entrepris cette recherche et qui ait découvert le paradoxe hydrostatique, qu'un fluide peut exercer une pression beaucoup plus grande que son propre poids. C'est dans le tome III des *Hypomnemata mathematica,* traduits du hollandais par Snellius et publiés à Leyde en 1608, que se trouve la théorie hydrostatique de Stevin. Après avoir prouvé qu'un corps solide de figure quelconque et de même gravité que l'eau peut y rester dans une situation quelconque, par la raison qu'il occupe la même place et pèse autant que si c'était de l'eau, Stevin imagine un vase rectangulaire rempli d'eau et il fait voir aisément que son fond doit supporter tout le poids de l'eau qui remplit le vase. Il suppose ensuite qu'on plonge dans ce vase un solide de figure quelconque et de même gravité que l'eau; il est clair que la pression restera la même; de sorte que, si l'on donne au solide plongé une figure telle qu'il ne reste plus qu'un canal de fluide d'une figure quelconque, la pression du canal sur la base sera encore la même et, par conséquent, égale au poids d'une colonne verticale d'eau qui aurait cette

même base. Or Stevin observe qu'en supposant ce solide fixement arrêté à sa place, il n'en peut résulter aucun changement dans l'action de l'eau sur le fond du vase; donc la pression sur ce fond sera toujours égale au poids de la même colonne d'eau, quelle que soit la figure du vase.

Stevin passe de là à déterminer la pression de l'eau sur les parois verticales ou inclinées; il divise leur surface en plusieurs petites parties par des lignes horizontales et il fait voir que chaque partie est plus pressée que si elle était horizontale et à la hauteur de son bord supérieur, mais qu'en même temps elle est moins pressée que si elle était placée horizontalement à la hauteur de son bord inférieur. D'où, en diminuant la largeur des parties et augmentant leur nombre à l'infini, il prouve par la méthode des limites que la pression sur une paroi plane inclinée est égale au poids d'une colonne dont cette paroi serait la base et dont la hauteur serait la moitié de la hauteur du vase.

Il détermine ensuite la pression sur une partie quelconque d'une paroi plane inclinée, et il la trouve égale au poids d'une colonne d'eau qui serait formée en appliquant perpendiculairement à chaque point de cette partie des droites égales à la profondeur de ce point sous l'eau. Ce théorème étant ainsi démontré pour des surfaces planes situées comme l'on voudra, il est facile de l'étendre à des surfaces courbes et d'en conclure que la pression exercée par un fluide pesant contre une surface quelconque a pour mesure le poids d'une colonne de ce même fluide, laquelle aurait pour base cette même surface, convertie en une surface plane s'il est nécessaire, et dont les hauteurs répondantes aux différents points de la base seraient les mêmes que les distances des points correspondants de la surface à la ligne de niveau du fluide; ou, ce qui revient au même, cette pression sera mesurée par le poids d'une colonne qui aurait pour base la surface pressée et pour hauteur la distance verticale du centre de gravité de cette même surface à la surface supérieure du fluide [1].

[1] Cette proposition relative à la pression sur une surface courbe est inexacte. L'auteur ne l'énonce ici que par inadvertance. (*J. Bertrand.*)

3. Les théories précédentes de l'équilibre et de la pression des fluides sont, comme l'on voit, entièrement indépendantes des principes généraux de la Statique, n'étant fondées que sur des principes d'expérience particuliers aux fluides; et cette manière de démontrer les lois de l'Hydrostatique, en déduisant de la connaissance expérimentale de quelques-unes de ces lois celle de toutes les autres, a été adoptée par la plupart des auteurs modernes et a fait de l'Hydrostatique une science tout à fait différente et indépendante de la Statique.

Cependant il était naturel de chercher à lier ces deux sciences ensemble et à les faire dépendre d'un seul et même principe. Or, parmi les différents principes qui peuvent servir de base à la Statique et dont nous avons donné une exposition succincte dans la Section I, il est visible qu'il n'y a que celui des vitesses virtuelles qui s'applique naturellement à l'équilibre des fluides. Aussi Galilée, auteur de ce principe, s'en est servi également pour démontrer les principaux théorèmes de Statique et d'Hydrostatique.

Dans son *Discorso intorno alle cose che stanno su l'acqua, o che in quella si muovono,* il déduit immédiatement de ce principe l'équilibre de l'eau dans un siphon, en faisant voir que, si l'on suppose le fluide à la même hauteur dans les deux branches, il ne saurait descendre dans l'une et monter dans l'autre sans que les moments soient égaux dans la partie du fluide qui descend et dans celle qui monte. Galilée démontre d'une manière semblable l'équilibre des fluides avec les solides qui y sont plongés; il est vrai que ses démonstrations ne sont pas bien rigoureuses, et, quoiqu'on ait cherché à y suppléer dans les notes ajoutées à l'édition de Florence de 1728, on peut dire qu'elles laissent encore beaucoup à désirer. Descartes et Pascal ont également employé le principe des vitesses virtuelles dans l'Hydrostatique; ce dernier surtout en a fait un grand usage dans son *Traité de l'équilibre des liqueurs* et s'en est servi pour démontrer la propriété principale des fluides, qu'une pression quelconque appliquée à un point de leur surface se répand également dans tous les autres points.

4. Mais ces applications du principe des vitesses virtuelles étaient encore trop hypothétiques et, pour ainsi dire, trop lâches pour pouvoir servir à établir une théorie rigoureuse sur l'équilibre des fluides. Aussi ce principe a-t-il été abandonné depuis par la plupart des auteurs qui ont traité de l'Hydrostatique, et surtout par ceux qui ont entrepris de reculer les limites de cette science en cherchant les lois de l'équilibre des fluides hétérogènes, dont toutes les parties sont animées par des forces quelconques ; recherche très importante par le rapport qu'elle a avec la fameuse question de la figure de la Terre.

Huygens (1) a pris dans cette recherche, pour principe d'équilibre, la perpendicularité de la pesanteur à la surface. Newton (2) est parti du principe de l'égalité des poids des colonnes centrales. Bouguer (3) a remarqué ensuite que, souvent, ces deux principes ne donnaient pas le même résultat, et en a conclu que, pour qu'il y eût équilibre dans une masse fluide, il fallait que les deux principes y eussent lieu à la fois et s'accordassent à donner la même figure à la surface du fluide. Mais Clairaut (4) a démontré de plus qu'il peut y avoir des cas où cet accord ait lieu, et où cependant il n'y aurait point d'équilibre. Maclaurin (5) a généralisé le principe de Newton, en établissant que, dans une masse fluide en équilibre, chaque particule doit être comprimée également par toutes les colonnes rectilignes du fluide, lesquelles appuient sur cette particule et se terminent à la surface ; et Clairaut (6) l'a rendu plus général encore, en faisant voir que l'équilibre d'une masse fluide demande que les efforts de toutes les parties du fluide, renfermées dans un canal quelconque, aboutissant à la surface ou rentrant en lui-même, se détruisent mutuellement. Enfin il a déduit le premier de ce principe les vraies lois fondamentales de l'équilibre d'une masse fluide dont toutes les parties sont animées par des forces quelconques, et il a

(1) Voir *Dissertatio de causa gravitatis, additamentum; Opera posthuma*, t. II, p. 116.
(2) Dans le livre des *Principes*, livre III, proposition 19.
(3) *Mémoires de l'Académie des Sciences*; 1734.
(4) *Théorie de la figure de la Terre*, p. 28, 2e édition; Paris, 1808.
(5) *Traité des fluxions*, t. II, p. 110. Traduction de Pezenas; Paris, 1749.
(6) *Théorie de la figure de la Terre*. (*Notes de M. J. Bertrand.*)

trouvé les équations aux différences partielles par lesquelles on peut exprimer ces lois; découverte qui a changé la face de l'Hydrostatique et en a fait comme une science nouvelle.

5. Le principe de Clairaut n'est qu'une conséquence naturelle du principe de l'égalité de pression en tous sens, et l'on peut déduire immédiatement de celui-ci les mêmes équations qui résultent de l'équilibre des canaux. Car, en considérant la pression comme une force qui agit sur chaque particule, et qui peut s'exprimer par une fonction des coordonnées qui déterminent le lieu de la particule dans la masse fluide, la différence des pressions qu'elle souffre sur deux faces opposées et parallèles donne la force qui tend à la mouvoir perpendiculairement à ces faces, et qui doit être détruite par les forces accélératrices dont cette particule est animée; de sorte qu'en rapportant toutes ces forces aux directions des trois coordonnées rectangles, et supposant la masse fluide partagée en petits parallélogrammes rectangles ayant pour côtés les éléments de ces coordonnées, on a directement trois équations aux différences partielles entre la pression et les forces accélératrices données, lesquelles servent à déterminer la valeur même de la pression et la relation qui doit avoir lieu entre ces forces. Ce moyen simple de trouver les lois générales de l'Hydrostatique est dû à Euler (*Mémoires de Berlin de* 1755) et il est maintenant adopté dans presque tous les Traités de cette science.

6. Le principe de l'égalité de pression en tous sens est donc jusqu'ici le fondement de la théorie de l'équilibre des fluides, et il faut avouer que ce principe renferme, en effet, la propriété la plus simple et la plus générale que l'expérience ait fait découvrir dans les fluides en équilibre. Mais la connaissance de cette propriété est-elle indispensable dans la recherche des lois de l'équilibre des fluides? Et ne peut-on pas dériver ces lois directement de la nature même des fluides considérés comme des amas de molécules très déliées, indépendantes les unes des autres et parfaitement mobiles en tout sens? C'est ce que

je vais tâcher de faire dans les Sections suivantes, en n'employant que le principe général de l'équilibre dont j'ai fait usage jusqu'ici pour les corps solides; et cette partie de mon travail fournira non seulement une des plus belles applications du principe dont il s'agit, mais servira aussi à simplifier à quelques égards la théorie même de l'Hydrostatique.

On sait que les fluides en général se divisent en deux espèces : en fluides incompressibles dont les parties peuvent changer de figure, mais sans changer de volume, et en fluides compressibles et élastiques dont les parties peuvent changer à la fois de figure et de volume et tendent toujours à se dilater avec une force connue qu'on suppose ordinairement proportionnelle à une fonction de la densité.

L'eau, le mercure, etc., appartiennent à la première espèce; et l'air, la vapeur de l'eau bouillante, etc., appartiennent à la seconde.

Nous traiterons d'abord de l'équilibre des fluides incompressibles, et ensuite de celui des fluides compressibles et élastiques.

SECTION SEPTIÈME.

DE L'ÉQUILIBRE DES FLUIDES INCOMPRESSIBLES.

1. Soit une masse fluide m, dont tous les points soient animés par des pesanteurs ou forces quelconques P, Q, R, ..., dirigées suivant les lignes p, q, r, ...; on aura, suivant les dénominations de l'article 12 de la Section IV, pour la somme des moments de toutes ces forces, la formule intégrale

$$\mathrm{S}(\mathrm{P}\,\delta p + \mathrm{Q}\,\delta q + \mathrm{R}\,\delta r + \ldots)\,d\mathrm{m},$$

laquelle devra être nulle en général pour qu'il y ait équilibre dans le fluide.

§ I. — *De l'équilibre d'un fluide dans un tuyau très étroit.*

2. Supposons d'abord le fluide renfermé dans un canal ou tuyau infiniment étroit et de figure donnée et imaginons ce fluide divisé en tranches ou portions infiniment petites, dont la hauteur soit ds et la largeur ω; on pourra prendre $d\mathrm{m} = \omega\, ds$, à cause que la largeur ω du tuyau est supposée infiniment petite, ds étant l'élément de la courbe du tuyau. Or, en imaginant que le fluide reçoive un petit mouvement, et change infiniment peu de place dans le tuyau, soit δs le petit espace que la tranche ou particule $d\mathrm{m}$ parcourt dans le tuyau; il est clair que $\omega\,\delta s$ sera la quantité du fluide qui passera en même temps par chacune des sections ω du canal. Donc, à cause de l'incompressibilité du fluide, il faudra que cette quantité soit partout la même; de sorte que, faisant $\omega\,\delta s = \alpha$, la quantité α sera constante par rapport à la

courbe du tuyau. On aura ainsi $\omega = \frac{\alpha}{\delta s}$ et, par conséquent, $dm = \frac{\alpha\, ds}{\delta s}$; de sorte que la formule qui exprime la somme des moments des forces deviendra, en faisant sortir hors du signe intégral la quantité constante α,

$$\alpha \mathsf{S} (\mathrm{P}\,\delta p + \mathrm{Q}\,\delta q + \mathrm{R}\,\delta r + \ldots) \frac{ds}{\delta s}.$$

Maintenant il est visible que, puisque δp, δq, δr, ... sont les variations des lignes p, q, r, ... résultantes de la variation δs, ces variations doivent avoir entre elles les mêmes rapports que les différentielles dp, dq, dr, ..., ds, à cause de la figure du canal donnée; ainsi l'on aura

$$\frac{\delta p}{\delta s} = \frac{dp}{ds}, \qquad \frac{\delta q}{\delta s} = \frac{dq}{ds}, \qquad \frac{\delta r}{\delta s} = \frac{dr}{ds}, \qquad \ldots,$$

ce qui réduira la formule précédente à cette forme

$$\alpha \mathsf{S} (\mathrm{P}\,dp + \mathrm{Q}\,dq + \mathrm{R}\,dr + \ldots),$$

où les différentielles dp, dq, dr, ... se rapportent à la courbe du canal, et le signe S indique une intégrale prise par toute l'étendue du canal.

Faisant donc cette quantité égale à zéro, on aura l'équation

$$\mathsf{S} (\mathrm{P}\,dp + \mathrm{Q}\,dq + \mathrm{R}\,dr + \ldots) = 0,$$

laquelle contient la loi générale de l'équilibre d'un fluide renfermé dans un canal de figure quelconque.

3. Si, outre les forces P, Q, R, ... qui animent chaque point du fluide, il y avait de plus à l'une des extrémités du canal une force extérieure Π' qui agît par le moyen d'un piston sur la surface du fluide et perpendiculairement aux parois du canal; alors, dénotant par $\delta s'$ le petit espace parcouru par la tranche du fluide qu'on suppose pressée par la force Π', tandis que les autres tranches parcourent les différents espaces δs, il faudra ajouter à la somme des moments des

forces P, Q, R, ... le moment de la force Π', lequel sera représenté par $\Pi'\,\delta s'$. Or, si l'on nomme ω' la section du canal à l'endroit où agit la force Π', on aura $\omega'\,\delta s'$ pour la quantité de fluide qui passe par la section ω', tandis que, par une autre section quelconque ω, il passe la quantité de fluide $\omega\,\delta s$.

Mais l'incompressibilité du fluide demande que ces quantités soient partout les mêmes; donc, ayant déjà supposé $\omega\,\delta s = \alpha$, on aura aussi $\omega'\,\delta s' = \alpha$, par conséquent $\delta s' = \frac{\alpha}{\omega'}$. Donc la somme totale des moments des forces qui agissent sur le fluide sera représentée par la formule

$$\alpha\left[\frac{\Pi'}{\omega'} + \mathrm{S}(\mathrm{P}\,dp + \mathrm{Q}\,dq + \mathrm{R}\,dr + \ldots)\right];$$

de sorte que l'équation de l'équilibre sera

$$\frac{\Pi'}{\omega'} + \mathrm{S}(\mathrm{P}\,dp + \mathrm{Q}\,dq + \mathrm{R}\,dr + \ldots) = 0.$$

4. Il est évident que, dans l'état d'équilibre, la force Π' doit être contre-balancée par la pression du fluide sur le piston dont la largeur est ω'; d'où il s'ensuit que cette pression sera égale à $-\Pi'$ et, par conséquent, égale à

$$\omega'\,\mathrm{S}(\mathrm{P}\,dp + \mathrm{Q}\,dq + \mathrm{R}\,dr + \ldots).$$

Donc, en général, la pression du fluide sur chaque point du piston sera exprimée par la formule intégrale

$$\mathrm{S}(\mathrm{P}\,dp + \mathrm{Q}\,dq + \mathrm{R}\,dr + \ldots),$$

en prenant cette intégrale par toute la longueur du canal. Et cette pression sera aussi la même si, au lieu d'un piston mobile, on suppose un fond immobile qui ferme le canal d'un côté.

5. Si, à l'autre extrémité du canal, il y avait une autre force Π'' agissante de même par le moyen d'un piston, on trouverait pareillement,

en nommant ω'' la section du canal dans cet endroit, l'équation

$$\frac{\Pi'}{\omega'} + \frac{\Pi''}{\omega''} + \mathrm{S}(\mathrm{P}\,dp + \mathrm{Q}\,dq + \mathrm{R}\,dr + \ldots) = 0$$

pour l'équilibre du fluide.

6. Donc, si le fluide n'est pressé que par les deux forces extérieures Π' et Π'' appliquées aux surfaces ω' et ω'', il faudra, pour l'équilibre, que l'on ait $\frac{\Pi'}{\omega'} + \frac{\Pi''}{\omega''} = 0$; d'où l'on voit que les deux forces Π' et Π'' doivent être de directions contraires, et en même temps réciproquement proportionnelles aux surfaces ω', ω'' sur lesquelles ces forces agissent, proposition qu'on regarde communément comme un principe d'expérience, ou du moins comme une suite du principe de l'égalité de pression en tout sens, dans lequel la plupart des auteurs d'Hydrostatique font consister la nature des fluides.

7. La connaissance des lois de l'équilibre d'un fluide renfermé dans un canal très étroit et de figure quelconque peut conduire à celle des lois de l'équilibre d'une masse quelconque de fluide renfermée dans un vase ou non.

Car il est évident que, si une masse fluide est en équilibre et qu'on imagine un canal quelconque qui la traverse, le fluide contenu dans ce canal sera aussi en équilibre de lui-même, c'est-à-dire indépendamment de tout le reste du fluide. On aura donc pour l'équilibre de ce canal, en faisant abstraction des forces extérieures (art. 2),

$$\mathrm{S}(\mathrm{P}\,dp + \mathrm{Q}\,dq + \mathrm{R}\,dr + \ldots) = 0.$$

Et, comme la figure du canal doit être indéterminée, l'équation précédente devra être indépendante de cette figure; d'où l'on pourrait conclure tout de suite, comme Clairaut l'a fait dans sa *Théorie de la figure de la Terre*, que la quantité $\mathrm{P}\,dp + \mathrm{Q}\,dq + \mathrm{R}\,dr + \ldots$ doit être une différentielle exacte. Mais on peut arriver à cette conclusion par l'analyse même et trouver en même temps les relations qui doivent avoir lieu entre les quantités P, Q, R, ... Pour cela, il n'y a qu'à faire varier l'intégrale

$$\mathrm{S}(\mathrm{P}\,dp + \mathrm{Q}\,dq + \mathrm{R}\,dr + \ldots)$$

par la *méthode des variations* et supposer sa variation nulle.

8. Dénotons en général par Ψ la valeur de l'intégrale

$$\mathrm{S}(\mathrm{P}\,dp + \mathrm{Q}\,dq + \mathrm{R}\,dr + \ldots)$$

prise par toute la longueur du canal; il faudra que l'on ait

$$\delta\Psi = 0.$$

Or on a, par la différentiation,

$$\begin{aligned}\delta\Psi &= \delta\,\mathrm{S}(\mathrm{P}\,dp + \mathrm{Q}\,dq + \mathrm{R}\,dr + \ldots)\\ &= \mathrm{S}\,\delta(\mathrm{P}\,dp + \mathrm{Q}\,dq + \mathrm{R}\,dr + \ldots)\\ &= \mathrm{S}(\mathrm{P}\,\delta dp + \mathrm{Q}\,\delta dq + \mathrm{R}\,\delta dr + \ldots + \delta\mathrm{P}\,dp + \delta\mathrm{Q}\,dq + \delta\mathrm{R}\,dr + \ldots).\end{aligned}$$

Changeant δd en $d\delta$ et faisant ensuite disparaître le double signe $d\delta$ par des intégrations par parties, on aura

$$\begin{aligned}\delta\Psi = {}&\mathrm{P}\,\delta p + \mathrm{Q}\,\delta q + \mathrm{R}\,\delta r + \ldots\\ &+ \mathrm{S}(\delta\mathrm{P}\,dp - d\mathrm{P}\,\delta p + \delta\mathrm{Q}\,dq - d\mathrm{Q}\,\delta q + \delta\mathrm{R}\,dr - d\mathrm{R}\,\delta r + \ldots),\end{aligned}$$

où les termes qui sont hors du signe S se rapportent aux extrémités de l'intégrale représentée par ce signe et répondent, par conséquent, aux bouts du canal; de sorte qu'en supposant ces bouts fixes, les variations δp, δq, δr, ... qui y répondent seront nulles, et les termes dont il s'agit s'évanouiront d'eux-mêmes.

Maintenant, comme les quantités P, Q, R, ... qui représentent les forces sont ou peuvent toujours être supposées des fonctions de p, q, r, ..., il est clair que la partie de $\delta\Psi$ qui est affectée du signe S n'est plus susceptible de réduction; donc, pour que l'on ait en général

$\delta\Psi = 0$, il faudra que cette partie soit nulle d'elle-même et que, par conséquent, on ait pour chaque point de la masse fluide l'équation identique

$$\delta P\, dp - dP\, \delta p + \delta Q\, dq - dQ\, \delta q + \delta R\, dr - dR\, \delta r + \ldots \doteq 0.$$

En regardant les expressions des forces P, Q, R, ... comme des fonctions quelconques de p, q, r, ..., on aura, suivant la notation reçue,

$$dP = \frac{\partial P}{\partial p} dp + \frac{\partial P}{\partial q} dq + \frac{\partial P}{\partial r} dr + \ldots;$$

de même

$$\delta P = \frac{\partial P}{\partial p} \delta p + \frac{\partial P}{\partial q} \delta q + \frac{\partial P}{\partial r} \delta r + \ldots,$$

et ainsi des autres différences. Substituant ces valeurs dans l'équation précédente et ordonnant les termes, elle deviendra de cette forme

$$\begin{aligned} 0 = &+ \left(\frac{\partial P}{\partial q} - \frac{\partial Q}{\partial p}\right)(\delta q\, dp - dq\, \delta p) \\ &+ \left(\frac{\partial P}{\partial r} - \frac{\partial R}{\partial p}\right)(\delta r\, dp - dr\, \delta p) \\ &+ \left(\frac{\partial Q}{\partial r} - \frac{\partial R}{\partial q}\right)(\delta r\, dq - dr\, \delta q) \\ &+ \ldots\ldots\ldots\ldots\ldots\ldots\ldots\ldots \end{aligned}$$

et devra avoir lieu indépendamment des différences dp, dq, dr, ...; δp, δq, δr, ...

Donc, s'il n'y a aucune relation donnée entre les variables p, q, r, ..., il faudra faire séparément

$$\frac{\partial P}{\partial q} - \frac{\partial Q}{\partial p} = 0,$$

$$\frac{\partial P}{\partial r} - \frac{\partial R}{\partial p} = 0,$$

$$\frac{\partial Q}{\partial r} - \frac{\partial R}{\partial q} = 0,$$

$$\ldots\ldots\ldots\ldots$$

Ce sont les équations de condition connues pour l'intégrabilité de la formule

$$P\, dp + Q\, dq + R\, dr + \ldots.$$

9. Lorsque les lignes p, q, r, ... se rapportent à un point dans l'espace, comme dans le cas présent, elles ne peuvent dépendre que des trois coordonnées de ce point et les forces P, Q, R, ... peuvent toujours se réduire à trois, suivant ces coordonnées (Sect. V, art. 7). Ainsi, en prenant p, q, r pour ces coordonnées, soit rectangles ou non (¹), et P, Q, R, ... pour les forces qui agissent sur chaque particule du fluide, dans la direction des mêmes coordonnées, il faudra que les quantités P, Q, R, regardées comme des fonctions de p, q, r, satisfassent à ces trois équations

$$\frac{\partial P}{\partial q} - \frac{\partial Q}{\partial p} = 0, \qquad \frac{\partial P}{\partial r} - \frac{\partial R}{\partial p} = 0, \qquad \frac{\partial Q}{\partial r} - \frac{\partial R}{\partial q} = 0.$$

Ce sont les conditions nécessaires pour que la masse fluide puisse être en équilibre, en vertu des forces P, Q, R qui agissent sur tous ses points.

Au reste, on a fait abstraction jusqu'ici de la densité du fluide, ou plutôt on l'a regardée comme constante et égale à l'unité; mais, si l'on voulait la supposer variable, alors, en nommant Γ la densité d'une particule quelconque dm, on aurait (art. 2)

$$dm = \Gamma \omega \, ds;$$

et les quantités P, Q, R, ... se trouveraient toutes multipliées par Γ. Ainsi, l'on aura pour l'équilibre des fluides de densité variable les mêmes lois que pour l'équilibre des fluides de densité uniforme, en multipliant seulement les différentes forces par la densité du point sur lequel elles agissent, c'est-à-dire en écrivant simplement ΓP, ΓQ, ΓR, ... à la place de P, Q, R, ...

(¹) Cette assertion n'est pas exacte. Si P, Q, R désignaient les composantes parallèles à trois axes obliques et p, q, r les coordonnées relatives à ces axes, la somme des moments virtuels ne serait pas $P\,dp + Q\,dq + R\,dr$ et les raisonnements qui précèdent ne pourraient pas s'appliquer. (*J. Bertrand.*)

§ II. — *Où l'on déduit les lois générales de l'équilibre des fluides incompressibles de la nature des particules qui les composent.*

10. Nous allons maintenant chercher les lois de l'équilibre des fluides incompressibles, directement par notre formule générale, en regardant ces sortes de fluides comme formés d'un amas de particules mobiles en tout sens, et qui peuvent changer de figure, mais sans changer de volume.

Supposons, pour plus de simplicité, que toutes les forces qui agissent sur les particules du fluide soient réduites à trois, représentées par X, Y, Z et dirigées suivant les coordonnées rectangles x, y, z, c'est-à-dire tendantes à diminuer ces coordonnées. Nous avons donné, dans le Chapitre I de la Section V, les formules générales de cette réduction.

Nommant dm la masse d'une particule quelconque, on aura, pour la somme des moments des forces X, Y, Z, la formule intégrale

$$\mathrm{S}(\mathrm{X}\,\delta x + \mathrm{Y}\,\delta y + \mathrm{Z}\,\delta z)\,d\mathrm{m};$$

or le volume de la particule dm peut être représenté par $dx\,dy\,dz$; ainsi, en exprimant par Γ la densité, il est clair qu'on aura

$$d\mathrm{m} = \Gamma\,dx\,dy\,dz;$$

et le signe d'intégration S appartiendra à la fois aux trois variables x, y, z.

Il faudra, de plus, avoir égard à l'équation de condition résultante de l'incompressibilité du fluide, laquelle, étant supposée représentée par

$$\mathrm{L} = 0,$$

donnera, en différentiant selon δ, multipliant par un coefficient indéterminé λ et intégrant, la formule $\mathrm{S}\lambda\,\delta\mathrm{L}$ à ajouter à la précédente.

S'il n'y a point de forces extérieures qui agissent sur la surface du fluide, ni de conditions particulières à cette surface, on aura simplement, pour l'équation générale de l'équilibre (Sect. IV, art. 13),

$$\mathsf{S}(X\,\delta x + Y\,\delta y + Z\,\delta z)\,dm + \mathsf{S}\lambda\,\delta L = 0,$$

dans laquelle il faudra prendre les intégrales relativement à toute la masse du fluide.

11. La condition de l'incompressibilité consiste en ce que le volume de chaque particule soit invariable; ainsi, ayant exprimé ce volume par $dx\,dy\,dz$, on aura $dx\,dy\,dz =$ const. pour l'équation de condition; par conséquent, on aura

$$L = dx\,dy\,dz - \text{const.}, \qquad \delta L = \delta(dx\,dy\,dz).$$

Pour avoir la variation $\delta(dx\,dy\,dz)$, il semble qu'il n'y aurait qu'à différentier simplement $dx\,dy\,dz$ selon δ; mais il y a ici une considération particulière à faire, et sans laquelle le calcul ne serait pas rigoureux. La quantité $dx\,dy\,dz$ n'exprime le volume d'une particule qu'autant qu'on suppose la figure de cette particule un parallélépipède rectangulaire dont les côtés sont parallèles aux axes des x, y, z; cette supposition est très permise, puisqu'on peut imaginer le fluide partagé en éléments infiniment petits d'une figure quelconque. Or $\delta(dx\,dy\,dz)$ doit exprimer la variation que souffre ce volume lorsque la particule change infiniment peu de situation, ses coordonnées x, y, z devenant $x + \delta x$, $y + \delta y$, $z + \delta z$; et il est clair que si, dans ce changement, la particule conservait la figure d'un parallélépipède rectangle, on aurait

$$\delta(dx\,dy\,dz) = dy\,dz\,\delta dx + dx\,dz\,\delta dy + dx\,dy\,\delta dz.$$

Par les principes du calcul des variations, on peut changer les δdx, δdy, δdz en $d\delta x$, $d\delta y$, $d\delta z$; mais il est nécessaire de remarquer que les variations δx, δy, δz pouvant être regardées comme des fonctions indéterminées et infiniment petites de x, y, z, pour que $d\delta x$ représente la variation du côté dx de la particule rectangulaire $dx\,dy\,dz$, lequel est formé par l'accroissement dx que la coordonnée x reçoit tandis que les deux autres, y et z, ne varient pas, il faut que, dans la différentiation de δx, la seule x soit censée variable : ainsi, suivant la notation des différences partielles, au lieu d'écrire simplement $d\,\delta x$, il faudra écrire $\frac{\partial\,\delta x}{\partial x}dx$; de même, et par un raisonnement semblable, on écrira $\frac{\partial\,\delta y}{\partial y}dy$ et $\frac{\partial\,\delta z}{\partial z}dz$ au lieu de $d\,\delta y$ et $d\,\delta z$. De cette manière, dans l'hypothèse que la particule $dx\,dy\,dz$ demeure rectangulaire après la variation, on aura

$$\delta(dx\,dy\,dz) = dx\,dy\,dz\left(\frac{\partial\,\delta x}{\partial x} + \frac{\partial\,\delta y}{\partial y} + \frac{\partial\,\delta z}{\partial z}\right).$$

Il en serait encore de même si l'on supposait que la particule $dx\,dy\,dz$ devînt, par la variation, un parallélépipède dont les angles différassent infiniment peu de l'angle droit; car on sait, par la Géométrie, que, si a, b, c sont les trois côtés d'un parallélépipède qui forment un angle solide, et α, β, γ les trois angles que ces côtés forment entre eux, la solidité, ou le contenu du parallélépipède, est exprimée par la formule

$$abc\sqrt{(1-\cos^2\alpha-\cos^2\beta-\cos^2\gamma+2\cos\alpha\cos\beta\cos\gamma)}.$$

Or les côtés deviennent, par la variation,

$$dx\left(1+\frac{\partial\,\delta x}{\partial x}\right),\quad dy\left(1+\frac{\partial\,\delta y}{\partial y}\right),\quad dz\left(1+\frac{\partial\,\delta z}{\partial z}\right),$$

et les cosinus de α, β, γ deviennent infiniment petits; ainsi, en substituant ces valeurs au lieu de a, b, c, et négligeant les infiniment petits des ordres supérieurs au premier, on aura, pour la variation de $dx\,dy\,dz$, la même expression qu'on vient de trouver.

Mais, quoique cette dernière hypothèse soit légitime, nous ne voulons pas l'adopter sans démonstration, pour ne rien laisser à désirer sur l'exactitude de nos formules. Nous allons donc chercher, d'une manière rigoureuse, la variation de $dx\,dy\,dz$, en ayant égard à la fois au changement de position et de longueur de chacun des côtés d'un parallélépipède rectangulaire, et en supposant seulement, ce qui est exact dans l'infiniment petit, que ces côtés demeurent rectilignes.

12. Pour simplifier cette recherche, nous commencerons par ne considérer qu'une des faces du parallélépipède $dx\,dy\,dz$, par exemple la face $dx\,dy$, dont les quatre angles répondent à ces quatre systèmes de coordonnées,

(1) $$x,\quad y,\quad z,$$

(2) $$x+dx,\quad y,\quad z,$$

(3) $$x,\quad y+dy,\quad z,$$

(4) $$x+dx,\quad y+dy,\quad z.$$

Supposons que les coordonnées x, y, z du premier système deviennent $x+\delta x$, $y+\delta y$, $z+\delta z$, et regardons les variations δx, δy, δz comme des fonctions infiniment petites de x, y, z; en faisant croître successivement les x, y de leurs différentielles dx, dy, on trouvera ce que doivent devenir simultanément les coordonnées des trois autres systèmes. Ainsi, en marquant par les mêmes numéros les systèmes variés, on aura

(1) $$x+\delta x,\quad y+\delta y,\quad z+\delta z,$$

(2) $$x+dx+\delta x+\frac{\partial\,\delta x}{\partial x}dx,\quad y+\delta y+\frac{\partial\,\delta y}{\partial x}dx,\quad z+\delta z+\frac{\partial\,\delta z}{\partial x}dx,$$

(3) $$x+\delta x+\frac{\partial\,\delta x}{\partial y}dy,\quad y+dy+\delta y+\frac{\partial\,\delta y}{\partial y}dy,\quad z+\delta z+\frac{\partial\,\delta z}{\partial y}dy,$$

(4) $$\left\{\begin{array}{l} x+dx+\delta x+\dfrac{\partial\,\delta x}{\partial x}dx+\dfrac{\partial\,\delta x}{\partial y}dy,\\ y+dy+\delta y+\dfrac{\partial\,\delta y}{\partial x}dx+\dfrac{\partial\,\delta y}{\partial y}dy,\\ z+\delta z+\dfrac{\partial\,\delta z}{\partial x}dx+\dfrac{\partial\,\delta z}{\partial y}dy. \end{array}\right.$$

Comme ces quatre systèmes de coordonnées répondent aux quatre angles du nouveau quadrilatère dans lequel s'est changé le rectangle $dx\,dy$, il est clair qu'on aura les côtés de ce quadrilatère en prenant la racine carrée de la somme des carrés des différences des coordonnées pour les deux angles adjacents à chaque côté. Ainsi, en marquant la droite qui joint deux angles par la réunion des deux numéros qui répondent à ces angles, on aura

$$(1, 2) = dx\sqrt{\left(1+\frac{\partial\,\delta x}{\partial x}\right)^2+\left(\frac{\partial\,\delta y}{\partial x}\right)^2+\left(\frac{\partial\,\delta z}{\partial x}\right)^2},$$

$$(1, 3) = dy\sqrt{\left(\frac{\partial\,\delta x}{\partial y}\right)^2+\left(1+\frac{\partial\,\delta y}{\partial y}\right)^2+\left(\frac{\partial\,\delta z}{\partial y}\right)^2},$$

$$(3, 4) = dx\sqrt{\left(1+\frac{\partial\,\delta x}{\partial x}\right)^2+\left(\frac{\partial\,\delta y}{\partial x}\right)^2+\left(\frac{\partial\,\delta z}{\partial x}\right)^2},$$

$$(2, 4) = dy\sqrt{\left(\frac{\partial\,\delta x}{\partial y}\right)^2+\left(1+\frac{\partial\,\delta y}{\partial y}\right)^2+\left(\frac{\partial\,\delta z}{\partial y}\right)^2};$$

d'où l'on voit que les côtés opposés (1, 2), (3, 4) sont égaux entre eux, ainsi que les côtés opposés (1, 3), (2, 4), et que, par conséquent, le quadrilatère est un parallélogramme dont les deux côtés contigus (1, 2), (1, 3) seront, en négligeant sous le signe les quantités du second ordre vis-à-vis de celles du premier,

$$(1, 2) = dx\left(1+\frac{\partial\,\delta x}{\partial x}\right), \qquad (1, 3) = dy\left(1+\frac{\partial\,\delta y}{\partial y}\right).$$

13. A l'égard de l'angle compris par ces deux côtés, on le trouvera par le moyen de la diagonale (2, 3), laquelle, en prenant de même la racine carrée de la somme des carrés des différences des coordonnées respectives des systèmes (2) et (3), devient

$$3) = \sqrt{\left(dx+\frac{\partial\,\delta x}{\partial x}dx-\frac{\partial\,\delta y}{\partial y}dy\right)^2+\left(dy+\frac{\partial\,\delta y}{\partial y}dy-\frac{\partial\,\delta y}{\partial x}dx\right)^2+\left(\frac{\partial\,\delta z}{\partial x}dx-\frac{\partial\,\delta z}{\partial y}\right.}$$

Or, en nommant α l'angle dont il s'agit, le triangle formé par les trois côtés (1, 2), (1, 3), (2, 3) donne

$$\cos\alpha = \frac{(1, 2)^2+(1, 3)^2-(2, 3)^2}{2(1, 2)\times(1, 3)}.$$

Substituant dans cette expression les valeurs trouvées de (1, 2), (1, 3), (2, 3), effaçant les termes qui se détruisent et négligeant les infiniment petits du second ordre et des ordres supérieurs, on aura

$$\cos\alpha = \frac{\partial\,\delta x}{\partial y} + \frac{\partial\,\delta y}{\partial x},$$

où l'on voit que l'angle α ne diffère d'un angle droit que par des quantités infiniment petites, puisque son cosinus est infiniment petit.

14. Si l'on applique la même analyse aux deux autres faces $dx\,dz$, $dy\,dz$ du rectangle $dx\,dy\,dz$, on trouvera que ces faces se changent aussi en parallélogrammes; de sorte que les trois faces opposées seront aussi des parallélogrammes, comme on peut le démontrer facilement par la Géométrie. Par conséquent, le nouveau solide sera un parallélépipède dont les côtés qui forment un angle solide seront

$$dx\left(1+\frac{\partial\,\delta x}{\partial x}\right), \qquad dy\left(1+\frac{\partial\,\delta y}{\partial y}\right), \qquad dz\left(1+\frac{\partial\,\delta z}{\partial z}\right),$$

et nommant α, β, γ les angles compris entre ces côtés, on aura

$$\cos\alpha = \frac{\partial\,\delta x}{\partial y} + \frac{\partial\,\delta y}{\partial x},$$

$$\cos\beta = \frac{\partial\,\delta x}{\partial z} + \frac{\partial\,\delta z}{\partial x},$$

$$\cos\gamma = \frac{\partial\,\delta y}{\partial z} + \frac{\partial\,\delta z}{\partial y};$$

d'où l'on peut conclure que la variation du parallélépipède rectangulaire $dx\,dy\,dz$ est rigoureusement exprimée par la formule donnée plus haut (art. 11).

15. On voit aussi par là que, si les variations δx, δy, δz n'étaient fonctions respectivement que de x, y, z, on aurait rigoureusement

$$\cos\alpha = 0, \qquad \cos\beta = 0, \qquad \cos\gamma = 0;$$

de sorte que le parallélépipède rectangle $dx\,dy\,dz$ demeurerait rectangle après la variation. Or, comme le changement de forme de ce parallélépipède n'est qu'infiniment petit et n'influe point dans la valeur de sa solidité, il s'ensuit que, sans rien ôter à la généralité du résultat, on peut supposer que les variations δx, δy, δz soient simplement fonctions de x, de y et de z, comme nous l'avons fait dans l'article 31 de la Section IV.

16. Ayant ainsi la vraie valeur de $\delta(dx\,dy\,dz)$, on la prendra pour celle de δL et l'on aura

$$\delta \mathrm{L} = dx\,dy\,dz\left(\frac{\partial\,\delta x}{\partial x} + \frac{\partial\,\delta y}{\partial y} + \frac{\partial\,\delta z}{\partial z}\right).$$

On substituera donc cette valeur dans l'équation générale de l'article 10, et mettant en même temps pour dm sa valeur $\Gamma dx\,dy\,dz$, on aura l'équation

$$\mathrm{S}\left[\Gamma(\mathrm{X}\,\delta x + \mathrm{Y}\,\delta y + \mathrm{Z}\,\delta z) + \lambda\left(\frac{\partial\,\delta x}{\partial x} + \frac{\partial\,\delta y}{\partial y} + \frac{\partial\,\delta z}{\partial z}\right)\right] dx\,dy\,dz = 0,$$

et il ne s'agira plus que d'y faire disparaître les doubles signes $d\delta$ par la méthode exposée dans le § II de la Section IV.

17. Considérons d'abord la quantité

$$\mathrm{S}\,\lambda\frac{\partial\,\delta x}{\partial x}\,dx\,dy\,dz,$$

où le signe S dénote une triple intégrale relative à x, y, z; il est clair que, comme la différence de δx n'est relative qu'à la variation de x, il ne faudra aussi pour la faire disparaître qu'avoir égard à l'intégration relative à x; c'est pourquoi on donnera d'abord à cette quantité la forme

$$\mathrm{S}\,dy\,dz\,\mathrm{S}\,\lambda\frac{\partial\,\delta x}{\partial x}\,dx,$$

ensuite on transformera l'intégrale simple

$$\mathrm{S}\,\lambda\frac{\partial\,\delta x}{\partial x}\,dx \quad \text{en} \quad \lambda''\delta x'' - \lambda'\delta x' - \mathrm{S}\,\frac{\partial\lambda}{\partial x}\,\delta x\,dx;$$

les quantités marquées d'un trait se rapportent au commencement de l'intégration, et celles qui en ont deux se rapportent aux points où elle finit, suivant la notation adoptée dans l'endroit cité. Ainsi la quantité dont il s'agit se trouvera changée en celle-ci

$$\mathbf{S}\, dy\, dz(\lambda''\delta x''-\lambda'\delta x')-\mathbf{S}\, dy\, dz\, \mathbf{S}\frac{\partial\lambda}{\partial x}\delta x\, dx,$$

ou, ce qui est la même chose,

$$\mathbf{S}(\lambda''\delta x''-\lambda'\delta x')\, dy\, dz-\mathbf{S}\frac{\partial\lambda}{\partial x}\delta x\, dx\, dy\, dz.$$

De la même manière et par un raisonnement semblable, on changera les quantités

$$\mathbf{S}\lambda\frac{\partial\,\delta y}{\partial y}dx\, dy\, dz \quad \text{et} \quad \mathbf{S}\lambda\frac{\partial\,\delta z}{\partial z}dx\, dy\, dz$$

en celles-ci

$$\mathbf{S}(\lambda''\delta y''-\lambda'\delta y')\, dx\, dz-\mathbf{S}\frac{\partial\lambda}{\partial y}\delta y\, dx\, dy\, dz$$

et

$$\mathbf{S}(\lambda''\delta z''-\lambda'\delta z')\, dx\, dy-\mathbf{S}\frac{\partial\lambda}{\partial z}\delta z\, dx\, dy\, dz.$$

Faisant ces substitutions, on aura donc, pour l'équilibre de la masse fluide, cette équation générale

$$\begin{aligned}\mathbf{S}\left[\left(\Gamma X-\frac{\partial\lambda}{\partial x}\right)\delta x+\left(\Gamma Y-\frac{\partial\lambda}{\partial y}\right)\delta y+\left(\Gamma Z-\frac{\partial\lambda}{\partial z}\right)\delta z\right]dx\, dy\, dz\\ +\mathbf{S}(\lambda''\delta x''-\lambda'\delta x')\, dy\, dz\\ +\mathbf{S}(\lambda''\delta y''-\lambda'\delta y')\, dx\, dz+\mathbf{S}(\lambda''\delta z''-\lambda'\delta z')\, dx\, dy=0,\end{aligned}$$

dans laquelle il n'y aura plus qu'à égaler séparément à zéro les coefficients des variations indéterminées δx, δy, δz (Sect. IV, art. 16).

18. On aura donc d'abord ces trois équations

$$\Gamma X-\frac{\partial\lambda}{\partial x}=0, \qquad \Gamma Y-\frac{\partial\lambda}{\partial y}=0, \qquad \Gamma Z-\frac{\partial\lambda}{\partial z}=0,$$

lesquelles doivent avoir lieu pour tous les points de la masse fluide.

Ensuite, si le fluide est libre de tous côtés, les variations $\delta x'$, $\delta y'$, $\delta z'$, $\delta x''$, $\delta y''$, $\delta z''$, qui se rapportent aux points de la surface du fluide, seront aussi indéterminées, et, par conséquent, il faudra encore égaler séparément à zéro leurs coefficients, ce qui donnera $\lambda' = 0$, $\lambda'' = 0$, c'est-à-dire en général $\lambda = 0$, pour tous les points de la surface du fluide, et cette équation servira à déterminer la figure de cette surface.

Il en sera de même lorsque le fluide est renfermé dans un vase, pour la partie de la surface où le vase est ouvert; mais, à l'égard de la partie qui est appuyée contre les parois, les variations $\delta x'$, $\delta y'$, $\delta z'$, $\delta x''$, $\delta y''$, $\delta z''$ doivent avoir entre elles des rapports donnés par la figure de ces parois, puisque le fluide ne peut que couler le long des parois; et nous démontrerons plus bas que, quelle que puisse être leur figure, les termes qui renferment les variations en question seront toujours nuls d'eux-mêmes; de sorte qu'il n'y aura aucune condition relativement à cette partie de la surface du fluide.

19. Les trois équations qu'on vient de trouver pour les conditions de l'équilibre du fluide donnent

$$\frac{\partial \lambda}{\partial x} = \Gamma X, \qquad \frac{\partial \lambda}{\partial y} = \Gamma Y, \qquad \frac{\partial \lambda}{\partial z} = \Gamma Z;$$

donc, puisque

$$d\lambda = \frac{\partial \lambda}{\partial x} dx + \frac{\partial \lambda}{\partial y} dy + \frac{\partial \lambda}{\partial z} dz,$$

on aura

$$d\lambda = \Gamma (X\,dx + Y\,dy + Z\,dz);$$

par conséquent, il faudra que la quantité

$$\Gamma (X\,dx + Y\,dy + Z\,dz)$$

soit une différentielle complète en x, y, z, et cette condition renferme seule les lois de l'équilibre des fluides.

Si l'on élimine la quantité λ des mêmes équations, on aura les suivantes :

$$\frac{\partial \Gamma X}{\partial y} = \frac{\partial \Gamma Y}{\partial x},$$

$$\frac{\partial \Gamma X}{\partial z} = \frac{\partial \Gamma Z}{\partial x},$$

$$\frac{\partial \Gamma Y}{\partial z} = \frac{\partial \Gamma Z}{\partial y},$$

équations qui s'accordent avec celles de l'article 9.

Ces conditions sont donc nécessaires pour que la masse fluide puisse être en équilibre en vertu des forces X, Y, Z. Lorsqu'elles ont lieu par la nature de ces forces, on est assuré que l'équilibre est possible, et il ne reste plus qu'à trouver la figure que la masse fluide doit prendre pour être en équilibre, c'est-à-dire l'équation de la surface extérieure du fluide.

Nous avons vu, dans l'article précédent, qu'on doit avoir dans chaque point de cette surface $\lambda = 0$. Donc, puisque $d\lambda = \Gamma(X\,dx + Y\,dy + Z\,dz)$, on aura, en intégrant,

$$\lambda = \int \Gamma(X\,dx + Y\,dy + Z\,dz) + \text{const.};$$

par conséquent, l'équation de la surface extérieure sera

$$\int \Gamma(X\,dx + Y\,dy + Z\,dz) = K,$$

K étant une constante quelconque; et cette équation sera toujours en termes finis, puisque la quantité $\Gamma(X\,dx + Y\,dy + Z\,dz)$ est supposée une différentielle exacte.

20. La quantité $X\,dx + Y\,dy + Z\,dz$ est toujours d'elle-même une différentielle exacte lorsque les forces X, Y, Z sont le résultat d'une ou de plusieurs attractions proportionnelles à des fonctions quelconques des distances aux centres, puisqu'on a en général, par l'article 1 de la Section V,

$$X\,dx + Y\,dy + Z\,dz = P\,dp + Q\,dq + R\,dr + \ldots.$$

Nommant cette quantité $d\Pi$, on aura alors $d\lambda = \Gamma\,d\Pi$; donc, pour que

$d\lambda$ soit une différentielle complète, il faudra que Γ soit une fonction de Π. Par conséquent, $\lambda = \int \Gamma\, d\Pi$ sera aussi nécessairement une fonction de Π.

On aura donc dans ce cas, qui est celui de la nature, pour la figure de la surface, l'équation

$$\text{fonction de } \Pi = \text{K},$$

savoir Π égal à une constante, de même que si la densité du fluide était uniforme. De plus, puisque Π est constante à la surface et que Γ est fonction de Π, il s'ensuit que la densité Γ doit être la même dans tous les points de la surface extérieure d'une masse fluide en équilibre.

Dans l'intérieur du fluide, la densité peut varier d'une manière quelconque, pourvu qu'elle soit toujours une fonction de Π : elle devra donc être constante partout où la valeur de Π sera constante ; de sorte que $\Pi = h$ sera en général l'équation des couches de même densité, h étant une constante. Donc, différentiant, on aura

$$d\Pi = 0 \quad \text{ou} \quad \text{X}\,dx + \text{Y}\,dy + \text{Z}\,dz = 0$$

pour l'équation générale de ces couches; et il est visible que cette équation est celle des surfaces auxquelles la résultante des forces X, Y, Z est perpendiculaire et que Clairaut appelle *surfaces de niveau.* D'où il s'ensuit que la densité doit être uniforme dans chaque couche de niveau formée par deux surfaces de niveau infiniment voisines.

Cette loi doit donc avoir lieu dans la Terre et dans les planètes, supposé que ces corps aient été originairement fluides et qu'ils aient conservé, en se durcissant, la forme qu'ils avaient prise en vertu de l'attraction de leurs parties, combinée avec la force centrifuge.

21. A l'égard de la quantité λ dont nous venons de déterminer la valeur, il est bon de remarquer que le terme $\mathsf{S}\,\lambda\,\delta\text{L}$ de l'équation générale de l'article 10 représente la somme des moments d'autant de forces λ qui tendent à diminuer la valeur de la fonction L (Sect. IV, art. 7); de sorte que, comme on a fait $\delta\text{L} = \delta(dx\,dy\,dz)$ (art. 11), on

peut dire que la force λ [1] tend à comprimer chaque particule $dx\,dy\,dz$ du fluide; par conséquent, cette force n'est autre chose que la pression que cette particule du fluide souffre également de tous côtés et à laquelle elle résiste par son incompressibilité.

On a donc, en général, pour la pression dans chaque point de la masse fluide, l'expression

$$\mathsf{S}\,\Gamma(\mathrm{P}\,dx + \mathrm{Q}\,dy + \mathrm{R}\,dz);$$

et, comme la quantité sous le signe doit toujours être intégrable pour que le fluide soit en équilibre, il s'ensuit que la pression pourra toujours être exprimée par une fonction finie des coordonnées relatives à la particule qui éprouve cette pression; proposition fondamentale de la théorie des fluides donnée par Euler [2].

22. Pour donner une application de l'équation $\Pi =$ const., que nous avons trouvée pour représenter la surface d'une masse fluide en équilibre (art. 20), nous allons considérer l'équilibre de la mer, en supposant qu'elle recouvre la terre regardée comme un solide de figure elliptique et peu différent de la sphère, et que chacune de ses particules soit attirée à la fois par toutes les particules de la terre et de la mer, et soit animée en même temps de la force centrifuge provenant de la rotation uniforme de la Terre autour de son axe.

C'est ici le lieu d'employer les formules que nous avons données dans l'article 10 de la Section V. Nous avons désigné par Σ la valeur de la fonction Π, lorsque les forces sont le résultat des attractions de toutes les particules d'un corps de figure donnée, et nous avons donné l'expression de Σ pour le cas où l'attraction est en raison inverse du carré des distances et où le corps attirant est un sphéroïde elliptique peu différent de la sphère. En conservant les dénominations employées

(1) La conclusion est exacte, quoique la démonstration ne soit pas suffisante. Nous avons déjà remarqué plusieurs fois qu'on ne peut considérer λ comme une force que si l'on consent à étendre la signification habituelle du mot *force*. (*J. Bertrand.*)

(2) *Mémoires de l'Académie de Berlin*; 1755. (*J. Bertrand.*)

dans cet article et en s'arrêtant aux termes qui contiennent les secondes dimensions des excentricités e et i, on a trouvé

$$\Sigma = -\mathrm{m}\left(\frac{1}{r} - \frac{e^2+i^2}{2.5r^3} + 3\frac{e^2y^2+i^2z^2}{2.5r^5}\right),$$

où x, y, z sont les coordonnées rectangles du point attiré; $r=\sqrt{x^2+y^2+z^2}$ est la distance de ce point au centre du sphéroïde, et m est la masse du sphéroïde égale à $\frac{4\pi}{3}$ ABC, A, B, C étant les demi-axes du sphéroïde.

Si l'on dénote par Γ la densité du sphéroïde supposé homogène, il faudra multiplier cette expression de Σ par Γ; et si l'on suppose que le sphéroïde ait un autre sphéroïde pour noyau, dont la densité soit différente, il n'y aura qu'à y ajouter la valeur de Σ relative à ce nouveau sphéroïde, multipliée par la différence des densités. Ainsi, en marquant par un trait les quantités relatives au sphéroïde intérieur et supposant que sa densité soit $\Gamma+\Gamma'$, on aura, pour la valeur totale de Σ,

$$\Sigma = -\frac{\Gamma\mathrm{m}+\Gamma'\mathrm{m}'}{r} + \frac{\Gamma\mathrm{m}(e^2+i^2)+\Gamma'\mathrm{m}'(e'^2+i'^2)}{2.5r^3}$$
$$-3\frac{\Gamma\mathrm{m}e^2+\Gamma'\mathrm{m}'e'^2}{2.5r^5}y^2 - 3\frac{\Gamma\mathrm{m}i^2+\Gamma'\mathrm{m}'i'^2}{2.5r^5}z^2.$$

23. Supposons que le point attiré par le sphéroïde soit en même temps sollicité par trois forces représentées par fx, gy et hz dirigées suivant les coordonnées x, y et z, et tendantes à les augmenter, on aura $-fx\,dx$, $-gy\,dy$ et $-hz\,dz$ pour leurs moments, et il en résultera les termes $-\frac{fx^2}{2}-\frac{gy^2}{2}-\frac{hz^2}{2}$ à ajouter à la quantité Σ pour avoir la valeur de Π due à toutes les forces qui agissent sur le même point. Ainsi l'équation de l'équilibre sera

$$\Sigma - \frac{fx^2+gy^2+hz^2}{2} = \text{const.}$$

24. Pour appliquer maintenant ces formules à la question dont il s'agit, on supposera que le sphéroïde extérieur est la mer, dont la

densité est Γ, et que le noyau intérieur est la terre, ayant la densité $\Gamma + \Gamma'$, et l'on placera le point attiré à la surface de la mer, en faisant coïncider les coordonnées x, y, z de ce point avec les coordonnées a, b, c de la surface du sphéroïde extérieur. On aura alors, pour que cette surface soit en équilibre, l'équation

$$\begin{aligned}\frac{\Gamma\mathrm{m} + \Gamma'\mathrm{m}'}{r} - \frac{\Gamma\mathrm{m}(e^2 + i^2) + \Gamma'\mathrm{m}'(e'^2 + i'^2)}{2.5\,r^3} + \frac{fx^2}{2}\\ + \left(3\frac{\Gamma\mathrm{m}e^2 + \Gamma'\mathrm{m}'e'^2}{2.5\,r^5} + \frac{g}{2}\right)y^2\\ + \left(3\frac{\Gamma\mathrm{m}i^2 + \Gamma'\mathrm{m}'i'^2}{2.5\,r^5} + \frac{h}{2}\right)z^2\\ = \text{const.}\end{aligned}$$

Cette équation, dans laquelle $r = \sqrt{x^2 + y^2 + z^2}$, donne la figure de la surface ; mais nous avons supposé dans les formules de l'article 10 de la Section V que cette surface est représentée par l'équation

$$\frac{x^2}{\mathrm{A}^2} + \frac{y^2}{\mathrm{B}^2} + \frac{z^2}{\mathrm{C}^2} = 1,$$

en prenant ici x, y, z au lieu de a, b, c; donc il faudra que ces deux équations coïncident.

Tirons de celle-ci la valeur de r en y et z, et, pour cela, substituons dans $r^2 = x^2 + y^2 + z^2$ pour x^2 sa valeur $\mathrm{A}^2 - \frac{\mathrm{A}^2y^2}{\mathrm{B}^2} - \frac{\mathrm{A}^2z^2}{\mathrm{C}^2}$; on aura, en mettant pour B^2 et C^2 les valeurs $\mathrm{A}^2 + e^2$, $\mathrm{A}^2 + i^2$ (article cité),

$$r^2 = \mathrm{A}^2 + \frac{e^2y^2}{\mathrm{A}^2 + e^2} + \frac{i^2z^2}{\mathrm{A}^2 + i^2};$$

d'où l'on tire, en rejetant les puissances de e et i supérieures à e^2 et i^2, auxquelles nous n'avons point égard ici,

$$\frac{1}{r} = \frac{1}{\mathrm{A}} - \frac{e^2y^2 + i^2z^2}{2\mathrm{A}^5}.$$

On substituera donc cette valeur de $\frac{1}{r}$, ainsi que celle de x^2, dans la première équation, et rejetant toujours les termes qui contiendraient e^4, i^4, $e^2 i^2$, ..., on aura

$$\frac{\Gamma m + \Gamma' m'}{A} - \frac{\Gamma m(e^2+i^2) + \Gamma' m'(e'^2+i'^2)}{2.5A^3} + \frac{fA^2}{2}$$
$$+ \left[3\frac{\Gamma m e^2 + \Gamma' m' e'^2}{2.5A^5} + \frac{g}{2} - \frac{fA^2}{2B^2} - \frac{(\Gamma m + \Gamma' m')e^2}{2A^5}\right] y^2$$
$$+ \left[3\frac{\Gamma m i^2 + \Gamma' m' i'^2}{2.5A^5} + \frac{h}{2} - \frac{fA^2}{2C^2} - \frac{(\Gamma m + \Gamma' m')i^2}{2A^5}\right] z^2 = \text{const.}$$

Cette équation devant être identique, il faudra que les coefficients des quantités variables y^2 et z^2 soient nuls, ce qui donnera les deux équations

$$\frac{3\Gamma' m' e'^2}{2.5A^5} - \frac{(2\Gamma m + 5\Gamma' m')e^2}{2.5A^5} + \frac{g}{2} - \frac{fA^2}{2B^2} = 0,$$
$$\frac{3\Gamma' m' i'^2}{2.5A^5} - \frac{(2\Gamma m + 5\Gamma' m')i^2}{2.5A^5} + \frac{h}{2} - \frac{fA^2}{2C^2} = 0,$$

qui serviront à déterminer les deux excentricités e et i de la surface elliptique de la mer.

25. On sait que la force centrifuge est proportionnelle à sa distance de l'axe de rotation et au carré de la vitesse angulaire de rotation. Donc, si l'on prend l'axe $2A$, qui est aussi l'axe des coordonnées x, pour l'axe de rotation, et que f soit la force centrifuge à la distance A de l'axe, on aura $\frac{\mathrm{f}u}{A}$ pour la force centrifuge d'un point quelconque du sphéroïde, en faisant $u = \sqrt{y^2+z^2}$; cette force, étant dirigée suivant la ligne u et tendant à l'augmenter, donnera le moment $-\frac{\mathrm{f}u\,du}{A}$, dont l'intégrale $-\frac{\mathrm{f}u^2}{2A}$, savoir $-\frac{\mathrm{f}(y^2+z^2)}{2A}$, devra être ajoutée à la quantité Σ, pour avoir égard à l'effet de la force centrifuge. Ainsi on aura les conditions de l'équilibre de la mer, en vertu de l'attraction réciproque de toutes les particules de la mer et de la Terre, et de la force centrifuge due à la rotation de la Terre, en faisant dans les deux équations précédentes $f = 0$, $g = \frac{\mathrm{f}}{A}$, $h = \frac{\mathrm{f}}{A}$.

Puisque les deux constantes g et h sont égales, on voit, par ces équations, que, si les excentricités e' et i' de la Terre sont égales, on aura aussi les deux excentricités e et ι de la figure de la mer égales entre elles; de sorte que, si la Terre est un sphéroïde de révolution, la mer ne le sera pas non plus, et les deux équations dont il s'agit donneront les valeurs de ses deux excentricités e, i, qui seront différentes des excentricités e' et i' de la Terre.

26. Au reste, cette solution n'est exacte qu'aux quantités e^2, i^2, e'^2, i'^2 près; et si l'on voulait avoir égard, dans les valeurs de Σ et de r, aux termes qui contiendraient des puissances supérieures de ces quantités, il ne serait plus possible de vérifier en général l'équation

$$\Sigma - \frac{f(y^2+z^2)}{2A} = \text{const.}$$

pour la surface d'équilibre; d'où il faudrait conclure que cette surface n'a point rigoureusement la figure d'un sphéroïde elliptique.

Je dis *en général*, parce que, dans le cas où le sphéroïde est homogène et sans noyau intérieur d'une densité différente, on a trouvé que les attractions sur un point quelconque de la surface, suivant les trois coordonnées x, y, z, sont représentées exactement par les formules

$$mLx, \quad mMy, \quad mNz,$$

où L, M, N sont des fonctions de A, B, C données par des intégrales définies; d'où l'on déduit pour Σ cette expression rigoureuse

$$\Sigma = \frac{m}{2}(Lx^2 + My^2 + Nz^2).$$

Ainsi, l'équation de l'équilibre $\Sigma - \frac{f(y^2+z^2)}{2A} = \text{const.}$ étant de la même forme que l'équation du sphéroïde $\frac{x^2}{A^2} + \frac{y^2}{B^2} + \frac{z^2}{C^2} = 1$, on peut, à cause de la constante arbitraire, les rendre identiques par ces deux conditions

$$\frac{mM - f}{mL} = \frac{A^2}{B^2}, \qquad \frac{mN - f}{mL} = \frac{A^2}{C^2},$$

lesquelles donnent $B = C$, parce que les quantités M et N sont [1] des fonctions semblables de B, C et de C, B; elles se réduisent ainsi à une seule, qui sert à déterminer le rapport de A à B.

Ce cas est, jusqu'à présent, le seul pour lequel on ait trouvé une solution rigoureuse qu'on doit à Maclaurin; de sorte que le problème de la figure de la Terre, envisagé physiquement, n'est résolu exactement qu'en supposant le sphéroïde fluide et homogène. Dans ce cas, les deux équations approchées, trouvées plus haut (art. 24), donnent, en faisant

$$\Gamma = 1, \qquad \Gamma' = 0, \qquad g = h = \frac{f}{A} \qquad \text{et} \qquad e = i,$$

celle-ci :

$$\frac{2me^2}{5A^4} - f = 0.$$

Si l'on compare la force centrifuge à la gravité prise pour l'unité, laquelle est, aux quantités e^2 près, $\frac{m}{A^2}$, il n'y aura qu'à faire $\frac{m}{A^2} = 1$, et l'on aura

$$\frac{2e^2}{5A^2} = f = 2\,\frac{B^2 - A^2}{5A^2};$$

d'où l'on tire

$$\frac{B}{A} = \sqrt{1 + \frac{5f}{2}}.$$

Or on a $f = \frac{1}{288}$; donc $\frac{B}{A} = \frac{231}{230}$ à très peu près, comme on le sait depuis longtemps.

§ III. — *De l'équilibre d'une masse fluide avec un solide qu'elle recouvre.*

27. Les lois particulières de l'équilibre d'un fluide avec un solide qui y est plongé, ou dans lequel il est renfermé, lorsque tous les points du fluide et du solide sont sollicités par des forces quelconques, dé-

(1) En examinant ces équations de plus près, on voit qu'elles admettent une autre solution, et qu'un ellipsoïde à trois axes inégaux peut y satisfaire. Cette remarque est de Jacobi; elle a été développée par M. Liouville (*Journal de l'École Polytechnique*, t. XIII). *Voir* une Note à la fin du volume. (*J. Bertrand.*)

pendent des termes de l'équation générale (art. 17) qui se rapportent aux limites, et qui ne contiennent que des intégrations doubles.

Ces termes donnent cette équation aux limites

$$\mathbf{S}\,\lambda''(\delta x''\,dy\,dz+\delta y''\,dx\,dz+\delta z''\,dx\,dy)$$
$$-\mathbf{S}\,\lambda'(\delta x'\,dy\,dz+\delta y'\,dx\,dz+\delta z'\,dx\,dy)=0,$$

laquelle doit se vérifier dans tous les points où le fluide est contigu au solide.

28. Considérons d'abord le cas d'une masse fluide dont la surface extérieure est libre, et qui environne un noyau solide fixe de figure quelconque.

En prenant l'origine des coordonnées dans un point de l'intérieur du noyau, les quantités marquées d'un trait se rapporteront à la surface du noyau, et les quantités marquées de deux traits se rapporteront à la surface extérieure du fluide. Ainsi l'on aura d'abord, pour tous les points de cette surface, l'équation $\lambda''=0$, laquelle donne, comme on l'a déjà vu plus haut (art. 19),

$$\mathbf{S}\,\Gamma(X\,dx+Y\,dy+Z\,dz)=K,$$

pour la figure de cette surface.

Il ne restera donc à vérifier que l'équation

$$\mathbf{S}\,\lambda'(\delta x'\,dy\,dz+\delta y'\,dx\,dz+\delta z'\,dx\,dy)=0,$$

dont tous les termes se rapportent à la surface du noyau.

29. Comme l'intégration de ces termes est relative aux coordonnées dont les différentielles entrent dans l'expression des éléments superficiels $dx\,dy$, $dx\,dz$, $dy\,dz$, il faut commencer par réduire ces éléments à une même forme; ce qu'on peut obtenir en les rapportant à l'élément de la surface auquel ils répondent.

Désignons par ds^2 l'élément de la surface qui répond à l'élément

$dx\,dy$ du plan des xy et nommons γ' l'angle que le plan tangent fait avec le même plan des xy; on aura, par la propriété connue des plans, $dx\,dy = ds^2 \cos\gamma'$, et l'intégrale $\mathrm{S}\,\lambda'\,\delta z'\,dx\,dy$ deviendra $\mathrm{S}\,\lambda' \cos\gamma'\,dz\,ds^2$, laquelle devra s'étendre à tous les points de la surface du fluide.

De même, si $d\sigma^2$ est l'élément de la surface qui répond à l'élément $dx\,dz$ du plan des xz, et qu'on nomme β' l'angle que le plan tangent fait avec ce même plan des xz, on aura $dx\,dz = d\sigma^2 \cos\beta'$, et l'intégrale $\mathrm{S}\,\lambda'\,\delta y'\,dx\,dz$ deviendra $\mathrm{S}\,\lambda' \cos\beta'\,\delta y'\,d\sigma^2$, laquelle devra s'étendre également pour toute la surface du fluide.

30. Je remarque maintenant que, quoique les deux éléments ds^2 et $d\sigma^2$ de la surface puissent n'être pas égaux entre eux, néanmoins, comme les deux intégrales qui renferment ces éléments se rapportent à la même surface, rien n'empêche d'employer le même élément dans ces deux intégrales, puisque, par la nature du Calcul différentiel, la valeur absolue des éléments est arbitraire et n'influe point sur celle de l'intégrale. Ainsi l'on pourra changer l'intégrale $\mathrm{S}\,\lambda' \cos\beta'\,\delta y'\,d\sigma^2$ en $\mathrm{S}\,\lambda' \cos\beta'\,\delta y'\,ds^2$.

Par le même raisonnement, l'intégrale $\mathrm{S}\,\lambda'\,\delta x'\,dy\,dz$ pourra se mettre sous la forme $\mathrm{S}\,\lambda' \cos\alpha'\,\delta x'\,ds^2$, en nommant α' l'angle que le plan tangent fait avec le plan des xy.

D'ailleurs, il est évident qu'on peut toujours prendre les éléments dx, dy, dz tels qu'ils satisfassent aux conditions

$$dx\,dy = \cos\gamma'\,ds^2, \qquad dx\,dz = \cos\beta'\,ds^2, \qquad dy\,dz = \cos\alpha'\,ds^2,$$

lesquelles donnent

$$dx = ds\sqrt{\frac{\cos\beta'\cos\gamma'}{\cos\alpha'}},$$

$$dy = ds\sqrt{\frac{\cos\alpha'\cos\gamma'}{\cos\beta'}},$$

$$dz = ds\sqrt{\frac{\cos\alpha'\cos\beta'}{\cos\gamma'}}.$$

Par ces transformations, l'équation aux limites deviendra enfin

$$\mathrm{S}\,\lambda'(\cos\alpha'\,\delta x' + \cos\beta'\,\delta y' + \cos\gamma'\,\delta z')\,ds^2 = 0,$$

l'intégrale devant s'étendre sur toute la surface du fluide contigu au noyau.

31. Supposons que la figure de cette surface soit représentée par l'équation différentielle

$$A\,dx' + B\,dy' + C\,dz' = 0.$$

En nommant α', β', γ' les angles que le plan tangent fait avec les plans des xy, des xz et des yz, on a, par la théorie des surfaces,

$$\cos\alpha' = \frac{A}{\sqrt{(A^2 + B^2 + C^2)}},$$

$$\cos\beta' = \frac{B}{\sqrt{(A^2 + B^2 + C^2)}},$$

$$\cos\gamma' = \frac{C}{\sqrt{(A^2 + B^2 + C^2)}}.$$

Donc l'équation de l'article précédent, relative à la surface, deviendra

$$\mathrm{S}\left[\lambda'\,\frac{A\,\delta x' + B\,\delta y' + C\,\delta z'}{\sqrt{A^2 + B^2 + C^2}}\right]ds^2 = 0.$$

Comme cette surface est donnée de figure et de position, les variations $\delta x'$, $\delta y'$, $\delta z'$ des coordonnées des particules qui y sont contiguës doivent avoir entre elles une relation dépendante de l'équation de la même surface; ainsi, ayant supposé cette équation

$$A\,dx' + B\,dy' + C\,dz' = 0,$$

on aura aussi nécessairement

$$A\,\delta x' + B\,\delta y' + C\,\delta z' = 0,$$

ce qui satisfait à l'équation aux limites de l'article précédent, sans qu'il en résulte aucune nouvelle équation.

32. Soit p' une ligne perpendiculaire à la surface dans le point auquel répondent les variations $\delta x'$, $\delta y'$, $\delta z'$, et terminée à un point fixe. Puisque α' est l'angle que le plan tangent fait avec le plan des yz, ce sera aussi l'angle que la perpendiculaire p' à ce plan fait avec l'axe des x, qui est perpendiculaire au même plan des yz. De même, β' sera l'angle de cette perpendiculaire avec l'axe des y et γ' sera l'angle de la même perpendiculaire avec l'axe des z. Donc, quelles que soient les variations $\delta x'$, $\delta y'$, $\delta z'$, on aura, en général, par l'article 7 de la Section II, en changeant d en δ,

$$\delta p' = \cos\alpha'\,\delta x' + \cos\beta'\,\delta y' + \cos\gamma'\,\delta z';$$

et l'équation de l'article 30, relative à la surface du fluide, pourra se mettre sous la forme

$$\mathrm{S}\,\lambda'\,\delta p'\,ds^2 = 0,$$

où l'on voit que chaque élément $\lambda' ds^2 \delta p'$ de cette intégrale représente le moment d'une force $\lambda' ds^2$ appliquée à l'élément ds^2 de la surface et dirigée suivant la perpendiculaire p' à cette surface, de sorte que l'intégrale $\mathrm{S}\,\lambda'\,\delta p'\,ds^2$ représentera la somme des moments de toutes les forces λ' appliquées à chaque point de la surface et agissant perpendiculairement à cette surface.

Cette force égale à λ' est évidemment la pression exercée par le fluide sur la surface du noyau, et qui est détruite par la résistance du noyau. Mais on peut, en général, réduire à la forme $\mathrm{S}\,\lambda\,\delta p\,ds^2$ tous les termes de l'équation aux limites qui se rapportent à la surface du fluide, soit que cette surface soit libre ou non; et il est évident que la pression λ doit être nulle dans tous les points où la surface est libre; ce que nous avons déjà trouvé d'une autre manière (art. 18).

33. Si le noyau recouvert par le fluide était mobile, alors il faudrait augmenter les variations δx, δy, δz des variations dépendantes du changement de position du noyau.

Pour distinguer ces différentes variations, nous désignerons par $\delta \mathrm{x}$, $\delta \mathrm{y}$, $\delta \mathrm{z}$ les variations dues simplement au déplacement des particules du fluide, relativement au noyau regardé comme fixe, et nous dénoterons par $\delta\xi$, $\delta\eta$, $\delta\zeta$ les variations qui dépendent du déplacement du noyau. Celles-ci sont exprimées par les formules suivantes, que nous avons trouvées dans l'article 60 de la Section V :

$$\begin{aligned}
\delta\xi &= \delta l + z\,\delta M - y\,\delta N,\\
\delta\eta &= \delta m - z\,\delta L + x\,\delta N,\\
\delta\zeta &= \delta n + y\,\delta L - x\,\delta M.
\end{aligned}$$

Ainsi, dans l'équation générale de l'article 17, il faudra mettre $\delta x + \delta\xi$, $\delta y + \delta\eta$, $\delta z + \delta\zeta$ à la place de δx, δy, δz, et ensuite égaler à zéro les termes affectés des variations δx, δy, δz, ainsi que ceux qui se trouveront affectés des nouvelles variations δl, δm, δn, δL, δM, δN, après les avoir fait sortir hors des signes S, puisque ces variations sont les mêmes pour toutes les particules du fluide.

On voit d'abord que l'introduction des variations $\delta\xi$, $\delta\eta$, $\delta\zeta$ n'apporte aucun changement aux équations qui doivent avoir lieu pour tous les points du fluide, et qui résultent des termes affectés d'une triple intégration, parce qu'en égalant à zéro les coefficients de δx, δy, δz dans ces termes, les variations $\delta\xi$, $\delta\eta$, $\delta\zeta$ disparaissent en même temps. D'où il suit que les lois générales de l'équilibre contenues dans les formules de l'article 19 sont indépendantes de l'état comme de la figure du noyau.

34. Il n'y a donc à considérer que l'équation aux limites, que nous avons réduite, dans l'article 30, à la forme

$$\mathrm{S}\,\lambda'(\cos\alpha\,\delta x' + \cos\beta\,\delta y' + \cos\gamma\,\delta z')\,ds^2 = 0.$$

En y substituant pour $\delta x'$, $\delta y'$, $\delta z'$ les valeurs $\delta x' + \delta\xi'$, $\delta y' + \delta\eta'$, $\delta z' + \delta\zeta'$ marquées d'un trait, pour les rapporter à la surface du fluide contiguë au noyau, elle devient

$$\begin{aligned}
&\mathrm{S}\,\lambda'(\cos\alpha\,\delta x' + \cos\beta\,\delta y' + \cos\gamma\,\delta z')\,ds^2\\
+&\mathrm{S}\,\lambda'(\cos\alpha\,\delta\xi' + \cos\beta\,\delta\eta' + \cos\gamma\,\delta\zeta')\,ds^2 = 0.
\end{aligned}$$

La partie qui contient les variations $\delta x'$, $\delta y'$, $\delta z'$ est nulle d'elle-même, comme nous l'avons démontré dans l'article 31. L'autre partie du premier membre de l'équation devra donc aussi être nulle. On y substituera les valeurs de $\delta\xi'$, $\delta\eta'$, $\delta\zeta'$, et l'on égalera ensuite séparément à zéro les quantités multipliées par δl, δm, δn, δL, δM, δN; on aura ces six équations

$$\mathrm{S}\,\lambda' \cos\alpha\, ds^2 = 0, \qquad \mathrm{S}\,\lambda' \cos\beta\, ds^2 = 0, \qquad \mathrm{S}\,\lambda' \cos\gamma\, ds^2 = 0,$$

$$\mathrm{S}\,\lambda'(y' \cos\gamma - z' \cos\beta)\, ds^2 = 0,$$

$$\mathrm{S}\,\lambda'(z' \cos\alpha - x' \cos\gamma)\, ds^2 = 0,$$

$$\mathrm{S}\,\lambda'(x' \cos\beta - y' \cos\alpha)\, ds^2 = 0,$$

qui seront nécessaires pour l'équilibre complet du fluide et du solide.

Ces équations répondent à celles de l'article 62 de la Section V, en substituant ds^2 pour dm et $\lambda' \cos\alpha$, $\lambda' \cos\beta$, $\lambda' \cos\gamma$ pour X, Y, Z. En effet, λ' étant la force de pression qui agit perpendiculairement sur la surface du noyau solide, $\lambda' \cos\alpha$, $\lambda' \cos\beta$, $\lambda' \cos\gamma$ seront les forces qui en résultent, suivant les directions des coordonnées x, y, z, et il faudra que le solide soit en équilibre, chacun des points de sa surface étant sollicité par ces mêmes forces.

35. Mais, lorsqu'un fluide est supporté par un solide de figure donnée, et que l'un et l'autre sont sollicités par des forces quelconques, il est plus simple de tirer directement la solution du problème de l'équation fondamentale de l'article 16, en y substituant immédiatement, pour δx, δy, δz, leurs valeurs complètes $\delta \mathrm{x} + \delta\xi$, $\delta \mathrm{y} + \delta\eta$, $\delta \mathrm{z} + \delta\zeta$ (art. 33).

Les variations $\delta \mathrm{x}$, $\delta \mathrm{y}$, $\delta \mathrm{z}$, étant indépendantes des autres variations δl, δm, ..., donneront une équation semblable à celle de l'article 17 et fourniront les mêmes résultats pour l'équilibre du fluide que dans le cas où le solide est supposé fixe.

A l'égard des autres variations, $\delta\xi$, $\delta\eta$, $\delta\zeta$, il est d'abord aisé de voir qu'elles ne donnent rien dans les valeurs des différences partielles $\frac{d\,\delta x}{dx}$, $\frac{d\,\delta y}{dy}$, $\frac{d\,\delta z}{dz}$, puisque les variations δl, δm, δn, δL, δM, δN sont censées indépendantes de x, y, z.

Ainsi il suffira de substituer $\delta\xi$, $\delta\eta$, $\delta\zeta$ à la place de δx, δy, δz dans la formule

$$\mathrm{S}(\mathrm{X}\,\delta x + \mathrm{Y}\,\delta y + \mathrm{Z}\,\delta z)\Gamma\,dx\,dy\,dz$$

et d'égaler séparément à zéro les quantités multipliées par chacune des six variations δl, δm, δn, δL, δM, δN, après les avoir fait sortir hors du signe S. Il est visible qu'on aura de cette manière les mêmes équations qu'on a trouvées dans la Section V (Chap. IV), pour l'équilibre d'un corps solide dont chaque particule dm, qui est ici $\Gamma\,dx\,dy\,dz$, est animée par des forces quelconques X, Y, Z; de sorte que l'on a, pour l'équilibre d'un fluide sur un noyau mobile, les mêmes équations que si le fluide devenait solide.

36. Il résulte de ces deux manières d'envisager les variations que la pression du fluide sur la surface du noyau équivaut à l'action de toutes les forces qui sollicitent chaque particule du fluide, en supposant que le fluide soit considéré comme solide et que le noyau soit augmenté de toute la masse du fluide devenu solide.

Comme ce théorème de Statique est important, nous croyons devoir montrer d'une manière plus directe comment il se déduit de nos formules.

Tout se réduit à démontrer que l'équation

$$\mathrm{S}(\mathrm{X}\,\delta\xi + \mathrm{Y}\,\delta\eta + \mathrm{Z}\,\delta\zeta)\Gamma\,dx\,dy\,dz = 0$$

donne les mêmes résultats que l'équation aux limites

$$\mathrm{S}\lambda'(\delta\xi'\,dy\,dz + \delta\eta'\,dx\,dz + \delta\zeta'\,dx\,dy) = 0.$$

Par les conditions de l'équilibre du fluide, on a (art. 19)

$$\Gamma\mathrm{X} = \frac{\partial\lambda}{\partial x}, \qquad \Gamma\mathrm{Y} = \frac{\partial\lambda}{\partial y}, \qquad \Gamma\mathrm{Z} = \frac{\partial\lambda}{\partial z};$$

et, comme les valeurs de $\delta\xi$, $\delta\eta$, $\delta\zeta$ (art. 33) sont respectivement indépendantes de x, y, z, on aura aussi

$$\Gamma X\,\delta\xi = \frac{\partial\lambda}{\partial x}\delta\xi, \qquad \Gamma Y\,\delta\eta = \frac{\partial\lambda}{\partial y}\delta\eta, \qquad \Gamma Z\,\delta\zeta = \frac{\partial\lambda}{\partial z}\delta\zeta;$$

ainsi la première équation deviendra

$$\mathbf{S}\left(\frac{\partial\lambda}{\partial x}\delta\xi + \frac{\partial\lambda}{\partial y}\delta\eta + \frac{\partial\lambda}{\partial z}\delta\zeta\right)dx\,dy\,dz = 0.$$

Le premier terme sous le signe est intégrable par rapport à x, le deuxième par rapport à y, le troisième par rapport à z; donc, si l'on exécute ces intégrations partielles, comme on l'a fait dans l'article 17, il en résulte l'équation aux limites

$$\mathbf{S}\lambda''(\delta\xi''\,dy\,dz + \delta\eta''\,dx\,dz + \delta\zeta''\,dx\,dy)$$
$$-\mathbf{S}\lambda'(\delta\xi'\,dy\,dz + \delta\eta'\,dx\,dz + \delta\zeta'\,dx\,dy) = 0.$$

Mais on a (art. 23)

$$\lambda'' = 0$$

à cause que la surface extérieure du fluide est supposée libre; donc il ne restera que l'équation

$$\mathbf{S}\lambda'(\delta\xi'\,dy\,dz + \delta\eta'\,dx\,dz + \delta\zeta'\,dx\,dy) = 0.$$

Ainsi les deux équations reviennent exactement au même.

37. Puisque, relativement aux variations dépendantes du déplacement du noyau, on peut regarder le fluide qui le recouvre comme s'il ne faisait qu'une masse solide avec lui, lorsque tous les points du noyau seront aussi sollicités par des forces quelconques, il n'y aura qu'à tenir compte de ces forces, comme de celles qui sollicitent les particules du fluide, et appliquer à l'équilibre de la masse composée du fluide et du solide, comme si elle ne formait qu'un solide continu, les solutions données dans le Chapitre IV de la Section V.

§ IV. — *De l'équilibre des fluides incompressibles contenus dans des vases.*

38. L'équation générale aux limites de l'article 27 doit se vérifier pour tous les points des parois du vase dans lequel le fluide est renfermé.

Mettons cette équation sous la forme

$$\begin{aligned} &\mathrm{S}(\lambda''\delta x''-\lambda'\delta x')\,dy\,dz\\ +&\mathrm{S}(\lambda''\delta y''-\lambda'\delta y')\,dx\,dz\\ +&\mathrm{S}(\lambda''\delta z''-\lambda'\delta z')\,dx\,dy=0, \end{aligned}$$

et considérons d'abord les termes $\mathrm{S}(\lambda''\delta z''-\lambda'\delta z')\,dx\,dy$, dans lesquels $\delta z''$ et $\delta z'$ sont les variations de l'ordonnée z, en tant qu'elle se rapporte aux deux points de la surface du fluide qui répondent aux mêmes coordonnées x et y.

Il est évident que les variations $\delta z''$ tendent à faire sortir les particules de la surface hors de la masse fluide, et que les variations $\delta z'$, en les supposant toutes deux positives, tendent à faire rentrer dans cette masse les particules de la surface opposée; de sorte qu'en donnant à celle-ci le signe négatif, les variations $\delta z''$ et $-\delta z'$ tendront également à faire sortir hors de la masse fluide les particules de la surface; et la double intégrale

$$\mathrm{S}(\lambda''\delta z''-\lambda'\delta z')\,dx\,dy$$

représentera la somme de toutes les quantités $\lambda\,\delta z\,dx\,dy$ qui répondent à tous les points de la surface du fluide et dans lesquelles les variations δz seront censées avoir la même tendance du dedans de la masse fluide au dehors : ainsi, avec cette condition, nous pouvons donner à cette intégrale cette forme plus simple $\mathrm{S}\lambda\,\delta z\,dx\,dy$.

De la même manière et avec les mêmes conditions, on pourra ramener les deux autres intégrales doubles

$$S(\lambda''\delta y''-\lambda'\delta y')\,dx\,dz \quad \text{et} \quad S(\lambda''\delta x''-\lambda'\delta x')\,dy\,dz$$

à la forme $S\lambda\,\delta y\,dx\,dz$, $S\lambda\,\delta x\,dy\,dz$.

Ainsi l'équation aux limites dont il s'agit pourra se mettre sous cette forme

$$S\lambda\,\delta z\,dx\,dy+S\lambda\,\delta y\,dx\,dz+S\lambda\,\delta z\,dy\,dx,$$

qu'on peut encore réduire, par l'analyse de l'article 33, à celle-ci

$$S\lambda(\cos\alpha\,\delta x+\cos\beta\,\delta y+\cos\gamma\,\delta z)\,ds^2=0,$$

dans laquelle α, β, γ sont les angles que le plan tangent à la surface, dans le point qui répond aux coordonnées x, y, z, fait avec les trois plans des yz, des xz et des xy. L'intégration de cette équation devra s'étendre à toute la surface du fluide; et les variations δx, δy, δz seront censées toutes dirigées du dedans de la masse fluide au dehors.

39. Dans les points où la surface est libre, les variations δx, δy, δz demeurant indéterminées, on ne peut satisfaire à l'équation qu'en faisant $\lambda=0$, ce qui donnera la figure de cette surface, comme nous l'avons vu dans l'article 18.

Pour tous les autres points de la surface où le fluide est contigu aux parois du vase, si l'on marque d'un trait les quantités qui s'y rapportent, on aura, relativement à ces parois, la même équation qu'on a trouvée par rapport à la surface du noyau recouvert d'un fluide (art. 30). Ainsi, toutes les conclusions qu'on a tirées de cette équation, depuis l'article qu'on vient de citer jusqu'à la fin du paragraphe précédent, peuvent s'appliquer aux parois du vase dans lequel le fluide est renfermé, quelle que soit sa figure, et soit qu'il demeure fixe, ou qu'il doive être en équilibre par la pression du fluide et par l'action des forces étrangères qui le tirent dans des directions quelconques.

SECTION HUITIÈME.

DE L'ÉQUILIBRE DES FLUIDES COMPRESSIBLES ET ÉLASTIQUES.

1. Soient, comme dans l'article 10 de la Section précédente, X, Y, Z les forces qui agissent sur chaque point de la masse fluide, réduites aux directions des coordonnées x, y, z et tendantes à diminuer ces coordonnées; on aura d'abord

$$\mathsf{S}(\mathrm{X}\,\delta x + \mathrm{Y}\,\delta y + \mathrm{Z}\,\delta z)\,dm$$

pour la somme de leurs moments.

Dans les fluides élastiques il y a, de plus, une force intérieure qu'on nomme *élasticité* ou *ressort* et qui tend à les dilater ou à augmenter leur volume. Soit donc ε l'élasticité d'une particule quelconque dm; cette force, tendant à augmenter le volume $dx\,dy\,dz$ de la même particule, aura ou pourra être censée avoir pour moment la quantité $-\,\varepsilon\,\delta(dx\,dy\,dz)$ par l'article 9 de la Section II. Je donne ici le signe $-$ au moment de cette force, parce que celle-ci tend à augmenter la variable $dx\,dy\,dz$, tandis que les forces X, Y, Z tendent à diminuer les variables x, y, z. Ainsi la somme des moments provenant de l'élasticité de toute la masse fluide sera exprimée par $-\,\mathsf{S}\varepsilon\,\delta(dx\,dy\,dz)$.

Donc la somme totale des moments des forces qui agissent sur le fluide sera

$$\mathsf{S}(\mathrm{X}\,\delta x + \mathrm{Y}\,\delta y + \mathrm{Z}\,\delta z)\,dm - \mathsf{S}\varepsilon\,\delta(dx\,dy\,dz);$$

et comme il n'y a ici aucune condition particulière à remplir, on aura l'équation générale de l'équilibre en égalant simplement cette somme à zéro.

2. On aura donc pour l'équilibre des fluides élastiques une équation de la même forme que celle que l'on a trouvée dans la Section précédente (art. 10) pour l'équilibre des fluides incompressibles, puisque l'on a, dans celle-ci (art. 11),

$$\delta L = \delta(dx\,dy\,dz),$$

ce qui rend le terme $\mathsf{S}\lambda\,\delta L$, provenant de la condition de l'incompressibilité, entièrement semblable au terme $\mathsf{S}\varepsilon\,\delta(dx\,dy\,dz)$ dû au moment des forces élastiques.

Il s'ensuit de là que les formules trouvées pour l'équilibre des fluides incompressibles s'appliquent immédiatement et sans aucune restriction à l'équilibre des fluides élastiques, en y changeant simplement le coefficient λ en $-\varepsilon$, c'est-à-dire en supposant que la quantité λ qui exprimait la pression dans les fluides incompressibles, étant prise négativement, exprime la force d'élasticité de chaque élément d'un fluide élastique.

3. L'élasticité ε dépend de la densité et de la température de chaque particule du fluide, et l'on doit la regarder comme une fonction connue de ces deux quantités; mais la densité de chaque particule est inconnue, parce qu'elle dépend du rapport de la masse dm de la particule à son volume $dx\,dy\,dz$; et le Calcul différentiel ne peut déterminer ce rapport, qui dépend du nombre de particules élémentaires contenues dans l'élément différentiel $dx\,dy\,dz$ de la masse fluide.

On ne peut donc connaître la valeur de l'élasticité qu'*a posteriori*, par le moyen des forces qui tiennent le fluide en équilibre. Ainsi il faudra déterminer la valeur de ε comme on a déterminé celle de λ dans l'article 19 de la Section précédente.

4. En changeant λ en $-\varepsilon$, on aura par cet article les équations

$$\frac{\partial\varepsilon}{\partial x} + \Gamma X = 0, \qquad \frac{\partial\varepsilon}{\partial y} + \Gamma Y = 0, \qquad \frac{\partial\varepsilon}{\partial z} + \Gamma Z = 0,$$

lesquelles donnent

$$d\varepsilon + \Gamma(X\,dx + Y\,dy + Z\,dz) = 0$$

et, par conséquent,

$$\varepsilon = -\int \Gamma(X\,dx + Y\,dy + Z\,dz) + \text{const.}$$

Ainsi la quantité $\Gamma(X\,dx + Y\,dy + Z\,dz)$ doit être une différentielle complète pour l'équilibre des fluides élastiques, comme pour celui des fluides incompressibles.

De là on conclura aussi, comme dans l'article 20 de la Section précédente, que, lorsque la quantité $X\,dx + Y\,dy + Z\,dz$ est elle-même une différentielle complète, la densité Γ devra être uniforme dans chaque surface de niveau.

5. En désignant par θ la chaleur qui a lieu dans chaque endroit de la masse fluide, on suppose ordinairement, pour l'air, ε proportionnelle à $\Gamma\theta$, en faisant abstraction des autres causes, telles que les vapeurs, l'électricité, qui peuvent influer sur son élasticité.

Substituons dans l'équation

$$d\varepsilon + \Gamma(X\,dx + Y\,dy + Z\,dz) = 0$$

pour Γ sa valeur $\frac{\varepsilon}{m\theta}$, elle deviendra

$$m\frac{d\varepsilon}{\varepsilon} + \frac{X\,dx + Y\,dy + Z\,dz}{\theta} = 0.$$

La chaleur étant produite par des causes locales, la quantité θ sera une fonction donnée de x, y, z, et il faudra, pour que l'équation précédente puisse subsister, que la quantité

$$\frac{X\,dx + Y\,dy + Z\,dz}{\theta}$$

soit une différentielle exacte.

6. Donc, dans le cas de la nature où

$$X\,dx + Y\,dy + Z\,dz = d\Pi$$

(Sect. VII, art. 20), il faudra que θ soit une fonction de Π; par conséquent, on aura $d\theta = 0$ lorsque $d\Pi = 0$; d'où il suit que la chaleur doit être constante dans chaque surface de niveau à laquelle la pesanteur est perpendiculaire, autrement il sera impossible que l'atmosphère puisse être en équilibre. Ainsi il faudrait, pour que l'air pût être en repos, que la température fût égale sur toute la surface de la Terre, et qu'elle ne variât, en s'élevant dans l'atmosphère, que d'une couche de niveau à l'autre.

7. A l'égard de l'équation aux limites pour la surface du fluide, en employant la réduction de l'article 32 de la Section précédente, elle devient

$$\mathrm{S}\,\varepsilon\,\delta p\,ds^2 = 0,$$

et, sous cette forme, elle est évidente par elle-même, car à la surface il n'y a à considérer que la force d'élasticité ε qui agit suivant la ligne p perpendiculaire à la même surface; et si le fluide est contenu dans un vase, les variations δp sont nulles, et l'équation a lieu d'elle-même; mais, si une partie de la surface était libre, il faudrait que l'élasticité ε y fût nulle; autrement le fluide, n'étant pas contenu, se dissiperait.

8. L'élasticité ε, dans l'atmosphère, est proportionnelle à la hauteur du baromètre, que nous désignerons par h. Soit Z la force de la pesanteur; prenons l'ordonnée z perpendiculaire à la surface de la Terre et dirigée de bas en haut; l'équation de l'article 5 deviendra

$$m\frac{dh}{h} + \frac{Z\,dz}{\theta} = 0,$$

laquelle donne par l'intégration, en prenant H pour la hauteur du baromètre lorsque $z = 0$,

$$m \log \frac{H}{h} = \int \frac{Z\,dz}{\theta},$$

l'intégrale étant supposée commencer au point où $z = 0$.

On voit par là que le logarithme du rapport des hauteurs du baromètre ne donne rigoureusement qu'une quantité proportionnelle à la valeur de l'intégrale $\int \frac{Z\,dz}{\theta}$ comprise entre les hauteurs des deux stations, et que, pour en déduire la différence de hauteur des stations, il faut supposer connue la loi de la chaleur θ en fonction de z.

9. On sait que la pesanteur décroît en raison inverse du carré de la distance au centre de la Terre. Donc, prenant r pour le rayon de la Terre et supposant que z soient les hauteurs verticales au-dessus de la surface de la Terre, on a

$$Z = \frac{g}{\left(1+\frac{z}{r}\right)^2},$$

g étant la gravité à la surface de la Terre; et, de là,

$$Z\,dz = g\frac{dz}{\left(1+\frac{z}{r}\right)^2} = g\,dx,$$

en faisant $x = \frac{z}{1+\frac{z}{r}}$, de sorte qu'on aura

$$m\log\frac{H}{h} = g\int\frac{dx}{\theta};$$

et la difficulté se réduit à avoir θ en fonction de x.

10. En supposant θ constante et faisant, pour abréger, $\frac{m\theta}{g} = K$, on trouvera

$$x = K\log\frac{H}{h} = K(\log H - \log h),$$

et l'on aura la valeur de z par la formule $z = \frac{x}{1-\frac{x}{r}}$.

Si l'on néglige le terme $\frac{x}{r}$, qui est toujours insensible pour les hauteurs z qui ne sont pas très grandes, on a simplement $z = x$, ce qui donne la règle ordinaire pour la mesure des hauteurs par le baromètre.

Le coefficient K doit être déterminé par l'observation. M. Deluc avait trouvé, pour la température uniforme de 16°,75 du thermomètre de Réaumur, ce coefficient égal à 10 000, en prenant les logarithmes des Tables et les hauteurs en toises. Pour les autres températures, il l'augmentait ou le diminuait de sa 215e partie, pour chaque degré au-dessus ou au-dessous de 16°,75, et, pour les températures variables d'une station à l'autre, il se contentait de prendre la moyenne arithmétique entre les températures des deux stations. Depuis, on a perfectionné cette règle par des données plus exactes et par de nouvelles corrections appliquées au coefficient K.

11. Au reste, en prenant, pour la température uniforme, la moyenne arithmétique entre les températures extrêmes de la colonne d'air, on suppose que la chaleur diminue en progression arithmétique. Pour voir ce que cette hypothèse donne, on fera $\theta = \Theta(1 - nz)$, ou plutôt $\theta = \Theta(1 - nx)$, pour simplifier les calculs, Θ étant la température lorsque $x = 0$. Substituant cette valeur dans la formule $\frac{dx}{\theta}$, intégrant et remettant ensuite pour n sa valeur tirée de l'équation précédente, on aura

$$\int \frac{dx}{\theta} = x \times \frac{\log\Theta - \log\theta}{\Theta - \theta} = \frac{x}{k}\left(1 - \frac{T+t}{2k} + \frac{T+Tt+t^2}{3k^2} - \ldots\right),$$

en faisant $\Theta = k + T$, $\theta = k + t$, et prenant k pour une température fixe et T, t pour les degrés du thermomètre au-dessus de cette température.

La formule de l'article 9 donnera ainsi, en faisant $\frac{mk}{g} = K$ et ne poussant l'approximation que jusqu'aux secondes dimensions de T et t,

$$x = K\left[1 + \frac{T+t}{2k} - \frac{(T-t)^2}{12k^2}\right] \log \frac{H}{h}.$$

Les deux premiers termes répondent à la règle de Deluc et le troisième sera presque toujours insensible.

SECONDE PARTIE.

LA DYNAMIQUE.

SECTION PREMIÈRE.

SUR LES DIFFÉRENTS PRINCIPES DE LA DYNAMIQUE.

La Dynamique est la science des forces accélératrices ou retardatrices et des mouvements variés qu'elles doivent produire. Cette science est due entièrement aux modernes, et Galilée est celui qui en a jeté les premiers fondements. Avant lui on n'avait considéré les forces qui agissent sur les corps que dans l'état d'équilibre; et quoiqu'on ne pût attribuer l'accélération des corps pesants et le mouvement curviligne des projectiles qu'à l'action constante de la gravité, personne n'avait encore réussi à déterminer les lois de ces phénomènes journaliers, d'après une cause si simple. Galilée a fait le premier ce pas important et a ouvert par là une carrière nouvelle et immense à l'avancement de la Mécanique. Cette découverte est exposée et développée dans l'Ouvrage intitulé : *Discorsi e dimostrazioni matematiche intorno a due nuove scienze*, lequel parut, pour la première fois, à Leyde, en 1638. Elle ne procura pas à Galilée, de son vivant, autant de célébrité que celles qu'il avait faites dans le ciel; mais elle fait aujourd'hui la partie la plus solide et la plus réelle de la gloire de ce grand homme.

Les découvertes des satellites de Jupiter, des phases de Vénus, des taches du Soleil, etc., ne demandaient que des télescopes et de l'assiduité; mais il fallait un génie extraordinaire pour démêler les lois de la nature dans des phénomènes que l'on avait toujours eus sous les yeux, mais dont l'explication avait néanmoins toujours échappé aux recherches des philosophes.

Huygens, qui paraît avoir été destiné à perfectionner et compléter la plupart des découvertes de Galilée, ajouta à la théorie de l'accélération des graves celle du mouvement des pendules et des forces centrifuges ([1]), et prépara ainsi la route à la grande découverte de la gravitation universelle. La Mécanique devint une science nouvelle entre les mains de Newton, et ses *Principes mathématiques,* qui parurent, pour la première fois, en 1687, furent l'époque de cette révolution.

Enfin l'invention du Calcul infinitésimal mit les géomètres en état de réduire à des équations analytiques les lois du mouvement des corps; et la recherche des forces et des mouvements qui en résultent est devenue, depuis, le principal objet de leurs travaux.

Je me suis proposé ici de leur offrir un nouveau moyen de faciliter cette recherche; mais, auparavant, il ne sera pas inutile d'exposer les principes qui servent de fondement à la Dynamique, et de présenter la suite et la gradation des idées qui ont le plus contribué à étendre et à perfectionner cette science.

1. La théorie des mouvements variés et des forces accélératrices qui les produisent est fondée sur ces lois générales : que tout mouvement imprimé à un corps est, par sa nature, uniforme et rectiligne, et que différents mouvements imprimés à la fois ou successivement à un même corps se composent de manière que le corps se trouve à chaque

([1]) Galilée avait certainement l'idée de la force centrifuge, et, dans un de ses dialogues, il explique clairement que la rotation de la Terre ferait prendre au corps une vitesse verticale apparente dirigée de bas en haut, s'ils n'étaient retenus par la pesanteur. Mais il se trompe en ajoutant que la pesanteur, quelque petite qu'on la supposât, suffirait pour empêcher un pareil mouvement. Malgré cette erreur grave, le passage des Dialogues me paraît renfermer la première idée de la grande découverte d'Huygens. Voir *Dialogo sopra le due massimi sistemi del mondo*..., p. 185 et suiv. (édition de Florence; 1710).

(*J. Bertrand.*)

instant dans le même point de l'espace où il devrait se trouver, en effet, par la combinaison de ces mouvements, s'ils existaient chacun réellement et séparément dans le corps. C'est dans ces deux lois que consistent les principes connus de la force d'inertie et du mouvement composé. Galilée a aperçu le premier ces deux principes et en a déduit les lois du mouvement des projectiles, en composant le mouvement oblique, effet de l'impulsion communiquée au corps, avec sa chute perpendiculaire due à l'action de la gravité.

A l'égard des lois de l'accélération des graves, elles se déduisent naturellement de la considération de l'action constante et uniforme de la gravité, en vertu de laquelle, les corps recevant dans des instants égaux des degrés égaux de vitesse suivant la même direction, la vitesse totale acquise au bout d'un temps quelconque doit être proportionnelle à ce temps; et il est clair que ce rapport constant des vitesses au temps doit être lui-même proportionnel à l'intensité de la force que la gravité exerce pour mouvoir le corps; de sorte que, dans le mouvement sur des plans inclinés, ce rapport ne doit pas être proportionnel à la force absolue de la gravité, comme dans le mouvement vertical, mais à sa force relative, laquelle dépend de l'inclinaison du plan et se détermine par les règles de la Statique; ce qui fournit un moyen facile de comparer entre eux les mouvements des corps qui descendent sur des plans différemment inclinés.

Cependant il ne paraît pas que Galilée ait découvert de cette manière les lois de la chute des corps pesants. Il a commencé, au contraire, par supposer la notion d'un mouvement uniformément accéléré, dans lequel les vitesses croissent comme les temps; il en a déduit géométriquement les principales propriétés de cette espèce de mouvement et surtout la loi de l'accroissement des espaces en raison des carrés des temps; ensuite il s'est assuré, par des expériences, que cette loi a lieu effectivement dans le mouvement des corps qui tombent verticalement ou sur des plans quelconques inclinés. Mais, pour pouvoir comparer entre eux les mouvements sur différents plans inclinés, il a été obligé d'abord d'admettre ce principe précaire, que les vitesses acquises en descendant de hauteurs verticales égales sont aussi toujours égales; et ce n'est que peu avant sa mort, et après la publication de ses Dialogues, qu'il a trouvé la démonstration de ce principe par la considération de l'action relative de la gravité sur les plans inclinés, démonstration qui a été ensuite insérée dans les autres éditions de cet Ouvrage.

2. Le rapport constant qui, dans les mouvements uniformément accélérés, doit subsister entre les vitesses et les temps, ou entre les espaces et les carrés des temps, peut donc être pris pour la mesure de la force accélératrice qui agit continuellement sur le mobile; parce que, en effet, cette force ne peut être estimée que par l'effet qu'elle produit dans le corps et qui consiste dans les vitesses engendrées ou dans les espaces parcourus dans des temps donnés.

Ainsi il suffit, pour cette estimation des forces, de considérer le mouvement produit dans un temps quelconque, fini ou infiniment petit, pourvu que la force soit regardée comme constante pendant ce temps; par conséquent, quels que soient le mouvement du corps et la loi de son accélération, comme, par la nature du Calcul différentiel, on peut regarder comme constante, pendant un temps infiniment petit, l'action de toute force accélératrice, on pourra toujours déterminer la valeur de la force qui agit sur le corps à chaque instant, en comparant la vitesse engendrée dans cet instant avec la durée du même instant, ou l'espace qu'elle fait parcourir pendant le même instant avec le carré de la durée de cet instant; et il n'est pas même nécessaire que cet espace ait été réellement parcouru par le corps, il suffit qu'il puisse être censé avoir été parcouru par un mouvement composé, puisque l'effet de la force est le même dans l'un et dans l'autre cas, par les principes du mouvement exposés plus haut.

C'est ainsi qu'Huygens a trouvé que les forces centrifuges des corps mus dans des cercles avec des vitesses constantes sont comme les carrés des vitesses divisés par les rayons des cercles, et qu'il a pu comparer ces forces avec la force de la pesanteur à la surface de la

Terre, comme on le voit par les démonstrations qu'il a laissées de ses théorèmes sur la force centrifuge, publiés en 1673 à la fin du Traité intitulé : *Horologium oscillatorium*.

En combinant cette théorie des forces centrifuges avec celle des développées, dont Huygens est aussi l'auteur, et qui réduit à des arcs de cercle chaque portion infiniment petite d'une courbe quelconque, il lui était facile de l'étendre à toutes les courbes. Mais il était réservé à Newton de faire ce nouveau pas et de compléter la science des mouvements variés et des forces accélératrices qui peuvent les engendrer. Cette science ne consiste maintenant que dans quelques formules différentielles très simples; mais Newton a constamment fait usage de la méthode géométrique simplifiée par la considération des premières et dernières raisons, et, s'il s'est quelquefois servi du calcul analytique, c'est uniquement la méthode des séries qu'il a employée, laquelle doit être distinguée de la méthode différentielle, quoiqu'il soit facile de les rapprocher et de les rappeler à un même principe.

Les géomètres qui ont traité, après Newton, la théorie des forces accélératrices se sont presque tous contentés de généraliser ses théorèmes et de les traduire en expressions différentielles. De là les différentes formules des forces centrales qu'on trouve dans plusieurs Ouvrages de Mécanique, mais dont on ne fait plus guère usage, parce qu'elles ne s'appliquent qu'aux courbes qu'on suppose décrites en vertu d'une force unique tendante vers un centre, et qu'on a maintenant des formules générales pour déterminer les mouvements produits par des forces quelconques.

3. Si l'on conçoit que le mouvement d'un corps et les forces qui le sollicitent soient décomposées suivant trois lignes droites perpendiculaires entre elles, on pourra considérer séparément les mouvements et les forces relatives à chacune de ces trois directions. Car, à cause de la perpendicularité des directions, il est visible que chacun de ces mouvements partiels peut être regardé comme indépendant des deux autres et qu'il ne peut recevoir d'altération que de la part de la force

qui agit dans la direction de ce mouvement; d'où l'on peut conclure que ces trois mouvements doivent suivre, chacun en particulier, les lois des mouvements rectilignes accélérés ou retardés par des forces données. Or, dans le mouvement rectiligne, l'effet de la force accélératrice ne consistant qu'à altérer la vitesse du corps, cette force doit être mesurée par le rapport entre l'accroissement ou le décroissement de la vitesse pendant un instant quelconque et la durée de cet instant, c'est-à-dire par la différentielle de la vitesse divisée par celle du temps; et, comme la vitesse elle-même est exprimée, dans les mouvements variés, par la différentielle de l'espace divisée par celle du temps, il s'ensuit que la force dont il s'agit sera mesurée par la différentielle seconde de l'espace divisée par le carré de la différentielle première du temps, supposée constante. Donc aussi la différentielle seconde de l'espace que le corps parcourt, ou est censé parcourir, suivant chacune des trois directions perpendiculaires, divisée par le carré de la différentielle constante du temps, exprimera la force accélératrice dont le corps doit être animé suivant cette même direction et devra, par conséquent, être égalée à la force actuelle qui est supposée agir dans cette direction. C'est ce qui constitue le principe si connu des forces accélératrices.

Il n'est pas nécessaire que les trois directions auxquelles on rapporte le mouvement instantané du corps soient absolument fixes, il suffit qu'elles le soient pendant la durée d'un instant. Ainsi, dans les mouvements en ligne courbe, on peut prendre à chaque instant ces directions, l'une dans la tangente et les deux autres dans les perpendiculaires à la courbe. Alors la force accélératrice qui agit suivant la tangente, et qu'on nomme *force tangentielle*, sera toute employée à altérer la vitesse absolue du corps et sera exprimée par l'élément de cette vitesse divisé par l'élément du temps.

Les forces normales, au contraire, ne feront que changer la direction du corps et dépendront de la courbure de la ligne qu'il décrit. En réduisant les forces normales à une seule, cette force composée doit se trouver dans le plan de la courbure et être exprimée par le carré de la vitesse divisé par le rayon osculateur, puisqu'à chaque instant le corps peut être regardé comme mû dans le cercle osculateur.

C'est ainsi qu'on a trouvé les formules connues des forces tangentielles et des forces normales, dont on s'est servi longtemps pour résoudre les problèmes sur le mouvement des corps animés par des forces données. La *Mécanique* d'Euler, qui a paru en 1736, et qu'on doit regarder comme le premier grand Ouvrage où l'Analyse ait été appliquée à la science du mouvement, est encore toute fondée sur ces formules; mais on les a presque abandonnées depuis, parce qu'on a trouvé une manière plus simple d'exprimer l'effet des forces accélératrices sur le mouvement des corps.

Elle consiste à rapporter le mouvement du corps et les forces qui le sollicitent à des directions fixes dans l'espace. Alors, en employant, pour déterminer le lieu du corps dans l'espace, trois coordonnées rectangles qui aient ces mêmes directions, les variations de ces coordonnées représenteront évidemment les espaces parcourus par le corps suivant les directions de ces coordonnées; par conséquent, leurs différentielles secondes, divisées par le carré de la différentielle constante du temps, exprimeront les forces accélératrices qui doivent agir suivant ces mêmes coordonnées; ainsi, en égalant ces expressions à celles des forces données par la nature du problème, on aura trois équations semblables qui serviront à déterminer toutes les circonstances du mouvement. Cette manière d'établir les équations du mouvement d'un corps animé par des forces quelconques en le réduisant à des mouvements rectilignes est, par sa simplicité, préférable à toutes les autres; elle aurait dû se présenter d'abord, mais il paraît que Maclaurin est le premier qui l'ait employée dans son *Traité des fluxions*, qui a paru, en anglais, en 1742; elle est maintenant universellement adoptée.

4. Par les principes qui viennent d'être exposés, on peut donc déterminer les lois du mouvement d'un corps libre sollicité par des forces quelconques, pourvu que le corps soit regardé comme un point.

On peut aussi appliquer ces principes à la recherche du mouvement de plusieurs corps qui exercent les uns sur les autres une attraction mutuelle, suivant une loi qui soit une fonction connue des distances; enfin il n'est pas difficile de les étendre aux mouvements dans des milieux résistants, ainsi qu'à ceux qui se font sur des surfaces courbes données, car la résistance du milieu n'est autre chose qu'une force qui agit dans une direction opposée à celle du mobile; et lorsqu'un corps est forcé de se mouvoir sur une surface donnée, il y a nécessairement une force perpendiculaire à la surface qui l'y retient, et dont la valeur inconnue peut se déterminer d'après les conditions qui résultent de la nature même de la surface.

Mais, si l'on cherche le mouvement de plusieurs corps qui agissent les uns sur les autres par impulsion ou par pression, soit immédiatement comme dans le choc ordinaire, ou par le moyen de fils ou de leviers inflexibles auxquels ils soient attachés, ou en général par quelque autre moyen que ce soit, alors la question est d'un ordre plus élevé et les principes précédents sont insuffisants pour la résoudre. Car ici les forces qui agissent sur les corps sont inconnues, et il faut déduire ces forces de l'action que les corps doivent exercer entre eux, suivant leur disposition mutuelle. Il est donc nécessaire d'avoir recours à un nouveau principe qui serve à déterminer la force des corps en mouvement, eu égard à leur masse et à leur vitesse.

5. Ce principe consiste en ce que, pour imprimer à une masse donnée une certaine vitesse suivant une direction quelconque, soit que cette masse soit en repos ou en mouvement, il faut une force dont la valeur [1] soit proportionnelle au produit de la masse par la vitesse

[1] Il faut entendre ici par *valeur* d'une force le produit de cette force par le temps pendant lequel elle agit, ou, plus généralement, l'intégrale du produit de l'élément du temps par l'intensité de la force. Le mot *force* est pris par Lagrange dans le même sens que Descartes adoptait quand il écrivait à Mersenne : « J'ai parlé de la force qui sert pour lever un poids, *laquelle a deux dimensions*, non de celle qui sert en chaque point pour le soutenir, *laquelle n'a qu'une dimension.* » (Édition de M. Cousin, t. VI, p. 329.) On comprend quelle confusion doit apporter dans les raisonnements cette double signification du mot *force*. Les géomètres y ont heureusement renoncé et l'on n'entend plus aujourd'hui par force qu'un effort exprimable en kilogrammes. (*J. Bertrand.*)

et dont la direction soit la même que celle de cette vitesse. Ce produit de la masse d'un corps multipliée par sa vitesse s'appelle communément la *quantité de mouvement de ce corps,* parce qu'en effet c'est la somme des mouvements de toutes les parties matérielles du corps. Ainsi les forces se mesurent par les quantités de mouvement qu'elles sont capables de produire, et réciproquement la quantité de mouvement d'un corps est la mesure de la force que le corps est capable d'exercer contre un obstacle, et qui s'appelle la *percussion*. D'où il s'ensuit que, si deux corps non élastiques viennent à se choquer directement en sens contraire avec des quantités de mouvement égales, leurs forces doivent se contre-balancer et se détruire, par conséquent les corps doivent s'arrêter et demeurer en repos. Mais, si le choc se faisait par le moyen d'un levier, il faudrait, pour la destruction du mouvement des corps, que leurs forces suivissent la loi connue de l'équilibre du levier.

Il paraît que Descartes a aperçu le premier le principe que nous venons d'exposer; mais il s'est trompé dans son application au choc des corps, pour avoir cru que la même quantité de mouvement absolu devait toujours se conserver (1).

Wallis est proprement le premier qui ait eu une idée nette de ce principe et qui s'en soit servi avec succès pour découvrir les lois de la communication du mouvement dans le choc des corps durs ou élastiques, comme on le voit dans les *Transactions philosophiques* de 1669 et dans la troisième Partie de son Traité *de Motu*, imprimé en 1671.

De même que le produit de la masse et de la vitesse exprime la force finie d'un corps en mouvement, ainsi le produit de la masse et de la

(1) Dans aucun des nombreux écrits de Descartes, on ne trouve un énoncé net et compréhensible du principe. Quant aux applications, les erreurs qu'il commet sont bien plus graves que ne semble l'indiquer ici Lagrange. Il affirme, entre autres propositions erronées, qu'un corps qui en choque un autre ne peut lui imprimer de mouvement que s'il a une masse plus grande que la sienne; dans tout autre cas, le corps choquant sera réfléchi, et le corps choqué ne bougera pas. (Édition de M. Cousin, t. IX, p. 195.)

(*J. Bertrand.*)

force accélératrice, que nous avons vue être représentée par l'élément de la vitesse divisé par l'élément du temps, exprimera la force élémentaire ou naissante; et cette quantité, si on la considère comme la mesure de l'effort que le corps peut faire en vertu de la vitesse élémentaire qu'il a prise ou qu'il tend à prendre, constitue ce qu'on nomme *pression;* mais, si on la regarde comme la mesure de la force ou puissance nécessaire pour imprimer cette même vitesse, elle est alors ce qu'on nomme *force motrice.* Ainsi, des pressions ou des forces motrices se détruiront ou se feront équilibre si elles sont égales et directement opposées, ou si, étant appliquées à une machine quelconque, elles suivent les lois de l'équilibre de cette machine.

6. Lorsque des corps sont joints ensemble, de manière qu'ils ne puissent obéir librement aux impulsions reçues et aux forces accélératrices dont ils sont animés, ces corps exercent nécessairement les uns sur les autres des pressions continuelles qui altèrent leurs mouvements et en rendent la détermination difficile.

Le premier problème et le plus simple de ce genre dont les géomètres se soient occupés est celui du centre d'oscillation. Ce problème a été fameux, au commencement du siècle dernier et même dès le milieu du précédent, par les efforts et les tentatives que les plus grands géomètres ont faits pour en venir à bout; et comme c'est principalement à ces tentatives qu'on doit les progrès immenses que la Dynamique a faits depuis, je crois devoir en donner ici une histoire succincte, pour montrer par quels degrés cette science s'est élevée à la perfection où elle paraît être parvenue dans ces derniers temps.

Les Lettres de Descartes offrent les premières traces des recherches sur le centre d'oscillation. On y voit que Mersenne avait proposé aux géomètres de déterminer la grandeur que doit avoir un corps de figure quelconque, pour que, étant suspendu par un point, il fasse ses oscillations dans le même temps qu'un fil de longueur donnée et chargé d'un seul poids à son extrémité. Descartes observe que cette question a quelque rapport avec celle du centre de gravité et que, de même que, dans un corps pesant qui tombe librement, il y a un centre de gravité autour duquel les efforts de la pesanteur de toutes les parties du corps se font équilibre, en sorte que ce centre descend de la même manière que si le reste du corps était anéanti ou qu'il fût concentré dans le même centre; ainsi, dans les corps pesants qui tournent autour d'un axe fixe, il doit y avoir un centre, qu'il appelle *centre d'agitation*, autour duquel les forces d'*agitation* de toutes les parties du corps se contre-balancent, de manière que ce centre, étant libre de l'action de ces forces, puisse être mû comme il le serait si les autres parties du corps étaient anéanties ou concentrées dans ce même centre; que, par conséquent, tous les corps dans lesquels ce centre sera également éloigné de l'axe de rotation feront leur vibration dans le même temps.

D'après cette notion du centre d'agitation, Descartes donne une méthode générale de le déterminer dans les corps de figure quelconque; cette méthode consiste à chercher le centre de gravité des forces d'agitation de toutes les parties du corps, en estimant ces forces par les produits des masses multipliées par les vitesses, qui sont ici proportionnelles aux distances de l'axe de rotation, et en supposant que les parties du corps soient projetées sur le plan qui passe par son centre de gravité et par l'axe de rotation, de manière qu'elles conservent leurs distances à cet axe.

Cette solution de Descartes devint un sujet de contestations entre lui et Roberval. Celui-ci prétendait qu'elle n'était bonne que lorsque toutes les parties du corps sont réellement ou peuvent être censées placées dans un même plan passant par l'axe de rotation, que dans tous les autres cas il ne fallait considérer que les mouvements perpendiculaires au plan passant par l'axe de rotation et par le centre de gravité du corps, et qu'on devait rapporter chaque particule au point où ce plan est rencontré par la direction du mouvement de cette particule, direction qui est toujours perpendiculaire au plan mené par cette particule et par l'axe de rotation. Mais il est facile de prouver que, par rapport à l'axe de rotation, les moments des forces estimées de cette manière sont toujours égaux à ceux des forces estimées suivant la méthode de Descartes [1].

Roberval prétendit, avec plus de fondement, que Descartes n'avait cherché que le centre de percussion, autour duquel les chocs ou les moments de percussion sont égaux, et que, pour trouver le vrai centre d'oscillation d'un pendule pesant, il fallait aussi avoir égard à l'action de la gravité, en vertu de laquelle le pendule se meut. Mais, cette recherche étant supérieure à la Mécanique de ces temps-là [2], les géomètres continuèrent à supposer tacitement que le centre de percussion était le même que celui d'oscillation, et Huygens fut le premier qui envisagea ce dernier centre sous son vrai point de vue; aussi crut-il devoir regarder ce problème comme entièrement neuf [3] et, ne pouvant le résoudre par les lois connues du mouvement, il inventa un principe nouveau, mais indirect, lequel est devenu célèbre depuis sous le nom de *conservation des forces vives*.

7. Un fil, considéré comme une ligne inflexible sans pesanteur et sans masse, étant attaché par un bout à un point fixe et chargé, à l'autre bout, d'un petit poids qu'on puisse regarder comme réduit à un

(1) Cette observation prouve que l'objection de Roberval n'était pas fondée; mais il n'en a pas moins eu raison d'affirmer que la règle de Descartes est fautive quand il ne s'agit pas d'une figure plane tournant autour d'un axe situé dans son plan. On doit même ajouter que Roberval a indiqué sans démonstration la position exacte du centre d'agitation d'un secteur circulaire tournant autour d'une perpendiculaire à son plan menée par le centre du secteur. *Voir* les observations de Roberval sur une Lettre de Descartes (*Œuvres de Descartes*, t. IX, p. 521; édition de M. Cousin). (*J. Bertrand.*)

(2) On sait que le centre d'oscillation ne diffère pas du centre de percussion. Il semblerait donc résulter de l'appréciation de Lagrange que la règle de Descartes est exacte, quoique non suffisamment démontrée. Il est cependant facile de s'assurer qu'il n'en est rien, et qu'elle conduit à des résultats fautifs toutes les fois que le pendule ne se réduit pas à une figure plane tournant autour d'un axe situé dans son plan. (*J. Bertrand.*)

(3) Huygens rappelle, au contraire, en commençant la quatrième Partie de son Traité, que le problème du centre d'oscillation lui a été proposé autrefois par Mersenne, ainsi qu'à d'autres géomètres; mais alors il était presque un enfant et n'a pu trouver de solution satisfaisante. Il ajoute, en parlant de Descartes : « Qui vero rem sese confecisse sperabant viri insignes, Cartesius, Honoratus Fabrius, aliique, nequaquam scopum attigerunt, nisi in paucis quibusdam facilioribus, sed quorum demonstrationem nullam idoneam, ut mihi videtur, attulerunt. » (*Œuvres d'Huygens*, t. I, p. 118; édition de s'Gravesande; Lyon, 1724.) (*J. Bertrand.*)

point, forme ce qu'on appelle un *pendule simple ;* et la loi des vibrations de ce pendule dépend uniquement de sa longueur, c'est-à-dire de la distance entre le poids et le point de suspension. Mais, si à ce fil on attache encore un ou plusieurs poids, à différentes distances du point de suspension, on aura alors un pendule composé dont le mouvement devra tenir une espèce de milieu entre ceux des différents pendules simples que l'on aurait si chacun de ces poids était suspendu seul au fil. Car, la force de la gravité tendant d'un côté à faire descendre tous les poids également dans le même temps, et de l'autre l'inflexibilité du fil les contraignant à décrire dans ce même temps des arcs inégaux et proportionnels à leur distance du point de suspension, il doit se faire entre ces poids une espèce de compensation et de répartition de leurs mouvements; en sorte que les poids qui sont les plus proches du point de suspension hâteront les vibrations des plus éloignés, et ceux-ci, au contraire, retarderont les vibrations des premiers. Ainsi il y aura dans le fil un point où, un corps étant placé, son mouvement ne serait ni accéléré ni retardé par les autres poids, mais serait le même que s'il était seul suspendu au fil. Ce point sera donc le vrai centre d'oscillation du pendule composé, et un tel centre doit se trouver aussi dans tout corps solide, de quelque figure que ce soit, qui oscille autour d'un axe horizontal.

Huygens vit qu'on ne pouvait déterminer ce centre d'une manière rigoureuse sans connaître la loi suivant laquelle les différents poids du pendule composé altèrent mutuellement les mouvements que la gravité tend à leur imprimer à chaque instant; mais, au lieu de chercher à déduire cette loi des principes fondamentaux de la Mécanique, il se contenta d'y suppléer par un principe indirect, lequel consiste à supposer que, si plusieurs poids, attachés comme l'on voudra à un pendule, descendent par la seule action de la gravité, et que, dans un instant quelconque, ils soient détachés et séparés les uns des autres, chacun d'eux, en vertu de la vitesse acquise pendant sa chute, pourra remonter à une telle hauteur que le centre commun de gravité se trouvera remonté à la même hauteur d'où il était descendu. A la vérité,

Huygens n'établit pas ce principe immédiatement, mais il le déduit de deux hypothèses qu'il croit devoir être admises comme des demandes de Mécanique : l'une, c'est que le centre de gravité d'un système de corps pesants ne peut jamais remonter à une hauteur plus grande que celle d'où il est tombé, quelque changement qu'on fasse à la disposition mutuelle des corps, parce qu'autrement le mouvement perpétuel ne serait plus impossible; l'autre, c'est qu'un pendule composé peut toujours remonter de lui-même à la même hauteur d'où il est descendu librement. Au reste, Huygens remarque que le même principe a lieu dans le mouvement des corps pesants liés ensemble d'une manière quelconque, comme aussi dans le mouvement des fluides.

On ne saurait deviner ce qui a donné à cet auteur l'idée d'un tel principe; mais on peut conjecturer qu'il y a été conduit par le théorème que Galilée avait démontré sur la chute des corps pesants, lesquels, soit qu'ils descendent verticalement ou sur des plans inclinés, acquièrent toujours des vitesses capables de les faire remonter aux mêmes hauteurs d'où ils étaient tombés. Ce théorème, généralisé et appliqué au centre de gravité d'un système de corps pesants, donne le principe d'Huygens.

Quoi qu'il en soit, ce principe fournit une équation entre la hauteur verticale d'où le centre de gravité du système est descendu dans un temps quelconque et les différentes hauteurs verticales auxquelles les corps qui composent le système pourraient remonter avec leurs vitesses acquises, et qui, par les théorèmes de Galilée, sont comme les carrés de ces vitesses. Or, dans un pendule qui oscille autour d'un axe horizontal, les vitesses des différents points sont proportionnelles à leurs distances de l'axe; ainsi on peut réduire l'équation à deux seules inconnues, dont l'une soit la descente du centre de gravité du pendule dans un temps quelconque, et dont l'autre soit la hauteur à laquelle un point donné de ce pendule pourrait remonter par sa vitesse acquise. Mais la descente du centre de gravité détermine celle de tout autre point du pendule; donc on aura une équation entre la hauteur d'où un point quelconque du pendule est descendu et celle à laquelle il pourrait remonter par sa vitesse, due à cette chute. Dans le centre d'oscillation, ces deux hauteurs doivent être égales, parce que les corps libres peuvent toujours remonter à la même hauteur d'où ils sont tombés; et l'équation fait voir que cette égalité ne peut avoir lieu que dans un point de la ligne perpendiculaire à l'axe de rotation et passant par le centre de gravité du pendule, lequel soit éloigné de cet axe de la quantité qui provient en multipliant tous les poids qui composent le pendule par les carrés de leurs distances à l'axe et divisant la somme de ces produits par la masse du pendule multipliée par la distance de son centre de gravité au même axe. Cette quantité exprimera donc la longueur d'un pendule simple dont le mouvement serait égal à celui du pendule composé.

Cette théorie d'Huygens est exposée dans l'*Horologium oscillatorium* et elle y est accompagnée d'un grand nombre de savantes applications. Elle n'aurait rien laissé à désirer si elle n'avait pas été appuyée sur un principe précaire; et il restait toujours à démontrer ce principe pour la mettre hors de toute atteinte.

En 1681 parurent, dans le *Journal des Savants de Paris,* quelques mauvaises objections contre cette théorie, auxquelles Huygens ne répondit que d'une manière vague et peu satisfaisante. Mais cette contestation, ayant excité l'attention de Jacques Bernoulli, lui donna occasion d'examiner à fond la théorie d'Huygens et de chercher à la rappeler aux premiers principes de la Dynamique. Il ne considère d'abord que deux poids égaux attachés à une ligne inflexible et droite, et il remarque que la vitesse que le premier poids, celui qui est le plus près du point de suspension, acquiert en décrivant un arc quelconque doit être moindre que celle qu'il aurait acquise en décrivant librement le même arc, et qu'en même temps la vitesse acquise par l'autre poids doit être plus grande que celle qu'il aurait acquise en parcourant le même arc librement. La vitesse perdue par le premier poids s'est donc communiquée au second, et comme cette communication se fait par le moyen d'un levier mobile autour d'un point fixe, elle doit suivre la loi de l'équilibre des puissances appliquées à ce levier; de manière que la perte de vitesse du premier poids soit au gain de vitesse du second dans la raison réciproque des bras de levier, c'est-à-dire des distances au point de suspension. De là, et de ce que les vitesses réelles des deux poids doivent être elles-mêmes dans la raison directe de ces distances, on détermine facilement ces vitesses et, par conséquent, le mouvement du pendule.

8. Tel est le premier pas qui ait été fait vers la solution directe de ce fameux problème. L'idée de rapporter au levier les forces résultantes des vitesses gagnées ou perdues par les poids est très fine et donne la clef de la vraie théorie; mais Jacques Bernoulli s'est trompé en considérant les vitesses acquises pendant un temps quelconque fini, au lieu qu'il n'aurait dû considérer que les vitesses élémentaires acquises pendant un instant, et les comparer avec celles que la gravité tend à imprimer pendant le même instant. C'est ce que L'Hôpital a fait depuis dans un Écrit inséré dans le *Journal de Rotterdam* de 1690. Il suppose deux poids quelconques attachés au fil inflexible qui fait le pendule composé, et il établit l'équilibre entre les quantités de mouvement perdues et gagnées par ces poids dans un instant quelconque, c'est-à-dire entre les différences des quantités de mouvement que les poids acquièrent réellement dans cet instant, et de celles que la gravité tend à leur imprimer. Il détermine, par ce moyen, le rapport de l'accélération instantanée de chaque poids à celle que la gravité seule tend à lui donner et il trouve le centre d'oscillation en cherchant le point du pendule pour lequel ces deux accélérations seraient égales. Il étend ensuite sa théorie à un plus grand nombre de poids; mais il regarde pour cela les premiers comme réunis successivement dans leur centre d'oscillation, ce qui n'est plus si direct, ni ne peut être admis sans démonstration ([1]).

Cette analyse fit revenir Jacques Bernoulli sur la sienne et donna enfin lieu à la première solution directe et rigoureuse du problème des

([1]) On peut même ajouter que cette méthode conduit à des résultats inexacts.
(*J. Bertrand.*)

centres d'oscillation, solution qui mérite d'autant plus l'attention des géomètres qu'elle contient le germe de ce principe de Dynamique qui est devenu si fécond entre les mains de d'Alembert.

L'auteur considère ensemble les mouvements que la gravité imprime à chaque instant aux corps qui composent le pendule, et, comme ces corps, à cause de leur liaison, ne peuvent les suivre, il conçoit les mouvements qu'ils doivent prendre comme composés des mouvements imprimés et d'autres mouvements, ajoutés ou retranchés, qui doivent se contre-balancer, et en vertu desquels le pendule doit demeurer en équilibre. Le problème se trouve ainsi ramené aux principes de la Statique et ne demande plus que le secours de l'Analyse. Jacques Bernoulli trouva, par ce moyen, des formules générales pour les centres d'oscillation des corps de figure quelconque, en fit voir l'accord avec le principe d'Huygens et démontra l'identité des centres d'oscillation et de percussion. Cette solution avait été ébauchée, dès 1691, dans les *Actes de Leipsick;* mais elle n'a été donnée d'une manière complète qu'en 1703, dans les *Mémoires de l'Académie des Sciences de Paris.*

9. Pour ne rien laisser à désirer sur cette histoire du problème du centre d'oscillation, je devrais rendre compte de la solution que Jean Bernoulli en a donnée ensuite dans les mêmes Mémoires et qui, ayant été donnée aussi à peu près en même temps par Taylor dans l'Ouvrage intitulé *Methodus incrementorum,* a été l'occasion d'une vive dispute entre ces deux géomètres; mais, quelque ingénieuse que soit l'idée sur laquelle est fondée cette nouvelle solution et qui consiste à réduire tout d'un coup le pendule composé en pendule simple, en substituant à ses différents poids d'autres poids réunis dans un seul point, avec des masses et des pesanteurs fictives, telles qu'elles produisent les mêmes accélérations angulaires et les mêmes moments par rapport à l'axe de rotation et que la pesanteur totale des poids réunis soit égale à leur pesanteur naturelle, on doit néanmoins avouer que cette idée n'est ni si naturelle ni si lumineuse que celle de l'équilibre entre les quantités de mouvement acquises et perdues.

On trouve encore dans la *Phoronomia* d'Herman, publiée en 1716, une nouvelle manière de résoudre le même problème, et qui est fondée sur cet autre principe, que les forces motrices dont les poids qui forment le pendule doivent être animés pour pouvoir être mus conjointement sont équivalentes à celles qui proviennent de l'action de la gravité; en sorte que les premières, étant supposées dirigées en sens contraire, doivent faire équilibre à ces dernières.

Ce principe n'est, dans le fond, que celui de Jacques Bernoulli, présenté d'une manière moins simple, et il est facile de les rappeler l'un à l'autre par les principes de la Statique. Euler l'a rendu ensuite plus général et s'en est servi pour déterminer les oscillations des corps flexibles, dans un Mémoire imprimé en 1740, dans le Tome VII des anciens *Commentaires de Pétersbourg*.

Il serait trop long de parler des autres problèmes de Dynamique qui ont exercé la sagacité des géomètres, après celui du centre d'oscillation et avant que l'art de les résoudre fût réduit à des règles fixes. Ces problèmes, que les Bernoulli, Clairaut, Euler se proposaient entre eux, se trouvent répandus dans les premiers Volumes des *Mémoires de Pétersbourg* et de *Berlin*, dans les *Mémoires de Paris* (années 1736 et 1742), dans les *Œuvres* de Jean Bernoulli et dans les *Opuscules* d'Euler. Ils consistent à déterminer les mouvements de plusieurs corps, pesants ou non, qui se poussent ou se tirent par des fils ou des leviers inflexibles où ils sont fixement attachés, ou le long desquels ils peuvent couler librement, et qui, ayant reçu des impulsions quelconques, sont ensuite abandonnés à eux-mêmes, ou contraints de se mouvoir sur des courbes ou des surfaces données.

Le principe d'Huygens était presque toujours employé dans la solution de ces problèmes; mais, comme ce principe ne donne qu'une seule équation, on cherchait les autres par la considération des forces inconnues avec lesquelles on concevait que les corps devaient se pousser ou se tirer, et qu'on regardait comme des forces élastiques agissant également en sens contraire. L'emploi de ces forces dispensait d'avoir égard à la liaison des corps et permettait de faire usage des lois du mouvement des corps libres; ensuite les conditions qui, par la nature du problème, devaient avoir lieu entre les mouvements des différents corps servaient à déterminer les forces inconnues qu'on avait introduites dans le calcul. Mais il fallait toujours une adresse particulière pour démêler dans chaque problème toutes les forces auxquelles il était nécessaire d'avoir égard, ce qui rendait ces problèmes piquants et propres à exciter l'émulation.

10. Le *Traité de Dynamique* de d'Alembert, qui parut en 1743, mit fin à ces espèces de défis, en offrant une méthode directe et générale pour résoudre, ou du moins pour mettre en équations tous les problèmes de Dynamique que l'on peut imaginer. Cette méthode réduit toutes les lois du mouvement des corps à celles de leur équilibre et ramène ainsi la Dynamique à la Statique. Nous avons déjà remarqué que le principe employé par Jacques Bernoulli dans la recherche du centre d'oscillation avait l'avantage de faire dépendre cette recherche des conditions de l'équilibre du levier; mais il était réservé à d'Alembert d'envisager ce principe d'une manière générale et de lui donner toute la simplicité et la fécondité dont il pouvait être susceptible.

Si l'on imprime à plusieurs corps des mouvements qu'ils soient forcés de changer à cause de leur action mutuelle, il est clair qu'on peut regarder ces mouvements comme composés de ceux que les corps prendront réellement, et d'autres mouvements qui sont détruits; d'où il suit que ces derniers doivent être tels, que les corps animés de ces seuls mouvements se fassent équilibre.

Tel est le principe que d'Alembert a donné dans son *Traité de Dynamique* et dont il a fait un heureux usage dans plusieurs problèmes, et surtout dans celui de la précession des équinoxes. Ce principe ne fournit pas immédiatement les équations nécessaires pour la solution des problèmes de Dynamique, mais il apprend à les déduire des conditions de l'équilibre. Ainsi, en combinant ce principe avec les principes ordinaires de l'équilibre du levier ou de la composition des forces, on peut toujours trouver les équations de chaque problème;

mais la difficulté de déterminer les forces qui doivent être détruites, ainsi que les lois de l'équilibre entre ces forces, rend souvent l'application de ce principe embarrassante et pénible; et les solutions qui en résultent sont presque toujours plus compliquées que si elles étaient déduites de principes moins simples et moins directs, comme on peut s'en convaincre par la seconde Partie du même *Traité de Dynamique* (¹).

11. Si l'on voulait éviter les décompositions de mouvements que ce principe exige, il n'y aurait qu'à établir tout de suite l'équilibre entre les forces et les mouvements engendrés, mais pris dans des directions contraires. Car, si l'on imagine qu'on imprime à chaque corps, en sens contraire, le mouvement qu'il doit prendre, il est clair que le système sera réduit au repos; par conséquent, il faudra que ces mouvements détruisent ceux que les corps avaient reçus et qu'ils auraient suivis sans leur action mutuelle; ainsi il doit y avoir équilibre entre tous ces mouvements, ou entre les forces qui peuvent les produire.

Cette manière de rappeler les lois de la Dynamique à celles de la Statique est à la vérité moins directe que celle qui résulte du principe de d'Alembert, mais elle offre plus de simplicité dans les applications; elle revient à celle d'Herman et d'Euler, qui l'a employée dans la solution de beaucoup de problèmes de Mécanique, et on la trouve dans quelques Traités de Mécanique sous le nom de *Principe de d'Alembert*.

12. Dans la première Partie de cet Ouvrage, nous avons réduit toute la Statique à une seule formule générale qui donne les lois de l'équilibre d'un système quelconque de corps tiré par tant de forces qu'on voudra. On pourra donc aussi réduire à une formule générale toute la Dynamique; car, pour appliquer au mouvement d'un système de corps la formule de son équilibre, il suffira d'y introduire les forces qui proviennent des variations du mouvement de chaque corps, et qui doivent

(¹) Ce qui contribue encore à compliquer ces solutions, c'est que l'auteur veut éviter de faire les dt, ou éléments du temps, constants, comme il en avertit lui-même (art. 94).
(*Note de Lagrange.*)

être détruites. Le développement de cette formule, en ayant égard aux conditions dépendantes de la nature du système, donnera toutes les équations nécessaires pour la détermination du mouvement de chaque corps, et il n'y aura plus qu'à intégrer ces équations, ce qui est l'affaire de l'Analyse.

13. Un des avantages de la formule dont il s'agit est d'offrir immédiatement les équations générales qui renferment les principes ou théorèmes connus sous les noms de *conservation des forces vives*, de *conservation du mouvement du centre de gravité*, de *conservation des moments de rotation* ou *Principe des aires*, et de *Principe de la moindre quantité d'action*. Ces principes doivent être regardés plutôt comme des résultats généraux des lois de la Dynamique que comme des principes primitifs de cette science; mais, étant souvent employés comme tels dans la solution des problèmes, nous croyons devoir en parler ici, en indiquant en quoi ils consistent et à quels auteurs ils sont dus, pour ne rien laisser à désirer dans cette exposition préliminaire des principes de la Dynamique.

14. Le premier de ces quatre principes, celui de la conservation des forces vives, a été trouvé par Huygens, mais sous une forme un peu différente de celle qu'on lui donne présentement; et nous en avons déjà fait mention à l'occasion du problème des centres d'oscillation. Le principe, tel qu'il a été employé dans la solution de ce problème, consiste dans l'égalité entre la descente et la montée du centre de gravité de plusieurs corps pesants qui descendent conjointement, et qui remontent ensuite séparément, étant réfléchis en haut chacun avec la vitesse qu'il avait acquise. Or, par les propriétés connues du centre de gravité, le chemin parcouru par ce centre, dans une direction quelconque, est exprimé par la somme des produits de la masse de chaque corps par le chemin qu'il a parcouru suivant la même direction, divisée par la somme des masses. D'un autre côté, par les théorèmes de Galilée, le chemin vertical parcouru par un corps grave est proportionnel au carré de la vitesse qu'il a acquise en descendant librement, et avec

laquelle il pourrait remonter à la même hauteur. Ainsi le principe de Huygens se réduit à ce que, dans le mouvement des corps pesants, la somme des produits des masses par les carrés des vitesses à chaque instant est la même, soit que les corps se meuvent conjointement d'une manière quelconque, ou qu'ils parcourent librement les mêmes hauteurs verticales. C'est aussi ce que Huygens lui-même a remarqué en peu de mots, dans un petit Écrit relatif aux méthodes de Jacques Bernoulli et de L'Hôpital pour les centres d'oscillation.

Jusque-là ce principe n'avait été regardé que comme un simple théorème de Mécanique; mais, lorsque Jean Bernoulli eut adopté la distinction établie par Leibnitz entre les forces mortes ou pressions qui agissent sans mouvement actuel et les forces vives qui accompagnent ce mouvement, ainsi que la mesure de ces dernières par les produits des masses et des carrés des vitesses, il ne vit plus dans le principe en question qu'une conséquence de la théorie des forces vives et une loi générale de la nature, suivant laquelle la somme des forces vives de plusieurs corps se conserve la même, pendant que ces corps agissent les uns sur les autres par de simples pressions, et est constamment égale à la simple force vive qui résulte de l'action des forces actuelles qui meuvent les corps. Il donna ainsi à ce principe le nom de *conservation des forces vives,* et il s'en servit avec succès pour résoudre quelques problèmes qui n'avaient pas encore été résolus et dont il paraissait difficile de venir à bout par des méthodes directes.

Daniel Bernoulli a donné ensuite plus d'extension à ce principe et il en a déduit les lois du mouvement des fluides dans des vases, matière qui n'avait été traitée avant lui que d'une manière vague et arbitraire. Enfin il l'a rendu très général, dans les *Mémoires de Berlin* pour l'année 1748, en faisant voir comment on peut l'appliquer au mouvement des corps animés par des attractions mutuelles quelconques ou attirés vers des centres fixes par des forces proportionnelles à quelques fonctions des distances que ce soit.

Le grand avantage de ce principe est de fournir immédiatement une équation finie entre les vitesses des corps et les variables qui déterminent leur position dans l'espace; de sorte que, lorsque par la nature du problème toutes ces variables se réduisent à une seule, cette équation suffit pour le résoudre complètement, et c'est le cas de celui des centres d'oscillation. En général, la conservation des forces vives donne toujours une intégrale première des différentes équations différentielles de chaque problème, ce qui est d'une grande utilité dans plusieurs occasions.

15. Le second principe est dû à Newton, qui, au commencement de ses *Principes mathématiques*, démontre que l'état de repos ou de mouvement du centre de gravité de plusieurs corps n'est point altéré par l'action réciproque de ces corps, quelle qu'elle soit; de sorte que le centre de gravité des corps qui agissent les uns sur les autres d'une manière quelconque, soit par des fils ou des leviers, ou des lois d'attraction, etc., sans qu'il y ait aucune action ni aucun obstacle extérieur, est toujours en repos ou se meut uniformément en ligne droite.

D'Alembert a donné depuis à ce principe une plus grande étendue, en faisant voir que, si chaque corps est sollicité par une force accélératrice constante et qui agisse suivant des lignes parallèles, ou qui soit dirigée vers un point fixe et agisse en raison de la distance, le centre de gravité doit décrire la même courbe que si les corps étaient libres; à quoi l'on peut ajouter que le mouvement de ce centre est, en général, le même que si toutes les forces des corps, quelles qu'elles soient, y étaient appliquées, chacune suivant sa propre direction.

Il est visible que ce principe sert à déterminer le mouvement du centre de gravité indépendamment des mouvements respectifs des corps, et qu'ainsi il peut toujours fournir trois équations finies entre les coordonnées des corps et le temps, lesquelles seront des intégrales des équations différentielles du problème (1).

16. Le troisième principe est beaucoup moins ancien que les deux

(1) Il faut cependant mettre cette restriction, que les forces qui sollicitent ces corps ne dépendent pas de leur position inconnue. (*J. Bertrand.*)

précédents, et paraît avoir été découvert en même temps par Euler, Daniel Bernoulli et d'Arcy, mais sous des formes différentes.

Selon les deux premiers, ce principe consiste en ce que, dans le mouvement de plusieurs corps autour d'un centre fixe, la somme des produits de la masse de chaque corps par sa vitesse de circulation autour du centre et par sa distance au même centre est toujours indépendante de l'action mutuelle que les corps peuvent exercer les uns sur les autres, et se conserve la même tant qu'il n'y a aucune action ni aucun obstacle extérieur. Daniel Bernoulli a donné ce principe dans le premier Volume des *Mémoires de l'Académie de Berlin,* qui a paru en 1746, et Euler l'a donné la même année dans le tome Ier de ses *Opuscules;* et c'est aussi le même problème qui les y a conduits, savoir la recherche du mouvement de plusieurs corps mobiles dans un tube de figure donnée et qui ne peut que tourner autour d'un point ou centre fixe.

Le principe de d'Arcy, tel qu'il l'a donné à l'Académie des Sciences, dans les *Mémoires* de 1747, qui n'ont paru qu'en 1752, est que la somme des produits de la masse de chaque corps par l'aire que son rayon vecteur décrit autour d'un centre fixe sur un même plan de projection est toujours proportionnelle au temps. On voit que ce principe est une généralisation du beau théorème de Newton sur les aires décrites en vertu de forces centripètes quelconques; et pour en apercevoir l'analogie ou plutôt l'identité avec celui d'Euler et de Daniel Bernoulli, il n'y a qu'à considérer que la vitesse de circulation est exprimée par l'élément de l'arc circulaire divisé par l'élément du temps, et que le premier de ces éléments, multiplié par la distance au centre, donne l'élément de l'aire décrite autour de ce centre; d'où l'on voit que ce dernier principe n'est autre chose que l'expression différentielle de celui de d'Arcy.

Cet auteur a présenté ensuite son principe sous une autre forme qui le rapproche davantage du précédent, et qui consiste en ce que la somme des produits des masses par les vitesses et par les perpendiculaires tirées du centre sur les directions du corps est une quantité constante.

Sous ce point de vue, il en a fait même une espèce de principe métaphysique qu'il appelle la *conservation de l'action*, pour l'opposer ou plutôt pour le substituer à celui de *la moindre quantité d'action*; comme si des dénominations vagues et arbitraires faisaient l'essence des lois de la nature et pouvaient, par quelque vertu secrète, ériger en causes finales de simples résultats des lois connues de la Mécanique.

Quoi qu'il en soit, le principe dont il s'agit a lieu généralement pour tous les systèmes de corps qui agissent les uns sur les autres d'une façon quelconque, soit par des fils, des lignes inflexibles, des lois d'attraction, etc., et qui sont de plus sollicités par des forces quelconques dirigées à un centre fixe, soit que le système soit d'ailleurs entièrement libre, ou qu'il soit assujetti à se mouvoir autour de ce même centre. La somme des produits des masses par les aires décrites autour de ce centre et projetées sur un plan quelconque est toujours proportionnelle au temps; de sorte que, en rapportant ces aires à trois plans perpendiculaires entre eux, on a trois équations différentielles du premier ordre entre le temps et les coordonnées des courbes décrites par les corps; et c'est proprement dans ces équations que consiste la nature du principe dont nous venons de parler.

17. Je viens enfin au quatrième principe, que j'appelle de la *moindre action*, par analogie avec celui que Maupertuis avait donné sous cette dénomination et que les écrits de plusieurs auteurs illustres ont rendu ensuite si fameux. Ce principe, envisagé analytiquement, consiste en ce que, dans le mouvement des corps qui agissent les uns sur les autres, la somme des produits des masses par les vitesses et par les espaces parcourus est un minimum. L'auteur en a déduit les lois de la réflexion et de la réfraction de la lumière, ainsi que celles du choc des corps, dans deux Mémoires lus, l'un à l'Académie des Sciences de Paris, en 1744, et l'autre, deux ans après, à celle de Berlin.

Mais ces applications sont trop particulières pour servir à établir la vérité d'un principe général; elles ont d'ailleurs quelque chose de vague et d'arbitraire, qui ne peut que rendre incertaines les conséquences qu'on en pourrait tirer pour l'exactitude même du principe. Aussi l'on aurait tort, ce me semble, de mettre ce principe, présenté ainsi, sur la même ligne que ceux que nous venons d'exposer. Mais il y a une autre manière de l'envisager, plus générale et plus rigoureuse, et qui mérite seule l'attention des géomètres. Euler en a donné la première idée à la fin de son *Traité des isopérimètres*, imprimé à Lausanne en 1744, en y faisant voir que, dans les trajectoires décrites par des forces centrales, l'intégrale de la vitesse multipliée par l'élément de la courbe fait toujours un maximum ou un minimum.

Cette propriété, qu'Euler avait trouvée dans le mouvement des corps isolés, et qui paraissait bornée à ces corps, je l'ai étendue, par le moyen de la conservation des forces vives, au mouvement de tout système de corps qui agissent les uns sur les autres d'une manière quelconque; et il en est résulté ce nouveau principe général, que la somme des produits des masses par les intégrales des vitesses multipliées par les éléments des espaces parcourus est constamment un maximum ou un minimum.

Tel est le principe auquel je donne ici, quoique improprement, le nom de *moindre action*, et que je regarde, non comme un principe métaphysique, mais comme un résultat simple et général des lois de la Mécanique. On peut voir dans le tome II des *Mémoires de Turin* (¹) l'usage que j'en ai fait pour résoudre plusieurs problèmes difficiles de Dynamique. Ce principe, combiné avec celui des forces vives et développé suivant les règles du calcul des variations, donne directement toutes les équations nécessaires pour la solution de chaque problème; et de là naît une méthode également simple et générale pour traiter les questions qui concernent le mouvement des corps; mais cette méthode n'est elle-même qu'un corollaire de celle qui fait l'objet de la seconde Partie de cet Ouvrage et qui a, en même temps, l'avantage d'être tirée des premiers principes de la Mécanique.

(¹) *OEuvres de Lagrange*, t. I, p. 365.

SECTION DEUXIÈME.

FORMULE GÉNÉRALE DE LA DYNAMIQUE POUR LE MOUVEMENT D'UN SYSTÈME DE CORPS ANIMÉS PAR DES FORCES QUELCONQUES.

1. Lorsque les forces qui agissent sur un système de corps sont disposées conformément aux lois exposées dans la première Partie de ce Traité, ces forces se détruisent mutuellement et le système demeure en équilibre. Mais, quand l'équilibre n'a pas lieu, les corps doivent nécessairement se mouvoir, en obéissant en tout ou en partie à l'action des forces qui les sollicitent. La détermination des mouvements produits par des forces données est l'objet de cette seconde Partie.

Nous y considérerons principalement les forces accélératrices et retardatrices dont l'action est continue, comme celle de la gravité, et qui tendent à imprimer à chaque instant une vitesse infiniment petite et égale à toutes les particules de matière.

Quand ces forces agissent librement et uniformément, elles produisent nécessairement des vitesses qui augmentent comme le temps; et l'on peut regarder les vitesses ainsi engendrées dans un temps donné comme les effets les plus simples de ces sortes de forces et, par conséquent, comme les plus propres à leur servir de mesure. Il faut, dans la Mécanique, prendre les effets simples des forces pour connus, et l'art de cette science consiste uniquement à en déduire les effets composés qui doivent résulter de l'action combinée et modifiée des mêmes forces.

2. Nous supposerons donc que l'on connaisse, pour chaque force accélératrice, la vitesse qu'elle est capable d'imprimer à un mobile en agissant toujours de la même manière, pendant un certain temps que

nous prendrons pour l'unité des temps, et nous mesurerons la *force accélératrice* par cette même vitesse, qui doit s'estimer par l'espace que le mobile parcourrait dans le même temps si elle était continuée uniformément; or on sait, par les théorèmes de Galilée, que cet espace est toujours double de celui que le corps a parcouru réellement par l'action constante de la force accélératrice.

On peut d'ailleurs prendre une force accélératrice connue pour l'unité et y rapporter toutes les autres. Alors il faudra prendre pour l'unité des espaces le double de l'espace que la même force continuée également ferait parcourir dans le temps qu'on veut prendre pour l'unité des temps, et la vitesse acquise dans ce temps par l'action continue de la même force sera l'unité des vitesses. De cette manière, les forces, les espaces, les temps et les vitesses ne seront que de simples rapports, des quantités mathématiques ordinaires.

Par exemple, si l'on prend la gravité sous la latitude de Paris pour l'unité des forces accélératrices, et que l'on compte le temps par secondes, on devra prendre alors 30,196 pieds de Paris pour l'unité des espaces parcourus, parce que 15,098 pieds est la hauteur d'où un corps abandonné à lui-même tombe dans une seconde sous cette latitude; et l'unité des vitesses sera celle qu'un corps pesant acquiert en tombant de cette hauteur.

3. Ces notions préliminaires supposées, considérons un système de corps, disposés les uns par rapport aux autres comme on voudra et animés par des forces accélératrices quelconques.

Soit m la masse de l'un quelconque de ces corps, regardé comme un point; rapportons, pour la plus grande simplicité, à trois coordonnées rectangles x, y, z la position absolue du même corps au bout d'un temps quelconque t. Ces coordonnées sont supposées toujours parallèles à trois axes fixes dans l'espace, et qui se coupent perpendiculairement dans un point nommé l'*origine des coordonnées;* elles expriment, par conséquent, les distances rectilignes du corps à trois plans passant par les mêmes axes.

Ainsi, à cause de la perpendicularité de ces plans, les coordonnées x, y, z représentent les espaces par lesquels le corps en mouvement s'éloigne des mêmes plans; par conséquent,

$$\frac{dx}{dt}, \quad \frac{dy}{dt}, \quad \frac{dz}{dt}$$

représenteront les vitesses que ce corps a dans un instant quelconque pour s'éloigner de chacun de ces plans-là et se mouvoir suivant le prolongement des coordonnées x, y, z; et ces vitesses, si le corps était ensuite abandonné à lui-même, demeureraient constantes dans les instants suivants, par les principes fondamentaux de la théorie du mouvement.

Mais, par la liaison des corps et par l'action des forces accélératrices qui les sollicitent, ces vitesses prennent, pendant l'instant dt, les accroissements

$$d\frac{dx}{dt}, \quad d\frac{dy}{dt}, \quad d\frac{dz}{dt}$$

qu'il s'agit de déterminer. On peut regarder ces accroissements comme de nouvelles vitesses imprimées à chaque corps, et, en les divisant par dt, on aura la mesure des forces accélératrices employées immédiatement à les produire; car, quelque variable que puisse être l'action d'une force, on peut toujours, par la nature du Calcul différentiel, la regarder comme constante pendant un temps infiniment petit, et la vitesse engendrée par cette force est alors proportionnelle à la force multipliée par le temps; par conséquent, la force elle-même sera exprimée par la vitesse divisée par le temps.

En prenant l'élément dt du temps pour constant, les forces accélératrices dont il s'agit seront exprimées par

$$\frac{d^2x}{dt^2}, \quad \frac{d^2y}{dt^2}, \quad \frac{d^2z}{dt^2},$$

et, en multipliant ces forces par la masse m du corps sur lequel elles agissent, on aura

$$\mathrm{m}\frac{d^2x}{dt^2}, \quad \mathrm{m}\frac{d^2y}{dt^2}, \quad \mathrm{m}\frac{d^2z}{dt^2}$$

pour les forces employées immédiatement à mouvoir le corps m pendant le temps dt, parallèlement aux axes des coordonnées x, y, z. On regardera donc chaque corps m du système comme poussé par de pareilles forces; par conséquent, toutes ces forces devront être équivalentes à celles dont on suppose que le système est sollicité, et dont l'action est modifiée par la nature même du système; et il faudra que la somme de leurs *moments* soit toujours égale à la somme des *moments* de celles-ci, par le théorème donné dans la première Partie (Sect. II, art. 15).

4. Nous emploierons dans la suite la caractéristique ordinaire d pour représenter les différentielles relatives au temps, et nous dénoterons les variations qui expriment les vitesses virtuelles par la caractéristique δ, comme nous l'avons déjà fait dans quelques problèmes de la première Partie.

Ainsi l'on aura

$$\mathrm{m}\frac{d^2x}{dt^2}\delta x,\quad \mathrm{m}\frac{d^2y}{dt^2}\delta y,\quad \mathrm{m}\frac{d^2z}{dt^2}\delta z$$

pour les moments des forces

$$\mathrm{m}\frac{d^2x}{dt^2},\quad \mathrm{m}\frac{d^2y}{dt^2},\quad \mathrm{m}\frac{d^2z}{dt^2}$$

qui agissent suivant les coordonnées x, y, z et tendent à les augmenter; la somme de leurs moments pourra donc être représentée par la formule

$$\mathbf{S}\,\mathrm{m}\left(\frac{d^2x}{dt^2}\delta x+\frac{d^2y}{dt^2}\delta y+\frac{d^2z}{dt^2}\delta z\right),$$

en supposant que le signe d'intégration $\mathbf{S}$ s'étende à tous les corps du système.

5. Soient maintenant P, Q, R, ... les forces accélératrices données, qui sollicitent chaque corps m du système vers les centres auxquels ces forces sont supposées tendre; et soient $p, q, r, \ldots$ les distances rectilignes de chacun de ces corps aux mêmes centres. Les différen-

tielles $\delta p, \delta q, \delta r, \ldots$ représenteront les variations des lignes $p, q, r, \ldots$ provenantes des variations $\delta x, \delta y, \delta z$ des coordonnées x, y, z du corps m; mais, comme les forces P, Q, R, ... sont censées tendre à diminuer ces lignes, leurs vitesses virtuelles doivent être représentées par $-\delta p, -\delta q, -\delta r, \ldots$ (Part. I, Sect. II, art. 3); donc les moments des forces mP, mQ, mR, ... seront exprimés par $-\mathrm{mP}\,\delta p$, $-\mathrm{mQ}\,\delta q$, $-\mathrm{mR}\,\delta r$, ..., et la somme des moments de toutes ces forces sera représentée par

$$-\mathbf{S}\,\mathrm{m}(\mathrm{P}\,\delta p + \mathrm{Q}\,\delta q + \mathrm{R}\,\delta r + \ldots).$$

Égalant donc cette somme à celle de l'article précédent, on aura

$$\mathbf{S}\,\mathrm{m}\left(\frac{d^2 x}{dt^2}\,\delta x + \frac{d^2 y}{dt^2}\,\delta y + \frac{d^2 z}{dt^2}\,\delta z\right) = -\mathbf{S}\,\mathrm{m}(\mathrm{P}\,\delta p + \mathrm{Q}\,\delta q + \mathrm{R}\,\delta r + \ldots)$$

et, transposant le second membre,

$$\mathbf{S}\,\mathrm{m}\left(\frac{d^2 x}{dt^2}\,\delta x + \frac{d^2 y}{dt^2}\,\delta y + \frac{d^2 z}{dt^2}\,\delta z\right) + \mathbf{S}\,\mathrm{m}(\mathrm{P}\,\delta p + \mathrm{Q}\,\delta q + \mathrm{R}\,\delta r + \ldots) = 0.$$

C'est la formule générale de la Dynamique pour le mouvement d'un système quelconque de corps.

6. Il est visible que cette formule ne diffère de la formule générale de la Statique, donnée dans la première Partie (Sect. II), que par les termes dus aux forces $\mathrm{m}\frac{d^2 x}{dt^2}$, $\mathrm{m}\frac{d^2 y}{dt^2}$, $\mathrm{m}\frac{d^2 z}{dt^2}$ qui produisent l'accélération du corps m suivant les prolongements des trois coordonnées x, y, z. En effet, nous avons vu dans la Section précédente (art. 11) que ces forces, étant prises en sens contraire, c'est-à-dire étant regardées comme tendantes à diminuer les lignes x, y, z, doivent faire équilibre aux forces actuelles P, Q, R, ..., qui sont supposées agir pour diminuer les lignes $p, q, r, \ldots$; de sorte qu'il n'y a qu'à ajouter aux *moments* de ces dernières forces ceux des forces $\mathrm{m}\frac{d^2 x}{dt^2}$, $\mathrm{m}\frac{d^2 y}{dt^2}$, $\mathrm{m}\frac{d^2 z}{dt^2}$, pour chacun des corps m, pour passer tout d'un coup des conditions de l'équilibre aux propriétés du mouvement (Part. I, Sect. II, art. 4).

7. Les mêmes règles que nous avons données dans la première Partie (Sect. II), pour le développement de la formule générale de la Statique, s'appliqueront donc aussi à la formule générale de la Dynamique.

Il faudra seulement observer :

1° Que les différences que nous avions marquées par la caractéristique ordinaire d, pour représenter les variations, seront toujours marquées dorénavant par la caractéristique δ;

2° Que la caractéristique d sera toujours relative au temps t, ainsi que la caractéristique correspondante $\int$ pour les intégrations, excepté dans les différences partielles, où il est indifférent quelle caractéristique on y emploie;

3° Que, pour représenter les éléments d'une courbe ou d'une surface, ou, en général, d'un système composé d'une infinité de particules, on emploiera la caractéristique D, qui répond à la caractéristique intégrale S. Ainsi, lorsqu'on voudra étendre au mouvement les formules que nous avons données pour l'équilibre, dans la première Partie (Sect. V, Chap. III et IV), il faudra changer partout la caractéristique d en D, pour avoir l'expression de la somme des moments de toutes les forces.

8. Lorsque le mouvement se fait dans un milieu résistant, on peut regarder la résistance du milieu comme une force qui agit en sens contraire de la direction du corps et qui peut, par conséquent, être supposée tendante à un point de la tangente.

Supposons que la résistance soit R; pour avoir son moment $-\mathrm{R}\,\delta r$, il n'y a qu'à considérer qu'on a, en général,

$$r=\sqrt{(x-l)^2+(y-m)^2+(z-n)^2},$$

l, m, n étant les coordonnées du centre de la force R; donc

$$\delta r=\frac{x-l}{r}\,\delta x+\frac{y-m}{r}\,\delta y+\frac{z-n}{r}\,\delta z.$$

Prenons le centre de la force R dans la tangente de la courbe décrite par le corps et très près de lui; on fera, pour cela,

$$x - l = dx, \qquad y - m = dy, \qquad z - n = dz,$$

ce qui donnera, en prenant ds pour l'élément de la courbe,

$$\frac{x-l}{r} = \frac{dx}{ds}, \qquad \frac{y-m}{r} = \frac{dy}{ds}, \qquad \frac{z-n}{r} = \frac{dz}{ds}$$

et, par conséquent,

$$\delta r = \frac{dx}{ds}\,\delta x + \frac{dy}{ds}\,\delta y + \frac{dz}{ds}\,\delta z.$$

Si le milieu résistant était en mouvement, il faudrait composer ce mouvement avec celui du corps pour avoir la direction de la force de résistance. Nommons $d\alpha$, $d\beta$, $d\gamma$ les petits espaces que le milieu parcourt parallèlement aux axes des coordonnées x, y, z, pendant que le corps décrit l'espace ds; il n'y aura qu'à retrancher ces quantités de dx, dy, dz pour avoir les mouvements relatifs; et, comme

$$ds = \sqrt{dx^2 + dy^2 + dz^2},$$

si l'on fait

$$d\sigma = \sqrt{(dx - d\alpha)^2 + (dy - d\beta)^2 + (dz - d\gamma)^2},$$

on aura, dans ce cas,

$$\delta r = \frac{dx - d\alpha}{d\sigma}\,\delta x + \frac{dy - d\beta}{d\sigma}\,\delta y + \frac{dz - d\gamma}{d\sigma}\,\delta z.$$

A l'égard de la résistance R, elle est ordinairement une fonction de la vitesse $\frac{ds}{dt}$; mais, dans le cas où le milieu est en mouvement, elle sera fonction de la vitesse relative $\frac{d\sigma}{dt}$.

De cette manière, on pourra appliquer nos formules générales aux mouvements qui se font dans des milieux résistants, sans avoir besoin d'aucune considération particulière à ces sortes de mouvements.

9. Il est important de remarquer que l'expression

$$d^2x\,\delta x + d^2y\,\delta y + d^2z\,\delta z,$$

par laquelle la formule générale de la Dynamique diffère de celle de la Statique (art. 5), est indépendante de la position des axes des coordonnées x, y, z.

Car, supposons qu'à la place de ces coordonnées on substitue d'autres coordonnées rectangles x', y', z' qui aient la même origine, mais qui se rapportent à d'autres axes. Par les formules de la transformation des coordonnées, données dans la première Partie (Sect. III, art. 10), on a

$$\begin{aligned} x &= \alpha x' + \beta y' + \gamma z', \\ y &= \alpha' x' + \beta' y' + \gamma' z', \\ z &= \alpha'' x' + \beta'' y' + \gamma'' z'. \end{aligned}$$

Différentions ces expressions de x, y, z, en y regardant tous les coefficients $\alpha, \beta, \gamma, \alpha', \ldots$ comme constants et les nouvelles coordonnées x', y', z' comme seules variables, on aura

$$\begin{aligned} d^2x &= \alpha\, d^2x' + \beta\, d^2y' + \gamma\, d^2z', \\ d^2y &= \alpha'\, d^2x' + \beta'\, d^2y' + \gamma'\, d^2z', \\ d^2z &= \alpha''\, d^2x' + \beta''\, d^2y' + \gamma''\, d^2z'. \end{aligned}$$

On aura de même

$$\begin{aligned} \delta x &= \alpha\, \delta x' + \beta\, \delta y' + \gamma\, \delta z', \\ \delta y &= \alpha'\, \delta x' + \beta'\, \delta y' + \gamma'\, \delta z', \\ \delta z &= \alpha''\, \delta x' + \beta''\, \delta y' + \gamma''\, \delta z'. \end{aligned}$$

Substituant ces valeurs et ayant égard aux équations de condition données dans l'article cité, entre les coefficients α, β, γ, α', ..., on aura

$$d^2x\, \delta x + d^2y\, \delta y + d^2z\, \delta z = d^2x'\, \delta x' + d^2y'\, \delta y' + d^2z'\, \delta z'.$$

Si l'on fait les mêmes substitutions dans l'expression des distances rectilignes entre les différents corps du système, représentées par p, q, ..., il est facile de voir que les quantités α, β, γ, α', ... disparaîtront également et que les transformées conserveront la même forme. En effet, on a

$$\mathrm{p} = \sqrt{(x - \mathrm{x})^2 + (y - \mathrm{y})^2 + (z - \mathrm{z})^2},$$

x, y, z étant les coordonnées d'un corps m et x, y, z celles d'un autre corps m rapportées aux mêmes axes. Par le changement des axes, les premières deviennent x', y', z', et, si l'on désigne par x', y', z' ce que les dernières deviennent, on aura aussi

$$\begin{aligned} \mathrm{x} &= \alpha \mathrm{x}' + \beta \mathrm{y}' + \gamma \mathrm{z}', \\ \mathrm{y} &= \alpha' \mathrm{x}' + \beta' \mathrm{y}' + \gamma' \mathrm{z}', \\ \mathrm{z} &= \alpha'' \mathrm{x}' + \beta'' \mathrm{y}' + \gamma'' \mathrm{z}'. \end{aligned}$$

Substituant et ayant égard aux mêmes équations de condition, on aura

$$\mathrm{p} = \sqrt{(x' - \mathrm{x}')^2 + (y' - \mathrm{y}')^2 + (z' - \mathrm{z}')^2},$$

et ainsi des quantités analogues q, r, ...

10. Il s'ensuit de là que, si le système n'est animé que par des forces intérieures P, Q, ... proportionnelles à des fonctions quelconques des distances p, q, ... entre les corps, et que les conditions du système ne dépendent que de la disposition mutuelle des corps, de manière que les équations de condition ne soient qu'entre les différentes lignes p, q, ..., la formule générale de la Dynamique (art. 5) sera la même pour les coordonnées transformées x', y', z' que pour les coordonnées primitives x, y, z. Donc, après avoir trouvé, par l'intégration des différentes équations déduites de cette formule, les valeurs des coordonnées x, y, z de chaque corps m, exprimées en temps, si l'on prend ces valeurs pour x', y', z', on aura, pour les coordonnées x, y, z, ces valeurs plus générales

$$\begin{aligned} x &= \alpha\, x' + \beta\, y' + \gamma\, z', \\ y &= \alpha' x' + \beta' y' + \gamma' z', \\ z &= \alpha'' x' + \beta'' y' + \gamma'' z', \end{aligned}$$

dans lesquelles les neuf coefficients α, β, γ, ... renferment trois quantités indéterminées, puisqu'il n'y a entre elles que six équations de condition.

Si les valeurs de x', y', z' renferment toutes les constantes arbitraires nécessaires pour compléter les différentes intégrales, les trois indéterminées dont il s'agit se fondront dans ces mêmes constantes arbitraires; mais elles pourront suppléer celles qui manqueraient, et dont le défaut rendrait la solution incomplète. Ainsi, au moyen de ces trois nouvelles arbitraires qu'on peut introduire à la fin du calcul, on sera libre de supposer nulles ou égales à des quantités déterminées autant d'autres constantes arbitraires, ce qui servira souvent à faciliter et simplifier le calcul.

11. Quoiqu'on puisse toujours calculer les effets de l'impulsion et de la percussion comme ceux des forces accélératrices, cependant, lorsqu'on ne demande que la vitesse totale imprimée, on peut se dispenser de considérer ses accroissements successifs; et l'on peut, tout de suite, regarder les forces d'impulsion cemme équivalentes aux mouvements imprimés.

Soient donc P, Q, R, ... les forces d'impulsion appliquées à un corps quelconque m du système, suivant les lignes p, q, r, ...; supposons que la vitesse imprimée à ce corps soit décomposée en trois vitesses représentées par $\dot{x}$, $\dot{y}$, $\dot{z}$, suivant les directions des axes des coordonnées x, y, z, on aura, comme dans l'article 5, en changeant les forces accélératrices $\frac{d^2x}{dt^2}$, $\frac{d^2y}{dt^2}$, $\frac{d^2z}{dt^2}$ dans les vitesses $\dot{x}$, $\dot{y}$, $\dot{z}$, l'équation générale

$$\mathbf{S}\,m(\dot{x}\,\delta x + \dot{y}\,\delta y + \dot{z}\,\delta z) + \mathbf{S}(P\,\delta p + Q\,\delta q + R\,\delta r + \ldots) = 0.$$

Cette équation donnera autant d'équations particulières qu'il y restera de variations indépendantes après avoir réduit toutes les variations marquées par δ au plus petit nombre possible, d'après les conditions du système.

SECTION TROISIÈME.

PROPRIÉTÉS GÉNÉRALES DU MOUVEMENT DÉDUITES DE LA FORMULE PRÉCÉDENTE.

1. Considérons un système de corps disposés les uns par rapport aux autres et liés ensemble comme l'on voudra, mais sans qu'il y ait aucun point ou obstacle fixe qui gêne leur mouvement; il est évident que, dans ce cas, les conditions du système ne peuvent dépendre que de la position respective des corps entre eux; par conséquent, les équations de condition ne pourront contenir d'autres fonctions des coordonnées que les expressions des distances mutuelles des corps. Cette considération fournit, pour le mouvement d'un système, des équations générales indépendantes de la nature du système et analogues à celles que nous avons trouvées pour l'équilibre dans la première Partie (Sect. III, § I).

§ I. — *Propriétés relatives au centre de gravité.*

2. Soient x', y', z' les coordonnées d'un corps quelconque déterminé du système, tandis que x, y, z représentent, en général, les coordonnées d'un autre corps quelconque. Faisons, ce qui est toujours permis,

$$x = x' + \xi, \qquad y = y' + \eta, \qquad z = z' + \zeta;$$

il est visible que les quantités x', y', z' n'entreront point dans les expressions des distances mutuelles des corps, mais que ces distances ne dépendront que des différentes quantités ξ, η, ζ qui expriment proprement les coordonnées des différents corps, rapportés à celui qui répond à x', y', z'; par conséquent, les équations de condition du système seront entre les seules variables ξ, η, ζ et ne renfermeront point x', y', z'.

Donc, si dans la formule générale de la Dynamique (Sect. II, art. 5) on réduit toutes les variations à δx, δy, δz et qu'on substitue, pour δx, δy, δz, leurs valeurs $\delta x' + \delta\xi$, $\delta y' + \delta\eta$, $\delta z' + \delta\zeta$, les variations $\delta x'$, $\delta y'$, $\delta z'$ seront indépendantes de toutes les autres et arbitraires en elles-mêmes; ainsi, il faudra égaler séparément à zéro la totalité des termes affectés de chacune de ces variations, ce qui donnera trois équations générales et indépendantes de la constitution particulière du système.

Les forces intérieures par lesquelles les corps pourraient agir les uns sur les autres, et que nous dénotons par $\overline{\mathrm{P}}$, $\overline{\mathrm{Q}}$, ..., comme dans la première Partie (Sect. II, art. 2), n'entreront point dans ces équations, parce que, les distances mutuelles $\overline{p}$, $\overline{q}$, ... étant indépendantes de x', y', z', les variations $\delta\overline{p}$, $\delta\overline{q}$, ..., relatives à ces variables, seront nulles.

A l'égard des forces extérieures P, Q, R, ..., si on les réduit aux trois forces X, Y, Z, dirigées suivant les coordonnées x, y, z et tendantes à les diminuer, d'après les formules données dans la première Partie (Sect. V, Chap. I), on a

$$\mathrm{P}\,\delta p + \mathrm{Q}\,\delta q + \mathrm{R}\,\delta r + \ldots = \mathrm{X}\,\delta x + \mathrm{Y}\,\delta y + \mathrm{Z}\,\delta z,$$

et la formule générale devient

$$\mathbf{S}\,\mathrm{m}\left(\frac{d^2x}{dt^2} + \mathrm{X}\right)\delta x + \mathbf{S}\,\mathrm{m}\left(\frac{d^2y}{dt^2} + \mathrm{Y}\right)\delta y + \mathbf{S}\,\mathrm{m}\left(\frac{d^2z}{dt^2} + \mathrm{Z}\right)\delta z = 0,$$

laquelle, en n'ayant égard qu'aux variations $\delta x'$, $\delta y'$, $\delta z'$, qui sont indépendantes de toutes les autres, donnera

$$\delta x'\,\mathbf{S}\,\mathrm{m}\left(\frac{d^2x}{dt^2} + \mathrm{X}\right) + \delta y'\,\mathbf{S}\,\mathrm{m}\left(\frac{d^2y}{dt^2} + \mathrm{Y}\right) + \delta z'\,\mathbf{S}\,\mathrm{m}\left(\frac{d^2z}{dt^2} + \mathrm{Z}\right) = 0;$$

d'où l'on tire sur-le-champ ces trois équations

$$\mathrm{S}\,\mathrm{m}\left(\frac{d^2x}{dt^2}+\mathrm{X}\right)=0,$$

$$\mathrm{S}\,\mathrm{m}\left(\frac{d^2y}{dt^2}+\mathrm{Y}\right)=0,$$

$$\mathrm{S}\,\mathrm{m}\left(\frac{d^2z}{dt^2}+\mathrm{Z}\right)=0,$$

lesquelles auront toujours lieu dans le mouvement d'un système quelconque de corps, lorsque le système est entièrement libre.

3. Supposons maintenant que le corps auquel répondent les coordonnées x', y', z' soit placé dans le centre de gravité de tout le système. On aura, par les propriétés connues de ce centre (Part. I, Sect. III, § IV), les équations

$$\mathrm{S}\,\mathrm{m}\xi=0,\qquad \mathrm{S}\,\mathrm{m}\eta=0,\qquad \mathrm{S}\,\mathrm{m}\zeta=0,$$

lesquelles, en différentiant par rapport à t, donneront celles-ci :

$$\mathrm{S}\,\mathrm{m}\frac{d^2\xi}{dt^2}=0,\qquad \mathrm{S}\,\mathrm{m}\frac{d^2\eta}{dt^2}=0,\qquad \mathrm{S}\,\mathrm{m}\frac{d^2\zeta}{dt^2}=0.$$

Donc on aura

$$\mathrm{S}\,\mathrm{m}\frac{d^2x}{dt^2}=\mathrm{S}\,\mathrm{m}\frac{d^2x'}{dt^2}=\frac{d^2x'}{dt^2}\,\mathrm{S}\,\mathrm{m},$$

parce que x', ayant la même valeur pour tous les corps, est indépendante du signe S; on aura pareillement

$$\mathrm{S}\,\mathrm{m}\frac{d^2y}{dt^2}=\frac{d^2y'}{dt^2}\,\mathrm{S}\,\mathrm{m},\qquad \mathrm{S}\,\mathrm{m}\frac{d^2z}{dt^2}=\frac{d^2z'}{dt^2}\,\mathrm{S}\,\mathrm{m}.$$

Ainsi les trois équations de l'article précédent prendront cette forme plus simple :

$$\frac{d^2x'}{dt^2}\,\mathrm{S}\,\mathrm{m}+\mathrm{S}\,\mathrm{m}\mathrm{X}=0,$$

$$\frac{d^2y'}{dt^2}\,\mathrm{S}\,\mathrm{m}+\mathrm{S}\,\mathrm{m}\mathrm{Y}=0,$$

$$\frac{d^2z'}{dt^2}\,\mathrm{S}\,\mathrm{m}+\mathrm{S}\,\mathrm{m}\mathrm{Z}=0.$$

Ces équations serviront à déterminer le mouvement du centre de gravité de tous les corps, indépendamment du mouvement particulier de chacun d'eux; et, comme les valeurs de $\mathfrak{S}mX$, $\mathfrak{S}mY$, $\mathfrak{S}mZ$ ne renferment point les forces intérieures du système, le mouvement de ce centre ne dépendra point de l'action mutuelle que les corps peuvent exercer les uns sur les autres, mais seulement des forces accélératrices qui sollicitent chaque corps. C'est en quoi consiste le principe général de la *conservation du mouvement du centre de gravité.*

Ce principe subsiste aussi dans le cas où les corps, dans leurs mouvements, viendraient à se choquer; car, de quelque nature que soient les corps, on peut toujours imaginer que leur action dans le choc se fasse par le moyen d'un ressort interposé entre les corps et qui, après la compression, tende à se rétablir ou non suivant que les corps seront élastiques ou non. De cette manière, l'effet du choc sera le produit de forces de la nature de celles que nous avons désignées par $\overline{P}$, $\overline{Q}$, ..., et qui disparaissent dans la formule générale (art. 2).

4. On voit, au reste, que les équations du mouvement du centre de gravité sont les mêmes que celles du mouvement d'un seul corps qui serait animé à la fois par toutes les forces accélératrices qui agissent sur les différents corps du système. En effet, si l'on conçoit que tous ces corps soient réunis en un point qui réponde aux coordonnées x', y', z', on a alors, dans la formule générale,

$$x = x', \qquad y = y', \qquad z = z';$$

et, égalant à zéro la totalité des termes affectés de chacune des trois variations $\delta x'$, $\delta y'$, $\delta z'$, on aura les mêmes équations que ci-dessus.

De là résulte ce théorème général :

Le mouvement du centre de gravité d'un système libre de corps, disposés, les uns par rapport aux autres, comme l'on voudra, est toujours le même que si les corps étaient tous réunis dans un seul point et qu'en même temps chacun d'eux fût animé des mêmes forces accélératrices que dans leur état naturel.

5. Ce théorème a encore lieu lorsque les corps qui composent un système libre ne reçoivent que des impulsions quelconques; car, en substituant, dans l'équation de l'article 11 de la Section précédente, $\delta x' + \delta\xi$, $\delta y' + \delta\eta$, $\delta z' + \delta\zeta$ à la place de δx, δy, δz, et réduisant les forces P, Q, R, ... aux forces X, Y, Z, on prouvera, comme dans l'article 2, que les variations $\delta x'$, $\delta y'$, $\delta z'$ doivent demeurer arbitraires, ce qui donnera les trois équations

$$\mathsf{S}(m\dot{x} + X) = 0, \qquad \mathsf{S}(m\dot{y} + Y) = 0, \qquad \mathsf{S}(m\dot{z} + Z) = 0.$$

Or, si l'on rapporte les coordonnées x', y', z' au centre de gravité du système, on a, par les propriétés de ce centre,

$$x'\,\mathsf{S}\,m = \mathsf{S}\,mx, \qquad y'\,\mathsf{S}\,m = \mathsf{S}\,my, \qquad z'\,\mathsf{S}\,m = \mathsf{S}\,mz.$$

Donc aussi, en différentiant relativement à t, et faisant

$$dx = \dot{x}\,dt, \qquad dy = \dot{y}\,dt, \qquad dz = \dot{z}\,dt,$$
$$dx' = \dot{x}'\,dt, \qquad dy' = \dot{y}'\,dt, \qquad dz' = \dot{z}'\,dt,$$

on aura

$$\dot{x}'\,\mathsf{S}\,m = \mathsf{S}\,m\dot{x}, \qquad \dot{y}'\,\mathsf{S}\,m = \mathsf{S}\,m\dot{y}, \qquad \dot{z}'\,\mathsf{S}\,m = \mathsf{S}\,m\dot{z}$$

et, par conséquent,

$$\dot{x}'\,\mathsf{S}\,m + \mathsf{S}\,X = 0, \qquad \dot{y}'\,\mathsf{S}\,m + \mathsf{S}\,Y = 0, \qquad \dot{z}'\,\mathsf{S}\,m + \mathsf{S}\,Z = 0,$$

ce qui fait voir que les vitesses $\dot{x}'$, $\dot{y}'$, $\dot{z}'$ imprimées au centre de gravité sont les mêmes que si tous les corps, étant réunis dans ce centre, recevaient à la fois les impulsions X, Y, Z.

6. La formule générale (art. 2), après la substitution $\delta x' + \delta\xi$, $\delta y' + \delta\eta$, $\delta z' + \delta\zeta$ à la place de δx, δy, δz et l'évanouissement des termes affectés de $\delta x'$, $\delta y'$, $\delta z'$, se réduira à

$$\mathsf{S}\,m\left(\frac{d^2x}{dt^2}\delta\xi + \frac{d^2y}{dt^2}\delta\eta + \frac{d^2z}{dt^2}\delta\zeta + X\,\delta\xi + Y\,\delta\eta + Z\,\delta\zeta\right) = 0.$$

Substituant $x'+\xi$, $y'+\eta$, $z'+\zeta$ pour x, y, z dans les différentielles d^2x, d^2y, d^2z, et faisant sortir hors du signe S les différentielles d^2x', d^2y', d^2z', les termes affectés de ces différentielles seront

$$\frac{d^2x'}{dt^2}\,\mathrm{S}\,m\,\delta\xi+\frac{d^2y'}{dt^2}\,\mathrm{S}\,m\,\delta\eta+\frac{d^2z'}{dt^2}\,\mathrm{S}\,m\,\delta\zeta.$$

Mais, en rapportant au centre de gravité les coordonnées x', y', z', on a (art. 3)

$$\mathrm{S}\,m\xi=0,\qquad \mathrm{S}\,m\eta=0,\qquad \mathrm{S}\,m\zeta=0;$$

donc aussi, en différentiant par δ, on aura

$$\mathrm{S}\,m\,\delta\xi=0,\qquad \mathrm{S}\,m\,\delta\eta=0,\qquad \mathrm{S}\,m\,\delta\zeta=0,$$

ce qui fait évanouir les termes dont il s'agit.

Ainsi la formule générale se réduira à

$$\mathrm{S}\,m\left(\frac{d^2\xi}{dt^2}\delta\xi+\frac{d^2\eta}{dt^2}\delta\eta+\frac{d^2\zeta}{dt^2}\delta\zeta+X\,\delta\xi+Y\,\delta\eta+Z\,\delta\zeta\right)=0,$$

qui est tout à fait semblable à la première formule, les coordonnées x, y, z, dont l'origine est fixe dans l'espace, étant changées en ξ, η, ζ, dont l'origine est au centre de gravité.

On peut conclure de là [1], en général, que, dans un système libre, on aura, par rapport au centre de gravité, les mêmes équations et les mêmes propriétés que par rapport à un point fixe hors du système.

§ II. — *Propriétés relatives aux aires.*

7. Considérons maintenant le mouvement du système autour d'un point fixe, et supposons qu'il soit entièrement libre de tourner en tout

[1] Cette conclusion est trop absolue. L'équation différentielle qui lie ξ, η, ζ est, en effet, de même forme que celle qui lie x, y, z; mais les forces X, Y, Z n'auront pas des expressions de même forme par rapport aux deux systèmes de variables. Ainsi, par exemple, si l'on considère deux points qui s'attirent mutuellement avec une force réciproquement proportionnelle au carré de la distance, ils décriront des ellipses par rapport aux axes mobiles passant par le centre de gravité. Par rapport à des axes fixes, les trajectoires seraient beaucoup plus compliquées. (*J. Bertrand.*)

sens autour de ce point. En faisant abstraction des mouvements respectifs des corps du système les uns à l'égard des autres, la rotation autour de chacun des trois axes des x, y, z fournira, comme on l'a vu dans la première Partie (Sect. III, art. 8), les expressions suivantes des variations δx, δy, δz,

$$\delta x = z\,\delta\omega - y\,\delta\varphi, \qquad \delta y = x\,\delta\varphi - z\,\delta\psi, \qquad \delta z = y\,\delta\psi - x\,\delta\omega,$$

dans lesquelles $\delta\varphi$, $\delta\omega$, $\delta\psi$ sont les rotations élémentaires par rapport aux trois axes des z, y, x, qui doivent demeurer arbitraires.

Ces expressions sont générales pour les variations des coordonnées de tous les corps du système, et il ne s'agira que de les substituer dans la formule de l'article 5 de la Section précédente, après avoir réduit toutes les variations à δx, δy, δz, et d'égaler ensuite à zéro séparément les quantités affectées des trois indéterminées $\delta\varphi$, $\delta\omega$, $\delta\psi$.

On trouvera d'abord, comme dans l'article cité de la première Partie, que la variation $\delta\bar{p}$ devient nulle, et qu'ainsi les termes dus aux forces intérieures $\overline{\mathrm{P}}$ du système, ne renfermant point les variations $\delta\varphi$, $\delta\omega$, $\delta\psi$, ne donneront rien dans les équations dont il s'agit. On trouve aussi, comme on l'a vu dans le même article, que la variation δp est nulle lorsque la force P tend vers l'origine des coordonnées, et qu'ainsi cette force n'entrera point dans les mêmes équations.

En faisant donc simplement pour δx, δy, δz les substitutions indiquées, après avoir changé les forces P, Q, R, ... en X, Y, Z, comme ci-dessus (art. 2), on aura, relativement aux variations $\delta\varphi$, $\delta\omega$, $\delta\psi$, l'équation

$$\mathbf{S}\,m\left\{\begin{aligned} &\left(x\frac{d^2y}{dt^2} - y\frac{d^2x}{dt^2} + \mathrm{Y}x - \mathrm{X}y\right)\delta\varphi \\ +&\left(z\frac{d^2x}{dt^2} - x\frac{d^2z}{dt^2} + \mathrm{X}z - \mathrm{Z}x\right)\delta\omega \\ +&\left(y\frac{d^2z}{dt^2} - z\frac{d^2y}{dt^2} + \mathrm{Z}y - \mathrm{Y}z\right)\delta\psi \end{aligned}\right\} = 0;$$

et, comme les variations $\delta\varphi$, $\delta\psi$, $\delta\omega$ sont les mêmes pour tous les corps du système, elles n'entreront pas sous le signe d'intégration $\mathbf{S}$; de sorte qu'on aura les trois équations relatives à chacune de ces variations

$$\mathrm{S}\,\mathrm{m}\left(x\frac{d^2y}{dt^2}-y\frac{d^2x}{dt^2}+x\mathrm{Y}-y\mathrm{X}\right)=0,$$

$$\mathrm{S}\,\mathrm{m}\left(z\frac{d^2x}{dt^2}-x\frac{d^2z}{dt^2}+z\mathrm{X}-x\mathrm{Z}\right)=0,$$

$$\mathrm{S}\,\mathrm{m}\left(y\frac{d^2z}{dt^2}-z\frac{d^2y}{dt^2}+y\mathrm{Z}-z\mathrm{Y}\right)=0.$$

Ces équations auront lieu à la fois, lorsque le système aura la liberté de tourner autour de chacun des trois axes, c'est-à-dire toutes les fois que le système sera disposé de manière à pouvoir pirouetter librement en tout sens autour du point fixe qui est l'origine des coordonnées.

Et il est bon de remarquer que ces équations ont toujours lieu indépendamment de l'action mutuelle des corps, de quelque manière que cette action puisse s'exercer, même par le choc mutuel des corps du système, comme dans l'article 3 et par la même raison; elles sont, de plus, indépendantes des forces qui tendraient vers le point fixe où est l'origine des coordonnées.

8. Pour se former une idée plus nette de ces équations, on remarquera :

1° Que les quantités

$$x\,d^2y-y\,d^2x,\qquad z\,d^2x-x\,d^2z,\qquad y\,d^2z-z\,d^2y$$

sont les différentielles de celles-ci

$$x\,dy-y\,dx,\qquad z\,dx-x\,dz,\qquad y\,dz-z\,dy,$$

lesquelles représentent le double des secteurs élémentaires décrits par le corps m sur le plan des xy, des xz et des yz, c'est-à-dire sur les plans perpendiculaires aux axes des z, des y et des x. En effet, si dans

$$x\,dy-y\,dx$$

on substitue pour x et y les valeurs $\rho\cos\varphi$, $\rho\sin\varphi$, on a

$$\rho^2\,\partial\varphi$$

double de l'aire comprise entre le rayon vecteur ρ et le rayon consécutif qui fait avec lui l'angle $d\varphi$;

2° Que les quantités X, Y, Z représentent les forces qui sollicitent chaque corps m suivant les coordonnées x, y, z et vers leur origine, et qui résultent de toutes les forces P, Q, R, ... agissantes sur ce corps suivant des directions quelconques (Sect. II, art. 5), et qu'ainsi les quantités

$$yX - xY, \qquad xZ - zX, \qquad zY - yZ$$

expriment les moments des forces qui tendent à faire tourner les corps autour de chacun des trois axes des coordonnées z, y, x, en prenant le mot *moment*, dans le sens ordinaire, pour le produit de la force et de la perpendiculaire menée sur sa direction.

9. Si le système n'était animé par aucune force extérieure, ou s'il l'était seulement par des forces tendantes au point que nous avons pris pour l'origine des coordonnées, les trois équations précédentes se réduiraient à celles-ci

$$\mathrm{S}\,m\left(x\frac{d^2y}{dt^2} - y\frac{d^2x}{dt^2}\right) = 0,$$

$$\mathrm{S}\,m\left(z\frac{d^2x}{dt^2} - x\frac{d^2z}{dt^2}\right) = 0,$$

$$\mathrm{S}\,m\left(y\frac{d^2z}{dt^2} - z\frac{d^2y}{dt^2}\right) = 0,$$

lesquelles, étant intégrées par rapport à la variable t, donneront, en prenant trois constantes arbitraires A, B, C,

$$\mathrm{S}\,m\left(x\frac{dy}{dt} - y\frac{dx}{dt}\right) = \mathrm{C},$$

$$\mathrm{S}\,m\left(z\frac{dx}{dt} - x\frac{dz}{dt}\right) = \mathrm{B},$$

$$\mathrm{S}\,m\left(y\frac{dz}{dt} - z\frac{dy}{dt}\right) = \mathrm{A}.$$

Ces dernières équations renferment évidemment le *principe des aires*, dont nous avons parlé dans la première Section.

10. Il est à propos de remarquer que ces équations sont dans le cas de l'article 10 de la Section précédente; de sorte qu'on y peut introduire trois nouvelles constantes arbitraires, par le changement des axes des coordonnées.

Soient x', y', z' les nouvelles coordonnées; on aura également

$$\mathsf{S}\, m\left(x'\frac{dy'}{dt} - y'\frac{dx'}{dt}\right) = C',$$

$$\mathsf{S}\, m\left(z'\frac{dx'}{dt} - x'\frac{dz'}{dt}\right) = B',$$

$$\mathsf{S}\, m\left(y'\frac{dz'}{dt} - z'\frac{dy'}{dt}\right) = A',$$

les quantités A', B', C' étant aussi des constantes arbitraires, mais différentes de A, B, C.

Substituons maintenant dans l'expression $x\,dy - y\,dx$ les valeurs de x, y en x', y', z' données dans l'article cité de la même Section; on aura

$$\begin{aligned} x\,dy - y\,dx = &+ (\alpha\beta' - \beta\alpha')(x'\,dy' - y'\,dx') + (\gamma\alpha' - \alpha\gamma')(z'\,dx' - x'\,dz') \\ &+ (\beta\gamma' - \gamma\beta')(y'\,dz' - z'\,dy'). \end{aligned}$$

On trouvera de même

$$\begin{aligned} z\,dx - x\,dz = &+ (\beta\alpha'' - \alpha\beta'')(x'\,dy' - y'\,dx') + (\alpha\gamma'' - \gamma\alpha'')(z'\,dx' - x'\,dz') \\ &+ (\gamma\beta'' - \beta\gamma'')(y'\,dz' - z'\,dy'), \end{aligned}$$

$$\begin{aligned} y\,dz - z\,dy = &+ (\alpha'\beta'' - \beta'\alpha'')(x'\,dy' - y'\,dx') + (\gamma'\alpha'' - \alpha'\gamma'')(z'\,dx' - x'\,dz') \\ &+ (\gamma'\beta'' - \beta'\gamma'')(y'\,dz' - z'\,dy'). \end{aligned}$$

Si l'on affecte tous les termes de ces équations du signe S, après les avoir multipliées par m et divisées par dt, et qu'on y substitue, à la place des intégrales affectées de S, leurs valeurs A, B, C, A', B', C', on aura

$$\begin{aligned} C &= (\alpha\beta' - \beta\alpha')C' + (\gamma\alpha' - \alpha\gamma')B' + (\beta\gamma' - \gamma\beta')A', \\ B &= (\beta\alpha'' - \alpha\beta'')C' + (\alpha\gamma'' - \gamma\alpha'')B' + (\gamma\beta'' - \beta\gamma'')A', \\ A &= (\alpha'\beta'' - \beta'\alpha'')C' + (\gamma'\alpha'' - \alpha'\gamma'')B' + (\gamma'\beta'' - \beta'\gamma'')A'. \end{aligned}$$

On peut réduire ces formules à une expression plus simple, en observant que l'on a identiquement

$$(\alpha\beta'-\beta\alpha')^2+(\beta\alpha''-\alpha\beta'')^2+(\alpha'\beta''-\beta'\alpha'')^2$$
$$=(\alpha^2+\alpha'^2+\alpha''^2)(\beta^2+\beta'^2+\beta''^2)-(\alpha\beta+\alpha'\beta'+\alpha''\beta'')^2,$$

quantité qui se réduit à l'unité, en vertu des équations de condition de la première Partie (Sect. III, art. 10). On a, de plus, ces équations identiques

$$\alpha(\alpha'\beta''-\beta'\alpha'')+\alpha'(\beta\alpha''-\alpha\beta'')+\alpha''(\alpha\beta'-\beta\alpha')=0,$$
$$\beta(\alpha'\beta''-\beta'\alpha'')+\beta'(\beta\alpha''-\alpha\beta'')+\beta''(\alpha\beta'-\beta\alpha')=0.$$

Si donc on compare ces équations avec les trois équations de condition

$$\gamma^2+\gamma'^2+\gamma''^2=1,\qquad \alpha\gamma+\alpha'\gamma'+\alpha''\gamma''=0,\qquad \beta\gamma+\beta'\gamma'+\beta''\gamma''=0,$$

il est facile de conclure de cette comparaison qu'on aura

$$\alpha'\beta''-\beta'\alpha''=\gamma,\qquad \beta\alpha''-\alpha\beta''=\gamma',\qquad \alpha\beta'-\beta\alpha'=\gamma''.$$

Les quantités γ, γ', γ'' pourraient avoir également le signe $-$; mais comme, dans la coïncidence des axes des x', y', z' avec ceux des x, y, z, on doit avoir (Part. I, Sect. III, art. 11)

$$\alpha=1,\quad \beta=0,\quad \gamma=0,\quad \alpha'=0,\quad \beta'=1,\quad \gamma'=0,\quad \alpha''=0,\quad \beta''=0,\quad \gamma''=1,$$

cette condition ne peut avoir lieu qu'en prenant γ'' positivement, et par conséquent aussi γ' et γ.

On trouvera, de la même manière,

$$\gamma'\alpha''-\alpha'\gamma''=\beta,\qquad \alpha\gamma''-\gamma\alpha''=\beta',\qquad \gamma\alpha'-\alpha\gamma'=\beta'',$$
$$\gamma'\beta''-\beta'\gamma''=\alpha,\qquad \gamma\beta''-\beta\gamma''=\alpha',\qquad \beta\gamma'-\gamma\beta'=\alpha'';$$

de sorte que l'on aura

$$A=\alpha A'+\beta B'+\gamma C',$$
$$B=\alpha' A'+\beta' B'+\gamma' C',$$
$$C=\alpha'' A'+\beta'' B'+\gamma'' C';$$

d'où l'on tire, par les équations de condition de l'article 10 (Part. I, Sect. III),

$$\begin{aligned} A' &= A\alpha + B\alpha' + C\alpha'', \\ B' &= A\beta + B\beta' + C\beta'', \\ C' &= A\gamma + B\gamma' + C\gamma'' \end{aligned}$$

et

$$A^2 + B^2 + C^2 = A'^2 + B'^2 + C'^2.$$

Il résulte de cette dernière équation qu'on a, en général,

$$\begin{aligned} &\left[\mathbf{S}\,m\left(x\frac{dy}{dt} - y\frac{dx}{dt}\right)\right]^2 + \left[\mathbf{S}\,m\left(z\frac{dx}{dt} - x\frac{dz}{dt}\right)\right]^2 + \left[\mathbf{S}\,m\left(y\frac{dz}{dt} - z\frac{dy}{dt}\right)\right]^2 \\ = &\left[\mathbf{S}\,m\left(x'\frac{dy'}{dt} - y'\frac{dx'}{dt}\right)\right]^2 + \left[\mathbf{S}\,m\left(z'\frac{dx'}{dt} - x'\frac{dz'}{dt}\right)\right]^2 + \left[\mathbf{S}\,m\left(y'\frac{dz'}{dt} - z'\frac{dy'}{dt}\right)\right]^2, \end{aligned}$$

d'où l'on peut conclure que la fonction

$$\left[\mathbf{S}\,m\left(x\frac{dz}{dt} - y\frac{dx}{dt}\right)\right]^2 + \left[\mathbf{S}\,m\left(z\frac{dx}{dt} - x\frac{dz}{dt}\right)\right]^2 + \left[\mathbf{S}\,m\left(y\frac{dz}{dt} - z\frac{dy}{dt}\right)\right]^2$$

a toujours une valeur indépendante du plan de projection et de la position des axes des coordonnées x, y, z dans l'espace, pourvu que ces coordonnées soient rectangulaires entre elles.

11. Ces expressions de A, B, C en A′, B′, C′ qu'on vient de trouver sont semblables à celles de x, y, z en x', y', z' de l'article 9 de la Section précédente; par conséquent, si l'on prend

$$x' = A', \qquad y' = B', \qquad z' = C',$$

on aura

$$A = x, \qquad B = y, \qquad C = z,$$

et réciproquement

$$x = A, \qquad y = B, \qquad z = C$$

donnera

$$A' = x', \qquad B' = y', \qquad C' = z';$$

c'est-à-dire que A, B, C et A′, B′, C′ seront deux systèmes de coordonnées qui répondent à un même point, le premier étant relatif aux axes des x, y, z et le second aux axes des x', y', z'.

On voit tout de suite par là qu'on peut faire

$$A' = 0, \qquad B' = 0,$$

en faisant passer l'axe des C′ ou z' par le point auquel répondent les coordonnées A, B, C, et qu'alors la coordonnée C′ aura sa plus grande valeur égale à $\sqrt{A^2 + B^2 + C^2}$. On aura, dans ce cas,

$$A = \gamma C', \qquad B = \gamma' C', \qquad C = \gamma'' C',$$

et il est facile de voir que les coefficients γ, γ', γ'' ne seront autre chose que les cosinus des angles que la ligne C′ fait avec les axes des A, B, C.

Ainsi la résolution des équations

$$\mathrm{S}\, m \left(x' \frac{dy'}{dt} - y' \frac{dx'}{dt} \right) = C',$$

$$\mathrm{S}\, m \left(z' \frac{dx'}{dt} - x' \frac{dz'}{dt} \right) = 0,$$

$$\mathrm{S}\, m \left(y' \frac{dz'}{dt} - z' \frac{dy'}{dt} \right) = 0$$

donnera celle des équations

$$\mathrm{S}\, m \left(x \frac{dy}{dt} - y \frac{dx}{dt} \right) = \gamma'' C',$$

$$\mathrm{S}\, m \left(z \frac{dx}{dt} - x \frac{dz}{dt} \right) = \gamma' C',$$

$$\mathrm{S}\, m \left(y \frac{dz}{dt} - z \frac{dy}{dt} \right) = \gamma C',$$

les quantités γ, γ', γ'' étant trois constantes telles que

$$\gamma^2 + \gamma'^2 + \gamma''^2 = 1$$

et dont deux sont arbitraires.

Le plan perpendiculaire à l'axe des C′, lorsque C′ devient un maximum, est celui que M. Laplace nomme *plan invariable*, et dont il a le premier démontré l'existence et la position.

Cette position est facile à déterminer par les équations

$$A = \gamma C', \quad B = \gamma' C', \quad C = \gamma'' C';$$

car, puisque les quantités γ, γ', γ'' sont les cosinus des angles que l'axe des C' ou z', qui est perpendiculaire au plan variable, fait avec les axes des x, y, z du système, en nommant ces angles l, m, n, on aura, à cause de

$$C' = \sqrt{A^2 + B^2 + C^2},$$

$$\cos l = \frac{A}{\sqrt{A^2 + B^2 + C^2}}, \quad \cos m = \frac{B}{\sqrt{A^2 + B^2 + C^2}}, \quad \cos n = \frac{C}{\sqrt{A^2 + B^2 + C^2}}.$$

12. Si le système est libre, c'est-à-dire s'il n'y a aucun des points du système qui doive être fixe, on peut prendre l'origine, supposée fixe, des coordonnées x, y, z partout où l'on voudra; par conséquent, les propriétés des aires et des moments que nous venons de démontrer auront lieu par rapport à un point fixe quelconque pris à volonté dans l'espace.

Mais, par ce que nous avons démontré dans l'article 6, ces mêmes propriétés auront lieu également par rapport au centre de gravité de tout le système, soit que ce centre soit fixe ou non. En effet, si, dans les trois équations de l'article 7, on substitue pour x, y, z les quantités $x' + \xi$, $y' + \eta$, $z' + \zeta$, en rapportant, comme dans l'article 3, les coordonnées x', y', z' au centre de gravité du système, et qu'on ait égard aux trois équations de ce dernier article, on aura ces transformées

$$\mathbf{S}\, m\left(\xi \frac{d^2\eta}{dt^2} - \eta \frac{d^2\xi}{dt^2} + \xi Y - \eta X\right) = 0,$$

$$\mathbf{S}\, m\left(\zeta \frac{d^2\xi}{dt^2} - \xi \frac{d^2\zeta}{dt^2} + \zeta X - \xi Z\right) = 0,$$

$$\mathbf{S}\, m\left(\eta \frac{d^2\zeta}{dt^2} - \zeta \frac{d^2\eta}{dt^2} + \eta Z - \zeta Y\right) = 0,$$

qui sont, comme l'on voit, semblables à celles de l'article 7, et dont toute la différence consiste en ce que, à la place des coordonnées x,

y, z partant d'un point fixe, il y a les coordonnées ξ, η, ζ dont l'origine est dans le centre de gravité du système.

Ainsi, lorsque les forces accélératrices sont nulles, on aura les intégrales

$$\mathrm{S}\,m\left(\xi\frac{d\eta}{dt}-\eta\frac{d\xi}{dt}\right)=\mathrm{C},$$

$$\mathrm{S}\,m\left(\zeta\frac{d\xi}{dt}-\xi\frac{d\zeta}{dt}\right)=\mathrm{B},$$

$$\mathrm{S}\,m\left(\eta\frac{d\zeta}{dt}-\zeta\frac{d\eta}{dt}\right)=\mathrm{A},$$

sur lesquelles on pourra faire des remarques analogues à celles que nous avons faites sur les équations de l'article 9.

13. Quand un des corps du système est retenu fixement par un obstacle quelconque, en plaçant dans ce corps l'origine des coordonnées, on a le cas de l'article 7. Mais, si deux corps du système sont supposés fixes, on regardera la ligne qui passe par ces deux corps comme un axe fixe autour duquel le système peut tourner librement, et, prenant cet axe pour celui des coordonnées z, on aura simplement, par le même article,

$$\delta x=-y\,\delta\varphi,\qquad \delta y=x\,\delta\varphi,$$

$\delta\varphi$ étant la rotation élémentaire autour de cet axe, laquelle doit demeurer indéterminée. On n'aura ainsi qu'une seule équation relative à cette variation $\delta\varphi$, laquelle sera

$$\mathrm{S}\,m\left(x\frac{d^2y}{dt^2}-y\frac{d^2x}{dt^2}+x\mathrm{Y}-y\mathrm{X}\right)=0;$$

et lorsque le moment $x\mathrm{Y}-y\mathrm{X}$ des forces extérieures par rapport à l'axe de rotation est nul, on aura par l'intégration, comme dans l'article 9,

$$\mathrm{S}\,m\left(x\frac{dy}{dt}-y\frac{dx}{dt}\right)=\mathrm{C},$$

équation qui donne le principe des aires par rapport au plan des xy

perpendiculaire à l'axe de rotation, et sur lequel les aires décrites par les corps doivent être projetées.

Si trois corps du système étaient supposés fixes, alors la position de chacun des autres corps dans l'espace serait déterminée par ses distances à ces trois corps, et il n'y aurait plus de variations indépendantes de la nature du système et de la disposition respective des corps entre eux, d'où l'on pût déduire des équations générales pour le mouvement d'un système quelconque.

§ III. — *Propriétés relatives aux rotations produites par des forces d'impulsion.*

14. Quand un système libre de tourner en tout sens autour d'un point fixe reçoit des impulsions quelconques, on peut aussi employer, dans l'équation de l'article 11 de la Section précédente, les expressions de δx, δy, δz de l'article 7, après avoir réduit à X, Y, Z les forces d'impulsion P, Q, R, ...; et, en égalant séparément à zéro les termes multipliés par les variations $\delta\varphi$, $\delta\omega$, $\delta\psi$, on aura les trois équations

$$\mathrm{S}\,[\mathrm{m}(x\dot{y}-y\dot{x})+x\mathrm{Y}-y\mathrm{X}]=0,$$

$$\mathrm{S}\,[\mathrm{m}(z\dot{x}-x\dot{z})+z\mathrm{X}-x\mathrm{Z}]=0,$$

$$\mathrm{S}\,[\mathrm{m}(y\dot{z}-z\dot{y})+y\mathrm{Z}-z\mathrm{Y}]=0,$$

pour le premier instant du mouvement produit par les impulsions X, Y, Z.

Dans les systèmes qui sont tout à fait libres, on peut prendre le point fixe partout où l'on veut dans l'espace, et les équations précédentes auront toujours lieu par rapport à ce point.

15. Dans ces systèmes, on peut aussi rapporter leurs rotations à trois axes qui passent par le centre de gravité; car, en faisant, comme dans l'article 5,

$$\delta x=\delta x'+\delta\xi,\qquad \delta y=\delta y'+\delta\eta,\qquad \delta z=\delta z'+\delta\zeta,$$

les variations $\delta x'$, $\delta y'$, $\delta z'$ donneront d'abord les trois équations relatives au mouvement du centre de gravité trouvées dans ce même article.

Il restera ensuite l'équation

$$\mathrm{S}[(m\dot{x}+X)\,\delta\xi+(m\dot{y}+Y)\,\delta\eta+(m\dot{z}+Z)\,\delta\zeta]=0.$$

Or, en rapportant les rotations $\delta\psi$, $\delta\omega$, $\delta\varphi$ aux axes des coordonnées ξ, η, ζ, et n'ayant égard qu'à ces rotations, on a, comme dans l'article 7,

$$\delta\xi=\zeta\,\delta\omega-\eta\,\delta\varphi,\qquad \delta\eta=\xi\,\delta\varphi-\zeta\,\delta\psi,\qquad \delta\zeta=\eta\,\delta\psi-\xi\,\delta\omega,$$

et les trois variations indéterminées $\delta\psi$, $\delta\omega$, $\delta\varphi$ donneront les trois équations

$$\mathrm{S}[m(\xi\dot{y}-\eta\dot{x})+\xi Y-\eta X]=0,$$

$$\mathrm{S}[m(\zeta\dot{x}-\xi\dot{z})+\zeta X-\xi Z]=0,$$

$$\mathrm{S}[m(\eta\dot{z}-\zeta\dot{y})+\eta Z-\zeta Y]=0.$$

Mais

$$\dot{x}=\dot{x}'+\dot{\xi},\qquad \dot{y}=\dot{y}'+\dot{\eta},\qquad \dot{z}=\dot{z}'+\dot{\zeta};$$

donc, substituant ces valeurs, faisant sortir hors du signe S les quantités $\dot{x}'$, $\dot{y}'$, $\dot{z}'$, qui ne se rapportent qu'au centre de gravité, et observant que, par les propriétés de ce centre, on a

$$\mathrm{S}m\xi=0,\qquad \mathrm{S}m\eta=0,\qquad \mathrm{S}m\zeta=0,$$

les trois équations précédentes deviendront

$$\mathrm{S}[m(\xi\dot{\eta}-\eta\dot{\xi})+\xi Y-\eta X]=0,$$

$$\mathrm{S}[m(\zeta\dot{\xi}-\xi\dot{\zeta})+\zeta X-\xi Z]=0,$$

$$\mathrm{S}[m(\eta\dot{\zeta}-\zeta\dot{\eta})+\eta Z-\zeta Y]=0,$$

qui sont tout à fait semblables à celles de l'article précédent, et dans lesquelles les coordonnées ξ, η, ζ ont leur origine au centre de gravité, et les vitesses $\dot{\xi}$, $\dot{\eta}$, $\dot{\zeta}$ sont relatives à ce centre.

Ainsi les équations relatives à un point fixe subsistent aussi, lorsque le système est libre, par rapport à son centre de gravité.

16. Les équations que nous venons de trouver, pour l'effet des impulsions dans le premier instant, ont lieu aussi dans les instants suivants, s'il n'y a point de forces accélératrices, en regardant comme constants les termes qui dépendent des impulsions X, Y, Z; car, $\dot{x}$, $\dot{y}$, $\dot{z}$ étant les vitesses parallèlement aux axes des x, y, z, on a

$$dx = \dot{x}\,dt, \qquad dy = \dot{y}\,dt, \qquad dz = \dot{z}\,dt,$$

et les équations de l'article 9 deviennent

$$\begin{aligned} &S\,m(x\dot{y} - y\dot{x}) = C,\\ &S\,m(z\dot{x} - x\dot{z}) = B,\\ &S\,m(y\dot{z} - z\dot{y}) = A, \end{aligned}$$

lesquelles, étant comparées à celles de l'article 14, donnent

$$\begin{aligned} C &= S(yX - xY),\\ B &= S(xZ - zX),\\ A &= S(zY - yZ). \end{aligned}$$

Ainsi on a les valeurs des constantes A, B, C exprimées par les impulsions primitives données à chaque corps; et l'on voit que ces valeurs ne sont autre chose que les sommes des moments de ces impulsions par rapport aux axes des x, des y et des z.

Il en sera de même des équations relatives au centre de gravité, en comparant les équations de l'article 12 avec celles de l'article 15.

17. Si l'on ne considère que les mouvements de rotation par rapport aux trois axes des coordonnées x, y, z, et qu'on désigne par $\dot{\psi}$, $\dot{\omega}$, $\dot{\varphi}$ les vitesses de ces rotations, les variations δx, δy, δz seront proportionnelles aux vitesses $\dot{x}$, $\dot{y}$, $\dot{z}$, et les variations $\delta\psi$, $\delta\omega$, $\delta\varphi$ seront en

même temps proportionnelles aux vitesses $\dot{\psi}$, $\dot{\omega}$, $\dot{\varphi}$; les formules de l'article 7 donneront ainsi

$$\dot{x} = z\dot{\omega} - y\dot{\varphi}, \qquad \dot{y} = x\dot{\varphi} - z\dot{\psi}, \qquad \dot{z} = y\dot{\psi} - x\dot{\omega}.$$

Ces valeurs de $\dot{x}$, $\dot{y}$, $\dot{z}$ ne sont que les parties qui dépendent des trois rotations; pour avoir les valeurs complètes des vraies vitesses $\dot{x}$, $\dot{y}$, $\dot{z}$, il faut y ajouter les parties qui dépendent du changement de situation des corps du système entre eux, et qui sont indépendantes des rotations.

Mais lorsque le système est invariable, ce qui a lieu dans tous les corps solides d'une figure quelconque, ces parties des vitesses sont nulles et les valeurs de $\dot{x}$, $\dot{y}$, $\dot{z}$ se réduisent simplement à celles que nous venons de donner. On pourra donc substituer ces valeurs dans les équations précédentes et, faisant sortir hors du signe S les quantités $\dot{\psi}$, $\dot{\omega}$, $\dot{\varphi}$, on aura, pour un solide de figure quelconque, en mettant l'élément Dm à la place de m (Sect. II, art. 7), les équations

$$\dot{\varphi}\,\mathrm{S}(x^2+y^2)\,\mathrm{Dm} - \dot{\psi}\,\mathrm{S}xz\,\mathrm{Dm} - \dot{\omega}\,\mathrm{S}yz\,\mathrm{Dm} = \mathrm{C},$$

$$\dot{\omega}\,\mathrm{S}(x^2+z^2)\,\mathrm{Dm} - \dot{\psi}\,\mathrm{S}xy\,\mathrm{Dm} - \dot{\varphi}\,\mathrm{S}yz\,\mathrm{Dm} = \mathrm{B},$$

$$\dot{\psi}\,\mathrm{S}(y^2+z^2)\,\mathrm{Dm} - \dot{\omega}\,\mathrm{S}xy\,\mathrm{Dm} - \dot{\varphi}\,\mathrm{S}xz\,\mathrm{Dm} = \mathrm{A},$$

par lesquelles on pourra déterminer les vitesses des rotations initiales $\dot{\psi}$, $\dot{\omega}$, $\dot{\varphi}$, produites par les impulsions X, Y, Z appliquées à des points quelconques du corps et dont les moments par rapport aux axes des x, y, z sont A, B, C.

Comme les vitesses de rotation sont proportionnelles aux angles infiniment petits décrits en même temps par les rotations respectives, il s'ensuit de ce qu'on a démontré dans la première Partie (Sect. III, art. 11) que les trois vitesses $\dot{\psi}$, $\dot{\omega}$, $\dot{\varphi}$ se composent en une seule vitesse $\dot{\theta}$ telle que

$$\dot{\theta} = \sqrt{\dot{\psi}^2 + \dot{\omega}^2 + \dot{\varphi}^2},$$

avec laquelle le corps tournera réellement autour d'un axe *instantané*, faisant, avec les axes des x, y, z, des angles λ, μ, ν, tels que

$$\cos\lambda = \frac{\dot{\psi}}{\dot{\theta}}, \qquad \cos\mu = \frac{\dot{\omega}}{\dot{\theta}}, \qquad \cos\nu = \frac{\dot{\varphi}}{\dot{\theta}}.$$

Ainsi les trois équations précédentes donneront la position de l'axe autour duquel le corps tournera dans le premier instant, et la vitesse de rotation autour de cet axe. C'est celui qu'on appelle *axe spontané de rotation*.

18. Dans les instants suivants, le corps continuera à tourner par sa force d'inertie, et les trois équations qu'on vient de trouver auront encore lieu, en regardant comme constants les termes qui contiennent les forces d'impulsion X, Y, Z, comme on l'a vu dans l'article 16; mais les quantités $\mathrm{S}(x^2+y^2)\,\mathrm{D}m$, $\mathrm{S}\,xy\,\mathrm{D}m$, ... deviendront variables à raison de la variation des coordonnées x, y, z pendant la rotation.

Mais une conséquence remarquable qu'on tire de ces équations, c'est que, dans un instant quelconque, le corps a le même mouvement de rotation qu'il recevrait dans cet instant par l'impulsion des mêmes forces qui l'ont mis d'abord en mouvement, si ces forces lui étaient appliquées de manière à produire les mêmes moments autour des axes des x, y, z.

Et comme ces équations ne sont que les équations générales de l'article 16 pour un système quelconque de corps, appliquées à un corps solide de figure quelconque, il s'ensuit que, si le système qui a reçu des impulsions primitives devient, par l'action mutuelle et successive des corps, un système invariable ou un solide quelconque, les mêmes équations auront encore lieu; de sorte que le solide aura à chaque instant le même mouvement de rotation qu'il recevrait par les mêmes impulsions primitives, si elles lui étaient appliquées immédiatement de manière à produire les mêmes moments.

Donc aussi une masse fluide, agitée primitivement par des forces quelconques, abandonnée ensuite à elle-même et devenue solide par l'attraction mutuelle de ses parties, aura, à chaque instant, le même mouvement de rotation que les forces primitives lui imprimeraient si elles agissaient de la même manière sur la masse solide.

19. Les trois équations de l'article 17 donneront les valeurs des moments A, B, C de toutes les forces primitives, en connaissant la position instantanée du corps et ses trois vitesses de rotation $\dot\psi$, $\dot\omega$, $\dot\varphi$ par rapport aux axes fixes des x, y, z, ou la vitesse composée $\dot\theta$ autour de l'axe instantané, avec les angles λ, μ, ν de cet axe avec les axes fixes des x, y, z; et réciproquement, ayant ces moments, on peut en déduire les valeurs des vitesses de rotation.

On voit aussi par ces équations que les moments seront nuls si les vitesses sont nulles; mais, les moments étant supposés nuls, il ne s'ensuit pas évidemment que les vitesses de rotation doivent être nulles. Car, en faisant

$$A = 0, \qquad B = 0, \qquad C = 0,$$

on a trois équations linéaires entre $\dot\psi$, $\dot\omega$, $\dot\varphi$; et il faudrait prouver que ces trois équations ne peuvent pas subsister ensemble, à moins de supposer $\dot\psi = 0$, $\dot\omega = 0$, $\dot\varphi = 0$.

En éliminant deux de ces inconnues, on a une équation qui donne la troisième inconnue nulle ou arbitraire, mais avec la condition

$$\begin{aligned}
&S(x^2+y^2)\,Dm \times S(x^2+z^2)\,Dm \times S(y^2+z^2)\,Dm\\
&= + S(x^2+y^2)\,Dm \times (S\,xy\,Dm)^2 + S(x^2+z^2)\,Dm \times (S\,xz\,Dm)^2\\
&\quad + S(y^2+z^2)\,Dm \times (S\,yz\,Dm)^2 + 2\,S\,xy\,Dm \times S\,xz\,Dm \times S\,yz\,Dm;
\end{aligned}$$

et il faudrait prouver que cette condition est impossible à remplir, ce qui paraît très difficile [1]. Mais nous démontrerons plus bas (art. 31) que, lorsque les moments sont nuls, toute rotation s'évanouit aussi.

D'où nous pouvons d'abord conclure qu'il est impossible qu'un sys-

[1] On trouvera à la fin du Volume la démonstration de ce théorème, qui n'offre pas, à beaucoup près, la difficulté que Lagrange semble lui attribuer. M. Binet en a publié une depuis longtemps dans le *Bulletin de la Société philomathique*. (*J. Bertrand.*)

tème de points isolés ou une masse fluide quelconque puisse former un corps solide qui ait un mouvement de rotation, à moins que les impulsions primitives n'aient été telles qu'il en soit résulté un moment par rapport à l'axe de cette rotation.

20. Par les transformations exposées dans l'article 10, on peut changer les trois équations de l'article 17 en des équations semblables dans lesquelles les quantités x, y, z, A, B, C soient remplacées par les quantités analogues x', y', z', A', B', C'.

Désignons par $\dot\psi'$, $\dot\omega'$, $\dot\varphi'$ les vitesses de rotation par rapport aux nouveaux axes des x', y', z'; on aura aussi

$$dx' = \dot{x}'\,dt = (z'\dot\omega' - y'\dot\varphi')\,dt,$$
$$dy' = \dot{y}'\,dt = (x'\dot\varphi' - z'\dot\psi')\,dt,$$
$$dz' = \dot{z}'\,dt = (y'\dot\psi' - x'\dot\omega')\,dt;$$

et les trois premières équations de l'article 10 deviendront, par ces substitutions, en changeant m en Dm,

$$\dot\varphi' \,\mathrm{S}(x'^2 + y'^2)\,\mathrm{Dm} - \dot\psi' \,\mathrm{S}\,x'z'\,\mathrm{Dm} - \dot\omega' \,\mathrm{S}\,y'z'\,\mathrm{Dm} = \mathrm{C}',$$
$$\dot\omega' \,\mathrm{S}(z'^2 + x'^2)\,\mathrm{Dm} - \dot\psi' \,\mathrm{S}\,x'y'\,\mathrm{Dm} - \dot\varphi' \,\mathrm{S}\,y'z'\,\mathrm{Dm} = \mathrm{B}',$$
$$\dot\psi' \,\mathrm{S}(y'^2 + z'^2)\,\mathrm{Dm} - \dot\omega' \,\mathrm{S}\,x'y'\,\mathrm{Dm} - \dot\varphi' \,\mathrm{S}\,x'z'\,\mathrm{Dm} = \mathrm{A}',$$

dans lesquelles on aura, par le même article,

$$\mathrm{A}' = \mathrm{A}\alpha + \mathrm{B}\alpha' + \mathrm{C}\alpha'',$$
$$\mathrm{B}' = \mathrm{A}\beta + \mathrm{B}\beta' + \mathrm{C}\beta'',$$
$$\mathrm{C}' = \mathrm{A}\gamma + \mathrm{B}\gamma' + \mathrm{C}\gamma''.$$

Ces équations ont l'avantage que la position des axes de rotation y est entièrement arbitraire, puisqu'elle ne dépend que des quantités α, β, γ, α', ...; et, comme elles ne sont que du premier ordre, rien n'empêche de donner à ces axes une position différente d'un instant à l'autre et de les prendre de manière qu'ils soient fixes dans l'intérieur du corps et, par conséquent, mobiles avec lui dans l'espace. Alors les quantités $\mathsf{S}(x'^2+y'^2)\mathrm{Dm}$, $\mathsf{S}x'y'\mathrm{Dm}$, ... deviendront constantes; mais les quantités A′, B′, C′ seront variables, à cause de la variabilité des quantités α, β, γ, α', ... Nous donnerons dans la suite des moyens directs de parvenir à ces équations, qui sont d'une grande utilité dans le problème de la rotation des corps.

21. On a vu dans l'article 16 que les constantes A, B, C expriment les sommes des moments des impulsions primitives données aux corps, relativement aux axes des x, y, z. Or il est facile de prouver que les quantités α, α', α'' représentent les cosinus des angles que l'axe des x' fait avec les axes des x, y, z; que les quantités β, β', β'' représentent les cosinus des angles que l'axe des y' fait avec les mêmes axes des x, y, z, et que les quantités γ, γ', γ'' représentent les cosinus des angles que l'axe des z' fait avec ces mêmes axes. Donc, par ce qu'on a démontré dans la première Partie sur la composition des moments (Sect. III, art. 16), les trois quantités A′, B′, C′ seront les moments des mêmes impulsions rapportés aux axes des x', y', z', c'est-à-dire aux axes de rotation fixes dans le corps et mobiles dans l'espace. Ainsi l'on pourra appliquer à ces axes les mêmes conclusions qu'on a trouvées dans l'article 19.

§ IV. — *Propriétés des axes fixes de rotation d'un corps libre de figure quelconque.*

22. Nous réservons pour un Chapitre particulier la solution complète du problème général de la rotation d'un corps solide de figure quelconque; nous allons seulement examiner ici le cas où l'axe instantané de rotation demeure immobile dans l'espace, ou au moins toujours parallèle à lui-même lorsque le corps a un mouvement progressif, parce que ce cas se résout facilement par les formules du paragraphe précédent et qu'il conduit aux belles propriétés des axes qu'on nomme *principaux*, ou *axes naturels de rotation*.

Reprenons les équations fondamentales de l'article 17; faisons, pour abréger,

$$l = \mathrm{S}\, x^2\, \mathrm{Dm}, \qquad m = \mathrm{S}\, y^2\, \mathrm{Dm}, \qquad n = \mathrm{S}\, z^2\, \mathrm{Dm},$$

$$f = \mathrm{S}\, yz\, \mathrm{Dm}, \qquad g = \mathrm{S}\, xz\, \mathrm{Dm}, \qquad h = \mathrm{S}\, xy\, \mathrm{Dm},$$

et substituons pour $\dot\psi$, $\dot\omega$, $\dot\varphi$ leurs valeurs $\dot\theta \cos\lambda$, $\dot\theta \cos\mu$, $\dot\theta \cos\nu$, $\dot\theta$ étant la vitesse de rotation autour de l'axe instantané qui fait les angles λ, μ, ν avec les axes fixes des x, y, z; ces équations deviendront ainsi, en les divisant par $\dot\theta$,

$$(m+n)\cos\lambda - h\cos\mu - g\cos\nu = \frac{\mathrm{A}}{\dot\theta},$$

$$(l+n)\cos\mu - h\cos\lambda - f\cos\nu = \frac{\mathrm{B}}{\dot\theta},$$

$$(l+m)\cos\nu - g\cos\lambda - f\cos\mu = \frac{\mathrm{C}}{\dot\theta}.$$

23. Les six quantités l, m, n, f, g, h sont variables; en les différentiant, substituant pour dx, dy, dz les quantités $\dot x\, dt$, $\dot y\, dt$, $\dot z\, dt$, et ensuite pour $\dot x$, $\dot y$, $\dot z$ leurs valeurs (article cité), on aura

$$\begin{aligned}
dl &= 2(g\cos\mu - h\cos\nu)\dot\theta\, dt,\\
dm &= 2(h\cos\nu - f\cos\lambda)\dot\theta\, dt,\\
dn &= 2(f\cos\lambda - g\cos\mu)\dot\theta\, dt,\\
df &= [(m-n)\cos\lambda + g\cos\nu - h\cos\mu]\dot\theta\, dt,\\
dg &= [(n-l)\cos\mu + h\cos\lambda - f\cos\nu]\dot\theta\, dt,\\
dh &= [(l-m)\cos\nu + f\cos\mu - g\cos\lambda]\dot\theta\, dt.
\end{aligned}$$

Ces six équations, jointes aux trois de l'article précédent, renferment la solution générale; mais nous ne considérons ici que le cas où les angles λ, μ, ν demeurent invariables, et il s'agit de voir sous quelles conditions ces quantités peuvent être constantes.

24. Pour cela, il n'y a qu'à différentier les trois premières équations dans cette supposition, et y substituer les valeurs des différentielles dl,

dm, ...; on aura, après avoir divisé par $\dot\theta\, dt$, ces trois-ci :

$$f(\cos^2\nu - \cos^2\mu) - g\cos\lambda\cos\mu + h\cos\lambda\cos\nu + (m-n)\cos\mu\cos\nu = -\frac{A}{\dot\theta^2}\frac{d\dot\theta}{dt},$$

$$f\cos\lambda\cos\mu + g(\cos^2\lambda - \cos^2\nu) - h\cos\mu\cos\nu + (n-l)\cos\lambda\cos\nu = -\frac{B}{\dot\theta^3}\frac{d\dot\theta}{dt},$$

$$-f\cos\lambda\cos\nu + g\cos\mu\cos\nu + h(\cos^2\mu - \cos^2\lambda) + (l-m)\cos\lambda\cos\mu = -\frac{C}{\dot\theta^3}\frac{d\dot\theta}{dt}.$$

Si l'on ajoute ces trois équations ensemble, après avoir multiplié la première par $\cos\lambda$, la deuxième par $\cos\mu$, la troisième par $\cos\nu$, on a l'équation

$$\frac{A\cos\lambda + B\cos\mu + C\cos\nu}{\dot\theta^3}\frac{d\dot\theta}{dt} = 0,$$

laquelle donne

$$d\dot\theta = 0,$$

ou bien

$$A\cos\lambda + B\cos\mu + C\cos\nu = 0.$$

Nous verrons plus bas (art. 38) que la quantité

$$A\dot\psi + B\dot\omega + C\dot\varphi,$$

qui est la même chose que

$$(A\cos\lambda + B\cos\mu + C\cos\nu)\dot\theta,$$

exprime la force vive du corps, laquelle ne peut jamais être nulle tant que le corps est en mouvement.

Il faut donc supposer en général

$$d\dot\theta = 0,$$

et, par conséquent, la vitesse de rotation $\dot\theta$ constante. Alors les trois équations ci-dessus se réduisent à deux, qui donnent les rapports des $\cos\lambda$, $\cos\mu$, $\cos\nu$; et, comme on a

$$\cos^2\lambda + \cos^2\mu + \cos^2\nu = 1,$$

ces rapports suffiront pour déterminer les trois cosinus.

25. Supposons

$$s = \frac{\cos\mu}{\cos\lambda}, \qquad u = \frac{\cos\nu}{\cos\lambda};$$

les trois équations précédentes deviendront, à cause de $d\dot{\theta} = 0$,

$$\begin{aligned} f(u^2 - s^2) - gs + hu + (m-n)su &= 0, \\ g(1 - u^2) - hsu + fs + (n-l)u &= 0, \\ h(s^2 - 1) + gsu - fu + (l-m)s &= 0. \end{aligned}$$

La dernière donne

$$u = \frac{h(s^2-1) + (l-m)s}{f - gs};$$

cette valeur étant substituée dans la première ou dans la seconde, ou plutôt dans la somme de ces deux, après avoir multiplié l'une par g et l'autre par f, pour en chasser le terme en u^2, on a

$$\begin{aligned} &[gh(m-n) + f(g^2 - h^2)]s^3 \\ &\quad + [g(l-m)(m-n) + fh(n - 2l + m) + g(g^2 + h^2 - 2f^2)]s^2 \\ &\quad + [f(l-m)(m-n) + gh(n - 2m + l) + f(f^2 + h^2 - 2g^2)]s \\ &\qquad\qquad + fh(l-n) + g(f^2 - h^2) = 0. \end{aligned}$$

Cette équation, étant du troisième degré, aura nécessairement une racine réelle; ainsi l'on aura une valeur de s et une valeur correspondante de u, par le moyen desquelles on pourra déterminer la position d'un axe invariable et de rotation uniforme. Mais, comme cette détermination dépend des quantités l, m, n, f, g, h qui varient avec le temps t, il faut encore prouver que la variabilité de ces quantités n'influe point sur la valeur des deux quantités s et u.

26. Pour y parvenir, nommons P, Q, R les premiers membres des trois équations de l'article 22; les premiers membres des équations de l'article 24 seront $\frac{dP}{\dot{\theta}\,dt}$, $\frac{dQ}{\dot{\theta}\,dt}$, $\frac{dR}{\dot{\theta}\,dt}$, en y mettant pour dl, dm, ... leurs valeurs. Or il est facile de voir qu'on a, par la substitution de ces

mêmes valeurs,

$$dP = (R\cos\mu - Q\cos\nu)\dot\theta\,dt,$$
$$dQ = (P\cos\nu - R\cos\lambda)\dot\theta\,dt,$$
$$dR = (Q\cos\lambda - P\cos\mu)\dot\theta\,dt.$$

D'après ces équations, dans lesquelles λ, μ, ν et $\dot\theta$ sont des quantités constantes, il est facile de voir que, si les valeurs de $\frac{dP}{dt}$, $\frac{dQ}{dt}$, $\frac{dR}{dt}$ sont nulles lorsque t est nul ou égal à une quantité quelconque donnée, celles de $\frac{d^2P}{dt^2}$, $\frac{d^2Q}{dt^2}$, $\frac{d^2R}{dt^2}$, de $\frac{d^3P}{dt^3}$, $\frac{d^3Q}{dt^3}$, $\frac{d^3R}{dt^3}$, et ainsi de suite à l'infini, seront aussi nulles pour la même valeur de t.

Or on sait, par le théorème de Taylor, que la valeur d'une fonction $\frac{dP}{dt}$ de t, lorsque t devient $t+t'$, devient en même temps

$$\frac{dP}{dt} + \frac{d^2P}{dt^2}t' + \frac{1}{2}\frac{d^3P}{dt^3}t'^2 + \frac{1}{2.3}\frac{d^4P}{dt^4}t'^3 + \ldots.$$

Donc, si $\frac{dP}{dt}$ est nul lorsque l'on a $t' = 0$, on aura toujours

$$\frac{dP}{dt} = 0,$$

quel que soit t'. Et la même chose aura lieu pour les valeurs de $\frac{dQ}{dt}$ et $\frac{dR}{dt}$.

Il s'ensuit de là que, si les équations de l'article 25, qui ne sont que les transformées des équations $\frac{dP}{dt} = 0$, $\frac{dQ}{dt} = 0$, $\frac{dR}{dt} = 0$, ont lieu dans un instant quelconque, elles auront lieu, quel que soit le temps t, dans l'hypothèse des quantités s et u constantes. Par conséquent, les valeurs de ces quantités seront indépendantes de la variabilité des quantités l, m, n, f, g, h; de sorte qu'il suffira de déterminer les valeurs de ces dernières quantités pour une position quelconque du corps à l'égard des axes fixes des x, y, z, pour avoir celles des quantités s et u qui déterminent la position de l'axe de rotation, lequel doit demeurer immobile dans l'espace ou du moins toujours parallèle à lui-même si le corps a un mouvement progressif.

Et comme cet axe, par sa nature, est fixe dans l'intérieur du corps pendant un instant, puisque le corps est censé tourner autour de lui, il s'ensuit qu'il y doit toujours demeurer fixe; car il est évident que si, dans l'instant suivant, il changeait de place dans le corps, il changerait nécessairement de place dans l'espace, ce qui est contre l'hypothèse.

27. Ayant trouvé la position de cet axe dans l'espace, rien n'empêche de supposer qu'il coïncide avec l'axe des x, dont la position est arbitraire.

On pourra ainsi supposer $\lambda = 0$ et, par conséquent, $\cos\lambda = 1$, ce qui donnera

$$s = 0, \qquad u = 0.$$

De là on trouve, par les équations de l'article 25,

$$g = 0, \qquad h = 0.$$

Ainsi cet axe a la propriété qu'en le prenant pour l'axe des x, les valeurs des deux intégrales $\mathrm{S}\, xy\,\mathrm{Dm}$, $\mathrm{S}\, xz\,\mathrm{Dm}$ (art. 22) deviennent nulles.

Supposons maintenant dans nos formules

$$g = 0, \qquad h = 0,$$

et désignons par f', l', m', n' ce que deviennent les quantités f, l, m, n dans ce cas. Cette supposition donne d'abord

$$s = 0, \qquad u = 0;$$

c'est le cas précédent. Ensuite elle donne aussi s et u infinis et, par conséquent,

$$\cos\lambda = 0, \qquad \lambda = 90^\circ;$$

cette valeur répond aux deux autres racines de l'équation en s du troisième degré et, par conséquent, à la position des deux autres axes. Or la première des équations en s et u (art. 25) devient, lorsque g et h sont nuls,

$$f'(u^2 - s^2) + (m' - n')su = 0,$$

et, substituant pour s et u leurs valeurs,

$$f'(\cos^2\nu - \cos^2\mu) + (m' - n')\cos\mu\cos\nu = 0;$$

mais, en faisant $\cos\lambda = 0$ dans

$$\cos^2\lambda + \cos^2\mu + \cos^2\nu = 1,$$

on a

$$\cos\nu = \sqrt{1 - \cos^2\mu} = \sin\mu;$$

et l'équation précédente se réduit à celle-ci

$$\tang 2\mu = \frac{2f'}{m' - n'},$$

laquelle donne pour l'angle μ deux valeurs dont l'une surpasse l'autre de 90°.

Ainsi, ayant pris l'axe des x dans le premier axe de rotation, les deux autres axes de rotation uniforme seront dans le plan des yz et feront avec l'axe des y les angles μ et $\mu + 90^\circ$, de manière que les trois axes de rotation seront rectangulaires entre eux, comme ceux des coordonnées. On pourra donc prendre aussi ces deux derniers axes pour ceux des y et des z; on aura alors

$$\mu = 0$$

et, par conséquent,

$$f' = 0;$$

de sorte que la valeur de l'intégrale $\mathrm{S}\, yz\,\mathrm{D}m$ sera aussi nulle.

28. Il existe donc, pour chaque corps solide, quelles que soient sa figure et sa constitution, et par rapport à un point quelconque du corps, trois axes rectangulaires, qui se coupent dans ce point, autour desquels le corps peut tourner librement et uniformément; et ces trois axes sont déterminés par les conditions suivantes

$$\mathrm{S}\, xy\,\mathrm{D}m = 0, \qquad \mathrm{S}\, xz\,\mathrm{D}m = 0, \qquad \mathrm{S}\, yz\,\mathrm{D}m = 0,$$

en prenant ces axes pour ceux des coordonnées x, y, z.

Lorsque ces axes passent par le centre de gravité, on les nomme *axes principaux,* d'après Euler, à qui on en doit la connaissance; on les nomme aussi *axes naturels de rotation* ou, en général, *axes principaux,* soit qu'ils passent par le centre de gravité ou non.

29. En faisant

$$f = 0, \qquad g = 0, \qquad h = 0,$$

ce qui a lieu par rapport aux trois axes principaux, on a aussi, par les équations de l'article 23,

$$\frac{dl}{dt} = 0, \qquad \frac{dm}{dt} = 0, \qquad \frac{dn}{dt} = 0,$$

ce qui fait voir que les quantités l, m, n sont alors les plus grandes ou les plus petites. Pour pouvoir distinguer les maxima et les minima, il n'y aura qu'à chercher les valeurs de $\frac{d^2 l}{dt^2}$, $\frac{d^2 m}{dt^2}$, $\frac{d^2 n}{dt^2}$; et l'on trouvera, à cause de $\dot{\theta}$ constante,

$$\frac{d^2 l}{dt^2} = 2[(n - l)\cos^2\mu - (l - m)\cos^2\nu]\dot{\theta}^2,$$

$$\frac{d^2 m}{dt^2} = 2[(l - m)\cos^2\nu - (m - n)\cos^2\lambda]\dot{\theta}^2,$$

$$\frac{d^2 n}{dt^2} = 2[(m - n)\cos^2\lambda - (n - l)\cos^2\mu]\dot{\theta}^2.$$

Donc, si $l > m$, $m > n$, la valeur de $\frac{d^2 l}{dt^2}$ sera toujours négative, celle de $\frac{d^2 n}{dt^2}$ toujours positive, et celle de $\frac{d^2 m}{dt^2}$ pourra être positive ou négative; par conséquent, l sera toujours un maximum, n un minimum, et m ne sera ni l'un ni l'autre. On voit aussi que $\frac{d^2 l}{dt^2} + \frac{d^2 m}{dt^2}$ aura toujours une valeur négative, et $\frac{d^2 m}{dt^2} + \frac{d^2 n}{dt^2}$ aura toujours une valeur positive; de sorte que la quantité $l + m$ sera toujours un maximum, et $m + n$ un minimum.

Les quantités $l + m$, $l + n$, $m + n$, qui expriment les sommes des produits de chaque molécule du corps par le carré de sa distance aux trois axes des z, y, x, se nomment, d'après Euler, *moments d'inertie* du corps relativement à ces axes; ils sont pour le mouvement de rotation ce que les simples masses sont pour le mouvement progressif, puisque c'est par ces moments qu'il faut diviser les moments des forces d'impulsion pour avoir les vitesses de rotation autour des mêmes axes.

C'est par la considération des plus grands et des plus petits moments d'inertie qu'Euler a trouvé les axes principaux; maintenant, on les détermine ordinairement par les trois conditions

$$\mathrm{S}\, xy\, \mathrm{D}m = 0, \qquad \mathrm{S}\, xz\, \mathrm{D}m = 0, \qquad \mathrm{S}\, yz\, \mathrm{D}m = 0.$$

30. Puisqu'on est assuré, par l'analyse de l'article 27, que l'équation en s (art. 25) a ses trois racines réelles, il sera toujours facile de les trouver en comparant cette équation, dégagée de son second terme, avec l'équation connue

$$x^3 - 3r^2 x - 2r^2 \cos\varphi = 0,$$

dont les trois racines sont

$$2r\cos\frac{\varphi}{3}, \qquad -2r\cos\left(60^\circ + \frac{\varphi}{3}\right), \qquad -2r\cos\left(60^\circ - \frac{\varphi}{3}\right).$$

On aura ainsi les trois valeurs de s, que nous désignerons par s, s', s'', et les valeurs correspondantes u, u', u''. Et, si l'on désigne de même par λ, λ', λ'' les angles que les trois axes principaux font avec l'axe des x, par μ, μ', μ'' les angles qu'ils font avec l'axe des y, et par ν, ν', ν'' ceux que ces mêmes axes font avec l'axe des z, on aura, par les articles 24 et 25,

$$\cos\lambda = \frac{1}{\sqrt{1+s^2+u^2}},$$

$$\cos\mu = \frac{s}{\sqrt{1+s^2+u^2}},$$

$$\cos\nu = \frac{u}{\sqrt{1+s^2+u^2}},$$

et l'on aura des expressions semblables en marquant les lettres λ, μ, ν, s, u d'un trait ou de deux. Ainsi la détermination des trois axes principaux pourra toujours s'effectuer par ces formules dans tout corps solide de figure quelconque, homogène ou non, pourvu que l'on connaisse les valeurs des quantités f, g, h, l, m, n pour une position quelconque donnée du corps, relativement aux axes fixes des x, y, z.

En substituant ces valeurs de $\cos\lambda$, $\cos\mu$, $\cos\nu$ dans les trois équations de l'article 22, on aura les valeurs des moments A, B, C qui seront nécessaires pour faire tourner le corps, avec une vitesse constante donnée $\dot{\theta}$, autour d'un axe fixe dans l'espace, dont la position sera donnée par les mêmes angles λ, μ, ν et qui sera en même temps un des trois axes principaux du corps, selon qu'on prendra pour s et u l'une des trois racines de l'équation en s.

31. Comme ces trois axes sont toujours perpendiculaires entre eux, on pourra les prendre pour les axes des x', y', z' dans les formules de l'article 20. On aura ainsi, par la nature de ces axes;

$$\mathrm{S}x'y'\,\mathrm{D}m = 0, \qquad \mathrm{S}x'z'\,\mathrm{D}m = 0, \qquad \mathrm{S}y'z'\,\mathrm{D}m = 0;$$

et si l'on fait

$$l' = \mathrm{S}x'^2\,\mathrm{D}m, \qquad m' = \mathrm{S}y'^2\,\mathrm{D}m, \qquad n' = \mathrm{S}z'^2\,\mathrm{D}m,$$

les trois équations de l'article cité prendront cette forme très simple

$$\begin{aligned}(m' + n')\dot{\psi}' &= \mathrm{A}',\\ (l' + m')\dot{\omega}' &= \mathrm{B}',\\ (l' + n')\dot{\varphi}' &= \mathrm{C}',\end{aligned}$$

par lesquelles on a tout de suite les vitesses de rotation $\dot{\psi}'$, $\dot{\omega}'$, $\dot{\varphi}'$ autour des trois axes principaux.

C'est ici le lieu de démontrer la proposition que nous avons indiquée dans l'article 19. En effet, en faisant

$$\mathrm{A} = 0, \qquad \mathrm{B} = 0, \qquad \mathrm{C} = 0,$$

on aura aussi (art. 20)

$$\mathrm{A}' = 0, \qquad \mathrm{B}' = 0, \qquad \mathrm{C}' = 0;$$

donc les équations précédentes donneront

$$\dot{\psi}'=0, \quad \dot{\omega}'=0, \quad \dot{\varphi}'=0,$$

puisque les quantités l, m, n ne peuvent jamais être nulles pour un corps de trois dimensions. D'où l'on doit conclure qu'il ne peut y avoir de mouvement de rotation si les moments primitifs sont nuls.

Quand, parmi les trois moments A′, B′, C′, deux sont nuls, comme B′ et C′, ce qui a lieu lorsque l'impulsion se fait dans le plan des $y'z'$, les deux vitesses de rotation $\dot{\omega}$, $\dot{\varphi}$ seront aussi nulles et le corps tournera autour de l'axe principal des x' avec la vitesse $\dot{\psi}'$. Or, par les formules de l'article 20, on a

$$A'^2+B'^2+C'^2=A^2+B^2+C^2,$$

à cause des équations de condition entre les quantités α, β, γ, α', ...; donc, faisant

$$B'=0, \quad C'=0,$$

on aura

$$A'=\sqrt{A^2+B^2+C^2},$$

et, par conséquent, A′ sera constant; donc, par la première équation, la vitesse $\dot{\psi}'$ sera aussi constante.

32. A l'égard des valeurs de l', m', n', il sera facile de les déduire de celles de l, m, n, f, g, h; car les expressions de x, y, z en x', y', z', en vertu des équations de condition (Part. I, Sect. III, art. 10), donnent réciproquement

$$x'=\alpha x+\alpha' y+\alpha'' z,$$
$$y'=\beta x+\beta' y+\beta'' z,$$
$$z'=\gamma x+\gamma' y+\gamma'' z.$$

Or, en prenant les axes des x', y', z' pour les axes principaux, on voit par l'article 21 que les quantités α, α', α'' sont identiques avec $\cos\lambda$, $\cos\mu$, $\cos\nu$, que, pareillement, β, β', β'' seront identiques avec $\cos\lambda'$, $\cos\mu'$, $\cos\nu'$, et γ, γ', γ'' avec $\cos\lambda''$, $\cos\mu''$, $\cos\nu''$. Ainsi, en substituant les valeurs de ces cosinus données ci-dessus (art. 20), on aura

$$x' = \frac{x + sy + uz}{\sqrt{1 + s^2 + u^2}},$$

$$y' = \frac{x + s'y + u'z}{\sqrt{1 + s'^2 + u'^2}},$$

$$z' = \frac{x + s''y + u''z}{\sqrt{1 + s''^2 + u''^2}};$$

d'où l'on tirera, en carrant et intégrant après avoir multiplié par Dm,

$$l' = \frac{l + s^2 m + u^2 n + 2sh + 2ug + 2suf}{1 + s^2 + u^2},$$

$$m' = \frac{l + s'^2 m + u'^2 n + 2s'h + 2u'g + 2s'u'f}{1 + s'^2 + u'^2},$$

$$n' = \frac{l + s''^2 m + u''^2 n + 2s''h + 2u''g + 2s''u''f}{1 + s''^2 + u''^2}.$$

On trouve, dans la plupart des Traités de Mécanique, la détermination des axes principaux dans différents corps; dans ceux dont la forme est symétrique, l'axe de figure est toujours un des axes principaux : on peut trouver ensuite les deux autres par la formule de l'article 27.

§ V. — *Propriétés relatives aux forces vives.*

33. En général, de quelque manière que les différents corps qui composent un système soient disposés ou liés entre eux, pourvu que cette disposition soit indépendante du temps, c'est-à-dire que les équations de condition entre les coordonnées des différents corps ne renferment point la variable t, il est clair qu'on pourra toujours, dans la formule générale de la Dynamique, supposer les variations δx, δy, δz égales aux différentielles dx, dy, dz qui représentent les espaces effectifs parcourus par les corps dans l'instant dt, tandis que les variations dont nous parlons doivent représenter les espaces quelconques que les corps pourraient parcourir dans le même instant, eu égard à leur disposition mutuelle.

Cette supposition n'est que particulière et ne peut fournir, par conséquent, qu'une seule équation; mais, étant indépendante de la forme du système, elle a l'avantage de donner une équation générale pour le mouvement de quelque système que ce soit.

Substituant donc dans la formule de l'article 5 (Section précédente), à la place des variations δx, δy, δz, les différentielles dx, dy, dz, et, par conséquent aussi, les différentielles dp, dq, dr, ... au lieu des variations δp, δq, δr, ..., qui dépendent de δx, δy, δz, on aura cette équation générale, pour quelque système de corps que ce soit,

$$\mathbf{S}\, m\left(\frac{d^2x}{dt^2}dx+\frac{d^2y}{dt^2}dy+\frac{d^2z}{dt^2}dz+\mathrm{P}\,dp+\mathrm{Q}\,dq+\mathrm{R}\,dr+\ldots\right)=0.$$

34. Dans le cas où la quantité

$$\mathrm{P}\,dp+\mathrm{Q}\,dq+\mathrm{R}\,dr+\ldots$$

est intégrable, lequel a lieu lorsque les forces P, Q, R, ... tendent à des centres fixes ou à des corps du même système et sont fonctions des distances p, q, r, ..., en faisant

$$\mathrm{P}\,dp+\mathrm{Q}\,dq+\mathrm{R}\,dr+\ldots=d\Pi,$$

l'équation précédente devient

$$\mathbf{S}\, m\left(\frac{d^2x}{dt^2}dx+\frac{d^2y}{dt^2}dy+\frac{d^2z}{dt^2}dz+d\Pi\right)=0,$$

dont l'intégrale est

$$\mathbf{S}\, m\left[\frac{1}{2}\left(\frac{dx^2}{dt^2}+\frac{dy^2}{dt^2}+\frac{dz^2}{dt^2}\right)+\Pi\right]=\mathrm{H},$$

dans laquelle H désigne une constante arbitraire, égale à la valeur du premier membre de l'équation dans un instant donné.

Cette dernière équation renferme le principe connu sous le nom de *conservation des forces vives*. En effet, $dx^2+dy^2+dz^2$ étant le carré de l'espace que le corps parcourt dans l'instant dt,

$$\frac{dx^2}{dt^2}+\frac{dy^2}{dt^2}+\frac{dz^2}{dt^2}$$

sera le carré de sa vitesse, et

$$\mathrm{m}\left(\frac{dx^2}{dt^2}+\frac{dy^2}{dt^2}+\frac{dz^2}{dt^2}\right)$$

sa force vive. Donc

$$\mathrm{S}\,\mathrm{m}\left(\frac{dx^2}{dt^2}+\frac{dy^2}{dt^2}+\frac{dz^2}{dt^2}\right)$$

sera la somme des forces vives de tous les corps, ou la force vive de tout le système; et l'on voit, par l'équation dont il s'agit, que cette force vive est égale à la quantité

$$2\mathrm{H}-2\,\mathrm{S}\,\Pi\mathrm{m},$$

laquelle dépend simplement des forces accélératrices qui agissent sur les corps, et nullement de leur liaison mutuelle, de sorte que la force vive du système est à chaque instant la même que les corps auraient acquise si, étant animés par les mêmes puissances, ils s'étaient mus librement chacun sur la ligne qu'il a décrite. C'est ce qui a fait donner le nom de *conservation des forces vives* à cette propriété du mouvement.

35. Ce principe a lieu aussi lorsqu'on rapporte les mouvements des corps à leur centre de gravité; car, en nommant, comme ci-dessus, (art. 3) x', y', z' les trois coordonnées du centre de gravité, et faisant

$$x=x'+\xi,\qquad y=y'+\eta,\qquad z=z'+\zeta,$$

les coordonnées ξ, η, ζ auront leur origine dans le centre de gravité. On aura ainsi

$$\begin{aligned}&\frac{1}{2}\mathrm{S}\,\mathrm{m}\left(\frac{dx^2}{dt^2}+\frac{dy^2}{dt^2}+\frac{dz^2}{dt^2}\right)\\&\quad=\frac{1}{2}\left(\frac{dx'^2}{dt^2}+\frac{dy'^2}{dt^2}+\frac{dz'^2}{dt^2}\right)\mathrm{S}\,\mathrm{m}+\frac{1}{2}\mathrm{S}\,\mathrm{m}\left(\frac{d\xi^2}{dt^2}+\frac{d\eta^2}{dt^2}+\frac{d\zeta^2}{dt^2}\right)\\&\quad\quad+\frac{dx'}{dt}\mathrm{S}\,\mathrm{m}\frac{d\xi}{dt}+\frac{dy'}{dt}\mathrm{S}\,\mathrm{m}\frac{d\eta}{dt}+\frac{dz'}{dt}\mathrm{S}\,\mathrm{m}\frac{d\zeta}{dt}.\end{aligned}$$

Par la nature du centre de gravité, on a (article cité)

$$\mathbf{S}\,\mathrm{m}\frac{d\xi}{dt}=0,\qquad \mathbf{S}\,\mathrm{m}\frac{d\eta}{dt}=0,\qquad \mathbf{S}\,\mathrm{m}\frac{d\zeta}{dt}=0.$$

Donc, l'équation précédente étant différentiée et retranchée de celle de l'article 33, on aura

$$\frac{d^2x'}{dt^2}dx'+\frac{d^2y'}{dt^2}dy'+\frac{d^2z'}{dt^2}dz'\,\mathbf{S}\,\mathrm{m}+\mathbf{S}\,\mathrm{m}\left(\frac{d^2\xi}{dt^2}d\xi+\frac{d^2\eta}{dt^2}d\eta+\frac{d^2\zeta}{dt^2}d\zeta\right)$$
$$+\mathbf{S}\,\mathrm{m}(\mathrm{P}\,dp+\mathrm{Q}\,dq+\mathrm{R}\,dr+\ldots)=0.$$

Mettons à la place de

$$\mathrm{P}\,dp+\mathrm{Q}\,dq+\mathrm{R}\,dr+\ldots$$

la quantité équivalente

$$\mathrm{X}\,dx+\mathrm{Y}\,dy+\mathrm{Z}\,dz,$$

et substituons pour dx, dy, dz les valeurs $dx'+d\xi$, $dy'+d\eta$, $dz'+d\zeta$; la dernière équation se réduira, en vertu des équations différentielles de l'article 3, à celle-ci

$$\mathbf{S}\,\mathrm{m}\left(\frac{d^2\xi}{dt^2}d\xi+\frac{d^2\eta}{dt^2}d\eta+\frac{d^2\zeta}{dt^2}d\zeta\right)+\mathbf{S}\,\mathrm{m}(\mathrm{X}\,d\xi+\mathrm{Y}\,d\eta+\mathrm{Z}\,d\zeta)=0,$$

qui est analogue à celle de l'article 33, mais où la quantité

$$\mathrm{X}\,d\xi+\mathrm{Y}\,d\eta+\mathrm{Z}\,d\zeta$$

ne sera intégrable qu'*autant que* les forces seront dirigées vers les corps mêmes du système et proportionnelles à des fonctions des distances. Dans ce cas, on aura

$$\frac{1}{2}\mathbf{S}\,\mathrm{m}\left(\frac{d\xi^2}{dt^2}+\frac{d\eta^2}{dt^2}+\frac{d\zeta^2}{dt^2}\right)=\mathrm{H},$$

équation qui renferme la *conservation des forces vives* par rapport au centre de gravité.

36. Au reste, il n'en est pas du principe des *forces vives* comme de ceux du *centre de gravité* et *des aires*, qui ont lieu, quelle que soit l'action que les corps du système puissent exercer les uns sur les autres,

même en se choquant, parce que toutes les forces intérieures disparaissent des équations qui renferment ces deux principes.

L'équation de la conservation des forces vives contient tous les termes dus aux forces tant extérieures qu'intérieures et n'est indépendante que de l'action des corps provenant de leur liaison mutuelle. Aussi ce principe a-t-il lieu dans le mouvement des fluides non élastiques, tant qu'ils forment une masse continue et qu'il n'y a point de choc entre leurs parties; et, si la quantité de *forces vives* est la même avant et après le choc des corps élastiques, c'est qu'on suppose que les corps se sont rétablis après le choc dans le même état où ils étaient auparavant; de sorte que les termes $\int P\,dp$ de l'expression Π, qui proviennent des forces P dues au ressort des corps, et dont la valeur est la plus grande lorsque la compression est à son terme, décroissent ensuite par degrés égaux pendant la restitution et redeviennent nuls à la fin du choc. C'est uniquement dans cette hypothèse que la conservation des forces vives peut avoir lieu dans le choc des corps élastiques.

Dans tout autre cas, lorsqu'il y a des changements brusques dans les vitesses de quelques corps du système, la force vive totale se trouve diminuée de la quantité des forces vives dues aux forces accélératrices qui ont pu produire ces changements; et cette quantité peut toujours s'estimer par la somme des masses multipliées par les carrés des vitesses que ces masses ont perdues, ou sont censées avoir perdues dans les changements brusques des vitesses réelles des corps. C'est le théorème que M. Carnot avait trouvé dans le choc des corps durs.

37. On peut aussi, dans l'équation de l'article 11 de la Section précédente, supposer les variations δx, δy, δz proportionnelles aux vitesses $\dot{x}$, $\dot{y}$, $\dot{z}$ que les corps reçoivent par l'impulsion. On aura ainsi l'équation

$$\mathrm{S}[m(\dot{x}^2+\dot{y}^2+\dot{z}^2)+X\dot{x}+Y\dot{y}+Z\dot{z}]=0,$$

dans laquelle la partie $\mathrm{S}\,m(\dot{x}^2+\dot{y}^2+\dot{z}^2)$ représente la *force vive* de tout le système.

Cette équation, étant combinée avec les trois équations de l'article 14, donne lieu à une propriété *de maximis et minimis* relative à la ligne autour de laquelle le système tourne au premier instant, lorsqu'il a reçu une impulsion quelconque, ligne qu'on peut aussi nommer *axe de rotation spontané*.

Si l'on nomme α, β, γ les parties des vitesses $\dot{x}$, $\dot{y}$, $\dot{z}$ qui dépendent du changement de position respective des corps du système (1), et qu'on les ajoute à celles qui résultent des rotations (art. 17), on aura les valeurs complètes de $\dot{x}$, $\dot{y}$, $\dot{z}$, exprimées ainsi :

$$\dot{x} = z\dot{\omega} - y\dot{\varphi} + \alpha, \qquad \dot{y} = x\dot{\varphi} - z\dot{\psi} + \beta, \qquad \dot{z} = y\dot{\psi} - x\dot{\omega} + \gamma.$$

Supposons maintenant qu'on différentie ces valeurs, en ne regardant que $\dot{\psi}$, $\dot{\omega}$, $\dot{\varphi}$ comme variables, et qu'on dénote ces différentielles

(1) Ces quantités α, β, γ ne sont pas suffisamment définies. Quel que soit, en effet, le déplacement d'un système variable de forme, on peut le regarder comme résultant d'un mouvement *arbitraire* imprimé au système solidifié, puis d'un second mouvement produisant le changement de position respective des points considérés. L'indétermination des quantités α, β, γ rend cet article 37 extrêmement obscur. Je dois avouer qu'il m'a été impossible de comprendre le raisonnement de Lagrange et d'attacher même aucun sens précis au théorème qui termine le paragraphe. Les notes qui suivent se rapportent donc au seul cas d'un système solide. (*J. Bertrand.*)

Tout en souscrivant aux remarques précédentes, nous proposerons l'interprétation suivante du résultat obtenu par Lagrange : si, dans les formules qui donnent $\dot{x}$, $\dot{y}$, $\dot{z}$, on considère α, β, γ comme des fonctions données de x, y, z et $\dot{\omega}$, $\dot{\varphi}$, $\dot{\psi}$ comme des arbitraires variables, cela revient à considérer tous les mouvements du système dans lesquels la déformation est la même au bout d'un instant infiniment petit : car, si l'on cherche, par exemple, la dérivée de la distance de deux points du système par rapport au temps, on reconnaît aisément que cette dérivée ne dépend nullement des arbitraires $\dot{\omega}$, $\dot{\varphi}$, $\dot{\psi}$ et demeure, par conséquent, la même quand ces arbitraires prennent toutes les valeurs possibles. Le théorème de Lagrange peut donc s'énoncer comme il suit :

Si l'on compare le mouvement que prend le système sous les impulsions données à tous ceux dans lesquels la déformation serait la même au bout d'un instant infiniment petit, la force vive acquise par le système dans le mouvement naturel sera toujours un maximum ou un minimum.

Il résulte d'ailleurs de la démonstration donnée par M. Bertrand dans la note suivante que *cette force vive sera toujours un maximum.*

Au reste, la proposition de Lagrange est comprise comme cas particulier dans un théorème très général que l'on doit à Sturm, et que l'on trouvera énoncé dans une Note insérée aux *Comptes rendus de l'Académie des Sciences,* tome XIII, page 1045, et démontré dans un Mémoire posthume de Sturm publié par M. Prouhet. (*Voir* Sturm, *Leçons de Mécanique,* t. II.) G. D.

par la caractéristique δ (¹), on aura

$$\delta\dot{x} = z\,\delta\dot{\omega} - y\,\delta\dot{\varphi}, \qquad \delta\dot{y} = x\,\delta\dot{\varphi} - z\,\delta\dot{\psi}, \qquad \delta\dot{z} = y\,\delta\dot{\psi} - x\,\delta\dot{\omega}.$$

Or les trois équations de l'article 14, étant multipliées respectivement par $\delta\dot{\varphi}$, $\delta\dot{\omega}$, $\delta\dot{\psi}$ et ajoutées ensemble, en faisant passer sous le signe S les différentielles $\delta\dot{\varphi}$, $\delta\dot{\omega}$, $\delta\dot{\psi}$, qui sont les mêmes pour tous les corps, donnent, par la substitution des valeurs précédentes,

$$\mathrm{S}[m(\dot{x}\,\delta\dot{x} + \dot{y}\,\delta\dot{y} + \dot{z}\,\delta\dot{z}) + X\,\delta\dot{x} + Y\,\delta\dot{y} + Z\,\delta\dot{z}] = 0.$$

Mais l'équation de la force vive trouvée ci-dessus, étant différentiée relativement à δ (²), donne

$$\mathrm{S}[2m(\dot{x}\,\delta\dot{x} + \dot{y}\,\delta\dot{y} + \dot{z}\,\delta\dot{z}) + X\,\delta\dot{x} + Y\,\delta\dot{y} + Z\,\delta\dot{z}] = 0.$$

Donc on a, par la comparaison de ces deux équations,

$$\mathrm{S}m(\dot{x}\,\delta\dot{x} + \dot{y}\,\delta\dot{y} + \dot{z}\,\delta\dot{z}) = 0$$

et, par conséquent,

$$\delta\mathrm{S}m(\dot{x}^2 + \dot{y}^2 + \dot{z}^2) = 0,$$

ce qui fait voir que la force vive que le système acquiert par l'impulsion est toujours un maximum ou un minimum (³), par rapport aux

(¹) Ces variations, représentées par la caractéristique δ, se rapportent aux changements qu'éprouvent les vitesses par suite de l'introduction de liaisons nouvelles, les forces motrices restant les mêmes. Ainsi, par exemple, dans le cas d'un corps solide, les variations δ peuvent résulter de l'introduction d'un axe fixe dans le système. (*J. Bertrand.*)

(²) Si l'on suppose que les variations désignées par δ soient finies, on aura, en différentiant l'équation des forces vives,

$$\mathrm{S}\left\{2m(\dot{x}\,\delta\dot{x} + \dot{y}\,\delta\dot{y} + \dot{z}\,\delta\dot{z}) + m[(\delta\dot{x})^2 + (\delta\dot{y})^2 + (\delta\dot{z})^2] + X\,\delta\dot{x} + Y\,\delta\dot{y} + Z\,\delta\dot{z}\right\} = 0;$$

et si l'on continue le raisonnement en ayant égard aux nouveaux termes introduits par cette hypothèse, on trouvera

$$\delta\,\mathrm{S}m(\dot{x}^2 + \dot{y}^2 + \dot{z}^2) = -\mathrm{S}m[(\delta\dot{x})^2 + (\delta\dot{y})^2 + (\delta\dot{z})^2],$$

ce qui montre que l'accroissement des forces vives est négatif et égal à la somme des forces vives dues aux vitesses perdues par les différents points. (*J. Bertrand.*)

(³) Il résulte de la note précédente qu'elle est toujours un maximum. Cette remarque a été faite pour la première fois par M. Delaunay, qui la justifie d'une manière très différente. (*Journal de Liouville*, 1re série, t. V, p. 255.) (*J. Bertrand.*)

rotations relatives aux trois axes; et, comme ces trois rotations se composent en une rotation unique autour de l'axe spontané, il s'ensuit que la position de cet axe est toujours telle que la force vive de tout le système est la plus petite ou la plus grande, par rapport à ce même axe.

Euler avait démontré cette propriété de l'axe spontané de rotation pour les corps solides d'une figure quelconque; on voit par l'analyse précédente qu'elle est générale pour un système de corps unis entre eux d'une manière invariable ou non, lorsque ces corps reçoivent des impulsions quelconques.

38. Lorsque le système est un corps solide qui peut tourner librement autour d'un point et qui n'est animé par aucune force accélératrice, on peut tirer de la combinaison de l'équation des *forces vives* avec celle des *aires* une relation digne d'être remarquée par sa simplicité, et qui ne l'avait pas encore été, que je sache, entre les vitesses de rotation $\dot{\psi}$, $\dot{\omega}$, $\dot{\varphi}$ par rapport aux trois axes fixes des coordonnées x, y, z. Dans ce cas, on a simplement (art. 17)

$$dx = \dot{x}\,dt = (z\dot{\omega} - y\dot{\varphi})\,dt,$$
$$dy = \dot{y}\,dt = (x\dot{\varphi} - z\dot{\psi})\,dt,$$
$$dz = \dot{z}\,dt = (y\dot{\psi} - x\dot{\omega})\,dt.$$

Donc, si l'on ajoute ensemble les trois dernières équations de l'article 9, après les avoir multipliées par $\dot{\varphi}$, $\dot{\omega}$, $\dot{\psi}$, qu'on fasse passer ces quantités sous le signe S et qu'on substitue $\frac{dx}{dt}$, $\frac{dy}{dt}$, $\frac{dz}{dt}$ à la place de leurs valeurs, on aura

$$\mathrm{S}\,m\left(\frac{dx^2}{dt^2} + \frac{dy^2}{dt^2} + \frac{dz^2}{dt^2}\right) = A\dot{\psi} + B\dot{\omega} + C\dot{\varphi};$$

mais l'équation de l'article 34 donne, lorsque $\Pi = 0$,

$$\frac{1}{2}\mathrm{S}\,m\left(\frac{dx^2}{dt^2} + \frac{dy^2}{dt^2} + \frac{dz^2}{dt^2}\right) = H.$$

Donc on aura

$$A\dot{\psi} + B\dot{\omega} + C\dot{\varphi} = 2H,$$

A, B, C étant les moments des forces primitives d'impulsion et H étant une constante arbitraire, qui doit être nécessairement positive.

Si, dans cette équation, on substitue pour A, B, C les expressions de l'article 11,

$$\gamma C', \quad \gamma' C', \quad \gamma'' C',$$

ou

$$C' \cos l, \quad C' \cos m, \quad C' \cos n,$$

et pour $\dot{\psi}$, $\dot{\omega}$, $\dot{\varphi}$ celles de l'article 17,

$$\dot{\theta} \cos\lambda, \quad \dot{\theta} \cos\mu, \quad \dot{\theta} \cos\nu,$$

on aura

$$\dot{\theta}(\cos l \cos\lambda + \cos m \cos\mu + \cos n \cos\nu) = \frac{2H}{C'}.$$

Dans cette formule, l, m, n sont les angles que l'axe perpendiculaire au *plan invariable* fait avec les axes fixes des x, y, z, et λ, μ, ν sont les angles que l'axe instantané de la rotation composée, dont $\dot{\theta}$ est la vitesse, fait avec les mêmes axes; donc, si l'on nomme σ l'angle que l'axe instantané de rotation fait avec l'axe perpendiculaire au plan invariable, on aura, par une formule connue,

$$\cos\sigma = \cos l \cos\lambda + \cos m \cos\mu + \cos n \cos\nu$$

et, par conséquent,

$$\dot{\theta} \cos\sigma = \frac{2H}{C'},$$

où la quantité $\frac{2H}{C'}$ est une constante qui dépend de l'état initial; ce qui donne un rapport, indépendant de la figure du corps, entre la vitesse réelle de rotation à chaque instant et la position de l'axe de rotation relativement au plan invariable.

Au reste, si l'on prend le plan des xy de manière qu'il passe par le centre du corps et par la droite suivant laquelle se fait l'impulsion, les constantes A et B deviendront nulles (art. 16), et l'équation générale trouvée ci-dessus se réduira à

$$C\dot{\varphi} = 2H,$$

laquelle fait voir que la vitesse de rotation par rapport à l'axe des z, c'est-à-dire parallèlement au plan de l'impulsion, demeure toujours la même.

§ VI. — *Propriétés relatives à la moindre action.*

39. Nous allons maintenant considérer le quatrième principe, celui de la *moindre action*.

En nommant u la vitesse de chaque corps m du système, on a

$$u^2 = \frac{dx^2}{dt^2} + \frac{dy^2}{dt^2} + \frac{dz^2}{dt^2},$$

et l'équation des forces vives (art. 34) devient

$$\mathrm{S}\,\mathrm{m}\left(\frac{u^2}{2} + \Pi\right) = \mathrm{H},$$

laquelle, étant différentiée par rapport à la caractéristique δ, donne

$$\mathrm{S}\,\mathrm{m}(u\,\delta u + \delta\Pi) = 0.$$

Or, Π étant une fonction de p, q, r, ..., on a

$$\delta\Pi = \mathrm{P}\,\delta p + \mathrm{Q}\,\delta q + \mathrm{R}\,\delta r + \dots.$$

Donc

$$\mathrm{S}\,\mathrm{m}(\mathrm{P}\,\delta p + \mathrm{Q}\,\delta q + \mathrm{R}\,\delta r + \dots) = -\mathrm{S}\,\mathrm{m}\,u\,\delta u.$$

Et cette équation aura toujours lieu, pourvu que

$$\mathrm{P}\,dp + \mathrm{Q}\,dq + \mathrm{R}\,dr + \dots$$

soit une quantité intégrable et que la liaison des corps soit indépendante du temps; elle cesserait d'être vraie si l'une de ces conditions n'avait pas lieu.

Qu'on substitue maintenant l'expression précédente dans la formule générale de la Dynamique (Sect. II, art. 5), elle deviendra

$$\mathrm{S}\,\mathrm{m}\left(\frac{d^2x}{dt^2}\delta x + \frac{d^2y}{dt^2}\delta y + \frac{d^2z}{dt^2}\delta z - u\,\delta u\right) = 0.$$

Or

$$d^2x\,\delta x + d^2y\,\delta y + d^2z\,\delta z = d(dx\,\delta x + dy\,\delta y + dz\,\delta z) - dx\,d\delta x - dy\,d\delta y - dz\,d\delta z.$$

Mais, parce que les caractéristiques d et δ représentent des différences ou variations tout à fait indépendantes les unes des autres, les quantités $d\delta x$, $d\delta y$, $d\delta z$ doivent être la même chose que δdx, δdy, δdz. D'ailleurs, il est visible que

$$dx\,\delta dx + dy\,\delta dy + dz\,\delta dz = \tfrac{1}{2}\delta(dx^2 + dy^2 + dz^2).$$

Donc on aura

$$d^2x\,\delta x + d^2y\,\delta y + d^2z\,\delta z = d(dx\,\delta x + dy\,\delta y + dz\,\delta z) - \tfrac{1}{2}\delta(dx^2 + dy^2 + dz^2).$$

Soit s l'espace ou l'arc décrit par le corps m dans le temps t; on aura

$$ds = \sqrt{dx^2 + dy^2 + dz^2}, \qquad dt = \frac{ds}{u}.$$

Donc

$$d^2x\,\delta x + d^2y\,\delta y + d^2z\,\delta z = d(dx\,\delta x + dy\,\delta y + dz\,\delta z) - ds\,\delta ds;$$

et, de là,

$$\frac{d^2x}{dt^2}\delta x + \frac{d^2y}{dt^2}\delta y + \frac{d^2z}{dt^2}\delta z = \frac{d(dx\,\delta x + dy\,\delta y + dz\,\delta z)}{dt^2} - u^2\frac{\delta ds}{ds}.$$

Ainsi la formule générale dont il s'agit deviendra

$$\mathrm{S}\,\mathrm{m}\left[\frac{d(dx\,\delta x + dy\,\delta y + dz\,\delta z)}{dt^2} - u^2\frac{\delta ds}{ds} - u\,\delta u\right] = 0,$$

ou, en multipliant tous les termes par l'élément constant $dt = \frac{ds}{u}$ et remarquant que $u\delta ds + ds\,\delta u = \delta(u\,ds)$,

$$\mathrm{S}\,\mathrm{m}\left[\frac{d(dx\,\delta x + dy\,\delta y + dz\,\delta z)}{dt} - \delta(u\,ds)\right] = 0.$$

Comme le signe intégral S n'a aucun rapport aux signes différentiels d et δ, on peut faire sortir ceux-ci hors de celui-là; et l'équation précédente prendra cette forme

$$d\mathbf{S}\,\mathrm{m}\left(\frac{dx}{dt}\delta x+\frac{dy}{dt}\delta y+\frac{dz}{dt}\delta z\right)-\delta\mathbf{S}\,\mathrm{m}\,u\,ds=0.$$

Intégrons par rapport au signe différentiel d, et dénotons cette intégration par le signe intégral ordinaire $\int$; nous aurons

$$\mathbf{S}\,\mathrm{m}\left(\frac{dx}{dt}\delta x+\frac{dy}{dt}\delta y+\frac{dz}{dt}\delta z\right)-\int\delta\mathbf{S}\,\mathrm{m}\,u\,ds=\text{const.}$$

Or le signe $\int$, dans l'expression

$$\int\delta\mathbf{S}\,\mathrm{m}\,u\,ds,$$

ne pouvant regarder que les variables u et s et n'ayant aucune relation avec les signes $\mathbf{S}$ et δ, il est clair que cette expression est la même chose que celle-ci

$$\delta\mathbf{S}\,\mathrm{m}\int u\,ds;$$

et, si l'on suppose que, dans les points où commencent les intégrales $\int u\,ds$, on ait

$$\delta x=0,\qquad \delta y=0,\qquad \delta z=0,$$

il faudra que la constante arbitraire soit nulle, parce que le premier membre de l'équation devient nul dans ces points. Ainsi on aura, dans ce cas,

$$\delta\mathbf{S}\,\mathrm{m}\int u\,ds=\mathbf{S}\,\mathrm{m}\left(\frac{dx}{dt}\delta x+\frac{dy}{dt}\delta y+\frac{dz}{dt}\delta z\right).$$

Donc, si l'on suppose de plus que les variations δx, δy, δz soient aussi nulles pour les points où les intégrales $\int u\,ds$ finissent, on aura simplement

$$\delta\mathbf{S}\,\mathrm{m}\int u\,ds=0,$$

c'est-à-dire que la variation de la quantité $\mathbf{S}\,\mathrm{m}\int u\,ds$ sera nulle; par conséquent, cette quantité sera un maximum ou un minimum.

De là résulte donc ce théorème général :

Dans le mouvement d'un système quelconque de corps animés par des forces mutuelles d'attraction, ou tendantes à des centres fixes, et proportionnelles à des fonctions quelconques des distances, les courbes décrites par les différents corps, et leurs vitesses, sont nécessairement telles que la somme des produits de chaque masse par l'intégrale de la vitesse multipliée par l'élément de la courbe est un maximum ou un minimum, pourvu que l'on regarde les premiers et les derniers points de chaque courbe comme donnés, en sorte que les variations des coordonnées répondantes à ces points soient nulles.

C'est le théorème dont nous avons parlé à la fin de la première Section, sous le nom de *Principe de la moindre action* (¹).

40. Mais ce théorème ne contient pas seulement une propriété très remarquable du mouvement des corps, il peut encore servir à déterminer ce mouvement. En effet, puisque la formule $\mathrm{S}\,m\int u\,ds$ doit être un maximum ou un minimum, il n'y a qu'à chercher, par la méthode des *variations*, les conditions qui peuvent la rendre telle; et, en employant l'équation générale de la conservation des forces vives, on trouvera toujours toutes les équations nécessaires pour déterminer le mouvement de chaque corps. Car, pour le maximum ou minimum, il faut que la variation soit nulle et que, par conséquent, on ait

$$\delta\,\mathrm{S}\,m\int u\,ds = 0;$$

et de là, en pratiquant dans un ordre rétrograde les opérations expo-

(¹) L'intégrale $\mathrm{S}\,m\int u\,ds$ est un maximum ou un minimum, si on la compare aux intégrales analogues relatives à tout autre mouvement du système qui serait produit par les mêmes forces et dans lequel, malgré l'introduction de liaisons nouvelles laissant subsister le principe des forces vives, les positions initiales et finales resteraient les mêmes. Peut-être cet énoncé, qui résulte évidemment de la démonstration, n'est-il pas rendu assez explicite dans le texte. (*J. Bertrand.*)

On pourra consulter, au sujet de ce principe, un article d'Olinde Rodrigues inséré dans la *Correspondance de l'École Polytechnique*, t. III, p. 159, et les *Vorlesungen über Dynamik* de Jacobi. G. D.

sées ci-dessus, on trouvera la même formule générale d'où l'on était parti.

Pour rendre cette méthode plus sensible, nous allons l'exposer ici en peu de mots. La condition du maximum ou minimum donne, en général,

$$\delta \mathrm{S}\, m \int u\, ds = 0,$$

et, faisant passer le signe différentiel δ sous les signes S et $\int$ (ce qui est évidemment permis par la nature de ces différents signes), on aura l'équation

$$\mathrm{S}\, m \int \delta(u\, ds) = 0,$$

ou bien, en exécutant la différentiation par δ,

$$\mathrm{S}\, m \int (ds\, \delta u + u\, \delta ds) = 0.$$

Je considère d'abord la partie

$$\mathrm{S}\, m \int ds\, \delta u;$$

en mettant pour ds sa valeur $u\, dt$, elle devient

$$\mathrm{S}\, m \int u\, \delta u\, dt,$$

ou, changeant l'ordre des signes S et $\int$, qui sont absolument indépendants l'un de l'autre,

$$\int dt\, \mathrm{S}\, m\, u\, \delta u.$$

Or l'équation générale du principe des forces vives donne (art. 34)

$$\mathrm{S}\, m\, u^2 = 2\mathrm{H} - 2\, \mathrm{S}\, m\, \Pi,$$

$d\Pi$ étant égal à

$$\mathrm{P}\, dp + \mathrm{Q}\, dq + \mathrm{R}\, dr + \ldots;$$

donc, différentiant suivant δ, on aura

$$\mathrm{S}\, m\, u\, \delta u = - \mathrm{S}\, m\, \delta\Pi = - \mathrm{S}\, m(\mathrm{P}\, \delta p + \mathrm{Q}\, \delta q + \mathrm{R}\, \delta r + \ldots).$$

parce que, Π étant supposée une fonction algébrique de $p, q, r, \ldots$, la différentielle $\delta\Pi$ est la même que $d\Pi$, en changeant seulement d en δ. Ainsi la quantité

$$\mathrm{S}\,m\int ds\,\delta u$$

se réduira à cette forme

$$-\int dt\,\mathrm{S}\,m(\mathrm{P}\,\delta p + \mathrm{Q}\,\delta q + \mathrm{R}\,\delta r + \ldots).$$

Je considère ensuite l'autre partie

$$\mathrm{S}\,m\int u\,\delta ds,$$

et j'y substitue, à la place de ds, sa valeur exprimée par des coordonnées rectangles, ou par d'autres variables quelconques. En employant les coordonnées rectangles x, y, z, on a

$$ds = \sqrt{dx^2 + dy^2 + dz^2};$$

donc, différentiant suivant δ,

$$\delta ds = \frac{dx}{ds}\delta dx + \frac{dy}{ds}\delta dy + \frac{dz}{ds}\delta dz,$$

ou bien, en transposant les signes d, δ et écrivant $d\delta$ au lieu de δd, ce qui est toujours permis à cause de l'indépendance de ces signes,

$$\delta ds = \frac{dx}{ds}d\delta x + \frac{dy}{ds}d\delta y + \frac{dz}{ds}d\delta z;$$

on aura ainsi, en substituant cette valeur et mettant dt à la place de $\frac{ds}{u}$,

$$\int u\,\delta ds = \int\left(\frac{dx}{dt}d\delta x + \frac{dy}{dt}d\delta y + \frac{dz}{dt}d\delta z\right).$$

Comme il se trouve ici, sous le signe intégral $\int$, des différentielles des variations δx, δy, δz, il faut les faire disparaître par l'opération connue des intégrations par parties, suivant les principes de la méthode des variations. On transformera donc la quantité $\int \frac{dx}{dt}d\delta x$ en celle-ci, qui lui est équivalente,

$$\frac{dx}{dt}\delta x - \int \delta x\, d\frac{dx}{dt};$$

et, supposant que les deux termes de la courbe soient donnés, en sorte que les coordonnées qui répondent au commencement et à la fin de l'intégrale ne varient point, on aura simplement

$$\int \frac{dx}{dt} d\,\delta x = -\int \delta x\, d\frac{dx}{dt}.$$

On trouvera de même

$$\int \frac{dy}{dt} d\,\delta y = -\int \delta y\, d\frac{dy}{dt}$$

et, pareillement,

$$\int \frac{dz}{dt} d\,\delta z = -\int \delta z\, d\frac{dz}{dt};$$

de sorte qu'on aura cette transformée

$$\int u\,\delta\, ds = -\int\left(\delta x\, d\frac{dx}{dt} + \delta y\, d\frac{dy}{dt} + \delta z\, d\frac{dz}{dt}\right).$$

Donc la quantité

$$\mathbf{S}\,\mathrm{m}\int u\,\delta\, ds$$

deviendra, en transposant les signes $\mathbf{S}$ et $\int$ et supposant dt constant,

$$-\int dt\,\mathbf{S}\,\mathrm{m}\left(\delta x\, d\frac{d^2x}{dt^2} + \delta y\, d\frac{d^2y}{dt^2} + \delta z\, d\frac{d^2z}{dt^2}\right).$$

L'équation du maximum ou minimum sera donc

$$\int dt\,\mathbf{S}\,\mathrm{m}\left(\mathrm{P}\,\delta p + \mathrm{Q}\,\delta q + \mathrm{R}\,\delta r + \ldots + \frac{d^2x}{dt^2}\delta x + \frac{d^2y}{dt^2}\delta y + \frac{d^2z}{dt^2}\delta z\right) = 0,$$

laquelle devant avoir lieu, en général, pour toutes les variations possibles, il faudra que la quantité sous le signe $\int$ soit nulle à chaque instant; on aura ainsi l'équation indéfinie

$$\mathbf{S}\,\mathrm{m}\left(\mathrm{P}\,\delta p + \mathrm{Q}\,\delta q + \mathrm{R}\,\delta r + \ldots + \frac{d^2x}{dt^2}\delta x + \frac{d^2y}{dt^2}\delta y + \frac{d^2z}{dt^2}\delta z\right) = 0,$$

équation qui est la même chose que la formule générale de la Dynamique (Sect. II, art. 5), et qui donnera par conséquent, comme celle-ci, toutes les équations nécessaires pour la solution du problème.

41. Au lieu des coordonnées x, y, z, on peut employer d'autres indéterminées quelconques, et tout se réduit à exprimer l'élément de l'arc ds en fonction de ces indéterminées. Qu'on prenne, par exemple, le rayon ou la distance rectiligne à l'origine des coordonnées, qu'on nommera ρ, avec deux angles, dont l'un ψ soit l'inclinaison de ce rayon sur le plan des xy et l'autre φ soit l'angle de la projection du même rayon sur ce plan avec l'axe des x; on aura

$$z = \rho \sin\psi, \qquad y = \rho\cos\psi\sin\varphi, \qquad x = \rho\cos\psi\cos\varphi,$$

et, de là, on trouvera

$$ds^2 = dx^2 + dy^2 + dz^2 = d\rho^2 + \rho^2(d\psi^2 + \cos^2\psi\, d\varphi^2),$$

expression qu'on pourrait aussi trouver directement par la Géométrie. Différentiant donc par δ et changeant δd en $d\delta$, on aura

$$\begin{aligned} ds\,\delta\,ds = d\rho\,d\,\delta\rho &+ \rho(d\psi^2 + \cos^2\psi\,d\varphi^2)\,\delta\rho \\ &+ \rho^2(d\psi\,d\,\delta\psi - \sin\psi\cos\psi\,d\varphi^2\,\delta\psi + \cos^2\psi\,d\varphi\,d\,\delta\varphi);\end{aligned}$$

d'où, en divisant par $dt = \frac{ds}{u}$ et en intégrant, on aura

$$\begin{aligned} \int u\,\delta\,ds = \int dt\left[\frac{d\rho}{dt}\frac{d\,\delta\rho}{dt} + \rho\left(\frac{d\psi^2}{dt^2} + \cos^2\psi\frac{d\varphi^2}{dt^2}\right)\delta\rho\right] \\ + \int dt\left(\rho^2\frac{d\psi}{dt}\frac{d\,\delta\psi}{dt} - \rho^2\sin\psi\cos\psi\frac{d\varphi^2}{dt^2}\delta\psi + \rho^2\cos^2\psi\frac{d\varphi}{dt}\frac{d\,\delta\varphi}{dt}\right).\end{aligned}$$

On fera disparaître de dessous le signe $\int$ les doubles signes $d\delta$ par des intégrations par parties et l'on rejettera d'abord les termes qui contiendraient des variations hors du signe $\int$, parce que ces variations, devant alors se rapporter aux extrémités de l'intégrale, deviennent nulles par la supposition que les premiers et derniers points des courbes décrites par les corps soient donnés et invariables. On aura ainsi cette transformée

$$\begin{aligned} \int u\,\delta\,ds = -\int du\,\delta s = -\int dt\Bigg\{\left(\frac{d^2\rho}{dt^2} - \rho\frac{d\psi^2}{dt^2} - \rho\cos^2\psi\frac{d\varphi^2}{dt^2}\right)\delta\rho \\ + \left[\rho^2\sin\psi\cos\psi\frac{d\varphi^2}{dt^2} + \frac{d\left(\rho^2\frac{d\psi}{dt}\right)}{dt}\right]\delta\psi + \frac{d\left(\cos^2\psi\frac{d\varphi}{dt}\right)}{dt}\delta\varphi\Bigg\}\end{aligned}$$

par conséquent, l'équation du maximum ou minimum sera

$$\int dt \, \mathbf{S}\, \mathrm{m} \left\{ \mathrm{P}\,\delta p + \mathrm{Q}\,\delta q + \mathrm{R}\,\delta r + \ldots + \left(\frac{d^2\rho}{dt^2} - \rho \frac{d\psi^2}{dt^2} - \rho \cos^2\psi \frac{d\varphi^2}{dt^2} \right) \delta\rho \right.$$
$$\left. + \left[\rho^2 \sin\psi \cos\psi \frac{d\varphi^2}{dt^2} + \frac{d\left(\rho^2 \frac{d\psi}{dt}\right)}{dt} \right] \delta\psi + \frac{d\left(\cos^2\psi \frac{d\varphi}{dt}\right)}{dt} \delta\varphi \right\} = 0.$$

Égalant à zéro la quantité qui est sous le signe $\int$, on aura une équation indéfinie, analogue à celle de l'article précédent, mais qui, au lieu de variations δx, δy, δz, contiendra les $\delta\rho$, $\delta\varphi$, $\delta\psi$; et l'on en tirera les équations nécessaires pour la solution du problème, en réduisant d'abord toutes les variations au plus petit nombre possible et faisant ensuite des équations séparées des termes affectés de chacune des variations restantes.

En employant d'autres indéterminées, on aura des formules différentes, et l'on sera assuré d'avoir toujours, dans chaque cas, les formules les plus simples que la nature des indéterminées puisse comporter. *Voir* le second Volume des *Mémoires de l'Académie de Turin*, où l'on a employé cette méthode pour résoudre différents problèmes de Mécanique (¹).

42. Au reste, puisque $ds = u\,dt$, la formule

$$\mathbf{S}\,\mathrm{m} \int u\,ds,$$

qui est un maximum ou un minimum, peut aussi se mettre sous la forme $\mathbf{S}\,\mathrm{m} \int u^2\,dt$, ou

$$\int dt\, \mathbf{S}\,\mathrm{m}\,u^2,$$

dans laquelle $\mathbf{S}\,\mathrm{m}\,u^2$ exprime la force vive de tout le système dans un instant quelconque. Ainsi le principe dont il s'agit se réduit proprement à ce que la somme des forces vives instantanées de tous les corps,

(¹) *Voir* aussi une Note remarquable d'Olinde Rodrigues, *Correspondance sur l'École Polytechnique*, tome III, page 159. (*J. Bertrand.*)

depuis le moment où ils partent des points donnés jusqu'à celui où ils arrivent à d'autres points donnés, soit un maximum ou un minimum. On pourrait donc l'appeler, avec plus de fondement, le *principe de la plus grande* ou *plus petite force vive;* et cette manière de l'envisager aurait l'avantage d'être générale, tant pour le mouvement que pour l'équilibre, puisque nous avons vu, dans la troisième Section de la Ire Partie (art. 22), que la force vive d'un système est toujours la plus grande ou la plus petite dans la situation d'équilibre.

SECTION QUATRIÈME.

ÉQUATIONS DIFFÉRENTIELLES POUR LA SOLUTION DE TOUS LES PROBLÈMES DE DYNAMIQUE.

---

1. La formule à laquelle nous avons réduit, dans la deuxième Section, toute la théorie de la Dynamique n'a besoin que d'être développée pour donner toutes les équations nécessaires à la solution de quelque problème de cette science que ce soit; mais ce développement, qui n'est qu'une affaire de pur calcul, peut encore être simplifié à plusieurs égards par les moyens que nous allons employer dans cette Section.

Comme tout consiste à réduire les différentes variables qui entrent dans la formule dont il s'agit au plus petit nombre possible, par le moyen des équations de condition données par la nature de chaque problème, une des principales opérations est de substituer à la place de ces variables des fonctions d'autres variables. Cet objet est toujours facile à remplir par les méthodes ordinaires; mais il y a une manière particulière d'y satisfaire relativement à la formule proposée, qui a l'avantage de conduire toujours directement à la transformée la plus simple.

2. Cette formule est composée de deux parties différentes qu'il faut considérer séparément.

La première contient les termes

$$\mathbf{S}\,\mathrm{m}\left(\frac{d^2x}{dt^2}\,\delta x + \frac{d^2y}{dt^2}\,\delta y + \frac{d^2z}{dt^2}\,\delta z\right),$$

qui proviennent uniquement des forces résultantes de l'inertie des corps.

La seconde est composée des termes

$$\mathbf{S}\,m\,(P\,\delta p + Q\,\delta q + R\,\delta r + \ldots),$$

dus aux forces accélératrices P, Q, R, ... qu'on suppose agir effectivement sur chaque corps suivant les lignes p, q, r, ..., et qui tendent à diminuer ces lignes. La somme de ces deux quantités, étant égalée à zéro, constitue la formule générale de la Dynamique (Sect. II, art. 5).

3. Considérons d'abord la quantité

$$d^2x\,\delta x + d^2y\,\delta y + d^2z\,\delta z\,;$$

il est clair que, si l'on y ajoute celle-ci

$$dx\,d\delta x + dy\,d\delta y + dz\,d\delta z,$$

la somme sera intégrable et aura pour intégrale

$$dx\,\delta x + dy\,\delta y + dz\,\delta z.$$

D'où il suit que l'on a

$$d^2x\,\delta x + d^2y\,\delta y + d^2z\,\delta z = d(dx\,\delta x + dy\,\delta y + dz\,\delta z) - dx\,d\delta x - dy\,d\delta y - dz\,d\delta z.$$

Or, le double signe $d\delta$ étant équivalent à δd par les principes connus, la quantité $dx\,d\delta x + dy\,d\delta y + dz\,d\delta z$ peut se réduire à la forme

$$dx\,\delta dx + dy\,\delta dy + dz\,\delta dz,$$

c'est-à-dire à

$$\tfrac{1}{2}\delta(dx^2 + dy^2 + dz^2).$$

Ainsi l'on aura cette réduction

$$d^2x\,\delta x + d^2y\,\delta y + d^2z\,\delta z = d(dx\,\delta x + dy\,\delta y + dz\,\delta z) - \tfrac{1}{2}\delta(dx^2 + dy^2 + dz^2),$$

par laquelle on voit que, pour calculer la quantité proposée

$$d^2x\,\delta x + d^2y\,\delta y + d^2z\,\delta z,$$

il suffit de calculer ces deux-ci, qui ne contiennent que des différences premières,

$$dx\,\delta x + dy\,\delta y + dz\,\delta z,\quad dx^2 + dy^2 + dz^2,$$

et de différentier ensuite l'une par rapport à d et l'autre par rapport à δ.

4. Supposons donc qu'il s'agisse de substituer à la place des variables x, y, z des fonctions données d'autres variables $\xi, \psi, \varphi, \ldots$; différentiant ces fonctions, on aura des expressions de la forme

$$\begin{aligned}
dx &= \mathrm{A}\ d\xi + \mathrm{B}\ d\psi + \mathrm{C}\ d\varphi + \ldots,\\
dy &= \mathrm{A}'\,d\xi + \mathrm{B}'\,d\psi + \mathrm{C}'\,d\varphi + \ldots,\\
dz &= \mathrm{A}''\,d\xi + \mathrm{B}''\,d\psi + \mathrm{C}''\,d\varphi + \ldots,
\end{aligned}$$

dans lesquelles A, A′, A″, B, B′, ... seront des fonctions connues des mêmes variables $\xi, \psi, \varphi, \ldots$; et les valeurs de $\delta x, \delta y, \delta z$ seront exprimées aussi de la même manière, en changeant seulement d en δ.

Faisant ces substitutions dans la quantité $dx\,\delta x + dy\,\delta y + dz\,\delta z$, elle deviendra de cette forme

$$\mathrm{F}\,d\xi\,\delta\xi + \mathrm{G}(d\xi\,\delta\psi + d\psi\,\delta\xi) + \mathrm{H}\,d\psi\,\delta\psi + \mathrm{I}(d\xi\,\delta\varphi + d\varphi\,\delta\xi) + \ldots,$$

où F, G, H, I, ... seront des fonctions finies de $\xi, \psi, \varphi, \ldots$.

Donc, changeant δ en d, on aura aussi la valeur de

$$dx^2 + dy^2 + dz^2,$$

laquelle sera

$$\mathrm{F}\,d\xi^2 + 2\mathrm{G}\,d\xi\,d\psi + \mathrm{H}\,d\psi^2 + 2\mathrm{I}\,d\xi\,d\varphi + \ldots.$$

Qu'on différentie par d la première de ces deux quantités, on aura la différentielle

$$\begin{aligned}
&d(\mathrm{F}\,d\xi)\,\delta\xi + \mathrm{F}\,d\xi\,d\delta\xi\\
&\quad + d(\mathrm{G}\,d\xi)\,\delta\psi + d(\mathrm{G}\,d\psi)\,\delta\xi + \mathrm{G}\,d\xi\,d\delta\psi + \mathrm{G}\,d\psi\,d\delta\xi\\
&\quad + d(\mathrm{H}\,d\psi)\,\delta\psi + \mathrm{H}\,d\psi.d\delta\psi\ \ + \ldots;
\end{aligned}$$

différentiant ensuite la seconde par δ, on aura celle-ci :

$$\begin{aligned}&\delta F\, d\xi^2 + 2F\, d\xi\, \delta d\xi\\ &\quad + 2\,\delta G\, d\xi\, d\psi + 2G\, d\psi\, \delta d\xi + 2G\, d\xi\, \delta d\psi\\ &\quad + \delta H\, d\psi^2 + 2H\, d\psi\, \delta d\psi + \ldots\end{aligned}$$

Si donc l'on retranche la moitié de cette dernière différentielle de la première, et qu'on observe que $d\delta$ et δd sont la même chose, on aura

$$\begin{aligned}&d(F\, d\xi)\, \delta\xi - \tfrac{1}{2}\delta F\, d\xi^2\\ &\quad + d(G\, d\xi)\, \delta\psi + d(G\, d\psi)\, \delta\xi - \delta G\, d\xi\, d\psi\\ &\quad + d(H\, d\psi)\, \delta\psi - \tfrac{1}{2}\delta H\, d\psi^2 + \ldots,\end{aligned}$$

pour la valeur transformée de la quantité

$$d^2x\, \delta x + d^2y\, \delta y + d^2z\, \delta z.$$

Or il est visible que cette valeur peut se déduire immédiatement de la dernière différentielle, en divisant tous les termes par 2, en changeant les signes de ceux qui ne contiennent point la double caractéristique δd, et en effaçant dans les autres le d après le δ, pour l'appliquer aux quantités qui multiplient les doubles différences affectées de δd. Ainsi le terme $\delta F\, d\xi^2$ donne $-\frac{1}{2}\delta F\, d\xi^2$, le terme $2F\, d\xi\, \delta d\xi$ donnera $d(F\, d\xi)\, \delta\xi$, le terme $2\,\delta G\, d\xi\, d\psi$ donnera $-\delta G\, d\xi\, d\psi$, le terme $2G\, d\psi\, \delta d\xi$ donnera $d(G\, d\psi)\, \delta\xi$, et ainsi des autres.

5. D'où il s'ensuit que, si l'on désigne par Φ la fonction de $\xi, \psi, \varphi, \ldots$ et de $d\xi, d\psi, d\varphi, \ldots$ dans laquelle se transforme la quantité

$$\tfrac{1}{2}(dx^2 + dy^2 + dz^2)$$

par la substitution des valeurs de x, y, z en $\xi, \psi, \varphi, \ldots$, on aura, en général, cette transformée

$$\begin{aligned}d^2x\, \delta x + d^2y\, \delta y + d^2z\, \delta z = {}&+\left(-\frac{\delta\Phi}{\delta\xi} + d\frac{\delta\Phi}{\delta d\xi}\right)\delta\xi\\ &+\left(-\frac{\delta\Phi}{\delta\psi} + d\frac{\delta\Phi}{\delta d\psi}\right)\delta\psi + \left(-\frac{\delta\Phi}{\delta\varphi} + d\frac{\delta\Phi}{\delta d\varphi}\right)\delta\varphi + \ldots,\end{aligned}$$

en dénotant, suivant l'usage, par $\frac{\delta\Phi}{\delta\xi}$ le coefficient de $\delta\xi$ dans la différence $\delta\Phi$, par $\frac{\delta\Phi}{\delta d\xi}$ le coefficient de $\delta d\xi$ dans la même différence, et ainsi des autres.

6. Ce qu'on vient de trouver d'une manière particulière aurait pu l'être plus simplement et plus généralement par les principes de la méthode des variations.

Soit, en effet, Φ une fonction quelconque de $x, y, z, \ldots, dx, dy, dz, \ldots, d^2x, d^2y, d^2z, \ldots$, laquelle devienne une fonction de $\xi, \psi, \varphi, \ldots, d\xi, d\psi, d\varphi, \ldots, d^2\xi, d^2\psi, d^2\varphi, \ldots$, par la substitution des valeurs de $x, y, z, \ldots$ exprimées en $\xi, \psi, \varphi, \ldots$; en différentiant par rapport à δ, on aura cette équation identique

$$\begin{aligned}
\delta\Phi = &+ \frac{\delta\Phi}{\delta x}\delta x + \frac{\delta\Phi}{\delta dx}\delta dx + \frac{\delta\Phi}{\delta d^2x}\delta d^2x + \ldots \\
&+ \frac{\delta\Phi}{\delta y}\delta y + \frac{\delta\Phi}{\delta dy}\delta dy + \frac{\delta\Phi}{\delta d^2y}\delta d^2y + \ldots \\
&+ \frac{\delta\Phi}{\delta z}\delta z + \frac{\delta\Phi}{\delta dz}\delta dz + \frac{\delta\Phi}{\delta d^2z}\delta d^2z + \ldots \\
&\ldots\ldots\ldots\ldots\ldots\ldots\ldots\ldots \\
= &+ \frac{\delta\Phi}{\delta\xi}\delta\xi + \frac{\delta\Phi}{\delta\psi}\delta\psi + \frac{\delta\Phi}{\delta\varphi}\delta\varphi + \ldots \\
&+ \frac{\delta\Phi}{\delta d\xi}\delta d\xi + \frac{\delta\Phi}{\delta d\psi}\delta d\psi + \frac{\delta\Phi}{\delta d\varphi}\delta d\varphi + \ldots \\
&+ \frac{\delta\Phi}{\delta d^2\xi}\delta d^2\xi + \frac{\delta\Phi}{\delta d^2\psi}\delta d^2\psi + \frac{\delta\Phi}{\delta d^2\varphi}\delta d^2\varphi + \ldots \\
&\ldots\ldots\ldots\ldots\ldots\ldots\ldots\ldots
\end{aligned}$$

Qu'on y change les doubles signes $\delta d, \delta d^2, \ldots$ en leurs équivalents $d\delta, d^2\delta, \ldots$; qu'ensuite on intègre par rapport à d et qu'on fasse disparaître, par des intégrations par parties, tous les doubles signes $d\delta$, $d^2\delta, \ldots$ sous le signe intégral $\int$ qui se rapporte au signe différentiel d; on aura une équation de cette forme

$$\begin{aligned}
&\int(\mathrm{A}\,\delta x + \mathrm{B}\,\delta y + \mathrm{C}\,\delta z + \ldots) + \mathrm{Z} \\
&= \int(\mathrm{A}'\delta\xi + \mathrm{B}'\delta\psi + \mathrm{C}'\delta\varphi + \ldots) + \mathrm{Z}',
\end{aligned}$$

dans laquelle

$$A = \frac{\partial\Phi}{\partial x} - d\frac{\partial\Phi}{\partial dx} + d^2\frac{\partial\Phi}{\partial d^2x} - \ldots,$$

$$B = \frac{\partial\Phi}{\partial y} - d\frac{\partial\Phi}{\partial dy} + d^2\frac{\partial\Phi}{\partial d^2y} - \ldots,$$

$$C = \frac{\partial\Phi}{\partial z} - d\frac{\partial\Phi}{\partial dz} + d^2\frac{\partial\Phi}{\partial d^2z} - \ldots,$$

$$\ldots\ldots\ldots\ldots\ldots\ldots\ldots\ldots;$$

$$A' = \frac{\partial\Phi}{\partial \xi} - d\frac{\partial\Phi}{\partial d\xi} + d^2\frac{\partial\Phi}{\partial d^2\xi} - \ldots,$$

$$B' = \frac{\partial\Phi}{\partial \psi} - d\frac{\partial\Phi}{\partial d\psi} + d^2\frac{\partial\Phi}{\partial d^2\psi} - \ldots,$$

$$C' = \frac{\partial\Phi}{\partial \varphi} - d\frac{\partial\Phi}{\partial d\varphi} + d^2\frac{\partial\Phi}{\partial d^2\varphi} - \ldots,$$

$$\ldots\ldots\ldots\ldots\ldots\ldots\ldots\ldots;$$

$$\begin{aligned} Z = &+\left(\frac{\partial\Phi}{\partial dx} - d\frac{\partial\Phi}{\partial d^2x} + \ldots\right)\delta x + \frac{\partial\Phi}{\partial d^2x}d\delta x + \ldots \\ &+\left(\frac{\partial\Phi}{\partial dy} - d\frac{\partial\Phi}{\partial d^2y} + \ldots\right)\delta y + \frac{\partial\Phi}{\partial d^2y}d\delta y + \ldots \\ &+\left(\frac{\partial\Phi}{\partial dz} - d\frac{\partial\Phi}{\partial d^2z} + \ldots\right)\delta z + \frac{\partial\Phi}{\partial d^2z}d\delta z + \ldots \\ &\ldots\ldots\ldots\ldots\ldots\ldots\ldots\ldots; \end{aligned}$$

$$\begin{aligned} Z' = &+\left(\frac{\partial\Phi}{\partial d\xi} - d\frac{\partial\Phi}{\partial d^2\xi} + \ldots\right)\delta \xi + \frac{\partial\Phi}{\partial d^2\xi}d\delta \xi + \ldots \\ &+\left(\frac{\partial\Phi}{\partial d\psi} - d\frac{\partial\Phi}{\partial d^2\psi} + \ldots\right)\delta \psi + \frac{\partial\Phi}{\partial d^2\psi}d\delta \psi + \ldots \\ &+\left(\frac{\partial\Phi}{\partial d\varphi} - d\frac{\partial\Phi}{\partial d^2\varphi} + \ldots\right)\delta \varphi + \frac{\partial\Phi}{\partial d^2\varphi}d\delta \varphi + \ldots \\ &\ldots\ldots\ldots\ldots\ldots\ldots\ldots\ldots \end{aligned}$$

Donc, redifférentiant et transposant, on aura l'équation

$$A\,\delta x + B\,\delta y + C\,\delta z + \ldots - A'\,\delta\xi - B'\,\delta\psi - C'\,\delta\varphi - \ldots = dZ' - dZ,$$

laquelle doit être identique et avoir lieu quelles que soient les variations ou différences marquées par la lettre δ.

Ainsi, puisque le second membre de cette équation est une différentielle exacte par rapport à la caractéristique d, il faudra que le premier membre en soit une aussi par rapport à la même caractéristique, et indépendamment de la caractéristique δ; or c'est ce qui ne se peut, parce que les termes de ce premier membre contiennent simplement les variations δx, δy, δz, ..., $\delta\xi$, $\delta\psi$, $\delta\varphi$, ..., et nullement les différentielles de ces variations.

D'où il suit que, pour que l'équation puisse subsister, il faudra nécessairement que les deux membres soient nuls chacun en particulier; ce qui donnera ces deux équations identiques

$$A\,\delta x + B\,\delta y + C\,\delta z + \ldots = A'\,\delta\xi + B'\,\delta\psi + C'\,\delta\varphi + \ldots,$$
$$dZ = dZ',$$

lesquelles peuvent être utiles dans différentes occasions.

Soit, par exemple,

$$\Phi = \tfrac{1}{2}(dx^2 + dy^2 + dz^2),$$

on aura

$$\frac{\delta\Phi}{\delta x} = 0, \qquad \frac{\delta\Phi}{\delta dx} = dx, \qquad \frac{\delta\Phi}{\delta d^2 x} = 0, \qquad \ldots,$$

et ainsi des autres quantités semblables; donc

$$A = -d^2 x, \qquad B = -d^2 y, \qquad C = -d^2 z;$$

ensuite, comme Φ ne contient que des différences du premier ordre, on aura simplement

$$A' = \frac{\delta\Phi}{\delta\xi} - d\frac{\delta\Phi}{\delta d\xi},$$
$$B' = \frac{\delta\Phi}{\delta\psi} - d\frac{\delta\Phi}{\delta d\psi},$$
$$C' = \frac{\delta\Phi}{\delta\varphi} - d\frac{\delta\Phi}{\delta d\varphi},$$
$$\ldots\ldots\ldots\ldots\ldots\ldots$$

Donc on aura l'équation identique

$$-d^2x\,\delta x - d^2y\,\delta y - d^2z\,\delta z = +\left(\frac{\delta\Phi}{\delta\xi} - d\frac{\delta\Phi}{\delta d\xi}\right)\delta\xi$$
$$+\left(\frac{\delta\Phi}{\delta\psi} - d\frac{\delta\Phi}{\delta d\psi}\right)\delta\psi + \left(\frac{\delta\Phi}{\delta\varphi} - d\frac{\delta\Phi}{\delta d\varphi}\right)\delta\varphi + \ldots,$$

qui s'accorde avec celle de l'article 5.

7. Il résulte de là que, pour avoir la valeur de la quantité

$$\mathsf{S}\,m\left(\frac{d^2x}{dt^2}\delta x+\frac{d^2y}{dt^2}\delta y+\frac{d^2z}{dt^2}\delta z\right)$$

en fonction de ξ, ψ, φ, ..., il suffira de chercher la valeur de la quantité

$$\frac{1}{2}\mathsf{S}\,m\left(\frac{dx^2}{dt^2}+\frac{dy^2}{dt^2}+\frac{dz^2}{dt^2}\right)$$

en fonction de ξ, ψ, φ, ... et de leurs différentielles; car, nommant T cette fonction, on aura sur-le-champ la transformée

$$\left(d\frac{\partial T}{\partial d\xi}-\frac{\partial T}{\partial \xi}\right)\delta\xi+\left(d\frac{\partial T}{\partial d\psi}-\frac{\partial T}{\partial \psi}\right)\delta\psi+\left(d\frac{\partial T}{\partial d\varphi}-\frac{\partial T}{\partial \varphi}\right)\delta\varphi+\ldots.$$

Et cette transformation aura lieu également quand même, parmi les nouvelles variables, il se trouverait le temps t, pourvu qu'on le regarde comme constant, c'est-à-dire qu'on fasse $\delta t = 0$.

De plus, il est facile de voir qu'une pareille transformation aura lieu aussi dans le cas où les variations $\delta\xi$, $\delta\psi$, $\delta\varphi$, ... ne seraient pas des différentielles exactes, pourvu qu'elles représentent des quantités indéterminées et que la variation δT soit de la forme

$$\delta T=\frac{\partial T}{\partial \xi}\delta\xi+\frac{\partial T}{d\delta\xi}d\delta\xi+\frac{\partial T}{\partial\psi}\delta\psi+\frac{\partial T}{d\delta\psi}d\delta\psi+\ldots,$$

quelles que soient d'ailleurs les coefficients $\frac{\partial T}{\partial\xi}$, $\frac{\partial T}{d\delta\xi}$, $\frac{\partial T}{\partial\psi}$, ...

8. Au reste, il est bon de remarquer que, si l'expression de T renferme un terme dA, qui soit la différentielle complète d'une fonction A dans laquelle une des variables, comme ξ, n'entre que sous la forme finie, ce terme ne donnera rien dans la transformée précédente, relativement à cette variable. Car, faisant

$$T=dA=\frac{\partial A}{\partial\xi}d\xi+\frac{\partial A}{\partial\psi}d\psi+\ldots,$$

on a

$$\frac{\delta T}{\delta\, d\xi} = \frac{\partial A}{\partial \xi},$$

$$\frac{\delta T}{\delta \xi} = \frac{\delta \dfrac{\partial A}{\partial \xi}}{\delta \xi} d\xi + \frac{\delta \dfrac{\partial A}{\partial \psi}}{\delta \xi} d\psi + \ldots = \frac{\partial^2 A}{\partial \xi^2} d\xi + \frac{\partial^2 A}{\partial \xi\, \partial \psi} d\psi + \ldots = d\frac{\partial A}{\partial \xi}.$$

Donc $d\dfrac{\delta T}{\delta\, d\xi} - \dfrac{\delta T}{\delta \xi}$, coefficient de $\delta\xi$, deviendra

$$d\frac{\partial A}{\partial \xi} - d\frac{\partial A}{\partial \xi} = 0.$$

Il s'ensuit de là que, si l'expression de T contenait un terme de la forme $B\, dA$, A étant fonction de ξ, ψ, ..., sans $d\xi$, et B une fonction quelconque sans ξ, ce terme donnerait simplement, relativement à la variation de ξ, le terme $\dfrac{\delta A}{\delta \xi} dB$.

Car, donnant au terme $B\, dA$ la forme $d(BA) - A\, dB$, on voit d'abord que le terme $d(BA)$ ne donnerait rien relativement à la variation de ξ, puisque AB contient ξ sans $d\xi$; ensuite, comme dB ne contient point ξ ni $d\xi$ et que A contient ξ sans $d\xi$, on voit qu'en faisant $T = -A\, dB$, on aura

$$\frac{\delta T}{\delta\, d\xi} = 0 \quad \text{et} \quad \frac{\delta T}{\delta \xi} = -\frac{\delta A}{\delta \xi} dB;$$

de sorte que le coefficient de $\delta\xi$ se réduira à $\dfrac{\delta A}{\delta \xi} dB$.

9. A l'égard de la quantité $P\,\delta p + Q\,\delta q + R\,\delta r + \ldots$, elle est toujours facile à réduire en fonction de ξ, ψ, φ, ..., puisqu'il ne s'agit que d'y réduire séparément les expressions des distances p, q, r, ... et des forces P, Q, R, ... Mais cette opération devient encore plus facile, lorsque les forces sont telles que la somme des moments, c'est-à-dire la quantité

$$P\, dp + Q\, dq + R\, dr + \ldots,$$

est intégrable, ce qui, comme nous l'avons déjà observé, est proprement le cas de la nature.

Car supposant, comme dans l'article 34 de la Section III,

$$d\Pi = P\,dp + Q\,dq + R\,dr + \ldots,$$

on aura Π exprimé par une fonction finie de p, q, r, ...; par conséquent, on aura aussi

$$\delta\Pi = P\,\delta p + Q\,\delta q + R\,\delta r + \ldots.$$

Multipliant par m et prenant la somme pour tous les corps du système, on aura

$$\mathsf{S}\,m(P\,\delta p + Q\,\delta q + R\,\delta r + \ldots) = \mathsf{S}\,m\,\delta\Pi = \delta\,\mathsf{S}\,m\Pi,$$

puisque le signe S est indépendant du signe δ.

Il n'y aura ainsi qu'à chercher la valeur de la quantité $\mathsf{S}\,m\Pi$ en fonction de ξ, ψ, φ, ...; ce qui ne demande que la substitution des valeurs de x, y, z, ... en ξ, ψ, φ, ..., dans les expressions de p, q, ... (Ire Partie, Sect. II, art. 1); et cette valeur de $\mathsf{S}\,m\Pi$ étant nommée V, on aura immédiatement

$$\delta V = \frac{\partial V}{\partial \xi}\delta\xi + \frac{\partial V}{\partial \psi}\delta\psi + \frac{\partial V}{\partial \varphi}\delta\varphi + \ldots.$$

10. De cette manière, la formule générale de la Dynamique (art. 2) sera transformée en celle-ci

$$\Xi\,\delta\xi + \Psi\,\delta\psi + \Phi\,\delta\varphi + \ldots = 0,$$

dans laquelle on aura

$$\Xi = d\frac{\delta T}{\delta\,d\xi} - \frac{\delta T}{\delta\xi} + \frac{\delta V}{\delta\xi},$$

$$\Psi = d\frac{\delta T}{\delta\,d\psi} - \frac{\delta T}{\delta\psi} + \frac{\delta V}{\delta\psi},$$

$$\Phi = d\frac{\delta T}{\delta\,d\varphi} - \frac{\delta T}{\delta\varphi} + \frac{\delta V}{\delta\varphi},$$

$$\ldots\ldots\ldots\ldots\ldots\ldots\ldots,$$

en supposant

$$T = \frac{1}{2}\mathsf{S}\,m\left(\frac{dx^2}{dt^2} + \frac{dy^2}{dt^2} + \frac{dz^2}{dt^2}\right), \qquad V = \mathsf{S}\,m\Pi$$

et

$$d\Pi = P\,dp + Q\,dq + R\,dr + \ldots.$$

Si les corps m et m′ du système, regardés comme des points dont la distance mutuelle est p, s'attiraient avec une force accélératrice représentée par P fonction de p, il est facile de voir que le moment de cette force serait exprimé par $mm'P\,dp$, et il faudrait ajouter à la valeur de V la quantité $mm'\int P\,dp$; et ainsi s'il y avait dans le système d'autres forces d'attraction mutuelle.

En général, si le système renfermait des forces quelconques F, G, ..., tendantes à diminuer la valeur des quantités f, g, ..., on aurait $F\,\delta f$, $G\,\delta g$, ..., pour les moments de ces forces (Ire Partie, Sect. II, art. 9); et en regardant F comme fonction de f, G comme fonction de g, etc., il faudrait ajouter à la valeur de V autant de termes de la forme $\int F\,df$, $\int G\,dg$, ... qu'il y aurait de pareilles forces.

Or, si dans le choix des nouvelles variables ξ, ψ, φ, ... on a eu égard aux équations de condition données par la nature du système proposé, en sorte que ces variables soient maintenant tout à fait indépendantes les unes des autres, et que, par conséquent, leurs variations $\delta\xi$, $\delta\psi$, $\delta\varphi$, ... demeurent absolument indéterminées, on aura sur-le-champ les équations particulières

$$\Xi = 0, \qquad \Psi = 0, \qquad \Phi = 0, \qquad \ldots,$$

lesquelles serviront à déterminer le mouvement du système, puisque ces équations sont en même nombre que les variables ξ, ψ, φ, ... d'où dépend la position du système à chaque instant.

11. Mais, quoiqu'on puisse toujours ramener la question à cet état, puisqu'il ne s'agit que d'éliminer, par les équations de condition, autant de variables qu'elles permettent de le faire, et de prendre ensuite pour ξ, ψ, φ, ... les variables restantes, il peut néanmoins y avoir des cas où cette voie soit trop pénible et où il soit à propos, pour ne pas trop compliquer le calcul, de conserver un plus grand nombre de variables. Alors les équations de condition auxquelles on n'aura pas encore satisfait devront être employées à éliminer, dans la formule générale, quelques-unes des variations $\delta\xi$, $\delta\psi$, ...; mais, au lieu de

l'élimination actuelle, on pourra aussi faire usage de la méthode des multiplicateurs, exposée dans la Ire Partie (Sect. IV).

Soient

$$L=0, \quad M=0, \quad N=0, \quad \ldots$$

les équations dont il s'agit, réduites en fonctions de ξ, ψ, φ, ..., en sorte que L, M, N, ... soient des fonctions données de ces variables. On ajoutera au premier membre de la formule générale (article précédent) la quantité

$$\lambda\,\delta L + \mu\,\delta M + \nu\,\delta N + \ldots,$$

dans laquelle λ, μ, ν, ... sont des coefficients indéterminés; et l'on pourra regarder alors les variations $\delta\xi$, $\delta\psi$, $\delta\varphi$, ... comme indépendantes et arbitraires.

On aura ainsi l'équation générale

$$\Xi\,\delta\xi + \Psi\,\delta\psi + \Phi\,\delta\varphi + \ldots + \lambda\,\delta L + \mu\,\delta M + \nu\,\delta N + \ldots = 0,$$

laquelle, devant être vérifiée indépendamment des variations $\delta\xi$, $\delta\psi$, $\delta\varphi$, ..., donnera ces équations particulières pour le mouvement du système

$$\Xi + \lambda\frac{\delta L}{\delta\xi} + \mu\frac{\delta M}{\delta\xi} + \nu\frac{\delta N}{\delta\xi} + \ldots = 0,$$

$$\Psi + \lambda\frac{\delta L}{\delta\psi} + \mu\frac{\delta M}{\delta\psi} + \nu\frac{\delta N}{\delta\psi} + \ldots = 0,$$

$$\Phi + \lambda\frac{\delta L}{\delta\varphi} + \mu\frac{\delta M}{\delta\varphi} + \nu\frac{\delta N}{\delta\varphi} + \ldots = 0,$$

$$\ldots\ldots\ldots\ldots\ldots\ldots\ldots\ldots\ldots,$$

d'où il faudra ensuite éliminer les inconnues λ, μ, ν, ..., ce qui diminuera d'autant le nombre des équations; mais, en y ajoutant les équations de condition qui doivent nécessairement avoir lieu, on aura toujours autant d'équations que de variables.

12. Comme ces équations peuvent avoir différentes formes plus ou moins simples, et surtout plus ou moins propres pour l'intégration, il n'est pas indifférent sous quelle forme elles se présentent d'abord; et c'est peut-être un des principaux avantages de notre méthode, de

fournir toujours les équations de chaque problème, sous la forme la plus simple relativement aux variables qu'on y emploie, et de mettre en état de juger d'avance quelles sont les variables dont l'emploi peut en faciliter le plus l'intégration. Voici, pour cet objet, quelques principes généraux, dont on verra ensuite l'application dans la solution de différents problèmes.

Il est clair, par les formules que nous venons de donner, que les termes différentiels des équations pour le mouvement d'un système quelconque de corps viennent uniquement de la quantité T qui exprime la somme de toutes les quantités $\frac{1}{2}m\left(\frac{dx^2}{dt^2}+\frac{dy^2}{dt^2}+\frac{dz^2}{dt^2}\right)$ relativement aux différents corps; chaque variable finie, comme ξ, qui entrera dans l'expression de T donnant le terme $-\frac{\delta T}{\delta \xi}$, et chaque variable différentielle, comme $d\xi$, donnant le terme $d\frac{\delta T}{\delta\, d\xi}$. D'où l'on voit d'abord que les termes dont il s'agit ne pourront contenir d'autres fonctions des variables que celles qui se trouveront dans l'expression même de T; par conséquent, si, en employant des sinus et cosinus d'angles, ce qui se présente naturellement dans la solution de plusieurs problèmes, il arrive que les sinus et cosinus disparaissent de la fonction T, elle ne contiendra alors que les différentielles de ces angles, et les termes en question ne contiendront aussi que ces mêmes différentielles. Ainsi il y aura toujours à gagner, pour la simplicité des équations du problème, à employer ces sortes de substitutions.

Par exemple, si, à la place des deux coordonnées x, y, on emploie le rayon vecteur r, mené du centre des mêmes coordonnées et faisant avec l'axe des x l'angle φ, on aura

$$x = r\cos\varphi, \qquad y = r\sin\varphi$$

et, différentiant,

$$dx = \cos\varphi\, dr - r\sin\varphi\, d\varphi, \qquad dy = \sin\varphi\, dr + r\cos\varphi\, d\varphi;$$

donc

$$dx^2 + dy^2 = dr^2 + r^2 d\varphi^2,$$

expression fort simple, qui ne contient ni sinus ni cosinus de φ, mais seulement sa différentielle $d\varphi$. De cette manière, la quantité $dx^2 + dy^2 + dz^2$ se trouvera changée en $r^2 d\varphi^2 + dr^2 + dz^2$.

On pourrait encore substituer, au lieu de r et z, un nouveau rayon vecteur ρ avec l'angle ψ que ce rayon fait avec r, qui en est la projection; ce qui donnerait

$$r = \rho \cos\psi, \qquad z = \rho \sin\psi$$

et, par conséquent,

$$dr^2 + dz^2 = d\rho^2 + \rho^2 d\psi^2;$$

de sorte que la quantité

$$dx^2 + dy^2 + dz^2$$

serait transformée en celle-ci :

$$\rho^2(\cos^2\psi\, d\varphi^2 + d\psi^2) + d\rho^2.$$

Ici il est clair que ρ sera le rayon mené du centre des coordonnées au point de l'espace où est le corps m, ψ sera l'inclinaison de ce rayon sur le plan des xy, et φ l'angle de la projection de ce rayon sur le même plan avec l'axe des x; et l'on aura, comme dans l'article 4 de la Section II, Ire Partie,

$$x = \rho \cos\psi \cos\varphi, \qquad y = \rho \cos\psi \sin\varphi, \qquad z = \rho \sin\psi.$$

Enfin, on pourra employer à volonté d'autres substitutions, et, lorsque le système est composé de plusieurs corps, on pourra les rapporter immédiatement les uns aux autres par des coordonnées relatives; les circonstances de chaque problème indiqueront toujours celles qui seront le plus propres. On pourra même, après avoir trouvé, d'après une substitution, une ou quelques-unes des équations du problème, déduire les autres d'autres substitutions; ce qui fournira de nouveaux moyens de diversifier ces équations, et de trouver les plus simples et les plus faciles à intégrer.

13. Les autres termes des équations dont il s'agit dépendent des forces accélératrices qu'on suppose agir sur les corps et des équations

de condition qui doivent subsister entre les variables relatives à la position des corps dans l'espace.

Lorsque les forces P, Q, R, ... tendent à des centres fixes ou à des corps du même système et sont proportionnelles à des fonctions quelconques des distances, comme cela a lieu dans la nature, la quantité V, qui exprime la somme des quantités

$$m\int(P\,dp + Q\,dq + R\,dr + \ldots)$$

pour tous les corps m du système, sera une fonction algébrique des distances et fournira, pour chaque variable ξ dont elle se trouvera composée, un terme fini de la forme $\frac{\delta V}{\delta \xi}$.

De même, les équations de condition

$$L = 0, \qquad M = 0, \qquad \ldots$$

fourniront pour la même variable ξ les termes $\lambda\frac{\delta L}{\delta \xi}$, $\frac{\delta M}{\delta \xi}$, ..., et ainsi des autres; de sorte qu'il n'y aura qu'à ajouter à la valeur de V les quantités λL, μM, ..., en regardant ensuite λ, μ, ... comme constantes dans les différentiations en δ.

Si donc quelques-unes des variables qui entrent dans la fonction T n'entrent point dans V, ni dans L, M, ..., les équations relatives à ces variables ne contiendront que des termes différentiels, et l'intégration n'en sera que plus facile, surtout si ces variables ne se trouvent dans T que sous la forme différentielle. C'est ce qui aura lieu lorsque, les corps étant attirés vers des centres, on prendra, pour coordonnées, les distances à ces centres et les angles décrits autour d'eux.

14. Une intégration qui a toujours lieu, lorsque les forces sont des fonctions de distances et que les fonctions T, V, L, M, ... ne contiennent point la variable finie t, est celle qui donne le principe de la conservation des forces vives. Quoique nous ayons déjà montré comment ce principe résulte de notre formule générale de la Dynamique (Sect. III, art. 34), il ne sera pas inutile de faire voir que les équa-

tions particulières déduites de cette formule fournissent toujours une équation intégrable, qui est celle de la conservation des forces vives.

Ces équations, considérées dans toute leur généralité, étant chacune de la forme (art. 11)

$$d\frac{\partial T}{\partial d\xi} - \frac{\partial T}{\partial \xi} + \frac{\partial V}{\partial \xi} + \lambda\frac{\partial L}{\partial \xi} + \mu\frac{\partial M}{\partial \xi} + \ldots = 0,$$

si on les ajoute ensemble après les avoir multipliées par les différentielles respectives $d\xi$, $d\psi$, ... et qu'on fasse attention que les quantités V, L, M, ... sont par l'hypothèse des fonctions algébriques des variables ξ, ψ, ... sans t, il est clair qu'on aura l'équation

$$\left(d\frac{\partial T}{\partial d\xi} - \frac{\partial T}{\partial \xi}\right)d\xi + \left(d\frac{\partial T}{\partial d\psi} - \frac{\partial T}{\partial \psi}\right)d\psi + \ldots + dV + \lambda\, dL + \mu\, dM + \ldots = 0;$$

mais,

$$L = 0, \quad M = 0, \quad \ldots$$

étant les équations de condition, on aura généralement

$$dL = 0, \quad dM = 0, \quad \ldots;$$

par conséquent, l'équation précédente se réduira à

$$\left(d\frac{\partial T}{\partial d\xi} - \frac{\partial T}{\partial \xi}\right)d\xi + \ldots + dV = 0.$$

Or on a

$$d\xi\, d\frac{\partial T}{\partial d\xi} = d\left(\frac{\partial T}{\partial d\xi}d\xi\right) - \frac{\partial T}{\partial d\xi}d^2\xi;$$

et comme T est une fonction algébrique des variables ξ, ψ, ... et de leurs différentielles $d\xi$, $d\psi$, ... sans t, on aura

$$dT = \frac{\partial T}{\partial \xi}d\xi + \frac{\partial T}{\partial d\xi}d^2\xi + \frac{\partial T}{\partial \psi}d\psi + \frac{\partial T}{\partial d\psi}d^2\psi + \ldots;$$

donc l'équation deviendra

$$d\left(\frac{\partial T}{\partial d\xi}d\xi + \frac{\partial T}{\partial d\psi}d\psi + \ldots\right) - dT + dV = 0,$$

laquelle est évidemment intégrable et dont l'intégrale est

$$\frac{\delta T}{\delta\, d\xi}\, d\xi + \frac{\delta T}{\delta\, d\psi}\, d\psi + \ldots - T + V = \text{const.}$$

Maintenant, puisque

$$T = \mathrm{S}\,\frac{1}{2}\,m\left(\frac{dx^2}{dt^2} + \frac{dy^2}{dt^2} + \frac{dz^2}{dt^2}\right),$$

il est évident que, quelques variables qu'on substitue pour x, y, z, la fonction résultante sera nécessairement homogène et de deux dimensions relativement aux différences de ces variables; donc, par le théorème connu, on aura

$$\frac{\delta T}{\delta\, d\xi}\, d\xi + \frac{\delta T}{\delta\, d\psi}\, d\psi + \ldots = 2\,T.$$

Donc l'intégrale trouvée sera simplement

$$T + V = \text{const.},$$

laquelle contient le principe de la conservation des forces vives (Sect. III, art. 34).

Si la quantité V n'était pas une fonction algébrique (¹), on n'aurait pas

$$\frac{\delta V}{\delta \xi}\, d\xi + \ldots = dV,$$

et si les quantités T, L, M, ... contenaient aussi la variable t, alors

(¹) Il faut, pour comprendre ce passage, se rappeler la définition de la fonction V. On a posé (art. 9)

$$d\Pi = P\,dp + Q\,dq + R\,dr + \ldots,$$

puis ensuite

$$V = \mathrm{S}\, m\,\Pi.$$

Pour que V soit, suivant l'expression de Lagrange, une fonction algébrique, il faut et il suffit que Π en soit une, c'est-à-dire que

$$P\,dp + Q\,dq + R\,dr + \ldots$$

soit une différentielle exacte; si cela n'a pas lieu, la fonction Π n'existe plus, et il en est de même de V : fonction algébrique signifie simplement ici fonction, et cette expression ne doit, en aucune façon, être regardée comme opposée à celle de fonction non algébrique.

(*J. Bertrand.*)

leurs différentielles $d\mathrm{T}$, $d\mathrm{L}$, $d\mathrm{M}$, ... contiendraient aussi les termes $\frac{\partial \mathrm{T}}{\partial t}dt$, $\frac{\partial \mathrm{L}}{\partial t}dt$, $\frac{\partial \mathrm{M}}{\partial t}dt$, ...; donc les réductions qui ont rendu l'équation intégrable n'auraient plus lieu, ni par conséquent le principe de la conservation des forces vives.

15. Quoique le théorème sur les fonctions homogènes dont nous venons de parler soit démontré dans différents ouvrages, et qu'on puisse, par conséquent, le supposer comme connu, la démonstration que voici est si simple que je ne crois pas devoir la supprimer. Si F est une fonction homogène de différentes variables x, y, ..., et qu'elle soit de la dimension n, il est clair qu'en y mettant ax, ay, ... à la place de x, y, ..., elle deviendra nécessairement $a^n\mathrm{F}$, quelle que soit la quantité a. Donc, faisant $a = 1 + \alpha$, et regardant α comme une quantité infiniment petite, l'accroissement infiniment petit de F, dû aux accroissements infiniment petits αx, αy, ... de x, y, ..., sera $n\alpha\mathrm{F}$. Mais, en faisant varier x, y, ... de αx, αy, ..., on a, en général, pour la variation de F,

$$\frac{\partial \mathrm{F}}{\partial x}\alpha x + \frac{\partial \mathrm{F}}{\partial y}\alpha y + \dots.$$

Donc, égalant ces deux expressions de l'accroissement de F et divisant par α, on aura

$$n\mathrm{F} = \frac{\partial \mathrm{F}}{\partial x}x + \frac{\partial \mathrm{F}}{\partial y}y + \dots.$$

16. L'intégrale relative à la *conservation des forces vives* est d'une grande utilité dans la solution des problèmes de Mécanique, surtout lorsque la fonction T ne contient que la différentielle d'une variable qui ne se trouve point dans la fonction V; car cette intégrale servira alors à déterminer cette même variable et à éliminer des équations différentielles.

A l'égard des intégrales qui se rapportent à la *conservation du mouvement du centre de gravité* et au *principe des aires*, et que nous avons déjà trouvées d'une manière générale dans la Section III, elles se présenteront d'elles-mêmes dans la solution de chaque problème, pourvu qu'on ait soin, dans le choix des variables, de séparer le mouvement absolu du système des mouvements relatifs des corps entre eux, ainsi que nous l'avons fait dans la Section citée.

Les autres intégrales dépendront de la nature des équations différentielles de chaque problème, et l'on ne saurait donner de règle générale pour les trouver. Il y a cependant un cas très étendu qui est toujours susceptible d'une solution complète en termes finis : c'est celui où le système ne fait que de très petites oscillations autour de sa situation d'équilibre. Nous destinons une Section particulière à ce problème, à cause de son importance.

17. Lorsque le système dont on cherche le mouvement est composé d'une infinité de particules ou éléments dont l'assemblage forme une masse finie de figure variable, il faut employer une analyse semblable à celle que nous avons exposée dans le § II de la Section IV de la Ire Partie; mais à la place de la caractéristique d, que nous y avons employée (art. 11 et suiv.) pour désigner les différences des variables relatives aux différents éléments du système, il faudra substituer la caractéristique D, qui répond à la caractéristique intégrale S, relative à tout le système, afin de pouvoir conserver l'autre caractéristique d pour les différences relatives au temps, auxquelles nous l'avons destinée dans la Section II de la IIe Partie, article 7.

Ainsi, en nommant m la masse entière et Dm un de ses éléments, il faudra mettre Dm au lieu de m dans les expressions de T et de V de l'article 10.

S'il y a pour chaque élément du corps des forces F, G, ... qui tendent à diminuer les quantités f, g, ... dont ces forces sont fonctions, il faudra ajouter à la valeur de V les expressions $\mathrm{S}\int \mathrm{F}\,df$, $\mathrm{S}\int \mathrm{G}\,dg$, ...

Et s'il y a des équations de condition

$$\mathrm{L} = 0, \qquad \mathrm{M} = 0, \qquad \ldots$$

qui doivent avoir lieu à chaque point de la masse m, il faudra mettre

$\mathsf{S}\lambda\,\delta L$, $\mathsf{S}\mu\,\delta M$, ... à la place de $\lambda\,\delta L$, $\mu\,\delta M$, ..., dans les formules de l'article 11.

Les quantités f, g, ..., ainsi que L, M, ..., pouvant renfermer des différences des variables relatives à la caractéristique D, il faudra alors faire disparaître les doubles signes δD, δD^2, ... par l'opération connue des intégrations par parties, de manière qu'il ne reste sous le signe S que les variations simples marquées par δ; et les termes hors du signe S se rapporteront uniquement aux extrémités des intégrales.

Il faudra enfin avoir égard aussi aux forces et aux équations de condition relatives à des points déterminés de la masse m, et en tenir compte dans la formule générale; mais elles ne donneront que des termes indépendants du signe S.

Les variations qui resteront sous le signe S donneront, en égalant leurs coefficients à zéro, autant d'équations indéfinies pour le mouvement de chaque élément du système; et les variations hors du signe donneront des équations déterminées pour certains points du système.

SECTION CINQUIÈME.

MÉTHODE GÉNÉRALE D'APPROXIMATION POUR LES PROBLÈMES DE DYNAMIQUE, FONDÉE SUR LA VARIATION DES CONSTANTES ARBITRAIRES.

Les équations générales que nous avons données dans la Section précédente, étant du second ordre, demandent encore des intégrations qui surpassent souvent les forces de l'analyse connue; on est obligé alors d'avoir recours aux approximations, et nos formules fournissent aussi les moyens les plus propres à remplir cet objet.

1. Toute approximation suppose la solution exacte d'un cas de la question proposée dans lequel on a négligé des éléments ou des quantités qu'on regarde comme très petites. Cette solution forme le premier degré d'approximation, et on la corrige ensuite en tenant compte successivement des quantités négligées.

Dans les problèmes de Mécanique qu'on ne peut résoudre que par approximation, on trouve ordinairement la première solution en n'ayant égard qu'aux forces principales qui agissent sur les corps; et, pour étendre cette solution aux autres forces qu'on peut appeler *perturbatrices*, ce qu'il y a de plus simple, c'est de conserver la forme de la première solution, mais en rendant variables les constantes arbitraires qu'elle renferme; car, si les quantités qu'on avait négligées et dont on veut tenir compte sont très petites, les nouvelles variables seront à peu près constantes, et l'on pourra y appliquer les méthodes ordinaires d'approximation. Ainsi la difficulté se réduit à trouver les équations entre ces variables.

On connaît la méthode générale de faire varier les constantes arbitraires des intégrales des équations différentielles, pour que ces intégrales conviennent aussi aux mêmes équations augmentées de certains termes; mais la forme que nous avons donnée, dans la Section précédente (art. 10), aux équations générales de la Dynamique a l'avantage de fournir une relation entre les variations des constantes arbitraires que l'intégration doit y introduire, laquelle simplifie singulièrement les formules de ces variations, dans les problèmes où elles expriment l'effet des forces perturbatrices. Nous allons d'abord démontrer cette relation; nous donnerons ensuite les équations les plus simples pour déterminer les variations des constantes arbitraires dans les problèmes dont il s'agit.

§ I. — *Où l'on déduit des équations données dans la Section précédente une relation générale entre les variations des constantes arbitraires.*

2. Soit un système quelconque de corps m, animés par des forces accélératrices P, Q, R, ... qui tendent à des centres quelconques, fixes ou non, et qui soient proportionnelles à des fonctions quelconques de leurs distances p, q, r, ... à ces centres.

Supposons que, en ayant égard aux équations de condition du système, on ait exprimé les coordonnées x, y, z de chacun des corps en fonctions d'autres variables ξ, ψ, φ, ... qui soient tout à fait indépendantes entre elles et qui suffisent pour déterminer la position du système à chaque instant.

On aura, pour le mouvement de tout le système, les équations de l'article 10 de la Section précédente, et il est facile de voir que ces équations seront du second ordre par rapport aux variables ξ, ψ, φ, ...; de sorte que les valeurs complètes de ces variables, qu'on trouvera par l'intégration et qui seront exprimées en fonctions du temps t, contiendront deux fois autant de constantes arbitraires qu'il y a de variables. Comme ces constantes doivent demeurer arbitraires, on peut les faire varier à volonté; ainsi l'on pourra différentier les équations dont il s'agit relativement à ces constantes, qui sont supposées contenues dans les expressions des variables ξ, ψ, φ, ...

3. Faisons, pour plus de simplicité,

$$d\xi = \xi' \, dt, \qquad d\psi = \psi' \, dt, \qquad d\varphi = \varphi' \, dt, \qquad \ldots;$$

la quantité T deviendra une fonction de ξ, ψ, φ, ... et de ξ', ψ', φ', ...; et si les forces tendent à des centres fixes ou à des corps du même système, la quantité V sera une simple fonction de ξ, ψ, φ, ... Dans ce cas, en faisant $Z = T - V$, on aura

$$\frac{\delta T}{\delta d\xi} = \frac{1}{dt}\frac{\partial Z}{\partial \psi'}, \qquad \frac{\delta T}{\delta d\psi} = \frac{1}{dt}\frac{\partial Z}{\partial \xi'}, \qquad \frac{\delta T}{\delta d\varphi} = \frac{1}{dt}\frac{\partial Z}{\partial \varphi'}, \qquad \ldots,$$

où l'on pourra changer la caractéristique δ en ∂, puisqu'elle ne sert qu'à représenter des différences partielles.

Ainsi les équations différentielles du mouvement du système (art. 10, Sect. IV), étant multipliées par dt, se réduiront à cette forme plus simple

$$d\frac{\partial Z}{\partial \xi'} - \frac{\partial Z}{\partial \xi} dt = 0,$$

$$d\frac{\partial Z}{\partial \psi'} - \frac{\partial Z}{\partial \psi} dt = 0,$$

$$d\frac{\partial Z}{\partial \varphi'} - \frac{\partial Z}{\partial \varphi} dt = 0,$$

$$\ldots\ldots\ldots\ldots\ldots\ldots$$

4. Différentions ces équations par rapport à la caractéristique δ [1], que nous regarderons comme relative uniquement aux variations des constantes arbitraires qui sont censées contenues dans les expressions des variables ξ, ψ, φ, ... dont Z est fonction; et comme la caractéristique d, qui affecte les termes $d\frac{\partial Z}{\partial \xi'}$, $d\frac{\partial Z}{\partial \psi'}$, ..., n'est relative qu'à la variable t qui représente le temps, on pourra, par les principes du calcul des variations, changer la double caractéristique δd en $d\delta$; de

[1] On suppose ici que, ces équations ayant été intégrées, on ait substitué aux variables ξ, ψ, ... leurs expressions générales fournies par cette intégration. Les équations deviennent alors identiques et l'on peut les différentier par rapport aux diverses lettres qui y figurent. (*J. Bertrand.*)

sorte qu'on aura les équations

$$d\delta\frac{\partial Z}{\partial \xi'} - \delta\frac{\partial Z}{\partial \xi}dt = 0,$$

$$d\delta\frac{\partial Z}{\partial \psi'} - \delta\frac{\partial Z}{\partial \psi}dt = 0,$$

$$d\delta\frac{\partial Z}{\partial \varphi'} - \delta\frac{\partial Z}{\partial \varphi}dt = 0,$$

$$\cdots\cdots\cdots\cdots\cdots\cdots$$

De même, si, pour représenter des variations différentes des mêmes constantes arbitraires, on emploie la caractéristique Δ, on aura

$$d\Delta\frac{\partial Z}{\partial \xi'} - \Delta\frac{\partial Z}{\partial \xi}dt = 0,$$

$$d\Delta\frac{\partial Z}{\partial \psi'} - \Delta\frac{\partial Z}{\partial \psi}dt = 0,$$

$$d\Delta\frac{\partial Z}{\partial \varphi'} - \Delta\frac{\partial Z}{\partial \varphi}dt = 0,$$

$$\cdots\cdots\cdots\cdots\cdots\cdots$$

5. Multiplions maintenant les premières équations respectivement par $\Delta\xi$, $\Delta\psi$, $\Delta\varphi$, ..., et retranchons de leur somme celle des dernières équations multipliées respectivement par $\delta\xi$, $\delta\psi$, $\delta\varphi$, ...; on aura

$$\begin{aligned}
&\Delta\xi\, d\delta\frac{\partial Z}{\partial \xi'} + \Delta\psi\, d\delta\frac{\partial Z}{\partial \psi'} + \Delta\varphi\, d\delta\frac{\partial Z}{\partial \varphi'} + \ldots\\
&- \delta\xi\, d\Delta\frac{\partial Z}{\partial \xi'} - \delta\psi\, d\Delta\frac{\partial Z}{\partial \psi'} - \delta\varphi\, d\Delta\frac{\partial Z}{\partial \varphi'} + \ldots\\
&- \left(\Delta\xi\,\delta\frac{\partial Z}{\partial \xi} + \Delta\psi\,\delta\frac{\partial Z}{\partial \psi} + \Delta\varphi\,\delta\frac{\partial Z}{\partial \varphi} + \ldots\right)dt\\
&+ \left(\delta\xi\,\Delta\frac{\partial Z}{\partial \xi} + \delta\psi\,\Delta\frac{\partial Z}{\partial \psi} + \delta\varphi\,\Delta\frac{\partial Z}{\partial \varphi} + \ldots\right)dt = 0.
\end{aligned}$$

Or $\Delta\xi\, d\delta\frac{\partial Z}{\partial \xi'} = d\left(\Delta\xi\,\delta\frac{\partial Z}{\partial \xi'}\right) - d\Delta\xi\,\delta\frac{\partial Z}{\partial \xi'}$; mais $d\Delta\xi = \Delta\, d\xi = \Delta\xi'\, dt$, à cause de $d\xi = \xi'\, dt$; donc

$$\Delta\xi\, d\delta\frac{\partial Z}{\partial \xi'} = d\left(\Delta\xi\,\delta\frac{\partial Z}{\partial \xi'}\right) - \Delta\xi'\,\delta\frac{\partial Z}{\partial \xi'}dt.$$

On aura pareillement

$$\delta\xi\, d\Delta\frac{\partial Z}{\partial\xi'} = d\left(\delta\xi\,\Delta\frac{\partial Z}{\partial\xi'}\right) - \delta\xi'\,\Delta\frac{\partial Z}{\partial\xi'}\,dt,$$

et ainsi des autres formules semblables.

Par le moyen de ces transformations, l'équation précédente deviendra de cette forme

$$\begin{aligned}
&d\left\{\begin{array}{l}
\quad\Delta\xi\;\delta\dfrac{\partial Z}{\partial\xi'} + \Delta\psi\;\delta\dfrac{\partial Z}{\partial\psi'} + \Delta\varphi\;\delta\dfrac{\partial Z}{\partial\varphi'} + \ldots \\
-\,\delta\xi\;\Delta\dfrac{\partial Z}{\partial\xi'} - \delta\psi\;\Delta\dfrac{\partial Z}{\partial\psi'} - \delta\varphi\;\Delta\dfrac{\partial Z}{\partial\varphi'} - \ldots
\end{array}\right\} \\
&-\left\{\begin{array}{l}
\quad\Delta\xi\;\delta\dfrac{\partial Z}{\partial\xi} + \Delta\psi\;\delta\dfrac{\partial Z}{\partial\psi} + \Delta\varphi\;\delta\dfrac{\partial Z}{\partial\varphi} + \ldots \\
+\,\Delta\xi'\;\delta\dfrac{\partial Z}{\partial\xi'} + \Delta\psi'\;\delta\dfrac{\partial Z}{\partial\psi'} + \Delta\varphi'\;\delta\dfrac{\partial Z}{\partial\varphi'} + \ldots
\end{array}\right\} dt \\
&+\left\{\begin{array}{l}
\quad\delta\xi\;\Delta\dfrac{\partial Z}{\partial\xi} + \delta\psi\;\Delta\dfrac{\partial Z}{\partial\psi} + \delta\varphi\;\Delta\dfrac{\partial Z}{\partial\varphi} + \ldots \\
+\,\delta\xi'\;\Delta\dfrac{\partial Z}{\partial\xi'} + \delta\psi'\;\Delta\dfrac{\partial Z}{\partial\psi'} + \delta\varphi'\;\Delta\dfrac{\partial Z}{\partial\varphi'} + \ldots
\end{array}\right\} dt = 0.
\end{aligned}$$

6. Or, si l'on développe les expressions $\delta\frac{\partial Z}{\partial\xi}$, $\delta\frac{\partial Z}{\partial\xi'}$, ..., ainsi que les expressions semblables $\Delta\frac{\partial Z}{\partial\xi}$, $\Delta\frac{\partial Z}{\partial\xi'}$, ..., en regardant Z comme fonction de ξ, ψ, φ, ... et de ξ' ψ', φ', ..., il est facile de voir que les termes multipliés par dt dans l'équation précédente se détruisent mutuellement. En effet, on a

$$\delta\frac{\partial Z}{\partial\xi} = \frac{\partial^2 Z}{\partial\xi^2}\,\delta\xi + \frac{\partial^2 Z}{\partial\xi\,\partial\psi}\,\delta\psi + \ldots + \frac{\partial^2 Z}{\partial\xi\,\partial\xi'}\,\delta\xi' + \frac{\partial^2 Z}{\partial\xi\,\partial\psi'}\,\delta\psi' + \ldots,$$

$$\delta\frac{\partial Z}{\partial\psi} = \frac{\partial^2 Z}{\partial\xi\,\partial\psi}\,\delta\xi + \frac{\partial^2 Z}{\partial\psi^2}\,\delta\psi + \ldots + \frac{\partial^2 Z}{\partial\psi\,\partial\xi'}\,\delta\xi' + \frac{\partial^2 Z}{\partial\psi\,\partial\psi'}\,\delta\psi' + \ldots,$$

. . . .,

$$\delta\frac{\partial Z}{\partial\xi'} = \frac{\partial^2 Z}{\partial\xi\,\partial\xi'}\,\delta\xi + \frac{\partial^2 Z}{\partial\psi\,\partial\xi'}\,\delta\psi + \ldots + \frac{\partial^2 Z}{\partial\xi'^2}\,\delta\xi' + \frac{\partial^2 Z}{\partial\xi'\,\partial\psi'}\,\delta\psi' + \ldots,$$

$$\delta\frac{\partial Z}{\partial\psi'} = \frac{\partial^2 Z}{\partial\xi\,\partial\psi'}\,\delta\xi + \frac{\partial^2 Z}{\partial\psi\,\partial\psi'}\,\delta\psi + \ldots + \frac{\partial^2 Z}{\partial\xi'\,\partial\psi'}\,\delta\xi' + \frac{\partial^2 Z}{\partial\psi'^2}\,\delta\psi' + \ldots,$$

. . . ., ce qui donne, en ordonnant les termes par rapport aux différences partielles de Z, ce développement

$$\Delta\xi\,\delta\frac{\partial Z}{\partial\xi}+\Delta\psi\,\delta\frac{\partial Z}{\partial\psi}+\ldots+\Delta\xi'\,\delta\frac{\partial Z}{\partial\xi'}+\Delta\psi'\,\delta\frac{\partial Z}{\partial\psi'}+\ldots$$

$$=+\frac{\partial^2 Z}{\partial\xi^2}\Delta\xi\,\delta\xi+\frac{\partial^2 Z}{\partial\xi\,\partial\psi}(\Delta\xi\,\delta\psi+\Delta\psi\,\delta\xi)+\frac{\partial^2 Z}{\partial\psi^2}\Delta\psi\,\delta\psi+\ldots$$

$$+\frac{\partial^2 Z}{\partial\xi\,\partial\xi'}(\Delta\xi\,\delta\xi'+\Delta\xi'\,\delta\xi)+\frac{\partial^2 Z}{\partial\xi\,\partial\psi'}(\Delta\xi\,\delta\psi'+\Delta\psi'\,\delta\xi)+\ldots$$

$$+\frac{\partial^2 Z}{\partial\psi\,\partial\xi'}(\Delta\psi\,\delta\xi'+\Delta\xi'\,\delta\psi)+\frac{\partial^2 Z}{\partial\psi\,\partial\psi'}(\Delta\psi\,\delta\psi'+\Delta\psi'\,\delta\psi)+\ldots$$

$$+\frac{\partial^2 Z}{\partial\xi'^2}\Delta\xi'\,\delta\xi'+\frac{\partial^2 Z}{\partial\xi'\,\partial\psi'}(\Delta\xi'\,\delta\psi'+\Delta\psi'\,\delta\xi')+\frac{\partial^2 Z}{\partial\psi'^2}\Delta\psi'\,\delta\psi'+\ldots$$

$$\ldots\ldots\ldots\ldots\ldots\ldots\ldots\ldots\ldots\ldots\ldots\ldots\ldots\ldots\ldots\ldots\ldots\ldots$$

En changeant les caractéristiques δ, Δ l'une dans l'autre, on aura le développement de l'expression semblable

$$\delta\xi\,\Delta\frac{\partial Z}{\partial\xi}+\delta\psi\,\Delta\frac{\partial Z}{\partial\psi}+\ldots+\delta\xi'\,\Delta\frac{\partial Z}{\partial\xi'}+\delta\psi'\,\Delta\frac{\partial Z}{\partial\psi'}+\ldots.$$

Mais on voit que ce changement n'en produit aucun dans le développement précédent; d'où il suit que les deux expressions sont identiques : de sorte que, comme elles se trouvent dans l'équation ci-dessus avec des signes différents, elles doivent s'y détruire.

7. Ainsi l'on aura simplement l'équation

$$d\left\{\begin{array}{l}\Delta\xi\,\delta\dfrac{\partial Z}{\partial\xi'}+\Delta\psi\,\delta\dfrac{\partial Z}{\partial\psi'}+\Delta\varphi\,\delta\dfrac{\partial Z}{\partial\varphi'}+\ldots\\-\delta\xi\,\Delta\dfrac{\partial Z}{\partial\xi'}-\delta\psi\,\Delta\dfrac{\partial Z}{\partial\psi'}-\delta\varphi\,\Delta\dfrac{\partial Z}{\partial\varphi'}-\ldots\end{array}\right\}=0,$$

dans laquelle on peut changer Z en T, puisque $Z = T - V$ et que V ne doit point contenir les variables ξ', ψ', φ', ... (art. 3).

On voit par cette équation que la quantité

$$\begin{array}{l}\Delta\xi\,\delta\dfrac{\partial T}{\partial\xi'}+\Delta\psi\,\delta\dfrac{\partial T}{\partial\psi'}+\Delta\varphi\,\delta\dfrac{\partial T}{\partial\varphi'}+\ldots\\-\delta\xi\,\Delta\dfrac{\partial T}{\partial\xi'}-\delta\psi\,\Delta\dfrac{\partial T}{\partial\psi'}-\delta\varphi\,\Delta\dfrac{\partial T}{\partial\varphi'}-\ldots\end{array}$$

est toujours nécessairement constante relativement au temps t auquel se rapportent les différentielles marquées par la caractéristique d; que, par conséquent, si l'on y substitue les valeurs des variables ξ, ψ, φ, ..., exprimées en fonctions de t et des constantes arbitraires déduites des équations d'un problème quelconque de Mécanique, la variable t s'évanouira d'elle-même, quelles que soient les variations qu'on fera subir à ces constantes dans les quantités affectées des caractéristiques δ et Δ; ce qui est une nouvelle propriété très remarquable de la fonction T, qui représente la force vive de tout le système, et ce qui peut fournir un critère général pour juger de l'exactitude d'une solution trouvée par quelque méthode que ce soit. Mais l'usage principal de cette formule est pour la variation des constantes arbitraires dans les questions de Mécanique, comme nous allons le montrer.

§ II. — *Où l'on donne les équations différentielles les plus simples pour déterminer les variations des constantes arbitraires, dues à des forces perturbatrices.*

8. Supposons maintenant qu'après avoir résolu le problème contenu dans les équations différentielles de l'article 3 par l'intégration complète de ces équations, il s'agisse de résoudre le même problème, mais avec l'addition de nouvelles forces appliquées au même système, tendantes à des centres fixes ou mobiles d'une manière quelconque, et proportionnelles à des fonctions des distances aux centres. Ces nouvelles forces, qu'on peut regarder comme des forces perturbatrices du mouvement du système, étant d'une nature semblable aux forces P, Q, R, ... d'où dépend la fonction V, ajouteront à cette fonction une fonction analogue que nous désignerons par $-\Omega$. De sorte qu'il n'y a qu'à mettre $V - \Omega$ à la place de V, dans les équations de l'article 10 de la Section précédente, et, par conséquent, $Z - \Omega$ à la place de Z, dans les termes de celles de l'article 3 qui contiennent les différences partielles de Z relatives à ξ, ψ, φ, ..., pour avoir les équations du nou-

veau problème, lesquelles seront ainsi

$$d\frac{\partial Z}{\partial \xi'} - \frac{\partial Z}{\partial \xi}dt = \frac{\partial \Omega}{\partial \xi}dt,$$

$$d\frac{\partial Z}{\partial \psi'} - \frac{\partial Z}{\partial \psi}dt = \frac{\partial \Omega}{\partial \psi}dt,$$

$$d\frac{\partial Z}{\partial \varphi'} - \frac{\partial Z}{\partial \varphi}dt = \frac{\partial \Omega}{\partial \varphi}dt,$$

....

9. Si l'on suppose connues les expressions des variables ξ, ψ, φ, ... en t et en constantes arbitraires dans le cas où les seconds membres de ces équations sont nuls, on peut, en conservant ces mêmes expressions mais en rendant variables leurs constantes arbitraires, faire en sorte qu'elles satisfassent aussi à la totalité de ces équations; et l'objet de l'analyse que nous allons exposer est de donner les formules les plus simples pour la détermination de ces constantes devenues variables.

Nous remarquerons d'abord que, puisque ces constantes sont en nombre double de celui des variables ξ, ψ, φ, ..., comme nous l'avons déjà observé (art. 2), et, par conséquent, en nombre double de celui des équations auxquelles il faut satisfaire, on pourra encore les assujettir à un nombre de conditions arbitraires égal à celui de ces variables.

Les conditions les plus simples et en même temps les plus appropriées à la chose sont que les valeurs de $\frac{d\xi}{dt}$, $\frac{d\psi}{dt}$, $\frac{d\varphi}{dt}$, ... conservent aussi la même forme que si les constantes n'y variaient point. De cette manière, non seulement les espaces parcourus par les corps, mais encore leurs vitesses seront déterminés par des formules semblables, soit que les constantes arbitraires demeurent invariables, comme lorsqu'il n'y a point de forces perturbatrices, soit qu'elles deviennent variables par l'effet de ces forces.

Ces conditions auront de plus l'avantage de réduire au premier ordre les équations différentielles entre les nouvelles variables, de sorte qu'on aura un nombre double d'équations, mais du premier ordre seulement.

10. En employant, comme dans l'article 4, la caractéristique δ pour désigner les différentielles dues uniquement à la variation des constantes arbitraires, tandis que la caractéristique d ne se rapporte qu'aux différentielles relatives au temps t, les conditions dont nous venons de parler seront exprimées par les équations

$$\delta\xi = 0, \qquad \delta\psi = 0, \qquad \delta\varphi = 0, \qquad \ldots,$$

dans lesquelles il faut remarquer que toutes les constantes arbitraires doivent devenir variables à la fois, de sorte que la caractéristique δ indiquera dans la suite la variation simultanée [1] de toutes les constantes arbitraires, au lieu que, dans les formules de l'article 4 et suivants, la même caractéristique dénotait en général les différentielles relatives à la variation de toutes les constantes, ou seulement de quelques-unes d'entre elles à volonté, ainsi que l'autre caractéristique Δ.

Donc, en faisant tout varier, les différentielles de ξ, ψ, φ, ... seront simplement $d\xi$, $d\psi$, $d\varphi$, ..., ou bien $\xi' dt$, $\psi' dt$, $\varphi' dt$, ..., comme si le temps seul variait.

Ainsi, dans les équations de l'article 8, la fonction Z sera la même, soit que les constantes arbitraires soient censées variables ou non; mais, en regardant ces constantes comme variables, les différences $d\frac{\partial Z}{\partial \xi'}$, $d\frac{\partial Z}{\partial \psi'}$, $d\frac{\partial Z}{\partial \varphi'}$, ... devront être augmentées des termes $\delta\frac{\partial Z}{\partial \xi'}$, $\delta\frac{\partial Z}{\partial \psi'}$, $\delta\frac{\partial Z}{\partial \varphi'}$, ..., dus à la variation des constantes.

D'un autre côté, comme, par l'hypothèse, les fonctions de t et des constantes qui représentent les valeurs de ξ, ψ, φ, ... satisfont identiquement aux mêmes équations, sans leurs seconds membres, dans le cas où ces constantes ne varient pas, quelles que soient d'ailleurs leurs

(1) C'est-à-dire la variation des fonctions qui remplacent ces constantes et qui, dans chaque problème, sont parfaitement déterminées, de telle sorte que leur valeur soit une fonction du temps dont la variation n'a rien d'arbitraire. (*J. Bertrand.*)

valeurs, il est clair que les termes

$$d\frac{\partial Z}{\partial \xi'} - \frac{\partial Z}{\partial \xi}dt, \quad d\frac{\partial Z}{\partial \psi'} - \frac{\partial Z}{\partial \psi}dt, \quad d\frac{\partial Z}{\partial \varphi'} - \frac{\partial Z}{\partial \varphi}dt, \quad \ldots$$

se détruiront d'eux-mêmes et pourront, par conséquent, être effacés.

On aura donc simplement, pour la variation des constantes arbitraires, les équations

$$\delta\frac{\partial Z}{\partial \xi'} = \frac{\partial \Omega}{\partial \xi}dt, \qquad \delta\frac{\partial Z}{\partial \psi'} = \frac{\partial \Omega}{\partial \psi}dt, \qquad \delta\frac{\partial Z}{\partial \varphi'} = \frac{\partial \Omega}{\partial \varphi}dt, \qquad \ldots,$$

qu'il faudra combiner avec les équations données ci-dessus

$$\delta\xi = 0, \qquad \delta\psi = 0, \qquad \delta\varphi = 0, \qquad \ldots.$$

Ces équations, étant en nombre double de celui des variables ξ, ψ, φ, ... et, par conséquent, en même nombre que les constantes arbitraires (art. 2), serviront à déterminer toutes ces constantes devenues variables.

11. Les équations qu'on vient de trouver, étant multipliées respectivement par $\Delta\xi$, $\Delta\psi$, $\Delta\varphi$, ... et ensuite ajoutées ensemble, donnent

$$\begin{aligned}\Delta\xi\,\delta\frac{\partial Z}{\partial \xi'} + \Delta\psi\,\delta\frac{\partial Z}{\partial \psi'} + \Delta\varphi\,\delta\frac{\partial Z}{\partial \varphi'} + \ldots \\ = \left(\frac{\partial \Omega}{\partial \xi}\Delta\xi + \frac{\partial \Omega}{\partial \psi}\Delta\psi + \frac{\partial \Omega}{\partial \varphi}\Delta\varphi + \ldots\right)dt.\end{aligned}$$

Ici $\Delta\xi$, $\Delta\psi$, $\Delta\varphi$, ... indiquent, comme dans l'article 4, des différentielles des fonctions ξ, ψ, φ, ... prises en faisant varier seulement les constantes arbitraires d'une manière quelconque, soit qu'elles varient toutes en même temps, ou quelques-unes seulement à volonté.

Or, en regardant Ω comme une fonction de ξ, ψ, φ, ..., on aura, en différentiant par rapport à Δ,

$$\Delta\Omega = \frac{\partial \Omega}{\partial \xi}\Delta\xi + \frac{\partial \Omega}{\partial \psi}\Delta\psi + \frac{\partial \Omega}{\partial \varphi}\Delta\varphi + \ldots.$$

Donc on aura

$$\Delta\Omega\,dt = \Delta\xi\,\delta\frac{\partial Z}{\partial \xi'} + \Delta\psi\,\delta\frac{\partial Z}{\partial \psi'} + \Delta\varphi\,\delta\frac{\partial Z}{\partial \varphi'} + \ldots.$$

Retranchons du second membre de cette équation la quantité

$$\delta\xi\,\Delta\frac{\partial Z}{\partial\xi'}+\delta\psi\,\Delta\frac{\partial Z}{\partial\psi'}+\delta\varphi\,\Delta\frac{\partial Z}{\partial\varphi'}+\ldots,$$

qui est nulle en vertu des équations de condition

$$\delta\xi=0,\qquad \delta\psi=0,\qquad \delta\varphi=0,\qquad \ldots;$$

on aura cette formule générale

$$\begin{aligned}\Delta\Omega\,dt&=\Delta\xi\,\delta\frac{\partial Z}{\partial\xi'}+\Delta\psi\,\delta\frac{\partial Z}{\partial\psi'}+\Delta\varphi\,\delta\frac{\partial Z}{\partial\varphi'}+\ldots-\delta\xi\,\Delta\frac{\partial Z}{\partial\xi'}-\delta\psi\,\Delta\frac{\partial Z}{\partial\psi'}-\delta\varphi\,\Delta\frac{\partial Z}{\partial\varphi'}-\ldots\\&=\Delta\xi\,\delta\frac{\partial T}{\partial\xi'}+\Delta\psi\,\delta\frac{\partial T}{\partial\psi'}+\Delta\varphi\,\delta\frac{\partial T}{\partial\varphi'}+\ldots-\delta\xi\,\Delta\frac{\partial T}{\partial\xi'}-\delta\psi\,\Delta\frac{\partial T}{\partial\psi'}-\delta\varphi\,\Delta\frac{\partial T}{\partial\varphi'}-\ldots,\end{aligned}$$

en changeant Z en T, comme dans l'article 7.

On voit que le second membre de l'équation précédente est la même fonction que nous avons vue devoir être indépendante du temps t (art. 7); d'où il suit qu'après y avoir substitué les valeurs de ξ, ψ, φ, ... en fonctions de t et des constantes arbitraires, on pourra y faire t nul ou égal à une valeur quelconque.

12. Donc, si l'on suppose, ce qui est toujours permis, que ces fonctions, ainsi que celles qui représentent les valeurs de $\frac{\partial T}{\partial\xi'}$, $\frac{\partial T}{\partial\psi'}$, $\frac{\partial T}{\partial\varphi'}$, ..., soient développées en séries de puissances ascendantes de t, de cette manière

$$\begin{aligned}\xi&=\alpha+\alpha' t+\alpha'' t^2+\alpha''' t^3+\ldots,\\ \psi&=\beta+\beta' t+\beta'' t^2+\beta''' t^3+\ldots,\\ \varphi&=\gamma+\gamma' t+\gamma'' t^2+\gamma''' t^3+\ldots,\\ &\ldots\ldots\ldots\ldots\ldots\ldots;\end{aligned}$$

$$\begin{aligned}\frac{\partial T}{\partial\xi'}&=\lambda+\lambda' t+\lambda'' t^2+\lambda''' t^3+\ldots,\\ \frac{\partial T}{\partial\psi'}&=\mu+\mu' t+\mu'' t^2+\mu''' t^3+\ldots,\\ \frac{\partial T}{\partial\varphi'}&=\nu+\nu' t+\nu'' t^2+\nu''' t^3+\ldots,\\ &\ldots\ldots\ldots\ldots\ldots\ldots,\end{aligned}$$

et qu'on substitue ces valeurs dans le second membre de l'équation de l'article précédent, on pourra y faire $t = 0$, ce qui les réduira aux seuls premiers termes α, β, γ, ..., λ, μ, ν, ...

Cette équation se réduira ainsi à la forme

$$\Delta\Omega\, dt = \Delta\alpha\,\delta\lambda + \Delta\beta\,\delta\mu + \Delta\gamma\,\delta\nu + \ldots - \Delta\lambda\,\delta\alpha - \Delta\mu\,\delta\beta - \Delta\nu\,\delta\gamma - \ldots.$$

13. Les quantités α, β, γ, ..., λ, μ, ν, ... ne peuvent être que fonctions des constantes arbitraires que la double intégration introduit dans les expressions finies des variables ξ, ψ, φ, ..., et l'on peut aussi les prendre pour ces mêmes constantes.

En effet, les constantes arbitraires qui donnent à la solution d'un problème de Mécanique toute l'étendue qu'elle peut avoir sont les valeurs initiales des variables, ainsi que celles de leurs différences premières, c'est-à-dire les valeurs de ξ, ψ, φ, ... et de $\frac{d\xi}{dt}$, $\frac{d\psi}{dt}$, $\frac{d\varphi}{dt}$, ..., lorsque $t = 0$; ces valeurs sont donc, dans les expressions de ξ, ψ, φ, ... que nous avons adoptées, α, β, γ, ..., α', β', γ', ... Or, T étant une fonction donnée de ξ, ψ, φ, ... et de $\xi' = \frac{d\xi}{dt}$, $\psi' = \frac{d\psi}{dt}$, $\varphi' = \frac{d\varphi}{dt}$, ..., il est clair qu'en faisant $t = 0$ dans les fonctions $\frac{\partial T}{\partial \xi'}$, $\frac{\partial T}{\partial \psi'}$, $\frac{\partial T}{\partial \varphi'}$, ..., ce qui les réduit à λ, μ, ν, ..., ces constantes λ, μ, ν, ... seront les mêmes fonctions des constantes α, β, γ, ..., α', β', γ', ... que les fonctions $\frac{\partial T}{\partial \xi'}$, $\frac{\partial T}{\partial \psi'}$, $\frac{\partial T}{\partial \varphi'}$, ... le sont des variables ξ, ψ, φ, ..., ξ', ψ', φ', ... Par conséquent, au lieu de prendre immédiatement α', β', γ', ... pour constantes arbitraires, on peut prendre celles-ci, λ, μ, ν, ..., qui en dépendent. Ainsi l'on aura α, β, γ, ..., λ, μ, ν, ..., pour les constantes arbitraires des expressions de ξ, ψ, φ, ...; et l'on voit que le nombre de ces constantes sera précisément double de celui des variables ξ, ψ, φ, ...

De cette manière, la différentielle $\Delta\Omega$, dans laquelle la caractéristique Δ ne doit affecter que les constantes arbitraires contenues dans Ω, à raison des valeurs de ξ, ψ, φ, ... qui renferment ces constantes, deviendra

$$\Delta\Omega = \frac{\partial\Omega}{\partial\alpha}\Delta\alpha + \frac{\partial\Omega}{\partial\beta}\Delta\beta + \frac{\partial\Omega}{\partial\gamma}\Delta\gamma + \ldots + \frac{\partial\Omega}{\partial\lambda}\Delta\lambda + \frac{\partial\Omega}{\partial\mu}\Delta\mu + \frac{\partial\Omega}{\partial\nu}\Delta\nu + \ldots.$$

En la substituant dans le premier membre de l'équation de l'article précédent et ordonnant les termes par rapport aux différences marquées par Δ, on aura

$$\left(\frac{\partial\Omega}{\partial\alpha}dt - \delta\lambda\right)\Delta\alpha + \left(\frac{\partial\Omega}{\partial\beta}dt - \delta\mu\right)\Delta\beta + \left(\frac{\partial\Omega}{\partial\gamma}dt - \delta\nu\right)\Delta\gamma + \ldots$$
$$+ \left(\frac{\partial\Omega}{\partial\lambda}dt + \delta\alpha\right)\Delta\lambda + \left(\frac{\partial\Omega}{\partial\mu}dt + \delta\beta\right)\Delta\mu + \left(\frac{\partial\Omega}{\partial\nu}dt + \delta\gamma\right)\Delta\nu + \ldots = 0.$$

Comme on peut donner aux différences $\Delta\alpha$, $\Delta\beta$, ... marquées par la caractéristique Δ une valeur quelconque, il faudra que l'équation soit vérifiée indépendamment de ces différences, ce qui donnera autant d'équations particulières, telles que

$$\frac{\partial\Omega}{\partial\alpha}dt = \delta\lambda, \qquad \frac{\partial\Omega}{\partial\beta}dt = \delta\mu, \qquad \frac{\partial\Omega}{\partial\gamma}dt = \delta\nu, \qquad \ldots,$$
$$\frac{\partial\Omega}{\partial\lambda}dt = -\delta\alpha, \qquad \frac{\partial\Omega}{\partial\mu}dt = -\delta\beta, \qquad \frac{\partial\Omega}{\partial\nu}dt = -\delta\gamma, \qquad \ldots.$$

14. Les différences marquées par la caractéristique δ sont proprement les différentielles des constantes arbitraires devenues variables (art. 10); ainsi, comme ces différentielles peuvent maintenant être rapportées également au temps t, il est permis et même convenable de changer les δ en d, et l'on aura, pour la détermination des nouvelles variables α, β, γ, ..., λ, μ, ν, ..., les équations

$$\frac{d\alpha}{dt} = -\frac{\partial\Omega}{\partial\lambda}, \qquad \frac{d\beta}{dt} = -\frac{\partial\Omega}{\partial\mu}, \qquad \frac{d\gamma}{dt} = -\frac{\partial\Omega}{\partial\nu}, \qquad \ldots,$$
$$\frac{d\lambda}{dt} = +\frac{\partial\Omega}{\partial\alpha}, \qquad \frac{d\mu}{dt} = +\frac{\partial\Omega}{\partial\beta}, \qquad \frac{d\nu}{dt} = +\frac{\partial\Omega}{\partial\gamma}, \qquad \ldots,$$

qui sont, comme l'on voit, sous une forme très simple, et qui fournissent ainsi la solution la plus simple du problème de la variation des constantes arbitraires.

15. Comme la fonction Ω renferme les quantités $\alpha, \beta, \gamma, \ldots; \lambda, \mu, \nu, \ldots$, il faudra les regarder aussi comme variables dans les différences partielles de cette fonction; mais, lorsque la valeur de Ω, qui dépend des forces perturbatrices, est supposée fort petite, il est clair que les variations de ces quantités seront aussi fort petites, et qu'on pourra, dans la première approximation, les regarder comme constantes dans les différences partielles de Ω et n'avoir égard à leur variabilité que dans les approximations suivantes.

Dénotons par $a, b, c, \ldots; l, m, n, \ldots$ les parties constantes de $\alpha, \beta, \gamma, \ldots; \lambda, \mu, \nu, \ldots$, et par $\alpha', \beta', \gamma'; \lambda', \mu', \nu', \ldots$ leurs parties variables, qui, étant de l'ordre de la quantité Ω, seront nécessairement très petites, et soit O la valeur de Ω en y changeant $\alpha, \beta, \gamma, \ldots; \lambda, \mu, \nu, \ldots$ en $a, b, c, \ldots; l, m, n, \ldots$.

On aura ainsi

$$\alpha = a + \alpha', \qquad \beta = b + \beta', \qquad \gamma = c + \gamma', \qquad \ldots,$$
$$\lambda = l + \lambda', \qquad \mu = m + \mu', \qquad \nu = n + \nu', \qquad \ldots,$$

et l'on aura, par le développement,

$$\begin{aligned} \Omega = O &+ \frac{\partial O}{\partial a}\alpha' + \frac{\partial O}{\partial b}\beta' + \frac{\partial O}{\partial c}\gamma' + \ldots \\ &+ \frac{\partial O}{\partial l}\lambda' + \frac{\partial O}{\partial m}\mu' + \frac{\partial O}{\partial n}\nu' + \ldots \\ &+ \ldots\ldots\ldots\ldots\ldots\ldots\ldots\ldots \end{aligned}$$

Les équations différentielles de l'article précédent donneront

$$d\alpha' = -\frac{\partial \Omega}{\partial l}dt, \qquad d\beta' = -\frac{\partial \Omega}{\partial m}dt, \qquad d\gamma' = -\frac{\partial \Omega}{\partial n}dt, \qquad \ldots,$$
$$d\lambda' = +\frac{\partial \Omega}{\partial a}dt, \qquad d\mu' = +\frac{\partial \Omega}{\partial b}dt, \qquad d\nu' = +\frac{\partial \Omega}{\partial c}dt, \qquad \ldots;$$

car il est évident que les différences partielles relatives à $\alpha, \beta, \gamma, \ldots; \lambda, \mu, \nu, \ldots$ peuvent être rapportées aux quantités analogues $a, b, c, \ldots; l, m, n, \ldots$.

Pour la première approximation, on aura

$$\Omega = 0,$$

O étant une simple fonction de t; donc on aura par l'intégration

$$\alpha' = -\int \frac{\partial O}{\partial l}\,dt, \quad \beta' = -\int \frac{\partial O}{\partial m}\,dt, \quad \gamma' = -\int \frac{\partial O}{\partial n}\,dt, \quad \ldots,$$

$$\lambda' = +\int \frac{\partial O}{\partial a}\,dt, \quad \mu' = +\int \frac{\partial O}{\partial b}\,dt, \quad \nu' = +\int \frac{\partial O}{\partial c}\,dt, \quad \ldots.$$

En substituant ces valeurs dans l'expression de Ω, on aura, pour la seconde approximation,

$$\begin{aligned}\Omega = 0 &+ \frac{\partial O}{\partial l}\int \frac{\partial O}{\partial a}\,dt - \frac{\partial O}{\partial a}\int \frac{\partial O}{\partial l}\,dt \\ &+ \frac{\partial O}{\partial m}\int \frac{\partial O}{\partial b}\,dt - \frac{\partial O}{\partial b}\int \frac{\partial O}{\partial m}\,dt \\ &+ \ldots\ldots\ldots\ldots\ldots\ldots\ldots\ldots,\end{aligned}$$

et ainsi de suite.

16. Il y a ici une remarque importante à faire. Si la fonction O ne contient le temps que sous les signes de sinus et cosinus, il est clair que la valeur de Ω ne contiendra, dans la première approximation, que les mêmes sinus et cosinus. Mais on pourrait douter si, dans l'approximation suivante, elle ne contiendrait pas des termes où le temps t serait hors des signes de sinus et de cosinus, et qui, croissant continuellement, augmenteraient à l'infini la valeur de Ω et rendraient, par conséquent, l'approximation fautive.

Pour lever ce doute, nous remarquerons que de pareils termes ne pourraient venir que d'une partie constante de Ω, c'est-à-dire dégagée de tout sinus ou cosinus renfermant le temps t.

Soit donc A cette partie qui sera fonction des constantes arbitraires $\alpha, \beta, \gamma, \ldots; \lambda, \mu, \nu, \ldots$. Ainsi O contiendra une pareille fonction de a, $b, c, \ldots; l, m, n, \ldots$, que nous dénoterons encore par A.

En substituant A au lieu de O dans l'expression de Ω de l'article précédent, on aura la partie de Ω due à la constante A dans la seconde approximation, et cette partie sera

$$A + \frac{\partial A}{\partial l}\frac{\partial A}{\partial a}t - \frac{\partial A}{\partial a}\frac{\partial A}{\partial l}t + \frac{\partial A}{\partial m}\frac{\partial A}{\partial b}t - \frac{\partial A}{\partial b}\frac{\partial A}{\partial m}t$$
$$+ \ldots\ldots\ldots\ldots\ldots\ldots\ldots\ldots,$$

où l'on voit que les termes affectés de t se détruisent mutuellement.

Ainsi l'on est assuré que la seconde approximation ne donne dans Ω aucun terme qui croisse avec le temps t; mais il resterait à voir s'il en pourrait naître dans les approximations suivantes.

Au reste, le même terme constant A pourrait donner encore dans Ω des termes multipliés par t, étant combiné avec des termes non constants de la même fonction Ω; mais alors le t qui se trouverait dégagé des sinus et cosinus serait en même temps multiplié par des sinus ou cosinus d'angles proportionnels au temps. La même chose aurait lieu si le coefficient de t sous les signes de sinus et cosinus était fonction des constantes arbitraires α, β, γ, ..., parce qu'alors les différentiations partielles de Ω, relatives à ces constantes, feront sortir t hors des sinus ou cosinus. Mais on peut remarquer, en général, que, lorsque les approximations successives font paraître des termes de la forme dont il s'agit, dans lesquels des sinus ou cosinus se trouvent multipliés par l'angle qui est sous ces sinus ou cosinus, ces sortes de termes sont presque toujours le résultat du développement d'autres sinus ou cosinus, et l'on peut les éviter en intégrant directement les équations différentielles entre les constantes arbitraires devenues variables.

17. Quoique les constantes arbitraires que nous avons employées soient celles qui se présentent le plus naturellement et qui donnent les résultats les plus simples, il arrive souvent que les différentes intégrations introduisent à leur place d'autres constantes, mais qui ne peuvent être que des fonctions de celles-là.

Nous désignerons, en général, les constantes arbitraires qui sont censées entrer dans les expressions des variables ξ, ψ, φ, ... par a, b, c, ..., dont le nombre doit être également double de celui des variables; et, pour avoir les relations entre ces nouvelles constantes et les premières, il suffira de supposer $t = 0$ dans les valeurs des fonctions $\xi, \psi, \varphi, \ldots; \frac{\partial T}{\partial \xi'}, \frac{\partial T}{\partial \psi'}, \frac{\partial T}{\partial \varphi'}, \ldots$ et d'égaler les résultats aux quantités $\alpha, \beta, \gamma, \ldots; \lambda, \mu, \nu, \ldots$. De cette manière on aura autant d'équations entre ces différentes constantes, par lesquelles on pourra déterminer les valeurs de $a, b, c, \ldots$, en fonctions de $\alpha, \beta, \gamma, \ldots; \lambda, \mu, \nu, \ldots$.

Nous supposerons donc ces fonctions connues, et la différentiation nous donnera tout de suite

$$da = +\frac{\partial a}{\partial \alpha} d\alpha + \frac{\partial a}{\partial \beta} d\beta + \frac{\partial a}{\partial \gamma} d\gamma + \ldots$$
$$+ \frac{\partial a}{\partial \lambda} d\lambda + \frac{\partial a}{\partial \mu} d\mu + \frac{\partial a}{\partial \nu} d\nu + \ldots.$$

Donc, substituant les valeurs trouvées ci-dessus (art. 14) de $d\alpha$, $d\beta, \ldots$, et divisant par dt, on aura

$$\frac{da}{dt} = +\frac{\partial a}{\partial \lambda}\frac{\partial \Omega}{\partial \alpha} + \frac{\partial a}{\partial \mu}\frac{\partial \Omega}{\partial \beta} + \frac{\partial a}{\partial \nu}\frac{\partial \Omega}{\partial \gamma} + \ldots$$
$$- \frac{\partial a}{\partial \alpha}\frac{\partial \Omega}{\partial \lambda} - \frac{\partial a}{\partial \beta}\frac{\partial \Omega}{\partial \mu} - \frac{\partial a}{\partial \gamma}\frac{\partial \Omega}{\partial \nu} + \ldots.$$

Il en est de même des valeurs de $\frac{db}{dt}, \frac{dc}{dt}, \ldots$, pour lesquelles il n'y aura qu'à changer dans l'équation précédente a en b, en $c, \ldots$.

18. Mais ces formules contiennent encore les différences partielles de Ω relatives aux constantes $\alpha, \beta, \gamma, \ldots$, et il s'agit de les changer en différences partielles relatives à $a, b, c, \ldots$, ce qui est facile par les opérations connues.

En effet, comme Ω est censée maintenant fonction de $a, b, c, \ldots$ et que ces quantités sont elles-mêmes fonctions de $\alpha, \beta, \gamma, \ldots; \lambda, \mu, \nu, \ldots$, on a tout de suite, par l'algorithme des différences partielles,

$$\frac{\partial \Omega}{\partial \alpha} = \frac{\partial \Omega}{\partial a}\frac{\partial a}{\partial \alpha} + \frac{\partial \Omega}{\partial b}\frac{\partial b}{\partial \alpha} + \frac{\partial \Omega}{\partial c}\frac{\partial c}{\partial \alpha} + \ldots,$$
$$\frac{\partial \Omega}{\partial \beta} = \frac{\partial \Omega}{\partial a}\frac{\partial a}{\partial \beta} + \frac{\partial \Omega}{\partial b}\frac{\partial b}{\partial \beta} + \frac{\partial \Omega}{\partial c}\frac{\partial c}{\partial \beta} + \ldots,$$
$$\ldots\ldots\ldots\ldots\ldots\ldots\ldots\ldots\ldots\ldots\ldots\ldots$$

et il n'y aura plus qu'à substituer ces valeurs dans celles de $\frac{da}{dt}, \frac{db}{dt}, \cdots$ de l'article précédent.

En faisant ces substitutions et ordonnant les termes par rapport aux différences partielles de Ω, on voit d'abord que le coefficient de $\frac{\partial\Omega}{\partial a}$ est nul dans la valeur de $\frac{da}{dt}$, que celui de $\frac{\partial\Omega}{\partial b}$ est nul dans la valeur de $\frac{db}{dt}, \cdots$.

Ensuite, si, pour représenter la valeur de $\frac{da}{dt}$, on emploie la formule

$$\frac{da}{dt} = (a, b)\frac{\partial\Omega}{\partial b} + (a, c)\frac{\partial\Omega}{\partial c} + \ldots,$$

on aura

$$\begin{aligned}(a, b) = &+ \frac{\partial a}{\partial\lambda}\frac{\partial b}{\partial\alpha} + \frac{\partial a}{\partial\mu}\frac{\partial b}{\partial\beta} + \frac{\partial a}{\partial\nu}\frac{\partial b}{\partial\gamma} + \ldots\\ &- \frac{\partial a}{\partial\alpha}\frac{\partial b}{\partial\lambda} - \frac{\partial a}{\partial\beta}\frac{\partial b}{\partial\mu} - \frac{\partial a}{\partial\gamma}\frac{\partial b}{\partial\nu} - \ldots,\end{aligned}$$

$$\begin{aligned}(a, c) = &+ \frac{\partial a}{\partial\lambda}\frac{\partial c}{\partial\alpha} + \frac{\partial a}{\partial\mu}\frac{\partial c}{\partial\beta} + \frac{\partial a}{\partial\nu}\frac{\partial c}{\partial\gamma} + \ldots\\ &- \frac{\partial a}{\partial\alpha}\frac{\partial c}{\partial\lambda} - \frac{\partial a}{\partial\beta}\frac{\partial c}{\partial\mu} - \frac{\partial a}{\partial\gamma}\frac{\partial c}{\partial\nu} - \ldots,\end{aligned}$$

....

Et, pour avoir la valeur de $\frac{db}{dt}$, il n'y aura qu'à changer dans ces formules a en b et b en a, en remarquant que l'on a

$$(b, a) = -(a, b);$$

on aura ainsi

$$\frac{db}{dt} = -(a, b)\frac{\partial\Omega}{\partial a} + (b, c)\frac{\partial\Omega}{\partial c} + \ldots,$$

.................................,

$$\begin{aligned}(b, c) = &+ \frac{\partial b}{\partial\lambda}\frac{\partial c}{\partial\alpha} + \frac{\partial b}{\partial\mu}\frac{\partial c}{\partial\beta} + \frac{\partial b}{\partial\nu}\frac{\partial c}{\partial\gamma} + \ldots\\ &- \frac{\partial b}{\partial\alpha}\frac{\partial c}{\partial\lambda} - \frac{\partial b}{\partial\beta}\frac{\partial c}{\partial\mu} - \frac{\partial b}{\partial\gamma}\frac{\partial c}{\partial\nu} - \ldots,\end{aligned}$$

....

En général, si k représente une quelconque des constantes arbitraires $a, b, c, \ldots$, et qu'on observe que la valeur des symboles représentés par deux crochets devient nulle lorsque les deux lettres renfermées entre les crochets sont identiques, et qu'elle change simplement de signe lorsqu'on change l'ordre de ces lettres, on aura ces formules générales

$$\frac{dk}{dt} = (k, a)\frac{\partial\Omega}{\partial a} + (k, b)\frac{\partial\Omega}{\partial b} + (k, c)\frac{\partial\Omega}{\partial c} + \ldots,$$

$$(k, a) = +\frac{\partial k}{\partial\lambda}\frac{\partial a}{\partial\alpha} + \frac{\partial k}{\partial\mu}\frac{\partial a}{\partial\beta} + \frac{\partial k}{\partial\nu}\frac{\partial a}{\partial\gamma} + \ldots$$
$$- \frac{\partial k}{\partial\alpha}\frac{\partial a}{\partial\lambda} - \frac{\partial k}{\partial\beta}\frac{\partial a}{\partial\mu} - \frac{\partial k}{\partial\gamma}\frac{\partial a}{\partial\nu} - \ldots,$$

....

19. Le principal usage de ces formules est dans la théorie des planètes, pour calculer l'effet de leurs perturbations en le réduisant à la variation des constantes arbitraires qui sont les éléments du mouvement primitif. Elles sont surtout utiles pour déterminer les variations que les astronomes appellent *séculaires,* parce qu'elles ont des périodes très longues et indépendantes de celles qui ont lieu dans les variables primitives.

Comme les équations de l'article 18 ne contiennent d'autres fonctions du temps que les différences partielles de la fonction Ω, si l'on cherche, par la résolution en séries ou autrement, la partie A de la fonction Ω qui est indépendante du temps t et ne contient que les constantes arbitraires $a, b, c, \ldots$, il suffira de substituer dans ces équations A au lieu de Ω, et l'on aura directement les équations entre les quantités $a, b, c, \ldots$, devenues variables, et le temps t, lesquelles serviront à déterminer leurs variations séculaires, parce qu'elles sont débarrassées de tout sinus ou cosinus.

§ III. — *Où l'on démontre une propriété importante de la quantité qui exprime la force vive dans un système troublé par des forces perturbatrices.*

20. Les constantes arbitraires dont nous venons de donner les variations dépendent de la nature de chaque problème et ne peuvent être déterminées que dans les cas particuliers. Il y en a cependant une qui a lieu, en général, pour tous les problèmes où V n'est fonction que de $\xi, \psi, \varphi, \ldots$, c'est celle que l'intégration doit ajouter à t; car, comme les équations différentielles ne renferment alors que l'élément dt, il est clair que, dans les expressions finies des variables en fonction de t, on peut toujours mettre t plus une constante arbitraire à la place de t.

Désignons cette constante par K et rapportons-y les différences marquées par la caractéristique Δ dans la formule générale de l'article 11. On aura ainsi

$$\Delta\Omega = \frac{\partial\Omega}{\partial K}\Delta K, \qquad \Delta\xi = \frac{\partial\xi}{\partial K}\Delta K, \qquad \Delta\psi = \frac{\partial\psi}{\partial K}\Delta K, \qquad \ldots.$$

Mais, puisque $\xi, \psi, \varphi, \ldots$ sont fonctions de $t+K$, il est clair qu'on aura

$$\frac{\partial\xi}{\partial K} = \frac{d\xi}{dt} = \xi'$$

et, de même,

$$\frac{\partial\psi}{\partial K} = \frac{d\psi}{dt} = \psi', \qquad \frac{\partial\varphi}{\partial K} = \frac{d\varphi}{dt} = \varphi', \qquad \ldots.$$

Donc

$$\Delta\xi = \xi'\Delta K, \qquad \Delta\psi = \psi'\Delta K, \qquad \Delta\varphi = \varphi'\Delta K, \qquad \ldots.$$

Par la même raison, on aura

$$\Delta\frac{\partial Z}{\partial\xi'} = \frac{d\dfrac{\partial Z}{\partial\xi'}}{dt}\Delta K, \qquad \Delta\frac{\partial Z}{\partial\psi'} = \frac{d\dfrac{\partial Z}{\partial\psi'}}{dt}\Delta K, \qquad \ldots.$$

Mais les équations différentielles de l'article 3 donnent

$$\frac{d\frac{\partial Z}{\partial \xi'}}{dt}=\frac{\partial Z}{\partial \xi},\qquad \frac{d\frac{\partial Z}{\partial \psi'}}{dt}=\frac{\partial Z}{\partial \psi},\qquad \ldots.$$

Donc on aura

$$\Delta\frac{\partial Z}{\partial \xi'}=\frac{\partial Z}{\partial \xi}\Delta K,\qquad \Delta\frac{\partial Z}{\partial \psi'}=\frac{\partial Z}{\partial \psi}\Delta K,\qquad \ldots.$$

Ainsi la formule générale de l'article 11 deviendra par ces substitutions, et après la division par ΔK,

$$\frac{\partial \Omega}{\partial K}dt=\xi'\delta\frac{\partial Z}{\partial \xi'}+\psi'\delta\frac{\partial Z}{\partial \psi'}+\varphi'\delta\frac{\partial Z}{\partial \varphi'}+\ldots-\frac{\partial Z}{\partial \xi}\delta\xi-\frac{\partial Z}{\partial \psi}\delta\psi-\frac{\partial Z}{\partial \varphi}\delta\varphi-\ldots.$$

Or on a

$$\begin{aligned}\xi'\delta\frac{\partial Z}{\partial \xi'}&+\psi'\delta\frac{\partial Z}{\partial \psi'}+\varphi'\delta\frac{\partial Z}{\partial \varphi'}+\ldots\\&=\delta\left(\xi'\frac{\partial Z}{\partial \xi'}+\psi'\frac{\partial Z}{\partial \psi'}+\varphi'\frac{\partial Z}{\partial \varphi'}+\ldots\right)-\frac{\partial Z}{\partial \xi'}\delta\xi'-\frac{\partial Z}{\partial \psi'}\delta\psi'-\frac{\partial Z}{\partial \varphi'}\delta\varphi'-\ldots;\end{aligned}$$

et comme Z est censée fonction de $\xi, \psi, \varphi, \ldots$ et de $\xi', \psi', \varphi', \ldots$, on aura

$$\begin{aligned}\delta Z=&+\frac{\partial Z}{\partial \xi}\delta\xi+\frac{\partial Z}{\partial \psi}\delta\psi+\frac{\partial Z}{\partial \varphi}\delta\varphi+\ldots\\&+\frac{\partial Z}{\partial \xi'}\delta\xi'+\frac{\partial Z}{\partial \psi'}\delta\psi'+\frac{\partial Z}{\partial \varphi'}\delta\varphi'+\ldots.\end{aligned}$$

Donc l'équation précédente deviendra

$$\frac{\partial \Omega}{\partial K}dt=\delta\left(\xi'\frac{\partial Z}{\partial \xi'}+\psi'\frac{\partial Z}{\partial \psi'}+\varphi'\frac{\partial Z}{\partial \varphi'}+\ldots-Z\right),$$

dont le second membre doit être une fonction des constantes arbitraires, indépendante de t.

21. En effet, si l'on change Z en T−V et $\xi', \psi', \varphi', \ldots$ en $\frac{d\xi}{dt}, \frac{d\psi}{dt}, \frac{d\varphi}{dt}, \ldots$ (art. 3), il est facile de voir que la quantité

$$\xi'\frac{\partial Z}{\partial \xi'}+\psi'\frac{\partial Z}{\partial \psi'}+\varphi'\frac{\partial Z}{\partial \varphi'}+\ldots-Z$$

sera la même chose que la quantité

$$\frac{\delta T}{\delta d\xi} d\xi + \frac{\delta T}{\delta d\psi} d\psi + \frac{\delta T}{\delta d\varphi} d\varphi + \ldots - T + V,$$

que nous avons vue être toujours égale à une constante et qui se réduit à $T+V$ (Sect. IV, art. 14), d'où résulte l'équation $T+V=H$, laquelle exprime la conservation des forces vives du système.

Ainsi, en prenant H pour une des constantes arbitraires, on aura, pour sa variation due aux forces perturbatrices contenues dans la fonction Ω, cette formule très simple

$$dH = \frac{\partial \Omega}{\partial K} dt.$$

22. On pourrait aussi arriver à cette formule par un chemin plus court. En effet, si l'on reprend les équations de l'article 8, qu'on les ajoute ensemble après les avoir multipliées respectivement par $d\xi$, $d\psi$, $d\varphi$, ..., et qu'on intègre en employant les mêmes réductions que nous avons pratiquées dans l'article 14 de la Section précédente, on parviendra directement à l'équation

$$T + V = H \int \left(\frac{\partial \Omega}{\partial \xi} d\xi + \frac{\partial \Omega}{\partial \psi} d\psi + \frac{\partial \Omega}{\partial \varphi} d\varphi + \ldots \right),$$

dans laquelle la quantité qui est sous le signe n'est pas intégrable en général, parce que la fonction Ω, à cause de la mobilité qu'on peut supposer aux centres des forces perturbatrices, est censée contenir, outre les variables ξ, ψ, φ, ..., encore d'autres variables indépendantes de celles-là.

Dans le cas où il n'y a point de forces perturbatrices, on a simplement

$$T + V = H.$$

Or il est évident qu'on peut conserver cette forme à l'intégrale qu'on vient de trouver, en rendant variable la constante H et en faisant

$$dH = \frac{\partial \Omega}{\partial \xi} d\xi + \frac{\partial \Omega}{\partial \psi} d\psi + \frac{\partial \Omega}{\partial \varphi} d\varphi + \ldots;$$

mais il est visible que la quantité

$$\frac{\partial\Omega}{\partial\xi}d\xi + \frac{\partial\Omega}{\partial\psi}d\psi + \frac{\partial\Omega}{\partial\varphi}d\varphi + \ldots$$

n'est autre chose que la différentielle de Ω, en ne faisant varier que les quantités ξ, ψ, φ, ..., qui dépendent des équations différentielles primitives et qui sont supposées connues en fonctions de $t+\mathrm{K}$, en nommant K, comme dans l'article 20, la constante qui peut toujours s'ajouter à la variable t. Ainsi, comme les variables ξ, ψ, φ ne varient qu'avec le temps t, il est facile de voir que la quantité dont il s'agit sera la même chose que $\frac{\partial\Omega}{\partial\mathrm{K}}dt$; par conséquent, on aura, comme plus haut, l'équation

$$\frac{d\mathrm{H}}{dt} = \frac{\partial\Omega}{\partial\mathrm{K}}.$$

23. Cette équation peut donc aussi se mettre sous la forme

$$\frac{d\mathrm{H}}{dt} = \frac{\partial\Omega}{\partial t},$$

pourvu que, dans la différence partielle de Ω, on ne fasse varier le t qu'autant qu'il est contenu dans les expressions des variables ξ, ψ, φ, ...; et il résulte de cette formule que, si la fonction Ω ne contient le temps t que sous les signes de sinus et cosinus, comme cela a lieu dans la théorie des planètes, l'expression de $\frac{\partial\Omega}{\partial t}$ ne pourra contenir que des termes périodiques, parce que tout terme constant de Ω s'en ira par la différentiation relative à t. Ainsi, dans la première approximation, où l'on regarde comme absolument constantes les constantes arbitraires qui entrent dans la fonction Ω, l'intégrale de $\frac{\partial\Omega}{\partial t}dt$, c'est-à-dire la valeur de H, ne pourra pas contenir des termes tels que $\mathrm{N}t$ qui croissent avec le temps t. Nous avons vu plus haut (art. 16) que la seconde approximation ne peut donner à Ω aucun terme qui ne soit périodique; donc la même conclusion relative à la valeur de H aura lieu encore dans le seconde approximation.

24. La quantité T exprime la force vive du système, et elle est égale à H — V. Lorsque le système n'est troublé par aucune force perturbatrice, la quantité H est constante, et la force vive ne dépend que des forces accélératrices contenues dans l'expression de V, comme on l'a vu (Sect. III, art. 34). Cette quantité devient variable quand il y a des forces perturbatrices, par conséquent la force vive sera altérée par l'action de ces forces; mais, par ce que nous venons de démontrer, on voit que ses altérations ne pourront être que périodiques si l'expression des forces perturbatrices est périodique, du moins dans les deux premières approximations. Ce résultat est d'une grande importance dans le calcul des perturbations.

SECTION SIXIÈME.

SUR LES OSCILLATIONS TRÈS PETITES D'UN SYSTÈME QUELCONQUE DE CORPS.

Les équations différentielles du mouvement d'un système quelconque de corps sont toujours intégrables dans le cas où les corps ne s'écartent que très peu de leurs points d'équilibre; et l'on peut alors déterminer les lois des oscillations de tout le système. L'analyse générale de ce cas, qui est très étendu, et la solution de quelques-uns des principaux problèmes qui s'y rapportent sont l'objet de cette Section.

§ I. — *Solution générale du problème des oscillations très petites d'un système de corps autour de leurs points d'équilibre.*

1. Soient a, b, c les valeurs des coordonnées rectangles x, y, z de chaque corps m du système proposé dans le lieu de son équilibre. Comme on suppose que le système, dans son mouvement, s'éloigne très peu de sa situation d'équilibre, on aura, en général,

$$x = a + \alpha, \qquad y = b + \beta, \qquad z = c + \gamma,$$

les variables α, β, γ étant toujours très petites; il suffira, par conséquent, d'avoir égard à la première dimension de ces quantités dans les équations différentielles du mouvement. La même chose aura lieu pour les autres quantités analogues, qu'on distingue par un, deux, ... traits, relativement aux différents corps m′, m″, ... du même système.

Considérons d'abord les équations de condition qui doivent avoir lieu par la nature du système, et qu'on peut représenter par

$$L = 0, \qquad M = 0, \qquad \ldots,$$

L, M, ... étant des fonctions algébriques données des coordonnées x,

$y, z, x', y', \ldots$. Comme la position d'équilibre est une de celles que le système peut avoir, il s'ensuit que les mêmes équations $L = 0$, $M = 0$, ... devront subsister en supposant que $x, y, z, x', \ldots$ deviennent $a, b, c, a', \ldots$; d'où il est facile de conclure que ces équations ne sauraient renfermer le temps t.

Soient A, B, ... ce que deviennent L, M, ... lorsque $x, y, z, x', \ldots$ deviennent $a, b, c, a', \ldots$; il est clair qu'en substituant pour $x, y, z, x', \ldots$ leurs valeurs $a + \alpha$, $b + \beta$, $c + \gamma$, $a' + \alpha'$, ..., on aura, à cause de la petitesse de $\alpha, \beta, \gamma, \alpha', \ldots$,

$$L = A + \frac{\partial A}{\partial a}\alpha + \frac{\partial A}{\partial b}\beta + \frac{\partial A}{\partial c}\gamma + \frac{\partial A}{\partial a'}\alpha' + \ldots,$$

$$M = B + \frac{\partial B}{\partial a}\alpha + \frac{\partial B}{\partial b}\beta + \frac{\partial B}{\partial c}\gamma + \frac{\partial B}{\partial a'}\alpha' + \ldots,$$

et ainsi de suite. Donc:

1° On aura

$$A = 0, \qquad B = 0, \qquad \ldots,$$

relativement à l'équilibre;

2° On aura les équations

$$\frac{\partial A}{\partial a}\alpha + \frac{\partial A}{\partial b}\beta + \frac{\partial A}{\partial c}\gamma + \frac{\partial A}{\partial a'}\alpha' + \ldots = 0,$$

$$\frac{\partial B}{\partial a}\alpha + \frac{\partial B}{\partial b}\beta + \frac{\partial B}{\partial c}\gamma + \frac{\partial B}{\partial a'}\alpha' + \ldots = 0,$$

$$\ldots\ldots\ldots\ldots\ldots\ldots\ldots\ldots\ldots\ldots,$$

lesquelles donneront la relation qui doit subsister entre les variables $\alpha, \beta, \gamma, \alpha', \ldots$.

En négligeant d'abord les quantités très petites du second ordre et des ordres supérieurs, on aura des équations linéaires par lesquelles on déterminera les valeurs de quelques-unes de ces variables par les autres; ensuite, par ces premières valeurs, on en trouvera de plus exactes en tenant compte des secondes puissances et des puissances plus hautes, comme on voudra. On aura ainsi les valeurs de quelques-unes des variables $\alpha, \beta, \gamma, \alpha', \ldots$, exprimées par des fonctions en série des autres variables; et ces variables restantes seront alors absolument indépendantes entre elles.

On pourra aussi, dans la plupart des cas, en ayant égard aux conditions du problème, réduire les coordonnées, immédiatement par des substitutions, en fonctions rationnelles et entières d'autres variables indépendantes entre elles et très petites, dont la valeur soit nulle dans l'état d'équilibre.

Nous supposerons donc, en général, que l'on ait

$$x = a + a_1\xi + a_2\psi + a_3\varphi + \ldots + a'_1\xi^2 + \ldots,$$
$$y = b + b_1\xi + b_2\psi + b_3\varphi + \ldots + b'_1\xi^2 + \ldots,$$
$$z = c + c_1\xi + c_2\psi + c_3\varphi + \ldots + c'_1\xi^2 + \ldots,$$

et ainsi des autres coordonnées x', y', ...; les quantités a, b, c, a_1, b_1, ... sont constantes, et les quantités ξ, ψ, φ, ... sont variables, très petites, et nulles dans l'équilibre.

2. Il ne s'agira que de faire ces substitutions dans les valeurs de T et V de l'article 10 de la Section IV; et il suffira de tenir compte des secondes dimensions pour avoir des équations différentielles linéaires. Et d'abord il est clair que la valeur de T sera de cette forme

$$\mathrm{T} = \frac{1}{2}\left[(1)\frac{d\xi^2}{dt^2} + (2)\frac{d\psi^2}{dt^2} + (3)\frac{d\varphi^2}{dt^2} + \ldots\right]$$
$$+ (1,2)\frac{d\xi}{dt}\frac{d\psi}{dt} + (1,3)\frac{d\xi}{dt}\frac{d\varphi}{dt} + (2,3)\frac{d\psi}{dt}\frac{d\varphi}{dt} + \ldots,$$

en supposant, pour abréger,

$$(1) = \mathrm{S}\,\mathrm{m}\,(a_1^2 + b_1^2 + c_1^2),$$
$$(2) = \mathrm{S}\,\mathrm{m}\,(a_2^2 + b_2^2 + c_2^2),$$
$$(3) = \mathrm{S}\,\mathrm{m}\,(a_3^2 + b_3^2 + c_3^2),$$
$$\ldots\ldots\ldots\ldots\ldots\ldots;$$
$$(1,2) = \mathrm{S}\,\mathrm{m}\,(a_1 a_2 + b_1 b_2 + c_1 c_2),$$
$$(1,3) = \mathrm{S}\,\mathrm{m}\,(a_1 a_3 + b_1 b_3 + c_1 c_3),$$
$$(2,3) = \mathrm{S}\,\mathrm{m}\,(a_2 a_3 + b_2 b_3 + c_2 c_3),$$
$$\ldots\ldots\ldots\ldots\ldots\ldots\ldots\ldots,$$

où le signe S dénote des intégrations ou sommations relatives à tous les différents corps m du système, et en même temps indépendantes des variations ξ, ψ, φ, ..., ainsi que du temps t.

Ensuite, si l'on dénote par F la fonction algébrique Π, en y mettant a, b, c à la place de x, y, z, il est clair que la valeur générale de Π sera représentée ainsi

$$\begin{aligned}
&F + (a_1\xi + a_2\psi + a_3\varphi + \ldots)\frac{\partial F}{\partial a}\\
&\quad + (b_1\xi + b_2\psi + b_3\varphi + \ldots)\frac{\partial F}{\partial b}\\
&\quad + (c_1\xi + c_2\psi + c_3\varphi + \ldots)\frac{\partial F}{\partial c}\\
&\quad + \frac{(a_1\xi + a_2\psi + a_3\varphi + \ldots)^2}{2}\frac{\partial^2 F}{\partial a^2}\\
&\quad + (a_1\xi + a_2\psi + a_3\varphi + \ldots)(b_1\xi + b_2\psi + b_3\varphi + \ldots)\frac{\partial^2 F}{\partial a\,\partial b}\\
&\quad + \frac{(b_1\xi + b_2\psi + b_3\varphi + \ldots)^2}{2}\frac{\partial^2 F}{\partial b^2},\\
&\quad \ldots\ldots\ldots\ldots\ldots\ldots,
\end{aligned}$$

où il suffit d'avoir égard aux secondes dimensions ξ, ψ, φ, ...

Multipliant donc cette fonction par m et intégrant avec le signe S, on aura, en général,

$$\begin{aligned}
V = H + H_1\xi + H_2\psi + H_3\varphi + \ldots + \frac{[1]\xi^2 + [2]\psi^2 + [3]\varphi^2 + \ldots}{2}\\
+ [1,2]\xi\psi + [1,3]\xi\varphi + [2,3]\psi\varphi + \ldots;
\end{aligned}$$

$$\begin{aligned}
H &= \mathsf{S}\,\mathrm{m}F,\\
H_1 &= \mathsf{S}\,\mathrm{m}\left(a_1\frac{\partial F}{\partial a} + b_1\frac{\partial F}{\partial b} + c_1\frac{\partial F}{\partial c}\right),\\
H_2 &= \mathsf{S}\,\mathrm{m}\left(a_2\frac{\partial F}{\partial a} + b_2\frac{\partial F}{\partial b} + c_2\frac{\partial F}{\partial c}\right),\\
H_3 &= \mathsf{S}\,\mathrm{m}\left(a_3\frac{\partial F}{\partial a} + b_3\frac{\partial F}{\partial b} + c_3\frac{\partial F}{\partial c}\right),\\
&\ldots\ldots\ldots\ldots\ldots\ldots;
\end{aligned}$$

$$[1] = \mathbf{S}\,\mathrm{m} \left\{ \begin{aligned} & a_1^2 \frac{\partial^2 F}{\partial a^2} + b_1^2 \frac{\partial^2 F}{\partial b^2} + c_1^2 \frac{\partial^2 F}{\partial c^2} \\ & + 2 a_1 b_1 \frac{\partial^2 F}{\partial a\, \partial b} + 2 a_1 c_1 \frac{\partial^2 F}{\partial a\, \partial c} + 2 b_1 c_1 \frac{\partial^2 F}{\partial b\, \partial c} \end{aligned} \right\},$$

$$[2] = \mathbf{S}\,\mathrm{m} \left\{ \begin{aligned} & a_2^2 \frac{\partial^2 F}{\partial a^2} + b_2^2 \frac{\partial^2 F}{\partial b^2} + c_2^2 \frac{\partial^2 F}{\partial c^2} \\ & + 2 a_2 b_2 \frac{\partial^2 F}{\partial a\, \partial b} + 2 a_2 c_2 \frac{\partial^2 F}{\partial a\, \partial c} + 2 b_2 c_2 \frac{\partial^2 F}{\partial b\, \partial c} \end{aligned} \right\},$$

$$[3] = \mathbf{S}\,\mathrm{m} \left\{ \begin{aligned} & a_3^2 \frac{\partial^2 F}{\partial a^2} + b_3^2 \frac{\partial^2 F}{\partial b^2} + c_3^2 \frac{\partial^2 F}{\partial c^2} \\ & + 2 a_3 b_3 \frac{\partial^2 F}{\partial a\, \partial b} + 2 a_3 c_3 \frac{\partial^2 F}{\partial a\, \partial c} + 2 b_3 c_3 \frac{\partial^2 F}{\partial b\, \partial c} \end{aligned} \right\},$$

. . . . ;

$$[1,2] = \mathbf{S}\,\mathrm{m} \left\{ \begin{aligned} & a_1 a_2 \frac{\partial^2 F}{\partial a^2} + b_1 b_2 \frac{\partial^2 F}{\partial b^2} + c_1 c_2 \frac{\partial^2 F}{\partial c^2} \\ & + (a_1 b_2 + a_2 b_1) \frac{\partial^2 F}{\partial a\, \partial b} + (a_1 c_2 + a_2 c_1) \frac{\partial^2 F}{\partial a\, \partial c} \\ & + (b_1 c_2 + b_2 c_1) \frac{\partial^2 F}{\partial b\, \partial c} \end{aligned} \right\},$$

$$[1,3] = \mathbf{S}\,\mathrm{m} \left\{ \begin{aligned} & a_1 a_3 \frac{\partial^2 F}{\partial a^2} + b_1 b_3 \frac{\partial^2 F}{\partial b^2} + c_1 c_3 \frac{\partial^2 F}{\partial c^2} \\ & + (a_1 b_3 + a_3 b_1) \frac{\partial^2 F}{\partial a\, \partial b} + (a_1 c_3 + a_3 c_1) \frac{\partial^2 F}{\partial a\, \partial c} \\ & + (b_1 c_3 + b_3 c_1) \frac{\partial^2 F}{\partial b\, \partial c} \end{aligned} \right\},$$

$$[2,3] = \mathbf{S}\,\mathrm{m} \left\{ \begin{aligned} & a_2 a_3 \frac{\partial^2 F}{\partial a^2} + b_2 b_3 \frac{\partial^2 F}{\partial b^2} + c_2 c_3 \frac{\partial^2 F}{\partial c^2} \\ & + (a_2 b_3 + a_3 b_2) \frac{\partial^2 F}{\partial a\, \partial b} + (a_2 c_3 + a_3 c_2) \frac{\partial^2 F}{\partial a\, \partial c} \\ & + (b_2 c_3 + b_3 c_2) \frac{\partial^2 F}{\partial b\, \partial c} \end{aligned} \right\},$$

. . . .

3. Ayant ainsi les valeurs de T et V exprimées en fonctions des variables ξ, ψ, φ, ..., indépendantes entre elles, on n'aura plus aucune équation de condition à employer; et comme la quantité T ne contient

que les différentielles des variables, on aura sur-le-champ, pour le mouvement du système, les équations suivantes :

$$d\frac{\delta T}{\delta d\xi} + \frac{\delta V}{\delta \xi} = 0,$$

$$d\frac{\delta T}{\delta d\psi} + \frac{\delta V}{\delta \psi} = 0,$$

$$d\frac{\delta T}{\delta d\varphi} + \frac{\delta V}{\delta \varphi} = 0,$$

$$\ldots\ldots\ldots\ldots\ldots,$$

dont le nombre sera, comme l'on voit, égal à celui des variables.

Ces équations doivent avoir lieu aussi dans l'état d'équilibre, puisque le système, y étant une fois, y resterait toujours de lui-même; or, dans l'équilibre, on a constamment $x = a$, $y = b$, $z = c$; $x' = a'$, ..., par l'hypothèse, donc

$$\xi = 0, \qquad \psi = 0, \qquad \varphi = 0, \qquad \ldots,$$

ainsi que

$$\frac{d\xi}{dt} = 0, \qquad \frac{d\psi}{dt} = 0, \qquad \ldots; \qquad \frac{d^2\xi}{dt^2} = 0, \qquad \ldots.$$

Donc les termes $d\frac{\delta T}{\delta d\xi}$, $d\frac{\delta T}{\delta d\psi}$, $\cdots$ seront nuls, et les termes $\frac{\delta V}{\delta \xi}$, $\frac{\delta V}{\delta \psi}$, $\frac{\delta V}{\delta \varphi}$, $\cdots$ se réduiront à H_1, H_2, H_3, ... Par conséquent, on aura

$$H_1 = 0, \qquad H_2 = 0, \qquad H_3 = 0, \qquad \ldots.$$

Ce sont les conditions nécessaires pour que a, b, c, a', ... soient les valeurs de x, y, z, x', ... pour l'état d'équilibre, comme on le suppose.

En effet, il est visible que

$$dV = \mathsf{S}\, m(P\,dp + Q\,dq + R\,dr + \ldots)$$

exprime la somme des moments de toutes les forces mP, mQ, mR, ... appliquées à tous les corps m du système et qui doivent se détruire mutuellement dans l'état d'équilibre; donc, par la formule générale donnée (Part. I, Sect. II), il faudra que l'on ait

$$dV = 0,$$

par rapport à chacune des variables indépendantes; par conséquent,

$$\frac{\partial V}{\partial \xi} = 0, \qquad \frac{\partial V}{\partial \psi} = 0, \qquad \frac{\partial V}{\partial \varphi} = 0, \qquad \ldots$$

seront les conditions de l'équilibre, lequel étant supposé répondre à

$$\xi = 0, \qquad \psi = 0, \qquad \varphi = 0, \qquad \ldots,$$

on aura

$$H_1 = 0, \qquad H_2 = 0, \qquad H_3 = 0, \qquad \ldots,$$

de sorte que les premières dimensions des variables ξ, ψ, φ, ... dans l'expression de V disparaîtront toujours.

Substituant donc dans les équations générales les valeurs de T et de V, et faisant H_1, H_2, H_3, ... nuls, on aura, pour le mouvement du système,

$$0 = (1)\frac{d^2\xi}{dt^2} + (1, 2)\frac{d^2\psi}{dt^2} + (1, 3)\frac{d^2\varphi}{dt^2} + \ldots + [1]\xi + [1, 2]\psi + [1, 3]\varphi + \ldots,$$

$$0 = (2)\frac{d^2\psi}{dt^2} + (1, 2)\frac{d^2\xi}{dt^2} + (2, 3)\frac{d^2\varphi}{dt^2} + \ldots + [2]\psi + [1, 2]\xi + [2, 3]\varphi + \ldots,$$

$$0 = (3)\frac{d^2\varphi}{dt^2} + (1, 3)\frac{d^2\xi}{dt^2} + (2, 3)\frac{d^2\psi}{dt^2} + \ldots + [3]\varphi + [1, 3]\xi + [2, 3]\psi + \ldots,$$

....,

équations qui, étant sous une forme linéaire avec des coefficients constants, peuvent être intégrées rigoureusement et généralement par les méthodes connues.

4. On peut supposer d'abord que les variables, dans ces sortes d'équations, aient entre elles des rapports constants, c'est-à-dire que l'on ait

$$\psi = f\xi, \qquad \varphi = g\xi, \qquad \ldots;$$

par ces substitutions, elles deviendront

$$[(1)+(1,2)f+(1,3)g+\ldots]\frac{d^2\xi}{dt^2}+([1]+[1,2]f+[1,3]g+\ldots)\xi=0,$$

$$[(2)f+(1,2)+(2,3)g+\ldots]\frac{d^2\xi}{dt^2}+([2]f+[1,2]+[2,3]g+\ldots)\xi=0,$$

$$[(3)g+(1,3)+(2,3)f+\ldots]\frac{d^2\xi}{dt^2}+([3]g+[1,3]+[2,3]f+\ldots)\xi=0,$$

$$\ldots\ldots\ldots\ldots\ldots\ldots\ldots\ldots\ldots\ldots\ldots\ldots\ldots\ldots,$$

lesquelles donnent

$$\frac{d^2\xi}{dt^2}+k\xi=0,$$

en faisant

$$k=\frac{[1]+[1,2]f+[1,3]g+\ldots}{(1)+(1,2)f+(1,3)g+\ldots}$$
$$=\frac{[2]f+[1,2]+[2,3]g+\ldots}{(2)f+(1,2)+(2,3)g+\ldots}$$
$$=\frac{[3]g+[1,3]+[2,3]f+\ldots}{(3)g+(2,3)+(2,3)f+\ldots}.$$

Le nombre de ces équations est, comme l'on voit, égal à celui des inconnues f, g, …, k; par conséquent, elles déterminent exactement ces inconnues; et comme, en retenant pour premier membre le terme k et le multipliant respectivement par le dénominateur du second, on a des équations linéaires en f, g, …, on pourra les éliminer par les méthodes connues, et il n'est pas difficile de voir, par les formules générales d'élimination, que la résultante en k sera d'un degré égal à celui des équations, et, par conséquent, égal à celui des équations différentielles proposées; de sorte que l'on aura pour k un pareil nombre de différentes valeurs, dont chacune, étant substituée dans les expressions de f, g, …, donnera les valeurs correspondantes de ces quantités.

Maintenant l'équation

$$\frac{d^2\xi}{dt^2}+k\xi=0$$

donne par l'intégration

$$\xi=\mathrm{E}\sin(t\sqrt{k}+\varepsilon),$$

E, ε étant des constantes arbitraires; ainsi, comme on a supposé $\psi = f\xi$, $\varphi = g\xi$, ..., on aura aussi les valeurs de ψ, φ, ...

Cette solution n'est que particulière, mais elle est en même temps double, triple, etc., selon le nombre des valeurs de k; par conséquent, en les joignant ensemble, on aura la solution générale, puisque d'un côté la somme des valeurs particulières de ξ, ψ, φ, ... satisfera également aux équations différentielles, à cause de leur forme linéaire, et que de l'autre cette somme contiendra deux fois autant de constantes arbitraires qu'il y a d'équations et, par conséquent, autant que les intégrales complètes peuvent en admettre.

Dénotant par k', k'', k''', ... les différentes valeurs de k, c'est-à-dire les racines de l'équation en k, et par f', g', ...; f'', g'', ...; f''', g''', ...; ... les valeurs correspondantes de f, g, ..., et prenant un pareil nombre de coefficients arbitraires E', E'', E''', ... et d'angles aussi arbitraires ε', ε'', ε''', ..., on aura ces valeurs complètes de ξ, ψ, φ, ...

$$\begin{aligned}
\xi &= \mathrm{E}'\sin(t\sqrt{k'}+\varepsilon') + \mathrm{E}''\sin(t\sqrt{k''}+\varepsilon'') + \mathrm{E}'''\sin(t\sqrt{k'''}+\varepsilon''') + \ldots,\\
\psi &= f'\,\mathrm{E}'\sin(t\sqrt{k'}+\varepsilon') + f''\,\mathrm{E}''\sin(t\sqrt{k''}+\varepsilon'') + f'''\,\mathrm{E}'''\sin(t\sqrt{k'''}+\varepsilon''') + \ldots,\\
\varphi &= g'\,\mathrm{E}'\sin(t\sqrt{k'}+\varepsilon') + g''\,\mathrm{E}''\sin(t\sqrt{k''}+\varepsilon'') + g'''\,\mathrm{E}'''\sin(t\sqrt{k'''}+\varepsilon''') + \ldots,\\
&\ldots\ldots\ldots\ldots\ldots\ldots\ldots\ldots\ldots\ldots\ldots\ldots,
\end{aligned}$$

dans lesquelles les arbitraires E', E'', E''', ...; ε', ε'', ε''', ... dépendront des valeurs de ξ, ψ, φ, ...; $\frac{d\xi}{dt}$, $\frac{d\psi}{dt}$, $\frac{d\varphi}{dt}$, ... lorsque t est égal à o, et, par conséquent, de l'état initial du système.

En effet, si, dans les expressions trouvées de ξ, ψ, φ, ..., on fait $t = 0$, et qu'on suppose données les valeurs de ξ, ψ, φ, ..., on aura des équations linéaires entre les inconnues $\mathrm{E}'\sin\varepsilon'$, $\mathrm{E}''\sin\varepsilon''$, ..., par lesquelles on pourra déterminer chacune de ces inconnues. De même, si l'on fait $t = 0$ dans les différentielles des mêmes expressions, et qu'on regarde aussi comme données les valeurs de $\frac{d\xi}{dt}$, $\frac{d\psi}{dt}$, $\frac{d\varphi}{dt}$, ..., on aura un second système d'équations linéaires entre $\mathrm{E}'\cos\varepsilon'$, $\mathrm{E}''\cos\varepsilon''$, ..., lesquelles serviront à leur détermination. De là on tirera aisément les valeurs de E', E'', ... ainsi que de $\tang \varepsilon'$, $\tang \varepsilon''$, ... et enfin celles des angles mêmes ε', ε'', ...

Mais voici un moyen plus simple de déterminer ces inconnues directement et sans les embarras de l'élimination.

5. Je remarque qu'en ajoutant ensemble les équations différentielles de l'article 3, après avoir multiplié la deuxième par f, la troisième par g, et ainsi de suite, et faisant, pour abréger,

$$\begin{aligned}
p &= (1) + (1, 2)f + (1, 3)g + \ldots,\\
P &= [1] + [1, 2]f + [1, 3]g + \ldots,\\
q &= (2)f + (1, 2) + (2, 3)g + \ldots,\\
Q &= [2]f + [1, 2] + [2, 3]g + \ldots,\\
r &= (3)g + (1, 3) + (2, 3)f + \ldots,\\
R &= [3]g + [1, 3] + [2, 3]f + \ldots,\\
&\ldots\ldots\ldots\ldots\ldots\ldots\ldots\ldots,
\end{aligned}$$

on a l'équation

$$p\frac{d^2\xi}{dt^2} + q\frac{d^2\psi}{dt^2} + r\frac{d^2\varphi}{dt^2} + \ldots + P\xi + Q\psi + R\varphi + \ldots = 0.$$

Mais les équations de l'article 4 donnent

$$P = kp, \qquad Q = kq, \qquad R = kr, \qquad \ldots.$$

Donc l'équation précédente deviendra de la forme

$$\frac{d^2(p\xi + q\psi + r\varphi + \ldots)}{dt^2} + k(p\xi + q\psi + r\varphi + \ldots) = 0,$$

dont l'intégrale est

$$p\xi + q\psi + r\varphi + \ldots = L\sin(t\sqrt{k} + \lambda),$$

L et λ étant deux constantes arbitraires.

Cette équation doit avoir lieu également pour toutes les différentes valeurs de k qui résultent des mêmes équations de condition et que nous avons dénotées par k', k'', ... Ainsi, désignant de même par p', p'', ..., q', q'', ... les valeurs correspondantes de p, q, ..., et prenant différentes constantes arbitraires L′, L″, ..., λ′, λ″, ..., on aura les équations suivantes :

$$p'\xi + q'\psi + r'\varphi + \ldots = L'\sin(t\sqrt{k'} + \lambda'),$$
$$p''\xi + q''\psi + r''\varphi + \ldots = L''\sin(t\sqrt{k''} + \lambda''),$$
$$p'''\xi + q'''\psi + r'''\varphi + \ldots = L'''\sin(t\sqrt{k'''} + \lambda'''),$$
$$\ldots\ldots\ldots\ldots\ldots\ldots\ldots\ldots\ldots\ldots$$

Ces équations serviraient généralement à déterminer les valeurs de ξ, ψ, φ, ..., et il est clair que ces valeurs devraient coïncider avec celles qu'on a trouvées ci-dessus (art. 4), puisqu'elles résultent les unes et les autres des mêmes équations différentielles. Ainsi, en substituant les valeurs de l'article cité dans les équations précédentes, elles devront devenir entièrement identiques.

D'où il est facile de conclure que, pour la première équation, on aura

$$\lambda' = \varepsilon', \qquad L' = (p' + f'q' + g'r' + \ldots)E',$$

ensuite

$$p' + f''q' + g''r' + \ldots = 0, \qquad p' + f'''q' + g'''r' + \ldots = 0, \qquad \ldots;$$

que l'on aura de même, pour la seconde équation,

$$\lambda'' = \varepsilon'', \qquad L'' = (p'' + f''q'' + g''r'' + \ldots)E'',$$

ensuite

$$p'' + f'q'' + g'r'' + \ldots = 0, \qquad p'' + f'''q'' + g'''r'' + \ldots = 0, \qquad \ldots,$$

et ainsi des autres.

Donc, substituant dans les équations ci-dessus, pour λ′, L′, λ″, L″, λ‴, L‴, ..., les valeurs qu'on vient de trouver, on aura celles-ci

$$E'\sin(t\sqrt{k'} + \varepsilon') = \frac{p'\xi + q'\psi + r'\varphi + \ldots}{p' + q'f' + r'g' + \ldots},$$
$$E''\sin(t\sqrt{k''} + \varepsilon'') = \frac{p''\xi + q''\psi + r''\varphi + \ldots}{p'' + q''f'' + r''g'' + \ldots},$$
$$E'''\sin(t\sqrt{k'''} + \varepsilon''') = \frac{p'''\xi + q'''\psi + r'''\varphi + \ldots}{p''' + q'''f''' + r'''g''' + \ldots},$$
$$\ldots\ldots\ldots\ldots\ldots\ldots\ldots\ldots\ldots\ldots,$$

qui sont les réciproques de celles de l'article 4.

Maintenant, la détermination des arbitraires E', E'', ..., ε', ε'', ... n'a plus de difficulté; car :

1° En supposant $t=0$, les premiers membres des équations précédentes deviennent $E'\sin\varepsilon'$, $E''\sin\varepsilon''$, ..., et les seconds sont tous connus, en supposant les valeurs de ξ, ψ, φ, ... données dans le premier instant;

2° En différentiant les mêmes équations et supposant ensuite $t=0$, les premiers membres seront

$$\sqrt{k'}E'\cos\varepsilon', \quad \sqrt{k''}E''\cos\varepsilon'', \quad \ldots,$$

et les seconds seront aussi tous connus, en regardant comme données les quantités $\frac{d\xi}{dt}$, $\frac{d\psi}{dt}$, $\frac{d\varphi}{dt}$, ... lorsque $t=0$. Donc, etc.

6. La solution du problème est donc réduite uniquement à la détermination des quantités k, f, g, h, ...; et nous avons vu dans l'article 4 que cette détermination dépend de la résolution des équations

$$pk-P=0, \qquad qk-Q=0, \qquad rk-R=0, \qquad \ldots,$$

en conservant les expressions de p, q, r, ..., P, Q, R, ... de l'article 5.

Or, si l'on représente par A ce que devient la quantité T en y changeant $\frac{d\xi}{dt}$, $\frac{d\psi}{dt}$, $\frac{d\varphi}{dt}$, ... en e, f, g, ..., et par B ce que devient la partie de la quantité V où les variables ξ, ψ, φ, ... forment ensemble deux dimensions, en changeant de même ces variables en e, f, g, ..., il est aisé de voir, et l'on pourrait même s'en convaincre *a priori*, que l'on aura

$$p=\frac{\partial A}{\partial e}, \qquad q=\frac{\partial A}{\partial f}, \qquad r=\frac{\partial A}{\partial g}, \qquad \ldots,$$

$$P=\frac{\partial B}{\partial e}, \qquad Q=\frac{\partial B}{\partial f}, \qquad R=\frac{\partial B}{\partial g}, \qquad \ldots,$$

en faisant ensuite $e=1$.

Donc, en général, si l'on fait

$$Ak-B=K,$$

les équations pour la détermination des inconnues k, f, g, ... seront

$$\frac{\partial K}{\partial e} = 0, \qquad \frac{\partial K}{\partial f} = 0, \qquad \frac{\partial K}{\partial g} = 0, \qquad \ldots,$$

en supposant $e = 1$. Ainsi, comme la quantité K se forme immédiatement des quantités T et V, on pourra aussi trouver directement les équations dont il s'agit, sans avoir besoin de les déduire des équations différentielles du mouvement du système.

Je remarque maintenant que, puisque K est une fonction homogène de deux dimensions de e, f, g, ..., on aura, par la propriété de ces sortes de fonctions démontrée (Sect. IV, art. 15),

$$2K = e\frac{\partial K}{\partial e} + f\frac{\partial K}{\partial f} + g\frac{\partial K}{\partial g} + \ldots.$$

Donc on aura aussi

$$K = 0;$$

par conséquent, les inconnues f, g, h, ... doivent être telles que non seulement la quantité K soit nulle, mais que chacune de ses différentielles relatives à ces inconnues le soit aussi; d'où il s'ensuit que la quantité k, regardée comme une fonction de ces inconnues dépendante de l'équation $K = 0$, devra être un maximum ou un minimum.

Si l'on fait d'abord $e = 1$, et qu'on remplace par $K = 0$ l'équation $\frac{\partial K}{\partial e} = 0$, on aura, pour la détermination des inconnues f, g, h, ..., les équations

$$K = 0, \qquad \frac{\partial K}{\partial f} = 0, \qquad \frac{\partial K}{\partial g} = 0, \qquad \ldots.$$

Si donc on tire d'abord la valeur de f de l'équation $\frac{\partial K}{\partial f} = 0$, et qu'en la substituant dans $K = 0$ on change cette équation en

$$K' = 0,$$

il n'y aura qu'à faire ensuite

$$\frac{\partial K'}{\partial g} = 0$$

et substituer de même la valeur de g tirée de cette dernière équation dans $K' = 0$; alors, nommant

$$K'' = 0$$

l'équation résultante, on fera de nouveau

$$\frac{\partial K''}{\partial h} = 0,$$

et ainsi de suite. Par ce moyen, on parviendra à une équation finale qui ne contiendra plus les inconnues $f, g, h, \ldots$, mais seulement la quantité k, et qui sera l'équation cherchée en k dont les racines ont été nommées $k', k'', k''', \ldots$.

On peut même réduire cette équation en une formule générale, en considérant que, puisque les quantités $f, g, h, \ldots$ ne forment ensemble dans la valeur de K que deux dimensions, la quantité $2K\frac{\partial^2 K}{\partial f^2} - \frac{\partial K^2}{\partial f^2}$ sera nécessairement sans f, sa différentielle relative à f étant $2K\frac{\partial^3 K}{\partial f^3}df$, et par conséquent nulle. De sorte qu'on pourra faire

$$K' = 2K\frac{\partial^2 K}{\partial f^2} - \frac{\partial K^2}{\partial f^2};$$

et comme, dans cette quantité K', les inconnues restantes $g, h, \ldots$ ne montent aussi qu'à la seconde dimension, on pourra faire de même

$$K'' = 2K'\frac{\partial^2 K'}{\partial g^2} - \frac{\partial K'^2}{\partial g^2},$$

et ainsi de suite. La dernière des quantités $K, K', K'', \ldots$, étant égalée à zéro, sera l'équation cherchée en k. Il est vrai que cette équation pourra monter à un degré plus haut qu'il ne faut, à cause des facteurs étrangers introduits dans les équations $K'' = 0$, $K''' = 0, \ldots$; mais si, en développant ces équations, on a soin de les débarrasser successivement de ces mêmes facteurs et de ne prendre ensuite pour les valeurs de $K'', K''', \ldots$ que leurs premiers membres ainsi simplifiés, l'équation finale se trouvera rabaissée d'elle-même à la forme et au degré dont elle doit être.

Quant aux valeurs de f, g, ..., on les déterminera ensuite par les équations

$$\frac{\partial K}{\partial f} = 0, \qquad \frac{\partial K'}{\partial g} = 0, \qquad \ldots,$$

en commençant par la dernière, et remontant à la première par la substitution successive des valeurs trouvées.

7. Comme la solution précédente est fondée sur la supposition que les variables ξ, ψ, φ, ... soient très petites, il faut, pour qu'elle soit légitime, que cette supposition ait lieu en effet; ce qui demande que les racines k', k'', ... soient toutes réelles, positives et inégales, afin que le temps t, qui croît à l'infini, soit toujours renfermé sous les signes de sinus ou cosinus. Si quelques-unes de ces racines devenaient négatives ou imaginaires, elles introduiraient dans les sinus ou cosinus correspondants des exponentielles réelles, et si elles devenaient simplement égales, elles y introduiraient des puissances algébriques de l'arc; c'est de quoi on peut s'assurer, par les méthodes connues, en mettant dans le premier cas, à la place des sinus ou cosinus, leurs expressions exponentielles imaginaires, et en supposant, dans le second, que les racines égales diffèrent entre elles de quantités infiniment petites indéterminées; mais, comme le développement de ces cas est inutile pour l'objet présent, nous ne nous y arrêterons point.

Si la condition de la réalité et de l'inégalité des coefficients de t a lieu, il est visible que les plus grandes valeurs de ξ, φ, ... seront moindres que les sommes des quantités E', E'', E''', ..., $f'E'$, $f''E''$, $f'''E'''$, ..., en prenant toutes ces quantités positivement; par conséquent, si ces différentes sommes sont fort petites, on sera assuré que les valeurs des variables le seront toujours aussi.

Mais, comme les coefficients E', E'', E''', ... sont arbitraires et dépendent uniquement du déplacement initial du système, il est possible que les variables ξ, ψ, ... restent fort petites, quand même, parmi les quantités $\sqrt{k'}$, $\sqrt{k''}$, ..., il y en aurait d'imaginaires ou d'égales; car il suffit pour cela que les quantités correspondantes E',

E'', ... soient nulles, ce qui fera disparaître les termes qui croîtraient avec le temps t. Alors la solution, sans être exacte en général, le sera néanmoins dans le cas particulier où la condition précédente aura lieu.

8. On a des méthodes pour reconnaître si une équation donnée, de quelque degré qu'elle soit, a toutes ses racines réelles ou non, et pour juger, dans le cas de la réalité, de leur signe et de leur inégalité; mais, l'application de ces méthodes étant toujours un peu pénible, voici quelques caractères simples et généraux qui serviront à juger de la forme des racines dont il s'agit, dans un grand nombre de cas.

En prenant l'équation $K = 0$ ou $Ak - B = 0$ (art. 6), on a $k = \frac{B}{A}$; or il est facile de se convaincre que la quantité A a toujours nécessairement une valeur positive, tant que f, g, ... sont des quantités réelles; car la fonction T, d'où elle résulte en changeant $\frac{d\xi}{dt}$, $\frac{d\psi}{dt}$, $\frac{d\varphi}{dt}$, ... en 1, f, g, ... (art. cité), est composée de la somme de plusieurs carrés multipliés par des coefficients nécessairement positifs. Donc, si la quantité B est aussi toujours positive, ce qui a lieu lorsque la partie de la fonction V où les variables ξ, ψ, φ, ... forment ensemble deux dimensions est réductible à la même forme que la fonction T, parce que la quantité B résulte aussi de cette partie de V en changeant ξ, ψ, φ, ... en 1, f, g, ..., on est assuré que les valeurs de k, c'est-à-dire les racines de l'équation en k, seront toujours positives toutes les fois qu'elles seront réelles.

Au contraire, si la quantité B est toujours négative, ce qui arrivera quand elle sera composée de plusieurs carrés multipliés par des coefficients négatifs, les valeurs réelles de k seront toutes négatives. Dans ce dernier cas, la solution ne pourra pas être bonne, parce que, les racines de l'équation en k ne pouvant être qu'imaginaires ou réelles négatives, les expressions des variables ξ, ψ, ... contiendront nécessairement le temps t hors des signes de sinus et cosinus.

Dans le premier cas où B est positive, on voit seulement que, si les racines sont réelles, elles sont nécessairement positives; et il serait peut-être difficile de démontrer directement qu'elles doivent être toutes réelles; mais on peut se convaincre, d'une autre manière, que cela doit être ainsi.

Car le principe de la conservation des forces vives, que nous avons démontré dans le § V de la Section III, donne l'équation $T + V = \text{const.}$ (Sect. IV, art. 14), laquelle a toujours lieu puisque T et V sont fonctions sans t (Sect. V, art. 21). Or, si l'on désigne par V' la partie de V qui contient les termes de deux dimensions, en sorte que

$$V = H + V',$$

à cause de

$$H_1 = o, \qquad H_2 = o, \qquad H_3 = o, \qquad \ldots,$$

on aura (art. 3)

$$T + H + V' = \text{const.} = (T) + H + (V'),$$

en dénotant par (T) et (V′) les valeurs de T et V′ au premier instant; donc

$$T + V' = (T) + (V').$$

Donc, puisque T est, par sa forme, une quantité toujours positive, si V' l'est aussi, on aura nécessairement

$$V' > o, \qquad V' < (T) + (V');$$

de sorte que la valeur de V' et, conséquemment aussi, celles des variables ξ, ψ, φ, ... seront renfermées dans des limites données et dépendantes uniquement de l'état initial. Ces variables ne pourront donc pas contenir le temps t hors des signes de sinus et cosinus, parce qu'alors elles pourraient aller en croissant à l'infini. Or, lorsque la valeur de B est constamment positive, celle de V' l'est aussi; par conséquent, les racines de l'équation en k seront nécessairement toutes réelles, positives et inégales (art. 7), et la solution sera toujours bonne.

Dans ce cas, l'état d'équilibre d'où le système a été déplacé sera stable, puisque le système y reviendra, ou tendra toujours à y revenir, par des oscillations très petites; du moins il ne pourra jamais s'en écarter que très peu.

9. C'est de cette manière que nous avons démontré (Part. I, Sect. III, art. 23 et suivants) que, lorsque la fonction Π est un minimum dans l'état d'équilibre, cet état est stable; car il est facile de voir que la fonction nommée Π, dans l'article 21 de la Section citée, est la même que nous représentons ici par V, puisque l'une et l'autre est l'intégrale de la totalité des moments des forces agissantes sur les différents corps du système, totalité qui doit être nulle dans l'équilibre. Or, comme l'on a $V = H + V'$, et que V' ne contient les variables ξ, ψ, φ, ... qu'à la seconde dimension, il s'ensuit que V sera un minimum ou un maximum, selon que la valeur de V' sera positive ou négative, en donnant à ces variables des valeurs quelconques. Donc l'équilibre sera nécessairement stable dans le cas du minimum de V (art. 8).

Au contraire, dans le cas du maximum de V, la quantité V' étant toujours négative, la quantité B le sera aussi, puisqu'en faisant

$$\psi = f\xi, \quad \varphi = g\xi, \quad \ldots,$$

la valeur de V' devient $\xi^2 B$ (art. 6); et, par ce que nous avons démontré dans l'article précédent, les expressions des variables contiendront nécessairement des termes où t sera hors des signes de sinus et cosinus; l'équilibre ne pourra donc pas être stable, car le système, en étant tant soit peu déplacé, s'en éloignera toujours davantage. Cette seconde partie du théorème énoncé dans l'endroit cité de la Statique n'avait pu y être démontrée faute des principes nécessaires; nous en avions remis la démonstration à la Dynamique, et celle que nous venons de donner ne laisse plus rien à désirer.

10. Au reste, entre ces deux états de stabilité et de non-stabilité absolue, dans lesquels l'équilibre, étant tant soit peu dérangé d'une manière quelconque, tend à se rétablir de lui-même ou à se déranger de plus en plus, il peut y avoir des états de stabilité conditionnelle

et relative, dans lesquels le rétablissement de l'équilibre dépendra du déplacement initial du système. Car, si quelques-unes des valeurs de $\sqrt{k}$ sont imaginaires, les termes correspondants dans les valeurs des variables contiendront des arcs de cercle, et l'équilibre ne sera pas stable en général; mais, si les coefficients de ces termes deviennent nuls, ce qui dépend de l'état initial du système, les arcs de cercle disparaîtront, et l'équilibre pourra encore être regardé comme stable, du moins par rapport à cet état particulier.

11. Lorsque toutes les valeurs de $\sqrt{k}$ sont réelles et inégales et que, par conséquent, l'équilibre est stable, les expressions de toutes les variables seront composées d'autant de termes de la forme

$$\mathrm{E}\sin(t\sqrt{k}+\varepsilon)$$

qu'il y a de variables.

Or ce terme représente les oscillations très petites et isochrones d'un pendule simple dont la longueur est $\frac{g}{k}$, en prenant g pour la force de la gravité. Donc les oscillations des différents corps du système pourront être regardées comme composées d'oscillations simples analogues à celles des pendules dont les longueurs seraient $\frac{g}{k'}$, $\frac{g}{k''}$, $\frac{g}{k'''}$, ...

Mais, les coefficients E′, E″, ... étant arbitraires et dépendant uniquement de l'état initial du système, on peut toujours supposer cet état tel que tous ces coefficients, hors un quelconque, soient nuls; alors tous les corps du système feront des oscillations simples, analogues à celles d'un même pendule; et l'on voit qu'un même système est susceptible d'autant de différentes oscillations simples qu'il y a de corps mobiles [1]. Donc, en général, les oscillations quelconques d'un système ne seront composées que de toutes les oscillations simples qui pourront y avoir lieu par la nature du système.

[1] Le nombre des oscillations simples n'est pas égal au nombre des corps mobiles, mais au nombre des variables indépendantes. C'est, du reste, ce que Lagrange dit lui-même au commencement du paragraphe. (*J. Bertrand.*)

Daniel Bernoulli avait remarqué cette composition d'oscillations simples et isochrones dans le mouvement d'une corde vibrante chargée de plusieurs petits poids, et il l'avait regardée comme une loi générale de tous les petits mouvements réciproques qui peuvent avoir lieu dans un système quelconque de corps. Un seul cas, comme celui des cordes vibrantes, ne suffisait pas pour établir une telle loi; mais l'analyse que nous venons de donner établit cette loi d'une manière certaine et générale et fait voir que, quelque irrégulières que puissent paraître les petites oscillations qui s'observent dans la nature, elles peuvent toujours se réduire à des oscillations simples, dont le nombre sera égal à celui des corps oscillants dans le même système.

C'est une suite de la nature des équations linéaires auxquelles se réduisent les mouvements des corps qui composent un système quelconque, lorsque ces mouvements sont très petits.

12. Si les valeurs des quantités $\sqrt{k'}$, $\sqrt{k''}$, $\sqrt{k'''}$, ... sont incommensurables, il est clair que les temps de ces oscillations seront aussi incommensurables et que, par conséquent, le système ne pourra jamais reprendre sa première position.

Mais, si ces quantités sont entre elles comme nombre à nombre et que leur plus grande commune mesure soit μ, on verra facilement que le système reviendra toujours à la même position au bout d'un temps $\theta = \frac{2\pi}{\mu}$, π étant l'angle de 180°. Ainsi θ sera le temps de l'oscillation composée de tout le système.

13. La solution que nous venons de donner demande que les coordonnées puissent être exprimées par des fonctions en série de variables très petites, et qui soient nulles dans l'état d'équilibre, ainsi que nous l'avons supposé dans l'article 3.

Or c'est ce qui est toujours possible, comme nous l'avons vu, lorsque les équations de condition, réduites en série, contiennent les premières puissances des variables supposées très petites, parce que ces termes donnent d'abord des équations résolubles rationnellement, et qu'ensuite on peut toujours, par la méthode des séries, avoir des solutions rationnelles de plus en plus exactes.

Il peut néanmoins arriver que les termes de la première dimension manquent dans une ou plusieurs des équations de condition, ce qui aura lieu, par exemple, si, dans l'équation $L = 0$, les valeurs des coordonnées pour l'équilibre sont telles, qu'elles rendent non seulement L nulle, mais aussi chacune de ses différences premières; car on aura alors

$$\frac{\partial A}{\partial a} = 0, \qquad \frac{\partial A}{\partial b} = 0, \qquad \ldots,$$

et l'équation $L = 0$ ne contiendra que les secondes puissances et les puissances ultérieures de α, β, γ, α', ... (art. 1). Dans ce cas, si l'on réduit les coordonnées en fonctions de variables indépendantes, ces fonctions ne pourront plus être rationnelles, et les équations différentielles ne seront ni linéaires, ni même rationnelles. Ainsi la supposition des mouvements très petits du système ne servira pas alors à simplifier la solution du problème, ou du moins ne la rendra pas susceptible de la méthode générale que nous avons exposée.

Pour résoudre ces sortes de questions de la manière la plus simple, on fera d'abord abstraction des équations de condition où les premières dimensions des variables ne se trouveraient pas; on parviendra ainsi à des expressions de T et de V de la forme de celles de l'article 2. Ensuite on ajoutera à cette valeur de V les premiers membres des équations de condition auxquelles on n'aura pas encore eu égard, multipliés chacun par un coefficient indéterminé et qu'on supposera constant dans les différentiations par δ; et il suffira, dans ces termes dus aux équations de condition, de tenir compte des plus basses dimensions des variables très petites. De là on trouvera les équations différentielles à l'ordinaire, et il s'agira d'en éliminer les coefficients indéterminés.

Si les équations de condition étaient du second degré et que les coefficients indéterminés pussent être supposés constants, la valeur de V serait encore de la même forme que dans la solution générale; par conséquent, on pourrait l'appliquer aussi à ce cas; on déterminerait ensuite les coefficients, en sorte que les équations de condition fussent satisfaites. On pourra donc toujours commencer par adopter cette supposition, on verra ensuite si les valeurs qui en résultent pour les variables peuvent satisfaire aux équations de condition, auquel cas la supposition sera légitime et la solution exacte; sinon il faudra chercher à intégrer les équations différentielles par des méthodes particulières.

§ II. — *Des oscillations d'un système linéaire de corps.*

14. Lorsque les corps qui composent le système proposé sont disposés, les uns par rapport aux autres, d'une manière uniforme et régulière, on peut simplifier le calcul et parvenir à des formules générales et symétriques, en employant la notation et l'algorithme des différences finies. Nous allons en donner un exemple, en examinant le cas où un nombre quelconque de corps, rangés sur une ligne droite ou courbe, oscillent en vertu de forces quelconques combinées avec leur action réciproque.

Soient x, y, z les coordonnées rectangles d'un quelconque des corps du système, que nous dénoterons par Dm, en employant la lettre majuscule D pour dénoter les différences finies (Sect. IV, art. 17). On aura d'abord

$$T = \frac{1}{2} \mathsf{S} \left(\frac{dx^2}{dt^2} + \frac{dy^2}{dt^2} + \frac{dz^2}{dt^2} \right) \mathrm{D}m,$$

la caractéristique S représentant les sommes relatives à tout le système.

La fonction V doit contenir la somme $\mathsf{S}\Pi\,\mathrm{D}m$ provenant des forces accélératrices P, Q, R, ..., qu'on suppose telles que l'on ait

$$\Pi = \int (P\,dp + Q\,dq + R\,dr + \ldots).$$

Cette fonction doit contenir aussi la somme $\mathsf{S}\int \Phi\,\mathrm{D}s$, en supposant que Φ soit la force avec laquelle deux corps voisins qui sont à la distance Ds l'un de l'autre s'attirent, et que cette force soit une fonction de la même distance Ds, en sorte que $\int \Phi\, d\,\mathrm{D}s$ soit une quantité intégrable dont la différentielle par δ soit $\Phi\,\delta Ds$. Cette force Φ, que nous supposons fonction de Ds, pourra varier d'un corps à l'autre et sera, par conséquent, aussi fonction du nombre ou de la quantité qui représente la place de chaque corps dans la série de tous les corps, et à laquelle se rapporte le signe sommatoire $\mathbf{S}$. Si les corps, au lieu de s'attirer, se repoussaient, il faudrait prendre Φ négativement.

On aura ainsi

$$V = \mathbf{S}\,\Pi\,Dm + \mathbf{S}\int \Phi\, d\,Ds$$

et, par conséquent,

$$\delta V = \mathbf{S}\,\delta\Pi\,Dm + \mathbf{S}\,\Phi\,\delta Ds.$$

Et il est bon de remarquer que cette expression de δV serait la même si les corps étaient liés entre eux de manière que leurs distances mutuelles fussent invariables; car on aurait dans ce cas l'équation de condition $\delta Ds = 0$, laquelle donnerait dans l'expression de δV le terme $\mathbf{S}\lambda\,\delta Ds$ (article cité).

15. En exprimant l'élément Ds par les différences finies de x, y, z, il est clair qu'on aura

$$Ds = \sqrt{Dx^2 + Dy^2 + Dz^2};$$

donc, différentiant par δ,

$$\delta Ds = \frac{Dx\,\delta Dx + Dy\,\delta Dy + Dz\,\delta Dz}{Ds}.$$

Substituant cette valeur, et faisant, pour abréger, $\frac{\Phi}{Ds} = \Psi$, fonction de Ds, on aura

$$\delta V = \mathbf{S}\,\delta\Pi\,Dm + \mathbf{S}\,\Psi(Dx\,\delta Dx + Dy\,\delta Dy + Dz\,\delta Dz).$$

Comme les caractéristiques D et δ sont indépendantes entre elles, on peut changer δD en $D\delta$, et l'on aura

$$\delta V = \mathbf{S}\,\delta\Pi\,Dm + \mathbf{S}\,\Psi(Dx\,D\delta x + Dy\,D\delta y + Dz\,D\delta z).$$

On peut aussi faire disparaître le D avant le δ, par l'intégration par parties appliquée aux différences finies.

16. En effet, on a, en général,

$$\mathrm{D}xy = x\,\mathrm{D}y + y\,\mathrm{D}x + \mathrm{D}x\,\mathrm{D}y = (x + \mathrm{D}x)\,\mathrm{D}y + y\,\mathrm{D}x = x_{,}\,\mathrm{D}y + y\,\mathrm{D}x,$$

en dénotant par $x_{,}$ le terme qui suit x dans la série des termes consécutifs x, $x + \mathrm{D}x$, ... Donc, en passant des différences aux sommes, on aura

$$\mathrm{S}\,y\,\mathrm{D}x = xy - \mathrm{S}\,x_{,}\,\mathrm{D}y.$$

On trouverait de la même manière

$$\mathrm{S}\,y\,\mathrm{D}^2x = y\,\mathrm{D}x - x_{,}\,\mathrm{D}y + \mathrm{S}\,x_{,,}\,\mathrm{D}^2y,$$

et ainsi de suite, x, $x_{,}$, $x_{,,}$, ... étant les termes qui se suivent dans la même série.

Pour compléter ces sommations, il faudra rapporter les termes hors du signe S au dernier point de l'intégrale finie $\mathrm{S}\,y\,\mathrm{D}x$ et en retrancher les mêmes termes rapportés au premier point. Ainsi, en marquant par un zéro et par un i placés au bas des lettres les termes qui se rapportent au premier et au dernier point, on aura ces sommations complètes

$$\mathrm{S}\,y\,\mathrm{D}x = x_i y_i - x_0 y_0 - \mathrm{S}\,x_{,}\,\mathrm{D}y,$$

$$\mathrm{S}\,y\,\mathrm{D}^2x = y_i\,\mathrm{D}x_i - x_{i+1}\,\mathrm{D}y_i - y_0\,\mathrm{D}x_0 + x_{,}\,\mathrm{D}y_0 + \mathrm{S}\,x_{,,}\,\mathrm{D}y,$$

....

Lorsque la caractéristique S indique des sommes totales d'un nombre de termes donné, il est clair qu'on peut, à la place des termes $x_{,}\,\mathrm{D}y$, $x_{,,}\,\mathrm{D}y$, ... sous le signe S, prendre les termes précédents, que nous dénoterons par $x\,\mathrm{D}_{,}y$, $x\,\mathrm{D}_{,,}y$, ..., en marquant d'un trait, de deux, ..., placés à gauche, les termes ${}_{,,}y$, ${}_{,}y$ qui précèdent y dans la série indéfinie ..., ${}_{,,}y$, ${}_{,}y$, y, $y_{,}$, $y_{,,}$, ...

17. Cela posé, mettons dans les formules précédentes δx à la place de x et $\Psi\,\mathrm{D}x$ à la place de y, on aura ces transformations

$$\mathrm{S}\,\Psi\,\mathrm{D}x\,\mathrm{D}\delta x = (\Psi\,\mathrm{D}x\,\delta x)_i - (\Psi\,\mathrm{D}x\,\delta x)_0 - \mathrm{S}\,\delta x\,\mathrm{D}_{,}(\Psi\,\mathrm{D}x);$$

et, de même,

$$\mathrm{S}\,\Psi\,\mathrm{D}y\,\mathrm{D}\delta y = (\Psi\,\mathrm{D}y\,\delta y)_i - (\Psi\,\mathrm{D}y\,\delta y)_0 - \mathrm{S}\,\delta y\,\mathrm{D}_{\prime}(\Psi\,\mathrm{D}y),$$

$$\mathrm{S}\,\Psi\,\mathrm{D}z\,\mathrm{D}\delta z = (\Psi\,\mathrm{D}z\,\delta z)_i - (\Psi\,\mathrm{D}z\,\delta z)_0 - \mathrm{S}\,\delta z\,\mathrm{D}_{\prime}(\Psi\,\mathrm{D}z),$$

et l'on fera ces substitutions dans l'expression de δV.

Si le premier corps et le dernier sont supposés fixes, les variations δx_0, δy_0, δz_0 et δx_i, δy_i, δz_i, qui s'y rapportent, seront nulles. Nous adopterons d'abord cette hypothèse, qui simplifie les formules, et nous aurons, en conséquence,

$$\delta V = \mathrm{S}\,\delta\Pi\,\mathrm{D}m - \mathrm{S}\,\delta x\,\mathrm{D}_{\prime}(\Psi\,\mathrm{D}x) - \mathrm{S}\,\delta y\,\mathrm{D}_{\prime}(\Psi\,\mathrm{D}y) - \mathrm{S}\,\delta z\,\mathrm{D}_{\prime}(\Psi\,\mathrm{D}z).$$

En général, comme il faut que les variations disparaissent toujours, si le premier ou le dernier corps, ou tous les deux, n'étaient pas fixes, il faudrait supposer la valeur de Ψ nulle au commencement ou à la fin. On aurait ainsi, à cause de $\Psi = \frac{\Phi}{\mathrm{D}s}$, la condition à remplir $\Phi_0 = 0$ ou $\Phi_i = 0$, si le premier ou le dernier corps est supposé mobile; et si tous les deux étaient mobiles, on aurait les deux conditions $\Phi_0 = 0$ et $\Phi_i = 0$.

18. La variation δV étant réduite à cette forme simple, les équations générales de la Section IV (art. 10), étant rapportées aux variables x, y, z de chacun des corps du système, donneront pour ces variables les trois équations suivantes, dans lesquelles je remets Φ au lieu de $\Psi\,\mathrm{D}s$:

$$\frac{d^2x}{dt^2}\mathrm{D}m + \frac{\delta\Pi}{\delta x}\mathrm{D}m - \mathrm{D}_{\prime}\left(\frac{\Phi\,\mathrm{D}x}{\mathrm{D}s}\right) = 0,$$

$$\frac{d^2y}{dt^2}\mathrm{D}m + \frac{\delta\Pi}{\delta y}\mathrm{D}m - \mathrm{D}_{\prime}\left(\frac{\Phi\,\mathrm{D}y}{\mathrm{D}s}\right) = 0,$$

$$\frac{d^2z}{dt^2}\mathrm{D}m + \frac{\delta\Pi}{\delta z}\mathrm{D}m - \mathrm{D}_{\prime}\left(\frac{\Phi\,\mathrm{D}z}{\mathrm{D}s}\right) = 0.$$

Ces équations sont rigoureuses, quel que soit le mouvement des corps; mais, lorsque ces mouvements sont très petits, les équations se simplifient et deviennent linéaires, comme nous l'avons vu plus haut (§ I).

19. Supposons que, dans l'état d'équilibre du système, les coordonnées x, y, z deviennent a, b, c, et qu'elles soient, dans le mouvement, $a+\xi$, $b+\eta$, $c+\zeta$, les quantités ξ, η, ζ étant très petites. La fonction Π deviendra $\Pi+\frac{\partial\Pi}{\partial a}\xi+\frac{\partial\Pi}{\partial b}\eta+\frac{\partial\Pi}{\partial c}\zeta$. Ainsi, en regardant dorénavant Π comme une simple fonction de a, b, c, les trois différences partielles $\frac{\delta\Pi}{\delta x}$, $\frac{\delta\Pi}{\delta y}$, $\frac{\delta\Pi}{\delta z}$ pourront s'exprimer ainsi :

$$\frac{\partial\Pi}{\partial a}+\left(\frac{\partial^2\Pi}{\partial a^2}\xi+\frac{\partial^2\Pi}{\partial a\,\partial b}\eta+\frac{\partial^2\Pi}{\partial a\,\partial c}\zeta\right),$$

$$\frac{\partial\Pi}{\partial b}+\left(\frac{\partial^2\Pi}{\partial a\,\partial b}\xi+\frac{\partial^2\Pi}{\partial b^2}\eta+\frac{\partial^2\Pi}{\partial b\,\partial c}\zeta\right),$$

$$\frac{\partial\Pi}{\partial c}+\left(\frac{\partial^2\Pi}{\partial a\,\partial c}\xi+\frac{\partial^2\Pi}{\partial b\,\partial c}\eta+\frac{\partial^2\Pi}{\partial c^2}\zeta\right).$$

Par les mêmes substitutions de $a+\xi$, $b+\eta$, $c+\zeta$, au lieu de x, y, z, les différences $\mathrm{D}x$, $\mathrm{D}y$, $\mathrm{D}z$ deviendront

$$\mathrm{D}a+\mathrm{D}\xi,\quad \mathrm{D}b+\mathrm{D}\eta,\quad \mathrm{D}c+\mathrm{D}\zeta.$$

A l'égard de la quantité Φ, qui est supposée fonction de $\mathrm{D}s$, si l'on fait, pour abréger,

$$\mathrm{D}f=\sqrt{\mathrm{D}a^2+\mathrm{D}b^2+\mathrm{D}c^2},$$

on aura d'abord

$$\mathrm{D}s=\mathrm{D}f+\frac{\mathrm{D}a}{\mathrm{D}f}\mathrm{D}\xi+\frac{\mathrm{D}b}{\mathrm{D}f}\mathrm{D}\eta+\frac{\mathrm{D}c}{\mathrm{D}f}\mathrm{D}\zeta;$$

ensuite, si l'on nomme F ce que devient la fonction Φ lorsqu'on y change $\mathrm{D}s$ en $\mathrm{D}f$, et qu'on fasse $\frac{d\mathrm{F}}{d\,\mathrm{D}f}=\frac{\mathrm{F}'}{\mathrm{D}f}$, on aura, par le développement,

$$\Phi=\mathrm{F}+\mathrm{F}'\left(\frac{\mathrm{D}a}{\mathrm{D}f}\frac{\mathrm{D}\xi}{\mathrm{D}f}+\frac{\mathrm{D}b}{\mathrm{D}f}\frac{\mathrm{D}\eta}{\mathrm{D}f}+\frac{\mathrm{D}c}{\mathrm{D}f}\frac{\mathrm{D}\zeta}{\mathrm{D}f}\right)$$

et, par conséquent,

$$\frac{\Phi}{\mathrm{D}s}=\frac{\mathrm{F}}{\mathrm{D}f}+\frac{\mathrm{F}'-\mathrm{F}}{\mathrm{D}f}\left(\frac{\mathrm{D}a}{\mathrm{D}f}\frac{\mathrm{D}\xi}{\mathrm{D}f}+\frac{\mathrm{D}b}{\mathrm{D}f}\frac{\mathrm{D}\eta}{\mathrm{D}f}+\frac{\mathrm{D}c}{\mathrm{D}f}\frac{\mathrm{D}\zeta}{\mathrm{D}f}\right).$$

20. On fera ces substitutions dans les trois équations trouvées ci-dessus, et comme, dans l'état d'équilibre, les variables ξ, η, ζ sont

supposées nulles, il faudra que ces équations se vérifient dans cette hypothèse. Ainsi les termes constants devront se détruire, ce qui donnera d'abord les trois équations de condition

$$\frac{\partial \Pi}{\partial a}\,\mathrm{Dm} - \mathrm{D}_{,}\left(\mathrm{F}\,\frac{\mathrm{D}a}{\mathrm{D}f}\right) = 0,$$

$$\frac{\partial \Pi}{\partial b}\,\mathrm{Dm} - \mathrm{D}_{,}\left(\mathrm{F}\,\frac{\mathrm{D}b}{\mathrm{D}f}\right) = 0,$$

$$\frac{\partial \Pi}{\partial c}\,\mathrm{Dm} - \mathrm{D}_{,}\left(\mathrm{F}\,\frac{\mathrm{D}c}{\mathrm{D}f}\right) = 0.$$

Ces équations donneront les valeurs que les coordonnées a, b, c doivent avoir dans la situation de l'équilibre; et il est facile de voir qu'elles représentent d'une manière générale celles que nous avons trouvées dans la Section V de la Ire Partie, pour l'équilibre de plusieurs corps liés par un fil extensible ou non.

21. On aura ensuite, en faisant, pour abréger,

$$\mathrm{G} = \mathrm{F} - \mathrm{F}',$$

$$a' = \frac{\mathrm{D}a}{\mathrm{D}f}, \qquad b' = \frac{\mathrm{D}b}{\mathrm{D}f}, \qquad c' = \frac{\mathrm{D}c}{\mathrm{D}f},$$

les trois équations suivantes entre les variables ξ, η, ζ et t :

$$\frac{d^2\xi}{dt^2}\,\mathrm{Dm} + \left(\frac{\partial^2\Pi}{\partial a^2}\,\xi + \frac{\partial^2\Pi}{\partial a\,\partial b}\,\eta + \frac{\partial^2\Pi}{\partial a\,\partial c}\,\zeta\right)\mathrm{Dm}$$
$$- \mathrm{D}_{,}\left[\mathrm{F}\,\frac{\mathrm{D}\xi}{\mathrm{D}f} - \mathrm{G}\,a'\left(a'\,\frac{\mathrm{D}\xi}{\mathrm{D}f} + b'\,\frac{\mathrm{D}\eta}{\mathrm{D}f} + c'\,\frac{\mathrm{D}\zeta}{\mathrm{D}f}\right)\right] = 0,$$

$$\frac{d^2\eta}{dt^2}\,\mathrm{Dm} + \left(\frac{\partial^2\Pi}{\partial a\,\partial b}\,\xi + \frac{\partial^2\Pi}{\partial b^2}\,\eta + \frac{\partial^2\Pi}{\partial b\,\partial c}\,\zeta\right)\mathrm{Dm}$$
$$- \mathrm{D}_{,}\left[\mathrm{F}\,\frac{\mathrm{D}\eta}{\mathrm{D}f} - \mathrm{G}\,b'\left(a'\,\frac{\mathrm{D}\xi}{\mathrm{D}f} + b'\,\frac{\mathrm{D}\eta}{\mathrm{D}f} + c'\,\frac{\mathrm{D}\zeta}{\mathrm{D}f}\right)\right] = 0,$$

$$\frac{d^2\zeta}{dt^2}\,\mathrm{Dm} + \left(\frac{\partial^2\Pi}{\partial a\,\partial c}\,\xi + \frac{\partial^2\Pi}{\partial b\,\partial c}\,\eta + \frac{\partial^2\Pi}{\partial c^2}\,\zeta\right)\mathrm{Dm}$$
$$- \mathrm{D}_{,}\left[\mathrm{F}\,\frac{\mathrm{D}\zeta}{\mathrm{D}f} - \mathrm{G}\,c'\left(a'\,\frac{\mathrm{D}\xi}{\mathrm{D}f} + b'\,\frac{\mathrm{D}\eta}{\mathrm{D}f} + c'\,\frac{\mathrm{D}\zeta}{\mathrm{D}f}\right)\right] = 0.$$

Ce sont ces équations qui serviront à déterminer les oscillations du système supposées très petites; elles sont du genre de celles qu'on nomme *à différences finies et infiniment petites*, et comme elles sont à coefficients constants, elles sont susceptibles de la méthode générale exposée dans le paragraphe précédent.

22. Les équations de l'article 20, qui renferment les conditions de l'équilibre, donnent, en passant des différences aux sommes,

$$F\frac{Da}{Df}=\mathbf{S}\frac{\partial\Pi}{\partial a}Dm+A,$$

$$F\frac{Db}{Df}=\mathbf{S}\frac{\partial\Pi}{\partial b}Dm+B,$$

$$F\frac{Dc}{Df}=\mathbf{S}\frac{\partial\Pi}{\partial c}Dm+C,$$

A, B, C étant trois constantes arbitraires; d'où l'on tire tout de suite

$$F=\sqrt{\left(\mathbf{S}\frac{\partial\Pi}{\partial a}Dm+A\right)^2+\left(\mathbf{S}\frac{\partial\Pi}{\partial b}Dm+B\right)^2+\left(\mathbf{S}\frac{\partial\Pi}{\partial c}Dm+C\right)^2}.$$

Lorsque la quantité F est une fonction donnée de Df, ce qui a lieu quand on suppose que les corps s'attirent ou se repoussent par une force Φ fonction de leurs distances Ds, la valeur précédente de F donnera la valeur de Df qui doit avoir lieu dans l'état d'équilibre.

Mais, lorsque les distances Ds sont supposées données et invariables, alors la quantité Φ, qui tient lieu du multiplicateur λ (art. 14), est inconnue et doit se déterminer par la formule précédente; mais, dans ce cas, on a

$$Ds=Df$$

et, par conséquent (art. 19),

$$\frac{Da}{Df}D\xi+\frac{Db}{Df}D\eta+\frac{Dc}{Df}D\zeta=0,$$

ce qui simplifie les équations de l'article précédent.

23. L'esprit de la méthode de l'article 4 consiste à supposer que

chaque variable soit exprimée par une même fonction de t, multipliée par une quantité différente pour chaque variable.

Si l'on désigne par θ cette fonction, on fera

$$\xi = \theta X, \qquad \eta = \theta Y, \qquad \zeta = \theta Z,$$

et, après avoir substitué ces valeurs dans les équations de l'article 21, on verra aisément que, pour vérifier ces équations, il est nécessaire que la variable θ soit déterminée par une équation de la forme

$$\frac{d^2\theta}{dt^2} + k\theta = 0;$$

car alors, en mettant pour $\frac{d^2\theta}{dt^2}$ sa valeur $-k\theta$, et divisant tous les termes par θ, on aura ces trois équations aux différences finies

$$\begin{aligned} kX\,Dm = {} & \left(\frac{\partial^2\Pi}{\partial a^2}X + \frac{\partial^2\Pi}{\partial a\,\partial b}Y + \frac{\partial^2\Pi}{\partial a\,\partial c}Z\right)Dm \\ & - D_{,}\left[F\frac{DX}{Df} - Ga'\left(a'\frac{DX}{Df} + b'\frac{DY}{Df} + c'\frac{DZ}{Df}\right)\right], \end{aligned}$$

$$\begin{aligned} kY\,Dm = {} & \left(\frac{\partial^2\Pi}{\partial a\,\partial b}X + \frac{\partial^2\Pi}{\partial b^2}Y + \frac{\partial^2\Pi}{\partial b\,\partial c}Z\right)Dm \\ & - D_{,}\left[F\frac{DY}{Df} - Gb'\left(a'\frac{DX}{Df} + b'\frac{DY}{Df} + c'\frac{DZ}{Df}\right)\right], \end{aligned}$$

$$\begin{aligned} kZ\,Dm = {} & \left(\frac{\partial^2\Pi}{\partial a\,\partial c}X + \frac{\partial^2\Pi}{\partial b\,\partial c}Y + \frac{\partial^2\Pi}{\partial c^2}Z\right)Dm \\ & - D_{,}\left[F\frac{DZ}{Df} - Gc'\left(a'\frac{DX}{Df} + b'\frac{DY}{Df} + c'\frac{DZ}{Df}\right)\right]. \end{aligned}$$

24. L'équation en θ s'intègre facilement; elle donne

$$\theta = E\sin(t\sqrt{k} + \varepsilon),$$

E et ε étant deux constantes arbitraires.

A l'égard des équations en X, Y, Z, elles ne sont, en général, intégrables en termes finis, par les méthodes connues, que lorsqu'elles sont à coefficients constants; mais, si l'on développe les différences finies marquées par D, elles deviennent de la forme (art. 16)

$$AX_{,} + BY_{,} + CZ_{,} + A'X + B'Y + C'Z + A''_{,}X + B''_{,}Y + C''_{,}Z = 0;$$

les coefficients A, B, C, A', B', ... sont constants ou variables, mais indépendants de t, et la quantité k n'entre que dans les valeurs de A', B', C', et seulement à la première dimension.

Si maintenant on désigne par X_0, X_1, X_2, X_3, ... les valeurs consécutives de X, en commençant par la première, qui répond au premier corps du système, et de même par Y_0, Y_1, Y_2, Y_3, ..., Z_0, Z_1, Z_2, Z_3, ... les valeurs consécutives correspondantes de Y et Z, et qu'on substitue successivement ces valeurs dans les trois équations, réduites à la forme précédente, il est aisé de voir que les trois premières donneront les valeurs de X_2, Y_2, Z_2 en fonctions linéaires de X_0, Y_0, Z_0, X_1, Y_1, Z_1; que les trois suivantes donneront X_3, Y_3, Z_3 en fonctions linéaires de X_2, Y_2, Z_2, X_1, Y_1, Z_1, lesquelles, par la substitution des valeurs de X_2, Y_2, Z_2, deviendront aussi des fonctions linéaires de X_0, Y_0, Z_0, X_1, Y_1, Z_1, et ainsi de suite.

Donc, en général, les valeurs de X_{n+1}, Y_{n+1}, Z_{n+1} seront de la forme

$$AX_0 + BY_0 + CZ_0 + A'X_1 + B'Y_1 + C'Z_1,$$

et il est facile de s'assurer, par le calcul, que les quantités A, B, C seront des fonctions rationnelles et entières de k de la dimension $n - 2$, et que les quantités A', B', C' sont de pareilles fonctions de la dimension $n - 1$.

Nous avons supposé (art. 17) que le premier et le dernier corps du système étaient fixes; le premier corps appartient à l'indice o, et si l'on désigne par n le nombre des corps mobiles, le dernier corps, qui doit être fixe, appartiendra à l'indice $n + 1$. Il faudra donc que l'on ait

$$X_0 = 0, \quad Y_0 = 0, \quad Z_0 = 0, \quad X_{n+1} = 0, \quad Y_{n+1} = 0, \quad Z_{n+1} = 0,$$

ce qui donnera entre X_1, Y_1, Z_1 trois équations linéaires de la forme $A'X_1 + B'Y_1 + C'Z_1 = 0$, dans lesquelles les coefficients A', B', C' seront des fonctions rationnelles et entières de k de la dimension n.

En éliminant les quantités X_1, Y_1, Z_1, on aura une équation en k du degré $3n$, nombre des inconnues X, Y, Z, et qui aura, par conséquent, $3n$ racines.

Les mêmes équations donneront les rapports entre les trois quantités X_1, Y_1, Z_1 ; de sorte qu'on pourra prendre à volonté la valeur d'une de ces quantités. Comme ces rapports se trouveront exprimés par des fonctions rationnelles de k, on pourra exprimer les valeurs des trois quantités X_1, Y_1, Z_1 par des fonctions rationnelles et entières de k, et, par ce moyen, les inconnues X, Y, Z seront aussi exprimées, en général, par des fonctions connues, rationnelles et entières de k.

25. Nous dénoterons par k', k'', k''', ..., $k^{(3n)}$ les différentes racines de l'équation en k, dont la résolution doit être supposée connue; et nous dénoterons pareillement par X', X'', X''', ..., Y', Y'', Y''', ..., Z', Z'', Z''', ..., les valeurs correspondantes des quantités X, Y, Z, qui résultent de la substitution de ces différentes racines à la place de k.

Donc, puisqu'on a trouvé (art. 23 et 24)

$$\xi = \text{XE}\sin(t\sqrt{k}+\varepsilon),$$
$$\eta = \text{YE}\sin(t\sqrt{k}+\varepsilon),$$
$$\zeta = \text{ZE}\sin(t\sqrt{k}+\varepsilon),$$

en substituant successivement les différentes valeurs de k, et en prenant différentes constantes arbitraires E et ε, on aura autant de valeurs particulières de ξ, η, ζ, dont la somme donnera les valeurs complètes de ces variables, par la nature des équations linéaires.

Ces valeurs particulières de ξ, η, ζ sont analogues à celles qui représentent les petites oscillations d'un pendule dont la longueur serait $\frac{g}{k}$ (art. 11), pourvu que k soit une quantité réelle et positive; et le mouvement de chaque corps sera composé d'autant de pareilles oscillations qu'il y aura de valeurs différentes de k; de sorte que, si toutes ces valeurs sont incommensurables entre elles, il sera impossible que le système reprenne jamais sa première position, à moins que les valeurs de ξ, η, ζ ne se réduisent aux valeurs particulières qui répondent à une seule des racines k. Dans ce cas, en faisant $t=0$ dans les formules précédentes, on aura $XE\sin\varepsilon$, $YE\sin\varepsilon$, $ZE\sin\varepsilon$ pour les valeurs de ξ, η, ζ, et $XE\cos\varepsilon$, $YE\cos\varepsilon$, $ZE\cos\varepsilon$ pour celles de $\frac{d\xi}{dt}$, $\frac{d\eta}{dt}$, $\frac{d\zeta}{dt}$. Ainsi, pour que ce cas puisse avoir lieu, il faudra que les déplacements primitifs ξ, η, ζ, ainsi que les vitesses initiales $\frac{d\xi}{dt}$, $\frac{d\eta}{dt}$, $\frac{d\zeta}{dt}$, soient proportionnels à X, Y, Z; et il y aura autant de manières de satisfaire à ces conditions qu'il y a de valeurs différentes de k.

26. Si l'on désigne, par des traits supérieurs, des constantes arbitraires différentes, on aura

$$\xi = X'E'\sin(t\sqrt{k'}+\varepsilon') + X''E''\sin(t\sqrt{k''}+\varepsilon'') + X'''E'''\sin(t\sqrt{k'''}+\varepsilon''') + \ldots,$$

$$\eta = Y'E'\sin(t\sqrt{k'}+\varepsilon') + Y''E''\sin(t\sqrt{k''}+\varepsilon'') + Y'''E'''\sin(t\sqrt{k'''}+\varepsilon''') + \ldots,$$

$$\zeta = Z'E'\sin(t\sqrt{k'}+\varepsilon') + Z''E''\sin(t\sqrt{k''}+\varepsilon'') + Z'''E'''\sin(t\sqrt{k'''}+\varepsilon''') + \ldots,$$

pour les valeurs complètes des variables ξ, η, ζ qui représentent les oscillations de chacun des corps du système donné, quel que soit leur état initial.

On peut représenter ces valeurs d'une manière plus simple, en employant le signe $\sum$ pour exprimer la somme de toutes les valeurs correspondantes aux différentes valeurs de k; on aura ainsi

$$\xi = \sum[XE\sin(t\sqrt{k}+\varepsilon)],$$

$$\eta = \sum[YE\sin(t\sqrt{k}+\varepsilon)],$$

$$\zeta = \sum[ZE\sin(t\sqrt{k}+\varepsilon)],$$

et l'on aura les expressions particulières des variables ξ_1, η_1, ζ_1, ξ_2, η_2, ζ_2, ..., pour chacun des corps du système, en changeant, dans les précédentes, X, Y, Z en X_1, Y_1, Z_1, X_2, Y_2, Z_2, ..., et prenant pour E et ε différentes constantes arbitraires E_1, E_2, ..., ε_1, ε_2, ..., qui dépendent de l'état initial du système.

27. Pour déterminer ces constantes de la manière la plus simple, je reprends les équations en ξ, η, ζ de l'article 21, et je les ajoute ensemble, après avoir multiplié la première par X, la seconde par Y et la troisième par Z ; je prends ensuite la somme de toutes ces équations ainsi composées, relativement à tous les corps du système, et je dénote cette somme par la caractéristique S; si l'on fait attention que cette caractéristique est indépendante de la caractéristique d des différentielles relatives à t, on aura l'équation

$$\begin{aligned}
&\frac{d^2}{dt^2}\mathsf{S}(X\xi+Y\eta+Z\zeta)\,Dm \\
&\quad+\mathsf{S}\,\frac{\partial^2\Pi}{\partial a^2}X+\frac{\partial^2\Pi}{\partial a\,\partial b}Y+\frac{\partial^2\Pi}{\partial a\,\partial c}Z\Big)\,\xi\,Dm \\
&\quad+\mathsf{S}\,\frac{\partial^2\Pi}{\partial a\,\partial b}X+\frac{\partial^2\Pi}{\partial b^2}Y+\frac{\partial^2\Pi}{\partial a\,\partial c}Z\Big)\,\eta\,Dm \\
&\quad+\mathsf{S}\,\frac{\partial^2\Pi}{\partial a\,\partial c}X+\frac{\partial^2\Pi}{\partial b\,\partial c}Y+\frac{\partial^2\Pi}{\partial c^2}Z\Big)\,\zeta\,Dm \\
&\quad-\mathsf{S}\,X\,D_{,}\left[F\frac{D\xi}{Df}-Ga'\left(a'\frac{D\xi}{Df}+b'\frac{D\eta}{Df}+c'\frac{D\zeta}{Df}\right)\right] \\
&\quad-\mathsf{S}\,Y\,D_{,}\left[F\frac{D\eta}{Df}-Gb'\left(a'\frac{D\xi}{Df}+b'\frac{D\eta}{Df}+c'\frac{D\zeta}{Df}\right)\right] \\
&\quad-\mathsf{S}\,Z\,D_{,}\left[F\frac{D\zeta}{Df}-Gc'\left(a'\frac{D\xi}{Df}+b'\frac{D\eta}{Df}+c'\frac{D\zeta}{Df}\right)\right]=0.
\end{aligned}$$

Dans cette équation, les termes qui contiennent des différences marquées par D sous le signe sommatoire S sont susceptibles de réductions analogues à celles des intégrations par parties, et dont nous avons donné le type dans l'article 16. Pour cela, considérons en général un terme quelconque de la forme $\mathsf{S}X\,D_{,}(V\,D\xi)$; nous aurons, par les réductions de l'article cité, en faisant attention que les quantités X et ξ sont nulles au commencement et à la fin des intégrations marquées par D (art. 24),

$$\mathsf{S}X\,D_{,}(V\,D\xi)=-\mathsf{S}V\,D\xi\,DX=\mathsf{S}\xi_{,}D(V\,DX).$$

Or $\mathsf{S}\xi_{,}D(V\,DX)$ est la même chose que $\mathsf{S}\xi\,D_{,}(V\,DX)$, en prenant à la place du terme $\xi_{,}D(V\,DX)$ celui qui le précède.

Donc, en général, on aura

$$\mathrm{S}\, \mathrm{X}\, \mathrm{D}_{,}(\mathrm{V}\,\mathrm{D}\xi) = \mathrm{S}\, \xi\, \mathrm{D}_{,}(\mathrm{V}\,\mathrm{D}\mathrm{X}),$$

et il en sera de même des termes semblables. Ainsi l'équation précédente deviendra de la forme

$$\frac{d^2}{dt^2}\mathrm{S}(\mathrm{X}\xi + \mathrm{Y}\eta + \mathrm{Z}\zeta)\,\mathrm{Dm} + \mathrm{S}[(\mathrm{X})\xi + (\mathrm{Y})\eta + (\mathrm{Z})\zeta] = 0,$$

dans laquelle les quantités désignées par (X), (Y), (Z) contiendront les mêmes termes qui composent les seconds membres des équations de l'article 23, de manière que ces équations donneront

$$(\mathrm{X}) = k\mathrm{X}\,\mathrm{Dm}, \qquad (\mathrm{Y}) = k\mathrm{Y}\,\mathrm{Dm}, \qquad (\mathrm{Z}) = k\mathrm{Z}\,\mathrm{Dm};$$

d'où il suit que l'équation ci-dessus deviendra

$$\frac{d^2}{dt^2}\mathrm{S}(\mathrm{X}\xi + \mathrm{Y}\eta + \mathrm{Z}\zeta)\,\mathrm{Dm} + k\,\mathrm{S}(\mathrm{X}\xi + \mathrm{Y}\eta + \mathrm{Z}\zeta)\,\mathrm{Dm} = 0,$$

laquelle donne tout de suite, par l'intégration,

$$\mathrm{S}(\mathrm{X}\xi + \mathrm{Y}\eta + \mathrm{Z}\zeta)\,\mathrm{Dm} = \mathrm{L}\sin(t\sqrt{k} + \lambda),$$

L et λ étant deux constantes arbitraires.

28. Il est facile de voir, par la nature du calcul, que, si l'on substitue dans cette équation pour k une des racines de l'équation en k que nous avons dénotées par k', k'', k''', ... (art. 25), on devra avoir un résultat identique avec les expressions de ξ, η, ζ de l'article 26, de sorte qu'en substituant ces mêmes expressions dans l'équation précédente, elle devra devenir absolument identique pour toutes les valeurs de k.

On aura donc ainsi l'équation identique

$$\mathrm{S}\left\{\begin{aligned} &\mathrm{X}\sum[\mathrm{XE}\sin(t\sqrt{k}+\varepsilon)] \\ &+\mathrm{Y}\sum[\mathrm{YE}\sin(t\sqrt{k}+\varepsilon)] \\ &+\mathrm{Z}\sum[\mathrm{ZE}\sin(t\sqrt{k}+\varepsilon)] \end{aligned}\right\}\mathrm{Dm} = \mathrm{L}\sin(t\sqrt{k}+\lambda),$$

pour chacune des valeurs k', k'', k''', ... de k; et comme cette identité doit avoir lieu indépendamment de la valeur de t, il ne sera pas difficile de se convaincre que tous les termes qui contiendront le même arc $t\sqrt{k}$ devront être identiques dans le premier et dans le second membre de l'équation; d'où il suit d'abord qu'on aura nécessairement $\lambda = \varepsilon$ pour toutes les valeurs de λ et de ε.

Ensuite, si l'on fait attention à la valeur des signes sommatoires S et $\sum$, dont le premier S représente la somme des quantités sous le signe qui appartiennent à tous les corps du système, et que nous avons dénotées par des nombres placés en forme d'indices au bas des lettres (art. 24), et dont le second $\sum$ représente la somme des quantités semblables qui répondent à toutes les racines k', k'', k''', ..., $k^{(3n)}$, et que nous dénotons par des traits supérieurs (art. 25), on trouvera, par la comparaison des termes affectés des mêmes sinus, l'équation

$$\mathrm{E}\, S(\mathrm{X}^2 + \mathrm{Y}^2 + \mathrm{Z}^2)\,\mathrm{Dm} = \mathrm{L}.$$

Donc on aura, en général,

$$\mathrm{E}\sin(t\sqrt{k} + \varepsilon) = \frac{\mathrm{L}\sin(t\sqrt{k} + \lambda)}{S(\mathrm{X}^2 + \mathrm{Y}^2 + \mathrm{Z}^2)\,\mathrm{Dm}}$$

et, par conséquent, par l'article 27,

$$\mathrm{E}\sin(t\sqrt{k} + \varepsilon) = \frac{S(\mathrm{X}\xi + \mathrm{Y}\eta + \mathrm{Z}\zeta)\,\mathrm{Dm}}{S(\mathrm{X}^2 + \mathrm{Y}^2 + \mathrm{Z}^2)\,\mathrm{Dm}},$$

équation qui aura lieu pour toutes les valeurs de k.

29. Soient maintenant, lorsque $t = 0$,

$$\xi = \alpha, \qquad \eta = \beta, \qquad \zeta = \gamma,$$

et

$$\frac{d\xi}{dt} = \dot{\alpha}, \qquad \frac{d\eta}{dt} = \dot{\beta}, \qquad \frac{d\zeta}{dt} = \dot{\gamma};$$

ces six quantités seront données par l'état initial du système : si donc on les introduit dans l'équation précédente et dans sa différentielle relative à t, en y faisant $t=0$, on aura les valeurs suivantes des constantes arbitraires :

$$E \sin\varepsilon = \frac{S(X\alpha + Y\beta + Z\gamma)\,Dm}{S(X^2+Y^2+Z^2)\,Dm},$$

$$E \cos\varepsilon = \frac{1}{\sqrt{k}}\,\frac{S(X\dot\alpha + Y\dot\beta + Z\dot\gamma)\,Dm}{S(X^2+Y^2+Z^2)\,Dm}.$$

Donc enfin, si l'on substitue ces valeurs dans les expressions de ξ, η, ζ de l'article 26, on aura

$$\xi = +\sum\left(X\,\frac{S(X\alpha + Y\beta + Z\gamma)\,Dm}{S(X^2+Y^2+Z^2)\,Dm}\cos t\sqrt{k}\right)$$
$$+\sum\left(\frac{X}{\sqrt{k}}\,\frac{S(X\dot\alpha + Y\dot\beta + Z\dot\gamma)\,Dm}{S(X^2+Y^2+Z^2)\,Dm}\sin t\sqrt{k}\right),$$

$$\eta = +\sum\left(Y\,\frac{S(X\alpha + Y\beta + Z\gamma)\,Dm}{S(X^2+Y^2+Z^2)\,Dm}\cos t\sqrt{k}\right)$$
$$+\sum\left(\frac{Y}{\sqrt{k}}\,\frac{S(X\dot\alpha + Y\dot\beta + Z\dot\gamma)\,Dm}{S(X^2+Y^2+Z^2)\,Dm}\sin t\sqrt{k}\right),$$

$$\zeta = +\sum\left(Z\,\frac{S(X\alpha + Y\beta + Z\gamma)\,Dm}{S(X^2+Y^2+Z^2)\,Dm}\cos t\sqrt{k}\right)$$
$$+\sum\left(\frac{Z}{\sqrt{k}}\,\frac{S(X\dot\alpha + Y\dot\beta + Z\dot\gamma)\,Dm}{S(X^2+Y^2+Z^2)\,Dm}\sin t\sqrt{k}\right).$$

Ces formules, remarquables par leur généralité autant que par leur simplicité, renferment la solution de plusieurs problèmes dont l'analyse serait fort difficile par d'autres méthodes. Nous allons en faire l'application à deux problèmes déjà résolus dans différents Ouvrages, mais d'une manière plus ou moins complète.

§ III. — *Où l'on applique les formules précédentes aux vibrations d'une corde tendue et chargée de plusieurs corps, et aux oscillations d'un fil inextensible, chargé d'un nombre quelconque de poids et suspendu par ses deux bouts ou par un seulement.*

30. Les expressions des variables ξ, η, ζ que nous venons de trouver se simplifient beaucoup lorsque, dans les équations différentielles de l'article 21, les variables dont il s'agit se trouvent séparées. Alors les variables X, Y, Z se trouvent aussi séparées dans les équations aux différences finies de l'article 23; et chacune de ces équations donne, par le procédé de l'article 24, une équation particulière en k du degré m. Si l'on dénote par k, k_1, k_2 les valeurs des k qui répondent aux quantités X, Y, Z données par ces trois équations, et que l'on conserve les dénominations de l'article précédent, les expressions de ξ, η, ζ se réduiront, dans le cas précédent, à celles-ci :

$$\xi = \sum\left(X\frac{\mathrm{S}\,X\alpha\,Dm}{\mathrm{S}\,X^2\,Dm}\cos t\sqrt{k}\right) + \sum\left(\frac{X}{\sqrt{k}}\,\frac{\mathrm{S}\,X\alpha\,Dm}{\mathrm{S}\,X^2\,Dm}\sin t\sqrt{k}\right),$$

$$\eta = \sum\left(Y\frac{\mathrm{S}\,Y\beta\,Dm}{\mathrm{S}\,Y^2\,Dm}\cos t\sqrt{k_1}\right) + \sum\left(\frac{Y}{\sqrt{k_1}}\,\frac{\mathrm{S}\,Y\beta\,Dm}{\mathrm{S}\,Y^2\,Dm}\sin t\sqrt{k_1}\right),$$

$$\zeta = \sum\left(Z\frac{\mathrm{S}\,Z\gamma\,Dm}{\mathrm{S}\,Z^2\,Dm}\cos t\sqrt{k_2}\right) + \sum\left(\frac{Z}{\sqrt{k_2}}\,\frac{\mathrm{S}\,Z\gamma\,Dm}{\mathrm{S}\,Z^2\,Dm}\sin t\sqrt{k_2}\right).$$

31. Ce cas a lieu premièrement lorsque les corps sont supposés placés en ligne droite dans l'état d'équilibre; car, si l'on prend cette ligne pour l'axe des x, les ordonnées b et c deviennent nulles ainsi que leurs différences Db, Dc; et les équations de condition de l'article 20 exigent que l'on ait

$$\frac{\partial \Pi}{\partial b} = 0, \qquad \frac{\partial \Pi}{\partial c} = 0,$$

c'est-à-dire que les forces perpendiculaires à l'axe soient nulles. On aura donc aussi

$$\frac{\partial^2 \Pi}{\partial a\,\partial b} = 0, \qquad \frac{\partial^2 \Pi}{\partial a\,\partial c} = 0, \qquad \ldots,$$

et les équations de l'article 21 deviendront, à cause de $a' = 1$, $b' = 0$, $c' = 0$ et de $G = F - F'$,

$$\frac{d^2\xi}{dt^2}\,\mathrm{Dm} + \frac{\partial^2 \Pi}{\partial a^2}\,\xi\,\mathrm{Dm} - \mathrm{D}_{,}\left(\mathrm{F}'\frac{\mathrm{D}\xi}{\mathrm{D}f}\right) = 0,$$

$$\frac{d^2\eta}{dt^2}\,\mathrm{Dm} - \mathrm{D}_{,}\left(\mathrm{F}\frac{\mathrm{D}\eta}{\mathrm{D}f}\right) = 0,$$

$$\frac{d^2\zeta}{dt^2}\,\mathrm{Dm} - \mathrm{D}_{,}\left(\mathrm{F}\frac{\mathrm{D}\zeta}{\mathrm{D}f}\right) = 0;$$

par conséquent, les équations de l'article 23 se réduiront à celles-ci :

$$\left(k - \frac{\partial^2 \Pi}{\partial a^2}\right)\mathrm{X}\,\mathrm{Dm} + \mathrm{D}_{,}\left(\mathrm{F}'\frac{\mathrm{DX}}{\mathrm{D}f}\right) = 0,$$

$$k\mathrm{Y}\,\mathrm{Dm} + \mathrm{D}_{,}\left(\mathrm{F}\frac{\mathrm{DY}}{\mathrm{D}f}\right) = 0,$$

$$k\mathrm{Z}\,\mathrm{Dm} + \mathrm{D}_{,}\left(\mathrm{F}\frac{\mathrm{DZ}}{\mathrm{D}f}\right) = 0,$$

dans lesquelles on voit que les variables sont séparées, de manière qu'on peut les déterminer chacune en particulier.

La constante indéterminée k pourra donc être différente dans ces trois équations, et chacune d'elles donnera une équation du $n^{\text{ième}}$ degré pour la détermination de cette constante. On aura ainsi les formules de l'article précédent.

32. Puisqu'on a, dans le cas dont il s'agit, $\mathrm{D}b = 0$, $\mathrm{D}c = 0$, on aura $\mathrm{D}f = \mathrm{D}a$ (art. 19), et les équations de l'équilibre (art. 22) donneront

$$\mathrm{F} = \mathbf{S}\frac{\partial \Pi}{\partial a}\,\mathrm{Dm} + \mathrm{A}.$$

Mais, pour avoir la valeur de la quantité F′ (art. 19), il faudra connaître la valeur de F en fonction de Df ou Da; et l'on déduira, par la différentiation, la valeur de F′ en fonction de F.

Si, par exemple, on suppose $\Phi = K(Ds)^m$, on aura $F = K(Df)^m$ et, de là,

$$F' = mK(Df)^m = mF.$$

Dans le cas où l'on ferait abstraction de toute force étrangère, on aurait $\frac{\partial \Pi}{\partial a} = 0$, ce qui donne $F = A$ et, par conséquent, F constante pour tous les corps. Mais la valeur de F′ pourra varier d'un corps à l'autre, à moins que l'intervalle Da entre les corps consécutifs ne soit aussi le même pour tous les corps. Dans ce dernier cas, les quantités F et F′ seront deux constantes qu'on pourra déterminer *a posteriori*, sans connaître la loi de la fonction Φ.

Ce cas est celui d'un fil ou corde tendue, dont les deux extrémités sont fixes, et qui est chargée d'un nombre quelconque de corps placés à distances égales entre eux; la quantité F exprime alors la tension de la corde ou le poids qui peut la produire; mais, pour la quantité F′, on ne peut la déduire de F sans connaître la loi de l'élasticité de la corde.

Ce problème, qui est connu sous le nom de *problème des cordes vibrantes*, mérite un examen particulier, tant parce qu'il est susceptible d'une solution générale, que parce qu'il est intimement lié avec le fameux problème des vibrations des cordes sonores.

33. Nous supposerons que tous les corps Dm dont le fil est chargé soient égaux entre eux et sans pesanteur, et que les intervalles Df ou Da qui les séparent dans l'état d'équilibre soient aussi tous égaux.

Comme n est le nombre des corps mobiles, si l'on désigne par M la masse entière ou la somme de toutes les masses Dm, en y comprenant la dernière, qui est supposée fixe, et par l la longueur de la corde dans l'état d'équilibre, il est clair qu'on aura

$$Dm = \frac{M}{n+1} \quad \text{et} \quad Df = Da = \frac{l}{n+1};$$

et les trois équations en X, Y, Z de l'article 31 deviendront

$$\frac{lMk}{(n+1)^2 F'} X + D^2{}_{,}X = 0,$$

$$\frac{lMk}{(n+1)^2 F} Y + D^2{}_{,}Y = 0,$$

$$\frac{lMk}{(n+1)^2 F} Z + D^2{}_{,}Z = 0,$$

lesquelles étant semblables entre elles, il suffira de résoudre la première, et il n'y aura plus qu'à changer F′ en F pour avoir aussi la résolution des deux autres.

34. Soit r l'exposant ou l'indice du rang qu'un terme quelconque X tient dans la série des X; nous désignerons en général ce terme par X_r, et le terme précédent ${}_{,}X$ sera X_{r-1}; ainsi la première équation sera

$$\frac{lMk}{(n+1)^2 F'} X_r + D^2 X_{r-1} = 0.$$

Supposons, pour résoudre cette équation,

$$X_r = H \sin(r\varphi + e),$$

H et e étant deux constantes arbitraires; on aura, par les formules connues de la multiplication des angles,

$$D^2 X_{r-1} = X_{r+1} - 2X_r + X_{r-1} = -4H \sin(r\varphi + e) \sin^2 \frac{\varphi}{2},$$

et ces valeurs étant substituées dans l'équation précédente, elle deviendra, après la division par X_r,

$$\frac{lMk}{(n+1)^2 F'} - 4 \sin^2 \frac{\varphi}{2} = 0,$$

laquelle donne

$$\sqrt{k} = 2(n+1)\sqrt{\frac{F'}{lM}} \sin \frac{\varphi}{2}.$$

Or on a (art. 24) les deux conditions à remplir

$$X_0 = 0 \qquad \text{et} \qquad X_{n+1} = 0;$$

la première donne $e = 0$; la seconde donne $\sin(n+1)\varphi = 0$; d'où l'on tire $(n+1)\varphi = \rho\pi$, π étant l'angle de 180° et ρ un nombre quelconque entier. Donc on aura $\varphi = \frac{\rho\pi}{n+1}$; par conséquent, en faisant, ce qui est permis, $H = 1$, on aura, en général,

$$X_r = \sin\frac{r\rho\pi}{n+1}.$$

Et l'on aura la même expression pour Y_r et pour Z_r, qu'on substituera à la place de X, Y, Z, dans les expressions de ξ, η, ζ de l'article 30.

La même valeur de φ, étant substituée dans l'expression de $\sqrt{k}$ trouvée ci-dessus, donne

$$\sqrt{k} = 2(n+1)\sqrt{\frac{F'}{lM}}\sin\frac{\rho\pi}{2(n+1)},$$

où l'on peut mettre pour ρ tous les nombres entiers depuis 0 jusqu'à n inclusivement; car $\rho = n+1$ donne X, Y, Z nuls, et, au-dessus de $n+1$, les sinus de $\frac{\rho\pi}{2(n+1)}$ reviennent les mêmes.

Ainsi l'on aura autant de valeurs différentes de k qu'il y a de corps mobiles; ce seront les racines de l'équation en k.

En changeant F' en F, on aura les valeurs des racines k_1 et k_2 des deux autres équations en k.

On fera donc ces substitutions dans les formules générales de l'article 30, et l'on observera que la caractéristique sommatoire $\mathbf{S}$ doit se rapporter uniquement aux exposants ou indices de rang r, depuis $r = 1$ jusqu'à $r = n$, et que la caractéristique sommatoire $\sum$ doit se rapporter aux indices ρ des différentes racines depuis $\rho = 1$ jusqu'à $\rho = n$.

A l'égard de la valeur de $\mathbf{S}X^2\,Dm = Dm\,\mathbf{S}X^2$, on aura, à cause de $\varphi = \frac{\rho\pi}{n+1}$, la sommation suivante :

$$\begin{aligned}\mathbf{S}X^2 &= \sin^2\varphi + \sin^2 2\varphi + \sin^2 3\varphi + \ldots + \sin^2 n\varphi \\ &= \frac{1}{2}n - \frac{1}{2}(\cos 2\varphi + \cos 4\varphi + \cos 6\varphi + \ldots + \cos 2n) \\ &= \frac{1}{2}n - \frac{1}{2}\left[\frac{\cos 2n\varphi - \cos 2(n+1)\varphi}{2(1-\cos 2\varphi)} - \frac{1}{2}\right] = \frac{n+1}{2}.\end{aligned}$$

On aura de même

$$\mathsf{S}Y^2 = \mathsf{S}Z^2 = \frac{n+1}{2}.$$

35. Comme les valeurs de k sont incommensurables entre elles, la corde ne pourra jamais reprendre sa première position, à moins que les expressions de ξ, η, ζ ne se réduisent à un seul terme (art. 25). Dans ce cas, en mettant dans les formules de l'article cité, pour X, Y, Z et k, les valeurs qu'on vient de trouver, et faisant, pour abréger,

$$h' = \sqrt{\frac{F'}{lM}}, \qquad h = \sqrt{\frac{F}{lM}},$$

on aura ces expressions, dans lesquelles j'ai conservé l'angle φ à la place de sa valeur $\frac{\rho\pi}{n+1}$,

$$\xi = E \sin r\varphi \sin\left(h't \sin\frac{\varphi}{2} + \varepsilon\right),$$

$$\eta = E \sin r\varphi \sin\left(ht \sin\frac{\varphi}{2} + \varepsilon\right),$$

$$\zeta = E \sin r\varphi \sin\left(ht \sin\frac{\varphi}{2} + \varepsilon\right);$$

mais il faudra que les valeurs initiales α, β, γ, $\dot{\alpha}$, $\dot{\beta}$, $\dot{\gamma}$, qui répondent à $t = 0$, soient proportionnelles à $\sin r\varphi$. C'est la solution connue, dans laquelle on suppose que les corps ne font que des oscillations simples et isochrones.

36. Pour avoir des expériences générales applicables à un état initial quelconque, il faut employer les formules de l'article 30, en y substituant les valeurs trouvées ci-dessus (art. 34). Nous appliquerons, pour plus de clarté, aux variables ξ, η, ζ l'exposant ou indice r placé au bas de ces lettres, pour marquer le rang du corps auquel elles se rapportent, et à l'égard des quantités α, β, γ, $\dot{\alpha}$, $\dot{\beta}$, $\dot{\gamma}$ et X, Y, Z, qui sont sous le signe sommatoire S, nous emploierons l'exposant s au lieu de r, parce que cet exposant est uniquement relatif au signe S, lequel

indique qu'il faut prendre la somme de tous les termes qui répondent aux valeurs de s, depuis o jusqu'à n.

On aura ainsi cette formule générale

$$\xi_r = \sum \frac{2 \sin r\varphi}{n+1} \left\{ \begin{array}{c} S \alpha_s \sin s\varphi \cos\left[2(n+1)h't \sin \frac{\varphi}{2}\right] \\ + S \dot{\alpha}_s \sin s\varphi \dfrac{\sin\left[2(n+1)h't \sin \frac{\varphi}{2}\right]}{2(n+1)h' \sin \frac{\varphi}{2}} \end{array} \right\},$$

et pour avoir les expressions de η_r et ζ_r, il n'y aura qu'à changer h' en h et α, $\dot{\alpha}$ en β, $\dot{\beta}$ et en γ, $\dot{\gamma}$.

Les variables ξ_r représentent les excursions longitudinales des corps dans la ligne droite ou axe qui passe par les deux extrémités fixes de la corde, et les variables η_r, ζ_r représentent leurs excursions transversales ou latérales dans la direction perpendiculaire à l'axe, les seules qu'on ait considérées jusqu'ici dans la solution du problème des cordes vibrantes.

A l'égard du signe $\sum$, on se souviendra qu'il exprime la somme de toutes les quantités, sous ce signe, qui répondent à $\rho = 1, 2, 3, \ldots, n$; d'où l'on voit que les excursions de chaque corps, tant longitudinales que transversales, seront composées en général d'autant d'excursions particulières, analogues à celles de différents pendules dont les longueurs seraient

$$\frac{g}{4(n+1)^2 h'^2 \sin^2 \frac{\varphi}{2}} \quad \text{ou} \quad \frac{g}{4(n+1)^2 h^2 \sin^2 \frac{\varphi}{2}},$$

qu'il y a de corps mobiles, g étant la force de la gravité.

Pour que les valeurs de h et h' soient réelles, il faut que les quantités F et F' soient positives (art. 35); donc, suivant l'hypothèse de l'article 32, il faudra que l'exposant m soit positif. Si les corps se repoussaient, F serait une quantité négative, et il faudrait alors que l'exposant m fût aussi négatif, et que, de plus, on eût $\beta = 0$, $\dot{\beta} = 0$, $\gamma = 0$, $\dot{\gamma} = 0$, pour rendre nulles les excursions transversales η et ζ.

37. Il y a une remarque importante à faire sur l'expression générale de ξ_r que nous venons de trouver. Quoique nous ayons supposé que le nombre n des corps mobiles est donné, et que la corde, dont la longueur est aussi donnée, est fixe par ses deux bouts, le calcul n'est pas arrêté par ces suppositions, et l'expression dont il s'agit donne la valeur de ξ_r pour tout corps placé sur la même ligne droite dont le rang serait exprimé par un nombre quelconque r entier, positif ou négatif.

En effet, puisque ce nombre r n'entre que dans $\sin r\varphi$, il est visible qu'on peut lui donner telle valeur que l'on veut, et l'on voit en même temps que, comme $\varphi = \frac{\rho\pi}{n+1}$, ce sinus ne changera pas de valeur si l'on y met $2\lambda(n+1)+r$ à la place de r, et deviendra simplement négatif si l'on y change r en $2\lambda(n+1)-r$, λ étant un nombre quelconque entier, positif ou négatif. D'où il s'ensuit qu'en imaginant, suivant l'esprit du calcul, que la corde s'étende indéfiniment de part et d'autre, et qu'elle soit chargée, dans toute sa longueur, de corps égaux et placés à distances égales entre eux, les mouvements de ces corps seront tels, qu'on aura toujours

$$\xi_{2\lambda(n+1)\pm r} = \pm \xi_r.$$

Or il est facile de voir que la formule $2\lambda(n+1) \pm r$ peut représenter tous les nombres entiers, positifs ou négatifs, en supposant r compris entre 0 et $n+1$; car, ayant un nombre entier quelconque, si on le divise par $2(n+1)$ jusqu'à ce que le reste, positif ou négatif, soit moindre que $n+1$, ce qui est toujours possible, et qu'on prenne λ pour le quotient et $\pm r$ pour le reste, ce nombre sera représenté par $2\lambda(n+1) \pm r$. Ainsi la valeur de ξ relative à un corps quelconque placé sur la même ligne, à telle distance qu'on voudra de l'origine de l'axe l, se réduira toujours à la valeur de ξ pour un des corps placés sur cet axe.

Comme la relation que nous venons de trouver entre les différentes valeurs de ξ est générale, quel que soit le nombre r, si l'on y met

$\lambda(n+1)+r$ à la place de r, et qu'on prenne les signes inférieurs, elle devient

$$\xi_{\lambda(n+1)-r} = -\xi_{\lambda(n+1)+r}.$$

D'où il est facile de conclure que, si l'on imagine toute la longueur indéfinie de la corde divisée en parties égales à l'axe l de la corde donnée, les valeurs de ξ, dans chacune de ces parties, seront les mêmes à égale distance des points de division, mais de signes différents dans les parties contiguës. Si donc on représente les valeurs de ξ, pour tous les corps placés sur l'axe l, par les ordonnées des angles d'un polygone décrit sur cet axe, il n'y aura qu'à transporter ce polygone alternativement et symétriquement au-dessous et au-dessus de l'axe prolongé des deux côtés à l'infini, de manière que les côtés qui aboutissent aux points de division soient les mêmes, mais placés en sens contraire et dans la même direction; on aura ainsi à chaque instant les valeurs de ξ pour tous les corps qu'on supposera distribués sur la même ligne droite prolongée à l'infini par les coordonnées des angles de ce polygone composé d'une infinité de branches. Ces valeurs seront nulles dans chaque point de division, de sorte que les corps placés dans ces points seront d'eux-mêmes immobiles; et c'est ainsi que le calcul satisfait à la condition que les deux bouts de la corde donnée soient fixes.

Ce que nous venons de démontrer par rapport aux variables ξ a lieu également pour les différentielles $\frac{d\xi}{dt}$; car, en différentiant l'expression de ξ_r par rapport à t, on a une expression de $\frac{d\xi_r}{dt}$ à laquelle on peut appliquer les mêmes raisonnements.

Donc les valeurs de α et de $\dot{\alpha}$, qui représentent celles de ξ et de $\frac{d\xi}{dt}$ au premier instant, et qui sont arbitraires pour tous les corps placés sur l'axe l, seront représentées par une pareille construction dans l'étendue de la corde de longueur indéfinie.

Comme les expressions des deux autres variables η et ζ ne diffèrent de celle de ξ que par les valeurs initiales β, $\dot{\beta}$ et γ, $\dot{\gamma}$, qui sont à la place de α, $\dot{\alpha}$, les mêmes résultats auront lieu aussi par rapport à ces autres variables.

38. On conclura donc, en général, que, si une corde tendue, d'une longueur quelconque, est chargée de corps égaux et placés à distances égales entre eux, et qu'ayant divisé cette corde en plusieurs parties égales, comprises chacune entre deux corps, tous les corps, à l'exception de ceux qui sont dans les points de division, soient ébranlés à la fois, de manière que l'ébranlement soit le même, mais dans un sens opposé, pour ceux qui sont à distances égales de part et d'autre de chaque point de division, les corps placés dans ces points de division demeureront immobiles d'eux-mêmes, et chaque partie de la corde aura le même mouvement que si elle était isolée, et que ses deux extrémités fussent absolument fixes.

Il résulte de là qu'une corde tendue, de la longueur l, fixe par ses deux extrémités et chargée d'un nombre n de corps, étant divisée en ν parties égales, ν étant un diviseur de $n+1$, si l'état initial est tel que les corps placés dans les points de division n'aient reçu aucun ébranlement, et que ceux qui sont en deçà et en delà d'un point de division à distances égales aient reçu des ébranlements égaux, mais en sens contraire, la corde oscillera comme si les points de division étaient fixes et que la corde n'eût que la longueur $\frac{l}{\nu}$.

39. La séparation des variables dans les équations en ξ, η, ζ peut encore avoir lieu sans supposer que les corps soient disposés en ligne droite dans l'état d'équilibre, mais en supposant que leurs distances mutuelles ne varient pas dans le mouvement. Nous avons remarqué dans l'article 14 que ce cas dépend des mêmes formules générales, en y regardant la quantité Φ, et, par conséquent aussi, la quantité F, comme indéterminées; et nous avons vu, dans l'article 22, que l'on a alors l'équation de condition

$$\frac{Da}{Df}D\xi + \frac{Db}{Df}D\eta + \frac{Dc}{Df}D\zeta = 0,$$

laquelle fait disparaître, dans les équations générales de l'article 21, tous les termes multipliés par G.

En n'ayant égard qu'à la pesanteur des corps, et prenant l'axe des abscisses x et a, vertical et dirigé de bas en haut, on aura $\frac{\partial \Pi}{\partial a}$ égale à la force accélératrice de la gravité, que nous désignerons par g, et, de plus, $\frac{\partial \Pi}{\partial b} = 0$, $\frac{\partial \Pi}{\partial c} = 0$; et les équations de l'article cité deviendront

$$\frac{d^2\xi}{dt^2}\mathrm{Dm} - \mathrm{D}_{\prime}\left(\mathrm{F}\frac{\mathrm{D}\xi}{\mathrm{D}f}\right) = 0,$$

$$\frac{d^2\eta}{dt^2}\mathrm{Dm} - \mathrm{D}_{\prime}\left(\mathrm{F}\frac{\mathrm{D}\eta}{\mathrm{D}f}\right) = 0,$$

$$\frac{d^2\zeta}{dt^2}\mathrm{Dm} - \mathrm{D}_{\prime}\left(\mathrm{F}\frac{\mathrm{D}\zeta}{\mathrm{D}f}\right) = 0,$$

où les variables sont séparées.

La valeur de F sera (art. 22)

$$\mathrm{F} = \sqrt{(g\,\mathrm{S}\,\mathrm{Dm} + \mathrm{A})^2 + \mathrm{B}^2 + \mathrm{C}^2}.$$

Les équations en X, Y, Z deviendront donc (art. 23)

$$k\mathrm{X}\,\mathrm{Dm} + \mathrm{D}_{\prime}\left(\mathrm{F}\frac{\mathrm{DX}}{\mathrm{D}f}\right) = 0,$$

$$k\mathrm{Y}\,\mathrm{Dm} + \mathrm{D}_{\prime}\left(\mathrm{F}\frac{\mathrm{DY}}{\mathrm{D}f}\right) = 0,$$

$$k\mathrm{Z}\,\mathrm{Dm} + \mathrm{D}_{\prime}\left(\mathrm{F}\frac{\mathrm{DZ}}{\mathrm{D}f}\right) = 0,$$

qui sont, comme l'on voit, tout à fait semblables entre elles; de sorte qu'on pourra supposer $\mathrm{X} = \mathrm{Y} = \mathrm{Z}$, parce que les constantes arbitraires par lesquelles ces quantités peuvent différer, devant être déterminées par les mêmes conditions, deviendront aussi les mêmes. Ainsi les valeurs ξ, η, ζ, données par les formules générales de l'article 30, ne seront différentes que par les valeurs initiales α, β, γ, $\dot{\alpha}$, $\dot{\beta}$, $\dot{\gamma}$, qui peuvent être quelconques.

Toute la difficulté se réduit donc à trouver l'expression générale de X; mais c'est à quoi l'on ne saurait parvenir par les méthodes connues.

Ce cas est celui d'un fil inextensible chargé de plusieurs poids et fixement arrêté dans ses deux extrémités.

40. Lorsque le fil n'est arrêté que par une de ses extrémités, que nous prendrons pour l'extrémité supérieure, le corps le plus bas devant être libre, il faudra, par l'article 17, que la valeur de Φ ou de F soit nulle à l'extrémité inférieure. Or, en prenant cette extrémité pour l'origine des abscisses, que nous supposons dirigées de bas en haut, et y faisant commencer la somme $\mathrm{S}\,\mathrm{D}m$, la valeur de F y sera nulle, pourvu qu'on ait $A=0$, $B=0$, $C=0$. On aura ainsi $F=g\,\mathrm{S}\,\mathrm{D}m$.

Comme on a, dans ce cas,

$$\frac{\partial \Pi}{\partial a}=g, \qquad \frac{\partial \Pi}{\partial b}=0, \qquad \frac{\partial \Pi}{\partial c}=0,$$

les équations de l'article 22 donneront $\mathrm{D}a=\mathrm{D}f$, $\mathrm{D}b=0$, $\mathrm{D}c=0$, c'est-à-dire que les ordonnées b, c seront constantes; de sorte qu'on aura, pour l'état d'équilibre, une ligne droite parallèle à l'axe vertical des abscisses a. Ainsi l'on peut faire $b=0$, $c=0$, en prenant pour l'axe des a la verticale qui passe par le point de suspension du fil.

Ce cas, qui est celui des oscillations très petites d'un fil suspendu à un point fixe et chargé d'un nombre quelconque de poids, est aussi susceptible d'une solution générale lorsque les poids sont tous égaux entre eux et placés à distances égales les uns des autres.

41. Dans ce dernier cas, en nommant n le nombre des corps, M la somme de leurs masses $\mathrm{D}m$ et l la longueur du fil, on a

$$\mathrm{D}m=\frac{M}{n}, \qquad \mathrm{D}f=\mathrm{D}a=\frac{l}{n};$$

et si l'on nomme, de plus, r le nombre des corps, à commencer du plus bas jusqu'à celui auquel répondent les variables ξ, η, ζ, on aura

$$\mathrm{S}\,\mathrm{D}m=(r-1)\,\mathrm{D}m=\frac{(r-1)M}{n};$$

et, de là, on aura

$$F = \frac{g(r-1)M}{n}.$$

L'équation en X de l'article 39, étant multipliée par $\frac{l}{gM}$, deviendra, en mettant X_r au lieu de X, et observant que ${}_{,}X$ devient X_{r-1} et que $X_{,}$ devient X_{r+1},

$$\frac{lk}{gn}X_r + D[(r-1)DX_{r-1}] = 0,$$

savoir, en exécutant les différentiations indiquées par la caractéristique D, suivant la formule de l'article 16,

$$\frac{lk}{gn}X_r + (X_{r+1} - X_r) + (r-1)(X_{r-1} - 2X_r + X_{r+1}) = 0.$$

Cette équation, à cause du coefficient variable r, ne peut pas être traitée comme celles qui donnent les suites récurrentes ordinaires; mais on peut en déduire successivement les valeurs de X_2, X_3, ...

Pour cela, il n'y a qu'à la mettre sous cette forme, où $h = \frac{lk}{gn}$,

$$X_{r+1} = \frac{2r-h-1}{r}X_r - \frac{r-1}{r}X_{r-1}.$$

De là, en faisant successivement $r = 1, 2, 3, \ldots$, on aura

$$X_2 = (1-h)X_1,$$
$$X_3 = \frac{3-h}{2}X_2 - \frac{1}{2}X_1 = \left(1 - 2h + \frac{h^2}{2}\right)X_1,$$
$$X_4 = \frac{5-h}{3}X_3 - \frac{2}{3}X_2 = \left(1 - 3h + \frac{3h^2}{2} - \frac{h^3}{2.3}\right)X_1,$$
$$X_5 = \left(1 - 4h + \frac{6h^2}{2} - \frac{4h^3}{2.3} + \frac{h^4}{2.3.4}\right)X_1,$$

et ainsi de suite; de sorte qu'on aura, en général,

$$X_{r+1} = \left[1 - rh + \frac{r(r-1)}{4}h^2 - \frac{r(r-1)(r-2)}{4.9}h^3 + \ldots\right]X_1 \quad (^1).$$

(1) Le terme général est $(-1)^p \frac{r(r-1)\ldots(r-p+1)}{1^2.2^2.3^2\ldots p^2}h^p X_1$. (*J. Bertrand.*)

L'extrémité supérieure du fil devant être fixe, on peut supposer qu'elle réponde au corps dont le rang serait $n+1$; ainsi il faudra que l'on ait $X_{n+1}=0$, ce qui donne l'équation suivante, en remettant pour h sa valeur $\frac{lk}{gn}$,

$$1-\frac{lk}{g}+\frac{(n-1)l^2k^2}{4ng^2}-\frac{(n-1)(n-2)l^3k^3}{4.9n^2g^3}+\ldots=0,$$

laquelle sera, par rapport à k, du degré n, et donnera, par conséquent, les n valeurs de k, que nous désignerons en général par $k^{(\rho)}$.

42. Il n'y aura donc qu'à substituer, dans les formules de l'article 30, l'expression précédente de X_r à la place de X, de Y et de Z, et celle de $k^{(\rho)}$ à la place de k, et ensuite exécuter les sommations indiquées par les signes S et $\sum$. Mais il faut observer que dans le cas présent, où l'on suppose $Db=0$, $Dc=0$ (art. 40), l'équation de condition de l'article 39 donne $D\xi=0$ et, par conséquent, ξ égale à une constante pour tous les corps, mais qui peut être une fonction de t; donc on aura, pour le commencement du mouvement, α et $\dot{\alpha}$ égales à des constantes; or, le premier corps étant supposé fixe, les valeurs initiales α et $\dot{\alpha}$ sont nulles pour ce corps; donc elles seront aussi nulles pour tous les autres. Par conséquent, l'expression générale de la variable ξ deviendra nulle. Cela a lieu en négligeant, comme nous l'avons fait, les carrés et les puissances supérieures des variables ξ, η, ζ, supposées très petites. En effet, l'équation $Ds=Df$ de l'article 19, à cause de

$$Ds^2=Dx^2+Dy^2+Dz^2$$

et de

$$Db=0,\qquad Dc=0,$$

donne

$$Da^2=(Da+D\xi)^2+D\eta^2+D\zeta^2,$$

d'où l'on tire

$$D\xi=-\frac{D\eta^2+D\zeta^2}{2Da};$$

de sorte que les variables ξ seront du second ordre par rapport à η et ζ.

Désignons maintenant par Φ_r cette fonction de r,

$$1-(r-1)\frac{lk^{(\rho)}}{gn}+\frac{(r-1)(r-2)}{4}\left(\frac{lk^{(\rho)}}{gn}\right)^2 -\frac{(r-1)(r-2)(r-3)}{4\cdot 9}\left(\frac{lk^{(\rho)}}{gn}\right)^3+\ldots,$$

et mettons dans l'expression générale de la variable η de l'article 30, à l'imitation de ce que nous avons fait dans l'article 36, η_r au lieu de η, et Φ_r au lieu de Y dans les termes qui sont hors du signe S; mais, dans ceux qui sont sous ce signe, nous changerons r en s, et nous mettrons β_s, $\dot\beta_s$ au lieu de β et $\dot\beta$. On aura ainsi, pour un corps quelconque dont le rang est r en montant,

$$\eta_r=\sum\left[\frac{\Phi_r\,\mathrm{S}(\alpha_s\Phi_s)}{\mathrm{S}(\Phi_s)^2}\cos t\sqrt{k^{(\rho)}}\right]+\sum\left[\frac{\Phi_r\,\mathrm{S}(\dot\alpha_s\Phi_s)}{\mathrm{S}(\Phi_s)^2\sqrt{k^{(\rho)}}}\sin t\sqrt{k^{(\rho)}}\right],$$

où le signe S exprime la somme des termes qui répondent à $s=1, 2, 3, \ldots, n$, et le signe $\sum$ représente la somme des termes qui répondent à $\rho=1, 2, 3, \ldots, n$, en supposant que $k^{(1)}, k^{(2)}, k^{(3)}, \ldots, k^{(n)}$ soient les racines de l'équation en $k^{(\rho)}$, représentée par

$$\Phi_{n+1}=0.$$

On aura une expression tout à fait semblable pour la variable ζ_r en changeant simplement β_s, $\dot\beta_s$ en γ_s, $\dot\gamma_s$.

Le problème des oscillations infiniment petites d'un fil chargé d'un nombre quelconque de poids égaux est donc complètement résolu; il ne reste qu'à déterminer les racines de l'équation en $k^{(\rho)}$, ce qui ne paraît pas possible en général.

43. Au reste, quoiqu'on ne puisse pas déterminer ces racines, on peut néanmoins être assuré qu'elles doivent être toutes réelles, positives et inégales; autrement les valeurs de ξ, η, ζ contiendraient des termes qui iraient en augmentant avec le temps, ce qui ne peut être, puisqu'il est évident, par la nature du problème, que les oscillations

du fil doivent toujours être de peu d'étendue, si les valeurs initiales de ξ, η, ζ sont très petites.

Le contraire aurait lieu si l'on supposait la quantité g, qui exprime la gravité, négative, c'est-à-dire agissant en sens opposé; car ce serait le cas où, le point de suspension du fil vertical étant placé à son extrémité inférieure, le fil culbuterait, pour peu qu'il fût déplacé de la situation verticale. En effet, en faisant g négative dans l'équation en k, tous ses termes deviennent positifs, de sorte qu'elle ne peut avoir que des racines imaginaires ou réelles négatives.

On peut aussi trouver ces résultats *a priori*, par les principes établis dans l'article 8, ce qui peut servir à montrer la justesse de ces principes. En effet, si l'on a égard à la condition de l'inextensibilité du fil, laquelle donne (article précédent), en prenant les sommes comptées du corps le plus bas,

$$\xi = \xi_1 - \mathrm{S}\,\frac{D\eta^2 + D\zeta^2}{2\,Da},$$

la valeur de V sera simplement $\mathrm{S}\,\Pi\,Dm$, et l'on aura

$$\Pi = gx = ga + g\xi.$$

Mais, puisque le corps le plus haut, qui répond à $n+1$, est supposé fixe, la valeur de ξ y devra être nulle; ainsi l'on aura

$$\xi_1 = \left(\mathrm{S}\,\frac{D\eta^2 + D\zeta^2}{2\,Da}\right),$$

en supposant que la somme renfermée entre deux crochets soit la somme totale. Donc on aura

$$\xi = \mathrm{S}'\,\frac{D\eta^2 + D\zeta^2}{2\,Da},$$

où le signe S' dénote les sommes prises à rebours, à commencer par le corps le plus haut, et qui sont les différences de la somme totale et des sommes partielles dénotées par S, lesquelles doivent commencer au corps le plus bas, où est l'origine des abscisses.

On aura donc ainsi

$$V = g \mathsf{S} a\,Dm + g \mathsf{S} Dm \mathsf{S}' \frac{D\eta^2 + D\zeta^2}{2\,Da},$$

où l'on voit que la partie de V qui contient les secondes dimensions des variables η et ζ, qui sont maintenant indépendantes, est nécessairement toujours positive, et que, par conséquent, les racines de l'équation en k seront toutes réelles, positives et inégales. Ce serait le contraire si l'on donnait à g une valeur négative.

§ IV. — *Sur les vibrations des cordes sonores, regardées comme des cordes tendues, chargées d'une infinité de petits poids infiniment proches l'un de l'autre; et sur la discontinuité des fonctions arbitraires.*

44. La solution générale que nous avons donnée du problème des cordes vibrantes a lieu, quel que soit le nombre n des corps mobiles, et quel que soit aussi leur état initial; par conséquent, elle doit s'appliquer aussi au cas où le nombre n deviendrait infiniment grand, et les intervalles entre les corps diminueraient à l'infini, de manière que la longueur de la corde restât la même : alors le mouvement de chaque corps se trouvera représenté par une série infinie de termes dont la somme sera équivalente à une fonction finie, différente de celle de chacun de ses termes. Ce cas est celui d'une corde sonore uniformément épaisse, et l'on a coutume de le résoudre directement par le Calcul différentiel; cependant il peut être intéressant pour l'Analyse de faire voir comment on peut le déduire de la solution générale, surtout parce que, de cette manière, on sera assuré d'avoir une solution applicable à quelque figure que la corde puisse avoir au commencement de son mouvement.

45. Nous remarquerons d'abord qu'en supposant n infini, la valeur de $\sqrt{k}$ (art. 34) devient $\sqrt{\frac{F'}{lM}}\rho\pi$, parce que la dernière limite de $2(n+1)\sin\frac{\rho\pi}{2(n+1)}$ est $\rho\pi$, de sorte que les racines de l'équation en k,

qui étaient toutes incommensurables entre elles, tant que le nombre n des corps mobiles était fini, deviennent toutes commensurables lorsque n est infini, ayant pour commune mesure $\pi\sqrt{\frac{F'}{lM}}$ dans les excursions longitudinales ξ, et $\pi\sqrt{\frac{F}{lM}}$ dans les excursions transversales η et ζ; d'où il suit que la corde reprendra toujours sa première figure par rapport à l'axe, au bout d'un temps égal à $2\sqrt{\frac{lM}{F}}$, quel que puisse être son état initial.

Il est vrai que, le nombre ρ pouvant aussi devenir infini, il y aurait des cas où l'on ne pourrait plus supposer $2(n+1)\sin\frac{\rho\pi}{2(n+1)} = \rho\pi$; mais, comme cela ne peut avoir lieu qu'après un nombre infini de termes dans les séries infinies marquées par $\sum$, il s'ensuit de la théorie connue de ces séries que ces cas particuliers ne sont point une exception au résultat général.

On peut d'ailleurs s'en convaincre directement; car, dans le cas de n infini, les différences finies marquées par D deviennent infiniment petites; ainsi l'équation en X de l'article 33 devient, en changeant D en d, et mettant pour $n+1$ sa valeur $\frac{l}{da}$,

$$\frac{Mk}{lF'}X + \frac{d^2X}{da^2} = 0,$$

laquelle, étant intégrée, donne

$$X = H\sin\left(a\sqrt{\frac{Mk}{lF'}} + \varepsilon\right).$$

Il faut que X soit nul lorsque $a = 0$ et lorsque $a = l$, parce que les deux extrémités de la corde sont fixes; la première condition donne $\varepsilon = 0$, et la seconde donne $l\sqrt{\frac{Mk}{lF'}} = \rho\pi$, d'où l'on tire $\sqrt{k} = \rho\pi\sqrt{\frac{F'}{lM}}$, comme plus haut.

On n'a donc pas besoin, dans ce cas, pour que la corde revienne toujours à son premier état, de supposer qu'elle ne fasse que des oscillations simples et semblables à celles d'un pendule, comme dans l'article 35; car, quel que soit son état initial, on est assuré que ses vibrations seront toujours isochrones entre elles, et synchrones à celles d'un pendule simple de longueur égale à $\frac{g}{k}$; mais la loi de ces vibrations sera différente de celle des vibrations des pendules, et dépendra de l'état initial de la corde.

Pour connaître cette loi, il faut voir ce que deviennent les expressions générales de ξ, η, ζ dans le cas de n infini; c'est ce que nous allons examiner.

46. Faisons, dans la formule générale de l'article 36, les substitutions de $\frac{\rho\pi}{n+1}$ à la place de φ et de $\frac{\rho\pi}{2(n+1)}$ à la place de $\sin\frac{\varphi}{2}$, en supposant n infini; et au lieu des exposants ou indices r et s qui dénotent le rang des corps auxquels appartiennent les variables ξ et α, employons, ce qui est plus simple, les parties mêmes de l'axe ou les abscisses qui répondent à ces corps, en dénotant par x l'abscisse relative à ξ et par a l'abscisse relative à α et à $\dot{\alpha}$. Comme la longueur totale de la corde est supposée égale à l, on aura

$$\frac{r}{n+1}=\frac{x}{l},\qquad \frac{s}{n+1}=\frac{a}{l},\qquad n+1=\frac{l}{\mathrm{D}a};$$

et la formule dont il s'agit donnera cette expression générale des excursions longitudinales ξ

$$\xi=2\sum\sin\frac{\rho\pi x}{l}\left[\mathrm{A}^{(\rho)}\cos(\rho\pi h't)+\dot{\mathrm{A}}^{(\rho)}\frac{\sin(\rho\pi h't)}{\rho\pi h'}\right],$$

en faisant

$$\mathrm{A}^{(\rho)}=\mathrm{S}\left(\sin\frac{\rho\pi a}{l}\,\frac{\alpha\,\mathrm{D}a}{l}\right),$$

$$\dot{\mathrm{A}}^{(\rho)}=\mathrm{S}\left(\sin\frac{\rho\pi a}{l}\,\frac{\dot{\alpha}\,\mathrm{D}a}{l}\right).$$

Le signe $\sum$ dénote ici une suite infinie de termes qui répondent à $\rho=1, 2, 3, \ldots$, à l'infini; et le signe S dénote d'autres suites infinies de termes qui répondent à toutes les valeurs de a, $\mathrm{D}a$, $2\mathrm{D}a$, $3\mathrm{D}a$, ..., à l'infini, à cause de $\mathrm{D}a$ infiniment petit.

On aura de pareilles expressions pour les excursions transversales η et ζ en changeant h' en h et α, $\dot{\alpha}$ en β, $\dot{\beta}$ et en γ, $\dot{\gamma}$.

47. Daniel Bernoulli, en généralisant la solution du problème des cordes vibrantes donnée par Taylor, était parvenu à une formule semblable à la précédente, mais dans laquelle les coefficients $\dot{A}^{(\rho)}$ étaient nuls et les coefficients $A^{(\rho)}$ dénotaient simplement des constantes arbitraires dépendantes de la figure initiale de la corde (*Mémoires de Berlin*, 1753); et il avait cru pouvoir expliquer, par les différents termes de sa formule, les sons harmoniques qu'une corde sonore fait entendre, avec le son principal. Notre formule, dans laquelle ces coefficients sont exprimés par les valeurs initiales α, $\dot{\alpha}$, nous met en état d'apprécier cette explication, qui a été adoptée par plusieurs auteurs après lui.

En effet, il est facile de voir que le son principal de la corde sera donné par le premier ou les deux premiers termes de la série, qui répondent à $\rho = 1$, et que les sons harmoniques successifs, c'est-à-dire l'octave, la douzième, la double octave, la dix-septième, etc., seront donnés par les termes suivants, qui répondent à $\rho = 2, 3, 4, 5, \ldots$. Donc, pour que le son principal domine parmi tous les autres, et qu'il n'y ait que les premiers des harmoniques qui se fassent entendre en même temps, il faut supposer que les coefficients $A^{(1)}$, $\dot{A}^{(1)}$ soient beaucoup plus grands que tous les autres pris ensemble, et que les coefficients suivants :

$$A^{(2)},\quad A^{(3)},\quad A^{(4)},\quad \ldots;\quad \dot{A}^{(2)},\quad \dot{A}^{(3)},\quad \dot{A}^{(4)},\quad \ldots,$$

forment des séries extrêmement convergentes. Mais, par la manière dont ces coefficients dépendent des valeurs initiales α et $\dot{\alpha}$, on voit que cette supposition est inadmissible, en regardant l'état initial de la corde comme arbitraire; on voit même que, dans la plupart des cas, ces coefficients formeront des séries divergentes, ce qui n'empêchera pas que la corde ne fasse des vibrations isochrones ou d'égale durée, seule condition nécessaire pour la formation d'un ton.

48. Quoique les formules de l'article 46 donnent rigoureusement le mouvement de la corde au bout d'un temps quelconque t, les séries infinies qui entrent dans ces formules empêchent néanmoins qu'elles ne représentent ce mouvement d'une manière nette et sensible; mais, en envisageant sous un autre point de vue la formule générale de l'article 36, on peut en tirer une construction simple et uniforme pour déterminer l'état de la corde à chaque instant, quel que puisse être son état initial.

Reprenons cette formule, et mettons-la sous la forme suivante, ce qui est permis à cause de l'indépendance des signes sommatoires $\mathcal{S}$ et $\sum$:

$$\xi_r = +\mathcal{S}\alpha_s \sum \left\{ \frac{2\sin r\varphi}{n+1} \sin s\varphi \cos\left[2(n+1)h't\sin\frac{\varphi}{2}\right]\right\}$$
$$+\mathcal{S}\dot{\alpha}_s \sum \left\{ \frac{2\sin r\varphi}{n+1} \sin s\varphi \frac{\sin\left[2(n+1)h't\sin\frac{\varphi}{2}\right]}{(n+1)h'\sin\frac{\varphi}{2}}\right\}.$$

Nous tirerons d'abord de cette formule une conséquence qui nous sera fort utile. Comme on a supposé que α est la valeur initiale de ξ (art. 29), il faut qu'en faisant $t=0$ dans l'expression précédent de ξ_r, elle se réduise à α_r, et qu'on ait, par conséquent, cette équation identique

$$\alpha_r = \mathcal{S}\alpha_s \sum \frac{2\sin r\varphi}{n+1} \sin s\varphi.$$

Il est évident que le second membre de cette équation ne peut se réduire à α_r, à moins que l'on n'ait, en général,

$$\sum \frac{2\sin r\varphi}{n+1} \sin s\varphi = 0,$$

tant que s est différent de r; et que, lorsque $s=r$, on ait

$$\sum \frac{2\sin r\varphi}{n+1} \sin r\varphi = 1,$$

φ étant égal à $\frac{n+1}{\rho\pi}$, et le signe $\sum$ étant rapporté aux valeurs successives 1, 2, 3, ..., n de ρ : ce qui donne une série formée des produits de sinus d'angles multiples de $\frac{r\pi}{n+1}$ et $\frac{s\pi}{n+1}$, dont la somme devra être toujours nulle dans le premier cas, et égale à $\frac{n+1}{2}$ dans le second. C'est aussi ce qu'on peut démontrer directement par les formules connues, pour la sommation de ces sortes de suites.

Dans ces formules, r et s sont supposés des nombres quelconques entiers compris entre 0 et $n+1$; mais, à cause de $\varphi = \frac{\rho\pi}{n+1}$, ρ étant aussi un nombre entier, si l'on met $2\lambda(n+1) \pm r$ à la place de r, λ étant un nombre quelconque entier positif ou négatif, on aura

$$\sin[2\lambda(n+1) \pm r]\varphi = \pm \sin r\varphi;$$

par conséquent, on aura, en général,

$$\sum \left\{ \frac{2\sin[2\lambda(n+1) \pm r]\varphi}{n+1} \sin s\varphi \right\} = \pm 1 \text{ ou } = 0,$$

selon que s sera égal à r ou non.

La formule $2\lambda(n+1) \pm r$ peut représenter tous les nombres entiers positifs ou négatifs, comme nous l'avons vu dans l'article 37; ainsi, ayant un nombre quelconque entier N, on peut faire $N = 2\lambda(n+1) \pm r$, ce qui donnera

$$r = \pm [N - 2\lambda(n+1)],$$

et l'on aura, en général, quel que soit N,

$$\sum \frac{\sin N\varphi \sin s\varphi}{n+1} = \pm \frac{1}{2} \text{ ou } = 0,$$

selon que s sera égal à $\pm [N - 2\lambda(n+1)]$ ou non, s étant un nombre entier entre 0 et $n+1$.

49. Cela posé, comme l'expression de ξ_r est composée de deux parties, dont la première contient les valeurs initiales α de la variable ξ, et dont la seconde contient les valeurs initiales $\dot{\alpha}$ des différentielles $\frac{d\xi}{dt}$, nous considérerons ces deux parties séparément, et nous désignerons

la première par ξ'_r et la seconde par ξ''_r, de manière que l'on ait $\xi_r = \xi'_r + \xi''_r$.

En supposant n infini, l'angle $\varphi = \frac{\rho\pi}{n+1}$ devient infiniment petit, et $\sin\frac{\varphi}{2}$ se réduit à $\frac{\varphi}{2}$ (art. 46). Faisant cette substitution dans l'expression de ξ'_r, on aura (art. 48)

$$\xi'_r = \mathbf{S}\alpha_s \sum \frac{2}{n+1} \sin r\varphi \sin s\varphi \cos(n+1)h't\varphi;$$

et développant le produit $\sin r\varphi \cos(n+1)h't\varphi$,

$$\xi'_r = \mathbf{S}\alpha_s \sum \left\{ \frac{\sin[r+(n+1)h't]\varphi}{n+1} \sin s\varphi \right\} + \mathbf{S}\alpha_s \sum \left\{ \frac{\sin[r-(n+1)h't]\varphi}{n+1} \sin s\varphi \right\}.$$

Comme n est supposé un nombre infiniment grand, on pourra toujours regarder comme un nombre entier le nombre $(n+1)h't$, quel que puisse être le nombre exprimé par $h't$.

Ainsi, en faisant, dans la dernière formule de l'article précédent,

$$N = r + (n+1)h't,$$

on aura

$$\mathbf{S}\alpha_s \sum \left\{ \frac{\sin[r+(n+1)h't]\varphi}{n+1} \sin s\varphi \right\} = \pm \tfrac{1}{2}\alpha_s,$$

où

$$s = \pm[r + (n+1)h't - 2\lambda(n+1)];$$

et faisant $N = r - (n+1)h't$, on aura pareillement

$$\mathbf{S}\alpha_{s'} \sum \left\{ \frac{\sin[r-(n+1)h't]\varphi}{n+1} \sin s\varphi \right\} = \pm \tfrac{1}{2}\alpha_{s'},$$

où

$$s' = \pm[r - (n+1)h't - 2\lambda'(n+1)],$$

λ et λ' étant des nombres entiers quelconques, ou zéro.

Donc, réunissant ces deux valeurs, on aura simplement

$$\xi_r = \tfrac{1}{2}(\pm\alpha_s \pm \alpha_{s'}),$$

où les signes ambigus de α_s et de $\alpha_{s'}$ répondent à ceux des valeurs de s et de s'.

50. Mais, à la place des exposants ou indices r et s qui dénotent le rang des corps auxquels appartiennent les variables ξ et α, il est plus commode d'employer les parties mêmes de la corde comprises entre la première extrémité fixe et ces mêmes corps.

Désignons, comme dans l'article 46, par x la partie de l'axe ou l'abscisse qui répond à ξ, et par a celle qui répond à α; la longueur de la corde étant l, on aura

$$\frac{r}{n+1}=\frac{x}{l}, \qquad \frac{s}{n+1}=\frac{a}{l};$$

et de même

$$\frac{s'}{n+1}=\frac{a'}{l},$$

ce qui donne

$$r=\frac{(n+1)x}{l}, \qquad s=\frac{(n+1)a}{l}, \qquad s'=\frac{(n+1)a'}{l};$$

et à la place de ξ'_r, α_s, $\alpha_{s'}$, on pourra écrire simplement ξ'_x, α_a, $\alpha_{a'}$.

Substituant ces valeurs de r, s, s' dans les formules de l'article précédent, multipliant par l et divisant par $n+1$, on aura

$$a=\pm(x+lh't-2\lambda l),$$
$$a'=\pm(x-lh't-2\lambda' l),$$
$$\xi'_x=\tfrac{1}{2}(\pm\alpha_a\pm\alpha_{a'}),$$

les signes ambigus de α_a et $\alpha_{a'}$ répondant à ceux de a et a'; et l'on déterminera ces signes, ainsi que les valeurs de a et de a', par la condition que ces valeurs soient positives et moindres que l.

51. Représentons par A et A' les valeurs de $\pm\alpha_a$ et $\pm\alpha_{a'}$, en sorte que l'on ait, en général,

$$\xi'_x=\frac{A+A'}{2}.$$

Donc :

1° Si $x + lh't$ est entre o et l, on prendra $a = x + lh't$ et $A = +\alpha_a$;

2° Si $x + lh't$ est entre l et $2l$, on prendra $a = -(x + lh't - 2l)$ et $A = -\alpha_a$;

3° Si $x + lh't$ est entre $2l$ et $3l$, on prendra $a = x + lh't - 2l$ et $A = +\alpha_a$. Et ainsi de suite.

De même :

1° Si $x - lh't$ est entre l et o, on prendra $a' = x - lh't$ et $A' = \alpha_a$;

2° Si $x - lh't$ est entre o et $-l$, on prendra $a' = -(x - lh't)$ et $A' = -\alpha_{a'}$;

3° Si $x - lh't$ est entre $-l$ et $-2l$, on prendra $a' = x - lh't + 2l$ et $A' = \alpha_{a'}$. Et ainsi de suite.

On voit que ces différents cas se réduisent à déterminer les abscisses a ou a', en ajoutant ou en retranchant de l'abscisse x la ligne $lh't$, de manière que, lorsqu'elle passera l'une ou l'autre extrémité de l'axe l, elle soit repliée en arrière et comme réfléchie par des obstacles placés à ces deux extrémités, et à prendre l'ordonnée correspondante α_a ou $\alpha_{a'}$ positive, si le nombre des réflexions est pair, ou négative, si ce nombre est impair.

52. Mais il est encore plus simple de continuer la courbe des α sur le même axe l prolongé des deux côtés, de manière qu'on ait directement les ordonnées α_a et $\alpha_{a'}$ qui répondent aux abscisses $x + lh't$ et $x - lh't$.

Pour cela, ayant décrit sur l'axe l le polygone d'une infinité de côtés ou la courbe dont les coordonnées sont α_x, pour une abscisse quelconque x, et qui sera donnée par les valeurs initiales des excursions ξ_x de tous les points de la corde, il n'y aura qu'à transporter cette même courbe alternativement au-dessous et au-dessus du même axe prolongé indéfiniment des deux côtés, de manière qu'il en résulte une courbe continue formée de branches égales situées symétriquement autour de l'axe et se joignant par les mêmes extrémités, dans laquelle les ordonnées prises à distances égales, de part et d'autre de chacune des deux extrémités de l'axe l, soient toujours égales entre elles et de signe contraire.

En prenant dans cette courbe les ordonnées qui répondent aux abscisses $x + lh't$ et $x - lh't$, on aura les valeurs de A et de A', et la variable ξ'_x sera représentée, au bout d'un temps quelconque t, par la formule

$$\xi'_x = \tfrac{1}{2}(\alpha_{x+lh't} + \alpha_{x-lh't}).$$

On aurait pu déduire tout de suite cette continuation de la courbe qui représente les valeurs de α, de ce que nous avons démontré en général dans l'article 37, en supposant que la corde, au lieu d'être terminée aux deux points fixes, s'étende de part et d'autre à l'infini; le polygone que nous avons imaginé dans cet article deviendra ici une courbe continue, laquelle, étant appliquée au premier instant du mouvement, sera la courbe des valeurs de α prolongée à l'infini.

53. Considérons maintenant la seconde partie de ξ_r, que nous désignons par ξ''_r, et qui est représentée (art. 46) par la formule

$$\xi''_r = \mathbf{S}\dot{\alpha}_s \sum \left\{ \frac{2 \sin r\varphi}{n+1} \sin s\varphi \, \frac{\sin\left[2(n+1)h't\sin\frac{\varphi}{2}\right]}{2(n+1)h'\sin\frac{\varphi}{2}} \right\}.$$

Il faut commencer par la délivrer du dénominateur $\sin\frac{\varphi}{2}$, pour la rendre semblable à celle de ξ'_r et susceptible des mêmes réductions.

Pour cela, je prends la différence $D\xi''_r$, et comme l'exposant r n'entre que dans $\sin r\varphi$, il suffira d'affecter ce sinus de la caractéristique D.

Or, par les théorèmes connus, on a

$$D \sin r\varphi = \sin(r+1)\varphi - \sin r\varphi = 2\sin\frac{\varphi}{2}\cos(r+\tfrac{1}{2})\varphi.$$

Substituant donc cette valeur dans l'expression de $D\xi''_r$, on aura

$$D\xi''_r = \frac{1}{(n+1)h'} \mathbf{S}\dot{\alpha}_s \sum \left\{ \frac{2\cos(r+\frac{1}{2})\varphi}{(n+1)} \sin s\varphi \sin\left[2(n+1)h't\sin\frac{\varphi}{2}\right] \right\}.$$

Faisant, pour le cas de n infini, $\sin\frac{\varphi}{2}=\frac{\varphi}{2}$, et développant le produit $\cos(r+\frac{1}{2})\varphi\sin(n+1)h't\varphi$, on aura

$$D\xi''_r = +\frac{1}{(n+1)h'}\int\dot{\alpha}_s\sum\frac{\sin[r+(n+1)h't+\frac{1}{2}]\varphi}{n+1}\sin s\varphi$$
$$-\frac{1}{(n+1)h'}\int\dot{\alpha}_s\sum\frac{\sin[r-(n+1)h't+\frac{1}{2}]\varphi}{n+1}\sin s\varphi.$$

Cette expression de $D\xi''_r$ est composée de deux parties semblables à celles de ξ'_r (art. 49); on peut donc y appliquer les mêmes raisonnements et la ramener à une construction semblable.

Ayant donc tracé sur l'axe l le polygone d'une infinité de côtés ou la courbe dont les ordonnées pour chaque abscisse x soient $\dot{\alpha}_x$, et qui sera donnée par les vitesses initiales $\dot{\alpha}$, on la transportera alternativement au-dessous et au-dessus du même axe prolongé indéfiniment des deux côtés, de manière que l'on ait une courbe continue semblable à celle de l'article précédent. Alors, en mettant $\frac{l}{Da}$ ou $\frac{l}{Dx}$ à la place de $n+1$, et négligeant comme nul le terme $\frac{1}{2(n+1)}$ vis-à-vis de x, on trouvera

$$D\xi''_x=\frac{Dx}{2\,lh'}(\dot{\alpha}_{x+lh't}-\dot{\alpha}_{x-lh't});$$

et passant des différences aux sommes,

$$\xi''_x=\frac{1}{2\,lh'}\int(\dot{\alpha}_{x+lh't}-\dot{\alpha}_{x-lh't})\,Dx.$$

54. Ces sommes ou ces intégrales représentent, comme l'on voit, des aires de la courbe dont les coordonnées sont $\dot{\alpha}$; et il faut que ces aires ne commencent qu'aux points où $x=0$ et où les abscisses sont $lh't$ et $-lh't$; mais il est plus commode de les faire commencer à l'origine commune des abscisses, qui est l'extrémité antérieure de l'axe l. Pour cela, il faudra retrancher de l'aire qui commence à ce point, et qui répond à l'abscisse $x+lh't$, l'aire qui répond à l'abscisse $lh't$, pour que l'aire restante ne commence qu'au point où $x=0$; et quant à

l'aire qui répondra à l'abscisse $x - lh't$, il faudra y ajouter l'aire relative à $-lh't$, pour en rapporter le commencement au même point de l'origine des abscisses.

Dénotons en général par $(\int \dot{\alpha}\, dx)_x$ toute aire qui commence à cette origine et qui répond à une abscisse quelconque x; d'après ce que nous venons de dire, on aura, dans l'expression de ξ''_x,

$$\mathrm{S}\dot{\alpha}_{x+lh't}\,\mathrm{D}x = (\int \dot{\alpha}\, dx)_{x+lh't} - (\int \dot{\alpha}\, dx)_{lh't},$$

$$\mathrm{S}\dot{\alpha}_{x-lh't}\,\mathrm{D}x = (\int \dot{\alpha}\, dx)_{x-lh't} + (\int \dot{\alpha}\, dx)_{-lh't}.$$

On substituera donc ces valeurs, et l'on remarquera qu'on a, en général,

$$(\int \dot{\alpha}\, dx)_{lh't} + (\int \dot{\alpha}\, dx)_{-lh't} = 0,$$

puisque, par la nature de la courbe des α, les ordonnées qui répondent à des abscisses égales, mais de signe différent, sont aussi égales et de signe différent; de sorte qu'on a constamment $\dot{\alpha}_{lh't} + \dot{\alpha}_{-lh't} = 0$.

Donc on aura simplement (article précédent)

$$\xi''_x = \frac{1}{2lh'}[(\int \dot{\alpha}\, dx)_{x+lh't} - (\int \dot{\alpha}\, dx)_{x-lh't}].$$

55. Donc enfin, réunissant les valeurs de ξ'_x et de ξ''_x, on aura cette expression générale de ξ_x, au bout d'un temps quelconque t,

$$\xi_x = \tfrac{1}{2}(\alpha_{x+lh't} + \alpha_{x-lh't}) + \frac{1}{2lh'}[(\int \dot{\alpha}\, dx)_{x+lh't} - (\int \dot{\alpha}\, dx)_{x-lh't}].$$

On aura des expressions semblables pour les variables η_x, ζ_x, en changeant seulement h' en h et α, $\dot{\alpha}$ en β, $\dot{\beta}$ et γ, $\dot{\gamma}$, et en supposant qu'on ait tracé de la même manière les courbes correspondantes aux valeurs initiales β, $\dot{\beta}$ et γ, $\dot{\gamma}$.

Ayant ainsi les excursions longitudinales ξ_x et les excursions latérales η_x, ζ_x de chaque point de la corde qui répond à l'abscisse x prise dans l'axe, on connaîtra l'état de la corde au bout d'un temps quelconque t écoulé depuis le commencement du mouvement, et comme les valeurs initiales α, β, γ, ainsi que $\dot{\alpha}$, $\dot{\beta}$, $\dot{\gamma}$, sont absolument arbitraires, on voit que rien ne pourra limiter cette solution, tant que les courbes formées d'après ces valeurs auront une courbe continue et ne formeront point d'angles finis, ce qui produirait des sauts dans les expressions des vitesses et des forces accélératrices.

On a supposé (art. 35) $h = \sqrt{\frac{F}{lM}}$, $h' = \sqrt{\frac{F'}{lM}}$, l étant la longueur de la corde et M la masse de tous les poids dont elle est chargée (art. 33); ainsi M sera la masse ou le poids de toute la corde, qui est supposée uniformément épaisse; de sorte que, si l'on nomme P sa pesanteur spécifique, qui dépend de la densité et de la grosseur, on aura $M = lP$; par conséquent, on aura

$$h = \frac{1}{l}\sqrt{\frac{F}{P}}, \qquad h' = \frac{1}{l}\sqrt{\frac{F'}{P}}.$$

A l'égard des quantités F et F', nous avons vu que ce sont deux constantes, dont l'une, F, exprime la tension de la corde et est, par conséquent, proportionnelle au poids qui la tend; mais F' dépend de la loi de cette tension relativement à l'extension de la corde (art. 32).

56. Pour peu qu'on examine la nature des courbes qui représentent les valeurs de α et $\dot{\alpha}$, il est facile de voir que les ordonnées éloignées entre elles de l'intervalle $2l$ seront toujours égales et de même signe, et que les aires qui se termineront à ces ordonnées seront aussi égales entre elles, parce que toute aire qui répond à un intervalle $2l$, pris dans un endroit quelconque de l'axe prolongé à l'infini, est toujours nulle, étant composée de deux parties égales entre elles, mais de signe contraire.

Il suit de là que la valeur de ξ_x demeurera la même si l'on augmente le temps t de la quantité $\frac{2}{h'}$ ou d'un multiple quelconque de cette quantité; donc les excursions longitudinales de la corde reviendront les mêmes au bout d'un intervalle de temps égal à $\frac{2}{h'}$ ou $2l\sqrt{\frac{P}{F'}}$; c'est la durée des vibrations longitudinales.

Il en sera de même des valeurs de η_x et de ζ_x, en changeant h' en h, c'est-à-dire F′ en F; ainsi la durée des vibrations transversales sera $2l\sqrt{\frac{P}{F}}$.

Tous les auteurs qui ont traité jusqu'à présent des vibrations des cordes sonores n'ont considéré que les vibrations transversales, et ils ont trouvé pour leur durée la même formule que nous venons de donner.

A l'égard des vibrations longitudinales, M. Chladni est le seul, que je sache, qui en ait fait mention dans son intéressant *Traité d'Acoustique*, § 43; il donne le moyen de les produire sur une corde de violon, et il remarque que le ton qu'elles rendent n'est pas le même que celui des oscillations transversales, d'où il suit que F′ est différent de F; par conséquent, dans l'hypothèse très vraisemblable que la force élastique par laquelle chaque élément de la corde résiste à être allongé, ou tend à se raccourcir, soit proportionnelle à la puissance m de cet élément, c'est-à-dire qu'on ait $\Phi = K(Ds)^m$ (art. 14), il faudra que m soit différent de l'unité (art. 32); et si, comme M. Chladni paraît l'insinuer, le ton longitudinal est toujours plus élevé que le transversal, il faudra que $F' > F$ et, par conséquent, $m > 1$.

57. Nous avons vu (art. 36) qu'une corde tendue, de la longueur l et chargée de n corps, peut se mouvoir comme si elle n'avait qu'une longueur $\frac{l}{\nu}$, ν étant un diviseur de $n+1$. Lorsque n est un nombre infini, ν peut être un nombre entier quelconque; ainsi une corde sonore de la longueur l pourra osciller comme une corde dont la longueur serait $\frac{\nu}{l}$, c'est-à-dire une partie aliquote de l, et la durée de ses oscillations se réduira alors à $\frac{2l}{\nu}\sqrt{\frac{P}{F'}}$, pour les oscillations longitudinales, et à $\frac{2l}{\nu}\sqrt{\frac{P}{F}}$, pour les oscillations transversales.

En effet, si les valeurs initiales et arbitraires α et $\dot{\alpha}$ sont telles, que les courbes ou les lieux de ces valeurs sur l'axe l coupent cet axe en deux ou en ν parties égales, et que les branches qui répondent à ces parties soient les mêmes, mais situées alternativement au-dessus et au-dessous de l'axe, de manière qu'à distances égales de part et d'autre de chacun de ces points d'intersection les ordonnées soient égales et de signe contraire; ces courbes, étant ensuite prolongées à l'infini, suivant la construction de l'article 49, auront la même forme que si elles provenaient d'une corde dont la longueur ne serait que $\frac{l}{\nu}$, et l'expression générale de ξ_x (art. 52) fait voir que les valeurs de ξ qui répondent aux points d'intersection sont toujours nulles; de sorte que la corde, dans ses oscillations longitudinales, se partagera d'elle-même en autant de parties égales, qui oscilleront comme si leurs extrémités étaient fixes.

Il en sera de même par rapport aux oscillations transversales représentées par les variables η et ζ.

58. Comme le ton que donne une corde sonore ne dépend que de la durée de ses oscillations isochrones, laquelle, pour une même corde tendue, est proportionnelle à sa longueur, il s'ensuit qu'une corde, en se partageant ainsi d'elle-même en parties aliquotes, rendra des tons qui seront au ton principal, dans lequel l'oscillation est entière, comme les fractions qui expriment ces parties sont à l'unité. Ainsi, si la corde se partage en deux, trois, quatre, ... parties égales, ces tons seront exprimés par les fractions $\frac{1}{2}$, $\frac{1}{3}$, $\frac{1}{4}$, $\frac{1}{5}$, ..., et seront, par conséquent, à l'octave, à la douzième, à la double octave, à la dix-septième, ... du ton fondamental.

On appelle ces tons qu'une même corde peut donner d'elle-même *tons harmoniques,* et l'on sait qu'on peut les produire à volonté en touchant légèrement la corde pendant sa vibration, dans un des points de division qu'on nomme *nœuds de vibration* d'après Sauveur, qui a expliqué le premier, par ces nœuds, les sons harmoniques de la trompette marine et des autres instruments, dans les *Mémoires de l'Académie des Sciences* de 1701. Wallis les avait déjà observés dans les cordes qui sont à l'octave, à la douzième, à la double octave, ... au-dessous d'une corde qu'on fait résonner, et qui frémissent en se divisant naturellement en deux, trois, quatre, ... parties égales, dont chacune donnerait le même ton que la corde qu'on fait résonner. (*Voir* le Chapitre 107 de son *Algèbre.*)

59. La théorie et l'expérience sont bien d'accord sur la production des sons harmoniques; mais il n'est pas aussi facile de rendre raison de ce qu'on appelle, d'après Rameau, qui en a fait la base de son Système, la *résonance du corps sonore*, et qui consiste dans la réunion des sons harmoniques avec le son principal de toute corde qu'on fait résonner d'une manière quelconque.

Si ces sons harmoniques sont, en effet, produits par la même corde, en même temps que le son principal, il faut supposer que la corde fait à la fois des vibrations entières et des vibrations partielles, et que ses vibrations effectives sont composées de ces différentes vibrations, comme tout mouvement peut être composé ou regardé comme composé de plusieurs autres mouvements.

Nous avons déjà vu plus haut (art. 47) qu'on ne peut expliquer d'une manière plausible la coexistence des sons harmoniques par la formule de Daniel Bernoulli; on peut ajouter que les séries qui pourraient donner ces différents sons disparaissent de la formule lorsqu'on suppose le nombre des corps infini, et qu'il en résulte, pour chaque point de la corde, une loi d'isochronisme simple et uniforme qui dépend immédiatement et simplement de l'état initial, comme nous venons de le démontrer.

Au reste, si l'on voulait à toute force expliquer la résonance multiple des cordes par les vibrations composées, il faudrait regarder la figure initiale, par exemple, comme formée de différentes courbes superposées l'une à l'autre, de manière que l'une serve d'axe à la suivante, et dont la première ne forme qu'une branche dans toute l'étendue de la corde; la seconde forme deux branches égales et placées symétriquement, qui divisent les axes en deux parties égales; la troisième forme trois branches égales qui divisent l'axe en trois parties égales, et ainsi de suite.

Alors les vibrations de la corde pourront être regardées comme composées de vibrations entières dans toute la longueur de la corde, et de vibrations qui ne répondent qu'à la moitié de la corde, au tiers, au quart, ... Mais cette composition de courbes et de vibrations n'étant qu'hypothétique, les conséquences qu'on pourrait en déduire, relativement à la coexistence des sons harmoniques, seraient tout à fait précaires.

60. Revenons à la formule générale trouvée dans l'article 55. Comme les quantités $\alpha_{x+lh't}$ et $\alpha_{x-lh't}$ sont les coordonnées d'une courbe donnée, qui répondent aux abscisses $x+lh't$ et $x-lh't$, on peut les représenter par des fonctions de ces abscisses de la même forme. Ainsi, en désignant par la caractéristique F une fonction indéterminée, on aura

$$\alpha_{x+lh't} = \mathrm{F}(x+lh't), \qquad \alpha_{x-lh't} = \mathrm{F}(x-lh't).$$

Pareillement, en prenant une autre fonction désignée par la caractéristique f, on pourra faire

$$\left(\int \dot{\alpha}\, dx\right)_{x+lh't} = f(x+lh't), \qquad \left(\int \dot{\alpha}\, dx\right)_{x-lh't} = f(x-lh't).$$

Ainsi l'expression de ξ_x (art. 55) pourra se mettre sous cette forme

$$\xi_x = \frac{\mathrm{F}(x+lh't)+\mathrm{F}(x-lh't)}{2} + \frac{f(x+lh't)-f(x-lh't)}{2lh'},$$

dans lesquelles les fonctions marquées par les caractéristiques F et f sont arbitraires, puisqu'elles dépendent de l'état initial de la corde.

On peut même réduire cette expression à une forme plus simple, en observant que $\frac{\mathrm{F}(x+lh't)}{2} + \frac{f(x+lh't)}{2lh'}$ ne représente proprement qu'une fonction de $x+lh't$ qu'on peut marquer par la caractéristique Φ, et que $\frac{\mathrm{F}(x-lh't)}{2} - \frac{f(x-lh't)}{2lh'}$ ne représente aussi qu'une seule fonction de $x-lh't$, mais différente de la précédente, et qu'on peut marquer par une autre caractéristique Ψ.

De cette manière, l'expression générale de ξ deviendra simplement

$$\xi = \Phi(x + lh't) + \Psi(x - lh't).$$

61. On peut parvenir directement à cette expression par l'équation différentielle qui détermine la variable ξ (art. 31). Cette équation, en faisant $\frac{\partial \Pi}{\partial a} = 0$ et F' constant, comme dans l'article 32, et changeant la caractéristique D des différences finies dans la caractéristique d des différences infiniment petites, devient

$$\frac{\partial^2 \xi}{\partial t^2} dm - F' d\left(\frac{\partial \xi}{\partial f}\right) = 0.$$

Si maintenant on fait $df = dx$, $dm = \frac{M}{l} dx$ et $h' = \sqrt{\frac{F'}{lM}}$, cette équation devient

$$\frac{\partial^2 \xi}{dt^2} - l^2 h'^2 \frac{\partial^2 \xi}{\partial x^2} = 0,$$

laquelle est aux différences partielles du second ordre, entre les trois variables ξ, x et t, et qui a pour intégrale complète

$$\xi = \Phi(x + lh't) + \Psi(x - lh't),$$

les signes Φ et Ψ dénotant deux fonctions arbitraires comme ci-dessus.

Ces fonctions doivent être déterminées par l'état initial de la corde et par les conditions que ses deux bouts soient fixes. Si on les décompose en deux autres fonctions marquées par les signes F et f, et telles que $\Phi = \frac{F}{2} + \frac{f}{2lh'}$ et $\Psi = \frac{F}{2} - \frac{f}{2lh'}$, de manière que l'on ait

$$\xi = \frac{F(x + lh't) + F(x - lh't)}{2} + \frac{f(x + lh't) - f(x - lh't)}{2lh'},$$

comme nous l'avons déduit de notre construction, la première condition donnera, en faisant $t = 0$,

$$\xi = F(x) = \alpha \qquad \text{et} \qquad \frac{\partial \xi}{\partial t} = f'(x) = \dot{\alpha};$$

d'où l'on tire

$$f(x) = \int \dot{\alpha}\, dx;$$

ainsi on a tout de suite les valeurs des fonctions $F(x)$ et $f(x)$ dans toute l'étendue l de la corde, par le moyen des valeurs initiales α et $\dot{\alpha}$.

Les conditions de l'immobilité des extrémités de la corde donnent $\xi = 0$, lorsque $x = 0$ et lorsque $x = l$, quelle que soit la valeur de t. En assujettissant séparément, ce qui est permis, à ces deux conditions, les deux fonctions F et f, on a, pour la première,

$$F(-lh't) = -F(lh't), \qquad F(l + lh't) = -F(l - lh't),$$

et, pour la seconde,

$$f(-lh't) = f(lh't), \qquad f(l + lh't) = f(l - lh't);$$

ce qui donne par la différentiation

$$-f'(-lh't) = f'(lh't), \qquad f'(l + lh't) = -f'(l - lh't),$$

d'où l'on voit que les conditions de la fonction f' sont les mêmes que celles de la fonction F.

Ces conditions déterminent les valeurs des fonctions $F(x)$, $f'(x)$ pour les abscisses x négatives ou plus grandes que l, d'après les valeurs de ces fonctions pour les abscisses comprises entre 0 et l; et il est facile de voir qu'il en résulte les constructions données dans les articles 52 et 53.

Si, au lieu des excursions longitudinales ξ, on considère les excursions transversales η et ζ, on a la même équation différentielle et, par conséquent, aussi la même intégrale et les mêmes constructions, en changeant seulement h' en h, et $\dot{\alpha}$, α en $\dot{\beta}$, β ou en $\dot{\gamma}$, γ.

Ces constructions sont semblables à celle qu'Euler avait donnée pour déterminer la figure de la corde dans un instant quelconque, d'après sa figure initiale, en faisant abstraction des vitesses imprimées au commencement du mouvement. Mais il faut remarquer que, comme elles ne sont fondées ici que sur les fonctions qui représentent les intégrales des équations aux différences partielles, elles ne peuvent avoir plus d'étendue que ne comporte la nature des fonctions, soit algébriques ou transcendantes. Or, l'équation différentielle étant la même pour tous les points de la corde et pour tous les instants de son mouvement, la relation qu'elle représente doit régner constamment et uniformément entre les variables, quelque étendue qu'on leur donne; par conséquent, quoique les fonctions arbitraires soient en elles-mêmes d'une forme indéterminée, néanmoins, lorsque cette forme est donnée dans une certaine étendue par l'état initial de la corde, il est naturel d'en conclure qu'elle doit demeurer la même dans toute l'étendue de la fonction, et qu'il n'est pas permis de la changer pour la plier aux conditions qui dépendent de l'immobilité supposée des extrémités de la corde.

Aussi d'Alembert, à qui on doit la découverte de cette intégrale en fonctions arbitraires, a toujours soutenu que la construction qui en résulte n'est légitime que lorsque la courbe initiale est telle qu'elle ait par sa nature des branches alternatives égales et semblables, toutes renfermées dans une même équation, pour que la même fonction puisse représenter cette courbe avec toutes ses branches à l'infini. Euler, au contraire, en adoptant la solution analytique de d'Alembert, a cru qu'il suffisait de transporter la courbe initiale alternativement au-dessus ou au-dessous de l'axe à l'infini pour en former une courbe continue, sans s'embarrasser si ses différentes branches pouvaient être liées par une même équation et assujetties à la loi de continuité des fonctions analytiques. *Voir* les *Mémoires de Berlin* de 1747, 1748, et les Tomes I et IV des *Opuscules* de d'Alembert.

62. Comme les formules qui donnent le mouvement d'une corde tendue et chargée d'un nombre indéfini de corps égaux ne sont sujettes à aucune difficulté, parce que le mouvement de chaque corps est déterminé par une équation particulière, il est évident que, si l'on peut appliquer ces mêmes formules au mouvement d'une corde uniformément épaisse, en supposant le nombre des corps infini et leurs distances mutuelles infiniment petites, la loi qui en résultera pour les vibrations de la corde sera entièrement indépendante de son état initial; et, si cette loi se trouve la même que celle qui se déduit de la considé-

ration des fonctions arbitraires, il sera prouvé que ces fonctions peuvent être d'une forme quelconque, continue ou discontinue, pourvu qu'elles représentent l'état initial de la corde. C'est ainsi que je démontrai, dans le premier Volume des *Mémoires de Turin*, la construction d'Euler, qui n'était encore fondée que sur des preuves insuffisantes. L'analyse que j'y employai est, à quelques simplifications près que j'y ai apportées depuis, la même que je viens de donner, et j'ai cru qu'elle ne serait pas déplacée dans ce Traité, parce qu'elle conduit directement à la solution rigoureuse d'une des questions les plus intéressantes de la Mécanique.

La généralité des fonctions arbitraires et leur indépendance de la loi de continuité étant démontrées pour l'intégrale de l'équation relative aux vibrations des cordes sonores, on est fondé à admettre ces fonctions, de la même manière, dans les intégrales des autres équations aux différences partielles; j'ai même fait voir, dans le second Volume des *Mémoires* cités, comment on pouvait intégrer plusieurs de ces équations sans la considération des fonctions arbitraires, et parvenir aux mêmes solutions que l'on trouverait par le moyen de ces fonctions, envisagées dans toute leur étendue.

Maintenant, le principe de la discontinuité des fonctions est reçu généralement pour les intégrales de toutes les équations aux différences partielles; et les constructions que M. Monge a données d'un grand nombre de ces équations, jointes à sa théorie de la génération des surfaces par les fonctions arbitraires, ne laissent plus aucune incertitude sur l'emploi des fonctions discontinues dans les problèmes qui dépendent des équations de ce genre.

63. C'est une chose digne de remarque que la même formule

$$\xi = \Phi(x + kt) + \Psi(x - kt),$$

qui satisfait à l'équation en différences partielles

$$\frac{\partial^2 \xi}{\partial t^2} - k^2 \frac{\partial^2 \xi}{\partial x^2} = 0,$$

satisfait aussi à la même équation en différences finies, qu'on peut représenter par

$$\frac{D^2{}_{,}\xi}{Dt^2} - k^2\frac{D^2{}_{,}\xi}{Dx^2} = 0,$$

pourvu qu'on y suppose $Dx = k\,Dt$, et Dt constant. En effet, on a, en ne faisant varier que x,

$$D^2{}_{,}\Phi(x + kt) = \Phi(x + Dx + kt) - 2\Phi(x + kt) + \Phi(x - Dx + kt),$$

et, en ne faisant varier que le t,

$$D^2{}_{,}\Phi(x + kt) = \Phi(x + kt + k\,Dt) - 2\Phi(x + kt) + \Phi(x + kt - k\,Dt),$$

expressions qui deviennent égales en faisant $Dx = k\,Dt$; et l'on trouvera la même chose pour la fonction $\Psi(x - kt)$.

Dans l'infiniment petit, la condition $dx = k\,dt$ disparaît, et l'intégrale a toujours lieu; la raison en est qu'alors l'expression $\frac{\partial^2\xi}{\partial t^2}$, qui paraît représenter la différence seconde de ξ divisée par le carré de la différence de t, n'est plus qu'un symbole qui exprime une fonction simple de t, dérivée de la fonction primitive ξ et différente de cette fonction, laquelle est tout à fait indépendante de la valeur de dt. Il en est de même de l'expression $\frac{\partial^2\xi}{\partial x^2}$, par rapport à x; c'est dans ce changement de fonctions que consiste réellement le passage du fini à l'infiniment petit et l'essence du Calcul différentiel.

64. J'ajouterai encore ici une remarque qui peut être utile dans plusieurs occasions; elle a pour objet une nouvelle méthode d'interpolation qui résulte des formules de l'article 48.

Nous avons vu que la formule

$$\frac{2}{n+1}\sum\left[\sin\left(\frac{r\rho\pi}{n+1}\right)\mathbf{S}\,\alpha_s\sin\left(\frac{s\rho\pi}{n+1}\right)\right]$$

devient égale à α_r lorsque $r = 1, 2, 3, \ldots, n$. Donc, si l'on a une suite de quantités $\alpha_1, \alpha_2, \alpha_3, \ldots, \alpha_n$, dont le nombre soit n, on pourra représenter par la formule précédente un terme quelconque intermédiaire dont le rang serait marqué par un nombre quelconque r, entier ou fractionnaire, puisqu'en faisant successivement $r=1, 2, 3, \ldots, n$, la formule donne $\alpha_1, \alpha_2, \alpha_3, \ldots, \alpha_n$.

Le signe S indique la somme de tous les termes qui répondent à $s=1, 2, 3, \ldots, n$, et le signe $\sum$ la somme de tous les termes qui répondent à $\rho=1, 2, 3, \ldots, n$, la quantité π étant l'angle de deux droits.

Supposons qu'il n'y ait qu'un terme α_1 donné, on fera $n=1$, $s=1$, $\rho=1$, et l'on aura, pour l'expression générale de α_r,

$$\alpha_r = \alpha_1 \sin\frac{r\pi}{2}.$$

Soient $n=2$, et les deux termes donnés α_1, α_2; on fera $s=1, 2$, $\rho=1, 2$, et l'on aura

$$\alpha_r = \frac{2}{3}\left(\mathrm{A}'\sin\frac{r\pi}{3} + \mathrm{A}''\sin\frac{2r\pi}{3}\right),$$

en supposant

$$\mathrm{A}' = \alpha_1 \sin\frac{\pi}{3} + \alpha_2 \sin\frac{2\pi}{3},$$

$$\mathrm{A}'' = \alpha_1 \sin\frac{2\pi}{3} + \alpha_2 \sin\frac{4\pi}{3}.$$

Soient $n=3$, et les termes donnés $\alpha_1, \alpha_2, \alpha_3$; on fera $s=1, 2, 3$, et $\rho=1, 2, 3$, et l'on aura

$$\alpha_r = \frac{2}{4}\left(\mathrm{A}'\sin\frac{r\pi}{4} + \mathrm{A}''\sin\frac{2r\pi}{4} + \mathrm{A}'''\sin\frac{3r\pi}{4}\right),$$

où les coefficients $\mathrm{A}', \mathrm{A}'', \mathrm{A}'''$ sont déterminés par ces formules

$$\mathrm{A}' = \alpha_1 \sin\frac{\pi}{4} + \alpha_2 \sin\frac{2\pi}{4} + \alpha_3 \sin\frac{3\pi}{4},$$

$$\mathrm{A}'' = \alpha_1 \sin\frac{2\pi}{4} + \alpha_2 \sin\frac{4\pi}{4} + \alpha_3 \sin\frac{6\pi}{4},$$

$$\mathrm{A}''' = \alpha_1 \sin\frac{3\pi}{4} + \alpha_2 \sin\frac{6\pi}{4} + \alpha_3 \sin\frac{9\pi}{4},$$

et ainsi de suite.

Dans la méthode ordinaire d'interpolation, on suppose qu'on fasse passer, par les extrémités des ordonnées qui représentent les termes donnés, une courbe parabolique de la forme

$$y = a + bx + cx^2 + dx^3 + \ldots.$$

Dans la méthode précédente, au lieu d'une courbe parabolique, on suppose une courbe de la forme

$$y = \mathrm{A}' \sin\frac{\pi x}{a} + \mathrm{A}'' \sin\frac{2\pi x}{a} + \mathrm{A}''' \sin\frac{3\pi x}{a} + \ldots,$$

et il y a bien des cas où cette supposition peut être préférable comme plus conforme à la nature de la question.

NOTES.

NOTE I.

Sur un point fondamental de la Mécanique analytique *de Lagrange;*
par M. POINSOT.

1. On sait que Lagrange, dans ce Livre célèbre qu'il a intitulé *Mécanique analytique,* a eu pour objet de réduire la Mécanique à des formules générales, toutes tirées du seul *principe des vitesses virtuelles,* ou plutôt de la formule différentielle qui est l'expression de ce principe. Pour la perfection même de son Ouvrage, l'auteur a soin de n'employer, dans aucune des questions qu'il traite, ni figures, ni aucun raisonnement tiré de considérations géométriques ou mécaniques; tout se fait par le calcul et de simples changements de coordonnées, et ce n'est même que sous une forme purement analytique qu'on y voit présentée la question si naturelle et si simple de la composition des forces appliquées sur un point.

« Si des forces quelconques P, Q, R, ..., dirigées suivant les lignes p, q, r, ..., agissent sur un même point, et qu'on veuille réduire toutes ces forces à trois autres Ξ, Π, Σ, dirigées suivant les lignes ξ, π, σ, il n'y aura, dit l'auteur, qu'à considérer l'équilibre des forces P, Q, R, ... et Ξ, Ψ, Φ, appliquées à ce même point et dirigées respectivement suivant les lignes p, q, r, ..., $-\xi$, $-\psi$, $-\varphi$, et former, en conséquence, l'équation

$$P\,dp + Q\,dq + R\,dr + \ldots - \Xi\,d\xi - \Psi\,d\psi - \Phi\,d\varphi = 0,$$

laquelle doit être vraie de quelque manière qu'on fasse varier la position du point de concours de toutes les forces. Or, quelles que soient les lignes ξ, π, σ, il est clair que, pourvu qu'elles ne soient pas toutes dans un même plan, elles suffisent pour déterminer la position de ce point; par conséquent, on pourra toujours exprimer les lignes p, q, r, ... par des fonctions de ξ, π, σ, et l'équation précédente devra avoir lieu par rapport aux variations de ces trois quantités en particulier; d'où il s'ensuit qu'on aura

$$\Xi = P\frac{\partial p}{\partial \xi} + Q\frac{\partial q}{\partial \xi} + R\frac{\partial r}{\partial \xi} + \ldots,$$

$$\Pi = P\frac{\partial p}{\partial \pi} + Q\frac{\partial q}{\partial \pi} + R\frac{\partial r}{\partial \pi} + \ldots,$$

$$\Sigma = P\frac{\partial p}{\partial \sigma} + Q\frac{\partial q}{\partial \sigma} + R\frac{\partial r}{\partial \sigma} + \ldots. \quad (^1) \text{»}$$

Telles sont les formules données par Lagrange pour réduire des forces P, Q, R, ..., appliquées sur un même point et dirigées suivant des lignes p, q, r, ..., à trois autres forces Ξ, Π, Σ, dirigées suivant trois lignes quelconques données ξ, π, σ; expressions d'ailleurs toutes semblables à celles qu'on aurait pour transformer un système quelconque de forces qui agissent sur différents points liés entre eux, comme on voudra, en un autre système équivalent de forces Ξ, Π, Σ, ..., qui seraient appliquées aux mêmes points suivant d'autres directions ξ, π, σ, ...

2. Mais il y a, sur ce point de doctrine, une remarque essentielle à faire, et qui paraît avoir échappé à l'auteur de la *Mécanique analytique :* c'est que les formules dont il s'agit ne conviennent point, comme on pourrait le croire, à toute espèce de lignes ou coordonnées ξ, π, σ, ..., bien que ces lignes soient propres à déterminer les lieux des corps. Les formules ne sont bonnes qu'autant que ces lignes nouvelles seront (comme les premières p, q, r, ...) les distances de ces corps, soit à des *centres fixes,* soit à des *plans fixes,* comme il arrive dans le cas des coordonnées ordinaires x, y, z, lesquelles marquent les distances du point que l'on considère à trois plans fixes *rectangulaires entre eux;* et, en général, on peut dire que, pour l'exactitude de ces formules, il faut que les lignes ξ, π, σ, ... soient de telle nature, que leurs différentielles $d\xi$, $d\pi$, $d\sigma$, ... expriment les *vitesses virtuelles mêmes* du point d'application des forces Ξ, Π, Σ, ..., c'est-à-dire que chacune d'elles, $d\xi$, soit la projection *orthogonale,* sur la direction de la force Ξ, du déplacement quelconque infiniment petit qu'on suppose donné à ce point dans l'espace :

(1) Les lignes qui précèdent sont extraites de la 1re édition, page 62; elles ont été légèrement modifiées par Lagrange, dans la 2e édition publiée par lui (*voyez* p. 119 de ce Volume); mais les remarques de M. Poinsot s'appliquent à la rédaction nouvelle aussi bien qu'à l'ancienne. (*J. Bertrand.*)

sans quoi toutes ces transformations analytiques, quoique exactes en pure Analyse, seront en défaut dans la Mécanique et conduiront à de fausses conséquences.

3. Supposons, par exemple, qu'il s'agisse d'un seul point tiré par des forces quelconques P, Q, R, ..., dirigées suivant les lignes ou rayons vecteurs p, q, r, ..., et qu'on veuille réduire ces forces à trois autres, Ξ, Π, Σ, suivant les trois coordonnées ξ, π, σ, parallèles à trois axes fixes *obliques* entre eux : il semble, d'après l'auteur, qu'on aurait pour les forces cherchées

$$\Xi = \mathrm{P}\frac{\partial p}{\partial \xi} + \mathrm{Q}\frac{\partial q}{\partial \xi} + \mathrm{R}\frac{\partial r}{\partial \xi} + \ldots,$$

$$\Pi = \mathrm{P}\frac{\partial p}{\partial \pi} + \mathrm{Q}\frac{\partial q}{\partial \pi} + \mathrm{R}\frac{\partial r}{\partial \pi} + \ldots,$$

$$\Sigma = \mathrm{P}\frac{\partial p}{\partial \sigma} + \mathrm{Q}\frac{\partial q}{\partial \sigma} + \mathrm{R}\frac{\partial r}{\partial \sigma} + \ldots;$$

ce qui n'est pas vrai, car on peut prouver que la résultante des forces P, Q, R, ... n'est pas la même que celle des trois forces Ξ, Π, Σ, déterminées par ces équations.

Soit, en effet, $f(p, q, r, \ldots)$ une fonction quelconque des rayons vecteurs p, q, r, ...; et désignons par $f'(p)$, $f'(q)$, $f'(r)$, ... les fonctions *primes* de cette fonction prises relativement aux lignes p, q, r, ... J'ai démontré [1] que des forces P, Q, R, ..., proportionnelles à ces fonctions *primes* et dirigées suivant les lignes respectives p, q, r, ..., ont une résultante perpendiculaire à la surface courbe qui serait donnée par l'équation

$$f(p, q, r, \ldots) = \text{const.},$$

en y regardant p, q, r, ... comme variables.

Or supposons maintenant trois axes obliques, non situés dans le même plan, et soient ξ, π, σ les trois coordonnées du point d'application des forces par rapport à ces axes : on pourra toujours exprimer les lignes p, q, r, ... par les trois coordonnées ξ, π, σ; et si l'on met ces expressions au lieu de p, q, r, ... dans la fonction $f(p, q, r, \ldots)$, on aura

$$f(p, q, r, \ldots) = \varphi(\xi, \pi, \sigma) = \text{const.};$$

[1] *Voyez* la *Statique* de M. Poinsot et un Mémoire intitulé : *Théorie générale de l'équilibre et du mouvement des systèmes* (*Journal de l'École Polytechnique*, XIIIe Cahier).

(*J. Bertrand.*)

d'où l'on tire, en différentiant successivement par rapport à ξ, π, σ,

$$f'(p)\frac{\partial p}{\partial \xi}+f'(q)\frac{\partial q}{\partial \xi}+f'(r)\frac{\partial r}{\partial \xi}+\ldots=\varphi'(\xi),$$

$$f'(p)\frac{\partial p}{\partial \pi}+f'(q)\frac{\partial q}{\partial \pi}+f'(r)\frac{\partial r}{\partial \pi}+\ldots=\varphi'(\pi),$$

$$f'(p)\frac{\partial p}{\partial \sigma}+f'(q)\frac{\partial q}{\partial \sigma}+f'(r)\frac{\partial r}{\partial \sigma}+\ldots=\varphi'(\sigma).$$

Donc, suivant les formules de l'auteur, les trois forces Ξ, Π, Σ, auxquelles les forces $f'(p)$, $f'(q)$, $f'(r)$, ... se trouveraient réduites, seraient exprimées par

$$\Xi=\varphi'(\xi),\qquad \Pi=\varphi'(\pi),\qquad \Sigma=\varphi'(\sigma).$$

Ainsi il faudrait que $\varphi'(\xi)$, $\varphi'(\pi)$, $\varphi'(\sigma)$ représentassent trois forces dont la résultante fût la même que celle des proposées $f'(p)$, $f'(q)$, $f'(r)$, ... et, par conséquent, fût perpendiculaire à la surface donnée par l'équation

$$f(p,q,r,\ldots)=\text{const}.$$

Or cette surface est la même que celle qui serait donnée par l'équation

$$\varphi(\xi,\pi,\sigma)=\text{const}.$$

entre les coordonnées obliques ξ, π, σ. Donc, en considérant la surface représentée par l'équation

$$\varphi(\xi,\pi,\sigma)=\text{const}.$$

entre les trois coordonnées ξ, π, σ, relatives à trois axes obliques, on pourrait dire que trois forces dirigées suivant ces coordonnées et proportionnelles aux trois fonctions *primes* $\varphi'(\xi)$, $\varphi'(\pi)$, $\varphi'(\sigma)$ donnent une résultante perpendiculaire à la surface dont il s'agit, ou se font équilibre sur cette surface; ce qui est faux, comme on peut s'en assurer immédiatement par le principe même des vitesses virtuelles.

Et, en effet, pour l'équilibre du point auquel les trois forces $\varphi'(\xi)$, $\varphi'(\pi)$, $\varphi'(\sigma)$ sont appliquées, il faudrait que la somme des *moments virtuels* de ces forces fût nulle pour tout déplacement infiniment petit ds qu'on voudrait donner à ce point sur la surface. Si donc on désigne par $\delta\xi$, $\delta\pi$, $\delta\sigma$ les trois projections orthogonales de ds sur les trois axes obliques des ξ, π, σ, il faudrait, pour l'équilibre, qu'on eût toujours l'équation

$$\varphi'(\xi)\,\delta\xi+\varphi'(\pi)\,\delta\pi+\varphi'(\sigma)\,\delta\sigma=0;$$

ou bien, comme ds est la diagonale d'un rhomboïde dont les différentielles $d\xi$, $d\pi$, $d\sigma$ sont les arêtes, et que les trois projections de ds sur les directions de ces arêtes sont exprimées par

$$\begin{aligned} \delta\xi &= d\xi + \lambda\, d\pi + \mu\, d\sigma, \\ \delta\pi &= d\pi + \nu\, d\sigma + \lambda\, d\xi, \\ \delta\sigma &= d\sigma + \mu\, d\xi + \nu\, d\pi \end{aligned}$$

(λ, μ, ν étant les cosinus des angles $\widehat{\xi\pi}$, $\widehat{\xi\sigma}$, $\widehat{\pi\sigma}$, que les axes forment entre eux), il faudrait que, en mettant, au lieu de $\delta\xi$, $\delta\pi$, $\delta\sigma$, ces valeurs, on eût toujours, entre les différentielles $d\xi$, $d\pi$, $d\sigma$, l'équation

$$(1)\quad \left\{ \begin{aligned} &[\varphi'(\xi) + \lambda\varphi'(\pi) + \mu\varphi'(\sigma)]\, d\xi + [\varphi'(\pi) + \nu\varphi'(\sigma) + \lambda\varphi'(\xi)]\, d\pi \\ &\qquad + [\varphi'(\sigma) + \mu\varphi'(\xi) + \nu\varphi'(\pi)]\, d\sigma = 0. \end{aligned} \right.$$

D'un autre côté, le point mobile restant toujours sur la surface, il faudrait qu'on eût en même temps l'équation

$$(2)\qquad \varphi'(\xi)\, d\xi + \varphi'(\pi)\, d\pi + \varphi'(\sigma)\, d\sigma = 0.$$

Or il est clair que ces équations (1) et (2) ne peuvent subsister ensemble à moins que les coefficients de $d\xi$, $d\pi$, $d\sigma$ dans l'une d'elles ne soient proportionnels aux coefficients des mêmes indéterminées dans l'autre, et, par conséquent, à moins qu'on n'ait les deux équations

$$\begin{aligned} &\varphi'(\xi)[\nu\varphi'(\sigma) + \lambda\varphi'(\xi)] - \varphi'(\pi)[\lambda\varphi'(\pi) + \mu\varphi'(\sigma)] = 0, \\ &\varphi'(\xi)[\nu\varphi'(\pi) + \mu\varphi'(\xi)] - \varphi'(\sigma)[\lambda\varphi'(\pi) + \mu\varphi'(\sigma)] = 0, \end{aligned}$$

équations qui ne peuvent avoir lieu en général, c'est-à-dire indépendamment des variables ξ, π, σ et, par conséquent, de la position du point sur la surface que l'on considère.

Ainsi le point mobile, aux coordonnées quelconques ξ, π, σ, ne peut être tenu en équilibre sur la surface par les trois forces $\varphi'(\xi)$, $\varphi'(\pi)$, $\varphi'(\sigma)$: la résultante de ces forces n'est donc pas normale à cette surface, et, par conséquent, elle n'est pas la même que celle des forces proposées $f'(p)$, $f'(q)$, $f'(r)$, ...; *ce qu'il fallait démontrer.*

4. Les formules de Lagrange pour la réduction des forces sont donc en défaut dans cette hypothèse de coordonnées obliques ξ, π, σ; il n'y a qu'un cas singulier où l'erreur pourrait s'évanouir : c'est le cas où les coordonnées ξ, π, σ

satisferaient aux deux équations précédentes, en même temps qu'à l'équation de la surface

$$\varphi(\xi, \pi, \sigma) = \text{const.},$$

ce qui ne répond, comme on voit, qu'à un certain point de cette surface, ou à une certaine proportion déterminée entre les trois forces $\varphi'(\xi)$, $\varphi'(\pi)$, $\varphi'(\sigma)$. Mais, dans ce cas singulier même, si la résultante des trois forces Ξ, Π, Σ a la même direction que la résultante des forces proposées $f'(p), f'(q), \ldots$, on trouverait qu'elle n'a pas la même grandeur, de sorte qu'il y aurait encore erreur de ce côté.

Lorsque les cosinus λ, μ, ν sont tous trois *nuls*, les deux conditions précédentes ont toujours lieu d'elles-mêmes, et les formules de Lagrange sont toujours exactes. C'est le cas des coordonnées ξ, π, σ relatives à trois axes *rectangulaires* entre eux. Et en effet, pour de telles coordonnées, les différentielles $d\xi$, $d\pi$, $d\sigma$ sont les expressions mêmes des vitesses virtuelles du point décrivant estimées suivant ces lignes, et l'équation différentielle

$$\varphi'(\xi)\,d\xi + \varphi'(\pi)\,d\pi + \varphi'(\sigma)\,d\sigma = 0,$$

tirée de l'équation de la surface, exprime l'égalité à zéro de la somme des moments virtuels des trois forces $\varphi'(\xi)$, $\varphi'(\pi)$, $\varphi'(\sigma)$ et, par conséquent, l'équilibre de ces forces sur le point qu'on suppose assujetti à décrire cette surface.

Mais, dans toute autre hypothèse que celle de λ, μ, ν tous les trois nuls, les deux conditions ne peuvent être remplies indépendamment de ξ, π, σ, et les formules sont toujours fautives.

5. Soit, par exemple, le cas très simple d'un point posé sur la circonférence d'un cercle fixe. Si l'on prend l'équation de ce cercle en coordonnées rectangles x et y, on aura

$$f(x, y) = x^2 + y^2 = \text{const.},$$

d'où

$$f'(x)\,dx + f'(y)\,dy = 2x\,dx + 2y\,dy = 0;$$

et l'on pourra très bien dire ici que deux forces X et Y, étant prises le long des coordonnées dans le rapport des fonctions *primes* $f'(x)$, $f'(y)$, donnent leur résultante perpendiculaire à la circonférence du cercle et tiennent ainsi le point d'application en équilibre sur cette circonférence.

Mais si, au lieu de ces coordonnées rectangles x et y, on en prend deux autres ξ et π de même origine, et par exemple l'une, ξ, suivant les x, l'autre π, inclinée d'un angle α sur la première, ce qui donnera

$$x = \xi + \pi \cos\alpha, \qquad y = \pi \sin\alpha,$$

on aura, en substituant,

$$f(x, y) = \varphi(\xi, \pi) = \pi^2 + \xi^2 + 2\pi\xi \cos\alpha = \text{const.};$$

d'où

$$\varphi'(\xi)\, d\xi + \varphi'(\pi)\, d\pi = 2(\xi + \pi\cos\alpha)\, d\xi + 2(\pi + \xi\cos\alpha)\, d\pi = 0.$$

Or il est évident que deux forces proportionnelles à $\varphi'(\xi)$ et $\varphi'(\pi)$, c'est-à-dire, ici, à $(\xi + \pi\cos\alpha)$ et $(\pi + \xi\cos\alpha)$, ne donnent point leur résultante perpendiculaire à la circonférence du cercle dont il s'agit; car il faudrait pour cela que cette résultante allât passer par le centre, et que, par conséquent, ses deux composantes le long de ξ et π fussent simplement proportionnelles à ξ et π, et non pas à $(\xi + \pi\cos\alpha)$ et $(\pi + \xi\cos\alpha)$.

Donc, quoiqu'on ait ici, en faisant $\varphi'(\xi) = \Xi$, $\varphi'(\pi) = \Pi$, les équations

$$\Xi = X\frac{\partial x}{\partial \xi} + Y\frac{\partial y}{\partial \xi}, \qquad \Pi = X\frac{\partial x}{\partial \pi} + Y\frac{\partial y}{\partial \pi},$$

on ne peut pas dire que les deux forces X et Y, dirigées suivant les axes rectangles x et y, soient réductibles aux deux forces Ξ et Π, dirigées suivant les axes obliques ξ et π.

Pour que l'on eût

$$\xi + \pi\cos\alpha : \pi + \xi\cos\alpha :: \xi : \pi,$$

il faudrait que l'on eût

$$\cos\alpha = 0;$$

ce qui est le cas des coordonnées ξ et π rectangulaires entre elles.

Ou bien il faudrait $\xi = \pi$; ce qui ne serait qu'un cas particulier de la position du point proposé M sur la circonférence du cercle dont l'équation est

$$\varphi(\xi, \pi) = \text{const.}$$

Mais, dans ce cas singulier même, où la résultante des deux forces Ξ et Π aurait la même direction que celle des deux forces X et Y, on trouverait que ces deux résultantes

$$\sqrt{\Xi^2 + 2\Xi\Pi\cos\alpha + \Pi^2} \qquad \text{et} \qquad \sqrt{X^2 + Y^2}$$

n'ont pas la même valeur, et que la première est à la seconde comme $1 + \cos\alpha$ est à l'unité.

Ainsi, tant que $\cos\alpha$ n'est pas nul, ou, ce qui est la même chose, tant que les coordonnées ξ et π seront obliques, les forces proposées X et Y ne seront jamais réductibles aux deux forces Ξ et Π données par les formules de Lagrange.

6. Dans l'analyse qui précède, j'ai pris simplement, pour représenter les forces P, Q, R, ..., qu'il s'agissait de réduire à d'autres, les fonctions *primes* d'une même fonction quelconque $f(p, q, r, \ldots)$ des rayons vecteurs p, q, r, ..., suivant lesquels ces forces sont dirigées : ce n'est qu'une manière de reconnaître tout d'un coup la direction de la résultante par la direction de la *normale* à la surface courbe qu'on aurait en posant l'équation

$$f(p, q, r, \ldots) = \text{const.}$$

Mais, comme on pourrait croire que cette hypothèse a quelque chose qui restreint notre démonstration au cas de certaines forces, il est bon de remarquer qu'elle convient à des forces P, Q, R, ... données comme on voudra. Et, en effet, quelle que soit la fonction f que l'on ait choisie, comme on est le maître de placer les centres des forces partout où l'on veut sur leurs directions p, q, r, ..., on peut toujours donner à ces lignes des longueurs qui rendent

$$f'(p) = \mathrm{P}, \qquad f'(q) = \mathrm{Q}, \qquad f'(r) = \mathrm{R}, \qquad \ldots.$$

Au reste, il est évident que, si l'on propose des forces de grandeurs quelconques A, B, C, ..., on peut toujours les regarder comme étant les fonctions *primes* de la fonction linéaire

$$\mathrm{A}p + \mathrm{B}q + \mathrm{C}r + \ldots,$$

prises relativement aux lignes p, q, r, ..., suivant lesquelles ces forces sont supposées dirigées. Ainsi notre hypothèse est toujours permise et notre démonstration a toute la généralité désirable.

7. On voit donc que, dans la *Mécanique céleste,* qui est uniquement fondée sur le principe des vitesses virtuelles, les seules coordonnées qu'il soit permis d'employer doivent être de telle nature, que leurs différentielles représentent, sur ces coordonnées, les projections *droites* de la petite ligne que le point d'application des forces est supposé avoir décrite dans l'espace. C'est ce qui a lieu pour les coordonnées p, q, r, ..., x, y, z dont nous avons parlé, et encore pour celles qui consistent dans un rayon vecteur ρ, avec deux angles ou arcs de cercle φ, ψ perpendiculaires à ce rayon; etc. Mais il faut

exclure toutes les coordonnées ξ, π, σ, qui ne jouiraient pas de la même propriété. Ainsi il n'est pas exact de dire que, dans cette méthode analytique, *rien n'oblige à se servir de coordonnées rectangles, plutôt que d'autres lignes ou quantités relatives aux lieux des corps*, etc. (*Mécanique analytique*, 4e édition, p. 39); et l'on doit même remarquer, à ce sujet, que le principe des vitesses virtuelles ne donne pas une méthode aussi générale qu'on paraît le croire.

Et, par exemple, dans le cas de plusieurs forces P, Q, R, S, etc., en équilibre sur un point, le principe des vitesses virtuelles dit simplement que les forces, étant projetées *perpendiculairement* sur une droite quelconque menée par ce point, doivent faire une somme nulle. Car, en nommant du la ligne quelconque qui marque le déplacement du point d'application dans l'espace, les lignes dp, dq, dr, ... ne sont autre chose que les projections droites de du sur les lignes p, q, r, ..., qui marquent les directions des forces P, Q, R, ... En nommant donc i, i', i'', ... les inclinaisons de ces forces sur la ligne du, on a

$$dp = du \cos i, \qquad dq = du \cos i', \qquad dr = du \cos i'', \qquad \ldots,$$

et l'équation des vitesses virtuelles

$$\mathrm{P}\,dp + \mathrm{Q}\,dq + \mathrm{R}\,dr + \ldots = 0$$

devient, en divisant tout par le facteur commun du,

$$\mathrm{P} \cos i + \mathrm{Q} \cos i' + \mathrm{R} \cos i'' + \ldots = 0;$$

ce qui signifie que les forces, projetées à angle droit sur un axe quelconque, doivent faire une somme nulle dans le cas de l'équilibre. Mais le principe de la composition des forces dit, plus généralement, que, les forces étant projetées sur un axe quelconque par des lignes parallèles à un même plan incliné comme on voudra sur cet axe, la somme de toutes ces projections obliques doit être nulle. Ce n'est pas qu'on ne puisse aisément démontrer cette seconde proposition par la première, mais l'expression du second principe est évidemment plus générale que celle du principe des *vitesses virtuelles*.

De même, on peut remarquer que les équations de l'équilibre d'un système solide ne sont démontrées, dans la *Mécanique analytique*, que par rapport à trois axes *rectangulaires* entre eux; et pourtant, comme je l'ai fait voir dans ma *Statique*, des équations toutes semblables ont lieu par rapport à trois axes *obliques* quelconques. Le principe des vitesses virtuelles n'est donc pas, dans ce nouvel exemple, aussi général que le principe de la *composition des forces*. Il n'est pas même aussi direct; car, s'il mène aux trois premières équations en employant les coordonnées rectangles x, y, z, il ne peut plus donner les trois dernières équations que par un changement de ces coordonnées en d'autres d'une espèce différente, et dont le choix paraît arbitraire, ou ne semble fait que pour obtenir des équations d'équilibre que l'on connaissait d'avance.

Au reste, quoique Lagrange nous laisse entendre que, dans sa méthode, on peut employer toute espèce de coordonnées, pourvu qu'elles soient propres à déterminer les lieux des corps, il est fort remarquable que ce géomètre n'en ait jamais employé d'autres que celles qui conviennent réellement au principe des vitesses virtuelles : du moins je n'en connais pas d'exemple, et je crois même qu'on n'en trouverait point dans ses écrits. Car si, pour la solution de quelque problème, il avait essayé l'emploi de certaines coordonnées non permises dans sa méthode, il est très probable que, par l'erreur sensible de quelque résultat, il eût été averti du défaut de ses formules; et alors il n'aurait pas manqué de faire lui-même, à ce sujet, une remarque expresse, au moins dans la 2e édition de son bel Ouvrage.

8. Quoi qu'il en soit, tout aurait pu se corriger d'une manière très simple, et qu'il me paraît bon d'indiquer avant de terminer cette Note, parce qu'on y voit sur-le-champ ce qui cause l'erreur, et, de plus, ce qu'il faudrait faire pour l'éviter, sans exclure l'emploi de ces coordonnées qui y donnent lieu.

Et, en effet, quelle que soit la nature de ces coordonnées ξ, π, σ, ..., dans lesquelles on veuille transformer les lignes ou rayons vecteurs p, q, r, ..., il est certain qu'on peut toujours, avec Lagrange, poser l'équation parfaitement exacte

$$P\,dp + Q\,dq + R\,dr + \ldots = \Xi\,d\xi + \Pi\,d\pi + \Sigma\,d\sigma + \ldots,$$

où Ξ, Π, Σ, ... ont les valeurs exprimées par les équations du n° 1.

Or, maintenant, j'observe que, dans le premier membre, les différentielles dp, dq, dr, ... marquent bien les vitesses virtuelles du point d'application des forces suivant les lignes p, q, r, ..., et qu'ainsi chaque terme $P\,dp$ est le *moment virtuel* de la force P. Si, dans le second membre, les différentielles $d\xi$, $d\pi$, $d\sigma$, ... ont la même propriété, c'est-à-dire si chacune, $d\xi$, marque la vitesse virtuelle du point suivant ξ, chaque terme $\Xi\,d\xi$ sera aussi le moment virtuel d'une force représentée par Ξ; et alors, de cette équation, qui présente deux sommes de moments virtuels, toujours égales de part et d'autre, on peut très bien conclure que le système des forces Ξ, Π, Σ, ... est capable de remplacer le système des forces proposées P, Q, R, ...

Mais si les différentielles $d\xi$, $d\pi$, $d\sigma$, ... n'ont pas la propriété dont il s'agit, chaque terme $\Xi\, d\xi$ ne sera pas le moment virtuel d'une force telle que Ξ, et, d'après le principe même des vitesses virtuelles, on ne pourra pas conclure, comme ci-dessus, que l'ensemble des forces Ξ, Π, Σ, ... soit équivalent à l'ensemble des forces proposées. C'est là précisément qu'on tomberait dans cette erreur singulière, de tirer d'un principe vrai et d'une équation exacte une conséquence fausse, parce qu'on aurait oublié d'observer que cette équation n'est pas actuellement sous une forme qui convienne à l'expression du principe. Et, en même temps, c'est là qu'on voit le moyen d'éviter cette erreur sans changer les coordonnées ξ, π, σ, ..., qui pourraient y donner lieu.

Car, si l'on voulait avoir les vraies forces Ξ', Π', Σ', ..., qui, dirigées suivant les coordonnées ξ, π, σ, ..., sont capables de remplacer les forces P, Q, R, S, ..., il faudrait commencer par mettre dans l'équation, au lieu des différentielles $d\xi$, $d\pi$, $d\sigma$, ..., leurs valeurs en fonction des vitesses virtuelles mêmes, que je désignerai, comme au n° 3, par $\delta\xi$, $\delta\pi$, $\delta\sigma$, ..., ensuite rassembler en un seul terme tous ceux qui seraient affectés de $\delta\xi$, de même en un seul tous les termes affectés de $\delta\pi$, ...; et alors, notre même équation étant mise sous la forme nouvelle

$$P\,dp + Q\,dq + R\,dr + \ldots = \Xi'\,\delta\xi + \Pi'\,\delta\pi + \Sigma'\,\delta\sigma + \ldots,$$

on pourrait rigoureusement conclure que l'ensemble des forces Ξ', Π', Σ' équivaut parfaitement à l'ensemble des forces P, Q, R, ..., puisque la somme des moments virtuels est toujours égale de part et d'autre.

9. Si l'on veut faire ce calcul pour le cas des coordonnées ξ, π, σ parallèles à trois axes obliques, on trouvera, en conservant les dénominations du n° 3, les valeurs suivantes :

$$\Xi' = \frac{\Xi(1-\nu^2) + \Pi(\mu\nu - \lambda) + \Sigma(\lambda\nu - \mu)}{1 - \lambda^2 - \mu^2 - \nu^2 + 2\lambda\mu\nu},$$

$$\Pi' = \frac{\Pi(1-\mu^2) + \Sigma(\lambda\mu - \nu) + \Xi(\mu\nu - \lambda)}{1 - \lambda^2 - \mu^2 - \nu^2 + 2\lambda\mu\nu},$$

$$\Sigma' = \frac{\Sigma(1-\nu^2) + \Xi(\lambda\mu - \nu) + \Pi(\lambda\nu - \mu)}{1 - \lambda^2 - \mu^2 - \nu^2 + 2\lambda\mu\nu},$$

valeurs qui ne sont pas, comme on voit, les mêmes que celles de Ξ, Π, Σ, et qui n'y pourraient revenir que dans le cas des cosinus λ, μ, ν tous trois nuls, c'est-à-dire dans le cas de trois axes rectangulaires entre eux; ce qui éclaire et confirme notre précédente analyse.

10. On voit aussi, par ces mêmes expressions, que les équations

$$\Xi' = 0, \qquad \Pi' = 0, \qquad \Sigma' = 0$$

entraînent les suivantes :

$$\Xi = 0, \qquad \Pi = 0, \qquad \Sigma = 0,$$

et réciproquement. Si donc on ne demandait que les conditions de l'équilibre entre les forces P, Q, R, ..., on pourrait, sans avoir d'erreur à craindre, se contenter de poser les trois équations

$$0 = \Xi = P\frac{\partial p}{\partial \xi} + Q\frac{\partial q}{\partial \xi} + \ldots,$$

$$0 = \Pi = P\frac{\partial p}{\partial \pi} + Q\frac{\partial q}{\partial \pi} + \ldots,$$

$$0 = \Sigma = P\frac{\partial p}{\partial \sigma} + Q\frac{\partial q}{\partial \sigma} + \ldots.$$

Mais si, les forces P, Q, R, ... n'étant point en équilibre entre elles, on demande de les réduire à d'autres dirigées suivant ξ, π, σ, il faudra nécessairement prendre pour les forces équivalentes, non pas Ξ, Π, Σ, mais bien les valeurs de Ξ', Π', Σ'.

Et ce que je viens de dire s'applique sans difficulté à un système quelconque de puissances qui agissent sur différents points liés entre eux comme on voudra. Ainsi les équations de l'équilibre données par Lagrange (p. 40 de la 4e édition, art. 12 et suiv.) sont toujours bonnes; mais les formules données, à la fin de l'article 15, pour l'équivalence de deux systèmes de forces, ne sont exactes que dans le cas de certaines coordonnées.

Nous aurions encore plusieurs choses à dire sur ce point de doctrine; mais cette discussion est déjà longue, et nous pourrions d'ailleurs, s'il était nécessaire, y revenir dans une autre occasion.

NOTE II.

Sur la stabilité de l'équilibre; par M. Lejeune-Dirichlet.

Si un système de points matériels est sollicité par des forces attractives ou répulsives qui ne dépendent que de la distance, et qui sont dirigées vers des centres fixes ou qui proviennent des actions mutuelles entre deux masses, l'action et la réaction étant égales; si, en outre, les équations de condition qui lient les coordonnées des différents points ne contiennent pas le temps, l'équation des forces vives aura lieu. Cette équation est

$$\sum mv^2 = f(x, y, z, x', \ldots) + C.$$

Le signe $\sum$ s'étend à toutes les masses du système, chaque masse étant représentée par m et sa vitesse par v; C est une constante arbitraire. La fonction des coordonnées ne dépend que de la nature des forces et peut s'exprimer par un nombre déterminé de variables indépendantes λ, μ, ν, ..., de sorte que l'équation des forces vives s'écrira

$$\sum mv^2 = \varphi(\lambda, \mu, \nu, \ldots) + C.$$

La fonction φ est liée d'une manière intime aux positions d'équilibre du système; car la condition qui exprime que, pour certaines valeurs déterminées de λ, μ, ν, ..., le système est dans une position d'équilibre, coïncide avec celle qui exprime que, pour ces mêmes valeurs, la différentielle totale de φ est nulle; de sorte qu'en général, pour chaque position d'équilibre, la fonction sera un maximum ou un minimum. Si le maximum a lieu réellement, l'équilibre est stable, c'est-à-dire que, si l'on déplace infiniment peu les points du système de leurs positions d'équilibre, et qu'on donne à chacun une petite vitesse initiale, dans tout le cours du mouvement les déplacements des différents points du système, par rapport à la position d'équilibre, resteront toujours compris entre certaines limites déterminées et très petites.

Ce théorème est un des plus importants de la Mécanique. Il est la base de la théorie des petites oscillations, qui conduit à tant d'applications intéressantes relatives à la Physique. On doit donc s'étonner qu'on n'en ait donné jusqu'ici qu'une démonstration peu rigoureuse et insuffisante.

Supposons, comme il est permis de le faire sans nuire à la généralité, que la position d'équilibre du système, ou le maximum de la fonction φ, corresponde aux valeurs $\lambda = 0$, $\mu = 0$, ... La démonstration donnée par Lagrange (*Mécanique analytique,* Ire Partie, Sect. III) se ramène à ceci : le développement de la fonction suivant les puissances de λ, μ, ν, ..., qui commence par les termes du second ordre, est réduit à ces termes; puis, d'après la condition connue du maximum, que les termes du second ordre peuvent être considérés comme une somme de carrés négatifs, on déduit, pour λ, μ, ν, ..., des limites que ces quantités ne peuvent pas franchir. Ce genre de démonstration, employé encore dans d'autres questions de stabilité, et surtout dans l'Astronomie physique, manque de rigueur. En effet, on peut douter avec raison que des grandeurs pour lesquelles on trouve, avec l'hypothèse qu'elles seront toujours petites (car ce n'est que dans ce cas que l'on peut négliger les termes d'un ordre supérieur), de petites limites, resteront toujours renfermées réellement, au bout d'un temps quelconque, dans ces limites, et même, en général, dans des limites petites.

La démonstration que nous venons de citer a été reproduite, sans modification importante que je sache, par tous les auteurs qui se sont occupés de cette matière; et tout ce que Poisson (*Traité de Mécanique,* t. II, p. 492) y a ajouté pour faire entrer en considération les termes d'un ordre supérieur repose sur cette hypothèse inadmissible, que *chaque* terme du second ordre surpasse la somme de tous les termes d'ordre supérieur.

Même en complétant les considérations de Lagrange, pour le cas auquel elles s'appliquent et où le maximum se reconnaît par les termes du second ordre, le théorème en question ne serait point prouvé dans toute son étendue. On sait que l'existence d'un maximum est compatible avec l'évanouissement des termes du second ordre; il suffit, en général, que les premiers termes différents de zéro soient d'ordre pair, et que la somme de ces termes soit toujours négative. Les formules relatives à cette dernière condition n'ont pas encore été données, même dans le cas où il s'agit des termes du quatrième ordre. Il faudrait donc les rechercher d'abord. Cela introduirait nécessairement dans la démonstration du théorème de Mécanique dont nous parlons une grande complication. Heureusement, on peut démontrer le principe de la stabilité de l'équilibre indépendamment de ces formules, par une considération très simple qui se rattache d'une manière immédiate à l'idée du maximum.

Outre la supposition déjà faite, que la position d'équilibre réponde aux valeurs $\lambda = 0$, $\mu = 0$, ..., nous supposerons encore que $\varphi(0, 0, 0, \ldots) = 0$; ce qui est permis, à cause de la constante arbitraire. Déterminons la constante en ayant égard à l'état initial donné, pour lequel nous désignerons par v_0, λ_0, μ_0, ν_0, ... les valeurs de v, λ, μ, ν, ... On a ainsi

$$\sum mv^2 = \varphi(\lambda, \mu, \nu, \ldots) - \varphi(\lambda_0, \mu_0, \nu_0, \ldots) + \sum mv_0^2.$$

Puisque par hypothèse $\varphi(\lambda, \mu, \nu, \ldots)$, pour $\lambda = 0$, $\mu = 0$, ..., est nul et maximum, on pourra déterminer des grandeurs positives l, m, n, ..., assez petites pour que $\varphi(\lambda, \mu, \nu, \ldots)$ soit toujours négatif pour tout système λ, μ, ν, ... où les valeurs absolues des variables sont respectivement assujetties à ne pas dépasser les limites l, m, n, ..., excepté, toutefois, le seul cas où λ, μ, ν, ... sont nuls à la fois. Ce cas est exclu si nous ne considérons que des systèmes tels, qu'au moins une des variables λ, μ, ν, ... soit égale en valeur absolue à sa limite l, m, n, ... Supposons que, de toutes les valeurs négatives de la fonction pour de tels systèmes, $-p$, abstraction faite du signe, soit la plus petite : alors on peut facilement montrer que, si l'on prend λ_0, μ_0, ν_0, ... numériquement plus petits que l, m, n, ..., et que l'on satisfasse en même temps à l'inégalité

$$-\varphi(\lambda_0, \mu_0, \nu_0, \ldots) + \sum mv_0^2 < p,$$

chacune des variables λ, μ, ν, ... restera pendant toute la durée du mouvement au-dessous des limites l, m, n, ... En effet, si le contraire avait lieu, comme les valeurs initiales λ_0, μ_0, ν_0, ... remplissent la condition que nous venons d'énoncer, et à cause de la continuité des variables λ, μ, ν, ..., il faudrait d'abord qu'à un certain instant il y eût égalité entre une ou plusieurs valeurs numériques de λ, μ, ν, ... et leurs limites respectives l, m, n, ..., sans qu'aucune des autres valeurs eût dépassé sa limite. A cet instant, la valeur absolue de $\varphi(\lambda, \mu, \nu, \ldots)$ serait supérieure ou au moins égale à p. Par conséquent, le second membre de l'équation des forces vives serait négatif, à cause de l'inégalité écrite plus haut, et qui se rapporte à l'état initial; ce qui n'est pas possible, $\sum mv^2$ étant toujours positif.

Il suit encore de là, évidemment, que les vitesses v seront toujours comprises entre des limites déterminées, puisque l'on a toujours

$$\sum mv^2 \leqq \sum mv_0^2 - \varphi(\lambda_0, \mu_0, \nu_0, \ldots).$$

Il est évident aussi que les limites pour chaque vitesse, ainsi que celles de chaque variable λ, μ, ν, ..., peuvent être aussi petites que l'on voudra, puisque les quantités l, m, n, ... peuvent devenir aussi petites que l'on voudra.

NOTE III.

Sur l'équilibre d'une ligne élastique.

Les formules données par Lagrange (p. 162) supposent que la force d'élasticité s'exerce, en chaque point, dans le plan osculateur de la ligne en équilibre dont elle tend à rétablir le rayon de courbure primitif; mais une pareille hypothèse est loin de représenter les phénomènes, et M. Binet a remarqué qu'à la force d'élasticité considérée par Lagrange il est essentiel d'en adjoindre une autre dont l'effet est de s'opposer aux variations de la seconde courbure. La complication des formules qui expriment cette seconde courbure nous empêche de conserver, en développant les conséquences de cette remarque, la notation et la marche suivie par Lagrange. Nous nous bornerons à former directement les équations de l'équilibre en imitant la méthode exposée par Poisson dans un Article de la *Correspondance sur l'École Polytechnique* (t. III, p. 355).

Considérons une ligne élastique en équilibre AMB, dont tous les points soient sollicités par des forces données. Si nous supposons que la partie MB comprise entre un point quelconque M et l'extrémité B devienne inflexible et fixe, et que l'autre partie MA devienne seulement inflexible en conservant la liberté de tourner autour du point M, l'équilibre ne sera pas détruit, et, par conséquent, la force d'élasticité développée en M doit détruire le *couple* auquel équivalent, à cause de la fixité du point M, les forces agissant sur la portion MA de la courbe. Or nous admettrons que la force d'élasticité peut produire deux couples, l'un, auquel Lagrange a eu égard, agissant dans le plan osculateur et tendant à restituer à la courbure sa valeur primitive; l'autre, ayant pour axe la tangente à la courbe élastique, et tendant à détruire la *torsion,* en restituant à la seconde courbure sa valeur primitive. Nommons ces deux couples θ et E. Nous allons prouver d'abord que θ est constant, *quelles que soient les formes données et la forme primitive de la courbe.*

Pour déterminer, en effet, les deux couples θ et E, il faut réduire les forces qui agissent sur la portion MA de la courbe à une force F, passant par le point M, et à un couple G. Ce couple G doit être équivalent aux deux couples $-\theta$ et $-$E ayant respectivement pour axes la tangente à la courbe proposée et une perpendiculaire à son plan osculateur. Si nous recommençons les mêmes décompositions, en substituant au point M un point infiniment voisin M', la force F et le couple G varieront, d'une part, à cause du changement dans le point d'application de la force, et, en outre, par l'influence de forces nouvelles agissant sur l'arc MM'. Remarquons d'abord que ces dernières forces ne peuvent exercer aucune influence sur la valeur du couple θ, car leur point d'application est à une distance infiniment petite du second ordre de la tangente au point M', qui est l'axe de ce couple. Il suffit donc d'avoir égard au changement de position du point fixe, et ce changement a évidemment pour effet d'adjoindre au couple G un second couple produit par la force F et par une force égale et contraire appliquée en M'. Or la force F a, comme celles qui sont appliquées à l'arc MM', son point d'application situé à une distance infiniment petite du second ordre de la tangente en M'; en sorte qu'elle ne modifie que d'une quantité de cet ordre le couple cherché, dont cette tangente est l'axe. D'après ces remarques, on peut calculer la valeur θ' du couple de torsion qui correspond au point M', comme si le couple G ne changeait ni de grandeur ni de direction; il faut seulement le décomposer maintenant en deux autres, dont l'un soit perpendiculaire à la tangente en M'. Pour calculer ce couple composant, qui représente le moment de torsion cherché, substituons au couple G les deux couples $-\theta$ et $-$E, qui lui sont équivalents. Chacun de ces couples devra être multiplié par le cosinus de l'angle formé par son axe avec celui du couple θ', qui n'est autre que la tangente de la courbe considérée au point M'. Les axes des couples θ et θ' forment un angle infiniment petit dont le cosinus est égal à l'unité, si nous négligeons, comme plus haut, les infiniment petits du second ordre; quant à l'axe du couple $-$E, l'angle qu'il forme avec la tangente en M' est droit, si l'on néglige encore les infiniment petits du second ordre, car le plan osculateur en M est parallèle à la tangente en M'; le cosinus de cet angle peut donc être considéré comme nul, et l'on a, en négligeant les infiniment petits du second ordre,

$$\theta' = \theta;$$

d'où l'on conclut que le moment de torsion est rigoureusement constant tout le long de la courbe élastique.

D'après cette remarque, on formera les équations d'équilibre en écrivant que les forces appliquées à une portion quelconque MA de la courbe, supposée rigide, sont détruites par la fixité du point M, et par deux couples $-\theta$ et $-$E, ayant respectivement pour axes la tangente à la courbe et l'axe du plan osculateur; θ étant constant, et E proportionnel à la différence entre la courbure actuelle en M et la courbure primitive au même point.

Nous considérerons en particulier le cas où, la courbe étant primitivement droite, la seule force appliquée agit sur son extrémité A, l'extrémité B étant fixe. En supposant que l'on fixe un point M dont les coordonnées sont x, y, z, les moments des forces données par rapport à ce point auront leurs composantes de la forme

$$cy - bz + a_1,$$
$$az - cx + b_1,$$
$$bx - ay + c_1,$$

a, b, c, a_1, b_1, c_1 étant des constantes qui dépendent de la direction de la force et de la position de son point d'application. En égalant ces moments aux couples d'élasticité décomposés perpendiculairement aux trois mêmes axes, nous aurons les équations

$$p\frac{dy\,d^2z - dz\,d^2y}{ds^3} = \theta\frac{dx}{ds} + cy - bz + a_1,$$
$$p\frac{dz\,d^2x - dx\,d^2z}{ds^3} = \theta\frac{dy}{ds} + az - cx + b_1,$$
$$p\frac{dx\,d^2y - dy\,d^2x}{ds^3} = \theta\frac{dz}{ds} + bx - ay + c_1,$$

qui ne diffèrent de celles de Lagrange (p. 168) que par la notation et par l'introduction des termes en θ.

Après avoir obtenu ces équations, Lagrange ajoute : *Leur intégration est peut-être impossible en général.* Nous allons montrer qu'elle est, au contraire, toujours possible, et nous suivrons, pour cela, la marche indiquée par M. Binet [1] et simplifiée, peu de temps après, par Wantzell.

Si l'on prend pour axe des z la direction même de la force donnée, les formules précédentes deviennent, comme on le voit facilement, de la forme

$$(1)\qquad \begin{cases} p\dfrac{dy\,d^2z - dz\,d^2y}{ds^3} = \theta\dfrac{dx}{ds} + gy, \\ p\dfrac{dz\,d^2x - dx\,d^2z}{ds^3} = \theta\dfrac{dy}{ds} - gx, \\ p\dfrac{dx\,d^2y - dy\,d^2x}{ds^3} = \theta\dfrac{dz}{ds}, \end{cases}$$

g étant une constante.

(1) *Voir* les *Comptes rendus de l'Académie des Sciences* pour 1844, pages 1115 et 1197.

La dernière équation montre que, si l'on néglige θ, comme Lagrange l'a fait, la courbe sera nécessairement plane. En multipliant ces équations par dx, dy, dz, et les ajoutant, il vient

$$(2) \qquad 0 = \theta\,ds + g(y\,dx - x\,dy) \quad [1];$$

on trouve aussi, en ajoutant les deux premières, multipliées respectivement par x et y,

$$(3) \qquad \frac{p}{ds^3} d^2 z(x\,dy - y\,dx) - \frac{p\,dz(x\,d^2y - y\,d^2x)}{ds^3} = \theta\,\frac{x\,dx + y\,dy}{ds},$$

ou, en vertu de la précédente, si l'on prend s pour variable indépendante,

$$(4) \qquad \frac{p}{g}\frac{d^2z}{ds^2} = \frac{x\,dx + y\,dy}{ds},$$

et, en intégrant,

$$(5) \qquad \frac{2p}{g}\frac{dz}{ds} = x^2 + y^2 - \frac{c}{g}.$$

Si l'on substitue à x et y des coordonnées polaires, en posant

$$x^2 + y^2 = r^2, \qquad \frac{y}{x} = \operatorname{tang}\omega,$$

les équations précédentes deviendront

$$r^2\,d\omega = \frac{\theta}{g}\,ds, \qquad \frac{dz}{ds} = \frac{gr^2 - c}{2p};$$

d'où l'on déduira, en posant $\frac{dz}{ds} = \cos\varphi$, et se servant de la formule connue

$$ds^2 = dr^2 + r^2\,d\omega^2 + dz^2,$$

$$ds = \frac{p\sin\varphi\,d\varphi}{\sqrt{g\sin^2\varphi(2p\cos\varphi + c) - \theta^2}},$$

$$d\omega = \frac{\theta p\sin\varphi\,d\varphi}{(2p\cos\varphi + c)\sqrt{g\sin^2\varphi(2p\cos\varphi + c) - \theta^2}};$$

[1] On peut remarquer que si, dans cette formule (2), on pouvait supposer $x = 0$, $y = 0$, on en conclurait $\theta = 0$. Il faut donc, pour qu'il y ait torsion, que la force ne soit pas directement appliquée au point de la courbe sur lequel s'exerce son action.

(*J. Bertrand.*)

on aura ensuite

$$dz = \int \cos\varphi \, ds,$$

$$x = r\cos\omega,$$

$$y = r\sin\omega;$$

$$r^2 = \frac{\theta}{g}\frac{ds}{d\omega},$$

de sorte que x, y, z pourront, par des quadratures, s'exprimer en fonction de l'angle φ.

(*Note de M. J. Bertrand.*)

NOTE IV.

Sur la figure d'une masse fluide animée d'un mouvement de rotation.

Reprenons les équations

(1) $$\frac{mM - f}{mL} = \frac{A^2}{B^2},$$

(2) $$\frac{mN - f}{mL} = \frac{A^2}{C^2},$$

qui ont été obtenues par Lagrange, à la page 219; on s'aperçoit, tout d'abord, que le raisonnement qu'il emploie n'établit pas avec rigueur l'égalité des axes B et C. M et N ne différant, en effet, que par le changement des lettres B et C l'une dans l'autre, on voit bien que l'hypothèse $B = C$ réduit les deux équations à une seule, mais il n'est pas évident que cette hypothèse soit nécessaire pour que les équations puissent avoir lieu en même temps. Nous allons montrer, en effet, qu'il existe des formes ellipsoïdales à axes inégaux pour lesquelles l'équilibre est possible.

Les expressions que Lagrange désigne par L, M, N sont développées dans la *Mécanique céleste* de Laplace et se trouvent aujourd'hui dans la plupart des

Traités de Mécanique. On a ([1])

$$L = \frac{3\mu}{k^3}\int_0^1 \frac{x^2\,dx}{H},$$

$$M = \frac{3\mu}{k^3}\int_0^1 \frac{x^2\,dx}{(1+\lambda^2x^2)H},$$

$$N = \frac{3\mu}{k^3}\int_0^1 \frac{x^2\,dx}{(1+\lambda'^2x^2)H};$$

dans ces formules, μ désigne la masse de l'ellipsoïde, et l'on a posé

$$\frac{B^2-A^2}{A^2} = \lambda^2, \qquad \frac{C^2-A^2}{A^2} = \lambda'^2,$$

$$H = \sqrt{(1+\lambda^2x^2)(1+\lambda'^2x^2)}.$$

Cela posé, si l'on élimine f entre les équations (1) et (2), on obtient la relation

$$(3) \qquad (M-N)(1+\lambda^2)(1+\lambda'^2) = L(\lambda^2-\lambda'^2),$$

ou, d'après les expressions de L, M et N écrites plus haut,

$$(4) \qquad (\lambda^2-\lambda'^2)\left[(1+\lambda^2)(1+\lambda'^2)\int_0^1 \frac{x^4\,dx}{H^3} - \int_0^1 \frac{x^2\,dx}{H}\right] = 0,$$

égalité à laquelle on peut satisfaire de deux manières :

1° En posant $\lambda' = \lambda$, ce qui donne un ellipsoïde de révolution et s'accorde avec l'indication de Maclaurin rapportée par Lagrange;

2° En posant

$$(5) \qquad (1+\lambda^2)(1+\lambda'^2)\int_0^1 \frac{x^4\,dx}{H^3} = \int_0^1 \frac{x^2\,dx}{H};$$

cette équation fournira λ en fonction de λ' et conduit à l'ellipsoïde à axes inégaux signalé par M. Jacobi.

On peut d'ailleurs démontrer que, pour chaque valeur de λ, l'équation (5) fournira une valeur correspondante de λ'.

Si, en effet, on la met sous la forme

$$(6) \qquad \int_0^1 \frac{x^2(1-x^2)(1-\lambda^2\lambda'^2x^2)\,dx}{H^3} = 0,$$

on voit que, en attribuant à λ une valeur déterminée, le premier membre est

([1]) *Mécanique céleste*, t. II, p. 11.

positif lorsque λ' est nul, et négatif si λ' est très grand; il s'annule donc, nécessairement, pour une certaine valeur positive de λ'.

On peut consulter, pour plus de détails, la Note insérée par M. Liouville dans le tome XIV du *Journal de l'École Polytechnique* (XXIIIe Cahier). Nous indiquerons aussi un article inséré par M. Liouville au tome IV de son Journal, et qui contient quelques remarques intéressantes relatives à l'équation (6). Cet article est intitulé : *Observations sur un Mémoire de M. Yvory.* La question a enfin été traitée par un géomètre allemand, M. Meyer, de Kœnigsberg. M. Meyer s'est demandé (¹) si, pour une vitesse de rotation donnée, plusieurs formes ellipsoïdales à trois axes inégaux peuvent assurer l'équilibre, et il parvient à démontrer qu'il n'en peut exister qu'une seule. M. Meyer démontre en même temps qu'à une vitesse de rotation donnée correspondent, en général, deux formes ellipsoïdales de révolution; c'est ce que l'on peut voir, du reste, dans la *Mécanique céleste* de Laplace, tome II, page 56.

(*Note de M. J. Bertrand.*)

NOTE V.

Sur une équation signalée par Lagrange comme impossible.

Lagrange a été conduit, page 293, à regarder comme impossible l'équation

$$(1)\quad \left\{\begin{aligned} &\mathrm{S}(x^2+y^2)\,\mathrm{Dm}\times\mathrm{S}(x^2+z^2)\,\mathrm{Dm}\times\mathrm{S}(y^2+z^2)\,\mathrm{Dm}\\ &=\mathrm{S}(x^2+y^2)\,\mathrm{Dm}\times(\mathrm{S}xy\,\mathrm{Dm})^2+\mathrm{S}(x^2+z^2)\,\mathrm{Dm}\times(\mathrm{S}xz\,\mathrm{Dm})^2\\ &+\mathrm{S}(y^2+z^2)\,\mathrm{Dm}\times(\mathrm{S}yz\,\mathrm{Dm})^2+2\,\mathrm{S}xy\,\mathrm{Dm}\times\mathrm{S}xz\,\mathrm{Dm}+\mathrm{S}yz\,\mathrm{Dm};\end{aligned}\right.$$

mais il ne s'est pas arrêté à démontrer cette impossibilité, qu'un premier aperçu lui faisait regarder comme difficile à établir. Le but de cette Note est de remplir cette lacune qui, du reste, a été déjà l'objet d'un travail de M. Binet. Posons

$$a=\mathrm{S}x^2\,\mathrm{Dm},\qquad b=\mathrm{S}y^2\,\mathrm{Dm},\qquad c=\mathrm{S}z^2\,\mathrm{Dm},$$
$$d=\mathrm{S}xy\,\mathrm{Dm},\qquad e=\mathrm{S}xz\,\mathrm{Dm},\qquad f=\mathrm{S}yz\,\mathrm{Dm};$$

(¹) *Journal de Crelle*, t. 24.

il faut prouver que l'égalité

$$(2)\quad (a+b)(a+c)(b+c)=d^2(a+b)+e^2(a+c)+f^2(b+c)+2def$$

ne peut avoir lieu dans aucun cas. Pour le faire voir, nous allons montrer que, en faisant passer tous les termes dans le premier membre, le résultat est essentiellement positif.

Or on obtient ainsi, pour premier membre,

$$\begin{aligned}&2abc+b^2c+ac^2+bc^2+ca^2+ba^2+ab^2\\&\quad-(b+c)f^2-(a+c)e^2-(a+b)d^2-2def,\end{aligned}$$

ce que l'on peut écrire de la manière suivante :

$$(3)\quad \left\{\begin{aligned}&2(abc-def)+(ab-d^2)(a+b)\\&\quad+(ac-e^2)(a+c)+(bc-f^2)(b+c).\end{aligned}\right.$$

Or on a

$$\begin{aligned}ab-d^2&=\mathbf{S}\,x^2\,\mathrm{Dm}\times\mathbf{S}\,y^2\,\mathrm{Dm}-(\mathbf{S}\,xy\,\mathrm{Dm})^2,\\ac-e^2&=\mathbf{S}\,x^2\,\mathrm{Dm}\times\mathbf{S}\,z^2\,\mathrm{Dm}-(\mathbf{S}\,xz\,\mathrm{Dm})^2,\\bc-f^2&=\mathbf{S}\,y^2\,\mathrm{Dm}\times\mathbf{S}\,z^2\,\mathrm{Dm}-(\mathbf{S}\,yz\,\mathrm{Dm})^2,\end{aligned}$$

et il est très facile de voir que ces trois différences sont positives; de plus, des inégalités

$$(4)\quad \left\{\begin{aligned}ab&>d^2,\\ac&>e^2,\\bc&>f^2,\end{aligned}\right.$$

on déduira

$$a^2b^2c^2>d^2e^2f^2,$$

et, par suite,

$$abc>def;$$

et l'on voit alors que tous les termes de l'expression (3) sont essentiellement positifs, et que, par conséquent, cette expression ne peut jamais s'annuler.

Nous avons admis les inégalités (4) comme évidentes. Si l'on suppose, en effet, que le nombre des points du système ait une valeur finie quelconque n, la première de ces inégalités, qui ne diffère des deux autres que par des changements de lettres, devient

$$\begin{aligned}&(m_1x_1^2+m_2x_2^2+\ldots+m_nx_n^2)(m_1y_1^2+m_2y_2^2+\ldots+m_ny_n^2)\\&\quad>(m_1x_1y_1+\ldots+m_nx_ny_n)^2;\end{aligned}$$

or elle peut s'écrire

$$\sum\sum m_i m_{i'}(x_i y_{i'} - x_{i'} y_i)^2 > 0,$$

et, sous cette forme, elle devient complètement évidente. Le seul cas d'exception serait celui où tous les éléments de la somme seraient nuls. Cette condition ne pourrait être remplie pour les trois inégalités (4) à la fois que si tous les points du système se trouvaient sur une même ligne droite passant par l'origine.

(*Note de M. J. Bertrand.*)

NOTE VI.

Sur les équations différentielles des problèmes de Mécanique, et la forme que l'on peut donner à leurs intégrales.

Dans la Section IV de la seconde Partie, Lagrange fait connaître la forme très remarquable que prennent les équations de la Dynamique, lorsque l'on substitue aux coordonnées des divers points un système quelconque de variables. Nous allons revenir, dans cette Note, sur la formation de ces équations. Nous indiquerons ensuite une transformation très heureuse que leur a fait subir M. Hamilton, et dont on peut déduire plusieurs propriétés de leurs intégrales qui conviennent à tous les problèmes auxquels s'applique la transformation de M. Hamilton.

I.

Soient $x_1, y_1, z_1, x_2, y_2, z_2, \ldots, x_n, y_n, z_n$ les $3n$ coordonnées des points d'un système; $\Pi_1 = 0$, $\Pi_2 = 0$, ..., $\Pi_{3n-k} = 0$, $3n - k$ équations de liaisons qui définissent le système. Dans ces équations, les $3n$ coordonnées peuvent figurer d'une manière quelconque avec le temps t; désignons par $q_1, q_2, \ldots, q_k$ k variables nouvelles, telles que l'on puisse exprimer les $3n$ coordonnées $x_1, y_1, z_1, \ldots, x_n, y_n, z_n$ en fonction de ces variables et du temps t, les formules qui expriment les coordonnées étant telles, bien entendu, que les équations $\Pi_1 = 0$, $\Pi_2 = 0$, ..., $\Pi_{3n-k} = 0$ deviennent identiques lorsqu'on y substitue aux diverses coordonnées leur expression en fonction des variables nouvelles.

Les équations du mouvement ont, comme on sait, pour type général

$$(1)\quad \begin{cases} m_i \dfrac{d^2 x_i}{dt^2} = X_i + \lambda_1 \dfrac{\partial \Pi_1}{\partial x_i} + \lambda_2 \dfrac{\partial \Pi_2}{\partial x_i} + \ldots + \lambda_{3n-k} \dfrac{\partial \Pi_{3n-k}}{\partial x_i}, \\ m_i \dfrac{d^2 y_i}{dt^2} = Y_i + \lambda_1 \dfrac{\partial \Pi_1}{\partial y_i} + \lambda_2 \dfrac{\partial \Pi_2}{\partial y_i} + \ldots + \lambda_{3n-k} \dfrac{\partial \Pi_{3n-k}}{\partial y_i}, \\ m_i \dfrac{d^2 z_i}{dt^2} = Z_i + \lambda_1 \dfrac{\partial \Pi_1}{\partial z_i} + \lambda_2 \dfrac{\partial \Pi_2}{\partial z_i} + \ldots + \lambda_{3n-k} \dfrac{\partial \Pi_{3n-k}}{\partial z_i}, \end{cases}$$

la lettre i désignant un nombre entier quelconque au plus égal à n, m_i la masse du point dont les coordonnées sont x_i, y_i, z_i, et X_i, Y_i, Z_i les composantes de la force qui sollicite ce point.

Multiplions les équations (1), respectivement, par $\dfrac{\partial x_i}{\partial q_m}$, $\dfrac{\partial y_i}{\partial q_m}$, $\dfrac{\partial z_i}{\partial q_m}$, et ajoutons-les à toutes les équations analogues que l'on obtiendrait en attribuant à i les n valeurs dont il est susceptible; il viendra

$$(2)\quad \begin{cases} \sum m_i \left(\dfrac{\partial x_i}{\partial q_m} \dfrac{d^2 x_i}{dt^2} + \dfrac{\partial y_i}{\partial q_m} \dfrac{d^2 y_i}{dt^2} + \dfrac{\partial z_i}{\partial q_m} \dfrac{d^2 z_i}{dt^2} \right) \\ = \sum \left(X_1 \dfrac{\partial x_i}{\partial q_m} + Y_1 \dfrac{\partial y_i}{\partial q_m} + Z_1 \dfrac{\partial z_i}{\partial q_m} \right); \end{cases}$$

les facteurs λ_1, λ_2, ..., λ_{3n-k} disparaissent dans l'addition à cause de la relation

$$(3)\quad \sum \left(\frac{\partial \Pi_\alpha}{\partial x_\beta} \frac{\partial x_\beta}{\partial q_m} + \frac{\partial \Pi_\alpha}{\partial y_\beta} \frac{\partial y_\beta}{\partial q_m} + \frac{\partial \Pi_\alpha}{\partial z_\beta} \frac{\partial z_\beta}{\partial q_m} \right) = 0,$$

qui résulte de ce que la fonction Π_α (α désignant un indice quelconque au plus égal à $3n-k$) s'annule identiquement lorsque x_1, x_2, ..., x_n, y_1, y_2, ..., y_n, z_1, z_2, ..., z_n sont remplacés par leurs valeurs en q_1, q_2, ..., q_k et t.

Le second membre de l'équation (2) doit être regardé comme une fonction connue des variables q_1, q_2, ..., q_k et t; car X_i, Y_i, Z_i, x_i, y_i, z_i sont donnés par l'énoncé du problème en fonction de ces $k+1$ variables. Il n'y a donc pas lieu de transformer ce second membre, et nous le désignerons par une lettre Q_m.

Pour transformer le premier membre, écrivons-le de la manière suivante :

$$(4)\quad m_i \sum \left(\frac{\partial x_i}{\partial q_m} \frac{dx'_i}{dt} + \frac{\partial y_i}{\partial q_m} \frac{dy'_i}{dt} + \frac{\partial z_i}{\partial q_m} \frac{dz'_i}{dt} \right),$$

en désignant par x'_i, y'_i, z'_i les composantes de la vitesse du point dont les coordonnées sont x_i, y_i, z_i. On a identiquement

$$(5)\quad \left\{\begin{aligned} &\sum m_i\left(\frac{\partial x_i}{\partial q_m}\frac{dx'_i}{dt}+\frac{\partial y_i}{\partial q_m}\frac{dy'_i}{dt}+\frac{\partial z_i}{\partial q_m}\frac{dz'_i}{dt}\right)\\ &=\frac{d}{dt}\sum m_i\left(x'_i\frac{\partial x_i}{\partial q_m}+y'_i\frac{\partial y_i}{\partial q_m}+z'_i\frac{\partial z_i}{\partial q_m}\right)\\ &\quad-\sum m_i\left(x'_i\frac{d}{dt}\frac{\partial x_i}{\partial q_m}+y'_i\frac{d}{dt}\frac{\partial z_i}{\partial q_m}+z'_i\frac{d}{dt}\frac{\partial z_i}{\partial q_m}\right).\end{aligned}\right.$$

x_i, y_i, z_i sont donnés, par hypothèse, en fonction de $q_1, q_2, \ldots, q_k$ et t; en différentiant les formules qui les expriment, on aura

$$(6)\quad \left\{\begin{aligned} x'_i&=\frac{\partial x_i}{\partial t}+\frac{\partial x_i}{\partial q_1}q'_1+\frac{\partial x_i}{\partial q_2}q'_2+\ldots+\frac{\partial x_i}{\partial q_k}q'_k,\\ y'_i&=\frac{\partial y_i}{\partial t}+\frac{\partial y_i}{\partial q_1}q'_1+\frac{\partial y_i}{\partial q_2}q'_2+\ldots+\frac{\partial y_i}{\partial q_k}q'_k,\\ z'_i&=\frac{\partial z_i}{\partial t}+\frac{\partial z_i}{\partial q_1}q'_1+\frac{\partial z_i}{\partial q_2}q'_2+\ldots+\frac{\partial z_i}{\partial q_k}q'_k,\end{aligned}\right.$$

d'où l'on conclut

$$\frac{\partial x_i}{\partial q_m}=\frac{\partial x'_i}{\partial q'_m},\qquad \frac{\partial y_i}{\partial q_m}=\frac{\partial y'_i}{\partial q'_m},\qquad \frac{\partial z_i}{\partial q_m}=\frac{\partial z'_i}{\partial q'_m};$$

on a, d'ailleurs,

$$\frac{d}{dt}\frac{\partial x_i}{\partial q_m}=\frac{\partial^2 x_i}{\partial q_m\,\partial t}+\frac{\partial^2 x_i}{\partial q_1\,\partial q_m}q'_1+\frac{\partial^2 x_i}{\partial q_2\,\partial q_m}q'_2+\ldots+\frac{\partial^2 x_i}{\partial q_k\,\partial q_m}q'_k,$$

ce qui équivaut évidemment, d'après la valeur de x'_i fournie par l'équation (6), à $\frac{\partial x'}{\partial q_m}$. On obtiendrait de même

$$\frac{d}{dt}\frac{\partial y_i}{\partial q_m}=\frac{\partial y'_i}{\partial q_m},\qquad \frac{d}{dt}\frac{\partial z_i}{\partial q_m}=\frac{\partial z'_i}{\partial q_m}.$$

Si nous avons égard à ces relations et si, de plus, nous posons

$$\mathrm{T}=\frac{1}{2}\sum m_i(x_i'^2+y_i'^2+z_i'^2),$$

l'équation (4) deviendra

$$\frac{d}{dt}\frac{\partial \mathrm{T}}{\partial q'_m}-\frac{\partial \mathrm{T}}{\partial q_m}=\mathrm{Q}_m.$$

On obtiendra k équations de même forme en attribuant successivement à l'indice m chacune des valeurs 1, 2, ..., k, et l'on formera ainsi les k équations différentielles suivantes :

$$\frac{d}{dt}\frac{\partial T}{\partial q'_1} - \frac{\partial T}{\partial q_1} = Q_1,$$

$$\frac{d}{dt}\frac{\partial T}{\partial q'_2} - \frac{\partial T}{\partial q_2} = Q_2,$$

$$\dots\dots\dots\dots,$$

$$\frac{d}{dt}\frac{\partial T}{\partial q'_k} - \frac{\partial T}{\partial q_k} = Q_k,$$

qui sont précisément les équations de Lagrange. Dans ces équations, les inconnues sont $q_1, q_2, \ldots, q_k$, et leurs dérivées $q'_1, q'_2, \ldots, q'_k$; $Q_1, Q_2, \ldots, Q_k$ sont des fonctions données de ces inconnues; il en est de même de T, car x_i, y_i, z_i étant donnés, par hypothèse, on peut former, par la différentiation, x'_i, y'_i, z'_i. Il est important de remarquer que, d'après les règles de la différentiation, x'_i, y'_i, z'_i seront des fonctions linéaires de $q'_1, q'_2, \ldots, q'_k$, et que, par suite, T sera une fonction algébrique entière et de degré 2 de ces diverses dérivées. Si les expressions de x_i, y_i, z_i ne contiennent pas explicitement la lettre t, et cela aura lieu toutes les fois que les liaisons seront indépendantes du temps, on voit facilement que x'_i, y'_i, z'_i seront des fonctions homogènes du premier degré, et, par suite, T une fonction homogène de degré 2 par rapport aux variables $q'_1, q'_2, \ldots, q'_k$. Cette remarque a une grande importance.

II.

Nous supposerons, dans les considérations qui vont suivre, un système dont les liaisons sont indépendantes du temps, sollicité par des forces ayant pour composantes les dérivées partielles d'une même fonction. Nous admettrons, en un mot, que le principe des forces vives soit applicable au problème dont nous nous occupons.

Reprenons les équations différentielles du mouvement

$$(1)\quad \left\{\begin{aligned} &\frac{d}{dt}\frac{\partial T}{\partial q'_1} - \frac{\partial T}{\partial q_1} = Q_1,\\ &\frac{d}{dt}\frac{\partial T}{\partial q'_2} - \frac{\partial T}{\partial q_2} = Q_2,\\ &\dots\dots\dots\dots,\\ &\frac{d}{dt}\frac{\partial T}{\partial q'_k} - \frac{\partial T}{\partial q_k} = Q_k; \end{aligned}\right.$$

ces équations sont du second ordre, mais on peut les ramener au premier ordre en considérant $q'_1, q'_2, \ldots, q'_k$ comme k inconnues nouvelles définies par les équations

$$(2) \qquad \frac{dq_1}{dt} = q'_1, \qquad \frac{dq_2}{dt} = q'_2, \qquad \ldots, \qquad \frac{dq_k}{dt} = q'_k,$$

et nous aurons, de cette manière, un système de $2k$ équations du premier ordre.

Poisson a eu l'idée de transformer le système des équations (1) et (2) en substituant aux inconnues $q'_1, q'_2, \ldots, q'_k$ les inconnues nouvelles $\frac{\partial T}{\partial q'_1}$, $\frac{\partial T}{\partial q'_2}, \ldots, \frac{\partial T}{\partial q'_k}$, qui en sont des fonctions linéaires; mais il n'a pas développé complètement son calcul de transformation, et M. Hamilton a donné, le premier, les équations très simples auxquelles ces variables nouvelles vont nous conduire.

Posons

$$\frac{\partial T}{\partial q'_1} = p_1, \qquad \frac{\partial T}{\partial q'_2} = p_2 \qquad \ldots, \qquad \frac{\partial T}{\partial q'_k} = p_k,$$

les équations (1) deviendront

$$\frac{dp_1}{dt} - \frac{\partial T}{\partial q_1} = Q_1, \qquad \frac{dp_2}{dt} - \frac{\partial T}{\partial q_2} = Q_2, \qquad \ldots, \qquad \frac{dp_k}{dt} - \frac{\partial T}{\partial q_k} = Q_k;$$

mais la substitution des variables $p_1, p_2, \ldots, p_k$ à $q'_1, q'_2, \ldots, q'_k$ exige que les seconds termes de ces équations soient transformés. Il est clair, en effet, que T étant exprimé en fonction de $q_1, q_2, \ldots, q_k, q'_1, q'_2, \ldots, q'_k$, puis en fonction de $q, q_2, \ldots, q_k, p_1, p_2, \ldots, p_k$, n'aura pas, sous les deux formes, la même dérivée par rapport à q_m.

T étant une fonction homogène de degré 2 des variables $q'_1, q'_2, \ldots, q'_k$, on a, identiquement,

$$2T = q'_1 \frac{\partial T}{\partial q'_1} + q'_2 \frac{\partial T}{\partial q'_2} + \ldots + q'_k \frac{\partial T}{\partial q'_k},$$

ce que l'on peut écrire

$$(3) \quad T = q'_1 \frac{\partial T}{\partial q'_1} + q'_2 \frac{\partial T}{\partial q'_2} + \ldots + q'_k \frac{\partial T}{\partial q'_k} - T = q'_1 p_1 + q'_2 p_2 + \ldots + q'_k p_k - T.$$

Prenons la variation des deux membres en faisant varier toutes les variables à la fois; il vient

$$(4)\qquad \delta T = q'_1\,\delta p_1 + q'_2\,\delta p_2 + \ldots + q'_k\,\delta p_k - \frac{\partial T}{\partial q_1}\,\delta q_1 - \frac{\partial T}{\partial q_2}\,\delta q_2 - \ldots - \frac{\partial T}{\partial q_k}\,\delta q_k.$$

(Nous supprimons, dans le second membre, les termes $p_m\,\delta q'_m$ et $-\dfrac{\partial T}{\partial q'_m}\,\delta q'_m$ qui se détruisent.)

Or, en considérant T comme fonction de $p_1, p_2, \ldots, p_k, q_1, q_2, \ldots, q_k$, on conclut évidemment de l'équation (4)

$$(5)\qquad \frac{\partial T}{\partial p_1} = q'_1, \qquad \frac{\partial T}{\partial p_2} = q'_2, \qquad \ldots, \qquad \frac{\partial T}{\partial q_k} = q'_k,$$

$$(6)\qquad \frac{\partial T}{\partial q_1} = -\frac{\partial T}{\partial q_1}, \qquad \frac{\partial T}{\partial q_2} = -\frac{\partial T}{\partial q_2}, \qquad \ldots, \qquad \frac{\partial T}{\partial q_k} = -\frac{\partial T}{\partial q_k}.$$

Les équations (6) donnent aux équations du mouvement la forme

$$(\mathrm{A})\qquad \frac{dp_1}{dt} = Q_1 - \frac{\partial T}{\partial q_1}, \qquad \frac{dp_2}{dt} = Q_2 - \frac{\partial T}{\partial q_2}, \qquad \ldots, \qquad \frac{dp_k}{dt} = Q_k - \frac{\partial T}{\partial q_k};$$

et, si on leur adjoint les relations (5),

$$(\mathrm{B})\qquad \frac{\partial T}{\partial p_1} = \frac{dq_1}{dt}, \qquad \frac{\partial T}{\partial p_2} = \frac{dq_2}{dt}, \qquad \ldots, \qquad \frac{\partial T}{\partial p_k} = \frac{dq_k}{dt},$$

on aura $2k$ équations différentielles du premier ordre entre les inconnues $p_1, p_2, \ldots, p_k, q_1, q_2, \ldots, q_k$. Pour simplifier ces équations, rappelons-nous que X_i, Y_i, Z_i, composantes de la force qui sollicite le point x_i, y_i, z_i, sont, par hypothèse, les dérivées partielles d'une même fonction U, et que l'on a

$$X_i = \frac{\partial U}{\partial x_i}, \qquad Y_i = \frac{\partial U}{\partial y_i}, \qquad Z_i = \frac{\partial U}{\partial z_i};$$

donc, en se reportant à la définition de la fonction Q_m,

$$Q_m = \sum X_i\frac{\partial x_i}{\partial q_m} + Y_i\frac{\partial y_i}{\partial q_m} + Z_i\frac{\partial z_i}{\partial q_m},$$

on en conclut

$$Q_m = \frac{\partial U}{\partial q_m}.$$

Si l'on remet dans les équations (A), à la place de $Q_1, Q_2, \ldots, Q_k$, les valeurs fournies par cette formule, et que l'on pose, de plus, $U - T = H$, ces équations deviennent

$$(\mathrm{C}) \qquad \frac{dp_1}{dt} = \frac{\partial \mathrm{H}}{\partial q_1}, \qquad \frac{dp_2}{dt} = \frac{\partial \mathrm{H}}{\partial q_2}, \qquad \ldots, \qquad \frac{dp_k}{dt} = \frac{\partial \mathrm{H}}{\partial q_k};$$

si l'on remarque, en outre, que, U ne contenant pas $p_1, p_2, \ldots, p_k$, on a $\frac{\partial \mathrm{H}}{\partial p_i} = -\frac{\partial \mathrm{T}}{\partial p_i}$, les équations (B) pourront s'écrire

$$(\mathrm{D}) \qquad \frac{dq_1}{dt} = -\frac{\partial \mathrm{H}}{\partial p_1}, \qquad \frac{dq_2}{dt} = -\frac{\partial \mathrm{H}}{\partial p_2}. \qquad \ldots, \qquad \frac{dq_k}{dt} = -\frac{\partial \mathrm{H}}{\partial p_k}.$$

Les systèmes (C) et (D) donnent, sous la forme la plus simple, les équations d'un problème de Mécanique auquel s'applique le principe des forces vives. On voit que deux problèmes de ce genre ne diffèrent l'un de l'autre que par le nombre des variables et la forme de la fonction H.

III.

Quoique l'on soit loin de savoir intégrer, en général, les équations (C) et (D) du paragraphe précédent, leur forme permet, néanmoins, d'établir plusieurs théorèmes fort importants, qui s'appliquent à toutes les questions représentées par ces équations.

Nous commencerons par établir le théorème suivant, qui est dû à Hamilton :

Théorème. — *Les intégrales d'un problème de Mécanique auquel s'applique le principe des forces vives peuvent toutes s'exprimer en égalant à des constantes les dérivées partielles d'une même fonction prises par rapport à d'autres constantes.*

Reprenons les équations différentielles d'un problème de Mécanique auquel s'applique le principe des forces vives :

$$(1) \qquad \left\{ \begin{array}{llll} \dfrac{dp_1}{dt} = +\dfrac{\partial \mathrm{H}}{\partial q_1}, & \dfrac{dp_2}{dt} = +\dfrac{\partial \mathrm{H}}{\partial q_2}, & \ldots, & \dfrac{dp_k}{dt} = +\dfrac{\partial \mathrm{H}}{\partial q_k}, \\ \dfrac{dq_1}{dt} = -\dfrac{\partial \mathrm{H}}{\partial p_1}, & \dfrac{dq_2}{dt} = -\dfrac{\partial \mathrm{H}}{\partial p_2}, & \ldots, & \dfrac{dq_k}{dt} = -\dfrac{\partial \mathrm{H}}{\partial p_k}. \end{array} \right.$$

Supposons que, ces équations ayant été intégrées, $p_1, p_2, \ldots, p_k, q_1, q_2, \ldots, q_k$ soient connus en fonction de t et de $2k$ constantes arbitraires. Si nous remettons ces valeurs dans la fonction H, nous aurons, en différentiant le résultat par rapport à l'une des constantes α,

$$\frac{\partial H}{\partial \alpha}=\frac{\partial H}{\partial p_1}\frac{\partial p_1}{\partial \alpha}+\ldots+\frac{\partial H}{\partial p_k}\frac{\partial p_k}{\partial \alpha}+\frac{\partial H}{\partial q_1}\frac{\partial q_1}{\partial \alpha}+\frac{\partial H}{\partial q_2}\frac{\partial q_2}{\partial \alpha}+\ldots+\frac{\partial H}{\partial q_k}\frac{\partial q_k}{\partial \alpha},$$

c'est-à-dire, en ayant égard aux équations (1), qui sont, par hypothèse, satisfaites,

$$(2)\qquad \frac{\partial H}{\partial \alpha}=-\frac{dq_1}{dt}\frac{\partial p_1}{\partial \alpha}-\frac{dq_2}{dt}\frac{\partial p_2}{\partial \alpha}-\ldots-\frac{dq_k}{dt}\frac{\partial p_k}{\partial \alpha}+\frac{dp_1}{dt}\frac{\partial q_1}{\partial \alpha}+\frac{dp_2}{dt}\frac{\partial q_2}{\partial \alpha}+\ldots+\frac{dp_k}{dt}\frac{\partial q_k}{\partial \alpha}$$

ce que l'on peut écrire de la manière suivante :

$$(3)\qquad \frac{\partial H}{\partial \alpha}=\frac{d}{dt}\left(p_1\frac{\partial q_1}{\partial \alpha}+p_2\frac{\partial q_2}{\partial \alpha}+\ldots+p_k\frac{\partial q_k}{\partial \alpha}\right)-\frac{\partial}{\partial \alpha}\left(p_1\frac{dq_1}{dt}+p_2\frac{dq_2}{dt}+\ldots+p_k\frac{dq_k}{dt}\right).$$

Mais, la fonction T étant homogène, de degré 2, par rapport à $q'_1, q'_2, \ldots, q'_k$, on a

$$\frac{\partial T}{\partial q'_1}q'_1+\frac{\partial T}{\partial q'_2}q'_2+\ldots+\frac{\partial T}{\partial q'_k}q'_k=2T.$$

Or cette expression ne diffère pas de celle dont la dérivée, par rapport à α, figure dans le second membre de l'équation (3), en sorte que cette équation devient

$$\frac{\partial H}{\partial \alpha}=\frac{d}{dt}\left(p_1\frac{\partial q_1}{\partial \alpha}+p_2\frac{\partial q_2}{\partial \alpha}+\ldots+p_k\frac{\partial q_k}{\partial \alpha}\right)-2\frac{\partial T}{\partial \alpha},$$

ou encore

$$(4)\qquad \frac{\partial(H+2T)}{\partial \alpha}=\frac{d}{dt}\left(p_1\frac{\partial q_1}{\partial \alpha}+p_2\frac{\partial q_2}{\partial \alpha}+\ldots+p_k\frac{\partial q_k}{\partial \alpha}\right),$$

ou, en intégrant les deux membres par rapport à t,

$$(5)\qquad \left\{\begin{aligned}\frac{\partial}{\partial \alpha}\int_0^t (H+2T)\,dt=+&\left(p_1\frac{\partial q_1}{\partial \alpha}+p_2\frac{\partial q_2}{\partial \alpha}+\ldots+p_k\frac{\partial q_k}{\partial \alpha}\right)_t\\ -&\left(p_1\frac{\partial q_1}{\partial \alpha}+p_2\frac{\partial q_2}{\partial \alpha}+\ldots+p_k\frac{\partial q_k}{\partial \alpha}\right)_0,\end{aligned}\right.$$

les indices o et t placés au-dessous des parenthèses indiquant qu'il faut y supposer le temps égal à zéro ou à t.

L'intégrale $\int_0^t (H+2T)\,dt$ est une fonction de t et des $2k$ constantes arbitraires; désignons-la par S, l'équation précédente deviendra

$$(6)\quad \frac{\partial S}{\partial \alpha} = \left(p_1 \frac{\partial q_1}{\partial \alpha} + p_2 \frac{\partial q_2}{\partial \alpha} + \ldots + p_k \frac{\partial q_k}{\partial \alpha}\right)_t - \left(p_1 \frac{\partial q_1}{\partial \alpha} + p_2 \frac{\partial q_2}{\partial \alpha} + \ldots + p_k \frac{\partial q_k}{\partial \alpha}\right)_0;$$

si nous la multiplions par $d\alpha$, pour l'ajouter ensuite à toutes les équations analogues que l'on obtiendrait en remplaçant la constante α, successivement, par toutes celles qui figurent dans les intégrales du problème, on aura

$$(7)\quad \begin{cases} \delta S = p_1 \delta q_1 + p_2 \delta q_2 + \ldots + p_k \delta q_k \\ \qquad - (p_1)_0 (\delta q_1)_0 - (p_2)_0 (\delta q_2)_0 - \ldots - (p_k)_0 (\delta q_k)_0, \end{cases}$$

en désignant par le signe δ la variation totale d'une fonction des diverses constantes, lorsque celles-ci varient toutes à la fois.

Remarquons, actuellement, que S, étant une fonction de t et des $2k$ constantes arbitraires, peut s'exprimer en fonction de t et de $q_1, q_2, \ldots, q_k, (q_1)_0, (q_2)_0, \ldots, (q_k)_0$. On a admis, en effet, que $q_1, q_2, \ldots, q_k$ sont des fonctions de t et de $2k$ constantes; si, dans les k équations qui les déterminent, on fait $t=0$, on obtiendra k équations nouvelles, dans lesquelles $(q_1)_0, (q_2)_0, \ldots, (q_k)_0$ remplaceront $q_1, q_2, \ldots, q_k$, et qui, jointes aux précédentes, permettent d'exprimer les $2k$ constantes en fonction de t et de $q_1, q_2, \ldots, q_k, (q_1)_0, (q_2)_0, \ldots, (q_k)_0$.

Si nous supposons que le calcul indiqué soit effectué, l'équation (7) fournira la variation de S, lorsque toutes les variables dont cette fonction dépend, à l'exception de t seulement, reçoivent des accroissements infiniment petits. On en conclut, d'après les principes du Calcul différentiel,

$$(8)\quad \begin{cases} \dfrac{\partial S}{\partial q_1} = p_1, \quad \dfrac{\partial S}{\partial q_2} = p_2, \quad \ldots, \quad \dfrac{\partial S}{\partial q_k} = p_k, \\ \dfrac{\partial S}{\partial (q_1)_0} = -(p_1)_0, \quad \dfrac{\partial S}{\partial (q_2)_0} = -(p_2)_0, \quad \ldots, \quad \dfrac{\partial S}{\partial (q_k)_0} = -(p_k)_0, \end{cases}$$

et ces équations ayant lieu entre $p_1, p_2, \ldots, p_k, q_1, q_2, \ldots, q_k$, le temps t et les $2k$ constantes $(p_1)_0, (p_2)_0, \ldots, (p_k)_0, (q_1)_0, (q_2)_0, \ldots, (q_k)_0$, elles sont, évidemment, les intégrales complètes du problème. On peut remarquer que les équations qui composent la deuxième ligne du groupe (8) forment un système à part, dans lequel ne figurent pas $p_1, p_2, \ldots, p_k$, et permettent, par conséquent, de calculer les inconnues $q_1, q_2, \ldots, q_k$ en fonction du temps et de toutes les valeurs initiales $(q_1)_0, (q_2)_0, \ldots, (q_k)_0, (p_1)_0, (p_2)_0, \ldots, (p_k)_0$.

IV.

D'après la manière dont la fonction S s'est introduite au paragraphe précédent, il semble que, pour la connaître, il soit nécessaire d'avoir préalablement résolu le problème dont on s'occupe. Mais nous allons montrer que cette fonction satisfait à une équation différentielle partielle du premier ordre, dont toute intégrale complète peut la remplacer dans la formation des équations intégrales du problème de Mécanique.

Nous avons posé

$$S=\int_0^t (H+2T)\,dt; \tag{1}$$

en se reportant au paragraphe II, on a

$$H=U-T;$$

donc

$$S=\int_0^t (U+T)\,dt.$$

Différentions les deux membres par rapport à t, et remarquons que S contient t, explicitement, et aussi à cause de $q_1, q_2, \ldots, q_k$, qui en dépendent; nous aurons

$$U+T=\frac{\partial S}{\partial t}+\frac{\partial S}{\partial q_1}\frac{dq_1}{dt}+\frac{\partial S}{\partial q_2}\frac{dq_2}{dt}+\ldots+\frac{\partial S}{\partial q_k}\frac{dq_k}{dt}. \tag{2}$$

Or $\frac{dq_1}{dt}, \frac{dq_2}{dt}, \ldots, \frac{dq_k}{dt}$ sont des fonctions linéaires de $p_1, p_2, \ldots, p_k$, c'est-à-dire (§ III) de $\frac{\partial S}{\partial q_1}, \frac{\partial S}{\partial q_2}, \ldots, \frac{\partial S}{\partial q_k}$, de sorte que, par la substitution de ces valeurs, l'équation (2) deviendra une équation différentielle partielle du second degré par rapport aux dérivées de S. Pour former cette équation, il faudrait transformer, comme nous l'avons indiqué, la somme

$$\frac{\partial S}{\partial q_1}q'_1+\frac{\partial S}{\partial q_2}q'_2+\ldots+\frac{\partial S}{\partial q_k}q'_k,$$

qui figure dans le second membre; or le résultat de ce calcul sera évidemment le même si l'on substitue à cette somme l'expression

$$p_1q'_1+p_2q'_2+\ldots+p_kq'_k,$$

qui n'en diffère que par le changement de $\frac{\partial S}{\partial q_1}, \frac{\partial S}{\partial q_2}, \ldots, \frac{\partial S}{\partial q_k}$ en $p_1, p_2, \ldots, p_k$, changement dont l'effet sera détruit par le changement inverse que l'on doit faire à la fin du calcul. Or, la fonction T étant homogène du second degré par rapport à $q'_1, q'_2, \ldots, q'_k$, on a, identiquement,

$$2T = \frac{\partial T}{\partial q'_1} q'_1 + \frac{\partial T}{\partial q'_2} q'_2 + \ldots + \frac{\partial T}{\partial q'_k} q'_k = p_1 q'_1 + p_2 q'_2 + \ldots + p_k q'_k;$$

en sorte que l'équation (2), à laquelle satisfait la fonction S, peut s'écrire symboliquement

$$U + T = \frac{\partial S}{\partial t} + 2T,$$

c'est-à-dire

$$U = \frac{\partial S}{\partial t} + (T), \tag{3}$$

les parenthèses qui entourent T indiquant que cette fonction doit être exprimée en fonction de $p_1, p_2, \ldots, p_k$, et que ces variables seront ensuite remplacées par $\frac{\partial S}{\partial q_1}, \frac{\partial S}{\partial q_2}, \ldots, \frac{\partial S}{\partial q_k}$.

L'équation (3) admettra une infinité de solutions contenant chacune k constantes arbitraires, et que Lagrange nomme les *intégrales complètes*. L'une de ces intégrales sera la fonction S que nous avons définie dans le paragraphe précédent; mais nous allons montrer que toute autre intégrale complète peut remplacer celle-là et fournir la solution du problème de Mécanique dont on s'occupe.

Soit, en effet,

$$S = F(t, q_1, q_2, \ldots, q_k, a_1, a_2, \ldots, a_k) \tag{4}$$

une telle intégrale, satisfaisant identiquement à l'équation (3) et contenant k constantes arbitraires; si l'on pose

$$\frac{\partial S}{\partial a_1} = b_1, \qquad \frac{\partial S}{\partial a_2} = b_2, \qquad \ldots, \qquad \frac{\partial S}{\partial a_k} = b_k, \tag{5}$$

je dis que l'on aura la solution complète du problème proposé, et que ces équations (5) fourniront les valeurs de $q_1, q_2, \ldots, q_k$ en fonction de t et de $2k$ constantes arbitraires. Pour le démontrer, rappelons-nous que les équations différentielles du mouvement sont

$$(6)\quad \begin{cases} \dfrac{dp_1}{dt}=+\dfrac{\partial H}{\partial q_1}, & \dfrac{dp_2}{dt}=+\dfrac{\partial H}{\partial q_2}, \quad \ldots, \quad \dfrac{dp_k}{dt}=+\dfrac{\partial H}{\partial q_k}, \\ \dfrac{dq_1}{dt}=-\dfrac{\partial H}{\partial p_1}, & \dfrac{dq_2}{dt}=-\dfrac{\partial H}{\partial p_2}, \quad \ldots, \quad \dfrac{dq_k}{dt}=-\dfrac{\partial H}{\partial p_k}, \end{cases}$$

dans lesquelles H désigne la différence U — T. U ne contenant pas $p_1, p_2, \ldots, p_k$, on a

$$\frac{\partial H}{\partial p_1}=-\frac{\partial T}{\partial p_1},$$

en sorte que la seconde ligne des équations (6) peut s'écrire

$$(7)\qquad \frac{dq_1}{dt}=\frac{\partial T}{\partial p_1}, \quad \frac{dq_2}{dt}=\frac{\partial T}{\partial p_2}, \quad \ldots, \quad \frac{dq_k}{dt}=\frac{\partial T}{\partial p_k}.$$

Nous commencerons par montrer que ces équations (7) peuvent se déduire du système des équations (5).

En différentiant ces équations (5) par rapport à t, nous aurons

$$(8)\qquad \frac{\partial^2 S}{\partial a_1\,\partial t}+\frac{\partial^2 S}{\partial q_1\,\partial a_1}q'_1+\frac{\partial^2 S}{\partial q_2\,\partial a_1}q'_2+\ldots+\frac{\partial^2 S}{\partial q_k\,\partial a_1}q'_k=0,$$

à laquelle il faudra adjoindre $k-1$ équations que l'on formera en changeant dans celle-ci a_1 en $a_2, a_3, \ldots, a_k$. Le système des k équations ainsi obtenues donnera les valeurs de $q'_1, q'_2, \ldots, q'_k$, qui résultent des relations (5).

Or, en différentiant par rapport à a_1 l'équation (3), à laquelle S satisfait identiquement, il vient

$$(9)\qquad \frac{\partial^2 S}{\partial t\,\partial a_1}+\frac{\partial (T)}{\partial a_1}=0,$$

$\dfrac{\partial (T)}{\partial a_1}$ désignant ici la dérivée par rapport à a_1 de l'expression dans laquelle se transforme T, lorsque l'on y remplace $p_1, p_2, \ldots, p_k$ par $\dfrac{\partial S}{\partial q_1}, \dfrac{\partial S}{\partial q_2}, \ldots, \dfrac{\partial S}{\partial q_k}$. On a évidemment, d'après cela,

$$(10)\qquad \frac{\partial (T)}{\partial a_1}=\frac{\partial T}{\partial p_1}\frac{\partial^2 S}{\partial q_1\,\partial a_1}+\frac{\partial T}{\partial p_2}\frac{\partial^2 S}{\partial q_2\,\partial a_1}+\ldots+\frac{\partial T}{\partial p_k}\frac{\partial^2 S}{\partial q_k\,\partial a_1};$$

et, dans le second membre de cette équation, il faudra encore transformer $\dfrac{\partial T}{\partial p_1}, \dfrac{\partial T}{\partial p_2}, \ldots, \dfrac{\partial T}{\partial p_k}$, en y remplaçant $p_1, p_2, \ldots, p_k$ par $\dfrac{\partial S}{\partial q_1}, \dfrac{\partial S}{\partial q_2}, \ldots, \dfrac{\partial S}{\partial q_k}$.

Pour indiquer cette transformation, nous placerons ces quantités entre des parenthèses. L'équation (9) deviendra alors

$$(11)\quad \frac{\partial^2 S}{\partial t\,\partial a_1}+\left(\frac{\partial T}{\partial p_1}\right)\frac{\partial^2 S}{\partial q_1\,\partial a_1}+\left(\frac{\partial T}{\partial p_2}\right)\frac{\partial^2 S}{\partial q_2\,\partial a_1}+\ldots+\left(\frac{\partial T}{\partial p_k}\right)\frac{\partial^2 S}{\partial q_k\,\partial a_1}=0,$$

à laquelle on pourra joindre $k-1$ équations que l'on formerait en changeant dans celle-ci a_1 en $a_2, a_3, \ldots, a_k$. Or, si l'on compare le système des équations ainsi obtenues avec celui dont l'équation (8) est le type, on en conclut que ce dernier sera satisfait par les valeurs suivantes des inconnues q'_1, $q'_2, \ldots, q'_k$:

$$(12)\qquad q'_1=\left(\frac{\partial T}{\partial p_1}\right),\qquad q'_2=\left(\frac{\partial T}{\partial p_2}\right),\qquad \ldots,\qquad q'_k=\left(\frac{\partial T}{\partial p_k}\right).$$

Or, on a démontré [§ II, équation (5)] les relations

$$\frac{\partial T}{\partial p_1}=q'_1,\qquad \frac{\partial T}{\partial p_2}=q'_2,\qquad \ldots,\qquad \frac{\partial T}{\partial p_k}=q'_k,$$

en sorte que les formules précédentes peuvent s'écrire

$$(13)\qquad q'_1=(q'_1),\qquad q'_2=(q'_2),\qquad \ldots,\qquad q'_k=(q'_k),$$

$(q'_1), (q'_2), \ldots, (q'_k)$ désignant ce que deviennent les expressions $q'_1, q'_2, \ldots, q'_k$, lorsque, après les avoir exprimées en fonction de $p_1, p_2, \ldots, p_k$, on remplace ces dernières variables par $\frac{\partial S}{\partial q_1}, \frac{\partial S}{\partial q_2}, \ldots, \frac{\partial S}{\partial q_k}$. Supposons maintenant qu'en faisant subir cette transformation aux seconds membres des équations (12) on exprime en même temps, et par les formules mêmes dont on aura à faire usage, les premiers membres en fonction de $p_1, p_2, \ldots, p_k$; on formera un système d'équations dont les deux membres ne différeront que par le changement de $p_1, p_2, \ldots, p_k$ en $\frac{\partial S}{\partial q_1}, \frac{\partial S}{\partial q_2}, \ldots, \frac{\partial S}{\partial q_k}$, et dont on déduira, par conséquent,

$$(14)\qquad p_1=\frac{\partial S}{\partial q_1},\qquad p_2=\frac{\partial S}{\partial q_2},\qquad \ldots,\qquad p_k=\frac{\partial S}{\partial q_k}.$$

Si nous revenons actuellement aux équations (12), on peut les écrire

$$(15)\qquad q'_1=\frac{\partial T}{\partial p_1},\qquad q'_2=\frac{\partial T}{\partial p_2},\qquad \ldots,\qquad q'_k=\frac{\partial T}{\partial p_k},$$

en supprimant les parenthèses qui n'ont plus d'autre objet que d'indiquer la substitution de $\frac{\partial S}{\partial q_1}$, $\frac{\partial S}{\partial q_2}$, ..., $\frac{\partial S}{\partial q_k}$ à des quantités qui leur sont égales en vertu des équations (14). Les formules (15) forment une moitié des équations différentielles du mouvement, qui sont, par conséquent, satisfaites.

Les équations qui, jointes au système (15), représentent les conditions complètes du problème sont les suivantes :

$$\frac{dp_1}{dt} = \frac{\partial H}{\partial q_1}, \qquad \frac{dp_2}{dt} = \frac{\partial H}{\partial q_2}, \qquad \ldots, \qquad \frac{dp_k}{dt} = \frac{\partial H}{\partial q_k}. \tag{16}$$

Pour montrer qu'elles sont également satisfaites, différentions par rapport à t les équations (14); les résultats obtenus seront de la forme

$$\frac{dp_1}{dt} = \frac{\partial^2 S}{\partial q_1 \partial t} + \frac{\partial^2 S}{\partial q_1^2} q'_1 + \frac{\partial^2 S}{\partial q_1 \partial q_2} q'_2 + \ldots + \frac{\partial^2 S}{\partial q_1 \partial q_k} q'_k, \tag{17}$$

ou, en remplaçant q'_1, q'_2, ..., q'_k par leurs valeurs $\frac{\partial T}{\partial p_1}$, $\frac{\partial T}{\partial p_2}$, ..., $\frac{\partial T}{\partial p_k}$,

$$\frac{dp_1}{dt} = \frac{\partial^2 S}{\partial q_1 \partial t} + \frac{\partial^2 S}{\partial q_1^2} \frac{\partial T}{\partial p_1} + \frac{\partial^2 S}{\partial q_1 \partial q_2} \frac{\partial T}{\partial p_2} + \ldots + \frac{\partial^2 S}{\partial q_1 \partial q_k} \frac{\partial T}{\partial p_k}. \tag{18}$$

Différentions actuellement par rapport à q_1 l'équation

$$U = \frac{\partial S}{\partial t} + (T); \tag{19}$$

il viendra

$$\left\{\begin{aligned} \frac{\partial U}{\partial q_1} &= \frac{\partial^2 S}{\partial t \partial q_1} + \frac{\partial (T)}{\partial q_1} \\ &= \frac{\partial^2 S}{\partial t \partial q_1} + \left(\frac{\partial T}{\partial q_1}\right) + \left(\frac{\partial T}{\partial p_1}\right) \frac{\partial^2 S}{\partial q_1^2} + \left(\frac{\partial T}{\partial p_2}\right) \frac{\partial^2 S}{\partial q_2 \partial q_1} + \ldots + \left(\frac{\partial T}{\partial p_k}\right) \frac{\partial^2 S}{\partial q_k \partial q_1}, \end{aligned}\right. \tag{20}$$

ou, en remplaçant $\left(\frac{\partial T}{\partial p_1}\right)$, $\left(\frac{\partial T}{\partial p_2}\right)$, ... par leurs valeurs q'_1, q'_2, ..., q'_k,

$$\frac{\partial U}{\partial q_1} = \frac{\partial^2 S}{\partial t \partial q_1} + \left(\frac{\partial T}{\partial q_1}\right) + q'_1 \frac{\partial^2 S}{\partial q_1^2} + q'_2 \frac{\partial^2 S}{\partial q_2 \partial q_1} + \ldots + q'_k \frac{\partial^2 S}{\partial q_k \partial q_1}. \tag{21}$$

En comparant les équations (17) et (21), on conclut

$$\frac{dp_1}{dt} = \frac{\partial U}{\partial q_1} - \left(\frac{\partial T}{\partial q_1}\right).$$

Or on peut, en vertu des relations (14), enlever les parenthèses qui entourent $\frac{\partial T}{\partial q_1}$, et l'on a enfin

$$\frac{dp_1}{dt} = \frac{\partial(U - T)}{\partial q_1} = \frac{\partial H}{\partial q_1}.$$

C'est précisément la relation que nous voulions établir; on obtiendrait des valeurs analogues pour $\frac{dp_2}{dt}, \ldots, \frac{dp_k}{dt}$, et il est prouvé, par conséquent, que toutes les équations du mouvement sont satisfaites par le système des relations (5).

L'idée de substituer à la fonction S de M. Hamilton l'une quelconque des intégrales de l'équation à laquelle elle satisfait est due à Jacobi ([1]). La démonstration a été développée par lui dans le cas d'un système sans liaisons. Plusieurs géomètres ont traité depuis la même question, mais je crois la démonstration précédente plus simple que celles qui avaient été données jusqu'ici.

V.

M. Hamilton nomme la fonction S, à laquelle se rapportent les calculs précédents, la fonction *principale* du problème. Il a considéré, en outre, une autre fonction qu'il nomme *caractéristique,* et que nous désignerons par V. Nous croyons devoir placer ici la définition de cette fonction V et l'indication de sa propriété la plus importante. C'est elle qui s'est présentée d'abord à M. Hamilton, et c'est en l'étudiant qu'il est, je crois, le plus facile d'apercevoir les idées qui l'ont guidé.

La fonction V n'est autre chose que l'intégrale $\int_0^t dt \sum mv^2$ que l'on considère dans le principe de la moindre action, de telle sorte qu'en cherchant à démontrer ce principe on peut être conduit de la manière la plus naturelle, comme on va le voir, à la belle découverte de M. Hamilton.

D'après la notation adoptée dans cette Note, on a

$$V = \int_0^t 2T\,dt = \int_0^t (p_1 q'_1 + p_2 q'_2 + \ldots + p_n q'_n)\,dt;$$

([1]) *Journal de Crelle*, t. 17.

on en déduit

$$\delta V = + \int_0^t (p_1\,\delta q'_1 + p_2\,\delta q'_2 + \ldots + p_n\,\delta q'_n)\,dt$$
$$+ \int_0^t (q'_1\,\delta p_1 + q'_2\,\delta p_2 + \ldots + q'_n\,\delta p_n)\,dt,$$

le signe δ se rapportant à la variation de toutes les constantes qui figurent dans $q_1, q_2, \ldots, q_n, p_1, p_2, \ldots, p_n$.

En intégrant par parties les termes de la première intégrale, et remarquant que $\delta q'_1 = \frac{d\,\delta q_1}{dt}$, il vient

$$\delta V = \int_0^t \left(-\delta q_1 \frac{dp_1}{dt} - \delta q_2 \frac{dp_2}{dt} - \ldots - \delta q_n \frac{dp_n}{dt} + q'_1\,\delta p_1 + q'_2\,\delta p_2 + \ldots + q'_n\,\delta p_n \right) dt$$
$$+ (p_1\,\delta q_1 + p_2\,\delta q_2 + \ldots + p_n\,\delta q_n)_0^t,$$

les indices o et t placés après les parenthèses indiquant qu'il faut y remplacer successivement le temps par o et t, et faire la différence des deux résultats. Or, d'après les équations différentielles du mouvement, on a évidemment

$$-\delta H = -\delta q_1 \frac{dp_1}{dt} - \delta q_2 \frac{dp_2}{dt} - \ldots - \delta q_n \frac{dp_n}{dt} + q'_1\,\delta p_1 + q'_2\,\delta p_2 + \ldots + q'_n\,\delta p_n;$$

en sorte que, δH étant constant en vertu du principe des forces vives, l'équation précédente devient

$$\delta V = -t\,\delta H + p_1\,\delta q_1 + p_2\,\delta q_2 + \ldots + p_n\,\delta q_n - p_1^0\,\delta q_1^0 - p_2^0\,\delta q_2^0 - \ldots - p_n^0\,\delta q_n^0.$$

Si donc on considère V comme une fonction de $q_1, q_2, \ldots, q_n, q_1^0, q_2^0, \ldots, q_n^0$ et de H, on aura

$$\frac{\partial V}{\partial q_1} = p_1, \qquad \frac{\partial V}{\partial q_2} = p_2, \qquad \ldots, \qquad \frac{\partial V}{\partial q_n} = p_n,$$
$$\frac{\partial V}{\partial q_1^0} = -p_1^0, \qquad \frac{\partial V}{\partial q_2^0} = -p_2^0, \qquad \ldots, \qquad \frac{\partial V}{\partial q_n^0} = -p_n^0, \qquad \frac{\partial V}{\partial H} = -t.$$

Ces équations peuvent être considérées comme la solution complète du problème proposé, qui sera, par conséquent, résolu si l'on parvient à déterminer la fonction caractéristique V; V satisfait comme S à une équation différentielle partielle dont une seule intégrale complète suffit pour résoudre le problème. Mais nous renverrons, pour l'étude de cette équation, au Mémoire de Jacobi, qui a traité avec développement le cas d'un système libre; le cas d'un système à liaisons quelconques ne présentera aucune difficulté aux personnes qui auront étudié les propositions analogues démontrées plus haut et relatives à la fonction S.

Nous ne pouvons indiquer ici aucune application particulière de la théorie qui fait l'objet de cette Note. On pourra consulter utilement plusieurs Mémoires de M. Liouville, insérés aux tomes XIV et XVI de son Journal et dans les *Additions à la Connaissance des Temps* pour 1850.

(*Note de M. J. Bertrand.*)

NOTE VII.

Sur un théorème de Poisson.

Poisson a fait connaître, dans l'un de ses Mémoires, un théorème très général sur lequel il avait fondé une manière nouvelle de présenter la théorie de la variation des constantes arbitraires. Quoique ce théorème semblât extrêmement remarquable en lui-même, Poisson se contenta de l'appliquer au but spécial qu'il se proposait, sans indiquer même qu'il fût possible d'en faire un autre usage. Plus de trente années après, au moment même de la mort de Poisson, l'attention des géomètres fut appelée de nouveau sur ce point par l'illustre Jacobi, qui signala le théorème de Poisson comme un résultat prodigieux, et le plus important à ses yeux de toute la science du mouvement. Jacobi n'ajoutait d'ailleurs aucun développement à cette assertion, sur laquelle ses œuvres posthumes nous donneront peut-être quelques détails. Le but de cette Note est de faire connaître le théorème de Poisson et d'indiquer le parti que l'on peut en tirer pour l'intégration des équations différentielles de la Mécanique.

I.

Considérons un problème quelconque de Mécanique auquel s'applique la transformation de M. Hamilton exposée dans la Note précédente. Soient

$$(1)\quad \left\{\begin{aligned} &\frac{dp_1}{dt}=+\frac{\partial \mathrm{H}}{\partial q_1},\quad \frac{dp_2}{dt}=+\frac{\partial \mathrm{H}}{\partial q_2},\quad \ldots,\quad \frac{dp_k}{dt}=+\frac{\partial \mathrm{H}}{\partial q_k},\\ &\frac{dq_1}{dt}=-\frac{\partial \mathrm{H}}{\partial p_1},\quad \frac{dq_2}{dt}=-\frac{\partial \mathrm{H}}{\partial p_2},\quad \ldots,\quad \frac{dq_k}{dt}=-\frac{\partial \mathrm{H}}{\partial p_k}\end{aligned}\right.$$

les équations différentielles de ce problème. Si l'on suppose connues deux intégrales de ce système d'équations, contenant chacune une constante arbitraire et résolues par rapport à ces constantes,

$$(2)\qquad \alpha = \varphi(q_1, q_2, \ldots, q_k, p_1, p_2, \ldots, p_k, t),$$

$$(3)\qquad \beta = \psi(q_1, q_2, \ldots, q_k, p_1, p_2, \ldots, p_k, t),$$

le théorème de Poisson consiste en ce que l'expression

$$(4)\qquad \frac{\partial\alpha}{\partial q_1}\frac{\partial\beta}{\partial p_1} - \frac{\partial\alpha}{\partial p_1}\frac{\partial\beta}{\partial q_1} + \frac{\partial\alpha}{\partial q_2}\frac{\partial\beta}{\partial p_2} - \frac{\partial\alpha}{\partial p_2}\frac{\partial\beta}{\partial q_2} + \ldots + \frac{\partial\alpha}{\partial q_k}\frac{\partial\beta}{\partial p_k} - \frac{\partial\alpha}{\partial p_k}\frac{\partial\beta}{\partial q_k},$$

qu'il désigne par (α, β), conserve une valeur constante pendant la durée du mouvement; en sorte que, *si l'équation*

$$(\alpha, \beta) = \text{const.}$$

n'est pas une identité, elle sera une intégrale du système d'équations différentielles proposé.

Pour démontrer cette proposition, nous allons former la dérivée de l'expression (α, β) et vérifier qu'elle est nulle; on a

$$(5)\qquad \frac{d(\alpha, \beta)}{dt} = \sum\left(\frac{\partial\alpha}{\partial q_i}\frac{d}{dt}\frac{\partial\beta}{\partial p_i} + \frac{\partial\beta}{\partial p_i}\frac{d}{dt}\frac{\partial\alpha}{\partial q_i} - \frac{\partial\alpha}{\partial p_i}\frac{d}{dt}\frac{\partial\beta}{\partial q_i} - \frac{\partial\beta}{\partial q_i}\frac{d}{dt}\frac{\partial\alpha}{\partial p_i}\right).$$

Or, α et β étant des intégrales du système (1), $\frac{d\alpha}{dt}$ et $\frac{d\beta}{dt}$ sont nuls identiquement lorsque l'on a égard à ces équations, et l'on a

$$\frac{\partial\alpha}{\partial t} + \sum\frac{\partial\alpha}{\partial p_i}\frac{\partial H}{\partial q_i} - \frac{\partial\alpha}{\partial q_i}\frac{\partial H}{\partial p_i} = 0, \qquad \frac{\partial\beta}{\partial t} + \sum\frac{\partial\beta}{\partial p_i}\frac{\partial H}{\partial q_i} - \frac{\partial\beta}{\partial q_i}\frac{\partial H}{\partial p_i} = 0;$$

si l'on différentie ces deux équations par rapport à $p_{i'}$ et à $q_{i'}$, i' désignant un indice quelconque, on aura

$$(6)\qquad \frac{\partial^2\alpha}{\partial t\,\partial p_{i'}} + \sum\left(\frac{\partial^2\alpha}{\partial p_i\,\partial p_{i'}}\frac{\partial H}{\partial q_i} + \frac{\partial\alpha}{\partial p_i}\frac{\partial^2 H}{\partial q_i\,\partial p_{i'}} - \frac{\partial^2\alpha}{\partial q_i\,\partial p_{i'}}\frac{\partial H}{\partial p_i} - \frac{\partial\alpha}{\partial q_i}\frac{\partial^2 H}{\partial p_i\,\partial p_{i'}}\right) = 0,$$

$$(7)\qquad \frac{\partial^2\alpha}{\partial t\,\partial q_{i'}} + \sum\left(\frac{\partial^2\alpha}{\partial p_i\,\partial q_{i'}}\frac{\partial H}{\partial q_i} + \frac{\partial\alpha}{\partial p_i}\frac{\partial^2 H}{\partial q_i\,\partial q_{i'}} - \frac{\partial^2\alpha}{\partial q_i\,\partial q_{i'}}\frac{\partial H}{\partial p_i} - \frac{\partial\alpha}{\partial q_i}\frac{\partial^2 H}{\partial p_i\,\partial q_{i'}}\right) = 0,$$

et deux autres équations qui ne différeraient de celles-là que par le changement de α en β.

On a d'ailleurs

$$\frac{d}{dt}\frac{\partial\alpha}{\partial p_{i'}} = \frac{\partial^2\alpha}{\partial t\,\partial p_{i'}} + \sum \frac{\partial^2\alpha}{\partial p_i\,\partial p_{i'}}\frac{dp_i}{dt} + \frac{\partial^2\alpha}{\partial q_i\,\partial p_{i'}}\frac{dq_i}{dt} = \frac{\partial^2\alpha}{\partial t\,\partial p_{i'}} + \sum \frac{\partial^2\alpha}{\partial p_i\,\partial p_{i'}}\frac{\partial H}{\partial q_i} - \frac{\partial^2\alpha}{\partial q_i\,\partial p_{i'}}\frac{\partial H}{\partial p_i}$$

$$\frac{d}{dt}\frac{\partial\alpha}{\partial q_{i'}} = \frac{\partial^2\alpha}{\partial t\,\partial q_{i'}} + \sum \frac{\partial^2\alpha}{\partial p_{i'}\,\partial q_i}\frac{dp_i}{dt} + \frac{\partial^2\alpha}{\partial q_i\,\partial q_{i'}}\frac{dq_i}{dt} = \frac{\partial^2\alpha}{\partial t\,\partial q_{i'}} + \sum \frac{\partial^2\alpha}{\partial p_i\,\partial q_{i'}}\frac{\partial H}{\partial q_i} - \frac{\partial^2\alpha}{\partial q_i\,\partial q_{i'}}\frac{\partial H}{\partial p_i}$$

en vertu de ces relations, les équations (6) et (7) peuvent s'écrire

$$\frac{d}{dt}\frac{\partial\alpha}{\partial p_{i'}} + \sum\left(\frac{\partial\alpha}{\partial p_i}\frac{\partial^2 H}{\partial q_i\,\partial p_{i'}} - \frac{\partial\alpha}{\partial q_i}\frac{\partial^2 H}{\partial p_i\,\partial p_{i'}}\right) = 0, \tag{8}$$

$$\frac{d}{dt}\frac{\partial\alpha}{\partial q_{i'}} + \sum\left(\frac{\partial\alpha}{\partial p_i}\frac{\partial^2 H}{\partial q_i\,\partial q_{i'}} - \frac{\partial\alpha}{\partial q_i}\frac{\partial^2 H}{\partial p_i\,\partial q_{i'}}\right) = 0, \tag{9}$$

et l'on aurait de même

$$\frac{d}{dt}\frac{\partial\beta}{\partial p_{i'}} + \sum\frac{\partial\beta}{\partial p_i}\frac{\partial^2 H}{\partial q_i\,\partial p_{i'}} - \frac{\partial\beta}{\partial q_i}\frac{\partial^2 H}{\partial p_i\,\partial p_{i'}} = 0, \tag{10}$$

$$\frac{d}{dt}\frac{\partial\beta}{\partial q_{i'}} + \sum\frac{\partial\beta}{\partial p_i}\frac{\partial^2 H}{\partial q_i\,\partial q_{i'}} - \frac{\partial\beta}{\partial q_i}\frac{\partial^2 H}{\partial p_i\,\partial q_{i'}} = 0. \tag{11}$$

Si l'on déduit des équations (8), (9), (10), (11) les valeurs de $\frac{d}{dt}\frac{\partial\alpha}{\partial p_{i'}}$, $\frac{d}{dt}\frac{\partial\alpha}{\partial q_{i'}}$, $\frac{d}{dt}\frac{\partial\beta}{\partial p_{i'}}$, $\frac{d}{dt}\frac{\partial\beta}{\partial q_{i'}}$, pour toutes les valeurs de l'indice i', et qu'on les reporte dans l'équation (5) que nous voulons démontrer, on obtiendra une identité, comme on s'en assure bien simplement en remarquant qu'après cette substitution tous les termes du second membre contiennent en facteur une seconde dérivée de la fonction H; en réunissant les termes qui correspondent à la même dérivée, on verra qu'ils sont au nombre de quatre et se détruisent deux à deux. On en conclut

$$\frac{d(\alpha,\beta)}{dt} = 0$$

et, par suite,

$$(\alpha,\beta) = \text{const.},$$

ce qui est précisément le théorème de Poisson.

Si (α,β) est une fonction des variables $q_1, q_2, \ldots, q_k, p_1, p_2, \ldots, p_k$ que l'on ne puisse pas considérer comme fonction de α et de β, cette équation $(\alpha,\beta) = \text{const.}$ sera une troisième intégrale que l'on pourra combiner avec les deux intégrales α et β, de manière à former une nouvelle expression constante qui, dans certains cas, pourra être une quatrième intégrale, et ainsi de suite. Malheureusement, les cas dans lesquels ce procédé ne conduit pas à des intégrales nouvelles sont excessivement nombreux. Nous allons donner quelques détails sur cette question importante.

II.

Soient

$$\alpha = \varphi_1, \qquad \beta = \varphi_2, \qquad \gamma = \varphi_3, \qquad \ldots, \qquad \lambda = \varphi_{2k}$$

les intégrales d'un problème de Mécanique, $\varphi_1, \varphi_2, \ldots, \varphi_{2k}$ représentant des fonctions des inconnues et de la lettre t qui conservent la même valeur pendant toute la durée du mouvement. Une fonction arbitraire de $\varphi_1, \varphi_2, \ldots, \varphi_{2k}$ partagera évidemment la même propriété, et nous pourrons regarder

$$A = F_1(\varphi_1, \varphi_2, \ldots, \varphi_{2k}) = F_1(\alpha, \beta, \gamma, \ldots, \eta, \lambda)$$

comme étant aussi une intégrale des équations différentielles du mouvement.

Si nous considérons une seconde intégrale

$$B = F_2(\varphi_1, \varphi_2, \ldots, \varphi_{2k}) = F_2(\alpha, \beta, \gamma, \ldots, \eta, \lambda),$$

F_1 et F_2 désignant deux fonctions arbitraires, on vérifiera bien facilement, par les seules règles de la différentiation, qu'en combinant les deux intégrales A et B, comme il a été dit dans le paragraphe précédent, on obtiendra identiquement

$$\begin{aligned}(A, B) = &+ (\alpha, \beta)\left(\frac{\partial F_1}{\partial \alpha}\frac{\partial F_2}{\partial \beta} - \frac{\partial F_1}{\partial \beta}\frac{\partial F_2}{\partial \alpha}\right) + (\alpha, \gamma)\left(\frac{\partial F_1}{\partial \alpha}\frac{\partial F_2}{\partial \gamma} - \frac{\partial F_1}{\partial \gamma}\frac{\partial F_2}{\partial \alpha}\right) + \ldots \\ &+ (\beta, \gamma)\left(\frac{\partial F_1}{\partial \beta}\frac{\partial F_2}{\partial \gamma} - \frac{\partial F_1}{\partial \gamma}\frac{\partial F_2}{\partial \beta}\right) + \ldots + (\eta, \lambda)\left(\frac{\partial F_1}{\partial \eta}\frac{\partial F_2}{\partial \lambda} - \frac{\partial F_1}{\partial \lambda}\frac{\partial F_2}{\partial \eta}\right).\end{aligned}$$

Cette formule fournit le résultat de la combinaison de deux intégrales A et B, en fonction des résultats obtenus par la combinaison des intégrales dont A et B dépendent; elle nous sera fort utile.

III.

Lorsque l'on connaît deux intégrales, que nous désignerons, pour abréger, par le nom des constantes α et β qui y figurent, il peut arriver, de deux manières différentes, que le résultat de leur combinaison ne fournisse pas une intégrale nouvelle. Cela aura lieu, en effet, si l'expression (α, β) est identiquement constante, et si, sans être identiquement constante, elle est fonction de α et de β, de manière à pouvoir résulter de la combinaison de ces deux intégrales. Il est important d'examiner ces deux cas et de reconnaître s'ils doivent fréquemment se présenter. Nous démontrerons d'abord un théorème qui permet de les rattacher l'un à l'autre.

Si

$$\alpha = \varphi, \qquad \beta = \psi$$

sont deux intégrales d'un même problème, telles que (α, β) *soit une fonction de* α *et de* β, *il existe toujours une fonction de* α *et de* β *qui, égalée à une constante* γ, *fournira une intégrale telle que* (α, γ) *soit identiquement l'unité.*

On a, en effet, d'après la formule du paragraphe précédent,

$$(\alpha, \gamma) = (\alpha, \beta)\frac{\partial\gamma}{\partial\beta};$$

si donc (α, β) est, comme on l'a supposé, fonction de α et de β, on pourra toujours déterminer γ par la condition

$$\frac{\partial\gamma}{\partial\beta} = \frac{1}{(\alpha, \beta)}$$

et faire en sorte que (α, γ) soit égal à l'unité.

IV.

Après avoir montré que les deux cas dans lesquels le théorème de Poisson donne des résultats illusoires sont liés intimement l'un à l'autre, nous allons nous borner à étudier les intégrales qui, combinées avec une intégrale donnée, donnent à l'expression de Poisson une valeur *identiquement* constante.

Nous démontrerons le théorème suivant :

Quelle que soit une intégrale donnée α, *on peut toujours compléter la solution du problème en lui adjoignant d'autres intégrales* $\beta_1, \beta_2, \ldots, \beta_{2k-1}$ *qui, combinées avec* α, *donnent à l'équation de Poisson une forme identique, de telle sorte que l'on ait*

$$(\alpha, \beta_1) = 1, \qquad (\alpha, \beta_2) = 0, \qquad (\alpha, \beta_3) = 0, \qquad \ldots, \qquad (\alpha, \beta_{2k-1}) = 0.$$

Nous commencerons par remarquer que, quelle que soit l'intégrale α, il est impossible qu'il n'en existe pas moins une autre β, telle que (α, β) soit différent de zéro.

Si, en effet, il en était autrement, l'équation

$$\sum \frac{\partial\alpha}{\partial p_1}\frac{\partial\beta}{\partial q_1} - \frac{\partial\alpha}{\partial q_1}\frac{\partial\beta}{\partial p_1} = 0,$$

dans laquelle la fonction β est regardée comme inconnue, admettrait toutes les solutions de l'équation

$$\sum \frac{\partial H}{\partial p_1}\frac{\partial\beta}{\partial q_1} - \frac{\partial H}{\partial q_1}\frac{\partial\beta}{\partial p_1} = 0,$$

qui exprime que β est une intégrale. Or, ces deux équations étant linéaires et contenant le même nombre de variables indépendantes, ne peuvent avoir la même intégrale générale sans être identiques, ce qui exige, évidemment, que α soit une fonction de H, c'est-à-dire que l'intégrale donnée soit celle des forces vives. Mais, dans ce cas-là même, il existe une intégrale qui, combinée avec α, donne pour résultat l'unité; c'est celle dont la constante est ajoutée au temps. Notre assertion est donc démontrée dans tous les cas.

Nous montrerons, en second lieu, *qu'à une intégrale donnée α il en correspond toujours au moins une autre β, telle que*

$$(\alpha, \beta) = 1.$$

Soit, en effet, γ une intégrale, telle que (α, γ) soit différent de zéro. Posons

$$(\alpha, \gamma) = \delta,$$
$$(\alpha, \delta) = \varepsilon,$$
$$(\alpha, \varepsilon) = \eta,$$

et arrêtons-nous lorsque l'une des intégrales δ, ε, η sera identiquement constante ou fonction des précédentes. Il est impossible que l'un de ces cas ne finisse pas par se présenter, car le nombre des intégrales distinctes est nécessairement limité. Supposons, par exemple, que l'on ait

$$\eta = F(\alpha, \gamma, \delta, \varepsilon),$$

la fonction F pouvant se réduire à une simple constante. Soit $\varpi(\alpha, \gamma, \delta, \varepsilon)$ une nouvelle intégrale que je nomme ζ, on aura

$$(\alpha, \zeta) = \delta\frac{\partial\varpi}{\partial\gamma} + \varepsilon\frac{\partial\varpi}{\partial\delta} + \eta\frac{\partial\varpi}{\partial\varepsilon};$$

et, en posant $(\alpha, \zeta) = 1$, on obtiendra une équation différentielle de laquelle on déduira ϖ.

Nous pouvons actuellement donner la démonstration du théorème qui fait l'objet de ce paragraphe.

Une intégrale α étant donnée, on peut toujours compléter la solution du problème par des intégrales β_1, β_2, ..., β_{2k-1}, telles que

$$(\alpha, \beta_1) = 1, \quad (\alpha, \beta_2) = 0, \quad \ldots, \quad (\alpha, \beta_{2k-1}) = 0.$$

L'existence de l'intégrale β_1, telle que $(\alpha, \beta_1) = 1$, a été démontrée plus haut. Il reste donc à prouver qu'il existe $2k - 2$ intégrales distinctes de α et de β_1 qui, combinées avec α, donnent à l'équation de Poisson la forme $0 = 0$. Nommons, en effet, μ le nombre des intégrales qui remplissent cette condition, et désignons-les par β_2, β_3, ..., $\beta_{\mu+1}$. Si $\mu + 1$ est moindre que $2k - 2$, il existera des intégrales indépendantes de celles-là, ainsi que de α et de β_1. Soit $\beta_{\mu+2}$ une de ces intégrales, posons

$$(\alpha, \beta_{\mu+2}) = \beta_{\mu+3}.$$

$\beta_{\mu+3}$ sera, par hypothèse, différent de zéro. Il le sera également de l'unité, car on aurait sans cela

$$(\alpha, \beta_{\mu+2} - \beta_1) = 0,$$

et $\beta_{\mu+2} - \beta_1$ serait alors, d'après ce que nous avons supposé, fonction de β_1, β_2, ..., $\beta_{\mu+1}$, en sorte que $\beta_{\mu+2}$ ne serait pas une intégrale nouvelle.

Posons

$$(\alpha, \beta_{\mu+3}) = \beta_{\mu+4},$$
$$(\alpha, \beta_{\mu+4}) = \beta_{\mu+5},$$

et ainsi de suite, jusqu'à ce que nous arrivions à une intégrale identiquement constante ou fonction des précédentes. Soit

$$\beta_{\mu+i} = \mathrm{F}(\beta_{\mu+i-1}, \beta_{\mu+i-2}, \beta_{\mu+i-3}, \ldots, \beta_1, \alpha)$$

cette intégrale, et posons

$$\gamma = \varpi(\beta_{\mu+i-1}, \beta_{\mu+i-2}, \beta_{\mu+i-3}, \ldots, \beta_1, \alpha),$$

nous aurons

$$(\alpha, \gamma) = \frac{\partial \varpi}{\partial \beta_{\mu+i-1}} \mathrm{F} + \frac{\partial \varpi}{\partial \beta_{\mu+i-2}} \beta_{\mu+i-1} + \ldots + \frac{\partial \varpi}{\partial \beta_1};$$

et, en égalant (α, γ) à zéro, on obtiendra évidemment une équation en ϖ, dont l'intégrale fournira des solutions fonctions de β_1, $\beta_{\mu+2}$, $\beta_{\mu+3}$, ..., $\beta_{\mu+i-1}$, et distinctes de β_2, β_3, ..., $\beta_{\mu+1}$; car, sans cela, il existerait, contrairement à ce que l'on a supposé, une relation entre les intégrales obtenues avant $\beta_{\mu+1}$.

Nous avions donc fait une hypothèse impossible en limitant à μ le nombre des intégrales qui, combinées avec α, donnent un résultat identiquement nul, et il est impossible que μ soit différent de $2k-2$.

Le théorème énoncé est, par conséquent, démontré.

V.

D'après ce qui précède, une intégrale α étant donnée, *on peut* compléter la solution du problème par des intégrales $\beta_1, \beta_2, \ldots, \beta_{2k-1}$, qui, combinées avec α, donnent toutes à la formule de Poisson une formule identique. Il ne faut pas croire cependant que toutes les intégrales du problème soient pour cela dans le même cas.

Considérons, en effet, l'intégrale la plus générale

$$\varpi(\alpha, \beta_1, \beta_2, \ldots, \beta_{2k-1}) = \eta;$$

on aura, d'après la formule du paragraphe II,

$$(\alpha, \eta) = (\alpha, \beta_1)\frac{\partial\eta}{\partial\beta_1} = \frac{\partial\eta}{\partial\beta_1},$$

et, par conséquent, l'expression (α, η) ne sera identiquement constante que si $\frac{\partial\eta}{\partial\beta_1}$ est constant lui-même; mais on voit que toutes les intégrales, en nombre infini, qui résultent de la combinaison de $\alpha, \beta_2, \ldots, \beta_{2k-1}$, donneront un résultat identiquement nul, si on les combine avec α. Celles-là seules, qui contiennent β_1, peuvent conduire à des résultats non identiques. Les deux intégrales α et β_1 se trouvent, d'après cela, liées l'une à l'autre d'une manière toute spéciale, et je proposerai de les désigner sous le nom d'*intégrales conjuguées*. Les propriétés de ces intégrales conjuguées formeraient une étude intéressante, dont les développements ne doivent pas trouver place ici. Pour l'application que l'on peut faire du théorème de Poisson à l'intégration des équations différentielles de la Mécanique, je renverrai à un Mémoire publié dans le tome XVII du *Journal de M. Liouville*, page 393.

(*Note de M. J. Bertrand.*)

NOTE VIII.

Sur les oscillations infiniment petites d'un système de corps; *par* M. G. Darboux.

Au début de la *Section sixième* (p. 369), Lagrange étudie d'une manière approfondie les oscillations très petites qu'exécutent les différents corps d'un système lorsqu'on les écarte très peu de leur position d'équilibre. L'emploi des admirables résultats que lui doit la Mécanique analytique permettait seul d'aborder avec succès cette question, une des plus importantes et des plus générales qui se présentent dans la théorie du mouvement. Quelques-uns des résultats que Lagrange énonce ne sont pas suffisamment établis. La solution du problème dépend de la résolution d'une équation algébrique que Lagrange apprend à former; cette équation n'a jamais de racines imaginaires, mais, contrairement aux affirmations de l'illustre géomètre, elle peut très bien avoir des racines égales. C'est ce que nous mettrons en évidence en suivant une méthode de réduction des formes quadratiques qui est due à M. Kronecker.

Considérons deux formes quadratiques homogènes

$$(1)\qquad \begin{cases} f = a_{11}x_1^2 + 2a_{12}x_1x_2 + \ldots = \sum\sum a_{ik}x_ix_k, \\ \varphi = b_{11}x_1^2 + 2b_{12}x_1x_2 + \ldots = \sum\sum b_{ik}x_ix_k, \end{cases}$$

qui dépendent de n variables $x_1, x_2, \ldots, x_n$. La formule

$$\lambda f - \varphi = \sum\sum(\lambda a_{ik} - b_{ik})x_ix_k,$$

où λ désigne une constante qui peut prendre toutes les valeurs possibles, définira ce que nous appellerons, avec M. Kronecker, un *faisceau de formes quadratiques*. L'équation algébrique

$$(2)\qquad \begin{vmatrix} \lambda a_{11} - b_{11} & \lambda a_{12} - b_{12} & \ldots & \lambda a_{1n} - b_{1n} \\ \lambda a_{21} - b_{21} & \lambda a_{22} - b_{22} & \ldots & \lambda a_{2n} - b_{2n} \\ \ldots\ldots & \ldots\ldots & \ldots & \ldots\ldots \\ \lambda a_{n1} - b_{n1} & \lambda a_{n2} - b_{n2} & \ldots & \lambda a_{nn} - b_{nn} \end{vmatrix} = 0$$

détermine, comme on sait, les valeurs de λ pour lesquelles la forme quadratique $\lambda f - \varphi$ se réduit à une somme composée de moins de n carrés ; cette équation ne sera jamais vérifiée identiquement si la forme f, par exemple, a son déterminant différent de zéro.

Cela posé, nous commencerons par établir le lemme suivant :

Appelons, suivant l'usage, *forme définie* toute fonction quadratique de n variables qui est réductible à une somme de n carrés tous de même signe, et qui, par suite, ne peut s'annuler que si l'on attribue des valeurs nulles à toutes les variables dont elle dépend. Nous allons montrer que, si l'équation (2) a une seule racine imaginaire, il est impossible que la forme quadratique f, ou toute autre forme du faisceau, soit une *forme définie*.

Soit, en effet, $\lambda_0 = \alpha + \beta i$ cette racine imaginaire de l'équation (2); la forme quadratique

$$(\alpha + \beta i)f - \varphi$$

sera une somme composée de moins de n carrés. On pourra donc écrire

$$(\alpha + \beta i)f - \varphi = (y_1 + iz_1)^2 + (y_2 + iz_2)^2 + \ldots + (y_{n-p} + iz_{n-p})^2, \tag{3}$$

y_i, z_k désignant des fonctions linéaires réelles des variables $x_1, x_2, \ldots, x_n$. Si l'on égale les parties réelles et les parties imaginaires dans les deux membres, on aura

$$\beta f = 2y_1 z_1 + 2y_2 z_2 + \ldots + 2y_{n-p} z_{n-p},$$
$$\alpha f - \varphi = y_1^2 - z_1^2 + y_2^2 - z_2^2 + \ldots + y_{n-p}^2 - z_{n-p}^2$$

et, par conséquent,

$$\lambda f - \varphi = (\lambda - \alpha) f + \alpha f - \varphi = \sum \left(y_i^2 - z_i^2 + 2\frac{\lambda - \alpha}{\beta} y_i z_i \right).$$

On peut, évidemment, donner à cette équation la forme suivante

$$\lambda f - \varphi = \sum (y_i - m_i z_i)\left(y_i + \frac{1}{m_i} z_i \right),$$

les constantes m_i étant toutes réelles. La fonction $\lambda f - \varphi$ s'annulera donc si l'on pose, pour toutes les valeurs de l'indice i,

$$y_i - m_i z_i = 0. \tag{4}$$

Les équations ainsi obtenues sont en nombre inférieur à n; elles sont linéaires par rapport aux variables $x_1, \ldots, x_n$; et, de plus, tous leurs coefficients sont réels. Il sera donc possible d'y satisfaire par des valeurs réelles de $x_1, x_2, \ldots, x_n$ qui ne soient pas toutes nulles. Par suite, la forme $\lambda f - \varphi$, s'annulant par des valeurs réelles des variables indépendantes qui ne sont pas toutes nulles, ne pourra être une *forme définie,* quelle que soit d'ailleurs la valeur attribuée à λ.

Si l'on veut démontrer ce résultat pour la forme f seulement, on pourra répéter le raisonnement précédent en substituant au système (4) les équations suivantes :

$$y_i = 0.$$

On conclut immédiatement de la proposition précédente que, *si un faisceau de formes quadratiques contient une seule forme définie, l'équation en λ relative à ce faisceau a nécessairement toutes ses racines réelles.*

C'est ce qui aura lieu, en particulier, si, comme nous le supposerons dans la suite, f est une forme définie.

D'après cela, soit k une racine, nécessairement réelle, de l'équation (2). La fonction quadratique $kf - \varphi$ pourra être ramenée à la forme

$$(5) \qquad kf - \varphi = a_1 x_1'^2 + a_2 x_2'^2 + \ldots + a_p x_p'^2,$$

$x_1', x_2', \ldots, x_p'$ désignant des fonctions linéairement indépendantes de $x_1, \ldots, x_n$, et p étant au plus égal à $n - 1$.

On peut adopter comme nouvelles variables indépendantes $x_1', x_2', \ldots, x_p'$ et les substituer à un nombre égal des variables primitives. Si, par exemple, on peut déduire des formules qui expriment $x_1', \ldots, x_p'$ les valeurs de x_1, $x_2, \ldots, x_p$, on choisira comme nouvelles variables indépendantes

$$x_1', \quad x_2', \quad \ldots, \quad x_p', \quad x_{p+1}, \quad \ldots, \quad x_n.$$

On aura alors

$$(6) \quad f = \mathrm{F}(x_1', x_2', \ldots, x_p') + \mathrm{B}\left\{\begin{matrix} x_1', & x_2', & \ldots, & x_p' \\ x_{p+1} & \ldots, & x_n & \end{matrix}\right\} + \Phi(x_{p+1}, \ldots, x_n),$$

F désignant la partie qui contient les seules variables x_i', B celle qui contient les produits des variables x_i' par les variables x_k et Φ celle qui ne renferme que les variables x_k. Pour réduire encore l'expression de f, nous nous appuierons sur la remarque suivante.

Étant donnée une forme définie de n variables $x_1, x_2, \ldots, x_n$, si l'on annule un certain nombre des variables, $x_{p+1}, \ldots, x_n$ par exemple, il reste une forme définie des variables $x_1, x_2, \ldots, x_p$.

En effet, si cette forme n'était pas définie, elle s'annulerait pour des valeurs des variables $x_1, \ldots, x_p$ qui ne seraient pas toutes nulles; et l'un de ces systèmes de valeurs, combiné avec les valeurs nulles des variables suivantes $x_{p+1}, \ldots, x_n$, annulerait la forme primitive, qui, contrairement à l'hypothèse, ne serait pas *définie*.

Il résulte de la remarque précédente que, dans l'expression (6) de f, les parties F et Φ sont des formes définies par rapport aux variables dont elles dépendent. On pourra donc réduire Φ à une somme de carrés

$$x'^2_{p+1} + x'^2_{p+2} + \ldots + x'^2_n,$$

tous de même signe, positifs par exemple si la forme f est positive, où les $x'_{p+1}, \ldots, x'_n$ désignent des fonctions indépendantes de $x_{p+1}, \ldots, x_n$ que nous substituerons à ces dernières variables.

Alors la partie B prendra la forme

$$2x'_{p+1}P_{p+1} + 2x'_{p+2}P_{p+2} + \ldots + 2x'_nP,$$

$P_{p+1}, \ldots, P_n$ étant des fonctions linéaires de $x'_1, \ldots, x'_p$; et f pourra s'écrire

$$f = (x'_{p+1} + P_{p+1})^2 + \ldots + (x'_n + P_n)^2 + f_1(x'_1, x'_2, \ldots, x'_p).$$

Si nous introduisons enfin les nouvelles variables

$$x''_{p+1} = x'_{p+1} + P_{p+1}, \quad \ldots, \quad x''_n = x'_n + P,$$

nous obtiendrons cette expression définitive de f

(7) $$f = x''^2_{p+1} + \ldots + x''^2_n + f_1(x'_1, x'_2, \ldots, x'_p);$$

et, d'après une remarque déjà faite, f_1 *sera encore une forme définie des variables dont elle dépend.*

L'équation (5) nous permet de calculer φ et nous donne

(8) $$\varphi = k(x''^2_{p+1} + \ldots + x''^2_n) + \varphi_1(x'_1, x'_2, \ldots, x'_p),$$

φ_1 désignant, pour abréger, la fonction quadratique

$$kf_1(x'_1, \ldots, x'_p) - a_1x'^2_1 - \ldots - a_px'^2_p,$$

qui dépend exclusivement des variables $x'_1, \ldots, x'_p$.

Toutes les hypothèses faites au début s'appliquent maintenant aux deux formes f_1 et φ_1, qui sont analogues à f et à φ, mais qui dépendent d'un moins grand nombre de variables. On pourra donc appliquer de nouveau à ces deux formes la méthode que nous avons suivie, et continuer de la même manière jusqu'à ce que l'on ait épuisé toutes les variables. Le résultat final est évidemment le suivant :

On peut toujours exprimer les deux formes quadratiques f et φ de la manière suivante

$$f = \sum_{i=1}^{i=n} y_i^2,$$

$$\varphi = \sum_{i=1}^{i=n} a_i y_i^2,$$

les quantités y_i étant des fonctions linéaires, réelles et indépendantes des variables primitives, et les constantes a_i étant les racines nécessairement réelles, mais égales ou inégales, *de l'équation* (2).

La proposition précédente joue un rôle capital dans un grand nombre d'applications. Considérons, en particulier, le problème des oscillations infiniment petites; la méthode suivie par Lagrange revient à exprimer toutes les variables dont dépend la position du système en fonction de variables nouvelles

$$\xi_1, \quad \xi_2, \quad \ldots, \quad \xi_n,$$

qui seront indépendantes et qui seront toutes nulles dans la position d'équilibre. D'après cela, si l'on suppose que tous les corps soient très voisins de leur position d'équilibre et que les vitesses imprimées à ces corps soient aussi infiniment petites, toutes les variables précédentes seront très petites, et il en sera de même de leurs dérivées

$$\xi'_1 = \frac{d\xi_1}{dt}, \qquad \ldots, \qquad \xi'_n = \frac{d\xi_n}{dt}.$$

Calculons la demi-force vive T et la fonction des forces V, en les réduisant à leurs termes de moindre dimension. On aura

$$T = f(\xi'_1, \xi'_2, \ldots, \xi'_n),$$

f désignant une forme quadratique des dérivées $\xi'_1, \ldots, \xi'_n$ *qui, par sa nature, sera une forme définie.*

Quant à la fonction des forces, si l'on désigne par V_0 sa valeur dans la position d'équilibre, on aura

$$V = V_0 + \varphi(\xi_1, \xi_2, \ldots, \xi_n),$$

φ désignant une forme quadratique des variables $\xi_1, \ldots, \xi_n$.

Appliquons la méthode de M. Kronecker aux deux fonctions

$$f(\xi_1, \ldots, \xi_n), \quad \varphi(\xi_1, \ldots, \xi_n);$$

nous pourrons, par une même substitution linéaire à coefficients constants, les réduire aux formes simples

$$f = \sum_{i=1}^{i=n} y_i^2,$$

$$\varphi = \sum_{i=1}^{i=n} a_i y_i^2.$$

Les quantités a_i seront les racines de l'équation en λ relative au faisceau $\lambda f - \varphi$; elles seront toutes positives si la fonction des forces est un minimum dans la position d'équilibre.

Les variables ξ_i et ξ_i' se transformant de la même manière quand on applique une substitution linéaire, on aura nécessairement

$$\mathrm{T} = \sum_{i=1}^{i=n} y_i'^2;$$

et, par suite, les équations de Lagrange (p. 374) deviendront ici

$$\frac{d^2 y_i}{dt^2} + a_i y_i = 0 \quad (i = 1, 2, \ldots, n).$$

Les quantités a_i, qui sont toujours réelles, *pourront cependant devenir égales,* comme nous l'avons établi plus haut. Néanmoins, le résultat essentiel indiqué par Lagrange subsistera encore : si la fonction des forces est un minimum dans la position d'équilibre, les constantes a_i seront toutes positives, et les intégrales des équations différentielles précédentes ne contiendront jamais le temps en dehors des signes sinus ou cosinus.

FIN DU TOME ONZIÈME.

TABLE DES MATIÈRES

DU TOME ONZIÈME.

PREMIÈRE PARTIE.

LA STATIQUE.

SECONDE PARTIE.

LA DYNAMIQUE.

NOTES.

10967 Paris. — Imprimerie GAUTHIER-VILLARS ET FILS, quai des Grands-Augustins, 55.

Envoi franco, contre mandat de poste ou valeur sur Paris, dans tous les pays faisant partie de l'Union postale.

EXTRAIT DU CATALOGUE

DE LA

LIBRAIRIE GAUTHIER-VILLARS,

SUCCESSEUR DE MALLET-BACHELIER,

IMPRIMEUR-LIBRAIRE

Du Bureau des Longitudes; — des Observatoires de Paris, Montsouris, Bordeaux, Marseille, Nice et Toulouse; — du Bureau Central Météorologique; — de l'École Polytechnique; — de l'École Normale supérieure; — de l'École Centrale des Arts et Manufactures; — de la Société Météorologique; — du Comité international des Poids et Mesures; — de la Société française de Photographie; etc.

Le Catalogue général est envoyé aux personnes qui en font la demande par lettre affranchie.

ABDANK-ABAKANOWICZ. — **Les Intégraphes. La courbe intégrale et ses applications.** *Étude sur un nouveau système d'intégrateurs mécaniques.* In-8 raisin, avec 94 figures dans le texte; 1886. 5 fr.

ABEL (Niels-Henrik). — **Œuvres complètes d'Abel.** Nouvelle édition, publiée aux frais de l'État norwégien, par *L. Sylow* et *S. Lie.* 2 beaux volumes in-4; 1881. 30 fr.

ANDRÉ et RAYET, Astronomes adjoints de l'Observatoire de Paris, et **ANGOT**, Professeur de Physique au Lycée Fontanes. — **L'Astronomie pratique et les Observatoires en Europe et en Amérique**, depuis le milieu du XVIIe siècle jusqu'à nos jours. In-18 jésus, avec belles figures dans le texte et planches en couleur.

Ire PARTIE : *Angleterre;* 1874.......... 4 fr. 50 c.
IIe PARTIE : *Écosse, Irlande et Colonies anglaises;* 1874.................... 4 fr. 50 c.
IIIe PARTIE : *Amérique du Nord;* 1877... 4 fr. 50 c.
IVe PARTIE : *Amérique du Sud* et Météorologie américaine; 1881............ 3 fr.
Ve PARTIE : *Italie;* 1878.............. 4 fr. 50 c.

ANNALES DE LA FACULTÉ DES SCIENCES DE TOULOUSE pour les Sciences mathématiques et les Sciences physiques, publiées par un *Comité de rédaction composé des Professeurs de Mathématiques, de Physique et de Chimie de la Faculté,* sous les auspices du Ministère de l'Instruction publique et de la Municipalité de Toulouse, avec le concours des Conseils généraux de la Haute-Garonne et des Hautes-Pyrénées. In-4, trimestriel. Tome II; 1888.

L'abonnement est annuel et part de janvier.

Prix pour un an (4 fascicules) :
Paris........................ 25 fr.
Départements et Union postale. 28 fr.

ANNALES SCIENTIFIQUES DE L'ÉCOLE NORMALE SUPÉRIEURE, publiées sous les auspices du Ministre de l'Instruction publique, par un *Comité de Rédaction composé des Maîtres de Conférences.* In-4, mensuel, avec figures dans le texte et planches sur cuivre (1).

1re Série, 7 volumes, années 1864 à 1870. 150 fr.
2e Série, 12 volumes, années 1872 à 1883. 250 fr.
Table des matières et noms d'auteurs contenus dans les 2 premières Séries. In-4; 1887............ 2 fr.

La **3e Série**, commencée en 1884, paraît, chaque mois, par numéro contenant 4 à 5 feuilles in-4, avec figures dans le texte et planches.

En outre, les *Annales* font paraître, depuis 1877, suivant les ressources dont dispose le Recueil, des numéros supplémentaires contenant soit des thèses d'un mérite exceptionnel, soit des travaux dont la publication présente un certain caractère d'urgence, et qui ne peuvent trouver place dans les numéros en cours d'impression. Les numéros supplémentaires ont une pagination spéciale et viennent se classer, dans le Volume, à la suite des douze numéros mensuels.

L'abonnement est annuel et part de janvier.

Prix pour un an (12 *numéros*) :
Paris.................................. 30 fr.
Départements et Union postale.......... 35 fr.
Autres pays............................ 40 fr.

ANNALES DE L'OBSERVATOIRE DE PARIS, fondées par *Le Verrier*, et publiées par l'Amiral *Mouchez*, Directeur. **Partie théorique**, TOMES I à XVIII. In-4, avec planches; 1855-1885.

Les TOMES I à X, XII, XIII et XV à XVIII se vendent séparément. 27 fr.

(1) On peut se procurer l'une des Séries ou les deux au moyen de payements mensuels de 20 fr.

Le Tome XI (1876) et le Tome XIV (1877) comprennent deux *Parties* qui se vendent séparément. 20 fr.
Le Tome XIX est *sous presse.*

ANNALES DE L'OBSERVATOIRE DE PARIS, fondées par *U.-J. Le Verrier*, et publiées par l'Amiral *Mouchez*, directeur. **Observations.** Tomes I à XXXVII, années 1800 à 1882. 37 volumes in-4 (en tableaux); 1858 à 1885.
Chaque Volume se vend séparément. 40 fr.

Voir **Catalogue de l'Observatoire de Paris.**

ANNALES DU BUREAU DES LONGITUDES. Travaux faits à l'observatoire astronomique de Montsouris, et Mémoires divers; Tome I. In-4, avec une planche sur acier donnant la vue de l'Observatoire; 1877. (*Rare.*) 40 fr.
Tome II. In-4; 1883. 25 fr.
Tome III. In-4; 1883. 25 fr.

ANNALES DE L'OBSERVATOIRE DE BORDEAUX, publiées par *Rayet*, Directeur de l'Observatoire.
Tome I. In-4, avec figures et un plan de l'Observatoire; 1885. 30 fr.
Tome II, avec figures; 1887. 30 fr.

ANNALES DE L'OBSERVATOIRE ASTRONOMIQUE, MAGNÉTIQUE ET MÉTÉOROLOGIQUE DE TOULOUSE. Tome I, renfermant les travaux exécutés de 1873 à la fin de 1878, sous la direction de *F. Tisserand*, ancien Directeur de l'Observatoire de Toulouse, Membre de l'Institut, etc.; publié par *Baillaud*, Directeur de l'observatoire, Doyen de la Faculté des Sciences de Toulouse. In-4, avec planche; 1881. 30 fr.
Tome II, renfermant les travaux exécutés de 1879 à 1884, sous la direction de *B. Baillaud*. In-4; 1886. 30 fr.

ANNALES DE L'OBSERVATOIRE DE NICE, publiées sous les auspices du *Bureau des Longitudes*, par M. *Perrotin*, Directeur (Fondation R. Bischoffsheim).
Tome I .... (*Sous presse.*)
Tome II. Grand in-4, avec 7 belles planches, dont 3 en couleur; 1887 .... 30 fr.

ANNALES DU BUREAU CENTRAL MÉTÉOROLOGIQUE DE FRANCE, publiées par *Mascart*, Directeur.

I. — **Etudes des orages en France. Mémoires divers.**
Année 1878. Grand in-4, avec 37 pl.; 1879. (*Épuisé.*)
Année 1879. Grand in-4, avec 20 pl.; 1880. 15 fr.
Année 1880. Grand in-4, avec 39 pl.; 1881. 15 fr.
Année 1881. Grand in-4, avec 40 pl.; 1883. 15 fr.
Année 1882. Grand in-4, avec 38 pl.; 1884. 15 fr.
Année 1883. Grand in-4, avec 34 pl.; 1885. 15 fr.
Année 1884. Grand in-4, avec 56 pl.; 1886. 15 fr.
Année 1885. Grand in-4, avec 32 pl.; 1887. 15 fr.

II. — **Bulletin des Observations françaises. Revue climatologique.**
Année 1878. Grand in-4, avec 40 pl.; 1880. 15 fr.
Année 1879. Grand in-4, avec 41 pl.; 1880. 15 fr.
Année 1880. Grand in-4, avec 40 pl.; 1881. 15 fr.
Année 1881. Grand in-4, avec 40 pl.; 1883. 15 fr.
Année 1882. Grand in-4, avec 34 pl.; 1885. 15 fr.
Année 1883. Grand in-4, avec 40 pl.; 1886. 15 fr.
Année 1884. *Ire Partie :* Observations. — *IIe Partie :* Revue climatologique (*sous presse*). 2 vol. grand in-4, avec 40 pl.; 1887 .... 15 fr.

III. — **Pluies en France.** Observations publiées avec la coopération du Ministère des Travaux publics et le concours de l'Association scientifique.
Année 1877. Grand in-4, avec 5 pl.; 1880. 15 fr.
Année 1878. Grand in-4, avec 5 pl.; 1880. (*Épuisé.*)
Année 1879. Grand in-4, avec 7 pl.; 1881. 15 fr.
Année 1880. Grand in-4, avec 7 pl.; 1881. 15 fr.
Année 1881. Grand in-4, avec 5 pl.; 1883. 15 fr.
Année 1882. Grand in-4, avec 5 pl.; 1884. 15 fr.
Année 1883. Grand in-4, avec 5 pl.; 1885. 15 fr.
Année 1884. Grand in-4, avec 5 pl.; 1886. 15 fr.
Année 1885. Grand in-4, avec 5 pl.; 1887. 15 fr.

IV. — **Météorologie générale.**
Année 1878. In-plano, avec 6 pl.; 1879. 15 fr.
Année 1879. Grand in-4, avec 38 pl.; 1880. 15 fr.
Année 1880. In-plano, avec 15 pl.; 1881. 25 fr.
Année 1881. Grand in-4, avec 224 pl.; 1883. 25 fr.
Année 1882. Grand in-4, avec 20 pl.; 1884. 15 fr.
Année 1883. Grand in-4, avec 26 pl.; 1885. 15 fr.
Année 1884. Grand in-4, avec 16 pl.; 1886. 15 fr.
Année 1885. Grand in-4, avec 14 pl.; 1887. 15 fr.

Voir **Bureau central.**

ANNUAIRE DE L'OBSERVATOIRE MÉTÉOROLOGIQUE DE MONTSOURIS pour 1888; Météorologie, Agriculture, Hygiène (contenant le résumé des travaux de l'Observatoire durant l'année 1887). 17e année. In-18 de 300 pages, avec figures. (*Paraîtra en février* 1888.)
Broché .... 2 fr. »
Cartonné .... 2 fr. 50 c.

ANNUAIRE pour l'an 1888, publié par le Bureau des Longitudes, contenant une Note sur la *Construction pratique des Cadrans solaires*, par M. Cornu, Membre de l'Institut, et les Notices suivantes : *L'âge des étoiles;* par M. Janssen, Membre de l'Institut. — *Notice sur le Congrès astrophotographique international réuni à l'observatoire de Paris en avril 1887 pour l'exécution de la Carte photographique du Ciel;* par l'Amiral Mouchez, Membre de l'Institut, Directeur de l'observatoire de Paris. — *Récit d'un voyage magnétique en Orient*, par M. d'Abbadie, Membre de l'Institut. In-18 de 820 pages, avec figures dans le texte.
Broché .... 1 fr. 50 c.
Cartonné .... 2 fr. »

Pour recevoir l'Annuaire franco par la poste, dans tous les pays faisant partie de l'Union postale, ajouter 35 c.

ANNUAIRE pour l'an 1887, publié par le Bureau des Longitudes, contenant la Notice suivante : *La Photographie astronomique à l'Observatoire de Paris et la Carte du Ciel;* par l'amiral Mouchez, Membre de l'Institut, Directeur de l'observatoire de Paris. In-18 de 890 pages, avec figures dans le texte, deux nouvelles Cartes magnétiques et trois Planches hors texte, dont deux en héliogravure. 1 fr. 50 c.

AOUST (l'Abbé), Professeur à la Faculté des Sciences de Marseille. — **Analyse infinitésimale des courbes tracées sur une surface quelconque.** In-8; 1869. 7 fr.

AOUST (l'Abbé). — **Analyse infinitésimale des courbes planes**, contenant la résolution d'un grand nombre de problèmes choisis, à l'usage des candidats à la licence. In-8, avec 80 fig. dans le texte; 1873. 8 fr. 50 c.

AOUST (l'Abbé). — **Analyse infinitésimale des courbes dans l'espace.** In-8, avec 40 fig. dans le texte; 1876. 11 fr.

ARAGO (F.). — **Œuvres complètes.** 17 volumes in-8, avec nombreuses figures. 127 fr. 50 c.

On vend séparément :

Astronomie populaire. 4 volumes, avec un portrait d'Arago et 362 figures, dont 80 gravées sur acier et 282 gravées sur bois. 30 fr.

Notices biographiques. 3 volumes, avec une Introduction aux *Œuvres d'Arago*, par A. de Humboldt. 22 fr. 50 c.

Notices scientifiques. 5 volumes, avec 35 figures sur bois. 37 fr. 50 c.

Voyages scientifiques. 1 volume. 7 fr. 50 c.

Mémoires scientifiques. 2 volumes, avec 53 figures sur bois. 15 fr.

Mélanges. 1 volume. 7 fr. 50 c.

Tables analytiques. 1 volume d'environ 900 pages, précédé du Discours prononcé aux funérailles d'Arago et d'une Notice chronologique sur ses Œuvres. 7 fr. 50 c.

ATLAS DES ANNALES DE L'OBSERVATOIRE DE PARIS. Ire, IIe, IIIe, IVe, Ve, VIe, VIIe, VIIIe et IXe Livraisons, comprenant **54 cartes écliptiques.**

Chaque livraison, composée de 6 cartes, se vend séparément. 12 fr.

BABINET, Membre de l'Institut (Académie des Sciences.) — **Études et Lectures sur les Sciences d'observation et leurs applications pratiques.** 8 vol. in-12.

Chaque Volume se vend séparément. 2 fr. 50 c.

BABU (L.), Ingénieur des Mines. — **Précis d'analyse qualitative.** *Recherche des métalloïdes et des métaux usuels dans le mélange des sels, les produits d'art et les substances minérales.* In-18 jésus; 1888. 2 fr.

BACHET, sieur de MÉZIRIAC.— Problèmes plaisants et délectables qui se font par les nombres. 5e éd., revue, simplifiée et augmentée par *A. Labosne*. Petit in-8, caractères elzévirs, titre en deux couleurs; 1884.

Tirage sur papier vélin............ 6 fr.
Tirage sur papier vergé............ 8 fr.

BELLANGER (C.-A.), Professeur d'Hydrographie. — **Petit Catéchisme de Machine à vapeur,** à l'usage des candidats aux grades de la marine de commerce et de toutes les personnes qui veulent acquérir sur ce sujet des connaissances élémentaires. 4e édition. Petit in-8, avec Atlas de 6 planches. 3 fr.

BENOIT (P.-M.-N.). — **La Règle à Calcul expliquée, ou Guide du Calculateur à l'aide de la Règle logarithmique à tiroir.** Fort volume in-12 avec pl. 5 fr.

BENOIT (P.-M.-N.). — **Guide du Meunier et du Constructeur de Moulins.** 1re *Partie :* Construction des moulins. 2e *Partie :* Meunerie. 2 vol. in-8 de 916 pages, avec 22 planches contenant 638 figures; 1863. 12 fr.

BENOIT (René), Docteur ès sciences, adjoint au Bureau international des Poids et Mesures. — **Construction des étalons prototypes de résistance électrique du Ministère des Postes et Télégraphes.** In-4; 1885. 4 fr. 50 c.

BERTHELOT (M.), Membre de l'Institut, Président de la Commission des substances explosives. — **Sur la force des matières explosives, d'après la Thermochimie.** 2 beaux vol. gr. in-8, avec figures; 1883. 30 fr.

Cet Ouvrage contient le résultat des expériences faites par l'auteur depuis treize ans. Il les a groupées à l'aide d'une théorie générale, fondée sur la seule connaissance des métamorphoses chimiques et des chaleurs de formation des composés qui y concourent. On y trouve la mesure de toutes ces quantités de chaleur, l'étude de l'onde explosive, celle de la fixation électrique de l'azote, la classification des explosifs et l'examen spécial des plus importants; l'histoire de l'origine de la poudre, suivie par des Tables et des Index développés, termine l'Ouvrage.

BERTHELOT (M.). — **Leçons sur les Méthodes générales de synthèse en Chimie organique.** In-8; 1864. 8 fr.

BERTRAND (J.), de l'Académie française, Secrétaire perpétuel de l'Académie des Sciences. — **Thermodynamique.** Grand in-8, avec figures; 1887. 10 fr.

BERTRAND (J.). — **Traité de Calcul différentiel et de Calcul intégral.**

Calcul différentiel. In-4; 1864............ (*Rare.*)
Calcul intégral (*Intégrales définies et indéfinies*). In-4 de 720 p., avec 88 fig. dans le texte; 1870... (*Rare.*)

BICHAT (E.), Professeur à la Faculté des Sciences de Nancy, et **BLONDLOT** (R.), Maître de conférences à la Faculté des Sciences de Nancy. — **Introduction à l'étude de l'Électricité statique.** In-8, avec 64 figures dans le texte; 1885. 4 fr.

BILLET, Professeur de Physique à la Faculté des Sciences de Dijon. — **Traité d'Optique physique.** 2 forts vol. in-8, avec 14 pl. composées de 337 fig.; 1858-1859. 15 fr.

BIOT, Membre de l'Académie des Sciences. — **Traité élémentaire d'Astronomie physique.** 3e édition, corrigée et augmentée. 5 vol. in-8, avec 94 planches; 1857. 40 fr.

BJERKNES (G.-A.), Professeur à l'Université de Christiania. — **Niels-Henrik Abel.** *Tableau de sa vie et de son action scientifique.* Traduction française, revue et considérablement augmentée par l'Auteur. Grand in-8, de IV-368 pages, avec un portrait de l'auteur; 1885. 7 fr.

BLÉTRY (Frères), Ingénieurs civils, anciens élèves des Arts et Métiers, et **MOREAU** (George), Ingénieur civil des Mines, ancien élève de l'École Polytechnique. — **Manuel-Formulaire** des Ingénieurs, Manufacturiers, Entrepreneurs, Chefs d'usines, Directeurs de travaux, Agents voyers et Contremaîtres. 2e édition. In-32 oblong, cart.; 1886. (Ouvrage honoré d'une souscription du Ministère des Travaux publics.) 8 fr.

BLONDLOT. — **Introduction à l'étude de la Thermodynamique.** Grand in-8 avec figures; 1888. 3 fr. 50 c.

BONNAMI (H.), Conducteur des Ponts et Chaussées. — **Manuel de l'opérateur au tachéomètre,** suivi d'une Note sur l'emploi de l'instrument dans l'application des tracés. In-8, avec 19 figures et tableaux dans le texte (Ouvrage honoré d'une importante souscription du Ministère des Travaux publics); 1883. 3 fr.

BOSET, Professeur de Mathématiques supérieures à l'Athénée royal de Namur. — **Traité de Géométrie analytique à deux dimensions,** précédé des *Éléments de la Trigonométrie rectiligne et sphérique.* In-8, avec 322 figures dans le texte; 1878. 12 fr.

BOSET. — **Traité élémentaire d'Algèbre.** In-8; 1880. 7 fr. 50 c.

BOUCHARLAT (J.-L.). — **Théorie des courbes et des surfaces du second ordre, ou Traité complet d'application de l'Algèbre à la Géométrie.** 3e édition, revue, corrigée et augmentée de **Notes** et des **Principes de la Trigonométrie rectiligne.** In-8, avec planches; 1845. 8 fr.

BOUCHARLAT (J.-L.). — **Éléments de Calcul différentiel et de Calcul intégral.** 8e édition, revue et annotée par *Laurent*, Répétiteur à l'École Polytechnique. In-8, avec planches; 1881. 8 fr.

BOUCHARLAT (J.-L.). — **Éléments de Mécanique.** 4e édition. 1 volume in-8, avec 10 planches; 1861. 8 fr.

BOULANGER (J.), Capitaine du Génie. — **Sur les Progrès de la Science électrique et les nouvelles machines d'induction.** In-8, avec belles figures dans le texte; 1885. 3 fr. 50 c.

BOULANGER (J.). — **Sur l'emploi de l'Électricité pour la transmission du travail à distance.** In-8, avec belles figures dans le texte; 1887. 2 fr. 75 c.

BOUR (Edm.), Ingénieur des Mines. — **Cours de Mécanique et Machines,** professé à l'École Polytechnique.

Cinématique. 2e édition. In-8, avec Atlas de 30 planches in-4 gravées sur cuivre; 1887. 10 fr.

Statique et travail des forces dans les machines à l'état de mouvement uniforme, publié par *Phillips*, Professeur de Mécanique à l'École Polytechnique, avec la collaboration de *Collignon* et *Kretz*. In-8, avec Atlas de 8 planches contenant 106 figures; 1868. 6 fr.

Dynamique et Hydraulique, avec 125 figures dans le texte; 1874. 7 fr. 50 c.

BOURDON, ancien Examinateur d'admission à l'École Polytechnique. — **Éléments d'Arithmétique.** 36e édit. In-8; 1878. (*Adopté par l'Université.*) 4 fr.

BOURDON. — **Application de l'Algèbre à la Géométrie**, comprenant la Géométrie analytique à deux et à trois dimensions. 9e édit., revue et annotée par *G. Darboux*. In-8, avec pl.; 1880. (*Adopté par l'Université.*) 9 fr.

BOURDON. — **Éléments d'Algèbre**, avec Notes de *Prouhet*. 16e éd. In-8; 1887. (*Adopté par l'Univ.*) 8 fr.

BOURDON. — **Trigonométrie rectiligne et sphérique.** 2e éd., revue et annotée par *Brisse*. In-8, avec figures dans le texte; 1877. (*Adopté par l'Université.*) 3 fr.

BOUSSINESQ, Professeur à la Faculté des Sciences de Lille. — **Application des potentiels à l'étude de l'équilibre et du mouvement des solides élastiques**, avec des notes étendues sur divers points de Physique mathématique et d'Analyse. Grand in-8 de 722 pages; 1885. 18 fr.

BOUSSINESQ. — **Cours élémentaire d'Analyse infinitésimale**, à l'usage des personnes qui étudient cette Science *en vue de ses applications mécaniques et physiques*. 2e édition. 2 volumes grand in-8, avec figures dans le texte.

Tome I. — **Calcul différentiel**; 1887...... 17 fr.
Tome II. — **Calcul intégral**.............. (*S. pr.*)

On vend séparément.

Tome I.

Partie élémentaire .... 7 fr. 50 c.
Partie complémentaire...................................... 9 fr. 50 c.

BOUSSINGAULT, Membre de l'Institut. — **Agronomie, Chimie agricole et Physiologie.** Tomes I à VII. 7 volumes in-8, avec planches sur cuivre et figures dans le texte. 2e édition; 1886-1886-1864-1868-1874-1878-1884. 42 fr.

Les Tomes I et II (3e édition) et les Tomes III à VII (2e édition) se vendent séparément. 6 fr.

BOUSSINGAULT. — **Les secousses souterraines dans les Andes.** In-8; 1887. 1 fr.

BOUTY. — **Notes sur les progrès récents de la Physique.** In-8, avec 58 belles figures; 1882. 1 fr. 50 c.

BRAND (E.), Docteur en Sciences physiques et mathématiques. — **Notice sur la théorie de la fonction** X_n **de Legendre.** In-8; 1887. 3 fr. 50 c.

BREITHOF (N.), Professeur à l'Université de Louvain, Membre des Académies royales des Sciences de Madrid, de Lisbonne, etc. — **Traité de Géométrie descriptive.** 2e édition, 3 volumes grand in-8, avec trois Atlas. (*Voir* pour les détails le Catalogue général.)

Chaque Volume se vend séparément :

Tome I. — **Projections diédriques et projections cotées.** *Point, Droite* et *Plan*. Grand in-8, avec Atlas in-4 de 32 planches. 2e édition; 1880-1881. 9 fr.

Tome II. — **Surfaces courbes.** Grand in-8 de 333 pages avec Atlas in-4 de 42 planches. 2e édition; 1883. 12 fr.

Les tomes I et II sont à l'usage des candidats à l'École Polytechnique, à l'École Centrale, aux élèves de ces Écoles, aux élèves des Universités, des Écoles des Beaux-Arts, des Collèges et Athénées.

Tome III. — **Projections axonométriques. — Projections obliques et Projections centrales.** *Point, Droite* et *Plan*. — (A l'usage des élèves des Écoles Polytechniques, des Écoles supérieures des Arts et Manufactures, des Écoles Normales des Sciences, etc.). Grand in-8, avec Atlas in-8 de 30 planches. 2e édition; 1883. 9 fr.

BREITHOF (N.). — **Traité de perspective cavalière.** — Méthode conventionnelle de dessin présentant les avantages de la perspective linéaire et ceux de la méthode des projections orthogonales, à l'usage des Officiers du Génie, des Ingénieurs, Architectes, Conducteurs de travaux, Chefs d'atelier, Appareilleurs, Tailleurs de pierre, etc.; des Académies et Écoles de dessin, Écoles industrielles, Écoles des Arts et Métiers, etc. Grand in-8, avec Atlas de 8 planches in-4; 1881. 3 fr. 75 c.

BREITHOF (N.). — **Guide pratique du dessinateur.** *Graphique linéaire. Principe du lavis. Principe du dessin technique.* Grand in-8, avec atlas de même format, contenant 16 pl. montées sur onglet; 1885. 10 fr.

BRENET (Michel). — **Histoire de la symphonie à orchestre**, *depuis ses origines jusqu'à Beethoven inclusivement*. (Ouvrage couronné par la Société des Compositeurs de musique.) Petit in-8, caractères elzévirs, titre en deux couleurs; 1882. 3 fr.

BRENET (Michel). — **Grétry, sa vie et ses œuvres.** In-8; 1884. (Ouvrage couronné par l'Académie royale de Belgique.) 3 fr.

BRESSE, Membre de l'Institut, Professeur de Mécanique à l'École des Ponts et Chaussées. — **Cours de Mécanique appliquée professé à l'École des Ponts et Chaussées.**

Ire Partie : *Résistance des matériaux et stabilité des constructions*. In-8, avec figures dans le texte. 3e édition, revue et beaucoup augmentée; 1880. 13 fr.

IIe Partie : *Hydraulique*. In-8, avec figures dans le texte et une planche. 3e édition; 1879. 10 fr.

BRESSE. — **Cours de Mécanique et Machines professé à l'École Polytechnique.** 2 beaux volumes in-8, se vendant séparément :

Tome I : *Cinématique. — Dynamique d'un point matériel. — Statique.* In-8, avec 236 figures dans le texte; 1885. 12 fr.

Tome II : *Dynamique des systèmes matériels en général. — Mécanique spéciale des fluides. — Étude des machines à l'état de mouvement.* In-8, avec 154 figures dans le texte; 1885. 12 fr.

BREWER (Dr). — **La Clef de la Science**, ou *Explication vraie des faits et des phénomènes des sciences physiques*. 6e édition, revue, transformée et considérablement augmentée, par l'*Abbé Moigno*. In-18 jésus, VIII-704 p.; 1881. 4 fr. 50 c.

BRIOT (Ch.), Professeur à la Faculté des Sciences de Paris. — **Théorie des fonctions abéliennes.** Un beau volume in-4; 1879. 15 fr.

BRIOT (Ch.). — **Théorie mécanique de la chaleur.** 2e édition, publiée par Mascart, Professeur au Collège de France, Directeur du Bureau Central météorologique. In-8, avec fig. dans le texte; 1883........ 7 fr. 50 c.

BRIOT (Ch.) et BOUQUET. — **Théorie des fonctions elliptiques.** 2e édition. In-4, avec figures; 1875. 30 fr.

BRISSE (Ch.), Professeur de Mathématiques spéciales au lycée Fontanes, Professeur de Géométrie descriptive à l'École des Beaux-Arts, Répétiteur de Géométrie descriptive et de Stéréotomie à l'École Polytechnique. — **Cours de Géométrie descriptive.**

Ire Partie, à l'usage des élèves de la classe de Mathématiques élémentaires. Grand in-8, avec figures dans le texte; 1882. 5 fr.

IIe Partie, à l'usage des élèves de la classe de Mathématiques spéciales. Grand in-8, avec nombreuses figures dans le texte; 1887. Prix pour les souscripteurs. 7 fr.

Un premier fascicule a paru.

BRISSE (Ch.). — **Cours de Géométrie descriptive**, professé à l'*École des Beaux-Arts*. Grand in-8, avec figures dans le texte; 1882. 5 fr.

BROCH (Dr O.-J.), Professeur de Mathématiques à l'Université royale de Christiania. — **Traité élémentaire des fonctions elliptiques.** In-8; 1867. 6 fr.

BROCH (Dr O.-J.). — **Table des Carrés des nombres**, arrangée d'après la méthode des Tables de logarithmes. In-4. Édition stéréotypée; tirage de 1881. 2 fr.

BROWN (Henry-T.). — **Cinq cent et sept mouvements mécaniques.** Traduit de l'anglais par Henri Stevart, ingénieur. Petit in-4 cartonné percaline, avec 507 fig. dans le texte; 1880. 3 fr.

BUELS (Ed.), Fonctionnaire à l'Administration des Télégraphes de l'État belge. — **Téléphonie et Télégraphie simultanées.** Exposé théorique et pratique du système de Téléphonie à grande distance de *P. van Rysselberghe*, dans ses rapports avec la Télégraphie, précédé de Notions préliminaires sur l'induction électrique, le téléphone et le microphone. Petit in-8, avec 20 figures dans le texte et 7 planches; 1885. 5 fr.

BULLETIN DES SCIENCES MATHÉMATIQUES, rédigé par *Gaston Darboux* et *Jules Tannery*, avec la collaboration de *Ch. André, Battaglini, Beltrami, Bougaïef, Brocard, Brunel, Goursat, A. Harnack, Ch. Henry, G. Kœnigs, Laisant, Lampe, Lespiault, S. Lie, Mansion, A. Marre, Molk, Potocki, Radau, Rayet, Raffy, S. Rindi, Sauvage, Schoute, P. Tannery, Em.* et *Ed. Weyr, Zeuthen*, etc., sous la direction de la Commission des Hautes Études. In-8, mensuel. IIe Série, Tome XII; 1888.

Publication fondée en 1870 par G. Darboux et J. Houel et continuée de 1876 à 1886 par G. Darboux, J. Houel et J. Tannery.

Le **Bulletin des Sciences mathématiques**, fondé en 1870, a formé par an, jusqu'en 1872, un volume grand in-8 (Tomes I, II, III). — A partir de cette époque, jusqu'en décembre 1876, le Journal s'est composé de 2 volumes grand in-8 par an (1 volume par semestre, avec Tables).

La **1re Série**, Tomes I à XI, 1870 à 1876, suivie de la Table générale des onze volumes, se vend. 90 fr.
Chaque année de cette Ire Série se vend séparément. 15 fr.

Table générale des matières et noms d'auteurs, contenus dans la 1re Série. Grand in-8; 1877. 1 fr. 50 c.

La **2e Série**, qui a commencé en janvier 1877, continue à paraître par livraisons mensuelles et comprend chaque année deux Parties ayant une pagination spéciale et pouvant se relier séparément. La première Partie contient : 1° *Comptes rendus de Livres et Analyses de Mémoires*; 2° *Traductions de Mémoires importants et peu répandus, Réimpression d'Ouvrages rares et Mélanges scientifiques*. La deuxième Partie contient : *Revue des Publications périodiques et académiques*.

Les 10 premières années de la **2e Série** (1877 à 1886) se vendent ensemble. 120 fr.
Chacune des 10 premières années de la **2e Série** (1877 à 1886) se vend séparément. 15 fr.

L'abonnement est annuel et part de janvier.

Prix pour un an (12 *numéros*) :

Paris	18 fr.
Départements et Union postale	20 fr.
Autres pays	24 fr.

La Table *d'un des volumes du* **Bulletin** *est envoyée franco, comme spécimen, à toute personne qui en fait la demande par lettre affranchie.*

BULLETIN ASTRONOMIQUE, publié sous les auspices de l'Observatoire de Paris, par *F. Tisserand*, membre de l'Institut, avec la collaboration de *G. Bigourdan, O. Callandreau* et *R. Radau*. Grand in-8, mensuel. Tome V; 1888.

Ce **Bulletin mensuel**, fondé en 1884, forme par an un beau volume grand in-8, avec figures et planches, de 30 à 35 feuilles.

L'abonnement est annuel et part de janvier.

Prix pour un an (12 *numéros*) :

Paris	16 fr.
Départements et Union postale	18 fr.
Autres pays	20 fr.

BULLETIN DE LA SOCIÉTÉ INTERNATIONALE DES ELECTRICIENS.

Ce Bulletin, fondé en 1884, paraît chaque année, en dix ou douze numéros, formant un beau volume de 30 feuilles environ, grand in-8 jésus. Tome V; 1888.

L'abonnement est annuel et part de janvier.

Prix pour un an :

Paris	25 fr.
Départements et Union postale	27 fr.
Autres pays	30 fr.

Prix du numéro : 2 fr. 50 c.

BULLETIN DE LA SOCIÉTÉ MATHÉMATIQUE DE FRANCE, publié par les Secrétaires. Grand in-8; 6 numéros par an. Tome XVI; 1888.

Prix pour un an :

Paris	15 fr.
Départements et Union postale	16 fr.
Autres pays	18 fr.

BUREAU CENTRAL MÉTÉOROLOGIQUE DE FRANCE. — **Instructions météorologiques**, suivies de *Tables diverses pour la réduction des observations*. 2e édition. In-8, avec belles figures dans le texte; 1881. 2 fr. 50 c.

BUREAU CENTRAL MÉTÉOROLOGIQUE DE FRANCE. — **Atlas de Météorologie maritime**, publié à l'occasion de l'Exposition maritime internationale du Havre. In-4 cartonné, avec 33 Planches; 1887. 9 fr.

BUREAU INTERNATIONAL DES POIDS ET MESURES. **Procès-verbaux des Séances.** In-8.

Années 1875-1876. 2 fr.
Années 1877 à 1886. Chaque année. 5 fr.

Travaux et Mémoires du Bureau international des Poids et Mesures, publiés par le Directeur du Bureau. Grand in-4.

Tome I, avec fig. et 2 planches; 1881. 30 fr.
Tome II, avec fig. et 3 planches; 1883. 30 fr.
Tome III, avec fig. et 3 planches; 1884. 30 fr.
Tome IV, avec fig. et 1 planche; 1885. 30 fr.
Tome V, avec fig.; 1886. 30 fr.

CABANIÉ, Charpentier, Professeur du Trait de Charpente, de Mathématiques, etc. — **Charpente générale théorique et pratique.** 3 volumes in-folio avec 165 planches. 75 fr.

On vend séparément (port non compris) :

Tome I : *Bois droit*, avec 52 planches. 25 fr.
Tome II : *Bois croche*, avec 52 planches. 25 fr.
Tome III : *Géométrie descriptive et Haute Charpente*, avec 61 planches. 25 fr.

CAHOURS (Auguste), Professeur à l'École Polytechnique. — **Traité de Chimie générale élémentaire.** Leçons professées à l'École Centrale des Arts et Manufactures et à l'École Polytechnique. (*Autorisé par décision ministérielle.*)

Chimie inorganique. 4e édition. 3 volumes in-18 jésus avec plus de 200 figures et 8 planches; 1878. 15 fr.
Chaque Volume se vend séparément. 6 fr.

Chimie organique. 3e édition, 3 volumes in-18 jésus, avec figures; 1874-1875. 15 fr.
Chaque Volume se vend séparément 6 fr.

CARNOT. — **Réflexions sur la métaphysique du Calcul infinitésimal.** 5e édition. In-8; 1882. 4 fr.

CARNOT (Sadi), ancien Élève de l'École Polytechnique. — **Réflexions sur la puissance motrice du feu et sur**

les machines propres à développer cette puissance. In-4, suivi d'une *Notice biographique sur Sadi Carnot*, par CARNOT, Sénateur, et de *Notes inédites de Sadi Carnot sur les Mathématiques, la Physique et autres sujets*. 2ᵉ édition, contenant un beau portrait de Sadi Carnot et un fac-simile; 1878. 6 fr.

CARNOY, Professeur à l'Université de Louvain. — **Cours de Géométrie analytique.** 2 volumes grand in-8, avec figures dans le texte.

On vend séparément :

Géométrie plane. 4ᵉ édition, 1885............. 11 fr.
Géométrie de l'espace. 3ᵉ édition, 1882........ 11 fr.

CATALAN (E.), Professeur émérite à l'Université de Liège. — **Mélanges mathématiques.** 2 volumes gr. in-8, se vendant séparément.

TOME Iᵉʳ, avec figures dans le texte; 1885. 10 fr.
TOME II, avec figures dans le texte; 1887. 10 fr.

CATALAN (E.). — Traité élémentaire des Séries. Grand in-8, avec figures; 1860. 5 fr.

CATALAN (E.). — **Cours d'Analyse** de l'Université de Liège. *Algèbre, Calcul différentiel, Iʳᵉ Partie du Calcul intégral*. 2ᵉ édition, revue et augmentée. In-8, avec figures dans le texte; 1879. 12 fr.

CATALOGUE DE L'OBSERVATOIRE DE PARIS.

Positions observées des étoiles (1837-1881). TOME I (0ʰ à VIʰ). Grand in-4; 1887. 40 fr.

Catalogue des étoiles observées aux instruments méridiens (1837-1881). TOME I (0ʰ à VIʰ). Grand in-4; 1887. 40 fr.

CAUCHY (A.). — Œuvres complètes d'Augustin Cauchy, publiées sous la direction scientifique de l'ACADÉMIE DES SCIENCES et sous les auspices du MINISTRE DE L'INSTRUCTION PUBLIQUE, avec le concours de *Valson* et *Collet*, docteurs ès sciences. 26 volumes in-4.

Iʳᵉ **Série.** — MÉMOIRES, NOTES ET ARTICLES EXTRAITS DES RECUEILS DE L'ACADÉMIE DES SCIENCES. 11 volumes in-4.

IIᵉ **Série.** — MÉMOIRES EXTRAITS DE DIVERS RECUEILS, OUVRAGES CLASSIQUES, MÉMOIRES PUBLIÉS EN CORPS D'OUVRAGE, MÉMOIRES PUBLIÉS SÉPARÉMENT. 15 volumes in-4.

VOLUMES PARUS.

Iʳᵉ **Série.** — TOME I, 1882 : *Théorie de la propagation des ondes à la surface d'un fluide pesant, d'une profondeur indéfinie. — Mémoire sur les intégrales définies.* 25 fr.

TOME IV, 1884 : *Extraits des Comptes rendus de l'Académie des Sciences.* 25 fr.

TOME V, 1885 : *Extraits des Comptes rendus de l'Académie des Sciences.* 25 fr.

TOME VI, 1888 : *Extraits des Comptes rendus de l'Académie des Sciences.* 25 fr.

IIᵉ **Série.** — TOME VI, 1887 : *Anciens Exercices de Mathématiques.* 25 fr.

SOUSCRIPTION.

IIᵉ **Série.** — TOME VII : *Anciens Exercices de Mathématiques* (2ᵉ volume). 25 fr.

Ce volume, qui paraîtra en 1888, est mis en souscription. Le prix est réduit, pour les souscripteurs qui feront leur versement à l'avance, à 20 fr.

(Les anciens souscripteurs, qui désirent continuer leur souscription sans avoir à se préoccuper des dates d'apparition des diverses parties de la Collection, n'auront qu'à envoyer, lorsqu'ils recevront un Volume, la somme de 20 fr. pour leur souscription au Volume suivant, et celui-ci leur sera expédié *franco* dès son apparition.)

EXTRAIT DE L'AVERTISSEMENT.

« L'Académie des Sciences a décidé la publication des *Œuvres de Cauchy* et l'a confiée aux Membres de la Section de Géométrie. Cette publication comprendra, dans une première Série, les Mémoires extraits des Recueils de l'Académie, et, dans une seconde Série, les Mémoires publiés dans divers Recueils, les Leçons de l'École Polytechnique, l'Analyse algébrique, les anciens et les nouveaux Exercices d'Analyse et de Physique mathématique, enfin les Mémoires séparés.

» Pour répondre à un désir souvent exprimé, l'Académie a voulu publier immédiatement, à la suite du premier Volume, les articles insérés dans les *Comptes rendus* de 1836 à 1857, que leur dispersion rend si difficiles à retrouver, et dont la réunion fera comme une œuvre nouvelle où revivra le génie du grand Géomètre et qui ajoutera encore à l'éclat de son nom. Leur reproduction sera faite en suivant l'ordre chronologique, sans notes ni commentaires, mais après avoir été revue avec le plus grand soin, pour les corrections indispensables, par les Membres de la Section de Géométrie, auxquels ont été adjoints MM. *Valson* et *Collet*.

» En entreprenant cette publication des Œuvres de Cauchy, l'Académie n'a pas été guidée seulement par le désir de faire une œuvre utile à la Science: elle a pensé rendre, à l'un de ses plus illustres Membres, un hommage qui témoignerait mieux que tout monument funèbre de son respect pour sa mémoire. »

Nota. — Les volumes ne sont pas publiés d'après leur classement numérique; on suivra l'ordre qui intéressera le plus les souscripteurs.

LISTE DES VOLUMES.

Iʳᵉ **Série.** — TOME I : Mémoires extraits des *Mémoires présentés par divers savants à l'Académie des Sciences.* — TOMES II et III : Mémoires extraits des *Mémoires de l'Académie des Sciences.* — TOMES IV à XI : Notes et articles extraits des *Comptes rendus hebdomadaires des Séances de l'Académie des Sciences.*

IIᵉ **Série.** — TOME I : Mémoires extraits du *Journal de l'École Polytechnique.* — TOME II : Mémoires extraits de divers Recueils : *Journal de Liouville, Bulletin de Férussac, Bulletin de la Société philomathique, Annales de Gergonne, Correspondance de l'École Polytechnique.* — TOME III : *Cours d'Analyse de l'École Polytechnique.* — TOME IV : *Résumé des leçons données à l'École Polytechnique sur le Calcul infinitésimal. — Leçons sur le Calcul différentiel.* — TOME V : *Leçons sur les applications du Calcul infinitésimal à la Géométrie.* — TOMES VI à IX : *Anciens Exercices de Mathématiques.* — TOME X : *Résumés analytiques de Turin. — Nouveaux Exercices de Mathématiques, de Prague.* — TOMES XI à XIV : *Nouveaux Exercices d'Analyse et de Physique.* — TOME XV : *Mémoires séparés.*

CAUCHY (le Baron Aug.), Membre de l'Académie des Sciences. — **Sa Vie et ses Travaux,** par *Valson*, Professeur à la Faculté des Sciences de Grenoble, avec une Préface de *Hermite*, Membre de l'Académie des Sciences. 2 vol. in-8; 1868. 8 fr.

CAZIN, Docteur ès Sciences, ancien Professeur au Lycée Fontanes, et **ANGOT**, Agrégé de l'Université, Docteur ès Sciences. — **Traité théorique et pratique des piles électriques.** *Mesure des constantes des piles. Unités électriques. Description et usage des différentes espèces de piles.* In-8, avec 105 belles figures dans le texte; 1881. 7 fr. 50 c.

CHARLON (H.). — Théorie mathématique des Opérations financières. 2ᵉ édition. Grand in-8, avec Tables numériques relatives aux emprunts par obligations. Tables numériques relatives aux calculs d'intérêts composés et d'annuités, et Tables logarithmiques de Fédor Thoman relatives aux calculs d'intérêts composés et d'annuités; 1878. 12 fr. 50 c.

CHARLON (H.). — Théorie élémentaire des Opérations financières. Grand in-8, avec Tables; 1880. 6 fr. 50 c.

CHASLES. — Traité des Sections coniques, faisant suite au **Traité de Géométrie supérieure.** *Première Partie.*

In-8, avec 5 planches gravées sur cuivre, et contenant 133 figures ; 1865. 9 fr.

CHASLES. — **Aperçu historique sur l'origine et le développement des méthodes en Géométrie, particulièrement de celles qui se rapportent à la Géométrie moderne,** suivi d'un *Mémoire de Géométrie sur deux principes généraux de la Science, la Dualité et l'Homographie.* Seconde édition, conforme à la première. Un beau volume in-4 de 850 pages ; 1875. (*Rare.*) 60 fr.

CHASLES. — **Traité de Géométrie supérieure.** Deuxième édition. Grand in-8, avec 12 planches ; 1880. 24 fr.

CHEVALLIER et MÜNTZ. — **Problèmes de Physique,** avec leurs solutions développées, à l'usage des Candidats au Baccalauréat ès Sciences et aux Écoles du Gouvernement. 2ᵉ édition. In-8 ; 1885. 6 fr.

CHEVILLARD, Professeur à l'École des Beaux-Arts. — **Leçons nouvelles de Perspective.** 2ᵉ édit. In-8, avec Atlas in-4 de 32 planches gravées sur acier ; 1878. 12 fr.

CHOQUET, Docteur ès Sciences. — **Traité d'Algèbre.** (*Autorisé.*) In-8 ; 1856. 7 fr. 50 c.

CLAUSIUS (R.), Professeur à l'Université de Bonn, Correspondant de l'Institut de France. — **Théorie mécanique de la chaleur.** 2ᵉ édition refondue et complétée, traduite sur la 3ᵉ édition de l'original allemand par *F. Folie et E. Ronkar.*

Tome I : *Développement des formules qui se déduisent des deux principes fondamentaux, avec différentes applications.* In-8, avec figures dans le texte ; 1888. 10 fr.
Le Tome II est sous presse.

CLAUSIUS (R.). — **De la fonction potentielle et du potentiel;** traduit de l'allemand, sur la 2ᵉ édition, par *F. Folie.* In-8 ; 1870. 4 fr.

CLEBSCH (Alfred). — **Leçons sur la Géométrie,** recueillies et complétées par *Ferdinand Lindemann,* Professeur à l'Université de Fribourg en Brisgau, et traduites par *Adolphe Benoist,* Docteur en droit. 3 vol. grand in-8, avec figures dans le texte ; 1879-1880-1883.

Tome I : *Traité des sections coniques et Introduction à la théorie des formes algébriques.* 12 fr.

Tome II : *Courbes algébriques en général et courbes du troisième ordre.* 14 fr.

Tome III : *Intégrales abéliennes et connexes.* 16 fr.

CLOUÉ (Vice-amiral), Membre du Bureau des Longitudes. — **Le Filage de l'huile. Son action sur les brisants de la mer.** *Aperçu historique, expériences, mode d'emploi.* 3ᵉ édition. In-16 colombier, avec figures dans le texte ; 1887. 2 fr. 50 c.

COLLET (J.), Professeur à la Faculté des Sciences de Grenoble, Membre de la Société des touristes du Dauphiné. — **Les Cartes topographiques. — La Carte dite de l'État-Major.** *Historique. Projection. Géodésie. Hypsométrie. Topographie. Critique et lecture.* Grand in-8, avec fig. dans le texte et 4 planches ; 1887. 2 fr. 50 c.

COLLIN (J.). — **Traité d'Algèbre élémentaire,** à l'usage des candidats au Baccalauréat ès Sciences et aux Écoles du Gouvernement. In-8 ; 1882. 5 fr.

COLSON (R.), Capitaine du Génie. — **Traité élémentaire d'Électricité, avec les principales applications.** 2ᵉ édition. In-18 jésus, avec 91 fig. ; 1888. 3 fr. 75 c.

COLSON (R.). — **Procédés de reproduction des dessins par la lumière.** In-18 jésus ; 1888. 1 fr.

COMBEROUSSE (Charles de), Ingénieur, Professeur à l'École Centrale des Arts et Manufactures et au Conservatoire des Arts et Métiers, ancien Professeur de Mathématiques spéciales au collège Chaptal. — **Cours de Mathématiques,** à l'usage des Candidats à l'École Polytechnique, à l'École Normale supérieure et à l'École centrale des Arts et Manufactures. 6 vol. in-8, avec fig. dans le texte et planches.

Chaque Volume se vend séparément :

Tome Iᵉʳ : *Arithmétique* et *Algèbre élémentaire* (avec 38 figures dans le texte). 3ᵉ édition ; 1884. 10 fr.

On vend à part :

Arithmétique. 4 fr.
Algèbre élémentaire. 6 fr.

Tome II : *Géométrie élémentaire, plane et dans l'espace; Trigonométrie rectiligne et sphérique,* avec 512 figures dans le texte. 2ᵉ édition ; 1882. 12 fr.

On vend à part :

Géométrie élémentaire, plane et dans l'espace. 7 fr.
Trigonométrie rectiligne et sphérique, suivie de Tables des valeurs des lignes trigonométriques naturelles. 5 fr.

Tome III : *Algèbre supérieure.* Iʳᵉ Partie : *Compléments d'Algèbre élémentaire (Déterminants, fractions continues, etc.). — Combinaisons. — Séries. — Étude des Fonctions. — Dérivées et Différentielles.* 2ᵉ édition ; 1887. 15 fr.

Tome IV : *Algèbre supérieure.* IIᵉ Partie : *Étude des imaginaires. Théorie générale des équations.* 2ᵉ édition ; 1888. (*Sous presse.*)

Tome V : *Géométrie analytique, plane et dans l'espace. Éléments de Géométrie descriptive.* 2ᵉ édit. (*Sous presse.*)

Tome VI : *Éléments de Géométrie supérieure, Notions sur la résolution des problèmes.* 2ᵉ édition. (*En préparation.*)

COMBEROUSSE (Ch. de). — **Histoire de l'École Centrale des Arts et Manufactures, depuis sa fondation jusqu'à ce jour.** Un beau volume grand in-8, orné de 4 planches à l'eau-forte, tirées sur chine ; 1879. 12 fr.

COMMINES DE MARSILLY (de), Ancien Élève de l'École Polytechnique. — **Recherches mathématiques sur les lois de la matière.** In-4 ; 1868. 9 fr.

COMMINES DE MARSILLY (de). — **Les lois de la matière. Essais de Mécanique moléculaire.** In-4 ; 1884. 9 fr.

COMPAGNON (P.-F.), ancien Professeur de l'Université. — **Éléments de Géométrie.** Cet Ouvrage est surtout destiné aux jeunes gens qui se préparent aux Écoles du Gouvernement. 2ᵉ édit. In-8, avec fig. ; 1876.

Broché.......... 7 fr.
Cartonné........ 7 fr. 75 c.

COMPAGNON (P.-F.). — **Abrégé des Éléments de Géométrie.** Cet Ouvrage s'adresse particulièrement aux Élèves des différentes classes de Lettres et aux candidats au Baccalauréat ès Lettres et ès Sciences, ou aux Élèves de l'Enseignement secondaire spécial. 2ᵉ édition. In-8, avec figures ; 1876. (*Autorisé par le Conseil supérieur de l'Enseignement secondaire spécial.*)

Broché.......... 4 fr. 50 c.
Cartonné........ 5 fr. 25 c.

COMPAGNON (P.-F.). — **Questions proposées sur les Éléments de Géométrie,** divisées en Livres, Chapitres et paragraphes, et contenant quelques indications *Sur la manière de résoudre certaines questions.* In-8, avec figures dans le texte ; 1877. 5 fr.

COMPOSITIONS données aux examens de licence ès Sciences mathématiques. Grand in-8 ; 1884.

Iʳᵉ Partie : Faculté de Paris, années 1869 à 1880, et Facultés des Départements, année 1880. 1 fr. 50 c.

IIᵉ Partie : Faculté de Paris, années 1881 à 1883, et Facultés des Départements, année 1883. 1 fr. 25 c.

IIIᵉ Partie : Facultés des Départements, année 1884. 1 fr.

IVᵉ Partie : Facultés des Départements, année 1885. 1 fr. 25 c.

CONNAISSANCE DES TEMPS ou des mouvements célestes, à l'usage des Astronomes et des Navigateurs, pour l'an 1889, publiée par le *Bureau des Longitudes*. Grand in-8 de plus de 950 p., avec 3 cartes en couleur.

Broché............... 4 fr. »
Cartonné............. 4 fr. 75 c.

Pour recevoir l'Ouvrage franco dans les pays de l'Union postale, ajouter 1 fr.

Depuis le Volume **pour l'an 1879,** la *Connaissance des Temps* ne contient plus d'*Additions*, et son prix a été abaissé à 4 fr. Les Mémoires qui composaient autrefois les *Additions* sont publiés dans les **Annales du Bureau des Longitudes et de l'Observatoire astronomique de Montsouris.**

Le volume pour l'année 1890 paraîtra en octobre 1888.

— **EXTRAIT DE LA CONNAISSANCE DES TEMPS, à l'usage des Écoles d'Hydrographie et des marins du Commerce, pour l'an 1889,** publié par le *Bureau des Longitudes*. Grand in-8; 1887. 1 fr. 50 c.

Par arrêté ministériel en date du 13 juillet 1887, l'emploi de cet Extrait ou de la Connaissance des Temps est prescrit comme base des calculs effectués par les aspirants aux grades de Capitaine au long cours et de Capitaine au cabotage.

CORNU (A.), Membre de l'Institut. — **Étude des bandes telluriques α, B et A du spectre solaire.** In-8, avec figures dans le texte et 1 planche; 1886. 2 fr. 50 c.

COURTIN, Ingénieur en chef au chemin de fer de l'État, Professeur à l'École des Mines de Mons. — **Éléments de la Théorie mécanique de la Chaleur,** contenant les formules nouvelles pour le calcul des machines à air chaud, des machines à air comprimé et des machines à vapeur. In-8° de 166 pages et un Tableau hors texte; 1882. 6 fr.

CREMONA (L.) et BELTRAMI. — Collectanea mathematica, nunc primum edita cura et studio *L. Cremona* et *E. Beltrami*, in memoriam **Dominici Chelini.** Un beau volume in-8, avec un portrait de Chelini et un fac-simile du testament inédit de Nicolo Tartaglia; 1881. 25 fr.

CREMONA (L.), Directeur de l'École d'application des Ingénieurs, à Rome. — **Les Figures réciproques en Statique graphique.** Ouvrage précédé d'une *Introduction* du Dr Giuseppe Jung, Professeur à l'Institut mécanique de Milan, et suivi d'un *Appendice* extrait des Mémoires et du Cours de Statique graphique de Ch. Saviotti, Professeur à l'École des Ingénieurs à Rome. Traduit par L. Bossut, Capitaine du Génie. Grand in-8, avec un atlas de 34 planches; 1885. 5 fr. 50 c.

CROOKES (William). — Sur la viscosité des gaz très raréfiés. In-8, avec fig. dans le texte; 1882. 2 fr.

CROULLEBOIS, Professeur à la Faculté des Sciences de Besançon. — **Théorie des lentilles épaisses.** *Interprétation géométrique et Exposition analytique des résultats de Gauss.* In-8; 1882. 3 fr. 50 c.

CULLEY (R.-S.). — Manuel de Télégraphie pratique. Traduit de l'anglais (7e édition), et augmenté de *Notes sur les appareils Breguet, Hughes, Meyer et Baudot, sur les transmissions pneumatiques et téléphoniques,* par Henri Berger, ancien Élève de l'École Polytechnique, Directeur-Ingénieur des lignes télégraphiques, et Paul Bardonnaut, ancien Élève de l'École Polytechnique, Directeur des postes et des télégraphes. Un beau volume gr. in-8, avec plus de 200 fig. dans le texte et 7 pl.; 1882.

Broché.............. 18 fr.
Cartonné à l'anglaise.. 20 fr.

DARBOUX (G.), Membre de l'Institut, Professeur à la Faculté des Sciences. — **Leçons sur la Théorie générale des surfaces et les applications géométriques du Calcul infinitésimal.** 2 vol. grand in-8, avec figures dans le texte, se vendant séparément :

Ire Partie : *Généralités. — Coordonnées curvilignes. — Surfaces minima*; 1887. 15 fr.

IIe Partie : *Théorie des systèmes de rayons rectilignes. — Formules de Codazzi. Lignes géodésiques. Théorie des surfaces applicables sur une surface donnée.* (*Sous presse.*)

DARCY. — Recherches expérimentales relatives au mouvement des eaux dans les tuyaux. In-4, avec 12 planches; 1857. 15 fr.

DAUGE (F.), Professeur ordinaire à la Faculté des Sciences de Gand. — **Leçons de Méthodologie mathématique.** Grand in-4, lithographié; 1883. 12 fr.

DAVANNE. — La Photographie. Traité théorique et pratique. 2 volumes grand in-8, avec figures, se vendant séparément :

Ire Partie : *Notions élémentaires. — Historique. — Épreuves négatives. — Principes communs à tous les procédés négatifs. — Épreuves sur albumine, sur collodion, sur gélatinobromure d'argent, sur pellicule, sur papier.* Avec 120 figures dans le texte et 2 planches de photographie instantanée; 1886. 16 fr.

IIe Partie : *Épreuves positives : Daguerréotype. — Épreuves sur verre et sur papier. — Épreuves aux sels de platine, de fer, de chrome (procédé au charbon). — Impressions photo-mécaniques. — Divers : Agrandissements. — Micrographie. — Stéréoscope. — Les couleurs en Photographie. — Notions élémentaires de Chimie; vocabulaire*; 1888.

DECANTE, Lieutenant de vaisseau. — **Tables du cadran solaire azimutal pour tous les points situés entre les cercles polaires.** *Variation automatique. Détermination instantanée du relèvement vrai. Contrôle de la route.* 2 vol. in-8; 1882. 5 fr.

Cet Ouvrage a été approuvé par le Comité hydrographique et autorisé par le Ministre de la Marine et des Colonies.

DELAISTRE (L.), Professeur de Dessin général. — **Cours complet de Dessin linéaire, gradué et progressif,** contenant la Géométrie pratique, élémentaire et descriptive; l'Arpentage, le Levé des Plans et le Nivellement; le Tracé des Cartes géographiques, des Notions sur l'architecture; le Dessin industriel; la Perspective linéaire et aérienne; le Tracé des ombres et l'étude du Lavis.

Atlas cartonné, in-4 oblong, contenant 60 planches et 70 pages de texte. 4e édit., revue et corrigée; 1885. 15 fr.

Ouvrage donné en prix, par la Société d'Encouragement pour l'Industrie nationale, aux CONTREMAITRES des Établissements industriels, et choisi par le Ministre de l'Instruction publique pour les Bibliothèques scolaires.

DELAMBRE, Membre de l'Institut. — **Traité complet d'Astronomie théorique et pratique.** 3 vol. in-4, avec planches; 1814. 40 fr.

DELAMBRE. — Histoire de l'Astronomie ancienne. 2 vol. in-4, avec planches; 1817. 25 fr.

DELAMBRE. — Histoire de l'Astronomie du moyen âge. 1 vol. in-4, avec planches; 1819. (*Rare.*)

DELAMBRE. — Histoire de l'Astronomie moderne. 2 vol. in-4, avec planches; 1821. 30 fr.

DELAMBRE. — Histoire de l'Astronomie au XVIIIe siècle, publiée par *Mathieu*, Membre de l'Académie des Sciences. In-4, avec planches; 1827. 20 fr.

DELIGNE (A.), Ingénieur civil des Mines, Directeur de l'École des Arts et Métiers d'Aix, Membre du Conseil supérieur de l'Enseignement technique. — **Notions complémentaires de Mathématiques.** *Géométrie analytique. Dérivées. Premiers principes de Calcul différentiel et intégral.* Rédigées conformément aux nouveaux programmes des cours des Écoles nationales d'Arts et Métiers. 2 volumes in-8, avec nombreuses figures dans le texte, se vendant séparément.

Ire PARTIE : *Géométrie analytique;* 1887. 6 fr. 50 c.

IIe PARTIE : *Dérivées. Premiers principes de Calcul différentiel et intégral;* 1887. 7 fr. 50 c.

DELISLE (A.), Examinateur pour l'admission à l'École Navale, et **GERONO**, Professeur de Mathématiques. — **Géométrie analytique.** In-8, avec planches; 1854. 5 fr.

DELISLE et GERONO. — **Éléments de Trigonométrie rectiligne et sphérique.** 7e édition. In-8, avec planches; 1876. 3 fr. 50 c.

DENFER, Chef des travaux graphiques de l'École Centrale des Arts et Manufactures. — **Album de Serrurerie,** conforme au Cours de Constructions civiles professé à l'École Centrale par E. MULLER, et contenant *l'emploi du fer dans la maçonnerie et dans la charpente en bois, la charpente en fer, les ferrements des menuiseries en bois, la menuiserie en fer, les grosses fontes et articles divers de quincaillerie.* Gr. in-4, contenant 100 belles planches lithographiées; 1872. 13 fr.

DEROUSSEAU (J.), Professeur de Mathématiques à l'Athénée royal de Liège. — **Algèbre pure et appliquée aux Sciences commerciales,** à l'usage des élèves s'adonnant aux Sciences commerciales et des personnes s'occupant d'opérations financières. In-8; 1887. 4 fr.

D'ÉTROYAT (Ad.). — **De la carène du navire et de l'Échelle de solidité.** In-4, avec 5 planches; 1865. 4 fr.

DEVILLEZ (A.), Directeur et Professeur de constructions civiles à l'École provinciale d'Industrie et des Mines du Hainaut. — **Éléments de constructions civiles.** *Art de bâtir. Composition des édifices. Vade-mecum de construction,* à l'usage de l'entrepreneur, du constructeur et du propriétaire qui veut faire bâtir ou restaurer ses propriétés. 4e tirage. 2 vol. in-8, dont un Atlas de 214 dessins; 1882. 16 fr.

DIAMILLA-MULLER. — **Memorie e Letture scientifiche. Astronomia, Magnetismo terrestre.** Grand in-8, avec 35 figures dans le texte et deux cartes magnétiques; 1885. 15 fr.

DIEN et FLAMMARION. — **Atlas céleste,** comprenant toutes les Cartes de l'ancien Atlas de **Ch. Dien,** rectifié, augmenté et enrichi de 5 Cartes nouvelles relatives aux principaux objets d'études astronomiques, par **C. Flammarion,** avec une *Instruction* détaillée pour les diverses Cartes de l'Atlas. In-folio, cartonné avec luxe, de 31 planches gravées sur cuivre, dont 4 doubles. 6e édition; 1885.

Prix { En feuilles, dans une couverture imprimée.. 40 fr.
Cartonné avec luxe, toile pleine............ 45 fr.

Les Cartes composant cet Atlas sont les suivantes :

A. Constellations de l'hémisphère céleste boréal (*Carte double*).
B. Constellations de l'hémisphère céleste austral (*Carte double*).
1. Petite Ourse, Dragon, Céphée, Cassiopée, Persée.
2. Andromède, Cassiopée, Persée, Triangle.
3. Girafe, Cocher, Lynx, Télescope.
4. Grande Ourse, Petit Lion.
5. Chevelure de Bérénice, Lévriers, Bouvier, Couronne boréale.
6. Dragon, Carré d'Hercule, Lyre, Cercle mural.
7. Hercule, Ophiuchus, Serpent, Taureau de Poniatowski, Écu de Sobieski.
8. Cygne, Lézard, Céphée.
9. Aigle et Antinoüs, Dauphin, Petit Cheval, Renard, Oie, Flèche, Pégase.
10. Bélier, Taureau (Pléiades, Hyades, Mouche).
11. Gémeaux, Cancer, Petit Chien.
12. Lion, Sextant, Tête de l'Hydre.
13. Vierge.
14. Balance, Serpent, Hydre.
15. Scorpion, Ophiuchus, Serpent, Loup.
16. Sagittaire, Couronne australe.
17. Capricorne, Verseau, Poisson austral.
18. Poissons, Carré de Pégase.
19. Baleine, Atelier du Sculpteur.
20. Éridan, Lièvre, Colombe, Harpe, Sceptre, Laboratoire.
21. Orion, Licorne.
22. Grand Chien, Navire, Boussole.
23. Hydre, Coupe, Corbeau, Sextant, Chat.
24. Constellations voisines du pôle austral (*Carte double*).
25. Mouvements propres séculaires des étoiles (*Carte double*).
26. Carte générale des étoiles multiples, montrant leur distribution dans le Ciel (*Carte double*).
27. Étoiles multiples en mouvement relatif certain.
28. Orbites d'étoiles doubles et groupes d'étoiles les plus curieux du Ciel.
29. Les plus belles nébuleuses du Ciel.

On vend séparément un Fascicule contenant :

Les 5 *Cartes nouvelles,* n°s 25 à 29 de l'Atlas céleste, par **C. Flammarion.** Ces Cartes sont renfermées dans une couverture imprimée, avec l'*Instruction* composée pour la nouvelle édition de l'Atlas. 15 fr.

DISLERE. — **La Guerre d'escadre et la Guerre de côtes.** (*Les nouveaux navires de combat.*) Un beau volume grand in-8, avec nombreuses figures, gravées sur bois, dans le texte. 2e édition, augmentée d'un Appendice par GUICHARD, Ingénieur de la marine; 1883. 7 fr.

DORMOY (Émile). — **Théorie mathématique des assurances sur la vie.** Deux volumes grand in-8; 1878. 20 fr.
Chaque volume se vend séparément. 10 fr.

DOSTOR (G.), Docteur ès Sciences, Professeur honoraire à la Faculté des Sciences de l'Institut catholique de Paris. — **Éléments de la théorie des déterminants,** avec application à l'Algèbre, la Trigonométrie et la Géométrie analytique dans le plan et dans l'espace, à l'usage des classes de Mathématiques spéciales. 2e éd. In-8; 1883. 8 fr.

DOSTOR (G.). — **Théorie générale des Polygones étoilés.** In-4; 1881. 2 fr.

DUBRUNFAUT. — **L'Osmose** et ses Applications industrielles ou Méthodes d'analyse nouvelle appliquées à l'*épuration des sucres et sirops.* In-8; 1873. 5 fr.

DUBRUNFAUT. — **Le Sucre** dans ses rapports avec la Science, l'Agriculture, l'Industrie, le Commerce, l'Économie publique et administrative, ou *Études faites depuis* 1866 *sur la question des Sucres.* Deux vol. in-8. 10 fr.

On vend séparément :

TOME I; 1873........................ 5 fr.
TOME II; 1878........................ 5 fr.

DUBRUNFAUT. — **Mémoire sur la saccharification des fécules.** In-8; 1882. 5 fr.

DUCOM. — **Cours complet d'observations nautiques,** avec les notions nécessaires au Pilotage et au Cabotage, augmenté de la puissance des effets des ouragans, typhons, tornados des régions tropicales. 3e édit.; 1858. 1 vol. in-8. 12 fr.

DUGUET (Ch.), Capitaine d'Artillerie. — **Déformation des corps solides. Limite d'élasticité et résistance à la rupture.** 2 volumes in-8 :

Ire PARTIE : *Statique spéciale,* avec 103 figures dans le texte; 1882. 6 fr.

IIe PARTIE : *Statique générale,* avec 110 figures dans le texte; 1885. 7 fr. 50 c.

DUHAMEL, Membre de l'Institut. — **Éléments de Calcul infinitésimal.** 4e édit., revue et annotée par *J. Bertrand,* Membre de l'Institut. 2 vol. in-8, avec planches; 1888. 15 fr.

DUHAMEL. — **Des Méthodes dans les sciences de raisonnement.** 5 vol. in-8. 27 fr. 50 c.

Ire PARTIE : *Des Méthodes communes à toutes les sciences de raisonnement.* 3e édition. In-8; 1885. 2 fr. 50 c.

IIe PARTIE : *Application des Méthodes à la science des nombres et à la science de l'étendue.* 2e édition. In-8; 1877. 7 fr. 50 c.

IIIe PARTIE : *Application de la science des nombres à la science de l'étendue.* 2e édit. In-8, avec fig.; 1882. 7 fr. 50 c.

IVe PARTIE : *Application des Méthodes générales à la science des forces.* 2e édit. In-8, avec fig.; 1886. 7 fr. 50 c.

Ve PARTIE : *Essai d'une application des Méthodes à la science de l'homme moral.* 2e édit. In-8; 1879. 2 fr. 50 c.

DULOS (Pascal), Professeur de Mécanique à l'École d'Arts et Métiers et à l'École des Sciences d'Angers. — **Cours de Mécanique**, à l'usage des Écoles d'Arts et Métiers et de l'enseignement spécial des Lycées. 5 vol. in-8, avec belles figures gravées sur bois dans le texte; 1885-1887-1887-1879-1882. (*Ouvrage honoré d'une souscription des Ministères de l'Instruction publique, de l'Agriculture et des Travaux publics.* 37 fr. 50 c.

On vend séparément :

TOME I : *Composition des forces. — Équilibre des corps solides. — Centre de gravité. — Machines simples. — Ponts suspendus. — Travail des forces. — Principe des forces vives. — Moments d'inertie. — Force centrifuge. — Pendule simple et composé. — Centre de percussion. — Régulateur à force centrifuge. — Pendule balistique.* 2e édition. 7 fr. 50 c.

TOME II : *Résistances nuisibles ou passives. — Frottement. — Application aux machines. — Roideur des cordes. — Application du théorème des forces vives à l'établissement des machines. — Théorie du volant. — Résistance des matériaux.* 2e édition. 7 fr. 50 c.

TOME III : *Hydraulique. — Écoulement des fluides. — Jaugeage des cours d'eau. — Établissement des canaux à régime constant. — Récepteurs hydrauliques. — Travail des pompes. — Bélier hydraulique. — Vis d'Archimède. — Moulins à vent.* 2e édition. 7 fr. 50 c.

TOME IV : *Thermodynamique. — Machines à vapeur. — Principaux types de machines à vapeur. — Chaudières à vapeur. — Machines à air chaud et à gaz. — Calcul des volants. — Appareils dynamométriques.* 9 fr. 50 c.

TOME V : *Distribution de la vapeur dans les cylindres. — Mouvement des tiroirs. — Distributions simples. — Distributions à deux tiroirs. — Diagrammes rectangulaires. — Diagrammes polaires. — Application aux détentes les plus usuelles.* 5 fr. 50 c.

DUMAS (J.-B.), Membre de l'Académie française, Secrétaire perpétuel de l'Académie des Sciences. — **Éloges et discours académiques.** Deux beaux volumes in-8, avec un portrait de *Dumas*, gravé par *Henriquel Dupont*; 1885. Chaque volume se vend séparément :

Tirage sur papier vélin........ 6 fr. 50 c
Tirage sur papier vergé......... 8 fr. »

DUMAS. — **Études sur le Phylloxera et sur les Sulfocarbonates.** In-8, avec planche; 1876. 3 fr.

DUMAS. — **Leçons sur la Philosophie chimique** professées au Collège de France en 1836, recueillies par *Bineau*. 2e édition. In-8; 1878. 7 fr.

DU MONCEL (Th.), Ingénieur électricien de l'Administration des Lignes télégraphiques. — **Traité théorique et pratique de Télégraphie électrique**, à l'usage des employés télégraphistes, des ingénieurs, des constructeurs et des inventeurs. Vol. in-8 de 642 pages, avec 156 figures dans le texte et 3 planches sur cuivre, imprimé sur carré fin satiné; 1864. 10 fr.

DU MONCEL (Th.). — **Exposé des Applications de l'Électricité.** *Technologie électrique.* 3e édition, entièrement refondue; 5 volumes grand in-8 cartonnés, avec 775 fig. et 21 planches; 1872-1878. 72 fr.

On vend séparément :

TOME V : Broché : 14 fr. — Cartonné : 16 fr.

DUPLAIS (aîné). — **Traité de la fabrication des liqueurs et de la distillation des alcools**, suivi du *Traité de la fabrication des eaux et boissons gazeuses*. 4e édition, revue et augmentée par *Duplais jeune*. 2 vol. in-8, avec 15 planches. 2e tirage; 1882. 16 fr.

DUPRÉ (Ath.), Doyen de la Faculté des Sciences de Rennes. — **Théorie mécanique de la Chaleur.** In-8, avec figures dans le texte; 1869. 8 fr.

EBELMEN. — **Chimie, Céramique, Géologie, Métallurgie.** Ouvrage revu et corrigé par *Salvétat*. 3 forts vol. in-8, avec fig. dans le texte (2e tirage); 1861. 15 fr.

ÉCOLE CENTRALE. — **Portefeuille des travaux de vacances des élèves**, *publiés par la Direction de l'École.* Années 1875 à 1881. 7 Volumes de texte in-8 et 7 Atlas in-folio de 50 planches chacun. 140 fr.
Chaque année se vend séparément. 25 fr.

Cette collection sur la *Mécanique*, la *Construction*, la *Métallurgie* et la *Chimie industrielle* a été réunie par la Direction de l'École centrale dans le but de fournir à ses Ingénieurs des renseignements et des modèles pour l'établissement de leurs projets. Elle donne, par ses plans cotés et ses textes explicatifs, une grande quantité de documents puisés aux sources mêmes, dans les grands chantiers et dans les usines les plus importantes. Aussi, cette collection, qui n'avait pas été mise jusqu'à ce jour à la disposition du public, est-elle appelée à rendre de sérieux services aux Ingénieurs, aux Constructeurs et aux Directeurs d'usines. La Table des Planches est envoyée franco sur demande.

ÉCOLE NAVALE. — **Types de Calculs nautiques.** *Navigation par l'estime* et *Navigation astronomique.* In-folio couronne, avec figures dans le texte et un Planisphère céleste; 1887. 7 fr.

La Commission, qui, d'après les ordres de M. le Ministre de la Marine, a élaboré ce Recueil de types de calculs, s'est attachée à en rendre la lecture facile aux marins n'ayant pas suivi les cours de l'École. Les types sont en effet précédés de toutes les explications théoriques qu'ils comportent, et l'Ouvrage peut être considéré comme le *vade-mecum* des officiers des montres.

ENDRÈS (E.), Inspecteur général honoraire des Ponts et Chaussées. — **Manuel du Conducteur des Ponts et Chaussées**, d'après le dernier *Programme officiel des examens.* Ouvrage indispensable aux Conducteurs et Employés secondaires des Ponts et Chaussées et des Compagnies de Chemins de fer, aux Gardes-Mines, aux Gardes et Sous-Officiers de l'Artillerie et du Génie, aux Agents voyers et à tous les Candidats à ces emplois. *Honoré d'une souscription des Ministères du Commerce et des Travaux publics, et recommandé pour le service vicinal par le Ministère de l'Intérieur.* 7e édition, *conforme au Programme du 7 sept.* 1880. 3 volumes in-8. 27 fr.

On vend séparément :

TOME Ier, *Partie théorique*, avec 407 figures dans le texte; et TOME II, *Partie pratique*, avec 346 figures dans le texte. 2 vol. in-8; 1884. 18 fr.

TOME III, *Applications.* Ce dernier volume est consacré à l'exposition des doctrines spéciales qui se rattachent à l'*Art de l'ingénieur* en général et au service des Ponts et Chaussées en particulier. In-8, avec plus de 250 fig. dans le texte; 1887. 9 fr.

ERMEL. — *Voir* **Fernique.**

EVERETT, Professeur de Philosophie naturelle au Queen's College de Belfast. — **Unités et constantes physiques.** Ouvrage traduit de l'anglais par Jules RAYNAUD, Docteur ès sciences, Professeur à l'École supérieure de Télégraphie, avec le concours de *Thévenin, de la Touanne* et *Massin*, sous-ingénieurs des télégraphes. In-18 jésus; 1883. 4 fr.

EXPÉRIENCES faites à l'Exposition d'électricité par Allard, Le Blanc, Joubert, Potier et Tresca. — *Méthodes d'observations. — Machines et lampes à courant continu, à courants alternatifs. — Bougies électriques. — Lampe à incandescence. — Accumulateur. — Transport électrique du travail. — Machines diverses.* — In-8 avec planches; 1883. 3 fr.

FAA DE BRUNO (le Chevalier Fr.), Docteur ès Sciences, Professeur de Mathématiques à l'Université de Turin. — **Théorie des formes binaires.** In-8, 1876. 16 fr.

FAA DE BRUNO (le Chevalier Fr.). — **Théorie générale de l'élimination.** Grand in-8; 1859. 3 fr. 50 c.

FAA DE BRUNO (le Chevalier Fr.). — **Traité élémentaire du Calcul des Erreurs, avec des Tables stéréotypées,**

Ouvrage utile à ceux qui cultivent les Sciences d'observation. In-8; 1869. 4 fr.

FABRE (C.). — **Aide-Mémoire de Photographie pour 1888**, 13e année. In-8, avec spécimen.
Prix : Broché. 1 fr. 75 c.
Cartonné. 2 fr. 25 c.

Les volumes des années précédentes de l'*Aide-Mémoire*, sauf 1877, 1878, 1879, 1880, 1883, 1884 et 1886, se vendent aux mêmes prix.

FATON (le P.). — **Traité d'Arithmétique théorique et pratique**, en rapport avec les nouveaux *Programmes* d'enseignement, terminé par une petite Table de Logarithmes. Chaque théorie est suivie d'un choix d'Exercices gradués de calcul et d'un grand nombre de Problèmes. 10e édition, revue et corrigée. In-12; 1884. (*Autorisé par décision ministérielle.*) Broché. 2 fr. 75 c.
Cartonné. 3 fr. 10 c.

FATON (le P.). — **Premiers éléments d'Arithmétique.** 7e édition. In-12; 1881. Broché. 1 fr. 50 c.
Cartonné. 1 fr. 85 c.

FAURE (H.), Chef d'escadron d'Artillerie. — **Théorie des indices.** In-8; 1878. 5 fr.

FAURE (H.). — **Recueil de Théorèmes relatifs aux sections coniques.** In-8; 1867. 2 fr. 50.

FAVARO (Antonio), Professeur à l'Université royale de Padoue. — **Leçons de Statique graphique**, traduites de l'italien par Paul Terrier, Ingénieur des Arts et Manufactures. 3 beaux volumes grand in-8, avec nombreuses figures, se vendant séparément :
Ire Partie : *Géométrie de position*; 1879. 7 fr.
IIe Partie : *Calcul graphique*, avec Appendices et Notes du Traducteur. Grand in-8, avec 212 figures et 2 planches dans le texte; 1885. 12 fr.
IIIe Partie : *Statique graphique*, Théorie et applications. (*Sous presse.*)

FAYE (H.), Membre de l'Institut et du Bureau des Longitudes. — **Cours d'Astronomie nautique.** In-8, avec figures dans le texte; 1880. 10 fr.

FAYE (H.). — **Cours d'Astronomie de l'École Polytechnique.** 2 beaux volumes grand in-8, avec nombreuses figures et Cartes dans le texte.
Ire Partie : *Astronomie sphérique. — Géodésie et Géographie mathématique*; 1881. 12 fr. 50 c.
IIe Partie : *Astronomie solaire. — Théorie de la Lune. — Navigation*; 1883. 14 fr.

FAYE (H.). — **Sur l'origine du Monde**, *Théories cosmogoniques des anciens et des modernes.* 2e édition. Un beau volume in-8, avec figures dans le texte; 1885. 6 fr.

FAYE (H.). — **Sur les Tempêtes.** *Théories et discussions nouvelles.* Grand in-8, avec figures; 1887. 2 fr. 50 c.

FERNIQUE (A.), Chef des travaux graphiques, Répétiteur du Cours de construction de machines à l'École centrale des Arts et Manufactures. — **Album d'Éléments et organes de machines**, composé et dessiné d'après le Cours professé par *F. Ermel*, et suivi de planches relatives aux machines soufflantes, d'après des documents fournis par *Jordan.* 2e édition, revue et corrigée. Portefeuille oblong contenant 19 planches de texte explicatif ou tableaux, et 102 planches de dessins cotés; 1882. 16 fr.

FLAMMARION (Camille), Astronome. — **Études et Lectures sur l'Astronomie.** In-12 avec fig. et cartes; tomes I à IX; 1867 à 1880.
Chaque volume se vend séparément. 2 fr. 50 c.

FLAMMARION (Camille). — **Catalogue des Étoiles doubles et multiples en mouvement relatif certain**, comprenant *toutes les observations* faites sur chaque couple depuis sa découverte et les *résultats conclus* de l'étude des mouvements. Grand in-8; 1878. 8 fr.

FLAMMARION (Camille). — **L'Astronomie, Revue mensuelle d'Astronomie populaire, de Météorologie et de Physique du globe**, donnant l'exposé permanent des découvertes et des progrès réalisés dans la connaissance de l'Univers; publiée par Camille Flammarion, avec le concours des principaux Astronomes français et étrangers. La *Revue* paraît le 1er de chaque mois, par numéros de 40 pages, avec nombreuses figures. Elle est publiée annuellement en volume, à la fin de chaque année.

PRIX DE L'ABONNEMENT :
Paris : 12 fr. — Départements : 13 fr. — Étranger : 14 fr.
Prix du numéro : 1 fr. 20 c.

PRIX DES ANNÉES PARUES :
Tome Ier, 1882 (10 nos, avec 134 figures). — Broché. 10 fr. Relié avec luxe. 14 fr.
Tome II, 1883 (12 nos, avec 172 figures). — Broché. 12 fr. Relié avec luxe. 16 fr.
Tome III, 1884 (12 nos, avec 172 figures). — Broché. 12 fr. Relié avec luxe. 16 fr.
Tome IV, 1885 (12 nos, avec 160 figures). — Broché. 12 fr. Relié avec luxe. 16 fr.
Tome V, 1886 (12 nos, avec 150 figures). — Broché. 12 fr. Relié avec luxe. 16 fr.
Tome VI, 1887 (12 nos, avec 150 figures). — Broché. 12 fr. Relié avec luxe. 16 fr.

La **Revue** a pour but de tenir tous les amis de la Science au courant des découvertes et des progrès réalisés dans l'étude générale de l'Univers. Elle donne, au jour le jour, le tableau vivant des conquêtes rapides et grandioses de la plus belle et de la plus vaste des Sciences, l'état du ciel et les observations les plus intéressantes à faire, soit à l'œil nu, soit à l'aide d'instruments de moyenne puissance. Chaque numéro est illustré de nombreuses figures explicatives sur les grands phénomènes célestes. Absolument correcte au point de vue scientifique, la Revue est néanmoins populaire, et ses rédacteurs suivent la voie de M. Camille Flammarion qui a toujours su présenter la Science sous une forme agréable; aussi peut-on dire que sa lecture est aussi intéressante pour les gens du monde que pour les savants. Cette publication forme la suite naturelle de l'*Astronomie populaire* et des *Étoiles*.

Un numéro est envoyé gratuitement, comme spécimen.

FLAMMARION (Camille). — **Astronomie populaire.** *Description générale du Ciel.* Un volume grand in-8, illustré de 300 figures, planches en chromolithographie, Cartes célestes, etc.; 1884. (Ouvrage couronné par l'Académie française, et adopté par le Ministre de l'Instruction publique pour les Bibliothèques populaires.)
Broché : 12 fr. — Cartonné : 16 fr. — Relié : 17 fr.

FLAMMARION (Camille). — **Les étoiles et les curiosités du ciel.** *Description complète du ciel visible à l'œil nu et des objets célestes les plus faciles à observer.* Un volume grand in-8, illustré de 400 gravures, chromolithographies, Cartes célestes, etc.; 1882.
Broché : 12 fr. — Cartonné : 16 fr. — Relié : 17 fr.

FLAMMARION (Camille). — **Les Terres du Ciel.** *Voyage astronomique sur les autres mondes et description des conditions actuelles de la vie sur les diverses planètes du système solaire.* Un volume grand in-8, illustré de photographies célestes, vues télescopiques, Cartes et 324 figures; 1884.
Broché : 12 fr. — Cartonné : 16. — Relié : 17 fr.

FOUCAULT (Léon), Membre de l'Institut. — **Recueil des travaux scientifiques de Léon Foucault**, publié par Mme Ve Foucault, sa mère, mis en ordre par Gariel, Ingénieur des Ponts et Chaussées, Professeur agrégé de Physique à la Faculté de Médecine de Paris, et précédé d'une Notice sur les Œuvres de L. Foucault, par J. Bertrand, Secrétaire perpétuel de l'Académie des Sciences. Un beau volume in-4, avec un Atlas de même format contenant 19 planches sur cuivre; 1878. 30 fr.

FOURIER. — **Œuvres de Fourier**, publiées par les soins de *Gaston Darboux*, Membre de l'Institut, sous les auspices du MINISTRE DE L'INSTRUCTION PUBLIQUE.

TOME I : *Théorie analytique de la chaleur*. In-4 ; 1888. 25 fr.

TOME II : *Mémoires divers*. In-4. (*Sous presse*.)

FRANCŒUR (L.-B.). — **Uranographie ou Traité élémentaire d'Astronomie**, à l'usage des personnes peu versées dans les Mathématiques, des Géographes, des Marins, des Ingénieurs, accompagné de planisphères. 6e édit. 1 vol. in-8, avec pl. ; 1853. 10 fr.

FRANCŒUR (L.-B.). — **Traité de Géodésie**, comprenant la Topographie, l'Arpentage, le Nivellement, la Géomorphie terrestre et astronomique, la Construction des Cartes, la Navigation ; augmenté de **Notes sur la mesure des bases**, par *Hossard*, et de deux **Notes** : l'une **Sur la méthode et les instruments d'observation employés dans les grandes opérations géodésiques ayant pour but la mesure des arcs de méridien et de parallèle terrestres** ; l'autre **Sur la jonction géodésique et astronomique de l'Espagne et de l'Algérie**, par le Colonel *Perrier*, Membre de l'Institut et du Bureau des Longitudes. 7e édition. In-8, avec figures dans le texte et 11 planches ; 1887. 12 fr.

FRENET (F.). — **Recueil d'Exercices sur le Calcul infinitésimal.** Ouvrage destiné aux Candidats à l'École Polytechnique et à l'École Normale, aux Élèves de ces Écoles et aux personnes qui se préparent à la licence ès Sciences mathématiques. 4e édition. In-8, avec figures dans le texte; 1882. 8 fr.

FREYCINET (Charles de), Sénateur, Ingénieur en chef des Mines. — **De l'Analyse infinitésimale. Étude sur la métaphysique du haut calcul.** 2e édition, revue et corrigée par l'Auteur. In-8, avec fig.; 1881. 6 fr.

FREYCINET (Charles de), Chef de l'exploitation des chemins de fer du Midi. — **Des Pentes économiques en Chemins de Fer. Recherches sur les dépenses des rampes.** In-8; 1861. 6 fr.

FROLOW, Ingénieur. — **Le problème d'Euler et les carrés magiques.** Traduit du russe. In-8, avec atlas de 36 pl.; 1884. 2 fr. 50 c.

FROLOW. — **Les Carrés magiques.** *Nouvelle étude* suivie de Notes de *Delannoy* et *Éd. Lucas*. Grand in-8, avec 7 planches de types de carrés magiques; 1886. 3 fr.

GÉRARD (A.), Sous-Contrôleur dans l'Administration des accises de Belgique. — **Manuel complet et pratique du cubage des bois**, à l'usage des négociants en bois, constructeurs de navires, entrepreneurs, agents forestiers, employés des douanes, de l'octroi, charpentiers, menuisiers, ébénistes, etc., comprenant des exemples sur toutes les méthodes de mesurage et de nombreuses applications sur le mécanisme des Tables et Tarifs. 2e édition. Petit in-8 de 151 pages, dont 71 de Tables; 1884. 3 fr. 50 c.

GEYMET. — **Traité pratique de Galvanoplastie et d'Electrolyse**, avec *applications pratiques fondées sur les dernières découvertes*. In-18 jésus; 1888. 4 fr. 50 c.

GÉRARDIN (H.), Ingénieur en chef des Ponts et Chaussées. — **Théorie des moteurs hydrauliques.** Application et travaux exécutés pour l'alimentation du canal de l'Aisne à la Marne par les machines. In-8, avec Atlas in-folio raisin de 25 planches ; 1872. 20 fr.

GILBERT (Ph.), professeur à l'Université catholique de Louvain. — **Cours de Mécanique analytique.** *Partie élémentaire*. 2e édit. Grand in-8, avec fig.; 1882. 9 fr. 50 c.

GILBERT (Ph.). — **Cours d'Analyse infinitésimale.** *Partie élémentaire*. 3e édition. Grand in-8; 1887. 11 fr.

GILBERT (Ph.). — **Preuves mécaniques de la rotation de la Terre.** Grand in-8; 1883. 1 fr. 50 c.

GILBERT (Ph.). — **Mémoire sur l'application de la méthode de Lagrange à divers problèmes du mouvement relatif.** In-8, avec figures; 1883. 3 fr. 50 c.

GINOT-DESROIS (Mlle). — **Planisphère mobile**, au moyen duquel on peut apprendre l'Astronomie seul et sans le secours des Mathématiques. 7e éd., 1847; sur carton. 4 fr.

GINOT-DESROIS (Mlle). — **Planisphère astronomique** ou **Calendrier astronomique perpétuel**, donnant le quantième des mois, les jours de la semaine, les phases de la Lune, la place du Soleil dans l'écliptique pour un jour donné, le lever, le passage au méridien, le coucher de ces astres et des étoiles, etc. 2e édition, 1861; sur carton, avec une brochure in-8 donnant la description et les usages du Calendrier perpétuel. 5 fr.

GIRARD (Aimé), Professeur au Conservatoire des Arts et Métiers et à l'Institut agronomique. — **Recherches sur le développement de la betterave à sucre.** Grand in-8, avec 10 planches en héliogravure; 1887. 6 fr.

GIRARD (Aimé). — **Mémoire sur l'hydrocellulose et ses dérivés.** In-8, avec une belle planche en héliogravure; 1881. 2 fr. 50 c.

GIRARD (Aimé). — **La fabrication de la bière** (Rapport au jury de l'Exposition universelle de Vienne). Grand in-8; 1876. 1 fr. 50 c.

GIRARD (Aimé). — **Composition chimique et valeur alimentaire des diverses parties du grain de froment.** In-8; avec 3 pl.; 1884. 3 fr.

GIRARD (L.-D.). — **Chemin de fer glissant, nouveau système de locomotion à propulsion hydraulique.** In-4, avec Atlas de 6 planches in-plano ; 1864. 8 fr.

GIRARD (L.-D.). — **Élévation d'eau pour l'alimentation des villes et distribution de force à domicile.**

N° 1. Grand in-4, avec fig. dans le texte; 1868. 3 fr.

N° 2. Grand in-4 (Texte seul); 1869. 2 fr. 50 c.

Le prospectus détaillé des Ouvrages de L.-D. GIRARD *est envoyé aux personnes qui en font la demande par lettre affranchie.* (La librairie Gauthier-Villars vient d'acquérir la propriété de tous les ouvrages de L.-D. Girard et en a diminué les prix de vente.)

GRAËFF (A.), Ancien Vice-Président du Conseil général des Ponts et Chaussées. — **Traité d'Hydraulique**, précédé d'une introduction sur les *principes généraux de la Mécanique*.

TOME I. — *Partie théorique*; 1882.

TOME II. — *Partie pratique*; 1882.

TOME III. — *Notes, tables numériques* et planches; 1883.

3 beaux volumes grand in-8; 1882-1883.

Broché...... 50 fr. | Relié demi-chagrin. 62 fr.

GRANDEAU (L.) et TROOST (L.). — **Traité pratique d'analyse chimique**, par **F. WOEHLER**, Associé étranger de l'Institut de France. **Édition française**, publiée avec le concours de l'Auteur. 1 volume in-18 jésus, avec 76 figures dans le texte et une planche; 1866. 4 fr. 50 c.

HALLAUER (O.). — **Étude expérimentale comparée sur les moteurs à un et à deux cylindres.** *Influence de la détente*. Grand in-8; 1879. 2 fr. 50 c.

HALLAUER (O.). — **Analyses expérimentales comparées sur les machines fixes et les machines marines.** Grand in-8; 1880. 2 fr. 50 c.

HALLAUER (O.). — **Étude critique sur les essais de moteurs à vapeur.** Grand in-8; 1881. 1 fr. 25 c.

HALLAUER (O.). — **Moteurs à vapeur.** — **Étude pratique sur l'échappement et la compression de la vapeur dans les machines.** Grand in-8; 1883. 1 fr. 50 c.

HALLAUER (O.). — *Voir* Hirn et Hallauer.

HALPHEN (G.-H.), Membre de l'Institut. — **Traité des fonctions elliptiques et de leurs applications.** 3 volumes grand in-8 se vendant séparément.

I^e Partie : *Théorie des fonctions elliptiques et de leurs développements en séries*; 1886. 15 fr.

IIe Partie : *Applications à la Mécanique, la Physique, la Géométrie et au Calcul intégral*; 1888. (*Sous presse.*)

IIIe Partie : *Théorie de la transformation; applications à l'Algèbre et à la Théorie des nombres.* (*S. pr.*)

HATON DE LA GOUPILLIÈRE (J.-N.). — **Traité des Mécanismes,** renfermant la théorie géométrique des organes et celle des résistances passives. In-8, avec 16 pl. gravées sur cuivre; 1864. (*Rare.*) 15 fr.

HÉLIE, Professeur à l'École d'Artillerie de la Marine. — **Traité de Balistique expérimentale.** 2e édition considérablement augmentée, avec la collaboration de M. Hugoniot, Capitaine d'Artillerie de la Marine. 2 vol. in-8, avec figures et nombreux tableaux dans le texte. Ouvrage publié sous les auspices du Ministre de la Marine; 1884. (*Honoré d'un grand prix en 1885, par l'Académie des Sciences.*) 18 fr.

HERMITE (Ch.), Membre de l'Institut. — **Sur la fonction exponentielle.** In-4; 1874. 2 fr. 50 c.

HERMITE (Ch.). — **Sur quelques applications des fonctions elliptiques.** Premier fascicule. In-4; 1885. 7 fr. 50 c.

HIRN (G.-A.), Correspondant de l'Institut. — **Théorie mécanique de la Chaleur.**

Ire Partie. — *Exposition analytique et expérimentale de la Théorie mécanique de la Chaleur.* 3e édition, entièrement refondue. In-8, grand raisin, avec figures dans le texte. Tome I; 1875. 12 fr.
Tome II; 1876. 12 fr.

IIe Partie (formant Ouvrage séparé). — *Conséquences philosophiques et métaphysiques de la Thermodynamique.* Analyse élémentaire de l'Univers. In-8, grand raisin; 1868. 10 fr.

HIRN (G.-A.). — **Mémoire sur la Thermodynamique.** In-8, avec 2 planches; 1867. 5 fr.

HIRN (G.-A.). — **Mémoire sur les conditions d'équilibre et sur la nature probable des anneaux de Saturne.** In-4, avec planches; 1872. 4 fr.

HIRN (G.-A.). — **Mémoire sur les propriétés optiques de la flamme des corps en combustion et sur la température du Soleil.** In-8; 1873. 1 fr. 25 c.

HIRN (G.-A.). — **Théorie analytique élémentaire du Planimètre Amsler.** Grand in-8, avec planches; 1875. 2 fr. 50 c.

HIRN (G.-A.). — **La Musique et l'Acoustique.** *Aperçu général sur leur rapport et sur leurs dissemblances* (Extrait de la *Revue d'Alsace*). Grand in-8; 1878. 2 fr. 50 c.

HIRN (G.-A.). — **Recherches expérimentales sur la relation qui existe entre la résistance de l'air et sa température.** *Conséquences physiques et philosophiques qui découlent de ces expériences.* Grand in-4, avec 4 planches; 1882. 6 fr.

HIRN (G.-A.). — **Recherches expérimentales et analytiques sur les lois de l'écoulement et du choc des gaz en fonction de la température.** *Conséquences physiques et philosophiques qui découlent de ces expériences, suivies de Réflexions générales au sujet des Rapports de MM. les Commissaires examinateurs de ce Mémoire.* In-4, avec 3 planches; 1886. 8 fr.

HIRN (G.-A.). — **L'Avenir du Dynamisme dans les Sciences physiques.** *Réflexions générales au sujet d'un Rapport lu à l'Académie royale des Sciences de Belgique par* Folie, *examinateur de ce Mémoire.* In-4; 1886. 3 fr. 50 c.

HIRN (G.-A.). — **Nouvelle réfutation générale des Théories appelées cinétiques.** In-4; 1886. 3 fr.

HIRN (G.-A.). — **Recherches expérimentales sur la limite de la vitesse que prend un gaz quand il passe d'une pression à une autre plus faible.** In-8; 1886. 2 fr. 75 c.

HIRN (G.-A.). — **La Cinétique moderne et le Dynamisme de l'avenir.** Réponse à diverses critiques faites par *Clausius*. In-4, avec 2 planches; 1887. 5 fr.

HIRN (G.-A.). — **La Thermodynamique et l'étude du travail chez les êtres vivants.** In-4; 1887. 2 fr.

HIRN (G.-A.). — **Théorie et application du pendule à deux branches.** In-4; 1887. 75 c.

HIRN (G.-A.). — *Voir* Catalogue général, pages 70, 71, 151, 4 (IIe supplément).

HIRN (G.-A.) et **HALLAUER** (O.). — **Thermodynamique appliquée. Réfutation d'une critique de M. G. Zeuner,** *concernant les travaux des ingénieurs alsaciens sur les machines à vapeur.* Grand in-8; 1882. 2 fr.
— **Réfutation d'une seconde critique de M. G. Zeuner.** Grand in-8; 1883. 2 fr.

HOMMEY, Capitaine de frégate en retraite. — **Tables d'angles horaires.** 2 vol. grand in-8 en tableaux. 15 fr.

HOÜEL (J.), Professeur de Mathématiques à la Faculté des Sciences de Bordeaux. — **Cours de Calcul infinitésimal.** Quatre beaux volumes grand in-8, avec figures dans le texte; 1878-1879-1880-1881.

On vend séparément :

Tome I..	15 fr.
Tome II..	15 fr.
Tome III..	10 fr.
Tome IV..	10 fr.

HOÜEL (J.). — **Tables de Logarithmes à cinq décimales** pour les nombres et les lignes trigonométriques, suivies des **Logarithmes d'addition et de soustraction ou Logarithmes de Gauss et de diverses Tables usuelles.** Nouvelle édition, revue et augmentée. Grand in-8; 1888. (*Autorisé par décision ministérielle.*) 2 fr.
Cartonné. 2 fr. 75 c.

HOÜEL (J.). — **Recueil de formules et de Tables numériques.** 3e édit., grand in-8; 1885. 4 fr. 50 c.

HOÜEL (J.). — **Essai critique sur les principes fondamentaux de la Géométrie élémentaire ou Commentaire sur les XXXII premières propositions des Éléments d'Euclide.** 2e édit. In-8, avec fig.; 1883. 2 fr. 50 c.

HOÜEL (J.). — **Sur le développement de la fonction perturbatrice, suivant la forme adoptée par Hansen dans la théorie des petites planètes.** In-8; 1875. 3 fr.

HOUZEAU (J.-C.), Directeur de l'observatoire royal de Bruxelles, et **LANCASTER** (A.), bibliothécaire de cet établissement. — **Bibliographie générale de l'Astronomie,** ou Catalogue méthodique des Ouvrages, des Mémoires et des Observations astronomiques publiés depuis l'origine de l'imprimerie jusqu'en 1880. 3 forts volumes grand in-8, à 2 colonnes, se vendant séparément.

Tome I. — **Ouvrages séparés.**

Ire Partie, Sections I et II : *Ouvrages historiques; Astrologie* (VII-858 pages, dont 550 à deux colonnes); 1887. 25 fr.

IIe Partie, Sections III à XI : *Biographies et Commerce épistolaire; Ouvrages didactiques; Astronomie sphérique*

Astronomie théorique; Mécanique céleste; Physique astronomique; Astronomie pratique; Astronomie descriptive; Systèmes. (*Sous presse.*)

TOME II : **Mémoires** (LXXXIX-2225 pages, avec planches); 1885. 40 fr.

TOME III : **Observations.** (*Sous presse.*)

(*Le Tome II forme un très fort volume pesant plus de 3kg. Lorsqu'on est obligé de l'envoyer par poste ou par colis postal, il faut séparer le volume en deux et faire deux paquets séparés. Pour recevoir franco dans toute l'Union postale, ajouter* 2 fr.)

Pour recevoir le tome II franco, ajouter 2 fr.

HOUZEAU (J.-C.) et **LANCASTER** (A.). — **Traité élémentaire de Météorologie.** 2e édition. In-12, avec figures et 3 planches; 1883. 3 fr.

INSTITUT DE FRANCE. — Comptes rendus hebdomadaires des Séances de l'Académie des Sciences.

Ces **Comptes rendus** paraissent régulièrement tous les dimanches, en un cahier de 32 à 40 pages, quelquefois de 80 à 120. L'abonnement est annuel, et part du 1er janvier.

Prix de l'abonnement pour un an :

Paris. 20 fr. || Départements. 30 fr.

Union postale. 34 fr.

La *Collection complète*, de 1835 à 1887, forme 105 volumes in-4. 787 fr. 50 c.

Chaque année, sauf 1844, 1845, 1870, 1873 à 1883, *se vend séparément.* 15 fr.

— **Table générale des Comptes rendus des Séances de l'Académie des Sciences,** par ordre de matières et par ordre alphabétique de noms d'auteurs. 2 volumes in-4, savoir :

Tables des tomes I à XXXI (1835-1850). In-4, 1853. 15 fr.

Tables des tomes XXXII à LXI (1851-1865). In-4, 1870. 15 fr.

Tables des tomes LXII à XCI (1866 à 1880). (*Sous pr.*)

— **Supplément aux Comptes rendus des Séances de l'Académie des Sciences.**

Tomes I et II, 1856 et 1861, *séparément.* 15 fr.

INSTITUT DE FRANCE. — Mémoires de l'Académie des Sciences. In-4; tomes I à XLII; 1816 à 1883.

Chaque Volume, à l'exception des Tomes ci-après indiqués, se vend séparément. 15 fr.

Le Tome XXXIII, avec Atlas, se vend séparément. 25 fr.

Les Tomes VI et XXI ne se vendent pas séparément.

— **Mémoires présentés par divers savants à l'Académie des Sciences,** et imprimés par son ordre. 2e série. In-4, tomes I à XXVIII; 1827-1884.

Chaque volume, à l'exception des tomes I à IX, se vend séparément. 15 fr.

— **Tables générales des Travaux contenus dans les Mémoires de l'Académie des Sciences et dans les Mémoires présentés par divers savants,** publiées par les SECRÉTAIRES PERPÉTUELS. Ces Tables générales comprennent pour chacune des Collections (*Mémoires de l'Académie* et *Mémoires présentés par divers savants*) les Tables par *volumes*, par noms *d'auteurs* et par *ordre de matières.* 2 volumes in-4, savoir :

Tables générales des travaux contenus dans les Mémoires de l'Académie. Ire Série, tomes I à XIV (an VI-1815) et IIe Série, tomes I à XL (1816-1878); 1881. 6 fr.

Tables générales des travaux contenus dans les Mémoires présentés par divers Savants à l'Académie. Ire Série, tomes I et II (1806-1811), et IIe Série, tomes I à XXV (1827-1877); 1881. 2 fr. 50 c.

INSTITUT DE FRANCE. — Recueil de Mémoires, Rapports et Documents relatifs à l'observation du passage de Vénus sur le Soleil, en 1874.

Tome I. — 1re PARTIE. *Procès-verbaux des séances tenues par la Commission.* In-4; 1877. 12 fr. 50 c.

— 2e PARTIE, avec SUPPLÉMENT. *Mémoires divers.* In-4, avec 7 planches, dont 3 en chromolithographie; 1876. 12 fr. 50 c.

Tome II. — 1re PARTIE. *Mission de Pékin.* Rapport de *Fleuriais.* — *Mission de Saint-Paul* (Astronomie). Rapport de *Mouchez.* In-4, avec 26 planches, dont 13 chromolith. et 2 photoglypties; 1878. 25 fr.

— 2e PARTIE. *Mission de Saint-Paul*(Météorologie, Géologie, etc.). Rapports du Dr *Rochefort* et de *Ch. Vélain.* — *Mission du Japon.* Rapports de *Janssen, Tisserand, Delacroix* et *Picard.* — *Mission de Saïgon.* Rapport de *Héraud.* — *Mission de Nouméa.* Rapport de *André.* In-4, avec figures dans le texte, et 36 planches, dont 5 chromolithographies et 8 photoglypties; 1880. 35 fr.

Tome III. — 1re PARTIE. *Mission de l'île Campbell.* Rapport de *Bouquet de la Grye.* In-4 avec 6 pl.; 1882. 12 fr. 50 c.

— 2e PARTIE. *Mission de l'île Campbell* (Zoologie, Botanique et Géologie). Rapport de *H. Filhol.* In-4 et Atlas contenant 68 pl. dont 18 col.; 1885. 25 fr.

— 3e PARTIE. *Mesures des plaques photographiques*, publiées sous la direction de *Fizeau*, par *Cornu, Baille, Mercadier, Gariel* et *Angot.* In-4 avec 2 planches; 1882. 12 fr. 50 c.

INSTITUT DE FRANCE. — Mémoires relatifs à la nouvelle maladie de la vigne, présentés par divers savants à l'Académie des Sciences. (*Voir*, pour le détail de ces *Mémoires*, le CATALOGUE GÉNÉRAL, ou le PROSPECTUS SPÉCIAL qui est envoyé sur demande.)

La Librairie Gauthier-Villars a seule, depuis le 1er janvier 1877, le dépôt des diverses publications de l'Académie des Sciences.

INSTITUT DE FRANCE. — Mission du Cap Horn (Voir *Ministères de la Marine et de l'Instruction publique*).

INSTRUCTION sur les paratonnerres. (*Voir* POUILLET et GAY-LUSSAC.)

JACQUIER, Professeur de l'Université, Membre du Conseil supérieur de l'Instruction publique. — **Problèmes de Physique, de Mécanique, de Cosmographie et de Chimie,** à l'usage des Candidats aux Baccalauréats ès Sciences, au Baccalauréat de l'Enseignement spécial et aux Écoles du Gouvernement. In-8, avec figures dans le texte; 1884. 6 fr.

JAMIN (J.), Secrétaire perpétuel de l'Académie des Sciences, Professeur de Physique à l'École Polytechnique, et **BOUTY** (E.), Professeur à la Faculté des Sciences. — **Cours de Physique de l'École Polytechnique.** 3e édition, augmentée et entièrement refondue par E. BOUTY. 4 forts vol. in-8 de plus de 4000 pages, avec plus de 1500 figures dans le texte et 14 planches sur acier, dont 2 en couleur; 1881-1888. (*Autorisé par décision ministérielle.*)

On vend séparément :

TOME I. — 9 fr.

(*) 1er fascicule. — *Instruments de mesure. Hydrostatique;* avec 150 fig. dans le texte et 1 planche. 5 fr.

2e fascicule. — *Actions moléculaires;* avec 92 figures dans le texte. 4 fr.

TOME II. — CHALEUR. — 15 fr.

(*) 1er fascicule. — *Thermométrie. Dilatations;* avec 98 figures dans le texte; 1885. 5 fr.

(*) 2e fascicule. — *Calorimétrie;* avec 48 fig. dans le texte et 2 planches; 1885. 5 fr.

3e fascicule. — *Théorie mécanique de la chaleur. Propagation de la chaleur;* avec 47 figures dans le texte; 1885. 5 fr.

TOME III. — ACOUSTIQUE; OPTIQUE. — 22 fr.

1er fascicule. — *Acoustique;* avec 123 figures dans le texte; 1887. 4 fr.

(*) 2e fascicule. — *Optique géométrique;* avec 139 fig. dans le texte et 3 planches; 1886. 4 fr.

3ᵉ fascicule. — *Étude des radiations lumineuses, chimiques et calorifiques. Optique physique;* avec 249 fig. dans le texte et 5 planches, dont 2 planches de spectres en couleur; 1887. 14 fr.

Tome IV (1ʳᵉ Partie). — Électricité statique et dynamique. — 12 fr.

1ᵉʳ fascicule. — *Gravitation universelle. Électricité statique;* avec 110 fig. dans le texte et 1 pl.; 1888. 6 fr.

2ᵉ fascicule. — *La pile. Phénomènes électrothermiques et électrochimiques,* avec 157 fig.; 1888. 6 fr.

Tome IV (2ᵉ Partie). — Magnétisme; Applications. 14 fr.

3ᵉ fascicule. — *Les aimants. Magnétisme. Electromagnétisme. Induction;* avec 230 fig. dans le texte et 1 planche. 9 fr.

4ᵉ fascicule. — *Applications de l'électricité. Complément* sur les principales découvertes faites pendant la publication de l'Ouvrage. *Table générale par noms d'auteurs,* et *Table générale des matières par ordre alphabétique;* avec 56 fig. dans le texte et 1 planche. 5 fr.

(*) Les matières du programme d'admission à l'Ecole Polytechnique sont comprises dans les parties suivantes de l'Ouvrage: Tome I, 1ᵉʳ fascicule; Tome II, 1ᵉʳ et 2ᵉ fascicules. Tome III, 2ᵉ fascicule. Les élèves de Mathématiques spéciales qui posséderont ces quatre fascicules auront ainsi entre les mains le commencement d'un grand Traité qu'ils pourront compléter ultérieurement, si, poursuivant l'étude de la Physique, ils se préparent à la Licence ou entrent dans une des grandes Ecoles du Gouvernement.

On peut aussi se procurer ces fascicules réunis en deux volumes. (Voir *Cours de Physique à l'usage de la Classe de Mathématiques spéciales.*)

JAMIN et BOUTY. — **Cours de Physique** à l'usage de la classe de **Mathématiques spéciales.** 2ᵉ édition. Deux beaux volumes in-8, contenant ensemble plus de 1060 pages, avec 458 figures géométriques ou ombrées dans le texte et 6 planches sur acier; 1886. 20 fr.

On vend séparément :

Tome I. — *Instruments de Mesure. Hydrostatique. — Optique géométrique. Notions sur les phénomènes capillaires.* In-8, avec 312 figures dans le texte et 4 planches. 10 fr.

Tome II. — *Thermométrie. Dilatations. — Calorimétrie.* In-8, avec 146 fig. dans le texte et 2 pl. 10 fr.

JAMIN. — **Appendice au Cours de Physique de l'École Polytechnique:** *Thermométrie, Dilatation, Optique géométrique, Problèmes et Solutions;* rédigé conformément au nouveau programme d'admission à l'École Polytechnique. In-8 de VIII-214 pages, avec 132 belles figures dans le texte; 1879. 3 fr. 50 c.

JAMIN (J.). — **Petit Traité de Physique,** à l'usage des Établissements d'Instruction, des aspirants aux Baccalauréats et des candidats aux Ecoles du Gouvernement. Nouveau tirage, augmenté de *Notes sur les progrès récents de la Physique,* par Bouty. In-8, avec 746 figures dans le texte et un spectre; 1882. (*Rare.*)

JAYS (L.), Professeur de Physique, ancien Météorologiste adjoint de l'observatoire de Lyon, et ancien chef des travaux de Physique à la Faculté de Médecine de Lyon. — **Problèmes de Physique et de Chimie,** choisis parmi les sujets de compositions proposés dans les concours et par les diverses Facultés dans ces dernières années. In-8, avec figures; 1886. 6 fr.

JENKIN (Fleeming), Professeur de Mécanique à l'Université d'Edimbourg. — **Électricité et Magnétisme.** Traduit de l'anglais sur la 8ᵉ édition par H. Berger, Directeur-Ingénieur des lignes télégraphiques, ancien Elève de l'École Polytechnique, et Croullebois, Professeur à la Faculté des Sciences de Besançon, ancien Élève de l'École Normale supérieure. Édition française augmentée de Notes importantes sur les *lois de Coulomb,* la *déperdition électrique,* le *potentiel,* les *tubes de force,* l'*énergie électrique,* la *transmission de la force,* etc.... Un fort volume petit in-8, avec 270 figures dans le texte; 1885. 12 fr.

JONQUIÈRES (de), Lieutenant de vaisseau. — **Mélanges de Géométrie pure.** In-8, avec planches; 1856. 5 fr.

JORDAN (Camille), Membre de l'Institut, Professeur à l'École Polytechnique. — **Cours d'Analyse de l'École Polytechnique.** 3 volumes in-8, avec figures dans le texte, se vendant séparément:

Tome I. — Calcul différentiel; 1882. 11 fr.

Tome II. — Calcul intégral (*Intégrales définies et indéfinies*); 1883. 12 fr.

Tome III. — Calcul intégral (*Equations différentielles*); 1887. 17 fr.

JORDAN (W.), Docteur ès Sciences, Professeur à l'École Polytechnique de Hanovre. **Tables Tachymétriques.** In-8; 1887. 10 fr.

JOUBERT (J.), Professeur de Physique au Collège Rollin. — **Étude sur les machines magnéto-électriques.** In-4; 1881. 2 fr. 50 c.

JOUFFRET (E.), Chef d'escadron d'Artillerie. — **Introduction à la Théorie de l'énergie.** Petit in-8; 1883. 3 fr. 50 c.

JOURNAL DE L'ÉCOLE POLYTECHNIQUE, publié par le Conseil d'instruction de cet établissement. 57 cahiers in-4, avec figures et planches. 1000 fr.

Prix d'un des derniers cahiers jusqu'au LIVᵉ inclus. 12 fr.

Prix de chacun des cahiers suivants (LVᵉ à LVIIᵉ). 14 fr.

Table des matières et noms d'auteurs des Cahiers I à XXXVII, formant 21 volumes. In-4; 1858. 2 fr.

Table des matières et noms d'auteurs des Cahiers XXXVIII à LVI, formant 16 volumes. In-4; 1887. 75 c.

Le LVIIᵉ Cahier, qui vient de paraître, contient: Mémoire sur la propagation du mouvement dans les corps et spécialement dans les gaz parfaits; par *H. Hugoniot.* — L'énergie libre et les changements d'état; par *J. Moutier.* — Développement des fonctions implicites; par *David.* — Sur les arcs des courbes planes algébriques; par *G. Humbert.* — Sur quelques équations linéaires; par *R. Liouville.*

Le LVIIIᵉ Cahier est *sous presse.*

JOURNAL DE MATHÉMATIQUES PURES ET APPLIQUÉES, ou **Recueil de Mémoires sur les diverses parties des Mathématiques,** fondé en 1836 et publié jusqu'en 1874 par J. Liouville; — publié de 1875 à 1884, par H. Resal. — A partir de 1885, le *Journal de Mathématiques* est publié par Camille Jordan, Membre de l'Institut, avec la collaboration de *G. Halphen, M. Lévy, A. Mannheim, E. Picard, H. Poincaré, H. Resal.* In-4, trimestriel (¹).

1ʳᵉ **Série,** 20 volumes in-4, années 1836 à 1855 (au lieu de 600 francs). 400 fr.

Chaque volume pris séparément (au lieu de 30 fr.) 25 fr.

2ᵉ **Série,** 19 volumes in-4, années 1856 à 1874 (au lieu de 570 fr.) 380 fr.

Chaque volume pris séparément (au lieu de 30 fr.) 25 fr.

3ᵉ **Série,** 10 volumes in-4, années 1875 à 1884 (au lieu de 300 fr.) 200 fr.

Chaque volume pris séparément, au lieu de 30 fr., 25 fr.

La 4ᵉ **Série,** commencée en 1885, se publie, chaque année, en 4 fascicules de 12 à 15 feuilles, paraissant au commencement de chaque trimestre.

(¹) On peut se procurer l'une des Séries ou les trois Séries au moyen de payements mensuels de 40 fr.

L'abonnement est annuel, et part de janvier.

Prix pour un an (4 FASCICULES) :

Paris	30 fr.
Départements et Union postale	35 fr.
Autres pays	40 fr.

— **Table générale des 20 volumes** composant la 1re Série. In-4. 3 fr. 50 c.

— **Table générale des 19 volumes** composant la 2e Série. In-4. 3 fr. 50 c.

— **Table générale des 10 volumes** composant la 3e Série. In-4. 1 fr. 75 c.

JOURNAL DE PHYSIQUE THÉORIQUE ET APPLIQUÉE, fondé par *d'Almeida* et publié par *E. Bouty*, *A. Cornu*, *E. Mascart*, *A. Potier*, avec la collaboration de plusieurs savants. Grand in-8, mensuel.

1re Série, 10 volumes in-8, années 1872 à 1881. 150 fr.
Chaque volume se vend séparément. 15 fr.

La **2e Série**, commencée en 1882, continue à paraître chaque mois et forme par an un volume grand in-8 de 36 feuilles avec figures dans le texte.

Paris et Union postale	15 fr.
Autres pays	17 fr.

JULLIEN (A.), Licencié ès Sciences mathématiques et physiques. — **Méthode nouvelle pour l'enseignement de la Géométrie descriptive (Perspective et Reliefs).** La Méthode se compose d'un Cours élémentaire et d'une Collection de Reliefs, qui se vendent séparément, savoir :

Cours élémentaire de Géométrie descriptive, conforme au programme du Baccalauréat ès Sciences 3e édition. In-18 jésus, avec figures et 143 planches intercalées dans le texte ; 1882. Cartonné. 3 fr. 50 c.

Collection de Reliefs à pièces mobiles se rapportant aux questions principales du Cours élémentaire :

Petite boîte, comprenant 30 reliefs, avec 118 pièces métalliques pour monter les reliefs. (*Port non compris.*) 10 fr.
Grande boîte, comprenant les mêmes reliefs tout montés. (*Port non compris.*) 15 fr.

KEMPE (H.-R.), Ingénieur des Télégraphes. — **Traité pratique des mesures électriques.** Traduit de l'anglais, sur la troisième édition (1884); par *H. Berger*, Directeur-ingénieur des lignes télégraphiques, ancien élève de l'École Polytechnique. Un beau volume in-8 de 650 pages, avec 146 figures dans le texte et nombreuses tables; 1885. 12 fr.

KIAËS, Chef des travaux graphiques à l'École Polytechnique et ancien Élève de cette École. — **Arithmétique élémentaire**, approuvée par le Ministre de la Guerre pour l'enseignement des caporaux et sapeurs dans les Écoles régim. du Génie. 2e édit. In-12 cart.; 1874. 1 fr. 20 c.

KIAËS. — **Traité d'Arithmétique**, approuvé par le Ministre de la Guerre pour l'enseignement des sous-officiers dans les Écoles régim. du Génie. 3e édit. In-12; 1885.
Broché. 2 fr. 75 c.
Cartonné. 3 fr. 10 c.

KŒHLER (J.), Répétiteur à l'École Polytechnique, ancien Directeur des Etudes à l'Ecole préparatoire de Sainte-Barbe. — **Exercices de Géométrie analytique et de Géométrie supérieure.** *Questions et solutions.* A l'usage des candidats aux Ecoles Polytechnique et Normale et à l'Agrégation. 2 volumes in-8, avec figures.

On vend séparément :

Ire PARTIE : *Géométrie plane;* 1886. 9 fr.
IIe PARTIE : *Géométrie de l'espace;* 1888. 9 fr.

LABOSNE. — **Instruction sur la Règle à calcul**, contenant les applications de cet instrument au calcul des expressions numériques, à la résolution des équations du deuxième et du troisième degré, et aux principales questions de Trigonométrie. In-8; 1872. 2 fr.

LACAILLE, Conducteur des Ponts et Chaussées. — **Tables synoptiques des calculs d'intérêts composés, d'annuités et d'amortissements.** Un fort vol. grand in-8; 2e édition; 1885. (*Ouvrage honoré d'une souscription des Ministères des Travaux publics, des Finances, de l'Agriculture et du Commerce*, etc.) 15 fr.

LACOMBE. — **Nouveau manuel de l'escompteur, du banquier, du capitaliste et du financier**, ou **Nouvelles Tables de calculs d'intérêts simples, avec le calendrier de l'escompteur.** Nouvelle édition, précédée d'une *Instruction sur les Calculs d'intérêts et l'usage des Tables*, par LAAS D'AGUEN, éditeur des Tables de Violeine, et terminée par un Exposé des lois sur les intérêts, les rentes, les effets de commerce, les chèques, etc., par B., Docteur en Droit. Un fort vol. in-18 jésus; 1877. 6 fr.

LACROIX. — **Éléments de Géométrie**, suivis de *Notions sur les courbes usuelles*. 23e édition, revue par *Prouhet*. In-8, avec 220 figures dans le texte; 1887. (*Autorisé par décision ministérielle.*) 4 fr.

LACROIX. — **Éléments d'Algèbre.** 24e édit., revue par *Prouhet*. In-8; 1879. 6 fr.

LACROIX. — **Complément des Éléments d'Algèbre.** 7e édition In-8; 1863. 4 fr.

LACROIX. — **Traité élémentaire de Trigonométrie rectiligne et sphérique, et d'Application de l'Algèbre à la Géométrie.** In-8, avec planches; 1863. 11e édition, revue et corrigée. 4 fr.

LACROIX. — **Introduction à la connaissance de la sphère.** 4e édition. In-18, avec planches; 1872. *Ouvrage choisi par S. Exc. le Ministre de l'Instruction publique pour les Bibliothèques scolaires.* 1 fr. 25 c.

LACROIX. — **Traité élémentaire de Calcul différentiel et de Calcul intégral.** 9e édition, revue et augmentée de Notes par *Hermite* et *J.-A. Serret*, Membres de l'Institut. 2 vol. in-8, avec pl.; 1881. 15 fr.

LACROIX. — **Traité élémentaire du Calcul des Probabilités.** 4e édition. In-8, avec planches; 1864. 5 fr.

LACROIX. — **Introduction à la Géographie mathématique et critique et à la Géographie physique.** In-8, avec planches; 1847. 7 fr.

LA GOURNERIE (de), Membre de l'Institut. — **Traité de Géométrie descriptive.** 2e édition. In-4, publié en trois *Parties* avec Atlas; 1873-1880-1885. 30 fr.
Chaque Partie se vend séparément. 10 fr.

La Ire PARTIE contient tout ce qui est exigé pour l'*admission à l'Ecole Polytechnique*. Elle est suivie d'un *Supplément contenant la solution de deux problèmes et des figures cavalières pour l'explication des constructions les plus difficiles.*

La IIe PARTIE et la IIIe PARTIE sont le développement du *Cours de Géométrie descriptive* professé à l'*Ecole Polytechnique*.

LA GOURNERIE (de). — **Supplément** au *Traité de Stéréotomie* de LEROY. **Théorie et construction de l'appareil hélicoïdal des arches biaises;** rédigées par ERNEST LEBON, Agrégé de l'Université, Professeur de mathématiques au Lycée Charlemagne. In-4, avec 2 planches in-folio; 1887. (On a tiré des exemplaires à part de ce Supplément pour les acquéreurs des précédentes éditions du Traité de Leroy. *Voir* plus loin LEROY, *Traité de Stéréotomie.*) 3 fr.

LA GOURNERIE (de). — **Traité de perspective linéaire.** 1 vol. in-4, avec atlas in-folio de 40 planches dont 8 doubles. 2e édition, entièrement revue; 1884. 25 fr.

LA GOURNERIE (de). — **Études économiques sur l'exploitation des chemins de fer.** Grand in-8; 1880. 4 fr. 50 c.

LAGRANGE. — Œuvres complètes de Lagrange, publiées par les soins de *J.-A. Serret* et *G. Darboux*, Membres de l'Institut, sous les auspices du Ministre de l'Instruction publique. In-4, avec un beau portrait de Lagrange, gravé sur cuivre par Ach. Martinet.

La Ire **Série** comprend tous les *Mémoires* imprimés dans les *Recueils des Académies de Turin, de Berlin et de Paris*, ainsi que les *Pièces diverses* publiées séparément. Cette Série forme 7 volumes (Tomes I à VII; 1867-1877), qui se vendent séparément. 30 fr.

La IIe **Série**, qui est en cours de publication, se compose de 7 vol., qui renferment les Ouvrages didactiques, la Correspondance et les Mémoires inédits; savoir :

Tome VIII : *Résolution des équations numériques*; 1879. 18 fr.

Tome IX : *Théorie des fonctions analytiques*; 1881. 18 fr.

Tome X : *Leçons sur le calcul des fonctions*; 1884. 18 fr.

Tome XI : *Mécanique analytique*, avec Notes de J. Bertrand et G. Darboux (Ire Partie). (*Sous presse.*)

Tome XII : *Mécanique analytique*, avec Notes de J. Bertrand et G. Darboux (2e Partie). (*Sous presse.*)

Tome XIII : *Correspondance inédite de Lagrange et d'Alembert*, publiée d'après les manuscrits autographes et annotée par Ludovic Lalanne. In-4; 1882. 15 fr.

Tome XIV : *Correspondance avec divers Savants, et Mémoires inédits*. In-4. (*Sous presse.*)

Le Tome XIII contient des Lettres inédites qui sont publiées d'après les manuscrits autographes de d'Alembert et de Lagrange conservés à la Bibliothèque de l'Institut de France. Dans le Tome XIV, on donnera, entre autres, la Correspondance inédite de Lagrange avec Condorcet, Euler, Laplace, etc. Ce Tome sera précédé d'une Notice destinée à compléter celle que l'on doit à Delambre, et qui a été reproduite en tête du premier Volume de la Collection.

LAGUERRE, Membre de l'Institut. — **Notes sur la résolution des équations numériques.** In-8; 1880. 2 fr.

LAGUERRE. — **Théorie des équations numériques.** Ire Partie. In-4; 1884. 1 fr. 75 c.

LAGUERRE. — **Recherches sur la Géométrie de direction.** *Méthodes de transformation. Anticaustiques.* In-8; 1885. 2 fr.

LAISANT (C.-A.), Député, Docteur ès Sciences, ancien Élève de l'École Polytechnique. — **Introduction à la méthode des quaternions.** In-8, avec fig.; 1881. 6 fr.

LAISANT (C.-A.). — **Théorie et applications des Équipollences.** In-8, avec 73 figures; 1887. 7 fr. 50 c.

LALANDE. — **Tables de Logarithmes pour les Nombres et les Sinus à CINQ DÉCIMALES**; revues par le baron *Reynaud*. Nouvelle édition, augmentée de *Formules pour la Résolution des Triangles*, par *Bailleul*, typographe. In-18; 1881. (*Autorisé par décision du Ministre de l'Instruction publique.*) Broché... 2 fr.
Cartonné. 2 fr. 40 c.

LALANDE. — **Tables de Logarithmes**, étendues à **SEPT DÉCIMALES**, par *Marie*, précédées d'une Instruction par le baron *Reynaud*. Nouvelle édition, augmentée de *Formules pour la Résolution des Triangles*, par *Bailleul*, typographe. In-12; 1888. Broché. 3 fr. 50 c.
Cartonné. 3 fr. 90 c.

LAMÉ (G.), Membre de l'Institut. — **Leçons sur les fonctions inverses des transcendantes et les Surfaces isothermes.** In-8, avec figures dans le texte; 1857. 5 fr.

LAMÉ (G.). — **Leçons sur les Coordonnées curvilignes et leurs diverses applications.** In-8, avec figures dans le texte; 1859. 5 fr.

LAMÉ (G.). — **Leçons sur la théorie analytique de la chaleur.** In-8, avec fig. dans le texte; 1861. 6 fr. 50 c.

LAPLACE. — **Œuvres complètes de Laplace**, publiées sous les auspices de l'Académie des Sciences, par les *Secrétaires perpétuels*, avec le concours de *Puiseux*, Membre de l'Institut, de *F. Tisserand*, Membre de l'Institut, de *J. Hoüel*, professeur à la Faculté des Sciences de Bordeaux, et *Souillard*, professeur à la Faculté des Sciences de Lille. Nouvelle édition, avec un beau portrait de Laplace, gravé sur cuivre par *Tony Goutière*. In-4; 1878-1886.

Extrait de l'Avertissement.

« L'Académie, sur le Rapport de la Section d'Astronomie et de la Commission administrative, après avoir pris connaissance des conditions dans lesquelles devait s'accomplir le travail et des soins dont il était entouré, a décidé, dans sa séance du 16 juillet 1877, que la nouvelle édition serait publiée sous ses auspices et sous sa responsabilité. »

Les éditions précédentes, qui sont devenues très rares, ne contenaient que 7 volumes, savoir : *Traité de Mécanique céleste* (5 volumes), *Exposition du système du Monde* et *Théorie analytique des probabilités*. La nouvelle édition comprendra de plus 6 volumes renfermant tous les autres Mémoires de Laplace, dont la dissémination dans de nombreux Recueils académiques et périodiques rendait jusqu'à ce jour l'étude si difficile.

Traité de Mécanique céleste. Tomes I à V (1878-1882).

Tirage sur papier vergé, au chiffre de Laplace; 5 vol. In-4. 90 fr.
Tirage sur papier de Hollande, au chiffre de Laplace (à petit nombre); 5 vol. In-4. 120 fr.

Les Volumes du *Traité de Mécanique céleste* ne se vendent plus séparément, sauf le tome V (papier vergé, au chiffre de Laplace) dont le prix est de 20 fr.

Exposition du système du Monde. Tome VI (1884).

Tirage sur papier vergé, au chiffre de Laplace. 20 fr.
Tirage sur papier de Hollande, au chiffre de Laplace. 25 fr.

Théorie des probabilités. Tome VII (1886).

Tirage sur papier vergé fort, au chiffre de Laplace. 35 fr
Tirage sur papier de Hollande, au chiffre de Laplace. 43 fr.

Ce volume, qui comprend 832 pages sur papier fort, est d'un maniement peu facile pour les lecteurs qui veulent faire une longue étude de la *Théorie des probabilités*; aussi nous avons divisé un certain nombre d'exemplaires en deux fascicules. Pour permettre de relier ultérieurement ces deux fascicules en un volume unique, nous avons joint au premier fascicule un titre de l'Ouvrage complet. — Les fascicules se vendent séparément :

Premier fascicule.

Tirage sur papier vergé fort, au chiffre de Laplace. 15 fr.
Tirage sur papier de Hollande, au chiffre de Laplace. 18 fr.

Second fascicule.

Tirage sur papier vergé fort, au chiffre de Laplace. 20 fr.
Tirage sur papier de Hollande au chiffre de Laplace. 25 fr.

Mémoires divers, Tomes VIII à XIII (1887 à .)

Le Tome VIII est sous presse.

LAPLACE. — **Essai philosophique sur les Probabilités.** 6e édition. In-8; 1840. 5 fr.

LAPLACE. — **Précis de l'Histoire de l'Astronomie.** 2e édition. In-8; 1863. 3 fr.

L'ASTRONOMIE. — **Revue mensuelle.** (*Voir* Flammarion.)

LAURENT (A.), Correspondant de l'Institut. — **Méthode de Chimie**, précédée d'un *Avis au Lecteur*, par *Biot*. In-8, avec figures; 1854. 8 fr.

LAURENT (H.), Examinateur d'admission à l'École Polytechnique. — **Traité d'Analyse.** 6 volumes in-8, avec figures dans le texte.

Tome I : **Calcul différentiel.** *Applications analytiques et géométriques*; 1885. 10 fr.

Tome II : **Calcul différentiel.** *Applications géométriques*; 1887. 12 fr.

Tome III : **Calcul intégral.** *Intégrales définies et indéfinies*; 1888. 12 fr.

Le Tome IV est *sous presse*.

Ce Traité est le plus étendu qui soit publié sur l'Analyse. Il est destiné aux personnes qui, n'ayant pas le moyen de consulter un grand nombre d'ouvrages, ont le désir d'acquérir des connaissances étendues en Mathématiques. Il contient donc, outre le développement des matières exigées des candidats à la Licence, le résumé des principaux résultats acquis à la Science. (Des astérisques indiquent les matières non exigées des candidats à la Licence.) Enfin, pour faire comprendre dans quel esprit est rédigé ce Traité d'Analyse, il suffira de dire que l'Auteur est un ardent disciple de Cauchy.

LAURENT (H.), Répétiteur à l'École Polytechnique. — **Traité d'Algèbre**, à l'usage des Candidats aux Écoles du Gouvernement. Revu et mis en harmonie avec les derniers Programmes, par J.-H. MARCHAND, ancien Élève de l'École Polytechnique. 4e édition. 3 vol. in-8; 1887.

Ire Partie : ALGÈBRE ÉLÉMENTAIRE, à l'usage des *Classes de Mathématiques élémentaires.* 4 fr.

IIe Partie : ANALYSE ALGÉBRIQUE, à l'usage des *Classes de Mathématiques spéciales.* 4 fr.

IIIe Partie : THÉORIE DES ÉQUATIONS, à l'usage des *Classes de Mathématiques spéciales.* 4 fr.

LAURENT (H.). — **Théorie élémentaire des Fonctions elliptiques.** In-8, avec fig. dans le texte; 1882. 3 fr. 50 c.

LAURENT (H.). — **Traité de Mécanique rationnelle** à l'usage des Candidats à l'Agrégation et à la Licence. 2e édit. 2 vol. in-8, avec figures; 1878. 12 fr.

LAURENT (H.). — **Traité du Calcul des Probabilités.** In-8; 1873. 7 fr. 50 c.

LÉAUTÉ (H.), Docteur ès Sciences, Ingénieur des Manufactures de l'État. — **Théorie générale des transmissions par câbles métalliques.** — *Règles pratiques.* In-4, avec figures dans le texte; 1882. 10 fr.

LÉAUTÉ (H.), Docteur ès sciences, Répétiteur à l'École Polytechnique. — **Mémoires sur les oscillations à longues périodes dans les machines actionnées par des moteurs hydrauliques, et sur les moyens de prévenir ces oscillations.** In-4, avec figures dans le texte et 3 planches; 1885. 7 fr.

LEBON (Ernest). — (*Voir* **La Gournerie.**)

LECOQ DE BOISBAUDRAN. — **Spectres lumineux,** Spectres prismatiques et en longueurs d'onde, destinés aux recherches de Chimie minérale. Grand in-8, avec atlas contenant 29 belles planches sur acier; 1874. 20 fr.

LEFÉBURE DE FOURCY, Examinateur pour l'admission à l'École Polytechnique. — **Leçons d'Algèbre.** 9e édition. In-8; 1880. 7 fr. 50 c.

LEFÉBURE DE FOURCY. — **Leçons d'Algèbre** *à l'usage des classes de Mathématiques élémentaires;* 1870. 4 fr. 50 c.

LEFÉBURE DE FOURCY. — **Traité de Géométrie descriptive,** précédé d'une Introduction qui renferme la **Théorie du plan et de la ligne droite considérée dans l'espace.** 8e édition. 2 vol. in-8, dont un composé de 32 planches; 1881. 10 fr.

LEFÉBURE DE FOURCY. — **Leçons de Géométrie analytique,** comprenant la **Trigonométrie rectiligne et sphérique, les lignes et les surfaces des deux premiers ordres.** 9e édition. In-8, avec planches; 1881. 2 fr.

LEFÈVRE. — **Abrégé du nouveau traité de l'Arpentage,** ou **Guide pratique et mémoratif de l'Arpenteur,** particulièrement destiné aux personnes qui n'ont point étudié la Géométrie. Gros volume in-12, avec 18 pl., dont une coloriée. 7 fr.

LEFORT (F.). — **Tables des surfaces de déblai et de remblai, des largeurs d'emprise et des longueurs des talus,** relatives à un chemin de fer à deux voies ou à une *Route de* 10 *mètres* de largeur entre fossés, pour des cotes sur l'axe de 0^m à 15^m et pour des déclivités sur le profil transversal de 0^m à $0^m,25$. Gr. in-8 jés.; 1861. 3 fr.

MÊMES TABLES relatives à un chemin de fer à une voie ou à une *Route de* 6 *mètres,* etc. Grand in-8 sur jésus; 1862. 3 fr.

MÊMES TABLES relatives à une *Route de* 8 *mètres.* Grand in-8 sur jésus; 1863. 3 fr.

LEHAGRE, Chef de bataillon du Génie. — **Cours de Topographie,** professé à l'École d'application de l'Artillerie et du Génie. Grand in-8 jésus :

Ire PARTIE : *Instruments et procédés de Lever (Planimétrie, Altimétrie, Dessin topographique).* 2e édition, revue, corrigée et augmentée. Avec 312 figures dans le texte; 1881. 15 fr.

IIe PARTIE : *Méthodes de Levers (Levers à grande échelle; Levers d'une grande étendue; Levers de reconnaissance).* Avec 9 modèles de carnets pour les différents levers, et 22 grandes planches, dont 3 en couleur; 2e édition. *(Sous presse.)*

IIIe PARTIE : *Opérations trigonométriques; Lever de la triangulation; Nivellement.* Avec 12 modèles de carnets pour l'enregistrement des observations, 8 types de calculs de triangulation et 12 grandes planches. *(Sous presse.)*

LEMSTRÖM, Professeur de Physique à l'Université d'Helsingfors. — **L'Aurore boréale.** *Étude générale des phénomènes produits par les courants électriques de l'atmosphère.* Grand in-8, avec figures dans le texte et 14 pl. dont 5 en chromolithographie; 1886. 6 fr. 50 c.

LEONELLI. — **Supplément logarithmique,** précédé d'une NOTICE SUR L'AUTEUR, par *J. Hoüel,* Professeur de Mathématiques pures à la Faculté des Sciences de Bordeaux. 2e édition. In-8; 1876. 4 fr.

LEPRIEUR, Trésorier de l'École Polytechnique. — **Répertoire de l'École Polytechnique de 1855 à 1865,** faisant suite au *Répertoire* de *Marielle.* In-8; 1867. 3 fr.

LEROY (C.-F.-A.), ancien Professeur à l'École Polytechnique et à l'École Normale supérieure. — **Traité de Géométrie descriptive,** suivi de la *Méthode des plans cotés* et de la *Théorie des engrenages cylindriques et coniques.* 12e édition, revue et annotée par *Martelet.* In-4, avec Atlas de 71 pl.; 1885. 16 fr.

LEROY (C.-F.-A.). — **Traité de Stéréotomie,** comprenant les **Applications de la Géométrie descriptive à la Théorie des Ombres, la Perspective linéaire, la Gnomonique, la Coupe des Pierres et la Charpente.** 11e édition, revue et annotée par *E. Martelet,* ancien élève de l'École Polytechnique, professeur de Géométrie descriptive à l'École centrale des Arts et Manufactures. Augmentée d'un Supplément : **Théorie et construction de l'appareil hélicoïdal des arches biaises,** par J. DE LA GOURNERIE, rédigées par *Ernest Lebon,* Agrégé de l'Université, professeur au Lycée Charlemagne. In-4, avec Atlas de 76 pl. in-folio; 1887. 26 fr.

LE TELLIER (le Dr). — **Nouveau système de Sténographie.** In-8 raisin, avec 37 pl.; 1869. 2 fr. 50 c

LÉVY (Maurice), Membre de l'Institut, Ingénieur en chef des Ponts et Chaussées, Professeur au Collège de France et à l'École Centrale des Arts et Manufactures. — **La Statique graphique et ses applications aux constructions.** 2e édition. 4 vol. grand in-8, avec 4 Atlas de même format :

Ire PARTIE. — *Principes et applications de Statique graphique pure.* Grand in-8 de XXVIII-549 pages, avec Atlas de 26 planches; 1886. 22 fr.

IIe PARTIE. — *Flexion plane. Lignes d'influence. Poutres droites.* Gr. in-8 de XIV-345 pages, avec fig. dans le texte et un Atlas de 6 pl.; 1886. 15 fr.

IIIe PARTIE. — *Arcs métalliques. Ponts suspendus rigides. Coupoles et corps de révolution.* Grand in-8 de ix-418 pages, avec fig. dans le texte et un Atlas de 8 pl.; 1887. 17 fr.

IV° Partie. — *Ouvrages en maçonnerie. Systèmes réticulaires à lignes surabondantes. Index alphabétique des quatre Parties.* Grand in-8 de ix-350 pages, avec figures dans le texte et un Atlas de 4 planches; 1888. 15 fr.

LÉVY (Maurice). — **Sur le principe de l'Énergie.** In-18 jésus; 1888. 1 fr. 50 c.

LIAGRE (J.-B.-J.), Lieutenant-Général, Secrétaire perpétuel de l'Académie Royale de Belgique. — **Calcul des probabilités et Théorie des erreurs,** avec des applications aux Sciences d'observation en général et à la Géodésie en particulier. 2° édition, revue par le capitaine *C. Peny*, professeur à l'École militaire. In-8; 1879. 10 fr.

LIONNET (E.), Agrégé de l'Université, examinateur suppléant d'admission à l'École Navale. — **Éléments d'Arithmétique.** 3° édition. In-8; 1857. (*Autorisé par l'Université.*) 4 fr.

LONCHAMPT (A.), Préparateur aux baccalauréats ès Lettres et ès Sciences, et aux Écoles du Gouvernement.

— **Recueil de Problèmes** tirés des *compositions données à la Sorbonne*, de 1853 à 1875-1876, pour les *Baccalauréats ès Sciences*, suivis des compositions de Mathématiques élémentaires, de Physique, de Chimie. 2° édition. In-18 jésus, avec figures dans le texte et planches; 1876-1877:

Ire Partie : **Arithmétique. — Algèbre. — Trigonométrie.** *Questions.* 1 fr. »
Solutions. 1 fr. 80 c.

II° Partie : **Géométrie.** *Questions.* 1 fr. »
Atlas. 60 c.
Solutions. 2 fr. 80 c.

III° Partie : **Approximations numériques** (théorie et applications). — **Maxima et minima** (théorie et questions). — **Courbes usuelles, Géométrie descriptive, Cosmographie, Mécanique.** *Théorie* et *Questions.* 1 fr. 50 c.
Solutions. 1 fr. 50 c.

IV° Partie : **Physique. — Chimie.** (Les *Solutions* sont précédées d'un *Précis sur la résolution des Problèmes de Physique*, par H. Bertot, ancien Élève de l'École Polytechnique.) *Questions.* 1 fr. »
Solutions. 2 fr. 50 c.

LOYAU (Achille), Ingénieur des Arts et Manufactures. — **Album de charpentes en bois,** renfermant différents types de *planchers, pans de bois, combles, échafaudages, ponts provisoires*, etc. Grand in-4, contenant 120 planches de dessins cotés; 1873. 25 fr.

LUCAS (Édouard), Professeur de Mathématiques spéciales au Lycée Saint-Louis. — **Récréations mathématiques.**

Tome I. — *Les Traversées. — Les Ponts. — Les Labyrinthes. — Les Reines. — Le Solitaire. — La Numération. — Le Baguenaudier. — Le Taquin*; 1882.

Tome II. — *Qui perd gagne. — Les Dominos. — Les Marelles. — Le Parquet. — Le Casse-tête. — Les Jeux de demoiselles. — Le Jeu icosien d'Hamilton.* 1883.

Deux vol. petit in-8, caractères elzévirs, titres en deux couleurs; chaque volume se vend séparément :
Tirage sur papier vélin. 7 fr. 50 c.
Tirage sur papier hollande. 12 fr. »

LUTSCHAUNIG (V.), Ingénieur et Professeur de construction navale à l'Académie du commerce et de la navigation de Trieste. — **La théorie du navire.** Traduit sur la 2° édition allemande par *Auradou*, Ingénieur de la marine en retraite. Grand in-8°, avec 85 fig.; 1885. 10 fr.

MACQUET (A.), Ingénieur au corps des Mines, Professeur de Physique expérimentale et d'Electricité à l'École d'Industrie et des Mines du Hainaut. — **Cours de Physique industrielle** à l'usage des élèves des Écoles spéciales, contenant les *applications de la chaleur aux usages industriels.*

Ire Partie. — *Combustion et combustibles. — Foyers. — Chaudières à vapeur.* 2 volumes in-4 autographiés, avec 769 figures dans le texte et un atlas de 40 pl. Mons, E. Dacquin; 1886. 35 fr.

MAHISTRE, Professeur à la Faculté de Lille. — **L'art de tracer les Cadrans solaires,** à l'usage des Instituteurs et des personnes qui savent manier la règle et le compas. (*Approuvé par le Conseil de l'Instruction publique.*) 4° édit. In-18, avec fig. dans le texte; 1884. 1 fr. 25 c.

MAHISTRE. — **Cours de Mécanique appliquée.** In-8, avec 211 figures dans le texte; 1858. 8 fr.

MAINDRON (E.). — **Les fondations de prix à l'Académie des Sciences.** Les Lauréats de l'Académie (1714-1880). In-4; 1881. 8 fr.

MANNHEIM (A.), Colonel d'Artillerie, Professeur à l'École Polytechnique. — **Cours de Géométrie descriptive de l'École Polytechnique,** comprenant les Éléments de la Géométrie cinématique. 2° édition. Grand in-8, avec 256 fig. dans le texte; 1886. 17 fr.

MANNHEIM (A.). — **Premiers éléments de la Géométrie descriptive.** In-8; 1882. 1 fr. 25 c.

MANSION (P.), Professeur à l'Université de Gand. — **Résumé du cours d'Analyse infinitésimale de l'Université de Gand.** *Calcul différentiel et principes du Calcul intégral.* Grand in-8, avec figures dans le texte; 1887. 10 fr.

MANSION (P.). — **Éléments de la théorie des déterminants,** avec de nombreux exercices. 4° éd. In-8; 1883. 3 fr.

MARIE (F.-C.-M.). — **Géométrie stéréographique,** ou *Relief des polyèdres, pour faciliter l'étude des corps*, avec 25 planches gravées et découpées de manière à reconstituer les polyèdres. In-8. 5 fr.

MARIE (Maximilien), Répétiteur de Mécanique et Examinateur d'admission à l'École Polytechnique. — **Histoire des Sciences mathématiques et physiques.** Petit in-8, caractères elzévirs, titre en deux couleurs.

Tome I : 1re Période. *De Thalès à Aristarque.* — 2° Période. *D'Aristarque à Hipparque.* — 3° Période. *D'Hipparque à Diophante*; 1883. 6 fr.

Tome II : 4° Période. *De Diophante à Copernic.* — 5° Période. *De Copernic à Viète*; 1883. 6 fr.

Tome III : 6° Période. *De Viète à Kepler.* — 7° Période. *De Kepler à Descartes*; 1883. 6 fr.

Tome IV : 8° Période. *De Descartes à Cavalieri.* — 9° Période. *De Cavalieri à Huygens.* 6 fr.

Tome V : 10° Période. *De Huygens à Newton.* — 11° Période. *De Newton à Euler*; 1884. 6 fr.

Tome VI : 11° Période. *De Newton à Euler* (suite); 1885. 6 fr.

Tome VII : 11° Période. *De Newton à Euler* (suite); 1885. 6 fr.

Tome VIII : 11° Période. *De Newton à Euler* (suite et fin). — 12° Période. *D'Euler à Lagrange*; 1886. 6 fr.

Tome IX. — 12° Période : *D'Euler à Lagrange* (fin). — 13° période : *De Lagrange à Laplace*; 1886. 6 fr.

Tome X. 13° Période : *De Lagrange à Laplace* (fin). — 14° Période : *De Laplace à Fourier*; 1887. 6 fr.

Tome XI. — 15° Période : *De Fourier à Arago*; 1887. 6 fr.

Tome XII. — 16° Période : *D'Arago à Abel et aux géomètres contemporains*; 1888. 6 fr.

MARIE (Maximilien). — **Théorie des fonctions des variables imaginaires.** 3 volumes grand in-8, de 280 à 300 pages; 1874-1875-1876. 20 fr.

Chaque volume se vend séparément. 8 fr.

MARIELLE. — **Répertoire de l'École Polytechnique depuis l'époque de sa création en 1794 jusqu'en 1855 inclusivement.** (*Voir* **LEPRIEUR**, pour la suite du **Répertoire.**) In-8; 1855. 5 fr.

MARINE A L'EXPOSITION UNIVERSELLE DE 1878 (La). — Ouvrage publié par ordre du Ministre de la Marine et des Colonies. 2 beaux volumes grand in-8, avec 102 figures dans le texte, et 2 Atlas in-plano contenant 161 planches; 1879. 80 fr.

MASCART. — *Voir* **Moureaux.**

MASSAU (J.), Ingénieur des Ponts et Chaussées, Professeur à l'Université de Gand. — **Mémoire sur l'intégration graphique et ses applications.** In-8, avec atlas in-4 de 24 planches, 1887. 20 fr.

MASSAU (J.). — **Calcul des cotisations des Sociétés de secours mutuels.** In-8, avec 1 planche; 1887. 1 fr.

MATHIEU (Émile), Professeur à la Faculté des Sciences de Nancy. — **Cours de Physique mathématique.** In-4; 1873. 15 fr.

MATHIEU (Émile). — **Dynamique analytique.** In-4; 1878. 15 fr.

MATHIEU (Émile). — **Théorie de la capillarité.** In-4; 1883. 10 fr.

MATHIEU (Émile). — **Théorie du Potentiel et ses applications à l'Electrostatique et au Magnétisme.** In-4.

Ire PARTIE : *Théorie du Potentiel*; 1885. 9 fr.

IIe PARTIE : *Électrostatique et Magnétisme*; 1886. 12 fr.

MAXWELL (James Clerk), Professeur de Physique expérimentale à l'Université de Cambridge. — **Traité de l'Electricité et du Magnétisme.** Traduit de l'anglais sur la 2e édition, par SELIGMANN-LUI, ancien Élève de l'École Polytechnique, Ingénieur des Télégraphes, avec *Notes et Eclaircissements*, par CORNU, POTIER et SARRAU, Professeurs à l'École Polytechnique. Deux forts volumes grand in-8, avec fig. et 20 pl.; 1885-1888.

Prix pour les souscripteurs. 25 fr.

Ce prix de 25 fr., qui sera augmenté une fois l'Ouvrage complet, se paye, savoir : 12 fr. 50 en souscrivant et 12 fr. 50 à la réception du dernier fascicule du second Volume.

Le Tome I et les deux premiers fascicules du Tome II ont paru.

MAXWELL (James Clerk). — **Traité élémentaire d'Électricité**, précédé d'une *Notice sur ses travaux en Électricité*, par *William Garnett*. Traduit de l'anglais par Gustave RICHARD, Ingénieur civil des Mines. In-8, avec figures dans le texte; 1884. 7 fr.

MEISSAS (N.). — **Tables pour servir aux Études et à l'exécution des chemins de fer, ainsi que dans tous les travaux où l'on fait usage du cercle et de la mesure des angles.** 2e édition; 1867. Broché. 8 fr.
Cartonné. 9 fr.

MÉMORIAL DE L'OFFICIER DU GÉNIE, ou **Recueil de Mémoires, expériences, observations et Procédés généraux** propres à perfectionner la fortification et les constructions militaires, rédigé par les soins du Comité des Fortifications avec l'approbation du Ministre de la Guerre. In-8, avec planches et nombreuses figures dans le texte. Chaque volume, à partir du n° 21, se vend séparément 7 fr. 50

Le n° **27** (1887) vient de paraître. Le n° **28** est sous presse.

Une collection complète (n^{os} **1** à **28**) est à vendre.

MÉMORIAL DES POUDRES ET SALPÊTRES, publié par les soins du SERVICE DES POUDRES ET SALPÊTRES, avec l'autorisation du Ministre de la Guerre. Recueil paraissant, autant que possible, par livraisons semestrielles de 200 à 400 pages, et formant un volume grand in-8 de 400 à 800 pages par an. *Prix de l'abonnement par volume :* Paris et Départements. 5 fr.

Le *premier fascicule* du 2e volume a paru.

Les Officiers des armées de terre et de mer en activité de service et les Ingénieurs du gouvernement sont seuls admis de droit à souscrire au *Mémorial des poudres et salpêtres*. Les souscriptions individuelles ou collectives doivent être adressées à M. Gauthier-Villars. Elles doivent indiquer le nom, le grade et l'adresse du destinataire.

MÉRAY (Ch.), Professeur à la Faculté des Sciences de Dijon. — **Exposition nouvelle de la Théorie des formes linéaires et des déterminants.** In-4; 1884. 3 fr.

MICHAUT, Commis principal à la Direction technique des Télégraphes de Paris, et **GILLET**, Commis principal au poste central des Télégraphes de Paris. — **Leçons élémentaires de Télégraphie électrique.** *Système Morse. Manipulation. Notions de Physique et de Chimie. Piles. Appareils et accessoires. Installation des postes.* In-18 jésus, avec 81 figures dans le texte; 1885. 3 fr. 75 c.

MINISTÈRES DE LA MARINE ET DE L'INSTRUCTION PUBLIQUE. — **Mission scientifique du Cap Horn. (1882-1883.)**

TOME I. *Histoire du voyage*, par *L.-F. Martial*. Capitaine de frégate. In-4, de 508 pages avec 12 planches; 1888. 25 fr.

TOME II : *Météorologie*, par *J. Lephay*, Lieutenant de vaisseau. In-4 de 534 pages, avec 12 planches; 1885. 25 fr.

TOME III : *Magnétisme terrestre*, par *F.-O. Le Cannellier*, Lieutenant de vaisseau. — *Recherches sur la constitution chimique de l'atmosphère*, d'après les expériences du Dr *Hyades*, par *Müntz* et *Aubin*. In-4, de 456 pages avec 11 planches; 1886. 25 fr.

TOME IV : *Géologie*, par le Dr *P. Hyades*, Médecin principal de la Marine. In-4 de 260 pages avec 33 planches; 1887. 25 fr

TOME V : *Botanique.* (*Sous presse.*)

Cryptogamie : *Algues*, avec 9 planches; par *Hariot*. *Diatomacées*, avec 1 planche, par *Petit*. *Hépatiques*, avec 5 planches; par *Bécherelle*. *Mousses*, avec 6 planches; par *Becherelle*. — *Phanérogamie*, avec 12 planches; par *Franchet*.

TOME VI : *Zoologie*. Ce Tome sera publié en 12 fascicules se vendant séparément :

A. *Mammifères*, par *A. Milne Edwards*, avec 6 planches coloriées à la main.
B. *Oiseaux*, par *E. Oustalet*, avec 6 planches coloriées à la main.
C. *Poissons*, par *L. Vaillant*, avec 6 planches dont 4 en couleur.
D. *Insectes* (Coléoptères, par *L. Fairmaire*; Hémiptères, par *Signoret*; Névroptères, par *J. Mabille*; Lépidoptères, par *P. Mabille*; Diptères, par *J.-M.-F. Bigot*, avec 10 planches en taille-douce coloriées à la main; 1888. 20 fr.
E. *Arachnides*, par *E. Simon*. In-4 avec 2 planches en taille douce coloriées à la main; 1887. 4 fr.
F. *Crustaces*, par *Milne-Edwards*, avec 4 planches.
G. *Annélides*, par *J. de Guerne*, avec 2 planches.
H. *Mollusques*, par *de Rochebrune* et *J. Mabille*, avec 9 planches.
I. *Bryozoaires*, par *J. Jullien*, avec 15 planches; 1888. 6 fr.
K. *Echinodermes*, par *E. Perrier*, avec 4 planches.
L. *Protozoaires*, par *A. Certes*, avec 6 planches.
M. *Anatomie comparée*, par *H. Gervais*, avec 4 planches.

TOME VII : *Anthropologie, Ethnographie*; par le Dr *P. Hyades* et *J. Deniker*. In-4, avec 35 planches. (*S. pr.*)

MIQUEL (P.), Docteur ès Sciences, Docteur en Médecine, Attaché à l'Observatoire de Montsouris. — **Les Organismes vivants de l'atmosphère.** Étude sur les semences aériennes des moisissures et des bactéries, sur les procédés usités pour récolter, compter et cultiver ces deux classes de microbes et sur l'application de ces recherches à l'hygiène générale des villes et des asiles hospitaliers. Un beau volume grand in-8, avec 86 figures dans le texte et 2 planches en taille-douce; 1883. 9 fr. 50 c.

Quelques exemplaires pour bibliophiles ont été tirés sur papier vélin, *format in-4*. 20 fr.

MOIGNO (l'Abbé). — **Calcul des Variations**, rédigé en collaboration avec LINDELÖF. In 8; 1861. 6 fr.

MOIGNO (l'Abbé). — **Leçons de Mécanique analytique**, rédigées principalement d'après les méthodes d'*Augustin Cauchy* et étendues aux travaux les plus récents. **Statique.** In-8, avec planches; 1868. 12 fr.

MOIGNO (l'Abbé). — **Actualités scientifiques.** Volumes in-18 jésus, ou petit in-8 se vendant séparément :

PREMIÈRE SÉRIE.

1° **Traité élémentaire d'Électricité, avec les principales applications**; par *R. Colson*, Capitaine du Génie. 2e éd. In-18 jésus. 91 fig.; 1888. 3 fr. 75 c.
2° **Calorescence. — Influence des couleurs**; par *Tyndall.* 1 fr. 50 c.
3° **La Matière et la Force**; par *Tyndall.* 1 fr. 50 c.
4° **Impossibilité du nombre actuellement infini. — La Science dans ses rapports avec la Foi**; par l'abbé *Moigno.* 1 fr.
5° **Sept Leçons de Physique générale**; par *A. Cauchy.* 2e tirage; 1885. 1 fr. 50 c.
6° **Leçons élémentaires de Télégraphie électrique.** *Système Morse. Manipulation. Notions de Physique et de Chimie. Piles. Appareils et accessoires. Installation des postes*; par *Michaut* et *Gillet*, avec 81 belles fig. dans le texte; 1885. 3 fr. 75 c.
7° **Chaleur et Froid**; par *Tyndall.* (*Sous presse.*)
8° **Sur la radiation**; par *Tyndall.* 1 fr. 25 c.
9° **Sur la force de combinaison des atomes**; par *Hofmann.* 1 fr. 25 c.
10° **Faraday inventeur**; par *Tyndall.* 2 fr.
11° **Saccharimétrie optique, chimique et mélassimétrique**; par l'Abbé *Moigno* 3 fr. 50 c.
12° **La Science anglaise, son bilan en 1868** (réunion à Norwich); par l'Abbé *Moigno.* 2 fr. 50 c.
13° **Mélanges de Physique et de Chimie pures et appliquées**; par *Frankland, Graham, Macquorn-Rankine, Perkin, Sainte-Claire Deville, Tyndall.* 3 fr. 50 c.
14° **Les Aliments**; par *Letheby.* 3 fr.
15° **La Photographie en ballon**; par *Gaston Tissandier*, avec une épreuve photoglyptique du cliché obtenu par MM. *Gaston Tissandier* et *Jacques Ducom*, à 600m au-dessus de l'île Saint-Louis, à Paris. In-8, avec figures; 1886. 2 fr. 25 c.
16° **Esquisse historique de la Théorie dynamique de la Chaleur**; par *Tait.* 3 fr. 50 c.
17° **Théorie du Vélocipède. — Sur les lois de l'écoulement de la vapeur**; par *Macquorn-Rankine* 1 fr. 25 c.
18° **Les Métamorphoses chimiques du Carbone**; par *Odling.* 2 fr.
19° **Programme d'un cours en sept leçons sur les phénomènes et les théories électriques**; par *Tyndall.* 1 fr. 50 c.
20° **Géologie des Alpes et du tunnel des Alpes**; par *Elie de Beaumont* et *Sismonda.* 2 fr.
21° **La Science anglaise, son bilan en 1869** (réunion à Exeter); par l'abbé *Moigno.* 3 fr. 50 c.
22° **La Lumière**; par *Tyndall.* 2 fr.
23° **Les agents explosifs modernes et leurs applications**; par l'Abbé *Moigno.* 2 fr.
24° **Religion et Patrie**, vengées de la fausse science et de l'envie haineuse; par l'Abbé *Moigno.* 1 fr. 50 c.
25° **La Thermodynamique et ses principales applications**; par *J. Moutier.* 2e édition. Un fort volume petit in-8, avec 96 fig. dans le texte. 12 fr.
26° **La Photographie instantanée**; par *A. Londe.* In-18 jésus, avec belles figures dans le texte; 1886. 2 fr. 75 c.
27° **Sursaturation des solutions gazeuses**; par *Tomlinson.* 2 fr.
28° **Optique moléculaire. Effets de précipitation, de décomposition, d'illumination produits par la lumière**; par l'Abbé *Moigno.* 2 fr. 50 c.
29° **L'Architecture du monde des atomes**, avec 100 fig. dans le texte; par *Gaudin.* 5 fr.
30° **Étude sur les éclairs**, avec figures dans le texte; par *P. Perrin.* 2 fr. 50 c.
31° **Manuel pratique militaire des chemins de fer**, avec nomb. fig.; par le capitaine *Issalène.* 2 fr. 50 c.
32° **Instruction sur les Paratonnerres**; par *Pouillet* et *Gay-Lussac*; avec 58 fig. et planche. 2 fr. 50 c.
33° **Tables barométriques et hypsométriques pour le calcul des hauteurs**, précédées d'une *Instruction*; par *R. Radau.* (Nouveau tirage.) 1 fr. 25 c.
34° **Les passages de Vénus sur le disque solaire**, avec figures; par *Edm. Dubois.* 3 fr. 50 c.
35° **Manuel élémentaire de Photographie au collodion humide**, avec fig.; par *Dumoulin.* 1 fr. 50 c.
36° **Problèmes plaisants et délectables qui se font par les nombres**; par *Bachet, sieur de Méziriac.* 5e éd., revue par *Labosne.* Un joli vol. petit in-8 elzévir, titre en deux couleurs. 6 fr.
37° **La Chaleur** considérée comme un mode de mouvement; par *Tyndall.* 2e édition française, avec nombreuses figures; 1887. Nouveau tirage. 8 fr.
38° **L'Astronomie pratique et les Observatoires en Europe et en Amérique**, depuis le milieu du XVIIe siècle jusqu'à nos jours; par *André* et *Rayet*, astronomes, et *Angot*, professeur de Physique au Lycée Fontanes; avec belles figures dans le texte et planches en couleur.
   Ire PARTIE : *Angleterre.* 4 fr. 50 c.
   IIe PARTIE : *Ecosse, Irlande et Colonies anglaises.* 4 fr. 50 c.
   IIIe PARTIE : *Amérique du Nord.* 4 fr. 50 c.
   IVe PARTIE : *Amérique du Sud*, et Météorologie américaine. 3 fr.
   Ve PARTIE : *Italie.* 4 fr. 50 c.
39° **La question des engrais, d'après des expériences récentes**; par le Dr *Paul Wagner*, Directeur de la station agricole de Darmstadt. 2 fr.
40° **Premières Leçons de Photographie**, avec figures; par *Perrot de Chaumeux.* 4e édition. 1 fr. 50 c.
41° **Les Mines dans la guerre de campagne. — Exposé** des divers procédés d'inflammation des mines et des pétards de rupture. — **Emploi** de préparations pyrotechniques et emploi de l'électricité, avec 51 fig. dans le texte; par le capit. *Picardat.* 2 fr. 50 c.
42° **Essai sur une manière de représenter les quantités imaginaires dans les constructions géométriques**, par *R. Argand.* 2e édition, précédée d'une préface par *J. Hoüel.* 5 fr.
43° **Essai sur les piles**, par *A. Callaud.* 2e édition, avec 2 planches. (Ouvrage couronné par la Société des Sciences de Lille.) 2 fr. 50 c.
44° **Matière et Éther**; Indication d'une méthode pour établir les propriétés de l'Éther, par *Kretz*, Ingénieur en chef des Manufactures de l'État. 1 fr. 50 c.
45° **L'Unité dynamique des forces et des phénomènes de la nature, ou l'Atome tourbillon**; par *F. Marco.* 2 fr. 50 c.
46° **Physique et Physique du Globe.** Divers Mémoires de *Tyndall, Carpenter, Ramsay, Raphaël de Rossi, Félix Plateau.* Traduit par l'Abbé *Moigno.* 2 fr. 50 c.
47° **Formation des principaux hydrométéores**: *Brouillard, Bruine, Pluie, Givre, Neige, Grésil.* NOUVELLE THÉORIE DE LA GRÊLE; par *Plumandon*; 1885. 1 fr. 25 c.
48° **Lois et origines de l'Électricité atmosphérique**; par *Luigi Palmieri*, Directeur de l'observatoire du Vésuve. Traduit de l'italien par *Paul Marcillac* et *A. Brunet.* Petit in-8, avec figures; 1885. 1 fr. 50 c.
49° **Les insuccès en Photographie; causes et remèdes**, suivis de la retouche des clichés et du gélatinage des épreuves; par *Cordier.* 5e édit. 1 fr. 75 c.
50° **La Photolithographie, son origine, ses procédés, ses applications**; par *C. Fortier.* Petit in-8, orné de planches, fleurons, culs-de-lampe, etc., obtenus au moyen de la Photolithographie. 3 fr. 50 c.
51° **Procédé au Collodion sec**; par *F. Boivin.* 2e édit., augmentée des formulaires de Th. Sutton, des tirages aux poudres inertes (procédé au charbon),

ainsi que de notions pratiques sur la Photolithographie, l'électrogravure et l'impression à l'encre grasse. 1 fr. 50 c.

52° **Les Pandynamomètres de torsion et de flexion.** *Théorie et application;* avec 2 grandes planches; par *G.-A. Hirn.* 2 fr.

53° **Notice sur les Aréomètres employés dans l'industrie, le commerce et les sciences,** avec figures dans le texte; par *Baserga,* constructeur d'instruments. 1 fr. 50 c.

54° **Manuel du Magnanier,** application des théories de PASTEUR à l'éducation des vers à soie; par *L. Roman.* Un beau volume, avec nombreuses figures ombrées dans le texte et 6 planches en couleur. 4 fr. 50 c.

55° **Les Couleurs reproduites en Photographie;** Historique, théorie et pratique; par *Eug. Dumoulin.* 1 fr. 50 c.

56° **Progrès récents de l'Astronomie stellaire;** par *R. Radau.* 1 fr. 50 c.

57° **Les Observatoires de montagne** (avec figures dans le texte); par *R. Radau.* 1 fr. 50 c.

58° **Les poussières de l'air,** avec figures dans le texte et 4 planches; par *Gaston Tissandier.* 2 fr. 25 c.

59° **Traité pratique de Photographie au charbon,** complété par la description de divers *Procédés d'impressions inaltérables (Photochromie et tirages photomécaniques);* par *Léon Vidal.* 3e éd., avec une pl. spécimen de Photochromie et 2 pl. spécimens d'impressions à l'encre grasse. 4 fr. 50 c.

60° **Le procédé au gélatino-bromure,** suivi d'une *Note* de MILSOM *Sur les clichés portatifs* et de la traduction des *Notices* de R. KENNETT et Rév. H.-G. PALMER, avec fig.; par *H. Odagir.* 1 fr. 50 c.

61° **La Science des nombres d'après la tradition des siècles;** Explication de la table de Pythagore, par l'Abbé *Marchand.* 3 fr.

62° **La Lumière et les climats;** par *R. Radau.* 1 fr. 75 c.

63° **Les Radiations chimiques du Soleil;** par *R. Radau.* 1 fr. 50 c.

64° **L'Actinométrie;** par *R. Radau.* 2 fr.

65° **Traité pratique complet d'impressions photographiques aux encres grasses, de phototypographie et de photogravure;** par *Moock.* 2e éd. 3 fr.

66° **La Spectroscopie,** avec nombreuses gravures dans le texte; par *Cazin.* 2 fr. 75 c.

67° **Formulaire pratique de la Photographie aux sels d'argent;** par *Huberson.* 1 fr. 50 c.

68° **Leçons sur l'Électricité,** par *Tyndall;* traduit de l'anglais par *Francisque Michel.* 2e édition; 1885. 2 fr. 75 c.

69° **Traité élémentaire et pratique de Photographie au charbon;** par *Aubert.* 2e édit. 1 fr. 50 c.

70° **La prévision du temps;** par *W. de Fonvielle.* 1 fr. 50 c.

71° **La Photographie et ses applications scientifiques;** par *R. Radau.* 1 fr. 75 c.

72° **L'Ozone;** ce qu'il est, ses propriétés physiques et chimiques, son existence et son rôle dans la nature; par l'Abbé *Moigno.* 3 fr. 50 c.

73° **Les Microbes organisés;** leur rôle dans la fermentation, la putréfaction et la contagion; Mémoires de Tyndall et Pasteur; par l'Abbé *Moigno.* 3 fr. 50.

74° **Le R. P. Secchi, sa Vie, son Observatoire, ses Travaux, ses Écrits;** ses titres à la gloire, ses grands Ouvrages; par l'Abbé *Moigno;* avec un portrait et 3 planches. 3 fr. 50 c.

75° **Cartes du temps et Avertissements de tempêtes,** par *Robert H. Scott.* Traduit de l'anglais par *Zurcher* et *Margollé.* Petit in-8, avec 2 planches et nombreuses figures. 4 fr. 50 c.

76° **La Photographie appliquée à l'Archéologie:** Reproduction des *Monuments, Œuvres d'art, Mobiliers, Inscriptions, Manuscrits;* par *E. Trutat,* avec cinq photolithographies. 2 fr. 50 c.

77° **La Photographie des peintres, des voyageurs et des touristes.** *Nouveau procédé sur papier huilé,* simplifiant le bagage et facilitant toutes les opérations, avec indication de la manière de construire soi-même la plupart des instruments nécessaires; par *Pélegry;* avec un spécimen. 1 fr. 75 c.

78° **Comment on observe les nuages pour prévoir le temps;** par *André Poëy.* Petit in-8, avec 17 planches chromolithographiques. 4 fr. 50 c.

79° **Traité pratique de Phototypie ou Impression à l'encre grasse sur couche de gélatine;** par *Léon Vidal;* avec belles figures dans le texte et spécimens. 8 fr.

80° **Observations météorologiques en ballon;** Résumé de vingt-cinq ascensions aérostatiques; par *Gaston Tissandier;* avec fig. 1 fr. 50 c.

81° **Précis de Microphotographie,** par *G. Huberson;* avec figures dans le texte et une planche en photogravure. 2 fr.

82° **Constitution intérieure de la Terre;** par *R. Radau.* 1 fr. 50 c.

83° **Le rôle des vents dans les climats chauds;** la pression barométrique et les climats des hautes régions; par *R. Radau.* 1 fr. 50 c.

84° **La Photographie sur plaque sèche. — Emulsion au coton-poudre avec bain d'argent;** par *Fabre.* 1 fr. 75 c.

85° **La machine de Gramme. — Sa théorie et ses applications,** avec figures; par *Antoine Bréguet.* 2 fr.

86° **Traité d'analyse chimique complète des potasses brutes et des potasses raffinées;** par *Berth.* 2 fr.

87° **La Météorologie appliquée à la prévision du temps.** Leçon faite à l'École supérieure de Télégraphie, par *E. Mascart;* recueillie par *Moureaux,* météorologiste au Bureau central; avec 16 planches en couleur. 2 fr.

88° **Traité pratique de la retouche des clichés photographiques,** suivi d'une méthode très détaillée d'*émaillage* et de *formules* et *procédés divers;* par *Piquepé;* avec 2 photoglypties. 4 fr. 50 c.

89° **Notions élémentaires d'analyse chimique qualitative;** par *Th. Swarts;* avec figures. 2 fr.

90° **Le gaz et l'électricité comme agent de chauffage,** par le Dr *Siemens.* Traduit de l'anglais par *Gustave Richard;* avec figures. 1 fr. 50 c.

91° **Traité pratique de Photoglyptie;** par *Léon Vidal;* avec nombreuses figures dans le texte et 2 planches photoglyptiques. 7 fr.

92° **Les agents explosifs appliqués dans l'industrie;** par *Abel.* Traduit de l'anglais, par *Gustave Richard.* 1 fr 50 c.

93° **Récréations mathématiques;** par *Ed. Lucas.* Deux jolis volumes, petit in-8 elzévir, titres en deux couleurs. Chaque volume se vend séparément. 7 fr. 50 c.

94° **Les courants atmosphériques d'après les nuages, au point de vue de la prévision du temps;** par *André Poëy;* 1882. 2 fr.

95° **Histoire de la symphonie à orchestre;** par *Michel Brenet.* Un joli volume, petit in-8 elzévir, titre en deux couleurs; 1882. 3 fr.

96° **Éléments de construction de machines;** par *Cauthorn Unwin.* Traduit sur la 2e édition anglaise par *Bocquet,* et suivi d'un Appendice par *Léauté;* avec 237 fig. dans le texte; 1882. Broché. 7 fr.
Cart. à l'anglaise. 8 fr.

97° **Nouvelle théorie du Soleil; conservation de l'énergie solaire;** par *C.-W. Siemens.* — **Reconcentration de l'énergie de l'Univers;** par *Macquorn Rankine.* Traduit de l'anglais par *G. Richard;* 1882. 1 fr.

98° **Détermination des éléments de construction des électro-aimants;** par *du Moncel,* membre de l'Institut. 2e édition; 1882. 2 fr.

99° **Traité élémentaire du microscope;** par *E. Trutat,*

Conservateur du musée d'Histoire naturelle de Toulouse. Un joli volume petit in-8, avec 171 figures dans le texte; 1882. Broché. 8 fr.
Cartonné à l'anglaise. 9 fr.

100° **Unités et constantes physiques**; par *Everett* Ouvrage traduit de l'anglais par *Jules Reynaud*, avec le concours de *Thévenin, de la Touanne* et *Massin*. In-18 jésus; 1882. 4 fr.

101° **Traité des impressions photographiques**; par *Poitevin*, suivi d'Appendices par *Léon Vidal*. 2ᵉ édition, avec un portrait photographique de Poitevin; 1883. 5 fr.

102° **Introduction à la théorie de l'énergie**; par *Jouffret*, Chef d'escadron d'artillerie. Petit in-8; 1883. 3 fr. 50 c.

103° **La Météorologie nouvelle et la prévision du temps**, par *Radau*; 1883. 1 fr. 75 c.

104° **Les vêtements et les habitations dans leurs rapports avec l'atmosphère**, par *Radau*; 1883. 1 fr. 75 c.

105° **La Platinotypie**, *Nouveau procédé photographique aux sels de platine*; par *Pizzighelli* et *Hübl*. Traduit de l'allemand par *Henry Gauthier-Villars*. 2ᵉ édit., d'après la 2ᵉ édit. allemande; 1887. 3 fr. 50 c.

106° **Calcul des temps de pose et Tables photométriques**; par *Léon Vidal*; 1884. 2 fr. 50 c.
Cartonné à l'anglaise. 3 fr.

107° **La Photographie appliquée à l'Histoire naturelle**; par *E. Trutat*; avec 58 figures et 5 planches phototypiques; 1884. 4 fr. 50 c.

108° **Les Unités électriques de mesure**; par *Sir William Thomson*; traduit de l'anglais par *G. Richard*; 1884. 1 fr.

109° **Manuel du touriste photographe**; par *Léon Vidal*. Deux volumes in-18, avec nombreuses figures et 2 planches spécimen, se vendant séparément.
Iʳᵉ Partie; 1884....... 6 fr.
IIᵉ Partie; 1885....... 4 fr.

110° **Les Ballons dirigeables. Application de l'Électricité à la navigation aérienne**; par *Gaston Tissandier*. In-18 jésus, avec 35 figures dans le texte et 4 planches; 1885. 2 fr. 50 c.

111° **Essai d'une théorie générale des lampes à arc voltaïque**; par *Guéroult*. In-18 jésus, avec figures; 1886. 1 fr. 50 c.

112° **Les mouvements généraux de l'atmosphère** (d'après les Mémoires américains de W. Ferrel); par *J.-R. Plumandon*. In-18 jésus, av. figures; 1887. 1 fr.

113° **Les courants de l'Océan** (d'après les Mémoires américains de W. Ferrel); par *J. R. Plumandon*. In-18 j., av. une carte en deux couleurs; 1887. 1 fr.

114° **La Photographie astronomique à l'Observatoire de Paris et la Carte du Ciel**; par l'Amiral *Mouchez*, Directeur de l'Observatoire. In-18 jésus, avec fig. dans le texte et 7 planches hors texte (photographie, héliogravure, photoglyptie); 1887. 3 fr. 50.

115° **Le Nitrate de soude.** *Son importance et son emploi comme engrais*; par le Dʳ *A. Stutzer*. Ouvrage édité et augmenté par le Dʳ *Paul Wagner*, Professeur et Directeur de la Station agricole de Darmstadt. Petit in-8; 1887. 2 fr.

116° **Le Phosphate Thomas.** *Son importance et son emploi comme engrais*; par le Dʳ *Paul Wagner*. Édition française par *C.-P. Gieseker*, à Liège, Directeur du journal *L'Agriculture rationnelle*. Petit in-8, avec deux planches; 1887. 2 fr.

117° **Le Filage de l'huile.** *Son action sur les brisants de la mer. Aperçu historique, expériences, mode d'emploi*; par M. le vice-amiral *Cloué*, Membre du Bureau des Longitudes. 3ᵉ édition. Petit in-8, avec figures dans le texte; 1887. 2 fr. 50 c.

118° **La Genèse des éléments.** Mémoire lu le 18 février 1887, à l'Institution royale, par *William Crookes*, traduit, avec autorisation de l'auteur, par Gustave Richard, Ingénieur civil des Mines. In-18 jésus avec figures dans le texte; 1887. 1 fr. 50 c.

119° **Sur le principe de l'Énergie**; par *Maurice Lévy*, membre de l'Institut. Petit in-8; 1888. 1 fr. 50 c.

120° **Précis d'analyse qualitative.** *Recherche des métalloïdes et des métaux usuels dans les mélanges de sels, les produits d'art et les substances minérales*; par *L. Babu*, Ingénieur des mines. In-18 jésus; 1888. 2 fr.

Deuxième Série.

La Science illustrée. — L'enseignement de tous.

1° **L'Art des projections**, par l'Abbé *Moigno.*, avec 103 figures dans le texte. 2 fr. 50 c.

2° **Photomicrographie** en 100 tableaux pour projections; texte explicatif avec 29 figures dans le texte; par *Girard*. 1 fr. 50 c.

3° **Les Accidents**, secours en l'absence de l'homme de l'art; avec 36 fig. dans le texte; par *Smée*. 1 fr. 25 c.

4° **L'Anatomie et l'Histologie, enseignées par les projections lumineuses**; par le Dʳ *Le Bon*. 1 fr.

5° **Manuel de Mnémotechnie**, *Application à l'histoire*; par l'Abbé *Moigno*. (*Epuisé*.)

6° **Le latin pour tous**; par l'Abbé *Moigno*. 2 fr.

7° **La poésie pour tous**; par l'Abbé *Moigno*. 2 fr.

8° **Instructions pratiques sur l'emploi des appareils de projection**, lanternes magiques, fantasmagories, polyoramas, appareils pour l'enseignement, par *Molteni*. 3ᵉ édit. In-18 jésus, avec figures. 2 fr. 50 c.

MOIGNO (l'Abbé). — *Voir* **Lecointre**, *Campagne de Moïse*.

MOLLET (J.). — **Gnomonique graphique, ou Méthode facile pour tracer les cadrans solaires sur toutes sortes de Plans, en ne faisant usage que de la règle et du compas.** 7ᵉ édit. In-8, avec pl.; 1884. 3 fr. 50 c.

MOLTENI (A.). — **Instructions pratiques sur l'emploi des appareils de projection**, lanternes magiques, fantasmagories, polyoramas, appareils pour l'enseignement. 3ᵉ édit. In-18 jésus, avec figures dans le texte. 2 fr. 50 c

MONACO (Prince de). — **Sur le Gulf-Stream.** *Recherches pour établir ses rapports avec les côtes de France* (campagne de l'*Hirondelle*). Grand in-8, avec 2 Cartes; 1886. 2 fr. 50 c.

MOUCHEZ (Amiral), Membre de l'Institut et du Bureau des Longitudes, Directeur de l'Observatoire de Paris. — **La Photographie astronomique à l'Observatoire de Paris et la Carte du Ciel.** In-18 jésus, avec figures dans le texte et 7 planches hors texte, dont six photographies de la Lune, de Jupiter, de Saturne, de l'amas des Gémeaux, etc., reproduites par l'héliogravure, la photoglyptie, etc., et une planche sur cuivre; 1887. 3 fr. 50.

MOUCHOT. — **La chaleur solaire et ses applications industrielles.** — Deuxième édition, revue et considérablement augmentée. In-8, avec figures; 1879. 6 fr.

MOUREAUX (Th.), Météorologiste adjoint au Bureau central, chargé du service magnétique à l'observatoire du Parc de Saint-Maur. — **Détermination des éléments magnétiques en France.** Ouvrage accompagné de *nouvelles Cartes magnétiques* dressées pour le 1ᵉʳ janvier 1885. Grand in-4, avec figures dans le texte et 4 planches; 1886. 10 fr.

MOUREAUX (Th.). — **La Météorologie appliquée à la prévision du temps.** Leçon faite à l'École supérieure de Télégraphie par *E. Mascart*, Directeur du Bureau central météorologique de France, recueillie par *Th. Moureaux*. In-18 avec 16 planches en couleur; 1881. 2 fr.

MOUTIER (J.), Examinateur de l'École Polytechnique. — **La Thermodynamique et ses principales applications.** Un fort volume petit in-8, avec 96 figures dans le texte; 1885. 12 fr.

NAUDIER, Docteur en droit, conseiller de préfecture de l'Aube. — **Traité théorique et pratique de la Législation et de la Jurisprudence des Mines, des Minières et des Carrières.** In-8; 1877. 10 fr.

NEVEU et HENRY, Ingénieurs de forges. — **Traité pratique du laminage du fer.** In-8, avec 10 Tableaux et un Atlas cartonné de 117 planches; 1881. 40 fr

NOUVELLES ANNALES DE MATHÉMATIQUES. Journal des Candidats aux Écoles Polytechnique et Normale, rédigé par *Ch. Brisse*, Professeur de Mathématiques spéciales au Lycée Condorcet, Répétiteur à l'École Polytechnique, et *E. Rouché*, Examinateur de sortie à l'École Polytechnique, Professeur au Conservatoire des Arts et Métiers. (Publication fondée en 1842 par *Gerono* et *Terquem*, et continuée par *Gerono*, *Prouhet*, *Bourget et Brisse.*) In-8, mensuel (¹).

1re Série, 20 vol. in-8, années 1842 à 1861. 300 fr.
Les tomes I à VII, X et XVI à XX (1842-1848, 1851 et 1857 à 1861) ne se vendent pas séparément. Les autres tomes de la 1re Série se vendent séparément. 15 fr.

2e Série, 20 vol. in-8, années 1862 à 1881. 300 fr.
Les tomes I à III et V à VIII (1862 à 1864 et 1866 à 1869) de la 2e Série ne se vendent pas séparément. Les autres tomes se vendent séparément. 15 fr.

La 3e Série, commencée en 1882, continue de paraître chaque mois par cahier de 48 pages.

Les abonnements sont annuels et partent de janvier.

Prix pour un an (12 numéros) :

Paris..................................	15 fr.
Départements et Union postale	17 fr.
Autres pays.............................	20 fr.

OBSERVATOIRE DE PARIS. *Voir* Annales et Catalogue.

OCAGNE (Maurice d'), Élève Ingénieur des Ponts et Chaussées. — **Coordonnées parallèles et axiales.** *Méthode de transformation géométrique* et *procédé nouveau de calcul graphique*, déduits de la considération des coordonnées parallèles. In-8, avec figures et 1 planche; 1885. 3 fr.

OGER (F.), Professeur d'Histoire et de Géographie, Maître de Conférences au Collège Sainte-Barbe. — **Géographie de la France et Géographie générale, physique, militaire, historique, politique, administrative et statistique**, *rédigée conformément au Programme officiel*, à l'usage des Candidats aux Écoles du Gouvernement et aux Aspirants aux Baccalauréats ès Lettres et ès Sciences 8e édition. In-8; 1883. 3 fr.

Cet Ouvrage correspond à l'Atlas de Géographie générale du même Auteur.

OGER (F.). — Atlas de Géographie.

Atlas de Géographie générale à l'usage des Lycées, des Collèges, des Institutions préparatoires aux Écoles du Gouvernement et de tous les établissements d'Instruction publique. 14e édition. In-plano cartonné, contenant 33 Cartes coloriées; 1887. 14 fr.

Atlas géographique et historique à l'usage de la classe de QUATRIÈME. 3e édition. In-plano cartonné, contenant 16 cartes coloriées; 1882. 8 fr. 50 c.

Atlas géographique et historique à l'usage de la classe de CINQUIÈME. In-plano cartonné, contenant 18 cartes coloriées; 1875. 8 fr. 50 c.

Atlas géographique et historique à l'usage de la classe de SIXIÈME. In-plano cartonné, contenant 10 cartes coloriées; 1875. 6 fr.

Atlas géographique et historique à l'usage des CLASSES ÉLÉMENTAIRES (7e, 8e et 9e). In-plano cartonné, contenant 13 cartes coloriées; 1875. 6 fr.

(¹) On peut se procurer l'une des Séries ou les deux Séries, au moyen de payements mensuels de 30 fr.

OGER (F.). — Cours d'Histoire générale à l'usage des Lycées, des établissements d'instruction publique, des candidats aux Écoles du Gouvernement et aux baccalauréats, rédigé conformément aux programmes officiels. Classes de troisième, seconde, rhétorique, philosophie.

I. *Histoire de la France et de l'Europe depuis l'invasion des Barbares jusqu'au* XIVe *siècle.* (*Cours de troisième.*) 2e édition. In-8; 1875. 3 fr. 50 c.

II. *Histoire de la France et de l'Europe depuis le* XIVe *jusqu'au milieu du* XVIIe *siècle.* (*Cours de seconde.*) 2e édition. In-8; 1875. 3 fr. 50 c.

III. *Histoire de la France et de l'Europe depuis la fin du* XVIe *siècle jusqu'à la Révolution*, 1589-1789 (*Cours de Rhétorique*). Rédigé conformément aux programmes de la classe de Rhétorique, de l'École militaire, des baccalauréats ès Lettres (1re partie) et ès Sciences, du Baccalauréat de l'enseignement secondaire spécial (3e année) et des Écoles supérieures de la Ville. 4e édition. In-8; 1887. 3 fr. 50 c.

Histoire de l'Europe de 1848 *à* 1875. In-8; 1882. 1 fr.

IV. *Histoire contemporaine*, 1789-1886 (*Cours de Philosophie*). Rédigé conformément aux programmes de la classe de Philosophie, de l'École militaire, des baccalauréats ès Lettres (2e partie) et ès Sciences, du baccalauréat de l'enseignement secondaire spécial (3e année) et des Écoles supérieures de la Ville. 4e édition. In-8; 1887. 7 fr.

V. *Histoire de l'Europe de* 1610 *à* 1815 (*Cours spécial de Rhétorique*). 2e édition. In-8; 1875. 7 fr. 50 c.

OPPOLZER (le chevalier Théodore d'), Professeur d'Astronomie à l'Université de Vienne, Membre de l'Académie des Sciences de Vienne, Correspondant de l'Institut de France, etc. — **Traité de la détermination des orbites des Comètes et des Planètes.** Édition française, publiée, d'après la deuxième édition allemande, par *Ernest Pasquier*, Docteur en Sciences physiques et mathématiques, Professeur d'Astronomie à l'Université de Louvain, etc. Un beau volume petit in-4 (500 pages de texte et plus de 200 pages de Tables); 1886. 30 fr.

ORTOLAN (J.-A.), mécanicien en chef de la marine. — **Mémorial du mécanicien d'usine et de navigation.** Calculs d'application; Tables et tableaux de résultats pour la construction, les essais et la conduite des machines à vapeur. In-18 de 520 pages, avec plus de 200 figures dans le texte; 1878. Broché. 4 fr. 50 c.
Cartonné. 5 fr. 50 c.

PARIS (Vice-Amiral), Membre de l'Institut et du Bureau des Longitudes, Conservateur du Musée de Marine. — **Souvenirs de Marine. — Collections de plans ou dessins de navires et de bateaux anciens et modernes, existants ou disparus**, *avec les éléments nécessaires à leur construction.* Trois beaux albums reliés de 60 pl. in-folio, se vendant séparément.

Ire PARTIE; 1882............	25 fr.
IIe PARTIE; 1884............	25 fr.
IIIe PARTIE; 1886...........	25 fr.

PASTEUR (L.). — Études sur la maladie des Vers à soie; *moyen pratique assuré de la combattre et d'en prévenir le retour.* Deux beaux volumes grand in-8, avec figures dans le texte et 38 planches; 1870. 20 fr.

PASTEUR (L.). — Études sur la Bière; *ses maladies, causes qui les provoquent, procédé pour la rendre inaltérable*, avec une THÉORIE NOUVELLE DE LA FERMENTATION. Grand in-8, avec 85 figures dans le texte et 12 planches gravées; 1876. 20 fr.

PASTEUR (L.). — Examen critique d'un écrit posthume de Claude Bernard sur la fermentation. In-8; 1879. 5 fr.

PASTEUR (L.). — **Résultats de l'application de la méthode pour prévenir la rage après morsure,** suivis des observations de MM. *Jurien de la Gravière, Vulpian* et *de Freycinet.* In-4; 1886. 75 c.

PASTEUR (L.). — **Note complémentaire sur les résultats de l'application de la méthode de prophylaxie de la rage après morsure.** In-4; 1886. 50 c.

PASTEUR (L.). — **Nouvelle communication sur la rage.** *Résultats statistiques. Modifications à la méthode. Résultats d'expériences nouvelles sur les animaux.* In-4; 1886. 60 c.

PEIGNÉ (M.-A.). — **Conversion des mesures, monnaies et poids de tous les pays étrangers en mesures, monnaies et poids de la France.** In-18 jésus; 1867. 2 fr. 50 c.

PEREIRE (Eugène). — **Tables de l'intérêt composé, des annuités et des rentes viagères.** 3e édit., augmentée de 8 *Tableaux graphiques.* In-4; 1882. 10 fr.

PERRÓDIL (Gros de), Ingénieur en chef des Ponts et Chaussées. — **Mécanique appliquée.**

Ire Partie : *Résistance des voûtes et arcs métalliques employés dans la construction des ponts.* 7 fr. 50 c.

IIe Partie : *Mécanique moléculaire des milieux solides homogènes cristallisés quelconques.* In-8; 1885. 2 fr. 50 c.

PERROTIN, Directeur de l'observatoire de Nice. — **Visite à divers observatoires de l'Europe.** In-8; 1881. 2 fr. 50 c.

PETERSEN (Julius), Membre de l'Académie royale danoise des Sciences, professeur à l'École royale polytechnique de Copenhague. — **Méthodes et théories pour la résolution des problèmes de constructions géométriques,** *avec application à plus de 400 problèmes.* Traduit par O. Chemin, Ingénieur des Ponts et Chaussées. Petit in-8, avec figures; 1880. 4 fr.

PETIT (F.). — **Traité d'Astronomie pour les gens du monde,** avec des *Notes complémentaires* pour les Candidats au Baccalauréat, aux Écoles spéciales et à la Licence ès Sciences mathématiques. 2 volumes in-18 jésus, avec 286 figures dans le texte et une Carte céleste; 1866. 7 fr.

PIARRON DE MONDÉSIR, Ingénieur des Ponts et Chaussées. — **Dialogues sur la Mécanique;** *Méthode nouvelle* pour l'enseignement de cette Science, résultats scientifiques nouveaux. In-8, avec figures; 1870. 6 fr.

PIZZIGHELLI et HÜBL. — **La Platinotypie.** *Exposé théorique et pratique d'un procédé photographique aux sels de platine permettant d'obtenir rapidement des épreuves inaltérables.* Traduit de l'allemand par *Henry Gauthier-Villars.* 2e édition, d'après la 2e édition allemande. In-8; 1887. 3 fr. 50 c.

PLATEAU (J.), Correspondant de l'Institut de France, Professeur à l'Université de Gand. — **Statique expérimentale et théorique des liquides soumis aux seules forces moléculaires.** 2 vol. grand in-8, d'environ 950 pages, avec figures dans le texte; 1873. 15 fr.

POËY (André), Fondateur de l'Observatoire physique et météorologique de la Havane. — **Comment on observe les nuages pour prévoir le temps.** 3e édition, revue et augmentée. Petit in-8, contenant 17 planches chromolithographiques et 3 planches sur bois; 1879. 4 fr. 50 c.

POËY (André). — **Les courants atmosphériques d'après les nuages.** *Observation de ces courants en vue de la prévision du temps.* Petit in-8; 1882. 2 fr.

POINSOT. — **Éléments de Statique,** précédés d'une *Notice sur Poinsot,* par J. Bertrand, Membre de l'Institut. 12e édition; 1877. 6 fr.

PONCELET, Membre de l'Institut. — **Applications d'Analyse et de Géométrie** qui ont servi de principal fondement au **Traité des Propriétés projectives des figures,** suivies d'Additions par *Mannheim* et *Moutard,* anciens Élèves de l'École Polytechnique. 2 vol. in-8, avec figures dans le texte; 1864. 20 fr.

Chaque volume se vend séparément. 10 fr.

PONCELET. — **Traité des Propriétés projectives des figures.** Ouvrage utile à ceux qui s'occupent des applications de la Géométrie descriptive et d'opérations géométriques sur le terrain. 2e édition; 1865-1866. 2 beaux volumes in-4 d'environ 450 pages chacun, avec de nombreuses planches gravées sur cuivre. 40 fr.

Le second volume se vend séparément. 20 fr.

PONCELET. — **Introduction à la Mécanique industrielle, physique ou expérimentale.** 3e édit., publiée par *Kretz,* ingénieur en chef, inspecteur des manufactures de l'État. In-8 de 757 pages, avec 3 pl; 1870. 12 fr.

PONCELET. — **Cours de Mécanique appliquée aux Machines,** publié par *Kretz.* 2 volumes in-8.

Ire Partie : *Machines en mouvement, Régulateurs et transmissions, Résistances passives,* avec 117 figures dans le texte et 2 planches; 1874. 12 fr.

IIe Partie : *Mouvement des fluides, Moteurs, Ponts-Levis,* avec 111 figures; 1876. 12 fr.

PONTHIÈRE (A.), Ingénieur, Professeur d'Électricité appliquée à la métallurgie à l'Université de Louvain. — **Applications industrielles de l'Électricité.** — *Principes et électrométrie.* In-8, avec 80 fig.; 1885. 6 fr.

PONTHIÈRE (A.). — **Applications industrielles de l'Electricité.** *L'Electrochimie et l'Electrométallurgie.* In-8, avec figures dans le texte et 1 planche en couleurs; 1886. 7 fr.

POUILLET et GAY-LUSSAC. — **Instruction sur les paratonnerres,** adoptée par l'Académie des Sciences. In-18 jésus, avec 58 figures dans le texte et une planche; 1874. 2 fr. 50 c.

PRÉFECTURE DE LA SEINE. — **Assainissement de la Seine. Épuration et utilisation des eaux d'égout.** 4 beaux volumes in-8 jésus, avec 17 planches, dont 10 en chromolithographie; 1876-1877. 26 fr.

On vend séparément :

Les 3 premiers volumes (*Documents administratifs. — Enquête. — Annexes*). 20 fr.

Le 4e volume (*Documents anglais*). 6 fr.

PROCTOR (Richard A.), Sociétaire honoraire de la Société royale astronomique, auteur de divers Ouvrages astronomiques. — **Nouvel Atlas céleste,** comprenant 14 Cartes, précédé d'une Introduction sur l'étude des constellations, augmenté de quelques études d'astronomie stellaire. Traduit de l'anglais sur la 6e édition, par *Philippe Gérigny,* Rédacteur de la Revue *l'Astronomie populaire.* In-8, avec figures dans le texte, 12 cartes célestes et 2 planches; 1886.

Broché.. 6 fr. | Cartonné avec luxe. 7 fr.

PUISSANT. — **Traité de Géodésie,** ou Exposition des Méthodes trigonométriques et astronomiques, applicables soit à la mesure de la Terre, soit à la confection du canevas des cartes et des plans topographiques. 3e édit. 2 vol. in-4, avec 13 pl.; 1842. (*Rare.*) 80 fr.

REGNAULT (J.-J.). — **Traité de Géométrie pratique et d'Arpentage,** comprenant les **Opérations graphiques** et de nombreuses **Applications aux Travaux de toute nature,** à l'usage des Écoles professionnelles, des Écoles normales primaires, des employés des Ponts et Chaussées, des Agents voyers, etc. 2e édition, revue et augmentée. In-8, avec 14 pl.; 1860. 5 fr.

REGNAULT (J.-J.). — **Cours pratique d'Arpentage,** à l'usage des Instituteurs, des Élèves des Écoles primaires, des Propriétaires et des Cultivateurs. In-18 jésus, avec figures dans le texte. 2e édition; 1870. 1 fr. 50 c.

RÉMOND (A.), Ancien Élève de l'École Polytechnique, Licencié ès Sciences, Professeur de Mathématiques à l'Ecole préparatoire de Sainte-Barbe. — **Exercices élémentaires de Géométrie analytique à deux et à trois dimensions,** avec un Exposé des méthodes de résolution, suivis des *Enoncés des problèmes donnés pour* *les compositions d'admission aux Écoles Polytechnique, Normale et Centrale, et au Concours général.* 2 volumes in-8, avec figures dans le texte, se vendant séparément :

Ire PARTIE : *Géométrie à deux dimensions*; 1887. 8 fr.

IIe PARTIE : *Géométrie à trois dimensions. Énoncés*; 1887. (*Sous pr.*)

RESAL (H.). — Traité de Mécanique générale, comprenant les *Leçons professées à l'École Polytechnique et à l'École des Mines.* 6 vol. in-8, se vendant séparément :

MÉCANIQUE RATIONNELLE.

TOME I : *Cinématique. — Théorèmes généraux de la Mécanique. — De l'équilibre et du mouvement des corps solides.* In-8, avec 66 fig. dans le texte; 1873. 9 fr. 50 c.

TOME II : *Frottement. — Équilibre intérieur des corps. — Théorie mathématique de la poussée des terres. — Équilibre et mouvements vibratoires des corps isotropes. — Hydrostatique. — Hydrodynamique. — Hydraulique. — Thermodynamique,* suivie de la *Théorie des armes à feu.* In-8, avec 56 figures dans le texte; 1874. 9 fr. 50 c.

MÉCANIQUE APPLIQUÉE (moteurs et machines).

TOME III : *Des machines considérées au point de vue des transformations de mouvement et de la transformation du travail des forces. — Application de la Mécanique à l'Horlogerie.* In-8, avec 213 belles figures dans le texte; 1875. 11 fr.

TOME IV : *Moteurs animés. — De l'eau et du vent considérés comme moteurs. — Machines hydrauliques et élévatoires. — Machines à vapeur, à air chaud et à gaz.* In-8, avec 200 belles figures dans le texte, levées et dessinées d'après les meilleurs types; 1876. 15 fr.

CONSTRUCTION.

TOME V : *Résistance des matériaux. — Constructions en bois. — Maçonneries. — Fondations. — Murs de soutènement. — Réservoirs.* In-8, avec 308 belles figures dans le texte, levées et dessinées d'après les meilleurs types; 1880. 12 fr. 50 c.

TOME VI : *Voûtes droites et biaises, en dôme,* etc. — *Ponts en bois. — Planchers et combles en fer. — Ponts suspendus. — Ponts-levis. — Cheminées. — Fondations de machines industrielles. — Amélioration des cours d'eau. — Substruction des chemins de fer. — Navigation intérieure. — Ports de mer.* In-8, avec 519 fig. et 5 pl. chromolithographiques; 1881. 15 fr.

RESAL (H.), Membre de l'Institut, Professeur à l'École Polytechnique et à l'École des Mines. — **Physique mathématique.** *Électrodynamique, Capillarité, Chaleur, Électricité, Magnétisme, Élasticité.* In-4; 1884. 15 fr.

RESAL (H.). — Traité de Physique mathématique. Deuxième édition, augmentée et entièrement refondue. Deux beaux volumes in-4. 27 fr.

On vend séparément :

TOME I : *Capillarité. Élasticité. Lumière*; 1887. 15 fr.

TOME II : *Chaleur. Thermodynamique. Électrostatique. Courants électriques. Electrodynamique. Magnétisme statique. Mouvements des aimants et des courants*; 1888. 12 fr.

RESAL (H.), Membre de l'Institut, Professeur à l'École Polytechnique et à l'École supérieure des Mines. — **Traité élémentaire de Mécanique céleste.** 2e édition. Un beau volume in-4; 1884. 25 fr.

RESAL (H.). — Traité de Cinématique pure. In-8, avec 78 figures dans le texte ; 1862. 6 fr.

RESAL (H.). — Éléments de Mécanique, rédigés d'après les Leçons de Mécanique physique professées à la Faculté des Sciences de Paris par Poncelet. Nouvelle édition, revue et corrigée. In-8, avec planches; 1862. 4 fr. 50 c.

REUSCHLE (C.), Docteur ès sciences, Professeur à l'École Polytechnique de Stuttgart. — **Appareil grapho-mécanique** pour la résolution d'équations numériques, avec des explications à la portée de tous. Grand-in-4, avec Atlas grand in-folio cartonné; 1887. 4 fr. 50 c.

REX (F.-G.). — Tables de Logarithmes à cinq décimales.

Ier FASCICULE. — Tables I-III : *Logarithmes des nombres et des fonctions géométriques.* Grand in-8; 1887. 2 fr. 50 c.

IIe FASCICULE. — Tables IV-XI : *Les Logarithmes d'addition et de soustraction; Logarithmes des valeurs* $\frac{1+x}{1-x}$; *Logarithmes naturels; valeurs naturelles des fonctions goniométriques et des longueurs d'arcs; cordes et flèches; Tables des puissances; circonférences et aires des cercles pour les rayons depuis* 0 *jusqu'à* 100; *Table des carrés; Table des valeurs réciproques; Appendice.* Grand in-8; 1887. 2 fr. 50 c.

ROGER (M.-E.), Inspecteur général des mines, Docteur ès sciences mathématiques, Licencié ès sciences physiques. — **Théorie mécanique des phénomènes capillaires.** In-4; 1887. 20 fr.

ROMAN (L.). — Manuel du Magnanier. *Application des théories de Pasteur à l'éducation des vers à soie.* Un beau volume in-18 jésus, avec nombreuses figures dans le texte et 6 planches en couleur; 1876. 4 fr. 50 c.

ROUCHÉ (Eugène), Professeur à l'École Centrale, Examinateur de sortie à l'École Polytechnique, etc., et **COMBEROUSSE (Charles de),** Professeur à l'École Centrale et au Conservatoire des Arts et Métiers, etc. — **Traité de Géométrie,** conforme aux Programmes officiels, renfermant un très grand nombre d'Exercices et plusieurs Appendices consacrés à l'exposition des PRINCIPALES MÉTHODES DE LA GÉOMÉTRIE MODERNE. 5e édition, revue et notablement augmentée. In-8 de XLIX-966 pages, avec 616 figures dans le texte, et 1095 questions proposées; 1883. 16 fr.

Prix de chaque Partie :

Ire PARTIE. — *Géométrie plane*.................. 7 fr.

IIe PARTIE. — *Géométrie de l'espace ; Courbes et Surfaces usuelles*.......................... 9 fr.

ROUCHÉ (Eugène) et COMBEROUSSE (Charles de). — Éléments de Géométrie, entièrement conformes aux derniers programmes d'enseignement des classes de troisième, de seconde, de rhétorique et de philosophie, suivis d'un **Complément à l'usage des Élèves de Mathématiques élémentaires et de Mathématiques spéciales,** et de *Notions sur le Lever des plans, l'Arpentage et le Nivellement.* 4e édit., revue et augmentée. In-8 de XXXV-540 pages, avec 464 figures dans le texte et 543 questions proposées et exercices; 1888. 6 fr.

Ces nouveaux **Éléments de Géométrie** (qu'il ne faut pas confondre avec le **Traité de Géométrie** des mêmes auteurs) sont entièrement conformes aux derniers programmes officiels. Ils renferment toutes les parties de la Géométrie enseignées successivement dans les établissements d'instruction publique, depuis la classe de troisième jusqu'à celle de Mathématiques spéciales inclusivement, et sont destinés aux élèves appelés à suivre ces différents Cours.

ROUCHÉ (Eugène). — Éléments d'Algèbre, à l'usage des Candidats au Baccalauréat ès Sciences et aux Écoles spéciales. (*Rédigés conformément aux Programmes.*) In-8, avec figures dans le texte; 1857. 4 fr.

SAINT-EDME, Professeur de Sciences physiques aux Écoles municipales d'Auteuil, Lavoisier, Turgot, et à l'École supérieure du Commerce. — **L'Électricité appliquée aux Arts mécaniques, à la Marine, au Théâtre.** In-8, avec belles fig. dans le texte; 1871. 4 fr.

SAINT-GERMAIN (de), Professeur de Mécanique à la Faculté des Sciences de Caen, ancien Maître de Conférences à l'École des Hautes Études de Paris. — **Recueil d'Exercices sur la Mécanique rationnelle,** à l'usage des candidats à la Licence et à l'Agrégation des Sciences mathématiques. In-8, avec figures dans le texte; 1877. 8 fr. 50 c.

SAINT-GERMAIN (de). — Résumé de la Théorie d'un mouvement d'un solide autour d'un point fixe, à l'usage des candidats à la licence. In-8; 1887. 1 fr. 50 c.

SALMON (G.), Professeur au Collège de la Trinité, à Dublin. — **Traité de Géométrie analytique à deux dimensions (Sections coniques)**; traduit de l'anglais par *H. Resal* et *Vaucheret*. 2e édition française, publiée d'après la 6e édition anglaise, par *Vaucheret*, ancien Élève de l'École Polytechnique, Lieutenant-Colonel d'Artillerie, Professeur à l'École supérieure de Guerre. In-8, avec 124 figures dans le texte; 1884. 12 fr.

SALMON (G.). — **Traité de Géométrie analytique (Courbes planes)**, destiné à faire suite au *Traité des Sections coniques*. Traduit de l'anglais, sur la 3e édition, par *O. Chemin*, Ingénieur des Ponts et Chaussées, Professeur à l'Ecole nationale des Ponts et Chaussées, et augmenté d'une *Étude sur les points singuliers des courbes algébriques planes*, par *G. Halphen*. In-8, avec figures dans le texte; 1884. 12 fr.

SALMON (G.). — **Traité de Géométrie analytique à trois dimensions.** Traduit de l'anglais, sur la quatrième édition, par *O. Chemin*.

Ire Partie : *Lignes et surfaces du 1er et du 2e ordre*. In-8, avec figures dans le texte; 1882. 7 fr.

IIe Partie : *Théorie générale des lignes et surfaces courbes*. In-8, avec fig. dans le texte. (*Sous presse*.)

SALMON (G.). — **Traité d'Algèbre supérieure.** 2e édition française, publiée d'après la 4e édition anglaise, par *O. Chemin*. In-8; 1886.

Un premier fascicule a paru. Prix de l'Ouvrage complet pour les souscripteurs. 9 fr.

SALVÉTAT (A.), Chef des travaux chimiques à la Manufacture de Sèvres. — **Leçons de Céramique**, professées à l'Ecole centrale des Arts et Manufactures. 2 vol. in-18, avec 479 figures dans le texte; 1857. 12 fr.

SALVÉTAT (A.). — **Album du cours de Technologie chimique** (Céramique. — Couleur, Blanchiment, Teinture et impressions. — Métallurgie). Portefeuille in-4, cartonné, de 70 planches doubles; 1874. 25 fr.

SCHŒNTJES (H.), Professeur à l'Athénée royal de Gand. — **Les Grandeurs électriques et leurs unités.** 2e édition, revue et augmentée. Grand in-8; 1884. 4 fr.

SCHRÖN (L.). — **Tables de Logarithmes à sept décimales** pour les nombres depuis **1** jusqu'à **108000**, et pour les fonctions trigonométriques de 10 en 10 secondes; et **Table d'Interpolation pour le calcul des parties proportionnelles**; précédées d'une **Introduction** par *J. Hoüel*. 2 beaux volumes grand in-8 jésus. Paris; 1888.

PRIX :

	Broché.	Cartonné.
Tables de Logarithmes...........	8 fr.	9 fr. 75 c.
Table d'interpolation...........	2	3 25
Tables de Logarithmes et Table d'interpolation réunies en un seul volume................	10	11 fr. 75

SCOTT (Robert-H.), Directeur du Service météorologique de l'Angleterre. — **Cartes du temps et avertissements de tempêtes.** Ouvrage traduit de l'anglais par *Zurcher* et *Margollé*. Petit in-8, avec nombreuses figures et 2 planches en couleur; 1879. 4 fr. 50 c.

SECCHI (le P. A.), Directeur de l'Observatoire du Collège Romain, Correspondant de l'Institut de France. **Le Soleil.** 2e édition. Deux beaux volumes grand in-8, avec Atlas; 1875-1877.

Broché. 30 fr. | Relié. 40 fr.

On vend séparément :

Ire Partie. Un volume grand in-8, avec 150 figures dans le texte et un Atlas comprenant 6 grandes planches gravées sur acier (I. *Spectre ordinaire du Soleil* et *Spectre d'absorption atmosphérique*. — II. *Spectre de diffraction*, d'après la photographie de Henry Draper. — III, IV, V et VI. *Spectre normal du Soleil*, d'après Angström, et *Spectre normal du Soleil, portion ultra-violette*, par A. Cornu); 1875. 18 fr.

IIe Partie. Un beau volume grand in-8, avec nombreuses figures dans le texte, et 13 planches, dont 12 en couleur (I à VIII. *Protubérances solaires*. — IX. *Type de tache du Soleil*. — X et XI. *Nébuleuses*, etc. — XII et XIII. *Spectres stellaires*); 1877. 18 fr.

SERPIERI (Alessandro). — **Traité élémentaire des mesures absolues, mécaniques, électrostatiques et électromagnétiques**, *avec applications à de nombreux problèmes*. Traduit de l'italien, et annoté par *Paul Marcillac*. In-8; 1886. 3 fr. 50 c.

SERRET (J.-A.), Membre de l'Institut. — **Traité d'Arithmétique**, à l'usage des candidats au Baccalauréat ès Sciences et aux Écoles spéciales. 7e édition, revue et mise en harmonie avec les derniers Programmes officiels par J.-A. Serret et par **Ch. de Comberousse**, Professeur de Cinématique à l'École Centrale et de Mathématiques spéciales au Collège Chaptal. In-8; 1887. (*Autorisé par décision ministérielle.*)

Broché....... 4 fr. 50 c.
Cartonné .... 5 fr. 25 c.

SERRET (J.-A.). — **Traité de Trigonométrie.** 7e édition, revue et augmentée. In-8, avec figures dans le texte; 1888. (*Autorisé par décision ministérielle.*) 4 fr.

SERRET (J.-A.). **Cours d'Algèbre supérieure.** 5e édition. 2 forts volumes in-8, avec figures; 1885. 25 fr.

SERRET (J.-A.). — **Cours de Calcul différentiel et intégral.** 3e édit. 2 forts vol. in-8, avec fig.; 1886. 24 fr.

SERRET (Paul). — **Théorie nouvelle géométrique et mécanique des lignes à double courbure.** In-8, avec 67 figures dans le texte; 1860. 8 fr.

SERRET (Paul). — **Géométrie de Direction.** Applications des coordonnées polyédriques. *Propriété de dix points de l'ellipsoïde, de neuf points d'une courbe gauche du quatrième ordre, de huit points d'une cubique gauche*. In-8, avec figures dans le texte; 1869. 10 fr.

SOCIÉTÉ FRANÇAISE DE PHYSIQUE. — **Collection de Mémoires sur la Physique**, publiés par la Société française de Physique.

Tome I : *Mémoires de Coulomb* (publiés par les soins de A. Potier). Un beau volume grand in-8, avec figures et planches; 1884. 12 fr.

Tome II : *Mémoires sur l'Électrodynamique*. Ire Partie (publiés par les soins de J. Joubert). Grand in-8, avec figures et planches; 1885. 12 fr.

Tome III : *Mémoires sur l'Electrodynamique*. IIe Partie (publiés par les soins de *J. Joubert*). Grand in-8, avec figures; 1887. 12 fr.

Tome IV : *Mémoires de Borda, Bessel, Kater, etc., sur le pendule et la détermination de la pesanteur* (publiés par les soins de *C. Wolf*). Grand in-8, avec figures et planches. (*Sous presse*.)

SONGAYLO (E.), Examinateur d'admission à l'École centrale des Arts et Manufactures, Chef de travaux graphiques et Répétiteur à la même École, Professeur au collège Chaptal et à l'École Monge. — **Traité de Géométrie descriptive.** Un volume in-4 de VI-440 pages, et un Atlas, même format, de 72 planches; 1882. 35 fr.

SOUCHON (Abel), Membre adjoint du Bureau des Longitudes, attaché à la rédaction de la *Connaissance des Temps*. — **Traité d'Astronomie pratique**, comprenant l'exposition du calcul des éphémérides astronomiques et nautiques, d'après les méthodes en usage dans la composition de la *Connaissance des Temps* et du *Nautical Almanac*, avec une Introduction historique et de nombreuses notes. Grand in-8, avec figures; 1883. 15 fr.

SPARRE (le comte Magnus de), Docteur ès sciences, Professeur aux Facultés catholiques. — **Cours sur les**

fonctions elliptiques, professé aux Facultés catholiques de Lyon pendant l'année 1886.
Ire PARTIE. Grand in-8; 1886. 2 fr.
IIe et IIIe PARTIES. (*Sous presse.*)

SPARRE (le comte Magnus de). — **Sur la détermination géométrique de quelques infiniment petits.** Grand in-8, avec figures dans le texte; 1875. 1 fr. 50 c.

SPARRE (le comte Magnus de). — **Mouvement des projectiles oblongs dans le cas du tir de plein fouet.** Grand in-8, avec 3 planches; 1875. 3 fr.

STURM, Membre de l'Institut. — **Cours d'Analyse de l'École Polytechnique**, publié, d'après le vœu de l'Auteur, par *Prouhet* et augmenté de la **Théorie élémentaire des Fonctions elliptiques**, par *H. Laurent*, Répétiteur à l'École Polytechnique. 8e édition, mise au courant des nouveaux programmes de la Licence, par *A. de Saint-Germain*, Professeur à la Faculté des Sciences de Caen. 2 vol. in-8, avec figures dans le texte; 1887. 14 fr.
Cartonné. 15 fr. 50 c.

STURM.— Cours de Mécanique de l'École Polytechnique, publié, d'après le vœu de l'Auteur, par *E. Prouhet*. 5e édition, revue et annotée par *de Saint-Germain*, Professeur à la Faculté des Sciences de Caen. 2 volumes in-8, avec 189 figures dans le texte; 1883. 14 fr.

SWARTS (Th.), Professeur à l'Université de Gand. — **Principes fondamentaux de Chimie.** Grand in-8, avec 145 figures dans le texte; 1884 (Ouvrage couronné par l'Académie Royale de Belgique et approuvé comme manuel classique et comme livre destiné aux Bibliothèques scolaires, aux distributions de prix, etc.); 1885. 3 fr.

SWARTS (Th.). — **Notions élémentaires d'Analyse chimique qualitative.** 3e édition, revue et augmentée. In-8, avec figures dans le texte; 1887. 2 fr.

TAIT (P.-G.), Professeur de Sciences physiques à l'Université d'Édimbourg. — **Traité élémentaire des Quaternions.** Traduit sur la 2e édition anglaise, avec *Additions de l'Auteur et Notes du Traducteur*, par G. PLARR, Docteur ès Sciences mathématiques. Deux beaux volumes grand in-8, avec figures dans le texte, se vendant séparément :
Ire PARTIE : *Théorie. Applications géométriques*; 1882. 7 fr. 50 c.
IIe PARTIE : *Géométrie des courbes et des surfaces. Cinématique. Applications à la Physique*; 1884. 7 fr. 50 c.

TAIT (P.-G.). — **Conférences sur quelques-uns des progrès récents de la Physique.** Traduit de l'anglais sur la 3e édition, par *Krouchkoll*, licencié ès sciences physiques et mathématiques. Grand in-8, avec figures dans le texte; 1887. 7 fr. 50 c.

TANNERY (J.), Maître de conférences à l'École Normale supérieure. — **Deux Leçons de Cinématique.** In-4, avec figures dans le texte; 1886. 2 fr. 50 c.

TANNERY (Paul). — **La Géométrie grecque.** *Comment son histoire nous est parvenue et ce que nous en savons.* Grand in-8 avec figures dans le texte; 1887. 4 fr. 50 c.

TARNIER, Inspecteur de l'Instruction primaire à Paris. — **Éléments de Géométrie pratique**, conformes au programme de l'enseignement secondaire spécial (année préparatoire, Sciences) à l'usage des Ecoles primaires et des divers établissements scolaires. In-8, avec figures dans le texte, accompagné d'un Atlas in-folio contenant 1 planche typographique et 7 belles planches coloriées gravées sur acier; 1872. Prix du texte broché, avec l'Atlas en feuilles dans une couverture imprimée. 6 fr.
Prix du texte cartonné et de l'Atlas cartonné sur onglets. 8 fr. 75 c.
On vend séparément :
Le texte, broché, 2 fr. 50 c.; cartonné, 3 fr. 25 c.
L'Atlas, en feuilles, 3 fr. 50 c.; cart. sur ongl., 5 fr. 50 c.

THIERRY fils. — **Méthode graphique et géométrique ou le Dessin linéaire appliqué aux arts en général, et en particulier à la projection des ombres, à la pratique de la coupe des pierres, à la perspective linéaire et aux cinq ordres d'Architecture.** 2e éd., revue et corrigée par *C.-F.-M. Marie*. Grand in-8 oblong, avec 50 planches 1846. (*Ouvrage choisi par le Ministère de l'Instruction publique pour les Bibliothèques scolaires.*) 6 fr.

THOMAN (Fédor). — **Théorie des intérêts composés et des annuités**, suivie de Tables logarithmiques. Ouvrage traduit de l'anglais par l'Abbé *Bouchard*, et précédé d'une préface de *J. Bertrand*, Secrétaire perpétuel de l'Académie des Sciences. (Cette édition française renferme plusieurs Tables inédites de *Fédor Thoman*.) Grand in-8; 1878. 10 fr.

TIMMERMANS, Professeur à la Faculté des Sciences de l'Université de Gand. — **Traité de Mécanique rationnelle.** 2e édit. Grand in-8; 1862. 9 fr.

TISSERAND (F.), Membre de l'Institut. — **Recueil complémentaire d'Exercices sur le Calcul infinitésimal**, à l'usage des candidats à la Licence et à l'Agrégation des Sciences mathématiques. (Cet Ouvrage forme une suite naturelle à l'excellent *Recueil d'Exercices* de FRENET.) In-8, avec figures dans le texte; 1877. 7 fr. 50 c.

TISSOT (A.), Examinateur d'admission à l'École Polytechnique. — **Mémoire sur la représentation des surfaces et les projections des Cartes géographiques**, suivi d'un *Complément* et de *Tableaux numériques* relatifs à la déformation produite par les divers systèmes de projection. In-8; 1881. 9 fr.

TRESCA. — *Voir* **Expériences faites à l'Exposition d'Electricité.**

TRUTAT (E.), Conservateur du Musée d'Histoire naturelle de Toulouse. — **Traité élémentaire du microscope.** Un joli volume petit in-8, avec 171 figures dans le texte; 1882.
Broché. 8 fr. | Cartonné. 9 fr.

TYNDALL (John). — **La Chaleur**, considérée comme un *mode de mouvement*. 2e édition française, traduite sur la 4e édition anglaise, par l'Abbé *Moigno*. Un fort volume in-18 jésus, avec figures; 1887. (*Nouveau tirage*.) 8 fr.

TYNDALL (John). — **Leçons sur l'Électricité**, professées en 1875-1876 à l'Institution royale; Ouvrage traduit de l'anglais par *Francisque Michel*. In-18, avec 58 figures dans le texte. 2e édition; 1885. 2 fr. 75 c.

TZAUT et MORF, Professeurs à l'École industrielle cantonale à Lausanne.— **Exercices et Problèmes d'Algèbre** (*Première Série*); Recueil gradué renfermant plus de 3800 Exercices sur l'Algèbre élémentaire jusqu'aux équations du premier degré inclusivement. In-12; 1877. 3 fr.
— **Réponses** aux Exercices et Problèmes *de la première Série*. In-12; 1877. 2 fr.

TZAUT (S.). — **Exercices et problèmes d'Algèbre** (*Deuxième Série*); Recueil gradué renfermant plus de 6200 exercices sur l'Algèbre élémentaire, depuis les équations du premier degré exclusivement jusqu'au binôme de Newton et aux déterminants inclusivement. In-12; 1881. 3 fr. 50 c.
— **Réponses** aux Exercices et Problèmes *de la deuxième Série*. In-12; 1881. 3 fr. 75 c.

UNWIN (W.-Cauthorne), Professeur de Mécanique au Collège Royal Indien des Ingénieurs civils. — **Eléments de construction de machines**, ou *Introduction aux principes qui régissent les dispositions et les proportions des organes des machines*, contenant une collection de formules pour les constructeurs de machines. Traduit de l'anglais, avec l'approbation de l'Auteur, sur la deuxième édition, par BOCQUET, ancien Elève de l'Ecole Centrale, Chef des travaux à l'Ecole municipale

d'apprentis de la Villette (Paris); et augmenté d'un *Appendice sur les transmissions par les câbles métalliques, sur le tracé des engrenages et sur les régulateurs;* par Léauté, Répétiteur du cours de Mécanique à l'École Polytechnique. In-18 jésus, illustré de 237 figures dans le texte; 1882.
Broché. 7 fr. | Cartonné à l'anglaise. 8 fr.

VALÉRIUS (B.), Docteur ès Sciences. — **Traité théorique et pratique de la fabrication du fer et de l'acier,** accompagné d'un *Exposé des améliorations dont elle est susceptible,* principalement en Belgique. — 2e édition originale française, publiée d'après le manuscrit de l'Auteur, et augmentée de plusieurs articles par H. Valérius, Professeur à l'Université de Gand. Un volume grand in-8, de 880 pages, texte compact, avec un Atlas in-folio de 45 planches gravées (dont deux doubles); 1875. 75 fr.

VALÉRIUS (H.), Professeur à l'Université de Gand. — **Les applications de la Chaleur, avec un exposé des meilleurs systèmes de chauffage et de ventilation.** 3e édition. Grand in-8, avec 122 figures dans le texte et 14 planches; 1879. 18 fr.

VALLÈS (F.), Inspecteur général des Ponts et Chaussées. — **Des formes imaginaires en Algèbre.**
Ire Partie : *Leur interprétation en abstrait et en concret.* In-8; 1869. 5 fr.
IIe Partie : *Intervention de ces formes dans les équations des cinq premiers degrés.* Grand in-8, lithographié; 1873. 6 fr.
IIIe Partie : *Représentation à l'aide de ces formes des directions dans l'espace.* In-8; 1876. 5 fr.

VASSAL (le major Vladimir), ancien Ingénieur. — **Nouvelles Tables** donnant avec cinq décimales les **logarithmes vulgaires et naturels** des nombres de 1 à 10 800, et des **fonctions circulaires et hyperboliques** pour tous les degrés du quart de cercle de minute en minute. Un beau vol. in-4; 1872. 12 fr.

VÉLAIN (Ch.), Docteur ès Sciences, Maître de Conférences à la Sorbonne. — **Les Volcans,** *ce qu'ils sont et ce qu'ils nous apprennent.* Un beau volume grand in-8, avec nombreuses figures dans le texte; 1884. 3 fr.

VIDAL (l'Abbé). — **L'Art de tracer les cadrans solaires par le calcul, et le mètre à la main,** mis à la portée des ouvriers et de ceux qui ne savent faire que l'addition et la soustraction. In-8, avec 2 planches; 1875. 2 fr. 50 c.

VIEILLE (J.), Inspecteur général de l'Instruction publique. — **Éléments de Mécanique,** rédigés conformément au Progr. du nouveau plan d'études des Lycées. 4e édit.; 1 vol. in-8, avec 146 fig. dans le texte; 1882. 4 fr. 50 c.

VILLIÉ (E.), ancien Ingénieur des Mines, Docteur ès sciences, Professeur à la Faculté libre des Sciences de Lille. — **Compositions d'Analyse et de Mécanique** données depuis 1869 à la Sorbonne pour la *Licence ès Sciences mathématiques,* suivies d'Exercices sur les variables imaginaires. **Énoncés et Solutions.** L'Ouvrage se termine par les énoncés des Questions d'Astronomie proposées depuis 1869 à la Sorbonne. In-8, avec figures dans le texte; 1885. 9 fr.

VILLIÉ (E.). — **Traité de Cinématique** à l'usage des candidats à la licence et à l'agrégation. In-8, avec figures dans le texte; 1888. 7 fr. 50 c.

VINCENT, Répétiteur de Chimie industrielle à l'École Centrale. — **Carbonisation des bois en vases clos et utilisation des produits dérivés.** Grand in-8, avec belles figures gravées sur bois; 1873. 5 fr.

VIOLEINE (A.-P.). — **Nouvelles Tables pour les calculs d'Intérêts composés, d'Annuités et d'Amortissement.** 4e édition, revue et augmentée par *Laas d'Aguen,* gendre de l'Auteur. In-4; 1885. 15 fr.

WALQUE (de), Ingénieur des Arts et Manufactures et des Mines, Professeur ordinaire à l'Université de Louvain. — **Manuel de manipulations chimiques ou de Chimie opératoire.** 3e édition, enrichie de 369 gravures intercalées dans le texte et d'un Tableau colorié; 1887. 11 fr. 50 c.

WEST (Émile). — **Exposé des Méthodes générales en Mathématiques.** *Résolution et intégration des équations. Applications diverses,* d'après **Hoëné Wronski.** Un fort volume in-4; 1886. 12 fr.

WEYHER (C.-L.). — **Sur les tourbillons, trombes, tempêtes et sphères tournantes.** Études et expériences. Grand in-8 avec 40 figures dans le texte et 1 planche; 1887. 2 fr. 50 c.

WITZ (Aimé), Docteur ès Sciences, Ingénieur des Arts et Manufactures, Professeur aux Facultés catholiques de Lille. — **Cours de manipulations de Physique,** *préparatoire à la Licence.* Un beau volume in-8, avec 166 figures dans le texte; 1883. 12 fr.

WITZ (Aimé). — **Étude sur les moteurs à gaz tonnant.** In-8, avec fig. dans le texte et pl.; 1884. 2 fr. 50 c.

WOLF (C.), Membre de l'Institut, Astronome de l'Observatoire. — **Les hypothèses cosmogoniques.** *Examen des théories scientifiques modernes sur l'origine des mondes,* suivi de la traduction de la *Théorie du Ciel* de Kant. In-8; 1886. 6 fr. 50 c.

WRONSKI (Hoëné). — **Application nautique de la nouvelle théorie des marées.** Œuvre posthume, propriété de M. *Ladislas Zamoyski de Kornick.* In-4; 1886. 10 fr.

WRONSKI (Hoëné). — *Voir* West.

YVON VILLARCEAU, membre de l'Institut, et **AVED DE MAGNAC,** lieutenant de vaisseau. — **Nouvelle navigation astronomique.** (L'heure du premier méridien est déterminée par l'emploi seul des chronomètres.) **Théorie et Pratique.** Un beau volume in-4, avec planche; 1877. 20 fr.

On vend séparément :
Théorie, par *Yvon Villarceau* .... 10 fr.
Pratique, par *Aved de Magnac* .... 12 fr.

ZEUNER. — **Théorie mécanique de la Chaleur,** avec ses Applications aux machines. 2e édition, entièrement refondue, avec fig. dans le texte et tableaux. Ouvrage traduit de l'allemand et augmenté d'un *Appendice* comprenant les travaux postérieurs à la publication du texte allemand, en particulier les importantes Recherches de Zeuner sur les propriétés de la vapeur d'eau surchauffée, par *Arnthal.* Un fort volume in-8; 1869. 10 fr.

CATALOGUE DE PHOTOGRAPHIE.

Abney (le capitaine), Professeur de Chimie et de Photographie à l'École militaire de Chatham. — *Cours de Photographie.* Traduit de l'anglais par Léonce Rommelaer. 3e éd. Gr. in-8, avec planche photoglyptique; 1877. 5 fr.

Agle. — *Manuel pratique de Photographie instantanée.* In-18 jésus, av. nombr. fig. dans le texte; 1887. 2 fr. 75 c.

Aide-Mémoire de Photographie pour 1888, publié sous les auspices de la Société photographique de Toulouse, par C. Fabre. Treizième année, contenant de nombreux renseignements sur les procédés rapides à employer pour portraits dans l'atelier, les émulsions au coton-poudre, à la gélatine, etc. In-18, avec fig. et spécimen.
Broché .... 1 fr. 75 c.
Cartonné .... 2 fr. 25 c.
Les volumes des années précédentes, sauf 1877, 1878, 1879, 1880, 1883, 1884, 1885 *et* 1886 *se vendent aux mêmes prix,*

Annuaire photographique, par *A. Davanne*. 1 vol. in-18, années 1867 et 1868. Chaque volume se vend séparément : Broché... 1 fr. 75. | Cartonné.. 2 fr. 25.

Aubert. — *Traité élémentaire et pratique de Photographie au charbon*. 3e édition. In-18 jésus; 1888. (*Sous presse.*)

Audra. — *Le gélatinobromure d'argent*. Nouveau tirage. In-18 jésus; 1887. 1 fr. 75 c.

Baden-Pritchard (H.), Directeur du *Year-Book of Photography*. — **Les ateliers photographiques de l'Europe** (Descriptions, Particularités anecdotiques, Procédés nouveaux, Secrets d'atelier). Traduit de l'anglais sur la 2e édition, par Charles Baye. In-18 jésus, av. figures dans le texte; 1885. 5 fr.

On vend séparément :

Ier Fascicule : *Les ateliers de Londres*..... 2 fr. 50 c.
IIe Fascicule : *Les ateliers d'Europe*....... 3 fr. 50 c.

Batut (Arthur). — *La Photographie appliquée à la reproduction du type d'une famille, d'une tribu ou d'une race*. In-18 jésus avec 2 pl. phototypiques; 1887. 1 fr. 50 c.

Blanquart-Evrard. — *Intervention de l'art dans la Photographie*. In-12, avec une photographie; 1864. 1 fr. 50 c.

Boivin (F.). — *Procédé au collodion sec*. 3e édition, augmentée du formulaire de Th. Sutton, des tirages aux poudres inertes (procédé au charbon), ainsi que de notions pratiques sur la Photographie, l'Electrogravure et l'Impression à l'encre grasse. In-18 jés.; 1883. 1 fr. 50 c.

Bulletin de la Société française de Photographie. Grand in-8, mensuel. 2e Série, 4e année; 1888.

1re Série, 30 volumes, années 1855 à 1884. 250 fr.
On peut se procurer les années qui composent la 1re Série, sauf 1855, 1856, 1881, 1883, 1885, au prix de 12 fr. l'une, les numéros au prix de 1 fr. 50 c., et la Table décennale par ordre de matières et par noms d'auteurs des Tomes I à X (1855 à 1864), au prix de 1 fr. 50 c.

La 2e Série, commencée en 1885, continue de paraître chaque mois.

Prix pour un an : Paris et les départements. 12 fr.
Étranger. 15 fr.

Bulletin de l'Association belge de Photographie. Grand in-8, mensuel, 15e année; 1888.

Prix pour un an : France et Union postale. 27 fr.
1re Série, 10 volumes, années 1874 à 1883. 250 fr.
Les volumes des années précédentes se vendent séparément. 25 fr.

Burton (W.-K.). — *A B C de la Photographie moderne*, contenant des instructions pratiques sur le *Procédé sec à la gélatine*. Traduit sur la 3e édition anglaise par G. Huberson. In-18 jésus, avec fig.; 1884. 2 fr. 25 c.

Chardon (Alfred). — *Photographie par émulsion sèche au bromure d'argent pur* (Ouvrage couronné par le Ministre de l'Instruction publique et par la Société française de Photographie). Gr. in-8, avec fig.; 1877. 4 fr. 50 c.

Chardon (Alfred). — *Photographie par émulsion sensible, au bromure d'argent et à la gélatine*. Grand in-8, avec figures; 1880. 3 fr. 50 c.

Clément (R.). — *Méthode pratique pour déterminer exactement le temps de pose en Photographie*, applicable à tous les procédés et à tous les objectifs, indispensable pour l'usage des nouveaux procédés rapides. 2e édition. In-18; 1884. 1 fr. 50 c.

Colson (R.). — *La Photographie sans objectif*. In-18 jésus, avec planche spécimen; 1887. 1 fr. 75

Colson (R.). — *Procédés de reproduction des dessins par la lumière*. In-18 jésus; 1888. 1 fr.

Cordier (V.). — *Les insuccès en Photographie; causes et remèdes*. 6e édit. avec fig. In-18 jésus; 1887. 1 fr. 75 c.

Davanne. — *La Photographie. Traité théorique et pratique*. 2 beaux volumes grand in-8, avec nombreuses figures, se vendant séparément.

Ire Partie : Notions élémentaires. — Historique. — Épreuves négatives. — Principes communs à tous les procédés négatifs. — Épreuves sur albumine, sur collodion, sur gélatinobromure d'argent, sur pellicules, sur papier, avec 2 planches spécimens et 120 figures dans le texte; 1886. 16 fr.

IIe Partie : Épreuves positives : Daguerréotype. — Épreuves sur verre et sur papier. — Épreuves aux sels de platine, de fer, de chrome (procédé au charbon). — Impressions photomécaniques. — Divers : Agrandissements. — Micrographie. — Stéréoscope. — Les couleurs en Photographie. — Notions élémentaires de Chimie; vocabulaire; 1888.

Davanne. — *Les Progrès de la Photographie*. Résumé comprenant les perfectionnements apportés aux divers procédés photographiques pour les épreuves négatives et les épreuves positives, les nouveaux modes de tirage des épreuves positives par les impressions aux poudres colorées et par les impressions aux encres grasses. In-8; 1877. 6 fr. 50 c.

Davanne. — *La Photographie, ses origines et ses applications*. Grand in-8, avec figures; 1879. 1 fr. 25 c.

Davanne. — *La Photographie appliquée aux Sciences*. Grand in-8; 1881. 1 fr. 25 c.

Davanne. — *Notice sur la vie et les travaux de Poitevin*. In-8, avec figures; 1882. 75 c.

Davanne. — *Nicéphore Niepce inventeur de la Photographie*. Conférence faite à Chalon-sur-Saône pour l'inauguration de la statue de Nicéphore Niepce, le 22 juin 1885. Grand in-8, avec un portrait de Niepce, en phototypie; 1885. 1 fr. 25 c.

Dumoulin. — *Manuel élémentaire de Photographie au collodion humide*. In-18 jésus, avec fig; 1874. 1 fr. 50 c.

Dumoulin. — *Les Couleurs reproduites en Photographie*. Historique, théorie et pratique. In-18 jésus; 1876. 1 fr. 50 c.

Dumoulin. — *La Photographie sans laboratoire* (Procédé au gélatinobromure. Agrandissement simplifié). In-18 jésus; 1886. 1 fr. 50 c.

Fabre (C.). — *La Photographie sur plaque sèche. — Émulsion au coton-poudre avec bain d'argent*. In-18 jésus; 1880. 1 fr. 75 c.

Fortier (G.). — *La Photolithographie, son origine, ses procédés, ses applications*. Petit in-8, orné de planches, fleurons, culs-de-lampe, etc., obtenus au moyen de la Photolithographie; 1876. 3 fr. 50 c.

Geymet. — *Traité pratique de Photographie* (Éléments complets, Méthodes nouvelles, Perfectionnements), suivi d'une Instruction sur le *procédé au gélatinobromure*. 3e édition. In-18 jésus; 1885. 4 fr.

— *Traité pratique du procédé au gélatino-bromure*. In-18 jésus; 1885. 1 fr. 75 c.

— *Éléments du procédé au gélatinobromure*. In-18 jésus; 1882. 1 fr.

— *Traité pratique de Photolithographie*. 3e édition. In-18 jésus; 1888. 2 fr. 75 c.

— *Traité pratique de Phototypie*. 3e édition. In-18 jésus; 1888. 2 fr. 50 c.

— *Procédés photographiques aux couleurs d'aniline*. In-18 jésus; 1888. 2 fr. 50 c.

— *Traité pratique de gravure héliographique et de galvanoplastie*. 3e édit. In-18 jésus; 1885. 3 fr. 50 c.

— *Traité pratique de Photogravure sur zinc et sur cuivre*. In-18 jésus; 1886. 4 fr. 50 c.

— *Traité pratique de gravure et d'impression sur zinc par les procédés héliographiques*. 2 volumes in-18 jésus, se vendant séparément :

Ire Partie : Préparation du zinc; 1887. 2 fr.
IIe Partie : Méthodes d'impression. — Procédés inédits; 1887. 3 fr.

Geymet. — *Traité pratique de gravure en demi-teinte par l'intervention exclusive du cliché photographique.* In-18 jésus; 1888. 3 fr. 50 c.

— *Traité pratique de gravure sur verre par les procédés héliographiques.* In-18 jésus; 1887. 3 fr. 75 c.

— *Traité pratique des émaux photographiques. Secrets* (tours de main, formules, palette complète, etc.) *à l'usage du photographe émailleur sur plaques et sur porcelaines.* 3ᵉ édition. In-18 jésus; 1885. 5 fr.

— *Traité pratique de Céramique photographique.* Épreuves irisées or et argent (Complément du *Traité des émaux photographiques*). In-18 jésus; 1885. 2 fr. 75 c.

Godard (E.), Artiste peintre décorateur. — *Traité pratique de peinture et dorure sur verre. Emploi de la lumière; application de la Photographie.* Ouvrage destiné aux peintres, décorateurs, photographes et artistes amateurs. In-18 jésus; 1885. 1 fr. 75 c.

Hannot (le capitaine), Chef du service de la Photographie à l'Institut cartographique militaire de Belgique. — *Exposé complet du procédé photographique à l'émulsion* de WARNERCKE, lauréat du Concours international pour le meilleur procédé au collodion sec rapide, institué par l'Association belge de Photographie en 1876. In-18 jésus; 1880. 1 fr. 50 c.

Huberson. — *Formulaire de la Photographie aux sels d'argent.* In-18 jésus; 1878. 1 fr. 50 c.

Huberson. — *Précis de Microphotographie.* In-18 jésus, avec figures dans le texte et une planche en photogravure; 1879. 2 fr.

Joly. — *La Photographie pratique.* Manuel à l'usage des officiers, des explorateurs et des touristes. In-18 jésus; 1887. 1 fr. 50 c.

Journal de l'Industrie photographique, *Organe de la Chambre syndicale de la Photographie.* Grand in-8, mensuel. 9ᵉ année; 1888.

Prix pour un an : Paris, France, Étranger. 7 fr.
Les volumes des années précédentes se vendent séparément. 5 fr.

Klary, Artiste photographe. — *Traité pratique d'impression photographique sur papier albuminé.* In-18 jésus, avec figures; 1888. 3 fr. 50 c.

— *L'Art de retoucher en noir les épreuves positives sur papier.* In-18 jésus avec figures; 1888. 1 fr.

— *L'Art de retoucher les négatifs photographiques.* In-18 jésus; 1888. 2 fr.

— *Traité pratique de la peinture des épreuves photographiques* avec les couleurs à l'aquarelle et les couleurs à l'huile, suivi de *différents procédés de peinture appliqués aux photographies.* In-18 jésus; 1888. 3 fr. 50 c.

— *L'éclairage des portraits photographiques.* 6ᵉ édition, revue et considérablement augmentée par HENRY GAUTHIER-VILLARS. In-18 jésus, avec figures dans le texte; 1887. 1 fr. 75

Liesegang (Paul). — *Notes photographiques.* Le procédé au charbon. Système d'impression inaltérable. 4ᵉ édition. Petit in-8, avec figures dans le texte; 1886. 2 fr.

Londe (A.), Chef du service photographique à la Salpêtrière. — *La Photographie instantanée.* In-18 jésus, avec belles figures dans le texte; 1886. 2 fr. 75 c.

Martens (J.). — *Traité élémentaire de Photographie,* contenant le procédé au collodion humide, le procédé au gélatinobromure d'argent, le tirage des épreuves positives aux sels d'argent, le tirage des épreuves positives au charbon. In-16; 1887. 1 fr. 50 c.

Monckhoven (Dʳ Van). — *Traité général de Photographie,* suivi d'un Chapitre spécial sur le *gélatinobromure d'argent.* 7ᵉ éd., nouveau tirage. Grand in-8, avec planches et figures intercalées dans le texte; 1884. 16 fr.

Moock. — *Traité pratique d'impression photographique aux encres grasses de phototypographie et de photogravure.* 3ᵉ édition, entièrement refondue par GEYMET. In-18 jésus; 1888. 3 fr.

Mouchez (Amiral). — **La Photographie astronomique à l'Observatoire de Paris et la Carte du Ciel.** In-18 jésus, avec figures dans le texte et 7 planches hors texte, dont 6 photographies de la Lune, de Jupiter, de Saturne, de l'amas des Gémeaux, etc., reproduites par l'héliogravure, la photoglyptie, etc., et une planche sur cuivre; 1887. 3 fr. 50 c.

Odagir (H.). — *Le Procédé au gélatino-bromure,* suivi d'une Note de MILSOM sur les clichés portatifs et de la traduction des Notices de KENNETT et du Rév. G. PALMER. In-18 jésus, avec figures. 3ᵉ tirage; 1885. 1 fr. 50 c.

O'Madden (le Chevalier C.). — *Le Photographe en voyage.* Emploi du gélatinobromure. — Installation en voyage. Bagage photographique. In-18; 1882. 1 fr.

Pélegry, Peintre amateur, Membre de la Société photographique de Toulouse. — *La Photographie des peintres, des voyageurs et des touristes. Nouveau procédé sur papier huilé,* simplifiant le bagage et facilitant toutes les opérations, avec indication de la manière de construire soi-même les instruments nécessaires. 2ᵉ tirage. In-18 jésus, avec un spécimen; 1885. 1 fr. 75 c.

Perrot de Chaumeux (L.). — *Premières Leçons de Photographie.* 4ᵉ édition, revue et augmentée. In-18 jésus, avec figures; 1882. 1 fr. 50 c.

Pierre Petit (Fils). — *Manuel pratique de Photographie.* In-18 jésus, avec figures dans le texte; 1883. 1 fr. 50 c.

Pierre Petit (Fils). — *La Photographie artistique. Paysages. Architecture. Groupes* et *Animaux.* In-18 jésus; 1883. 1 fr. 25 c.

Pierre Petit (Fils). — *La Photographie industrielle.* Vitraux et émaux. Positifs microscopiques. Projections. Agrandissements. Linographie. Photographie des infiniment petits. Imitations de la nacre, de l'ivoire, de l'écaille. Éditions photographiques. Photographie à la lumière électrique, etc. In-18 jésus; 1883. 2 fr. 25 c.

Piquepé (P.). — *Traité pratique de la Retouche des clichés photographiques,* suivi d'une *Méthode très détaillée d'émaillage* et de *Formules* et *Procédés divers.* 2ᵉ tirage. In-18 jésus, avec deux photoglypties; 1885. 4 fr. 50 c.

Pizzighelli et Hübl. — *La Platinotypie. Exposé théorique et pratique d'un procédé photographique aux sels de platine, permettant d'obtenir rapidement des épreuves inaltérables.* Traduit de l'allemand par HENRY GAUTHIER-VILLARS. 2ᵉ édit., revue et augmentée. In-8, avec figures et platinotypie spécimen; 1887.

Broché........................ 3 fr. 50 c.
Cartonné avec luxe........ 4 fr. 50 c.

Poitevin (A.). — *Traité des impressions photographiques;* suivi d'Appendices relatifs aux procédés usuels de *Photographie négative et positive sur gélatine, d'héliogravure, d'hélioplastie, de photolithographie, de phototypie, de tirage au charbon, d'impressions aux sels de fer,* etc.; par LÉON VIDAL. In-18 jésus, avec un portrait photypique de Poitevin. 2ᵉ édition, entièrement revue et complétée; 1883. 5 fr.

Rayet (G.). — *Notes sur l'histoire de la Photographie astronomique.* Grand in-8; 1887. 2 fr.

Robinson (H.-P.). — *De l'effet artistique en Photographie. Conseils aux Photographes sur l'art de la composition et du clair obscur.* Traduction française de la 2ᵉ édition anglaise, par HECTOR COLARD. Grand in-8, avec figures; 1885. 3 fr. 50 c.

Robinson (H.-P.). — *La Photographie en plein air. Comment le photographe devient un artiste.* Traduit de l'anglais par Hector Colard. 2 volumes grand in-8, se vendant séparément.

Ire Partie : Des plaques à la gélatine. — Nos outils. — De la composition. — De l'ombre et de la lumière. — A la campagne. — Ce qu'il faut photographier. — Des modèles. — De la genèse d'un tableau. — De l'origine des idées. Avec figures dans le texte et 2 planches; 1886. 2 fr. 75 c.

IIe Partie : Des sujets. — Qu'est-ce qu'un paysage? — Des figures dans le paysage. — Un effet de lumière. — Le Soleil. — Sur terre et sur mer. — Le Ciel. — Les animaux. — Vieux habits! — Du portrait fait en dehors de l'atelier. — Points forts et points faibles d'un tableau. — Conclusion. Avec figures et 2 planches photolithographiques; 1886. 2 fr. 50 c.

Rodrigues (J.-J.), Chef de la Section photographique et artistique (Direction générale des travaux géographiques du Portugal). — *Procédés photographiques et méthodes diverses d'impressions aux encres grasses*, employés à la Section photographique et artistique. Grand in-8; 1879. 2 fr. 50 c.

Roux (V.), Opérateur. — *Traité pratique de la transformation des négatifs en positifs servant à l'héliogravure et aux agrandissements.* In-18; 1881. 1 fr.

— *Manuel opératoire pour l'emploi du procédé au gélatinobromure d'argent.* Revu et annoté par Stéphane Geoffray. 2e édition, augmentée de nouvelles Notes. In-18; 1885. 1 fr. 75 c.

— *Traité pratique de Zincographie.* Photogravure, Autogravure, Reports, etc. In-18 jésus; 1885. 1 fr. 25 c.

— *Traité pratique de gravure héliographique en taille-douce, sur cuivre, bronze, zinc, acier, et de galvanoplastie.* In-18 jésus; 1886. 1 fr. 25 c.

— *Manuel de Photographie et de Calcographie*, à l'usage de MM. les graveurs sur bois, sur métaux, sur pierre et sur verre. (Transports pelliculaires divers. Reports autographiques et reports calcographiques. Réductions et agrandissements. Nielles.) In-18 jésus; 1886. 1 fr. 25 c.

— *Traité pratique de Photographie décorative appliquée aux arts industriels.* (Photocéramique et lithocéramique. Vitrification. Emaux divers. Photoplastie. Photogravure en creux et en relief. Orfèvrerie. Bijouterie. Meubles. Armurerie. Epreuves directes et reports polychromiques.) In-18 jésus; 1887. 1 fr. 25 c.

— *Formulaire pratique de Phototypie*, à l'usage de MM. les préparateurs et imprimeurs des procédés aux encres grasses. In-18 jésus; 1887. 1 fr.

— *Photographie isochromatique.* Nouveaux procédés pour la reproduction des tableaux, aquarelles, etc. In-18 jésus; 1887. 1 fr. 25 c.

Schaeffner (Ant.). — *Notes photographiques*, expliquant toutes les opérations et l'emploi des appareils et produits nécessaires en Photographie. Petit in-8; 1886. 1 fr. 75 c.

Spiller (A.). — *Douze Leçons élémentaires de Chimie photographique.* Traduit de l'anglais par Hector Colard. Grand in-8; 1883. 2 fr.

Tissandier (Gaston). — *La Photographie en ballon*, avec une épreuve photoglyptique du cliché obtenu à 600m au-dessus de l'île Saint-Louis, à Paris. In-8, avec figures; 1886. 2 fr. 25 c.

Trutat (E.). — *La Photographie appliquée à l'Archéologie; Reproduction des Monuments, OEuvres d'art, Mobilier, Inscriptions, Manuscrits.* In-18 jésus, avec cinq photolithographies; 1879. 2 fr. 50 c.

Trutat (E.). — *La Photographie appliquée à l'Histoire naturelle.* In-18 jésus, avec 58 belles figures dans le texte et 5 planches spécimens en phototypie, d'Anthropologie, d'Anatomie, de Conchyologie, de Botanique et de Géologie; 1884. 4 fr. 50 c.

Trutat (E.). — *Traité pratique de Photographie sur papier négatif par l'emploi de couches de gélatinobromure d'argent étendues sur papier.* In-18 jésus, avec figures dans le texte et 2 planches spécimens; 1883. 3 fr.

Viallanes (H.), Docteur ès sciences et Docteur en médecine. — *Microphotographie. La Photographie appliquée aux études d'Anatomie microscopique.* In-18 jésus, avec une planche phototypique et figures; 1886. 2 fr.

Vidal (Léon), Officier de l'Instruction publique, Professeur à l'École nationale des Arts décoratifs. — *Traité pratique de Photographie au charbon*, complété par la description de divers *Procédés d'impressions inaltérables (Photochromie et tirages photomécaniques).* 3e éd. In-18 jésus, avec une planche de Photochromie et 2 planches d'impression à l'encre grasse; 1877. 4 fr. 50 c.

Vidal (Léon). — *Traité pratique de Phototypie, ou Impression à l'encre grasse sur couche de gélatine.* In-18 jésus, avec belles figures sur bois dans le texte et spécimens; 1879. 8 fr.

Vidal (Léon). — *Traité pratique de Photoglyptie*, avec et sans presse hydraulique. In-18 jésus, avec 2 planches photoglyptiques hors texte et nombreuses gravures dans le texte; 1881. 7 fr.

Vidal (Léon). — *Calcul des temps de pose et Tables photométriques*, pour l'appréciation des temps de pose nécessaires à l'impression des épreuves négatives à la chambre noire, en raison de l'intensité de la lumière, de la distance focale, de la sensibilité des produits, du diamètre du diaphragme et du pouvoir réducteur moyen des objets à reproduire. 2e édition. In-18 jésus, avec tables; 1884. Broché.......... 2 fr. 50 c.
Cartonné........ 3 fr. 50 c.

Vidal (Léon). — *Photomètre négatif*, avec une Instruction. Renfermé dans un étui cartonné. 5 fr.

Vidal (Léon). — *Manuel du touriste photographe.* 2 volumes in-18 jésus, avec 2 planches spécimens et nombreuses figures, se vendant séparément :

Ire Partie : Couches sensibles négatives. — Objectifs. — Appareils portatifs. — Obturateurs rapides. — Pose et Photométrie. — Développement et fixage. — Renforçateurs et réducteurs. — Vernissage et retouche des négatifs; 1885. 6 fr.

IIe Partie. — Impressions positives aux sels d'argent et de platine. — Retouche et montage des épreuves. — Photographie instantanée. — Appendice indiquant les derniers perfectionnements. — Devis de la première dépense à faire pour l'achat d'un matériel photographique de campagne et prix courant des produits les plus usités; 1885. 4 fr.

Vidal (Léon). — *La Photographie des débutants.* Procédé négatif et positif. In-18 jésus, avec figures dans le texte; 1886. 2 fr. 50 c.

Vidal (Léon.). — *Cours de reproductions industrielles. Exposé des principaux procédés de reproductions graphiques, héliographiques, plastiques, héliοplastiques et galvanoplastiques.* In-18 jésus. 3 fr. 50 c.

Vieuille (G.). — *Guide pratique du photographe amateur.* In-18 jésus; 1885. 2 fr.

Vogel. — *La Photographie des objets colorés avec leurs valeurs réelles.* Traduit de l'allemand par Henry Gauthier-Villars. In-8, avec figures dans le texte et 4 planches; 1887.

Broché........... 6 fr. | Cartonné avec luxe. 7 fr

(Décembre 1887.)

13647 Paris. — Imp. GAUTHIER-VILLARS, quai des Augustins, 55.

ECCE · LABORA · ET · NOLI · CONTRISTARI ·

www.ingramcontent.com/pod-product-compliance
Lightning Source LLC
Chambersburg PA
CBHW031357210326
41599CB00019B/2794